VOM
URKNALL
ZUM
LEBEN

VOM URKNALL ZUM LEBEN

Reader's Digest

DEUTSCHLAND · SCHWEIZ · ÖSTERREICH

TITEL DER FRANZÖSISCHEN ORIGINALAUSGABE:
La Fabuleuse Histoire de la Terre

DEUTSCHE AUSGABE
Übersetzung: Xenia Gharbi, Anja Leisinger
Fachliche Beratung: Dr. Peter Göbel
Redaktion:Ralph Henry Fischer
Grafik: Birgit Beyer
Schlussredaktion: Angelika Lenz

READER'S DIGEST
Redaktion: Falko Spiller (Projektleitung)
Grafik: Gabriele Stammer-Nowack
Bildredaktion: Christina Horut
Prepress: Andreas Engländer
Produktion: Andreas Schabert

RESSORT BUCH
Redaktionsdirektorin: Suzanne Koranyi-Esser
Redaktionsleiterin: Dr. Renate Mangold
Art Director: Rudi K. F. Schmidt

OPERATIONS
Leitung Produktion Buch: Norbert Baier

DRUCK UND BINDUNG
Partenaires Fabrications, Malesherbes, Frankreich

© der französischen Originalausgabe 2001
Sélection du Reader's Digest, Paris

© der deutschsprachigen Ausgabe:
2005 Reader's Digest – Deutschland, Schweiz, Österreich
Verlag Das Beste GmbH – Stuttgart, Zürich, Wien

FR 1184/IC

Printed in France

ISBN 3-89915-256-5

Besuchen Sie uns im Internet
www.readersdigest.de

Inhaltsverzeichnis

Teil I

Die Geburt des Universums

Teil II

Die Geschichte der Erde

KAPITEL 1 – Die Geburt der Erde

KAPITEL 5 – Die Säugetiere erobern die Erde

Teil III

Der Weg des Menschen

Vorwort

Die Tatsache, dass auf der Erde menschliches Leben existiert, hängt mit einem Komplex von Phänomenen zusammen, in den der gesamte Kosmos eingebunden ist. Wir sind keineswegs Fremdkörper im Universum, sondern, wie die jüngsten Entdeckungen der Astronomie belegen, mit allem, was am Himmel leuchtet, verwandt. Denn Sterne haben jene Atome hervorgebracht, aus denen sich beispielsweise unsere Augen zusammensetzen, durch die wir den Sternenhimmel überhaupt beobachten können.

Die vielleicht wichtigste moderne Entdeckung eröffnete uns, dass das Universum eine Geschichte besitzt – anders als die religiös gebundene Wissenschaft lange Zeit annahm, ist es nämlich weder ewig noch unveränderlich. Im Gegenteil: Es durchläuft seit seiner Entstehung eine tief greifende Entwicklung. Vereinfacht könnte man die Geschichte des Kosmos als eine Abfolge von Ereignissen schildern, die es der Materie erlaubten (und weiterhin erlauben werden), sich zu organisieren. Wir können inzwischen weit genug in die Vergangenheit zurückblicken, um zu erkennen, dass das Universum an seinem Beginn vor etwa 15 Mrd. Jahren noch desorganisiert war.

Damals fehlten ihm alle Strukturen, die heute seine Fülle und Vielfalt ausmachen. Es existierten weder Galaxien, Sterne, Planeten, noch Moleküle und Atome, ja nicht einmal Protonen und Neutronen. Das Universum war vielmehr ein gewaltiger, heißer Brei von Elementarteilchen, die sich in der Hauptsache aus Quarks, Elektronen und Photonen zusammensetzten. Doch bereits damals brachten die Gesetze der Physik, die das Verhalten aller Materie bestimmen, die Entstehung zunehmend komplexerer Systeme auf den Weg, die schließlich sogar solch außergewöhnliche Eigenschaften wie Intelligenz und Gewissen entwickelten.

Wir sind heute in der Lage, wenigstens zum Teil jene Phänomene nachzuzeichnen, die die fortschreitende Organisierung der physischen Welt ermöglichten. Die Galaxien und Sterne entstanden durch die Einwirkung der Schwerkraft auf den „Urbrei". In der weißglühenden Feuersglut der Sterne wurden dann die Atomkerne geschmiedet, die, wenn ein betagter Stern schließlich als Supernova explodierte, in den Raum hinausgeschleudert wurden. In der interstellaren Leere verbanden sich die Atome zu Molekülen und Staubkörnchen. Zu Milliarden zusammengeballt, brachten diese Körnchen wiederum Planeten hervor – die Voraussetzung für die Entstehung von Leben. Auf unserer blauen Erde organisierte sich die Materie bis hin zu Säugetieren und Blütenpflanzen. Die moderne Wissenschaft kann unsere Ahnentafel in groben Zügen nachzeichnen und vermittelt uns damit die Gewissheit, dem Kosmos zugehörig zu sein.

Dieses Buch will die großen Etappen dieser außergewöhnlichen Odyssee, die auch die unsere ist, in Wort und Bild einfangen. Kommen Sie mit auf eine spannende Zeitreise durch die Geschichte des Kosmos.

DIE REDAKTION

Beim Kollaps kosmischer „Nebel" in Scheiben

Infolge zahlloser Asteroidenzusammenstöße

die Erde. Die allerersten Bewohner des irdi

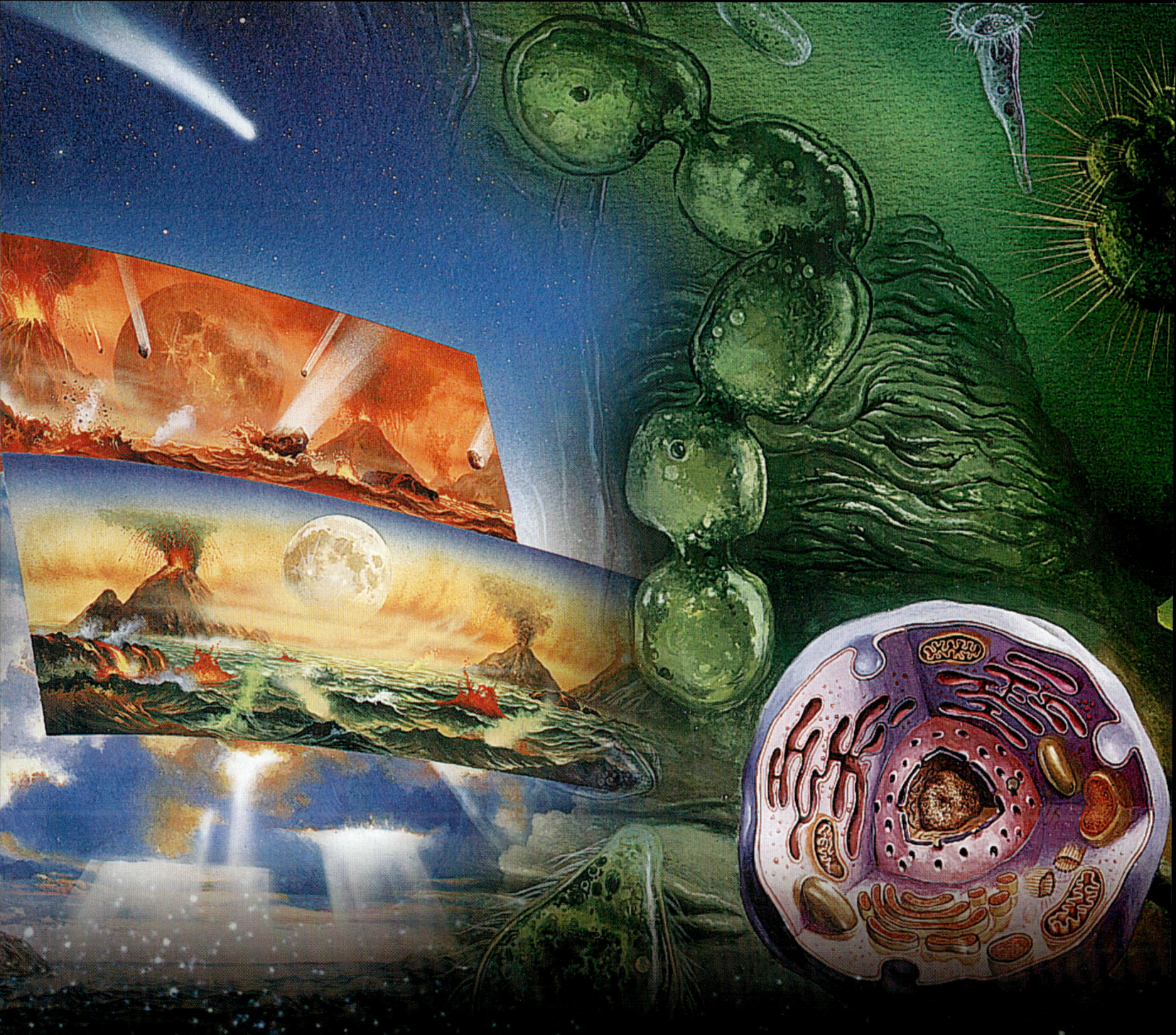

galaxien entstanden Sterne wie unsere Sonne.

bildeten sich schließlich Planeten, darunter

schen Urozeans waren einfache Zellen.

Ihre Energie bezogen diese Zellen aus dem

der für die Bläue des Himmels verantwortlich

Kontinente bewohnbar. Vor etwa 500 Mio

Sonnenlicht. Zugleich gaben sie Sauerstoff ab,
ist. Dank dieser Atmosphäre wurden auch die
Jahren erschienen Weichtiere und Fische.

Haie waren lange die unumstrittenen Herr

delten allmählich Pflanzen die Küsten der

flügelte Insekten – und schließlich begann

scher der Ozeane. Vor 420 Mio. Jahren besie-

Meere. Ihnen folgten bald Amphibien und ge-

der große Siegeszug der Reptilien.

Hunderte von Jahrmillionen bevölkerten

Ozeane, dann führte der Einschlag eines Me

wurden ihre Nachfahren. Die Erde wandelte

riesige Reptilien die Kontinente und

teoriten zu ihrem Untergang – die Vögel

sich zum Reich der Säugetiere.

Millionen Jahre später entwickelten sich in
der mit den Menschenaffen verwandt war,
allmählich lernten, mit ihren Händen Werk

Ostafrika aus einem Zweig der Säugetiere,
unsere aufrecht gehenden Urahnen, die
zeuge und Waffen herzustellen.

Vor etwa 150 000 Jahren erschienen, eben

Sie erfanden seitdem die Sprache, die Künste

wirtschaft und erste Industrien und breiteten

falls in Ostafrika, unsere direkten Vorfahren.
und die Schrift. Sie entwickelten die Land-
sich über die ganze Erde aus.

Stellen Sie sich vor, die Geschichte des einzigen Jahres ab – zwischen dem Urknall (1. Januar, nur 12 Monate! Dann wäre das Sonnensystem mit der hätte sich auf unserem Planeten am 11. Oktober gezeigt, taucht, die ersten Säugetiere am 26., die Hominiden am 23.57 Uhr, und die ägyptischen Pyramiden wären um standen. Die Vorgeschichte des Menschen würde nur wenige einige Sekunden umfassen.

1. Januar

1

DIE GEBURT DES UNIVERSUMS

Januar | Februar | März | April | Mai | Juni

vor etwa
15 Mrd.
Jahren

DIE GEBURT
DES UNIVERSUMS
1

DIE GEBURT
DER ERDE
2

DIE ANFÄNGE DES
LEBENS
3

EXPLOSION DES
LEBENS IM MEER
4

Universums spielte sich innerhalb eines

0 Uhr) und heute (31. Dezember, 24 Uhr) lägen also

Erde am 13. September entstanden, das erste Leben

die ersten Wirbeltiere wären am 19. Dezember aufge-

31. um 21.45 Uhr, der Neandertaler um

23.59.Uhr und 45 Sekunden ent-

Stunden und seine Geschichte nur

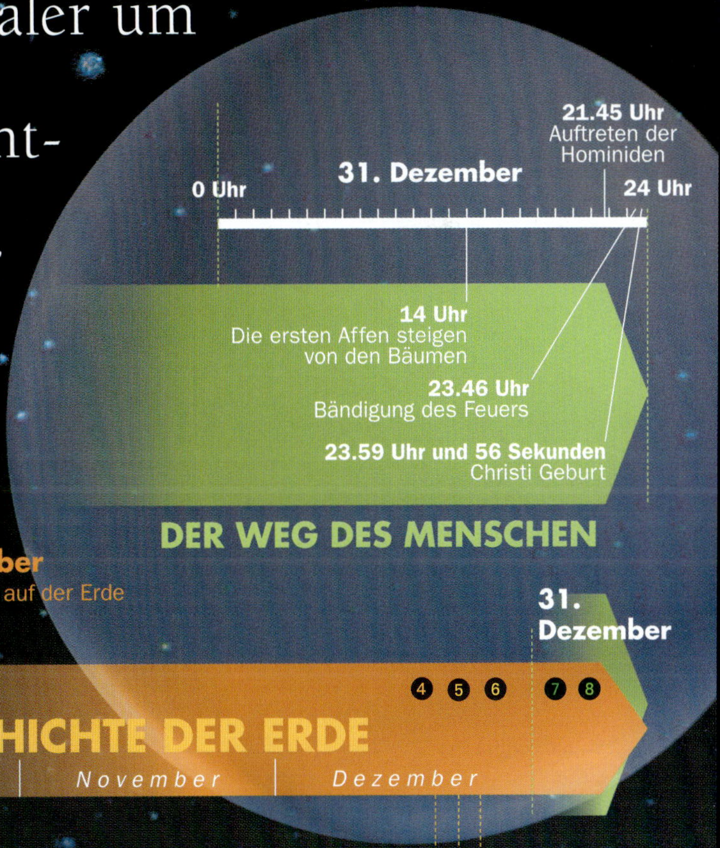

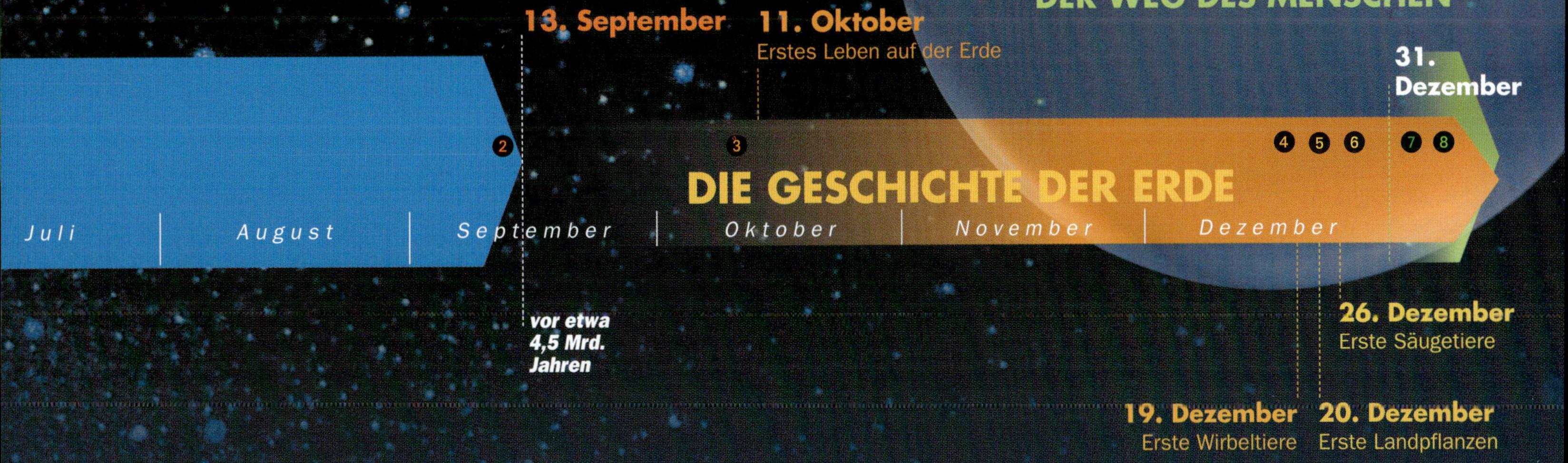

DER WEG DES MENSCHEN
31. Dezember
0 Uhr
24 Uhr
21.45 Uhr
Auftreten der Hominiden
14 Uhr
Die ersten Affen steigen von den Bäumen
23.46 Uhr
Bändigung des Feuers
23.59 Uhr und 56 Sekunden
Christi Geburt

DIE GESCHICHTE DER ERDE
13. September
vor etwa 4,5 Mrd. Jahren
11. Oktober
Erstes Leben auf der Erde
31. Dezember
Juli
August
September
Oktober
November
Dezember
2
3
4
5
6
7
8
26. Dezember
Erste Säugetiere
19. Dezember
Erste Wirbeltiere
20. Dezember
Erste Landpflanzen

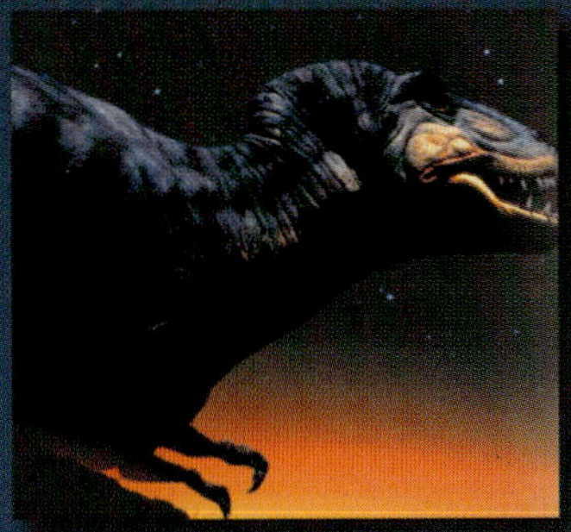

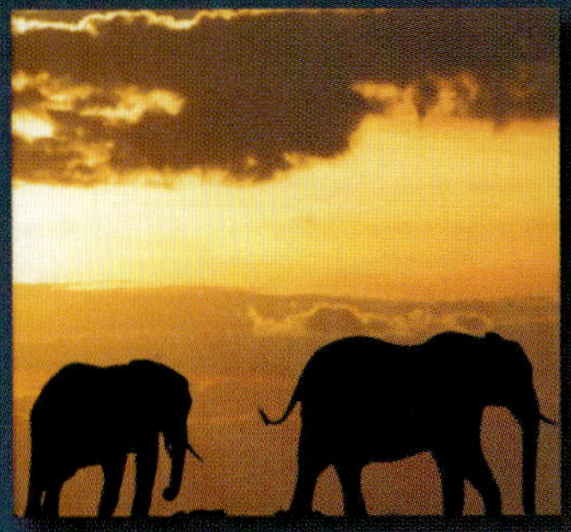

DIE BESIEDLUNG VON LUFT UND LAND

5

Seite 136–195

DIE SÄUGETIERE EROBERN DIE ERDE

6

Seite 196–233

EINE LANGWIERIGE GEBURT

7

Seite 238–263

DER MODERNE MENSCH

8

Seite 264–299

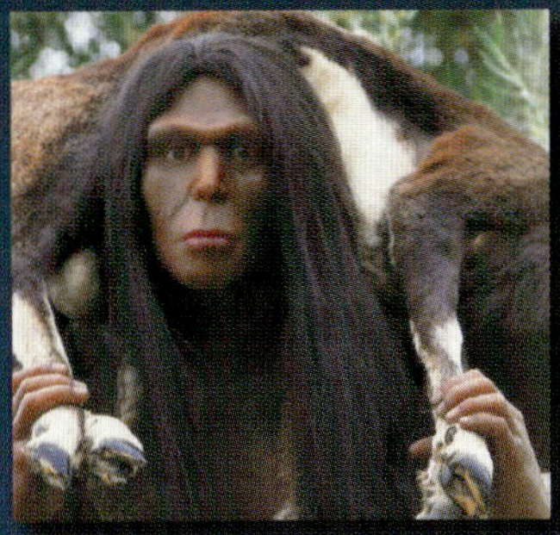

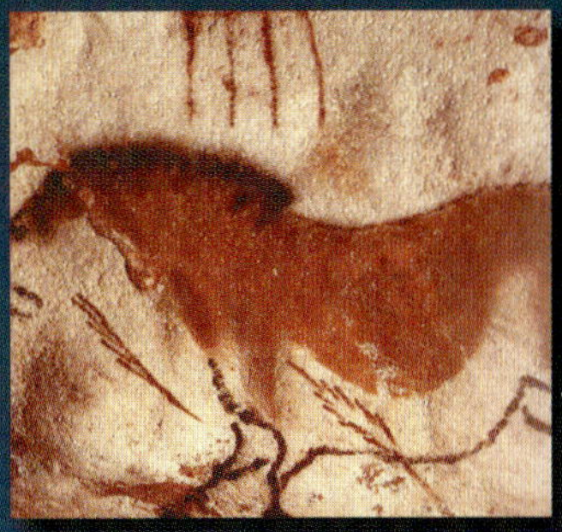

Die Erdzeitalter

Die Erde entstand vor etwa 4,5 Mrd. Jahren. Die Geologie (die Wissenschaft von der Erde) gliedert diese unermessliche Zeitspanne nach einer internationalen Übereinkunft in verschiedene Einheiten, die eine Art Kalender der Erdgeschichte bilden. Eine übergeordnete Einheit sind die Erdzeitalter (Ären): das Archaikum, das Proterozoikum, das Paläozoikum (Erdaltertum), das Mesozoikum (Erdmittelalter) und das Känozoikum (Erdneuzeit). Der Übergang von einem Erdzeitalter zum anderen wird entweder vom Ende der Bildung großer Gebirgsketten oder vom Verschwinden oder Auftauchen charakteristischer Tier- oder Pflanzengruppen markiert.

HOLOZÄN

PLEISTOZÄN — *Homo sapiens*

PLIOZÄN — *Homo habilis*

MIOZÄN — Die ersten Hominiden

OLIGOZÄN — Gräser — Erste Menschenaffen

EOZÄN — Erste Affen — Erste Pferde

PALEOZÄN

KREIDE — Blütenpflanzen — Schlangen

JURA — Vögel

TRIAS — Frösche — Schildkröten — Säugetiere

PERM — Palmfarne — Dinosaurier

OBERES KARBON — Nadelhölzer — Säugerähnliche Reptilien

UNTERES KARBON

DEVON — Schachtelhalme — Farne — Insekten

SILUR — Moose — Knochenfische

ORDOVIZIUM — Kieferlose — Knorpelfische

KAMBRIUM — Korallen — Krebstiere — Armfüßer

PRÄKAMBRIUM — Algen — Schwämme — Trilobiten — Weichtiere

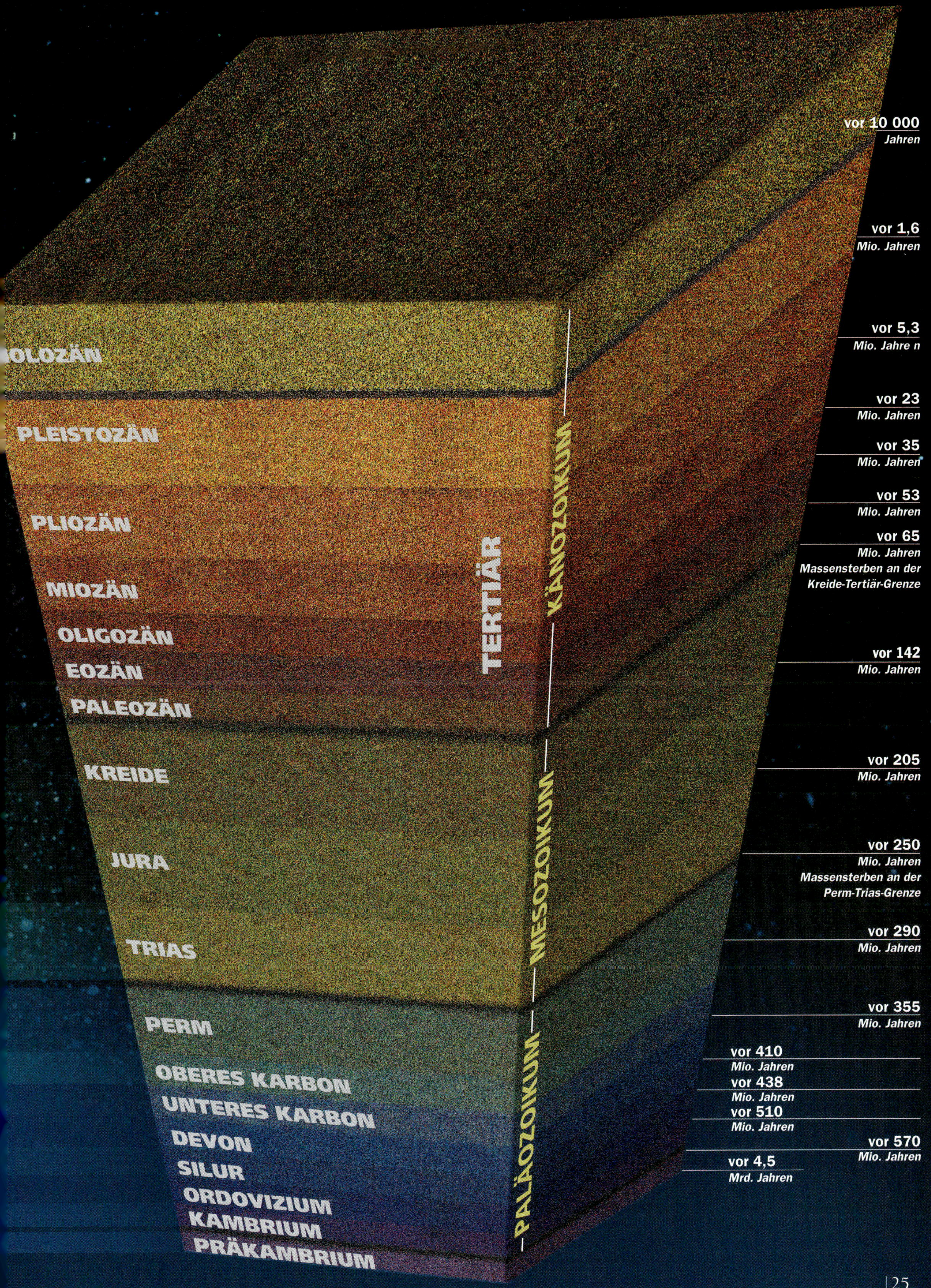

OLOZÄN

PLEISTOZÄN

PLIOZÄN

MIOZÄN

OLIGOZÄN

EOZÄN

PALEOZÄN

KREIDE

JURA

TRIAS

PERM

OBERES KARBON

UNTERES KARBON

DEVON

SILUR

ORDOVIZIUM

KAMBRIUM

PRÄKAMBRIUM

TERTIÄR

KÄNOZOIKUM

MESOZOIKUM

PALÄOZOIKUM

vor 10 000
Jahren

vor 1,6
Mio. Jahren

vor 5,3
Mio. Jahre n

vor 23
Mio. Jahren

vor 35
Mio. Jahren

vor 53
Mio. Jahren

vor 65
Mio. Jahren
Massensterben an der
Kreide-Tertiär-Grenze

vor 142
Mio. Jahren

vor 205
Mio. Jahren

vor 250
Mio. Jahren
Massensterben an der
Perm-Trias-Grenze

vor 290
Mio. Jahren

vor 355
Mio. Jahren

vor 410
Mio. Jahren

vor 438
Mio. Jahren

vor 510
Mio. Jahren

vor 570
Mio. Jahren

vor 4,5
Mrd. Jahren

Teil 1

Die Geburt des Universums

Vor 15 Mrd. Jahren

In den ersten Augenblicken nach dem Urknall herrschte eine unvorstellbar starke Hitze. Aus der „Leere" stammen die Elemente der späteren Materie. Der Kosmos war noch dunkel. Dann kam es zu einer explosionsartigen Ausdehnung des Universums.

▶ *Sehr dichte und kalte (-260 °C) Gas- und Staubwolken* in der Milchstraße, vom Hubble-Weltraumteleskop beobachtet. In einem kalten Umfeld wie diesem bildeten sich nicht nur Moleküle, sondern entstand sämtliche Materie des Sonnensystems. Aus solchen Wolken können Hunderte von Sternen hervorgehen. Sie werden in einem Schwarm geboren und verlassen ihre Geburtsstätte schon bald – jeder Stern folgt dabei seinem eigenen Weg.

Urknall

Allmählich sank die Temperatur. Energie und Materie trennten sich voneinander. Schließlich waren die Temperaturen so niedrig, dass Elektronen dauerhaft um Kerne kreisen konnten – es hatten sich die ersten Atome gebildet! Die Materie nahm ihre uns vertraute Gestalt an, und da die Elektronen nicht länger verstreut waren, sondern rund um die Kerne gruppiert, konnte nun auch Licht den Raum durchdringen.

Das Universum war zwar nach wie vor sehr gleichförmig, enthielt aber bereits Materieklumpen. Trotz seiner fortwährenden Ausdehnung bildeten sich Gaswolken, in denen die ersten Galaxien entstanden – bald begannen auch die ersten Sterne zu leuchten.

DIE HEISSE PHASE DES URKNALLS

DIE BILDUNG DER GALAXIEN

im Zeitraffer

▶ **In der Milchstraße** entstehen ebenso wie in den anderen Galaxien noch immer neue Sterne.

Schließlich stürzten kleinere Gaswolken unter ihrem eigenen Gewicht in sich zusammen, womit ein großer Temperaturanstieg einherging. Nach einigen Jahrmillionen war die Hitze in ihrem Zentrum so groß, dass hier Kernreaktionen ablaufen konnten. Ein Stern war geboren. Auch heute noch entstehen auf diese Weise Sterne.

Um einige dieser Sterne, vielleicht sogar um die Mehrzahl, kreisten abgeflachte Ringe aus Materiepartikeln. Diese Teilchen zogen sich gegenseitig an und verklumpten im Lauf von Jahrmillionen durch ständige Akkretion (Einsammeln von Materie) zu immer größeren Gebilden, den Planetesimalen, die sich schließlich zu Planeten vereinigten.

In einer interstellaren Gaswolke, aus der sie hervorgegangen waren und die sie noch nicht verlassen hatten, bildeten junge Sterne Halos, imposante Lichthöfe.

Der Planet Erde hat sich seinen Trabanten, den Mond, zugelegt.

DIE BILDUNG UND ENTWICKLUNG UNSERES SONNENSYSTEMS

Dieses Schema zeichnet die Entwicklung des Universums vom Urknall (der Zeit 0) bis zu den heute existierenden Galaxien (etwa 15 Mrd. Jahre später) nach. Der Urknall selbst lässt sich mit unseren Mitteln noch nicht erklären.

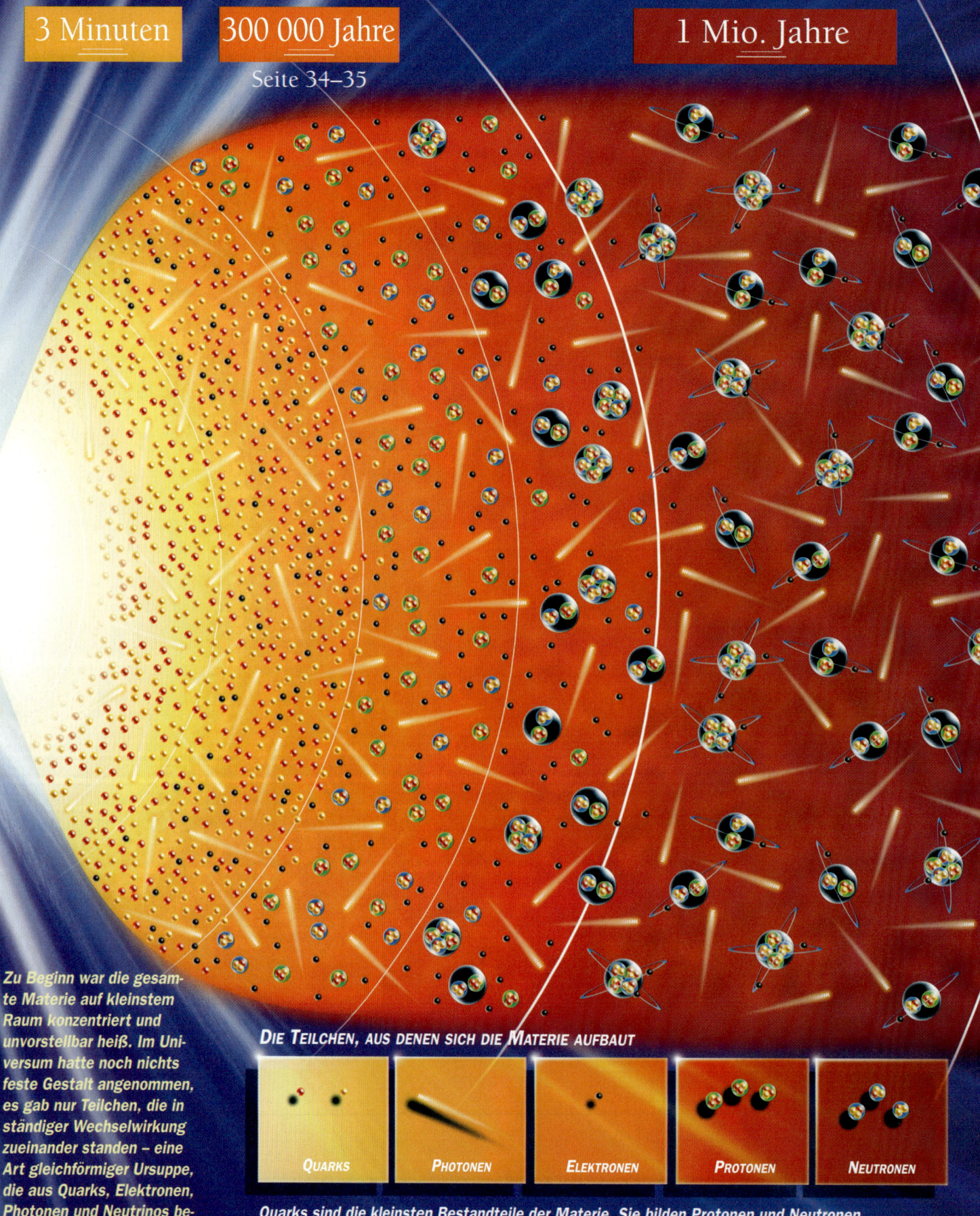

3 Minuten

300 000 Jahre

Seite 34–35

1 Mio. Jahre

Zu Beginn war die gesamte Materie auf kleinstem Raum konzentriert und unvorstellbar heiß. Im Universum hatte noch nichts feste Gestalt angenommen, es gab nur Teilchen, die in ständiger Wechselwirkung zueinander standen – eine Art gleichförmiger Ursuppe, die aus Quarks, Elektronen, Photonen und Neutrinos bestand. Dann schlossen sich die Quarks zusammen und bildeten Nukleonen.

DIE TEILCHEN, AUS DENEN SICH DIE MATERIE AUFBAUT

| QUARKS | PHOTONEN | ELEKTRONEN | PROTONEN | NEUTRONEN |

Quarks sind die kleinsten Bestandteile der Materie. Sie bilden Protonen und Neutronen. Photonen sind Energiequanten des elektromagnetischen Feldes und übertragen insbesondere das Licht. In allen Atomen befinden sich Elektronen. Positiv geladene Protonen und negativ geladene Neutronen (beide zusammen nennt man Nukleonen) sind die Bausteine des Atomkerns.

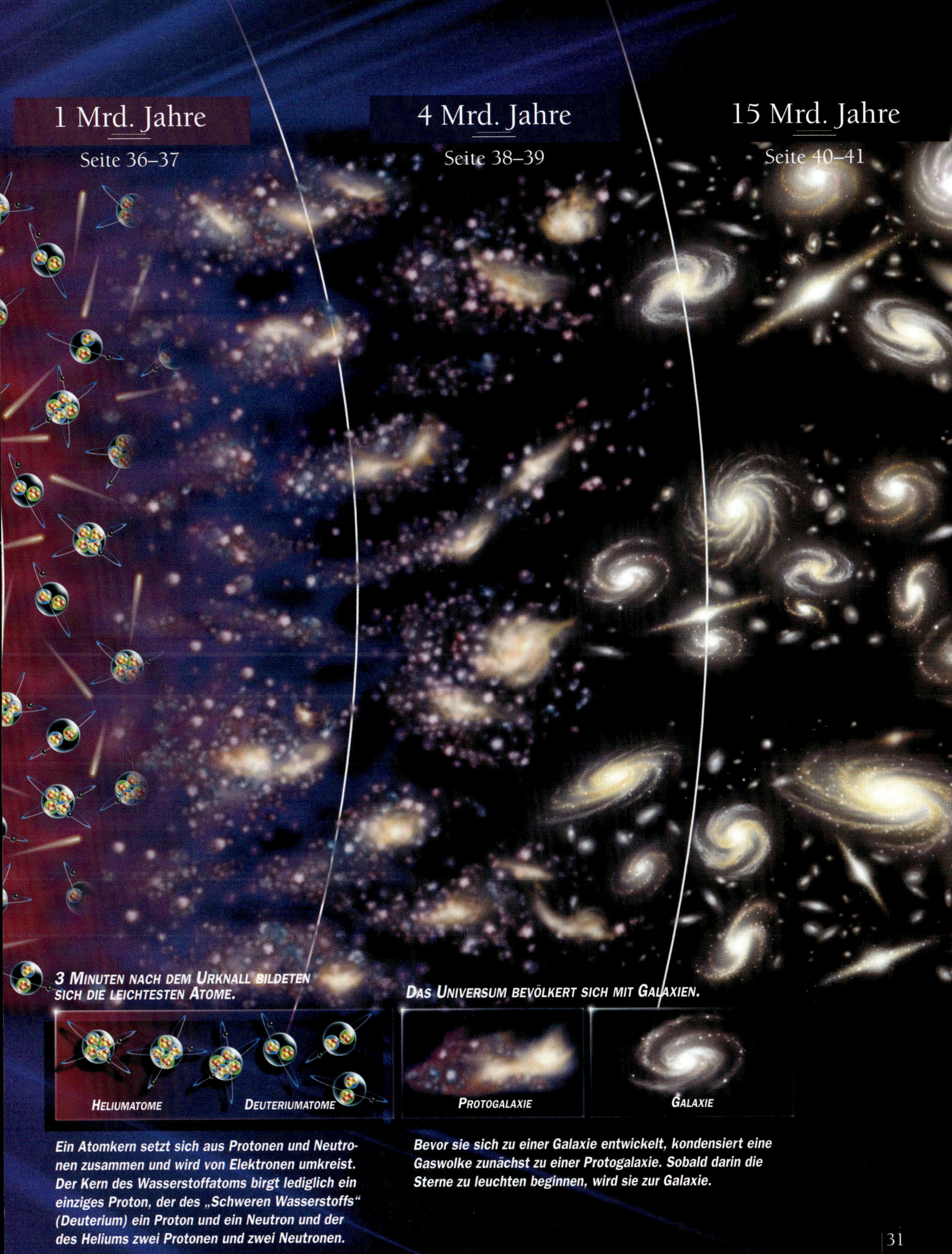

1 Mrd. Jahre

Seite 36–37

4 Mrd. Jahre

Seite 38–39

15 Mrd. Jahre

Seite 40–41

3 MINUTEN NACH DEM URKNALL BILDETEN SICH DIE LEICHTESTEN ATOME.

DAS UNIVERSUM BEVÖLKERT SICH MIT GALAXIEN.

HELIUMATOME   DEUTERIUMATOME

PROTOGALAXIE   GALAXIE

Ein Atomkern setzt sich aus Protonen und Neutronen zusammen und wird von Elektronen umkreist. Der Kern des Wasserstoffatoms birgt lediglich ein einziges Proton, der des „Schweren Wasserstoffs" (Deuterium) ein Proton und ein Neutron und der des Heliums zwei Protonen und zwei Neutronen.

Bevor sie sich zu einer Galaxie entwickelt, kondensiert eine Gaswolke zunächst zu einer Protogalaxie. Sobald darin die Sterne zu leuchten beginnen, wird sie zur Galaxie.

Auf dieser und den folgenden Seiten werden die vier Hauptetappen der Entwicklung des Universums im Einzelnen erläutert. Jede Etappe wird als Ausschnitt des gekrümmten Raums zum jeweiligen Zeitpunkt dargestellt und der Inhalt in einem aus diesem Raum (dessen Krümmung mit zunehmendem Alter abnimmt) ausgeschnittenen Würfel visualisiert.

300 000 Jahre
Seite 34–35

1 Mrd. Jahre
Seite 36–37

Kosmische Hintergrundstrahlung

Heißes Gas

Das 300 000 Jahre alte Universum

Es wurde von einer diffusen elektromagnetischen Strahlung erfüllt, die sich seit dieser Zeit zwar auf etwa 3 Kelvin abgekühlt hat, aber noch heute in Form von kosmischer Hintergrundstrahlung existiert – sie ist im Mikrowellenbereich am intensivsten. Die Beobachtung dieser Strahlung vermittelt uns ein Bild vom Universum, als dieses gerade einmal 300 000 Jahre alt war.

Das 1 Mrd. Jahre alte Universum

1 Mrd. Jahre später hatte sich das Universum um das Milliardenfache ausgedehnt. Es war von heißem Gas (hauptsächlich Wasserstoff) erfüllt, das sich allmählich abkühlte und verdünnte und schließlich an einigen Stellen des Alls zu kondensieren begann.

Seit dem Urknall expandiert das Universum.

Protogalaxien

Die Welt der Galaxien

Unser Sonnensystem innerhalb der Milchstraße

Das 4 Mrd. Jahre alte Universum

Die Ausdehnung des Universums setzte sich fort. Dort, wo Gas kondensiert war, erschienen große, dichtere Wolken, so genannte Protogalaxien, die Vorläufer der Galaxien.

Das 15 Mrd. Jahre alte Universum

Das Universum wuchs und wächst weiter. In den Protogalaxien wurden Sterne geboren. Milliarden von ihnen bildeten jeweils eine Galaxie. Unsere Galaxie heißt Milchstraße, zu ihr gehören etwa 100 Mrd. Sterne. Einer von ihnen ist unsere Sonne.

Es verliert an Dichte, kühlt ab und strukturiert sich.

Kosmische Hintergrundstrahlung

Das Universum war von Photonen erfüllt,
kleinsten Energieteilchen elektromagneti-
scher Strahlung. Zunächst stießen sie ständig auf
andere Materieteilchen, wodurch sie gestreut wurden und sich nicht frei ausbreiten konnten. Erst nach
etwa 300 000 Jahren wurde das Universum strahlen-
durchlässig, als Elektronen und Protonen sich zu verbinden begannen. Man nennt diesen Vorgang Rekombination,
die Vereinigung von Teilchen mit entgegengesetzter Ladung.
Die zu dieser Zeit vorhandenen Photonen verbreiten sich bis heute
und sind in Form kosmischer Hintergrundstrahlung zu identifizieren. Der
Würfel repräsentiert einen Ausschnitt des Universums, der diese äußerst
gleichförmige Strahlung zeigt, die nur minimale Fluktuationen aufweist.

Nach 300 000 Jahren verbreitete sich eine diffuse

Hier der Würfelausschnitt von links vergrößert:
Im 300 000 Jahre alten Universum breitete sich eine
elektromagnetische Strahlung, hauptsächlich im Mikro-
wellenbereich, aus. Obwohl sie seitdem an Energie ein-
gebüßt hat, ist sie noch heute, und zwar im Bereich der
Radiowellen, zu messen.
Ihre Beobachtung (insbesondere mithilfe des Satelliten
COBE) vermittelt uns das Bild eines sehr gleichförmigen
Universums mit nur minimalen Fluktuationen.

DAS ALL AUS SICHT DES SATELLITEN COBE
COBE wurde 1989 von der NASA ins All
geschossen, um die kosmische Hintergrundstrahlung zu beobachten.
Dieses Bild zeigt das Universum,
so wie es vor 300 000 Jahren ausgesehen hat.

Strahlung, die noch heute zu beobachten ist.

Heißes Gas

M it der Rekombination wurden Strahlung und Materie entkoppelt. Das Universum war von einem heißen, nicht ionisierten Gas erfüllt, das hauptsächlich aus Wasserstoff (90 %) und Helium (10 %) bestand. Die Materie zeigte noch keine feste Struktur, aber ihre Dichte verringerte sich, und sie kühlte ab.

Das Universum war von heißem

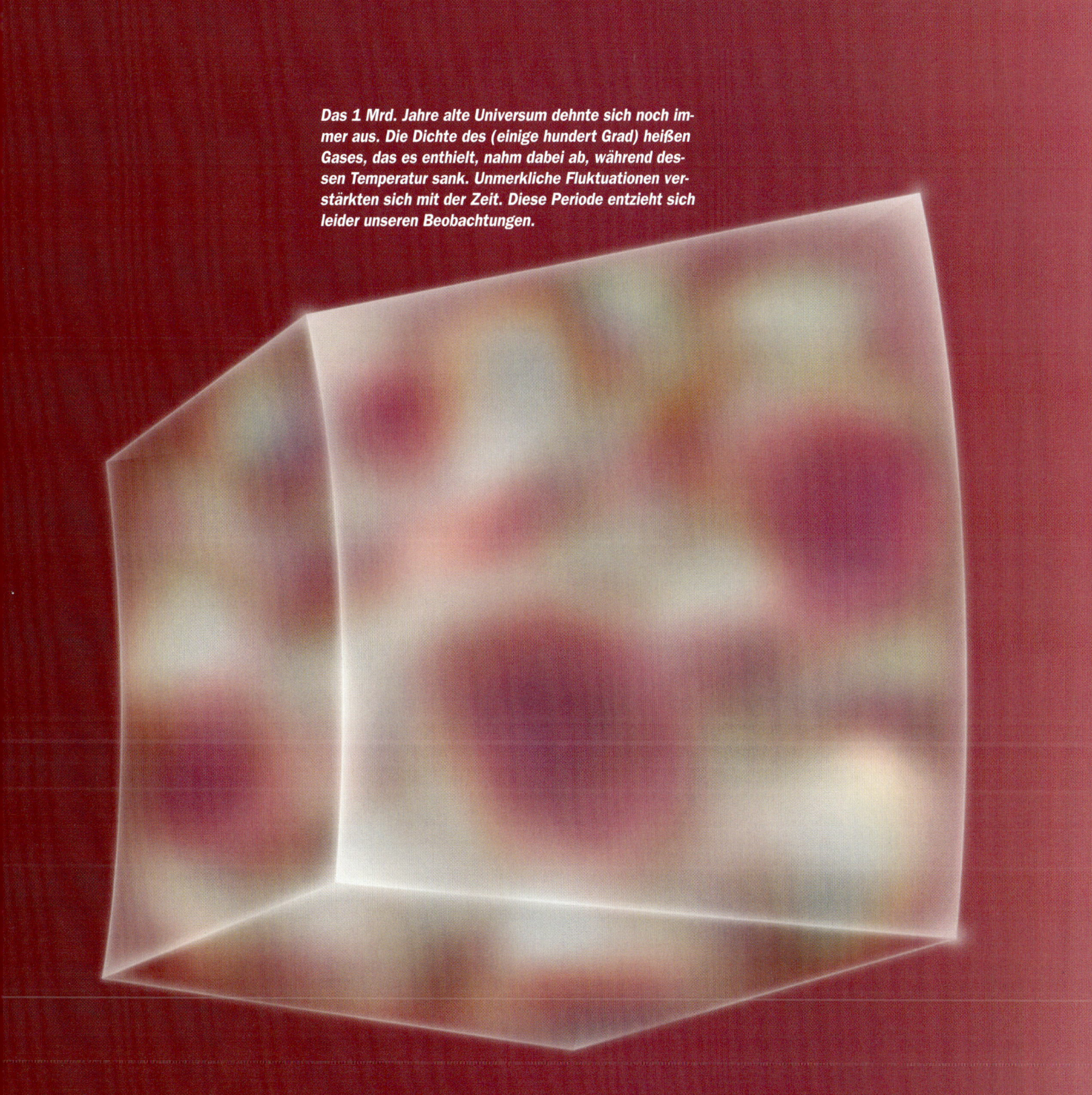

Das 1 Mrd. Jahre alte Universum dehnte sich noch immer aus. Die Dichte des (einige hundert Grad) heißen Gases, das es enthielt, nahm dabei ab, während dessen Temperatur sank. Unmerkliche Fluktuationen verstärkten sich mit der Zeit. Diese Periode entzieht sich leider unseren Beobachtungen.

Gas erfüllt, vor allem von Wasserstoff.

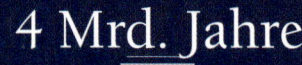

Protogalaxien

D ort, wo Materie dichter war, konnte sie unter Einwirkung der Schwerkraft kondensieren, was wiederum ihre Dichte vergrößerte und den Vorgang beschleunigte – man spricht hier von gravitativer Instabilität. Nach einigen Milliarden Jahren hatten sich riesige Wolken gebildet, die eine leicht höhere Dichte als ihre Umgebung aufwiesen, sich aber noch nicht scharf von ihr abgrenzten. Unter ihrem Eigengewicht und durch Gravitationskräfte kondensierten diese Wolken immer schneller und entwickelten sich zu Protogalaxien.

In Folge der Massenanziehung

Nach 4 Mrd. Jahren verringerte sich im Zuge seiner Expansion die Dichte des Universums, und es kühlte weiter ab. Die Regionen mit der höchsten Dichte materialisierten sich allmählich und bildeten „Klumpen" in der Ursuppe. Aus diesen Protogalaxien sollten sich später die Galaxien entwickeln. Das Verteilungsmuster dieser Protogalaxien zeichnete den heutigen Aufbau des Universums vor. Zwischen den Protogalaxien überdauerte intergalaktisches Gas von sehr geringer Dichte.

begann die Materie hier und dort zu kondensieren.

Die Welt der Galaxien

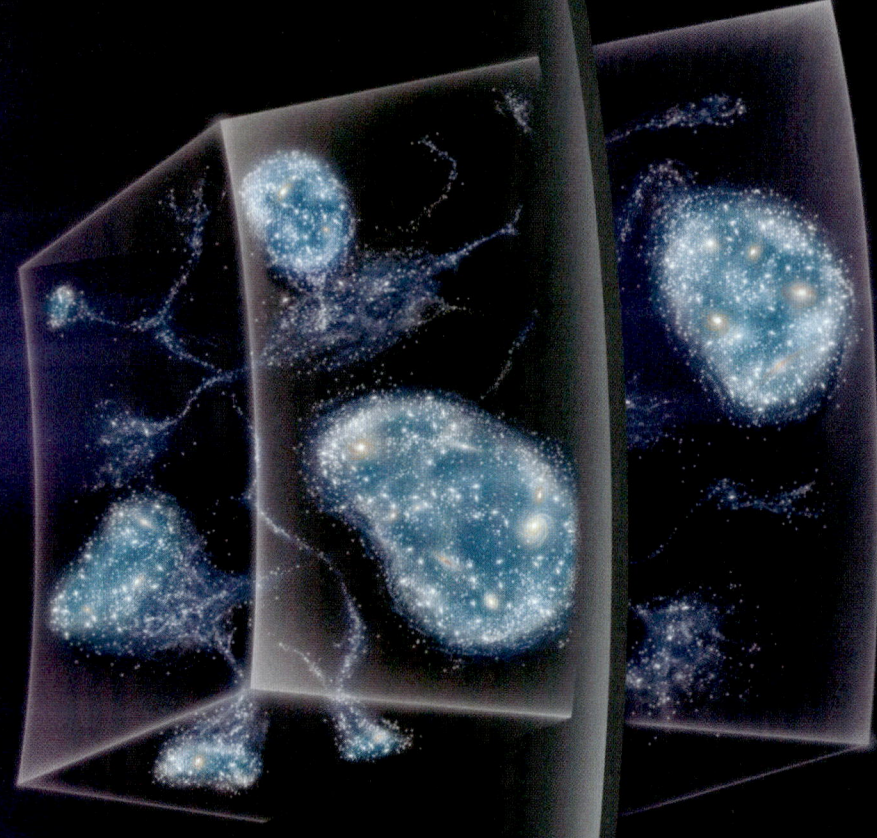

Innerhalb der Protogalaxien kondensierten kleine Bereiche, in denen sich wiederum die Gasdichte und damit auch die Temperaturen so stark erhöhten, dass in ihrem Innern Kernreaktionen ausgelöst wurden, wobei die Sterne geboren wurden. Auf diese Weise entstanden in jeder Protogalaxie Milliarden von Sternen, die zusammen eine Galaxie bildeten.

Die Sterne leuchteten – aus Proto

Mit der Entstehung der Galaxien gewann das Universum
sein heutiges Gesicht. Es
brachte Galaxien der unterschiedlichsten Größe und Form
hervor, die zu Haufen und
Superhaufen zusammengefügt
sind. Der Abstand zwischen den
einzelnen Galaxien wird in Millionen Lichtjahren gemessen.

**HEUTE IST DAS UNIVERSUM VON
GALAXIEN ÜBERSÄT**
Spiralgalaxien wie diese zählten zu den ersten, die entdeckt wurden.

galaxien wurden Galaxien.

Unser Sonnensystem innerhalb der Milchstraße

Bildet sich ein Stern, dann kondensiert auch ein Teil der ihn umgebenden Materie – Grundlage für die Entstehung von Planeten. Vor 4,5 Mrd. Jahren kondensierte irgendwo eine protostellare Wolke, in deren Zentrum unsere Sonne geboren wurde. Die Kernreaktionen in ihrem Innern versorgten sie mit Energie. Um sie herum verband sich die Materie zu Planeten: zu den erdähnlichen (Merkur, Venus, Erde und Mars), den Riesenplaneten (Jupiter, Saturn, Uranus, Neptun) und zu Pluto.

Vor 4,5 Mrd. Jahren entstanden in unserer

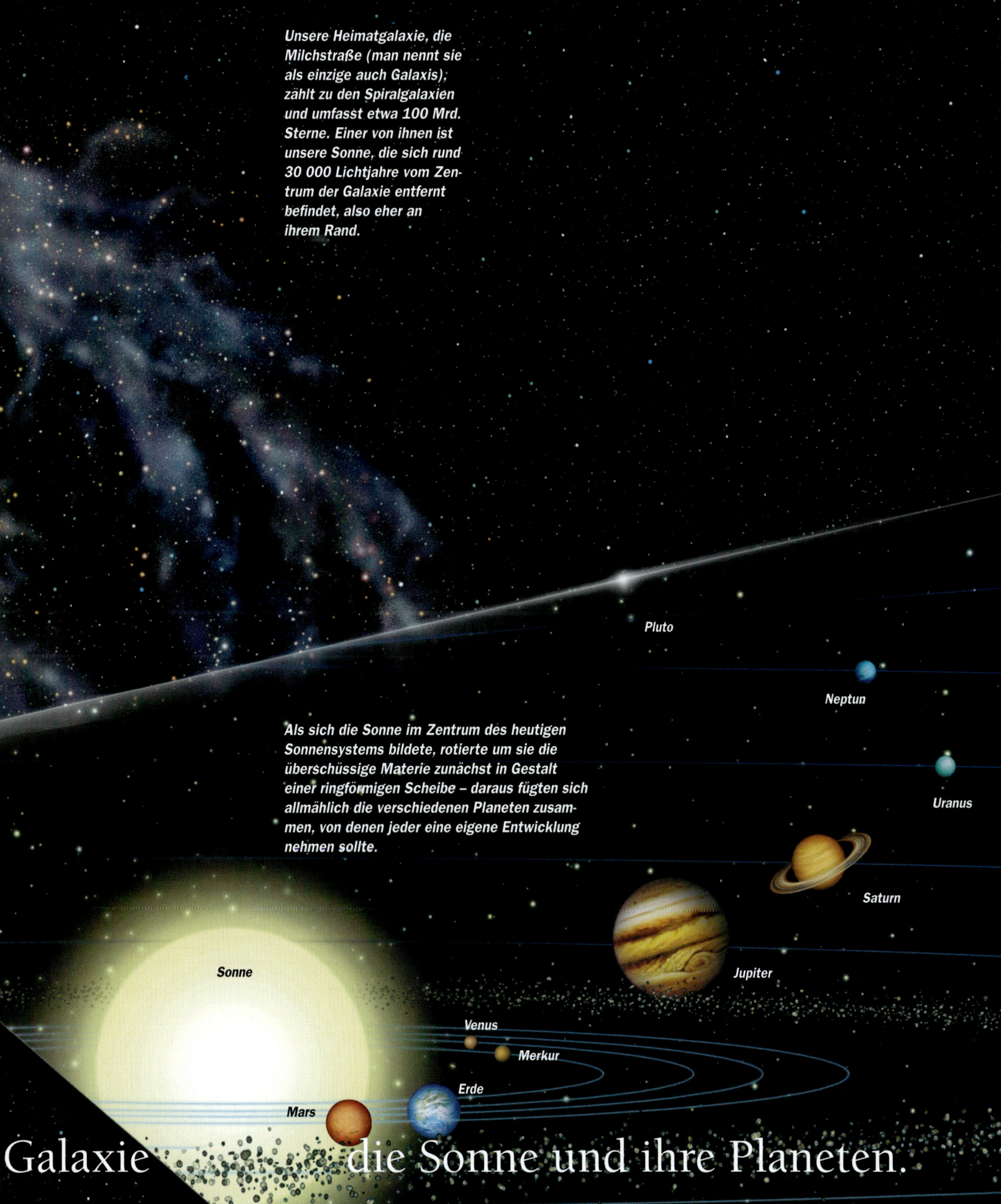

Unsere Heimatgalaxie, die Milchstraße (man nennt sie als einzige auch Galaxis), zählt zu den Spiralgalaxien und umfasst etwa 100 Mrd. Sterne. Einer von ihnen ist unsere Sonne, die sich rund 30 000 Lichtjahre vom Zentrum der Galaxie entfernt befindet, also eher an ihrem Rand.

Als sich die Sonne im Zentrum des heutigen Sonnensystems bildete, rotierte um sie die überschüssige Materie zunächst in Gestalt einer ringförmigen Scheibe – daraus fügten sich allmählich die verschiedenen Planeten zusammen, von denen jeder eine eigene Entwicklung nehmen sollte.

Pluto

Neptun

Uranus

Saturn

Jupiter

Sonne

Venus

Merkur

Erde

Mars

Galaxie die Sonne und ihre Planeten.

Weltschöpfungsmythen

Wo nahm die Erde ihren Anfang? Wie verlief die Schöpfung des Universums? Lange bevor die ersten wissenschaftlichen Theorien über die Entstehung der Welt erdacht wurden, hatten bereits alle Religionen und Zivilisationen ihre Antworten auf diese Fragen formuliert. Die Schöpfungsmythen sind symbolische, bildhafte Auslegungen einer unbekannten Geschichte. Für jede Gesellschaft waren sie von grundlegender Bedeutung. Sie erklärten, wie die Menschen auf die Erde kamen und welche Beziehungen zu den Schöpfergöttern bestanden.

▶ **Kronos**, für die alten Griechen der Sohn des Himmels und der Erde (oben rechts), will seinen gerade geborenen Sohn Zeus verschlingen. Seine Gemahlin Rhea reicht ihm jedoch einen Stein.

▲ **Nut**, die ägyptische Himmelsgöttin, beugt sich über den auf dem Rücken ausgestreckten Erdgott Geb, um die Sonne zu zeugen. Dieses Gemälde findet sich auf dem Sarkophag eines Schreibers in der Nekropole von Theben.

▶ **Die Titanen**, Söhne des Uranos und der Gaia (einer wird in dieser Szene von der Göttin Athene besiegt), widersetzten sich den Göttern des Olymp, deren Macht sie an sich reißen wollten – eine der Episoden, die auf dem Zeusaltar von Pergamon zu bewundern sind.

ÄGYPTEN: SCHÖPFUNG AUS DEM NIL

Im alten Ägypten existierten mehrere Schöpfungsmythen, die sich je nach Provinz und Epoche stark voneinander unterschieden (man kennt nicht weniger als zehn Schöpfergötter). Die unterschiedlichen Fassungen der Schöpfungsgeschichte folgen jedoch alle dem gleichen Schema. Eine der ältesten Versionen, die von Heliopolis, findet sich im berühmten Totenbuch. Danach gab es vor Beginn der Welt nur die Finsternis und das „Urwasser", Nun. Dieser leblose Ozean, manchmal auch Sumpf, trug bereits alle Elemente des Lebens in sich, ähnlich wie der Nil, der Ägypten jedes Jahr mit fruchtbarem Schlamm überschwemmte. Zunächst erschuf sich der allmächtige Gott Atum selbst aus dem Nun, indem er seinen eigenen Namen aussprach. Anschließend brachte er ein Zwillingspaar hervor, seinen Sohn Schu, der die Luft repräsentiert, und seine Tochter Tefnut, die Göttin der Feuchtigkeit. Die Zwillinge trennten den Himmel vom Wasser und zeugten Geb, die Erde, sowie Nut, den Himmel. Als das Urwasser zurückwich, erschien ein Erdhügel (Geb), der den ersten Flecken trockenen, festen Landes darstellte, auf dem sich der Sonnengott Re ausruhen konnte. Einigen Interpreten zufolge waren die Pyramiden Sinnbilder dieses ersten festen Landes, das sich aus dem Nil erhoben hatte.

GRIECHENLAND: DIE EHE VON HIMMEL UND ERDE

Auch in Griechenland existierten mehrere Schöpfungsmythen. Gemeinsam war ihnen die Vorstellung, dass zu Beginn das Chaos herrschte. Aus dem Chaos gingen dann Erebos, der tiefste Teil der Unterwelt, und Nyx, die Nacht hervor. Beide zeugten die Luft (Äther) und den Tag (Hemera). Gaia, die Erde, war der Sockel, von dem aus jedes Leben seinen Ausgang nahm. Uranos, der Himmel, der sie umgab, nahm sie zur Frau. Aus dieser Verbindung gingen alle Geschöpfe – Titanen, Götter und Menschen – hervor. Die Griechen betrachteten die Erde als flache Scheibe, die auf dem Strom Okeanos schwamm. Im Tagesverlauf zog Helios, die Sonne, mit seinem Wagen über den Himmel und fuhr nachts in einem goldenen Becher auf dem Okeanos nach Osten zurück. Erdspalten und Höhlen betrachtete man als Zugänge in die Unterwelt des Totengotts Hades.

AUSTRALIEN: TRAUMZEIT

Noch heute ist der Bericht über die Erschaffung der Aborigines in der Traumzeit bei der australischen Urbevölkerung lebendig. Die Traumzeit war ihr Anfang, als der Schöpfer aller Dinge, mit Namen Baiame, die Mutter Sonne weckte.

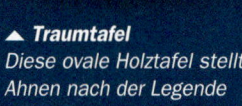

▲ **Traumtafel**
Diese ovale Holztafel stellt Ahnen nach der Legende der Traumzeit dar.

Als diese die Augen öffnete, erleuchtete ein sanftes Licht die Erde. Der Schöpfer sandte die Mutter Sonne zur Erde, einer unfruchtbaren, flachen Ebene, um dort die Ahnen zu wecken. Wo immer dort die Mutter entlang ging, begannen Pflanzen zu wachsen. Nachdem die Ahnen (oder Geister) geweckt waren, kam es zur Schöpfung der Landschaften und Tierwelt Australiens. Diese Ahnen erlebten nämlich zahlreiche Abenteuer. Dabei veränderte jede Wendung ihres Wegs die Umwelt. So wurden beispielsweise Menschen oder Tiere, die verbotene Handlungen vollzogen, von der Regenbogenschlange bestraft. Diese ertränkte sie und schuf dadurch Buchten und Flüsse. Sie spuckte deren Knochen aus, die zu Felsen und Hügeln wurden. So entstanden an den Orten, an denen die Ahnen vorbeizogen, die Tier- und Pflanzenwelt sowie die Landschaften des australischen Kontinents. Die Erzählungen über die Abenteuer der

Ahnen unterscheiden sich von Region zu Region, sie gelten als die „Träume", die der Kultur der Aborigines zugrunde liegen und nach wie vor von Generation zu Generation weitergegeben werden. So setzt sich die Traumzeit in Australien seit Jahrtausenden fort.

DIE AZTEKEN: AUGEN IN DER DUNKELHEIT

Vor der Erschaffung der Welt lebten *Ometecuhtli* und *Omecihuatl* (der männliche und weibliche Aspekt des Schöpfergotts *Ometeotl*) in einem Reich voll Finsternis. Während ihrer langen Spaziergänge sahen sie bisweilen die leuchtenden Augen im Dunkeln verborgener Monster. Zufällig berührte Omecihuatl eines von ihnen, und es verwandelte sich sofort in einen leuchtenden Lichtpunkt. Entzückt von dieser Wirkung berührten die beiden Götter alle Monster, die sie finden konnten, bis ihnen klar wurde, dass sie so den Himmel mit Sternen gefüllt hatten. Ermutigt beschlossen sie, die Erde zu erschaffen, um nicht länger allein zu sein.

Sie hatten zunächst vier Söhne: *Xipe Totec*, den Gott des Frühlings, *Huitzilopochtli*, den Sonnengott, *Quetzalcoatl*, die gefiederte Schlange, und *Tezcatlipoca*, den Gott der Nacht und Hexerei. Quetzalcoatl und Tezcatlipoca griffen sich vom Himmel ein Monster und schnitten es entzwei, um die Erde und das Meer zu schaffen. Aus den Haaren des Tieres erschuf Huitzilopochtli die Wälder, den Dschungel und das Grasland. Xipe Totec bevölkerte die Welt mit Kreaturen, die in den Lüften, auf dem Land und im Meer leben sollten. Jedes lebende Geschöpf, jeder Stein, jeder Fluss der Erde wurde darum von einer ihm eigenen Gottheit bewohnt.

INDIEN: BUTTER AUS DEM MILCHOZEAN

Etwa alle 4 Mrd. Jahre erschafft *Brahma* die Welt neu, ein Schöpfungszyklus, der bereits neunmal stattgefunden hat. *Vishnu* ruhte einmal des Nachts mit geschlossenen Augen auf seiner zusammengeringelten Schlange *Ananta*. Im Morgengrauen öffnete er die Augen und auf seinem Bauchnabel entfaltete sich eine Lotosblüte. Aus ihr wurde Brahma geboren, der die Welt in einem kleinen goldenen Ei erschuf. Er formte die Sonne und den Mond und setzte sie in den Himmel, dann brachte er die Gottheiten und die Dämonen hervor.

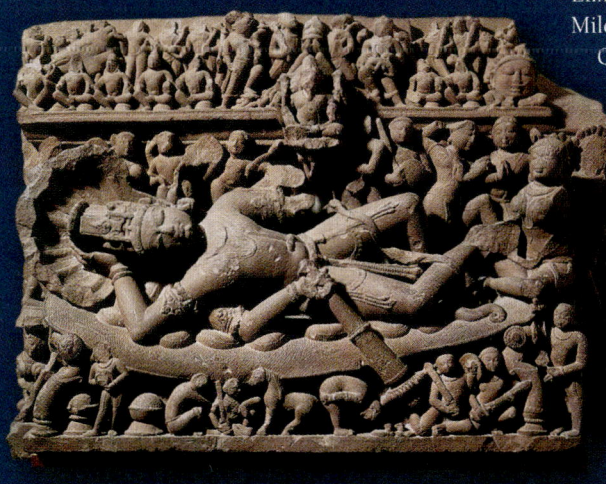

▲ *Ometecuhtli,* der Mann, bildet mit Omecihuatl, der Frau, das erste Paar, das alle anderen Götter des aztekischen Pantheon hervorbrachte.

Eines Tages schlossen sich die Götter für die Suche nach dem Elixier der Unsterblichkeit, das auf dem Meeresgrund verborgen war, zusammen. Sie folgten dabei einer Idee Vishnus, das kosmische Meer zu buttern, damit das Elixier an die Oberfläche steigen sollte (so wie man Milchrahm quirlt, um daraus Butter herzustellen). Als Quirl benutzten sie den Berg *Mandara*, der auf einer riesigen Schildkröte ruhte. Die Schlange Ananta diente als Seil, mit dem der Quirl zum Drehen gebracht wurde. Die *Deva* (Götter) zogen nun an einem Ende Anantas und die *Asura* (Dämonen) am anderen.

Der Berg Mandara drehte sich daraufhin hin und her, wodurch das Meer in Bewegung geriet, milchig wurde und sich schließlich in Butter verwandelte. Die Gottheiten förderten dann 14 „Schätze" an die Oberfläche, darunter das Elixier der Unsterblichkeit, die Sonne, den Mond, die Freude, die Lebenskraft und die Gesundheit, kurz die Prinzipien des Lebens.

◀ *Vishnu* wird hier auf der Schlange der Ewigkeit ruhend dargestellt. In dieser Haltung ersinnt er die Welt. Aus seinem Bauchnabel wird die Lotosblüte hervorbrechen, die Brahma, den Schöpfer des Universums, gebären wird. Dieses Relief aus dem 11. Jh. stammt aus dem indischen Khajuraho.

Teil 2

Die Geschichte der Erde

Kapitel 1
DIE GEBURT DER ERDE

Kapitel 2
DIE ANFÄNGE DES LEBENS

Kapitel 3
EXPLOSION DES LEBENS IM MEER

Vor 540 Mio. Jahren
Die ersten Meerestiere mit Außenskeletten treten auf.

Vor 3,8 Mrd. Jahren
Die ältesten bekannten fossilen Zeugnisse verraten uns, dass zu dieser Zeit in den Ozeanen das Leben zu erblühen begann.

Vor 520 Mio. Jahren
So genannte Chordatiere, Verwandte der Wirbeltiere, erscheinen.

Vor mehr als 400 Mio. Jahren
Insekten und Krebstiere betreten die Bühne des Lebens.

Vor 460 Mio. Jahren
Erste Fische nachgewiesen

Vor 440 Mio. Jahren
Kiefertragende Fische treten auf.

Vor etwa 4,5 Mrd. Jahren
Nach der Entstehung der Erde dauerte es einige Hundert Jahrmillionen, bis der Planet an der Oberfläche erkaltet war und sich alle Grundvoraussetzungen für die Entwicklung von Leben herausgebildet hatten.

Vor 2,5 Mrd. Jahren
Entstehung der ersten größeren beständigen Landmassen

Kapitel 4
DIE BESIEDLUNG VON LUFT UND LAND

Vor mehr als 420 Mio. Jahren
Die ersten Pflanzen, die vom Wasser ans Land umsiedeln, sind Moose.

Vor 355–295 Mio. Jahren
Entstehung der großen Wälder des Karbon

Vor 230 Mio. Jahren
Erscheinen der Dinosaurier

Vor 420 Mio. Jahren
Die ersten bekannten Fußabdrücke auf der Erde sind die eines aus dem Wasser kommenden Gliederfüßers.

Vor 370 Mio. Jahren
Auftauchen der ersten vierfüßigen Wirbeltiere (Tetrapoden)

Kapitel 5
DIE SÄUGETIERE EROBERN DIE ERDE

Vor 65 Mio. Jahren
Die Säugetiere beginnen, sich über die Erde auszubreiten.

Vor 60 Mio. Jahren
Die ersten Primaten treten auf.

Vor 53 Mio. Jahren
Die ersten, noch rüssellosen Elefanten erscheinen.

Vor 320 Mio. Jahren
Die ersten Reptilien erscheinen.

Vor 220 Mio. Jahren
Pterosaurier waren die ersten flugfähigen Wirbeltiere.

Vor 120 Mio. Jahren
Auftreten der ersten Blütenpflanzen

Vor 20 Mio. Jahren
Die modernen Menschenaffen erscheinen.

1

Die Geburt der Erde

Vor gut 4,5 Mrd. Jahren entstand im Verlauf von Jahrmillionen die große Vielfalt der Planeten und kleineren Himmelskörper unseres Sonnensystems. In der Folge dieser weit zurückliegenden Ereignisse entfalteten sich auf dem Planeten Erde Bedingungen, die bis heute die Existenz und die Entwicklung von Leben ermöglichen. Der einzige andere Planet, auf dem vor mehr als 4 Mrd. Jahren möglicherweise eine Zeit lang ähnliche Bedingungen herrschten, ist der Mars. Die Beobachtung und Erforschung der Himmelskörper unseres Sonnensystems sowie die im Labor durchgeführten Analysen von Meteoriten, Mond- und Erdgesteinen erlauben die Rekonstruktion einer erstaunlichen Geschichte, die von der Geburt der Sonne in einer Wolke aus Gas und Staub bis zur heutigen Erde reicht. Zunächst konzentrierten sich in den dichten, kalten Wolken des Weltraums Gas und Staub und bildeten eine Art rotierenden Nebel. Unter Einwirkung der Schwerkraft formte sich aus diesem Nebel eine ringförmige Akkretionsscheibe, an der sich weitere Materie ansammelte. Dieser Vorgang mündete in die Geburt der Sonne. Anschließend bildeten sich aus mikroskopisch kleinen Staubkörnchen des Nebels die ersten festen Körper, die so genannten Planetesimale, die Embryonen der künftigen Gesteinsplaneten – die Kindheit des Sonnensystems und seiner Planeten hatte begonnen. In den 4,4 Mrd. Jahren danach entwickelten diese Planeten unter dem Einfluss der Sonne ihre besonderen Eigenschaften.

Vor 4–2,5 Mrd. Jahren:
Das Archaikum

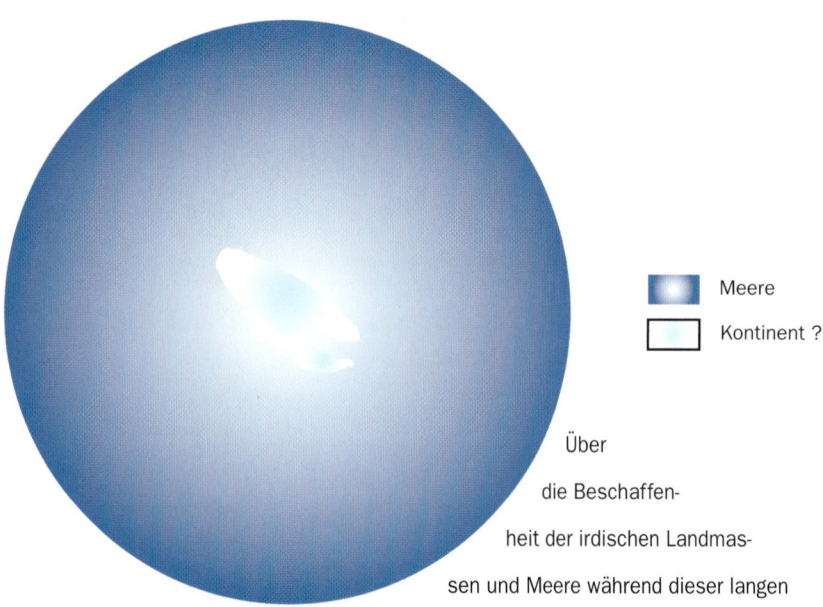

■ Meere

□ Kontinent ?

Über
die Beschaffen-
heit der irdischen Landmassen und Meere während dieser langen
Ära liegen nur wenige Daten vor. Zu dieser Zeit kam es noch
sehr häufig zu Meteoriteneinschlägen auf der Erde, zugleich bildete sich an ihrer
Oberfläche eine leichtere und starre Kruste aus, die über einem zähflüssigen, von
mächtigen Konvektionsströmen bewegten Mantel lag. Die Meteoriteneinschläge führten
zu hochgradigen Verformungen der jungen Landmassen, die mit Kratern übersät wurden.
Zudem kam es aufgrund der Bewegungen der Kruste vermutlich mehrfach zu gravierenden Veränderungen der Verteilung der Kontinentalmassen und Ozeane. Die Gesteine,
die sich im Verlauf dieses Zeitalters bildeten, sind die ältesten unseres Planeten.
Sie liefern jedoch nur bruchstückhafte Hinweise auf die damalige Beschaffenheit
der Erde, da die Gesteinsproben sehr unterschiedliche Situationen und
Zeitpunkte dokumentieren. Als älteste Gesteine gelten heute der
ca. 4 Mrd. Jahre alte Acasta-Gneis im Nordwesten Kanadas und Sedimentgesteine aus Grönland
(3,5, Mrd. alt).

1 Jeder leuchtende Punkt dieser Galaxie ist ein Stern wie unsere Sonne. In unserer Milchstraße gibt es mindestens 100 Mrd. solcher Sterne!

2 In einer interstellaren Wolke bilden junge Sterne Lichtkränze. Noch sind sie in ihrer Gaswolke verborgen.

3 Die Entstehung unseres Sonnensystems vor 4,5 Mrd. Jahren. Im Zentrum der Scheibe bildete sich die Sonne, während sich in ihrem Gas- und Staubring die ersten Planeten entwickelten.

4 Die dichten, kalten (-260 °C) Gas- und Staubwolken der Milchstraße sind die Brutstätten von Sternen und damit von komplexeren Molekülen.

5 Solch kleine Himmelskörper nennt man Planetesimale. Planeten wie die Erde sind durch Akkretion von Planetesimalen (Anlagerung kleinerer Objekte an größere) entstanden.

6 Jeder der riesigen kalten Gasplaneten (Jupiter, Saturn, Uranus und Neptun) besitzt Ringe.

7 Der Mond ist wohl aus einem Zusammenstoß der Erde mit einem Planetesimal hervorgegangen.

8-9-10 Drei Etappen in der Entwicklung der Oberfläche der Urerde vor etwa 4,3–3,7 Mrd. Jahren:

8 Vor etwa 4,3 Mrd. Jahren war bereits der größte Teil des Planeten von Ozeanen bedeckt. Der Abstand zwischen Mond und Erde war noch relativ gering, unablässig schlugen Meteoriten auf der Erde ein. Bei dem aus den Ozeanen emporragenden Land handelte es sich in der Regel um Vulkaninseln. Es gab nur eine dünne Erdkruste, und die Gesteine traten nackt an die Erdoberfläche. Die Atmosphäre war so dicht, dass Sonnenstrahlen kaum bis zur Erdoberfläche drangen.

9 Vor ungefähr 4 Mrd. Jahren vergrößerte sich die Entfernung zwischen Erde und Mond, Einschläge aus dem Weltall wurden seltener und die Dichte der Atmosphäre verringerte sich.

10 Vor annähernd 3,7 Mrd. Jahren traten schließlich die ersten Blaualgen in den Ozeanen auf. Sie banden Kalziumkarbonat, ließen pilzförmige Kalkgebilde (Stromatolithen) entstehen und gaben die ersten Sauerstoffbläschen ab.

Vor Entstehung des Sonnensystems
Die Galaxienära

Vor 15 Mrd. Jahren leuchteten die ersten Sterne auf. Über einen Zeitraum von nahezu 10 Mrd. Jahren erstrahlten und erloschen im Universum der Galaxien Generationen von Sternen, bis sich schließlich der Sonnennebel bildete. Heute ist das Licht der Sterne die einzige Quelle, die uns Erkenntnisse über das Universum der Galaxien liefert.

Die Geburt der Sterne

Versetzen Sie sich in eine Zeit, als der Urknall erst 1 Mio. Jahre zurücklag und das Universum einem leblosen, dunklen See ohne Grund und Oberfläche ähnelte. Plötzlich kam, verursacht durch einen Zusammenstoß dichterer Materieschwaden, Bewegung in das Stillleben. Ein Zittern durchlief die gigantische Gasmasse, und in den entstehenden Wirbeln ballten sich Staubkörnchen zusammen. Das Universum – zwar dunkel wie zuvor – füllte sich mit Milliarden gewaltiger Staubwolken.

Sie hatten solch riesenhafte Ausmaße, dass sie kollabierten, denn aufgrund der Schwerkraft zog sich die Materie in einer Wolke gegenseitig an und verklumpte, wodurch die Wirkung der Schwerkraft noch verstärkt wurde. Nun wurden Gas und Staub ins Zentrum der Wolke gezogen, wodurch diese zu einer gigantischen Scheibe abflachte, in deren Mittelpunkt eine riesige Gaskugel um ihren Fortbestand rang. Die dabei entstehende Energie entzündete einen Lichtschimmer in der Kugel und tauchte diese in helle Glut. Das Licht hatte über die Schwerkraft gesiegt, und dieses Leuchten war von Dauer.

So sah die Geburt des ersten Sterns aus. Überall wurden weitere Wolken, weitere Scheiben entzündet und weitere Sterne geboren. Zu großen Komplexen vereint bildeten sie gewaltige leuchtende Galaxien. Wie phosphoreszierende Quallenschwärme durchbrachen sie die Dunkelheit des Universums in Gestalt unzähliger Wolken, in denen Milliarden von Sternen leuchteten. Die Galaxienära hatte begonnen.

▲ **Andromeda**
Die unserem Sonnensystem nächstgelegene Galaxie ist zugleich die, die unserer am meisten ähnelt. Unsere Sonne ist nur einer von etwa 100 Mrd. Sternen in der Milchstraße ...

Die Keime des Sonnensystems

Begeben wir uns erneut auf die Reise in die Vergangenheit, in eine Zeit, als die Galaxienära bereits an die 10 Mrd. Jahre andauerte. In dieser ganzen Zeit entstanden allerorts neue Sterne, doch zugleich starben andere, explodierten und schleuderten neuen Staub ins Weltall, der seinerseits die Bildung weiterer Sterne ermöglichte. Hier wurden auch bereits die ersten Keime für unser Sonnensystem gelegt, in Form von Staubkörnchen, die während der gesamten Galaxienära im All verstreut wurden. Alle hatten Anteil an Generationen neuer Sterne.

Doch vor 4,5 Mrd. Jahren fand für einige ihr langes Umherziehen ein Ende, als sie sich zu einer Wolke vereinten, die dann zu einer Gasscheibe, dem protosolaren Nebel, kollabierte. Dabei stieg die Temperatur an, die Kernfusion setzte ein und lieferte die Energie, die den gesamten Nebel in helle Glut tauchte. Hier entwickelte sich unser Sonnensystem und mit ihm die Erde. Doch zunächst wollen wir erfahren, was die Wissenschaft heute von Sternen und Galaxien weiß.

Staus in der unermesslichen Weite

Galaxien sind gewaltige kosmische Gebilde, zu denen jeweils mehrere Milliarden Sterne zählen, die sich je nach Art der Galaxie unterschiedlich in ihr anordnen. Stellen Sie sich eine Galaxie als ein flaches, im Zentrum gewölbtes dynamisches Gefüge vor. Die Sterne einer Spiralgalaxie wie der unseren folgen einer Umlaufbahn um das Zentrum der Galaxie und gelangen dabei im Lauf von etwa 100 Mio. Jahren von einem Spiralarm in den nächsten. Dabei werden sie in den meisten Fällen innerhalb der Arme abgebremst. Ein alltägliches Beispiel verdeutlicht das: Auf der Autobahn kommt es bei sehr dichtem Verkehr zu Staus, weil die durchschnittliche Fahrtgeschwindigkeit abnimmt. In einem Galaxiearm wird diese Abbremsung durch die große Ballung der dort vorhandenen Sterne bewirkt. Sie verändert die Anziehungskräfte, sodass die Materie in den Armen gleichsam an die Kette gelegt wird. So bewahrt die Galaxie ihre Struktur auf unbestimmte Zeit. Auch Gas und Staub rotieren um die Galaxie und sammeln sich an den Rändern der Spiralarme, wo sie riesige Wolken, die Brutstätten neuer Sterne, bilden.

Unsere Sonne befindet sich zurzeit zwischen zwei Armen unserer Galaxie. Sie hat den Perseus-Arm verlassen und tritt in den Sagittarius-Arm ein. Darum sehen wir unsere Milchstraße von der Erde aus gleichsam im Querschnitt.

Das Universum: unvorstellbar groß

Außerhalb der Galaxien können wir im Universum nahezu keine (sichtbare) Materie ausmachen. Lediglich elektromagnetische Strahlen durchziehen den intergalaktischen Raum. In seiner Gesamtheit ist das Universum vermutlich vollendet. Es besteht aus 1000 Mrd. Galaxien, die mit durchschnittlichen Abständen von 10^9 Lichtjahren im Raum verteilt sind (1 Lichtjahr – Lj – entspricht der Strecke, die das Licht in einem Jahr zurücklegt: $9,5 \times 10^{15}$ km). Solche Größenordnungen übersteigen das menschliche Vorstellungsvermögen bei weitem. Aus unserer Perspektive sind ja bereits die Ausmaße unserer Heimatgalaxie gewaltig, deren Durchmesser etwa 100 000 Lichtjahre beträgt. Die Erde liegt 30 000 Lichtjahre vom Zentrum der Galaxis entfernt. Dies entspricht etwa der halben Strecke zwischen dem Zentrum und den Sternen, die die äußeren Ränder der Galaxiearme einnehmen. Zur Verdeutlichung: Ein heutiges Raumschiff wäre etwa 1 Mrd. Jahre unterwegs, um ins Zentrum der Milchstraße zu gelangen. Und um eine Nachbargalaxie, beispielsweise Andromeda, zu erreichen, wäre die zehnfache Zeit erforderlich!

Die Farbe der Sterne

Je weiter eine Lichtquelle entfernt ist, desto geringer ist die Gesamtmenge des ausgesandten Lichts. Zur Bestimmung der Leuchtkraft und der Farbe eines Sterns muss also zunächst die Entfernung zum Stern bekannt sein. Die Farbe gibt Auskunft über die Temperatur seiner Atmosphäre. Je stärker die Rotfärbung, desto höher ist die Temperatur. Andere Sterne, die so genannten Weißen Zwerge, sind kalt. Setzt man die Farbe eines Sterns in Bezug zu seiner Leuchtkraft, so lässt sich das Alter des Sterns ermitteln. Dieses Vorgehen wurde zu Beginn des 20. Jh. von den Astronomen Hertzsprung und Russel in Form des Hertzsprung-Russel-Diagramms entwickelt, und ihre Hypothese hat sich als korrekt erwiesen. Wie bei einer elektrischen Heizplatte zeigt sich die Oberflächentemperatur eines Sterns in seiner Farbe. Je größer aber die Oberfläche des Sterns ist, desto kälter wird bei gleicher Energiezufuhr sein „Licht" sein. Ausgehend von seiner Leuchtkraft und Farbe lässt sich so die Oberfläche eines Sterns berechnen, woraus sich wiederum seine Größe ableiten lässt. In der Konsequenz bedeutet das, dass die blauen Sterne die massehaltigsten sein müssen.

Das Alter der Sterne

Das Alter eines Sterns zu bestimmen ist dagegen schwieriger. Die in seinem Innern herrschenden Temperaturen hängen von den dort ablaufenden Kernreaktionen ab. Je größer ein Stern ist (es gibt solche mit einem Vielfachen der Masse unserer Sonne), um so höher sind seine Innentemperatur und sein Innendruck. Ein rascher Temperaturanstieg geht in einem großen Stern mit einem ebenso rasant ansteigenden Brennstoffverbrauch einher. Seine Explosion in Form einer spektakulären Supernova tritt unweigerlich ein, sobald seine nuklearen Reserven verbraucht sind. Dadurch erklärt sich, dass kleine Sterne eine längere Lebensdauer haben. Dies gilt beispielsweise auch für unsere Sonne, die erst in etwa 5 Mrd. Jahren als Roter Riese ihrem Ende entgegengehen wird.

Die Sterne und unser Sonnensystem

Der Eisengehalt eines Sterns steht bekanntermaßen in Beziehung zu seinem Alter – in jungen Sternen ist der Eisenanteil am höchsten. Übrigens sind in der Milchstraße Sterne unterschiedlichen Alters oft in enger Nachbarschaft anzutreffen, wobei jeder Stern im Verhältnis zu seinen Nachbarn einer individuellen Bahn folgt. Doch welche Schlüsse lassen sich aus dieser Beobachtung über unsere Sonne ziehen? Wir wissen heute, dass die chemische Zusammensetzung der Sonne und des Gases, in dem sich die Erde einst gebildet hat, der durchschnittlichen chemischen Zusammensetzung unserer gesamten Galaxie entspricht. Die Materie, die beim Entstehen und Vergehen einer großen Anzahl von Sternen gebildet wurde, hat also auch zum Aufbau unseres Planetensystems beigetragen. Gleiches gilt für das Gas, das den Planeten als Ausgangsmaterial diente: Es wies ebenfalls eine solare Zusammensetzung auf. Solche Entdeckungen führten vor etwa 50 Jahren zur Gründung einer neuen wissenschaftlichen Disziplin, der Kosmochemie. Ihr Forschungsgebiet ist die chemische Analyse der Materie des Sonnensystems und insbesondere der Meteoriten, die die uns zugänglichsten Proben außerirdischen Materials darstellen. Wie wir sehen werden, gibt es zahlreiche Beispiele für eine enge Verwandtschaft zwischen den Bestandteilen unseres Planeten und denen des interstellaren Raums. Wer heute den Ursprung der Erde verstehen will, kann die interstellare Chemie nicht mehr unberücksichtigt lassen.

◀◀ *Linke Seite*
Große Wolken interstellaren Staubs, vom Hubble-Teleskop aus dem Weltraum aufgenommen (1 x 1 Lichtjahr groß)

◀ **Die Rekonstruktion der Galaxis**
Die Sterne sammeln sich in den Armen der Galaxie und rotieren fortwährend von einem zum anderen. Nach 250 Mio. Jahren haben sie die Galaxie einmal komplett umlaufen. Die Sonne (hier durch einen heller leuchtenden Stern dargestellt) befindet sich zurzeit zwischen dem Spiralarm Sagittarius und dem Perseus-Arm.

Die Geburt des Sonnensystems
Der protosolare Nebel und die Kometen

Vor 4,5 Mrd. Jahren bildete sich in einer interstellaren Wolke der Milchstraße eine Scheibe aus Gas und Staub. Im Zentrum dieser Scheibe leuchtete schließlich die Sonne auf. Um sie herum fügte sich kreisende Materie zunächst zu Körnchen und dann zu größeren Gesteinsbrocken zusammen, bis schließlich das uns heute bekannte Sonnensystem entstanden war.

Ein Diskus aus Gas und Staub

An den äußeren Rändern von Galaxiearmen bilden sich aus Gas und Staubkörnchen riesige Wolken mit mehr als 100-facher Sonnenmasse. Seit einiger Zeit beobachtet man in diesen Wolken Scheiben aus Gas und Staub. Sie trennen sich rasch vom Rest der Wolke ab, und schließlich beginnt in ihrem Zentrum ein neuer Stern zu leuchten.

Seit dem beginnenden 19. Jh. waren Physiker von der Existenz solcher Scheiben überzeugt, wobei sie von verschiedenen theoretischen Überlegungen geleitet wurden. Beispielsweise ist seit mehr als zwei Jahrhunderten bekannt, dass alle Planeten auf der gleichen Ebene und in der gleichen Richtung um die Sonne kreisen. Außerdem erkannte man folgendes: Wenn eine durch leichte Rotationsbewegung in Bewegung gesetzte Gaskugel unter ihrem eigenen Gewicht zusammenbricht, neigt sie unmittelbar dazu, eine ringförmig gegliederte Scheibe zu bilden. Diese ähnelt den Ringen, die einige Planeten des Sonnensystems umkreisen. Die Bezeichnung für eine solche Scheibe lautet protosolarer Nebel.

Ein Blick auf die Anfänge

Interstellare Wolken können der Ursprung Hunderter von Sternen sein. Sie werden gleichsam in einem Schwarm geboren und verlassen die Wolke, in der sie entstanden sind, schnell und ungeordnet. Jeder Stern folgt anschließend einer eigenen Bahn. Auch unsere Sonne hat sich auf diese Weise selbstständig gemacht. Seit einigen Jahren verfügen die Wissenschaftler, die die Bildung des Sonnensystems erforschen, über Instrumente, die unser Wissen revolutionierten. Mit den neuesten Teleskopen (insbesondere dem Hubble-Weltraum-

▲ *Der protosolare Nebel*
(mit einem Durchmesser von 150 Mrd. km) entstand durch den gravitationsbedingten Zusammenbruch einer interstellaren Gas- und Staubwolke. In seinem Zentrum erstrahlte schließlich die Sonne, während die Materie in der rotierenden Scheibe in Form von Körnchen kondensierte. Im Lauf von etwa 10 Mio. Jahren zerstreute sich das Gas. In weniger als 100 Mio. Jahren war die Bildung der Planeten abgeschlossen.

▲ *Die Ringe des Saturn*
Die Ringe des Riesenplaneten sind aufschlussreiche Beispiele für die Bildung von Scheiben unter dem Einfluss der Schwerkraft.

teleskop) können Sterne in ihrem Anfangsstadium beobachtet werden. Und diese Beobachtungen bestätigen die ursprünglichen Vorstellungen vom protosolaren Nebel.

Sterne aus der Scheibe

Die Sternenbildung ist ein mit ausgesprochener Heftigkeit ablaufender Vorgang. Fontänen heißer Materie schießen aus beiden Polen der rotierenden Neusterne empor und reagieren mit dem Gas, in dem sie sich befinden. Dabei entstehen Röntgenstrahlen und energiereiche Teilchen, die auf die Oberfläche der Scheibe niederregnen. Dort bilden sich dann die ersten festen Körper, und dort werden später auch die Planeten geboren.

Die intensive Tätigkeit unserer Sonne könnte zahlreiche Substanzen hervorgebracht haben, die sich noch heute in den Meteoriten wiederfinden. Hier wären beispielsweise organische Moleküle oder Mineralien zu nennen, die ersten festen Körper, die in unserem Sonnensystem auftraten.

Im Innern der Scheibe

Noch können wir mit unseren Mitteln nicht ins Innere solcher Scheiben blicken. Selbst wo ihr Volumen groß genug ist, um alle Planeten unseres Sonnensystems beherbergen zu können, sind sie für den Beobachter der Vorstufe eines Sterns dennoch zu klein, da sich die Scheibe häufig mehr als 100 Lichtjahre entfernt befindet. Wir müssen uns also auf die theoretischen Rückschlüsse beschränken, die sich aus den Modellen des protosolaren Nebels ergeben.

Ob diese Modelle zutreffen, werden wir allerdings erst dann erfahren, wenn es uns gelingt, die Entstehung eines erdähnlichen Gesteinsplaneten aus einem jungen Stern tatsächlich zu beobachten. Bis dahin bleiben diese Modelle nur Hypothesen, wenn auch weithin schlüssige.

Schneefall im Nebel

In einer aus Gasen bestehenden Scheibe hängen Temperatur, Druck und Dichte der festen Materie pro Kubikzentimeter von ihrem Alter und vom Abstand zum Zentralgestirn ab. Die genauen Werte dieser Parameter sind umstritten, doch schätzt man heute, dass sich ein Gasnebel im Verlauf einiger Jahrmillionen abkühlt und im interstellaren Raum zerstreut.

Temperatur und Druck dürften in den zentralen Regionen höher gewesen sein als in den Randgebieten, was erklärt, warum die Planeten des Sonnensystems gemäß ihrer Zusammensetzung einer gewissen räumlichen Anordnung folgen. Diejenigen mit den höchsten Oberflächentemperaturen und einem hohen Anteil an reinem Eisen befinden sich in der Nähe der Sonne (Merkur, Venus, Erde), während die eisreichsten Planeten weit von der Sonne entfernt liegen. Der Planet Mars erscheint hier als eine Art Mittelding. Seit Weltraumsonden das Universum erforschen, ist unser Wissen über die Verteilung chemischer Substanzen im Sonnensystem gewachsen. So sind stark eishaltige Himmelskörper generell jenseits des Planeten Mars zu finden. Um die Planeten Jupiter und Saturn kreisen sogar Monde, die hauptsächlich aus Eis bestehen. Von Europa, einem der Jupitermonde, ist bekannt, dass er unter einer dicken Packeisschicht einen mehrere Hundert Kilometer tiefen Ozean birgt. Die Formen der Einschlagskrater auf der Oberfläche der Monde der äußeren Planeten (jenseits des Mars) sprechen für eine erstaunlich hohe Zahl wasserreicher Geschosse, die deutlich andere Spuren als Stein- oder Metallgeschosse hinterlassen. Kometen, die etwa zu 50 % aus Wasser bestehen, stammen daher höchstwahrscheinlich aus den Randzonen unseres Sonnensystems.

All diese Beobachtungen münden in die gleiche Feststellung: Im protosolaren Nebel waren große Mengen Wasserdampf vorhanden, die jedoch in den inneren Zonen, wo zu hohe Temperaturen herrschten, nicht kondensieren konnten. In Regionen fernab der Sonne hagelte es dagegen!

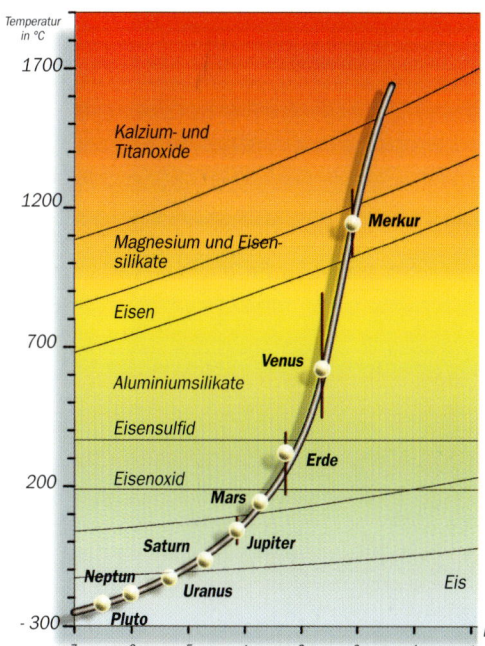

Die Beschaffenheit der Planeten
Aus einem Gas von solarer Zusammensetzung scheiden sich feste Körper unterhalb der Grenzen der Phasenänderung ab, und zwar in Abhängigkeit von der Temperatur (y-Achse) und dem Druck (x-Achse). Im protosolaren Nebel wird die Kurve von Druck und Temperatur in Abhängigkeit vom Abstand zur Sonne berechnet. Die Planeten sind mit ihren Sonnenabständen auf dieser Kurve eingetragen. De Verteilung der chemischen Bestandteile der Planeten entspricht der thermischen Entwicklung des Nebels. Je geringer ihr Abstand zur Sonne ist, desto höher ist ihr Anteil an festen Körpern mit hohen Schmelzpunkten.

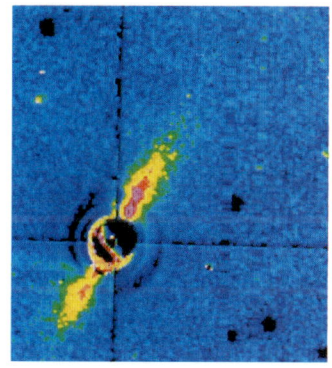

Beispiel für die Entstehung eines Sonnensystems
Diese Staubscheibe rund um einen jungen Stern (Beta Pictoris) zeigt, wie sich einst auch unser Sonnensystem bildete.

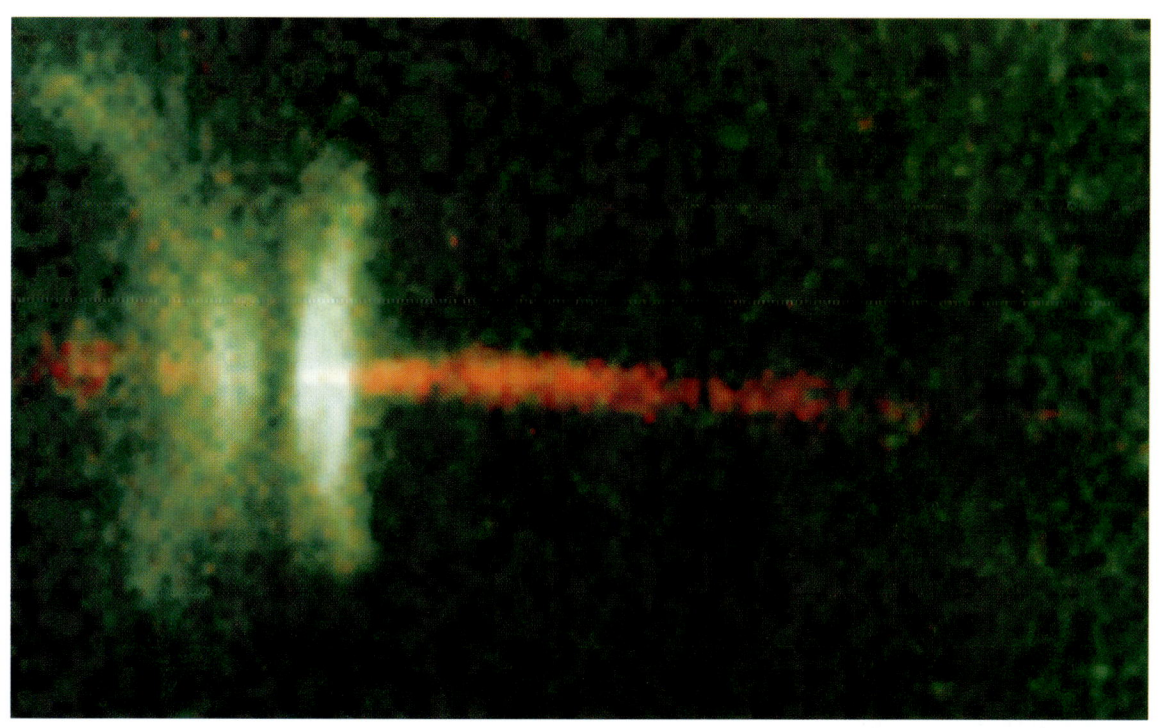

Beispiel für die Entstehung von Planeten
Die Bildung von Planetensystemen geht mit einem heftigen Ausstoß von Materie einher, die den beiden Polen des jungen Sterns in Form von Fontänen (auf dem Foto rot) mit hoher Temperatur (mehrere Millionen Grad) entströmen. Der Stern ist nicht zu sehen, da er in der protostellaren Scheibe verborgen ist, deren konkave Ränder von zwei leuchtenden Zonen betont werden.

Entgegen dem Anschein ist der Planet Erde kein Gegenbeispiel, denn im Verhältnis zu seiner Gesamtmasse weist er nur eine geringe Wasserkonzentration auf. Jüngste Forschungen über die Zusammensetzung des auf der Erde vorhandenen Wassers deuten darauf hin, dass es vermutlich im Zuge gigantischer Einschläge von Objekten, die aus den äußeren, kälteren Zonen des Sonnensystems stammten, auf unseren Planeten gelangte.

Am Anfang war ein Nebel …

Da ein protosolarer Nebel in Folge gewaltiger Konvulsionen kräftig durchmischt wird, weist er anfänglich vom Zentrum bis zu seinen Randzonen eine gleichförmige chemische Zusammensetzung auf, die der der heutigen Sonne entspricht. Die gesamte Scheibe war also chemisch gesehen „solar" beschaffen. Auch darum kann man einen solchen Nebel als Vorfahren von Sonne und Planeten ansehen.

Im Zentrum der protosolaren Scheibe entzündete sich dann die Sonne. Die um sie rotierende Materie ballte sich zu Staub und schließlich zu Felsklumpen zusammen. Diese ersten, als Planetesimale bezeichneten Himmelskörper existieren heute nicht mehr, da sie im Lauf verschiedener Zusammenstöße zertrümmert wurden. Überreste dieser kosmischen Havarien sind die Meteoriten, Asteroiden und Kometen.

Meteoriten sind Reste von Planetesimalen, die in den inneren, heißen Zonen des Sonnensystems gebildet wurden, wo heute die felsigen Planeten zu finden sind. Kometen stammen aus den Randzonen, die in der Nachbarschaft der äußeren gasförmigen Planeten wie Uranus und Neptun liegen.

Das Rätsel bleibt

Noch ist aber nicht lückenlos geklärt, wie sich die Bildung der Erde vollzog und welche Mechanismen für die chemische Beschaffenheit unseres Planeten (und der anderen Planeten des Sonnensystems) verantwortlich sind. Zwei neuere Beobachtungen belegen, wie unschlüssig die Wissenschaft in dieser Hinsicht ist: Jeder Planet und jeder Trabant des Sonnensystems weist eine andere chemische Zusammensetzung auf. Außerdem befinden sich die Planeten heute nicht mehr an den Positionen, an denen sie entstanden! Die erste Erkenntnis resultiert aus Messungen, die im Verlauf von Forschungsprojekten im Weltraum gemacht wurden. Die zweite stützt sich auf die Entdeckung riesiger, gasförmiger, mit dem Jupiter vergleichbarer Planeten außerhalb unseres Sonnensystems, die sich jedoch zehnmal näher an ihrem Stern befinden als Ju-

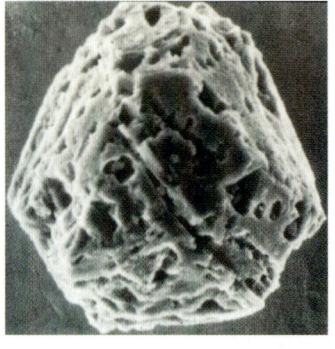

piter bei der Sonne. Eine Schlussfolgerung aus dieser Beobachtung ist, dass sich ein Planet zwar weit entfernt von seinem Zentralstern bildet, sich dann aber diesem annähert, vermutlich in Folge der Reibungskräfte, die die Gashülle auf seine Bewegung ausübt. Hat die Erde also die leichtesten Gase ihrer Atmosphäre (Wasserstoff) während ihrer Annäherung an die Sonne verloren? Zurzeit existiert über diese Frage kein wissenschaftlicher Konsens.

Kometen liefern Hinweise

Im Unterschied zu den Planeten, deren Umlaufbahnen alle auf der gleichen Ebene liegen, bewegen sich die Kometen innerhalb einer kugelschalenförmigen Wolke um die Sonne. Diese wird nach ihrem Entdecker Oort als Oortsche Wolke bezeichnet. Ihr Radius ist weit größer als die Entfernung zwischen Pluto, dem äußersten Planeten, und Sonne. Die Kometen werden zwar von der Sonne angezogen, doch ist deren Anziehungskraft durch die große Distanz nur schwach wirksam, sodass winzige Gravitationsstörungen, etwa durch einen anderen Stern oder einen vorbeiziehenden Planeten, ausreichen, um die Kometen von ihrer Bahn in Richtung Sonne abzulenken. Dies bedeutet für die meisten Ko-

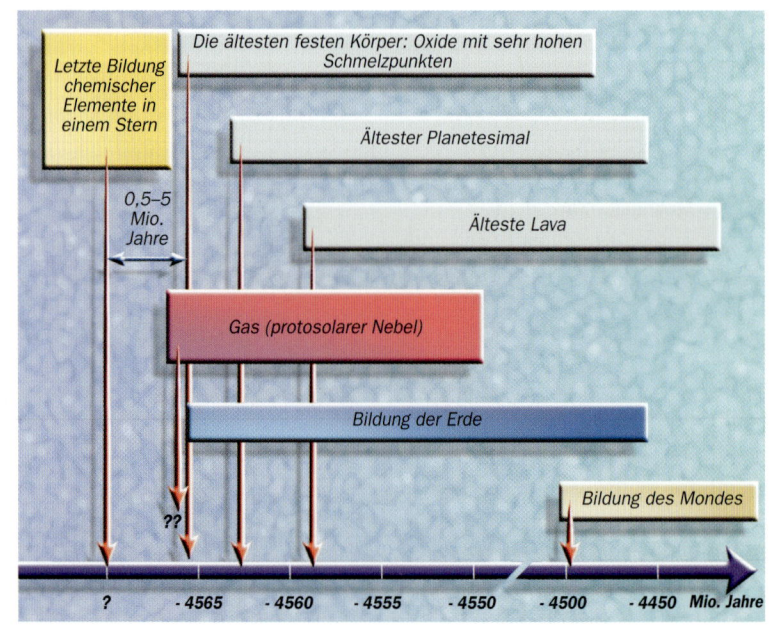

meten das Ende, während andere lediglich an der Sonne vorbeiziehen, sie umkreisen und anschließend in die Oortsche Wolke zurückkehren. Nähern sich Kometen der Sonne, so erhitzt sich ihre Oberfläche, und das Eis, aus dem sie größtenteils bestehen, verdampft, wodurch sie einen Schweif bilden, der unter dem Einfluss des Sonnenwinds am Himmel leuchtet. Leuchtet dieser „Schweif" stark genug und passiert uns der Komet in Erdnähe, dann kann man mittels Spektroskopie die verdampfenden chemischen Stoffe bestimmen und messen. Dank der technischen Fortschritte in der Forschung, die bei der Beobachtung besonders stark leuchtender Kometen zum Tragen kamen, konnte ein Katalog dieser Stoffe erstellt werden. Er präzisierte unsere Vorstellung davon, wie die Kometenbildung im Nebel vonstatten ging.

Staub, Moleküle, Mineralien

Planetesimale, die sich einst weit entfernt von der Sonne bildeten, bestanden aus Wasser und einer chemischen „Suppe", deren Zusammensetzung jener der Sonne ähnelte. Der Nebel erstreckte sich folglich weit in den Raum hinein, und dort kondensierten sich die Kometen heraus. Die Analyse von Kometenschweifen offenbarte Staubkörnchen, die reich an organischen Molekülen sind. In Zahl und Beschaffenheit ähneln sie jenen, die in den kalten interstellaren Wolken registriert wurden. Das heißt, dass mancherorts die Temperatur des Nebels so niedrig war, dass die interstellaren, mit Gas vermischten organischen Moleküle bei der Bildung dieser gefrorenen Körper nicht zerstört wurden. Unter den Staubkörnchen wurden auch Silikate identifiziert, die für die inneren Zonen des Sonnensystems charakteristisch und häufig in Meteoriten und auch in irdischen Gesteinen anzutreffen sind. Im Nebel müssen also gewaltige Wirbel die in den inneren Zonen bei 1000 °C kristallisierten Mineralien über riesige Strecken zu den Randzonen transportiert haben.

Die Geburt des Sonnensystems erfolgte rasant

Aufgrund all dieser Beobachtungen geht man heute davon aus, dass äußerst heftige, schnell ablaufende lokale Vorgänge die chemische Homogenität des protosolaren Nebels störten.

Misst man die Radioaktivität in den Meteoriten, dann kann man ihr Auftreten im Sonnensystem datieren. Daraus lässt sich auf die Dauer der Planetenbildung schließen – ein Forschungsgegenstand der Isotopen-Geochemie, die die verschiedenen Isotope der Elemente untersucht. Mit ihrer Hilfe kann man eine Altersbestimmung des Sonnensystems vornehmen. So geht man davon aus, dass sich die Bildung des Sonnensystems sehr schnell (innerhalb einiger Jahrmillionen) und vor sehr langer Zeit (vor 4,5 Mrd. Jahren) vollzog. Zum Vergleich: Die Entstehung einer Bergkette wie der Alpen dauerte mehrere Dutzend Jahrmillionen. Andererseits sind die wenigsten heutigen Gesteine der Erde älter als 500 Mio. Jahre. Und selbst die ältesten bislang gefundenen Sedimentgesteine (von denen nur zwei winzige Proben aus Grönland existieren) sind etwa 3,5 Mrd. Jahre alt. Zu dieser Zeit lag die Entstehung des Sonnensystems bereits 1 Mrd. Jahre zurück – ein rasanter Vorgang also!

▲ *Der Komet West*
Im interstellaren Raum kondensieren einige Bestandteile von Kometen, anders als bei den Meteoriten, in der Regel bei sehr niedrigen Temperaturen (-250 °C). Gelangen sie in die Nähe der Sonne, so verdampfen diese Bestandteile und bilden den leuchtenden Kometenschweif.

▲ *Olivinische Chondren in einem kohligen Chondrit*
Chondren (Ø 0,1 mm) wurden in wenigen Sekunden erhitzt und kühlten innerhalb von etwa 10 Minuten wieder ab. Sie sind Repräsentanten der ersten festen Körper, die sich im protosolaren Nebel bildeten. Die Hitzequelle dieser Prozesse konnte bis heute nicht identifiziert werden.

Die Gestalt unseres Sonnensystems
Vom Zentrum zu den Rändern

Noch vor nicht allzu langer Zeit hielt man unser Sonnensystem mit seinem zentralen Stern (der Sonne) und den ihn umkreisenden Planeten für einzigartig im Universum. In den vergangenen Jahren wurden jedoch annähernd 20, auf den ersten Blick sehr von der Erde verschiedene Planeten im Orbit anderer Sterne als der Sonne entdeckt. Man kann unser Sonnensystem also schwerlich weiterhin als eine Ausnahmeerscheinung oder eine bizarre Laune der Natur ansehen.

Die Grenzen des Sonnensystems

Das Sonnensystem umfasst den gesamten Raum, auf den die Sonne einwirkt, sei es durch die Anziehungskraft, die sie auf die Planeten ausübt, oder durch die kontinuierlich von ihr ausgehende, als Sonnenwind bekannte Partikelstrahlung. So definiert erstreckt sich das Sonnensystem über eine Entfernung von ungefähr 2 Lichtjahren rund um die Sonne. Jenseits dieser Distanz beginnt der praktisch leere interstellare Raum – dort sind lediglich Gas und sehr kleine Staubpartikel (in der Größenordnung von Millionstel Millimetern)

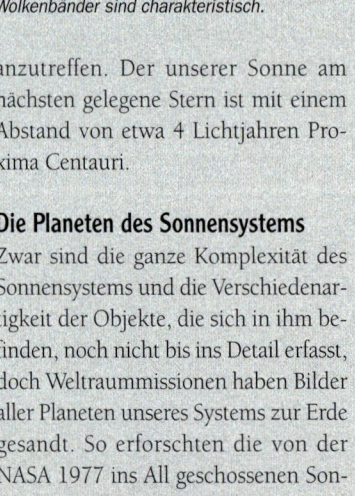

▲ **Vom All aus betrachtet** wird die Erde vom Blau der Ozeane dominiert. Auch die weißen Wolkenbänder sind charakteristisch.

anzutreffen. Der unserer Sonne am nächsten gelegene Stern ist mit einem Abstand von etwa 4 Lichtjahren Proxima Centauri.

Die Planeten des Sonnensystems

Zwar sind die ganze Komplexität des Sonnensystems und die Verschiedenartigkeit der Objekte, die sich in ihm befinden, noch nicht bis ins Detail erfasst, doch Weltraummissionen haben Bilder aller Planeten unseres Systems zur Erde gesandt. So erforschten die von der NASA 1977 ins All geschossenen Sonden Voyager 1 und 2 im Jahr 1989 den Planeten Neptun.

Von den neun Planeten des Sonnensystems liegt Merkur mit einem Abstand von 0,4 AE (siehe Kasten rechts) der Sonne am nächsten, während Pluto, der

sonnenfernste Planet, 40 AE von ihr entfernt ist. Die Planeten fasst man zu zwei großen Gruppen zusammen: die erdähnlichen Gesteinsplaneten und die sonnenferneren Riesen- oder Gasplaneten. Die vier kleinen erdähnlichen Planeten (Merkur, Venus, Erde und Mars), die nur wenige Trabanten besitzen, weisen eine hohe Dichte auf. Ihre Oberfläche wird von einer festen Gesteinskruste gebildet.

Dagegen sind die fünf Riesen- oder Gasplaneten (Jupiter, Saturn, Uranus, Neptun, Pluto) mit Ausnahme von Pluto bedeutend größer und haben eine wesentlich geringere Dichte. Sie bestehen vorwiegend aus Gas, das sich stark von den Gasen unterscheidet, die sich in den Atmosphären von Venus, Erde oder Mars befinden. Sie werden von zahlreichen Trabanten umkreist und von Ringen mit sehr komplexer Struktur umgeben, die sich aus Gasen und festen Objekten zusammensetzen.

Die Kleinkörper des Sonnensystems

Zwischen den erdähnlichen Planeten und den Gasplaneten befindet sich der Asteroidengürtel, ein Band von zahllosen Kleinkörpern sehr unterschiedlicher Größe. Etwa 4000 von ihnen messen mehr als 1 km, wobei Größen von etwa 50–933 km (Ceres) erreicht werden – groß genug, um sie beobachten zu können.

Die Asteroiden umkreisen in einem Gürtel, der sich über etwa 3 AE zwischen Mars und Jupiter erstreckt, die Sonne. Vor allem aus diesem Gürtel kommen die Meteoriten, die auch zur Erde gelangen.

Andere Kleinkörper sind die Kometen. Sie werden für uns sichtbar, sobald sie sich der Sonne nähern, sich erhitzen und dabei einen Teil der sie bildenden

SONNE

MERKUR

VENUS

Mond

ERDE

MARS

PLUTO

UNVORSTELLBARE ENTFERNUNGEN

D ie auf der Erde verwendeten Maßeinheiten sind wenig geeignet, um die Größe der Objekte des Sonnensystems und die Entfernungen zwischen ihnen zu bestimmen. Die Erde hat einen Radius von 6400 km, während der Sonnenradius 700 000 km beträgt. Der Abstand zwischen Erde und Sonne beläuft sich auf etwa 0,15 Mrd. km. Diese als astronomische Einheit oder AE bezeichnet Entfernung (1 AE = 0,15 Mrd. km) wird als Maßeinheit verwendet, um die Abstände der Planeten im Sonnensystem besser erfassen zu können. Pluto, der äußerste Planet, ist 40 AE von der Son

	Mittlerer Abstand zur Sonne (AE)
Merkur	0,387
Venus	0,723
Erde	1
Mars	1,524
Jupiter	5,203
Saturn	9,555
Uranus	19,218
Neptun	30,110
Pluto	39,439

ne entfernt. Das Sonnensystem liegt am Rand der Milchstraße, und seine Entfernung vom Zentrum beträgt etwa zwei Drittel des Radius der Milchstraße. Diese hat die Form einer abgeflachten Scheibe mit einem Radius von 60 000 Lichtjahren (1 Lichtjahr ist die Distanz, die das Licht mit einer Geschwindigkeit von 300 000 km/s in einem Jahr zurücklegt, und entspricht $9,5 \times 10^{12}$ km). Von der Erde aus können wir an Sommerabenden 1011 Sterne wie unsere Sonne erblicken. Durch die Randposition der Erde sehen wir die Milchstraße im Querschnitt.

flüchtigen Gase verlieren. Diese etwa kilometergroßen Objekte bestehen vermutlich aus einem felsigen Kern, der von einer Eisschicht bedeckt wird, die zahlreiche organische Moleküle birgt. Sie stammen aus jenseits von Jupiter gelegenen Schwärmen, die sich wie im Fall der Oortschen Wolke bis zu den Grenzen des Sonnensystems erstrecken. Asteroiden und Kometen gelten als die ersten festen Objekte, die im Sonnensystem entstanden sind, weshalb sie vielleicht Informationen über die Frühzeit des Universums bergen.

Die Bewegungen der Planeten

Die Planeten bewegen sich um die Sonne und drehen sich zugleich um sich selbst. Das ganze Sonnensystem wiederum rotiert um das Zentrum der Milchstraße. Die Umlaufbahnen der Planeten um die Sonne haben jedoch

keine kreisförmige, sondern eine elliptische Form, darum ist ihr Abstand zur Sonne nicht konstant, sondern verändert sich periodisch. Diese elliptischen Bahnen sind durch die so genannte Exzentrizität – das Verhältnis zwischen dem größten und dem geringsten Sonnenabstand – gekennzeichnet.

Die Planeten rotieren mit sehr unterschiedlichen Geschwindigkeiten um sich selbst; dabei sind sie zur ekliptikalen Ebene geneigt. Je nach Geschwindigkeit dieser Eigendrehung sind die Tage auf den einzelnen Planeten kürzer oder länger. Mars und Erde besitzen nahezu identische Rotationsperioden. Die unterschiedliche Neigung der Rotationsachse führt zu ausgeprägten Klimaunterschieden.

Die Besonderheiten der Erde

Die Erde ist heute der einzige Planet des Sonnensystems, der die notwendigen Voraussetzungen für die Entstehung von Leben bietet. Wie lässt sich dieses Phänomen erklären?

Zunächst besitzt die Erde einen optimalen Abstand zur Sonne. Die relativ konstante Neigung (etwa 23°) der Rotationsachse zur Erdbahnebene (die Ekliptik) sorgte im Lauf der Erdgeschichte für ebenso konstante makroklimatische Bedingungen. Es gab allerdings Ausnahmen, die etwa zum totalen Abschmelzen oder zur Ausdehnung der polaren Eiskappen führten. Die letzte Eiszeit liegt 10 000 Jahre zurück.

Außerdem weist die Erdatmosphäre nur geringe Mengen Kohlendioxid auf, bedeutend weniger als die Venus- und die Marsatmosphäre, die etwa 95 % CO_2 enthalten. Darum ist der Treibhauseffekt – Kohlendioxid hemmt die Wärmeausstrahlung in den Weltraum – auf der Erde maßvoll. So herrscht an ihrer Oberfläche eine gemäßigte Temperatur von durchschnittlich 15 °C, die das Vorhandensein von Wasser ermöglicht – eine Voraussetzung für die Entstehung von Leben. Auf der Venus dagegen herrscht Gluthitze, und der Mars ist eine Eiswüste.

Und anders als ihre Nachbarn kann die Erde dank ihrer hohen Anziehungskraft dieses Wasser seit 4,5 Mrd. Jahren auf ihrer Oberfläche halten.

Schema der Planeten und ihrer wichtigsten Trabanten
Im Vergleich zur Sonne besitzen die Planeten nur eine geringe Größe und Masse – die Gesamtmasse der Planeten des Sonnensystems stellt lediglich 1/1000 der Sonnenmasse dar.

NEPTUN

Triton

Nereide

Thalassa

URANUS

Titania

Oberon

Ariel

JUPITER

SATURN

Titan

Tethys

Rhea

Japetus

Dione

Ganymed

Callisto

Europa

Io

Eine Kruste, ein Mantel, ein Kern
Der Aufbau der Erde

Bei der Erforschung des unzugänglichen Inneren unseres Planeten kann sich die Wissenschaft u. a. auf die bei heftigen Erdbeben ausgesandten Wellen stützen, die durch die Gesteinsschichten bis ins Zentrum der Erdkugel vordringen. Wer die von diesen Wellen übermittelten Informationen zu deuten versteht, gewinnt einen Einblick in den Aufbau der Erde, eine aus festen und flüssigen Schichten geformte Welt, auf deren „Haut" die Kontinente treiben.

Wie kann das Erdinnere erkundet werden?

Mit der Erforschung der an der Erdoberfläche vorhandenen Gesteine lassen sich kaum Informationen über den inneren Aufbau unseres Planeten gewinnen, da diese Gesteine lediglich aus höchstens einigen Dutzend Kilometern Tiefe stammen, während der Erdradius immerhin 6370 km beträgt!

Ihr Wissen über das Erdinnere bezieht die Geologie hauptsächlich aus Analysen jener Wellen, die bei vulkanischen oder tektonischen Aktivitäten ausgesandt werden. Diese Schockwellen werden an einem bestimmten Punkt durch Erdbeben ausgelöst und pflanzen sich durch die Gesteine fort. Diese extrem heftigen Phänomene besitzen die Gewalt einer Kernexplosion.

Um den inneren Aufbau der Erde beschreiben zu können, müssen die physikalischen Eigenschaften der in der Tiefe liegenden Erdgesteine bestimmt werden. Das kann auf Grundlage aufgezeichneter seismischer Wellen erfolgen, die an verschiedenen Punkten des Globus wieder an die Erdoberfläche treten. Denn ebenso wie Schallwellen durch Hindernisse gebrochen, reflektiert oder ausgelöscht werden können, verändern sich Weg und Ausbreitungsgeschwindigkeit seismischer Wellen je nach Art der durchquerten Gesteinsschichten.

Der Weg der Wellen

Man unterscheidet zwei Hauptarten seismischer Wellen. Bei den so genannten P-Wellen stimmt die Schwingungsrichtung mit der Ausbreitungsrichtung überein, während bei den S-Wellen die Schwingungsrichtung senkrecht zur Ausbreitungsrichtung liegt. P-Wellen bewirken eine Kompression der Gesteine, während S-Wellen Scherkräfte auf sie ausüben.

Die Geschwindigkeit, mit der sich eine Welle bewegt, äußert sich also in der Geschwindigkeit, mit der sich ein Gestein verformt und dann seinen ursprünglichen Zustand zurückerlangt. Je elastischer das Gestein oder je höher seine Dichte ist, desto schneller pflanzen sich die Wellen fort. So kann man ausgehend von der Zeit, die die Wellen benötigen, um eine bestimmte Strecke zurückzulegen, schließen, ob die Gesteine fest oder flüssig sind.

Fest und flüssig

Das Erdinnere ist aus mehreren konzentrischen Schalen aufgebaut, die sehr unterschiedliche physikalische Eigenschaften besitzen. Die an der Oberfläche liegende Schicht ist eine dünne Kruste, die auf einem dicken Mantel ruht, der den Erdkern umgibt.

In einer Tiefe von 2900 km verringert sich die Geschwindigkeit seismischer Wellen, woraus man auf das Vorhandensein einer flüssigen Schicht schließen kann. Diese bildet die Grenze zwischen der Basis des Erdmantels und dem äußeren Rand des Erdkerns. In größerer Tiefe, etwa in 5200 km, erhöht sich die Geschwindigkeit der P-Wellen wieder, was auf die Existenz eines inneren festen Kerns hindeutet, der das Zentrum der Erde bildet.

▶ **Querschnitt der Erde**
Die Erde besteht aus einer starren, bis zu 70 km mächtigen Kruste, die von den Kontinenten und dem Meeresgrund gebildet wird.
Die Kruste ruht auf dem Mantel, der sich in Tiefen von bis zu 2900 km erstreckt. Er umfasst vier Schichten:
Die Lithosphäre, zu der auch die Kruste gehört, ist etwa 50–100 km stark und bildet die Kontinentalplatten.
Darauf folgt die Asthenosphäre, eine teilweise geschmolzene Zone, die etwa 70–100 km dick ist. Unter ihr liegt eine Übergangszone, in der sich die Mineralien in kompaktere Strukturen umwandeln. Der untere Erdmantel, von 900–2900 km, ist der letzte Teil des Mantels vor dem Kern. Schließlich findet sich zwischen 2900 und 5200 km Tiefe der flüssige Kern und dann bis zum Zentrum der Erde in 6370 km Tiefe der feste Kern.

Fester innerer Kern: mehr als 6000 °C
6370 km

Flüssiger äußerer Kern: 5000 °C
5000 km

Grenze zwischen unterem und oberem Erdmantel: 2000 °C
670 km

Lithosphäre
50–100 km

Asthenosphäre
70–100 km

Kruste

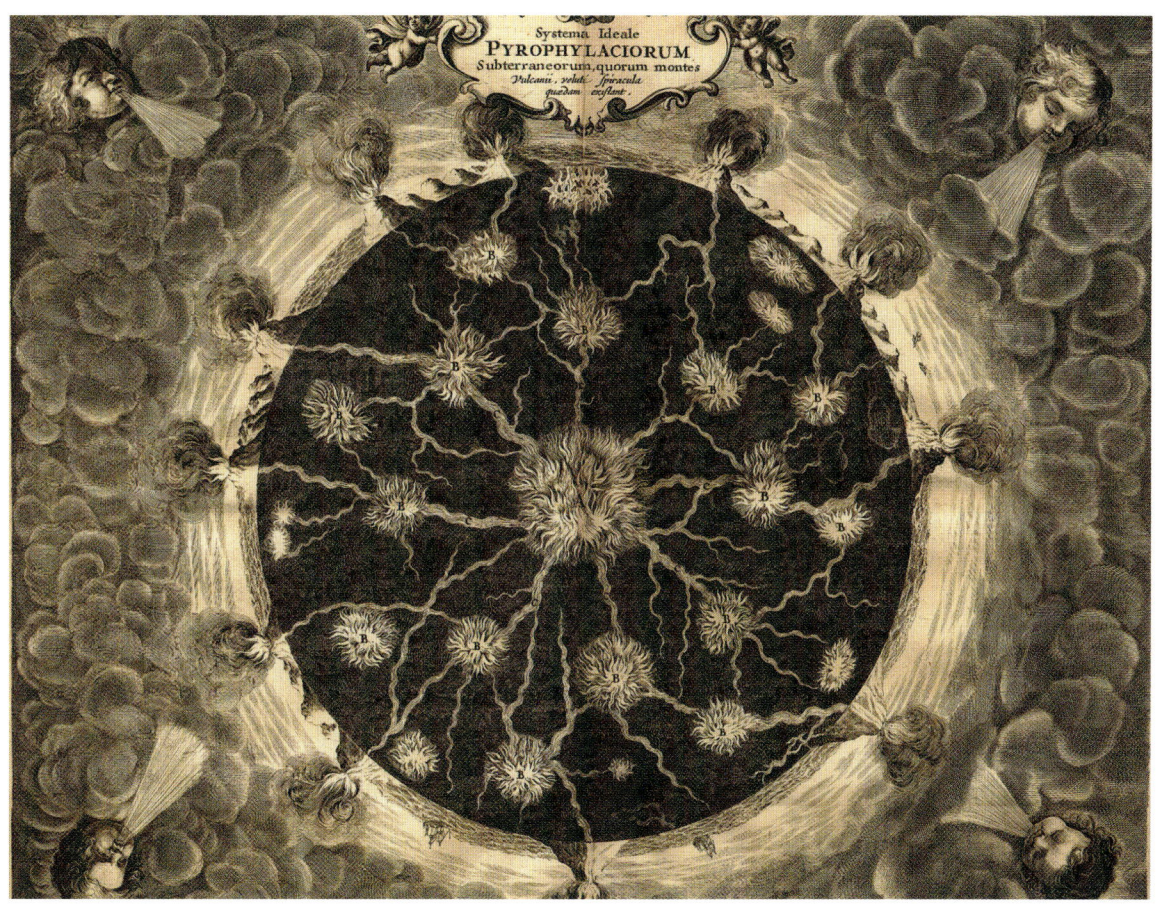

Systema Ideale
PYROPHYLACIORUM
Subterraneorum, quorum montes
Vulcanii, velut Spiracula
quædam exiftunt.

Zwischen Kruste und Mantel

Unmittelbar nach Durchquerung der Erdkruste lässt sich eine sehr starke Er-höhung der Ausbreitungsgeschwindig-keit der S-Wellen beobachten – hier be-findet sich die so genannte Diskonti-nuitätszone (auch Moho genannt, nach ihrem Entdecker, dem Erdbebenfor-scher Mohorovič). Sie liegt unter den Kontinenten in größerer Tiefe (durch-schnittlich 35 km) als unter den Ozea-nen (durchschnittlich 5–10 km). Die Moho markiert die Grenze zwischen Erdkruste und Erdmantel.

Auf dem Mantel treiben die Platten

Die Zunahme der Ausbreitungsge-schwindigkeit der seismischen Wellen unter den Kontinenten weist darauf hin, dass diese auf dichteren Gesteinen ruhen. Die Messungen bestätigen da-mit die schon Mitte des 19. Jh. formu-lierte Hypothese, dass die Platten (Bruchstücke der Lithosphäre) auf dem Erdmantel treiben.
Die Forscher gehen heute davon aus, dass in der Tiefe der Erde ein Ausgleich des Erdoberflächenreliefs erfolgt – man spricht hier von Isostasie, ein Phäno-men, das das Gleichgewicht der Erde gewährleistet. Der Theorie zufolge bil-den die Kontinente und ihre Sockel im Mantel die starre Lithosphäre, die auf einer halbstarren, elastischen Mantel-schicht, der Asthenosphäre, ruht.

Ziel: ein Null-Gleichgewicht

Man kann sich das Gleichgewicht der Erde auf verschiedene Weise vorstellen. Zwei britische Wissenschaftler, Airy und Pratt, haben sich für dieses Phä-nomen interessiert und im gleichen Jahr (1855) zwei unterschiedliche Theorien vorgelegt.
Pratt ging davon aus, dass in der Tiefe eine einzige Kompensationsfläche für den gesamten Globus existiert. Die Ge-birge würden danach emporragen, weil sie aus dem Gestein mit der geringsten Dichte bestehen.
Airy dagegen vertrat die Auffassung, dass die Kontinente, die eine geringere Dichte als der Mantel besitzen, tiefere Wurzeln haben – in Analogie zu den auf den Ozeanen treibenden Eisbergen. Und tatsächlich zeigte die Erdbeben-forschung, dass die Basis der Konti-nente unter den höchsten Gebirgen am tiefsten liegt.
So kam man darauf, die Kompensa-tionszone unter den Kontinenten, die Asthenosphäre, mit der Zone der ge-ringen Ausbreitungsgeschwindigkeit der S-Wellen im Mantel gleichzusetzen. Diese Identität ist allerdings nicht im-mer gegeben, da sich auch die obere Schicht des starren Mantels über sehr lange Zeiträume hinweg verformen kann. Sie kann sich durchaus an eine veränderte Belastung, die durch eine veränderte Stärke der Kontinente in-folge tektonischer Vorgänge oder durch Erosion bewirkt wird, anpassen.

Die langsame Hebung Skandinaviens

In jedem Fall laufen all diese Bewegun-gen ausgesprochen langsam ab. Wäh-rend der jüngsten Eiszeit beispielsweise bedeckten die Eiskappen, die bis zu 3 km dick sein konnten, den Norden Europas und Nordamerikas, was zu ei-ner Absenkung der Kruste um bis zu 1 km führte. Infolge des schnellen Ab-schmelzens der Gletscher während der Erderwärmung vor 10 000 Jahren setzte sogleich die isostatische Hebung der Kruste ein. Sie ist noch heute zu beob-achten, und man maß dabei Ge-schwindigkeiten von bis zu 1 m pro Jahrhundert – wie bei der Hebung des Skandinavischen Schilds. Dort ist ein neues Gleichgewicht auch heute noch nicht erreicht.

Die Erde in Formeln
Die chemische Beschaffenheit unseres Planeten

Um die chemische Struktur der Erde zu ermitteln, stehen der Wissenschaft zahlreiche Möglichkeiten zur Verfügung, etwa die Analyse von Gesteinsproben und deren Vergleich mit Meteoritengestein. Aussagekräftig sind auch Proben vom Meeresgrund oder vulkanische Laven. Und auch aus Erdbeben und der Bahn des Mondes lassen sich Rückschlüsse ziehen. Ein wahres Chemielabor ist jedoch die Erdoberfläche.

▲ **Schwarzer Raucher (black smoker)**
Heiße Quellen geben Aufschluss über die chemische Zusammensetzung der ozeanischen Kruste und über deren Umwandlung, die durch die Zirkulation von extrem heißem Wasser (etwa 350 °C) in einigen Kilometern Tiefe und über Entfernungen von mehreren Hundert Kilometern bewirkt werden kann.

Wertvolle Hinweise auf der Erde und im Weltall

Den Geologen steht reichlich Material zur Verfügung, um die chemischen Bestandteile der Erde zu erforschen – beispielsweise Tiefengesteine, die durch Erosion freigelegt wurden. Vergleiche mit der chemischen Zusammensetzung von Meteoriten sowie die Analyse der physikalischen Eigenschaften des Tiefengesteins kommen hinzu. Proben von Oberflächengesteinen liegen in großer Zahl vor, und auch die chemischen Bestandteile der Meteoriten sind bekannt. Einige spiegeln gut die Zusammensetzung des Materials wider, aus dem sich einst auch die Erde formte. Andere sind vermutlich Bruchstücke kleiner Planeten, die bei heftigen Zusammenstößen im Sonnensystem zerschellten. Mit solchen Proben liefert uns das All Hinweise, die umso wertvoller sind, als sich aus dem Erdkern selbst keine Proben ziehen lassen.

Die physikalischen Eigenschaften der Erdgesteine, von der Oberfläche bis zum Kern, kann man bestimmen, indem man die Ausbreitung der seismischen P- und S-Wellen im Erdinnern untersucht. Dank dieser Forschung lassen sich die unterschiedlichen Schichten definieren, aus denen die Erde besteht, sie eröffnet aber noch keinen direkten Zugang zu ihrer chemischen Beschaffenheit.

Von der Physik zur Chemie

Die Fortpflanzung seismischer Wellen (siehe S. 64–65) wird von mehreren Parametern bestimmt – einerseits von den elastischen Eigenschaften der Gesteine, d. h. von ihrer Neigung, sich zu verformen und mehr oder weniger wieder ihre Ausgangsform anzunehmen, andererseits von ihrer Dichte, also dem Verhältnis zwischen der Masse und dem Volumen der Mineralien. Zur Lösung dieses Problems muss entweder geklärt werden, wie sich die Dichte der Gesteine je nach Tiefe verändert, oder aber man muss eine naturgesetzmäßige Verbindung zwischen den chemischen und physikalischen Eigenschaften der Mineralien herstellen.

Orange, Kokosnuss und Avocado

Die Art und Weise, in der sich die Gesteinsdichte in Abhängigkeit von der Erdtiefe verändert, kann mithilfe einer Größe bestimmt werden, die man Trägheitsmoment nennt – sie verrät die Verteilung der Masse in einem Objekt. So hat eine Kugel, deren Masse gleichmäßig über ihr gesamtes Volumen verteilt ist (wie etwa bei einer Orange) ein Trägheitsmoment von 0,4. Dagegen kommt eine Kugel, deren Masse sich in einer schmalen Schicht an der Oberfläche konzentriert, wie bei einer Kokosnuss, auf ein Trägheitsmoment der Größe 1, während eine Kugel, deren Masse vowiegend im Kern konzentriert ist (Beispiel Avocado) ein Trägheitsmo-

Vulkanbauten

▶ **Die chemischen Bestandteile der Erdschichten**
Wenn man annimmt, dass die Erde zunächst wie uralte Meteoriten – Chondriten – zusammengesetzt war, dann zeigt die heutige chemische Beschaffenheit ihrer unterschiedlichen Schichten, dass sich Eisen und Nickel im Kern konzentriert haben, dass der Mantel einen hohen Gehalt an Magnesium aufweist und dass die Kruste reich an Silizium ist.

Gewicht in %	Chondriten	Kern	Mantel	Ozeanische Kruste	Kontinentale Kruste
O (Sauerstoff)	34	?	43,8	45,8	45,8
Fe (Eisen)	25,2	6,2	7	5,8	-
Si (Silizium)	14,4	?	21	22,3	27,1
Mg (Magnesium)	12,5	-	22	10,7	2,1
S (Schwefel)	8,3	5,1	0,16	0,5	Spuren
Ca (Kalzium)	1,4	-	2,2	8	5,4
Al (Aluminium)	1,3	-	2,1	6,4	9,5
Ni (Nickel)	1,3	5,7	0,2	Spuren	Spuren
Na (Natrium)	0,7	-	0,3	6,7	2,6
K (Kalium)	Spuren	-	0,1	Spuren	1,2

ment von 0 aufweist. Nun kann man aus der messbaren Wirkung, die der Mond auf die Rotationsgeschwindigkeit der Erde sowie auf die Schwankung ihrer Drehachse hat, berechnen, dass die Erde ein Trägheitsmoment um 0,3 besitzt. Das bedeutet, dass ein großer Teil ihrer Masse in ihrem Kern konzentriert sein muss, sodass man dort mit Recht das Vorhandensein schwerer Elemente vermuten darf.

Die Metamorphose der Mineralien

Gesteinsproben, die infolge von heftigen tektonischen Ereignissen oder durch Vulkanausbrüche an die Oberfläche gelangten, bieten einen Einblick in die Beschaffenheit des Mantels unter den Kontinenten bis hinab in Tiefen von einigen Dutzend Kilometern. Diese

Proben sprechen dafür, dass der Erdmantel in seiner chemischen Zusammensetzung Gesteinen entspricht, die als Peridotite bekannt sind. Peridotit besteht aus drei Mineralien, und zwar zu 60 % aus Olivin, zu 30 % aus Pyroxen und zu 10 % aus Feldspat. In größeren Tiefen, zwischen 50 und 100 km, kommt kein Feldspat vor. Hier sind andere Mineralien wie Spinell und Granat maßgeblich. In Tiefen zwischen 400 und 650 km führt die Druckerhöhung zu Phasenänderungen. Strukturen wie die des Olivins oder des Pyroxens werden nun in die kompakteren Strukturen eines Spinells oder Granats verwandelt. Und in Tiefen um 1050 km enstehen dann noch dichtere Strukturen wie etwa die des Perowskits. Aber die höhere Dichte des unteren Mantels

lässt sich nicht allein physikalisch durch die wachsende Dichte der Mineralien erklären. In diesen Tiefen verändern sie vermutlich auch ihre chemische Zusammensetzung und reichern sich insbesondere mit Eisen an. Unter dem Mantel befindet sich der Metallkern, eine Mischung aus Eisen und Nickel mit einem geringen Prozentsatz leichterer Elemente wie Kohlenstoff oder Schwefel.

Eine siliziumreiche Kruste

Die Erdkruste, der am besten erforschte Teil der Erde, weist drei Gesteinsfamilien auf: 1. magmatische Gesteine aus Lava, die aus dem tiefen Mantel oder aus der Schmelze innerhalb der Kruste selbst stammt; 2. Sedimentgesteine, die sich bei niedrigen Temperaturen in den Ozeanen oder auf den Kontinenten formen; 3. metamorphe Gesteine, die in großen Tiefen durch Einwirken von Temperatur und Druck entstehen. Alle chemischen Bestandteile dieser Gesteinsfamilien stammen ursprünglich aus mineralischen Schmelzen, die vom Mantel in die Kruste aufstiegen.
Die Erdkruste unterscheidet sich vom Mantel generell durch einen geringeren Magnesium- und einen höheren Aluminiumgehalt. Hinzu kommen große Unterschiede in der chemischen Zusammensetzung von kontinentaler und ozeanischer Kruste. Die kontinentale Kruste ist reich an Granitgesteinen (mit einem hohen Anteil an Kieselsäure), während die ozeanische Kruste aus Gesteinen gebildet wird, die aus basaltischem Magma stammen. Die Kruste enthält zudem mehr Kieselsäure als der Mantel.

▲ *Diamanten*
Im Zuge ihrer Entstehung in etwa 150 km Tiefe können Diamanten feste Substanzen einschließen. Da Diamanten unverwüstlich sind und geschlossene Systeme bilden, bleibt die chemische Beschaffenheit dieser Einschlüsse erhalten. So gelangt die Wissenschaft an Proben von Mineralien des Mantels, die im Lauf der Erdgeschichte, in einigen Fällen vor 3,3 Mrd. Jahren, eingefangen wurden.

◀ *Die Vulkane Hawaiis – Fenster ins Innere der Erde*
Vulkane vom Hot-Spot-Typ sind äußerst interessante Studienobjekte, um die chemische Zusammensetzung des Erdmantels zu erforschen. Diese Vulkane entstehen senkrecht über aufströmendem Magma, von dem ein Teil aus dem unteren Mantel und vielleicht sogar aus dem Grenzbereich zwischen Mantel und Kern stammt. Die Vulkane Hawaiis sind dafür ein Musterbeispiel. Die seismologische Forschung konnte ihre Bauart bestimmen und die sie versorgenden Magmagänge bis in mehr als 40 km Tiefe verfolgen.

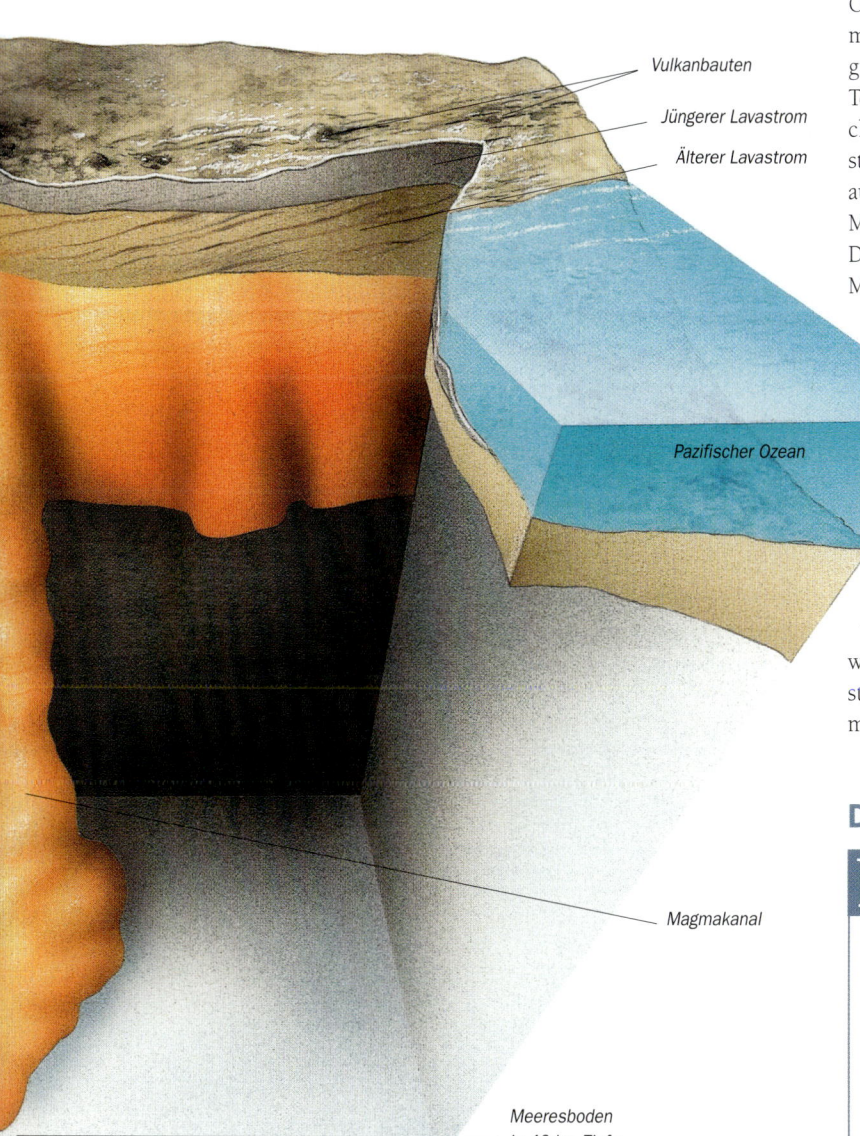

Vulkanbauten

Jüngerer Lavastrom

Älterer Lavastrom

Pazifischer Ozean

Magmakanal

Meeresboden in 40 km Tiefe

DER MOND UND DIE ERDMASSE

Eine zuverlässige Methode zur Berechnung der Erdmasse besteht darin, die Umlaufgeschwindigkeit des Mondes um die Erde zu messen – sie hängt von der Anziehungskraft ab, die die Erde auf ihren Trabanten ausübt. Teilt man nun die Masse der Erde durch ihr Volumen, so ergibt dies eine mittlere Dichte von 5,5 g/cm³ (5,5-mal dichter als Wasser). Dieser Wert lässt vermuten, dass sich in den Tiefen unseres Planeten Gesteine mit sehr hoher Dichte befinden. Denn die Dichte der Oberflächengesteine liegt nur zwischen 2,5 g/cm³ und 3,5 g/cm³ und ist damit viel zu gering, um auf eine mittlere Dichte von 5,5 g/cm³ zu kommen. Dagegen lässt sich dieser Durchnittswert dann erreichen, wenn man von einem Metallkern im Erdzentrum ausgeht, denn Eisen hat eine Dichte von 7,6 g/cm³.

Vom Staubkorn zum Planeten
Die Bildung der Planeten durch Akkretion

W ie können aus winzigen, tausendstel Millimeter großen Staubkörnchen Planeten mit Durchmessern von mehreren Tausend Kilometern entstehen? Diese Körnchen, die die Sonne bei ihrer Entstehung umgaben, fügten sich im Lauf zahlreicher Kollisionen zusammen und wuchsen zunächst zu kleinen Himmelskörpern, den Planetesimalen, und schließlich zu „richtigen" Planeten heran.

▶ *Die Bildung eines Planeten wie der Erde* ist das Ergebnis des so genannten Akkretionsprozesses, in dessen erster Phase sich mikrometergroße Staubteilchen zusammenballen, um schließlich die ersten millimeter- bis zentimetergroßen Gesteinsbrocken zu bilden. In einer zweiten Phase verschmelzen diese zentimetergroßen Objekte und bilden Planetesimale, kilometergroße Protoplaneten. Während der dritten Phase kommt es zu heftigen Zusammenstößen zwischen diesen Planetesimalen, aus denen sich schließlich Planeten und deren Trabanten entwickeln.

Vom Staubkorn zum Protoplaneten

Die kleinen Staubkörnchen, die als Ausgangsmaterial für die Planetenbildung dienten, hatten sehr unterschiedliche Ursprünge. Einige von ihnen – nano- bis mikrometergroße interstellare Partikel – entstanden im interstellaren Raum noch vor der Bildung des Sonnensystems. Die größeren, millimeter- bis zentimetergroßen Gesteinskörner stammen dagegen aus den Anfängen des Sonnensystems.

All diese winzigen Objekte rotierten um die Sonne und bewegten sich im Verhältnis zu dem sie umgebenden Gas mit sehr hohen Geschwindigkeiten. Benachbarte Staubkörnchen bewegten sich jedoch relativ langsam fort. Wesentlich für die Geschwindigkeit von Teilchen mit ähnlicher Größe war ihr Abstand zur Sonne.

Aufgrund der hohen Konzentration der Staubkörnchen und infolge der Wirbelbildung in dem sie umgebenden Gas kam es zu zahlreichen Zusammenstößen zwischen ihnen, oder genauer: zu Touchierungen, denn sie ereigneten sich bei ähnlichen Geschwindigkeiten, sodass die Körnchen problemlos aneinander haften blieben, da sie in vielen Fällen von Eis oder kohlenstoffreichem organischem Material bedeckt waren, das bei der Kollision wie Klebstoff wirkte. So entstanden im Lauf der Zeit immer größere Ballen, die sich nach einigen Dutzenden oder Hunderten von Jahrtausenden zu einem etwa kilometergroßen Objekt ausgewachsen hatten – Milliarden von ihnen wanderten schließlich durch das Sonnensystem. Sie waren die Vorläufer unserer heutigen Planeten und werden von den Wissenschaftlern Planetesimale genannt.

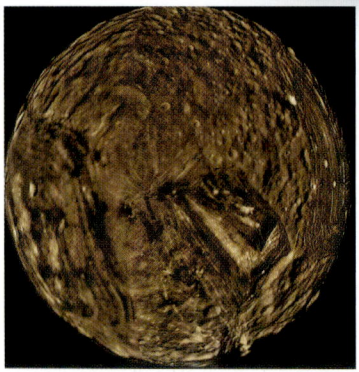

▲ **Im Orbit des Saturn**

Miranda, ein Trabant mit einem Durchmesser von 484 km, hier zum ersten Mal 1986 von der Sonde Voyager 2 aufgenommen. Die heterogene Struktur und die unregelmäßige Oberfläche von Miranda vermitteln eine Vorstellung vom Aussehen eines Baby-Planeten, der sich durch Akkretion kleinerer Objekte bildet, die sich noch nicht vermischt haben.

Die Planeten wachsen

Nach dem gleichen Prinzip, das die Bildung der Planetesimale durch Aufsammeln und Zusammenballen kleinerer Objekte geleitet hatte, führte nun die Akkretion der Planetesimale untereinander zur Bildung von Planeten.

Doch die dazu nötigen Kollisionen der Planetesimale hatten eine andere Ursa-che als die Akkretion der Staubkörnchen. Wären sie nämlich auf ihren völlig kreisförmigen Umlaufbahnen geblieben, hätten sie nie zusammenprallen können. Die Zusammenstöße konnten sich nur ereignen, weil die Umlaufbahnen mit der Zeit elliptisch wurden. Denn mit der Größe nahm auch die Masse der Planetesimale zu. Schon bald zogen sie kleinere Objekte aus benachbarten Umlaufbahnen an, was ihre eigene Bahn um die Sonne veränderte: Aus der kreisförmigen wurde eine elliptische Bahn.

Die Spuren der Akkretion

Die allgemeinen Merkmale des Sonnensystems lassen sich auf die Akkretion zurückführen. Je weiter die Planeten von der Sonne entfernt sind, desto höher ist ihr Gas- oder Eisanteil. Ihre leicht ellipsenförmigen Umlaufbahnen liegen nahezu auf einer Ebene. Und auch andere Charakteristika des Sonnensystems und seiner Planeten rühren von den Akkretionsprozessen her, die vor 4,5 Mrd. Jahren abliefen.

Dies gilt insbesondere für die Drehung der Planeten um ihre eigenen Achsen. Die Erde dreht sich im Uhrzeigersinn, eine Folge der Zusammenstöße mit Pla-

netesimalen, die sich während ihrer Akkretion ereigneten. Diesen Prozess kann
man sich folgendermaßen vorstellen:
Nachdem die Protoerde bereits eine be-
trächtliche Größe erreicht hatte, wuchs
sie infolge von Kollisionen mit anderen, kleineren Objekten weiter an.
Diese Kollisionen hatten ihren Grund
darin, dass die Erde infolge ihrer größeren relativen Geschwindigkeit Objekte aus Umlaufbahnen anzog, die die
Sonne enger als sie umkreisten, während sie selbst von Planetesimalen getroffen wurde, die sich auf Umlaufbahnen befanden, die weiter von der Sonne
entfernt waren. Bei diesen Havarien
wurde die Geschwindigkeit der Erde
von der sonnennahen Seite her ge-
bremst, während sie von der sonnen-
abgewandten Seite her beschleunigt
wurde, mit der Folge, dass unser Planet
begann, um sich selbst zu kreisen.

Die Grenzen der Akkretion

Die Beobachtung, dass sich in den
Außenzonen unseres Sonnensystems,
jenseits der Umlaufbahn des Neptun,
Objekte mit einem Durchmesser von
mehr als 100 km befinden, weist die
Grenzen der Akkretion auf. Diese Objekte gehören zum Kuiper-Gürtel (über
70 AE von der Sonne entfernt) und zur
Oortschen Wolke, die sich rund 20 000
AE weit von der Sonne erstreckt. Bei
den Objekten im Kuiper-Gürtel könnte
es sich um Planetesimale handeln.
Man rechnet mit mehreren Zehntau-
senden solcher Objekte an den Grenzen
des Sonnensystems. Sie verdeutlichen
uns das Verhalten der Planetesimale
während der Akkretion. Allerdings hat
ihre geringe Zahl (im Verhältnis zur Ma-
teriendichte, die einst in der Zone der
erdähnlichen Planeten herrschte) ihre
Entwicklung zu wirklichen Planeten
verhindert – in diesen Bezirken des
Sonnensystems war zu wenig Gas und
Staub vorhanden, um genug Planetesimale entstehen zu lassen, die mittels
Akkretion zu Planeten hätten heranwachsen können. Daher erreichten
diese sonnenfernsten Objekte des Son-

nensystems nicht das Endstadium der
Akkretion. Vielmehr können sie durch
nah vorbeiziehende andere Sterne aus
ihrer Umlaufbahn geworfen werden
und in Kometen zersplittern, die auf
die Sonne zurasen.

Meteoriten: fossile Überreste der Akkretion

In Meteoritenproben fand man eine Art
Urgestein, das offenbar aus der Frühzeit der Akkretionsperiode stammt. Die
Flugbahnen einiger Meteoriten
lassen vermuten, dass sie
aus dem Asteroidengür-
tel zwischen Mars und
Jupiter kommen. Einige
ihrer mineralischen Be-
standteile kommen auf
der Erde nicht vor. Diese
Meteoriten sind Konglome-
rate millimetergroßer Körnchen und
Kügelchen, die in einer dunklen
Grundmasse miteinander verbacken
sind, die aus sehr feinen Mineralkris-
tallen besteht. Die Kügelchen werden
Chondren genannt und bergen glas-
artige Einschlüsse – sie wurden also in
der Vergangenheit zu einem bestimmten Zeitpunkt sehr stark erhitzt, sind
dann wieder geschmolzen und anschließend rasch abgekühlt. Solche Me-
teoritengesteine sind mithin fossile
Überreste der Akkretion. Sie dokumentieren Zwischenstadien der Akkretion zwischen der Bildung mikroskopisch kleiner Staubkörnchen und der
Entstehung der Planetesimale.

▲ *Ein glänzendes Stück
des Meteoriten Parnalee*
*Die ältesten, Chondriten
genannten Meteoriten bergen
zahllose millimeter- bis zenti-
metergroße Objekte, die ihre
Bildung durch Akkretion belegen. Diese Objekte haben sich
im Weltall zusammengefügt,
um schließlich etwa kilometergroße Planetesimale zu bilden. Die Chondriten sind Fossilien der Akkretion aus einer
Zeit vor 4,5 Mrd. Jahren.*

WIE SCHNELL LIEF DIE PLANETENBILDUNG AB?

Die Bildung der Planeten, ausgehend von etwa kilometergroßen Planetesimalen,
erfolgte über einen relativ kurzen Zeitraum von etwa 100 Mio. Jahren. Dies ist
nämlich der maximale Altersunterschied, der sich zwischen den ältesten Meteoriten (die für die Anfänge der Akkretion stehen), den mikro- bis millimetergroßen
Staubkörnchen, den differenzierten Meteoriten (die als Überreste von Planetesimalen in Größenordnungen von 10–100 km gelten) und dem vermuteten Zeitpunkt der
Entstehung der Erde feststellen lässt. Übrigens dauert die Bildung eines Planeten
mit 50 % der Erdmasse etwa 30 Mio. Jahre, während ein Planet von der Größe der
Erde in etwa 150 Mio. Jahren heranwächst.

Planeten unter Beschuss
Kollisionen im Sonnensystem

Auf der Erde finden sich, wie bei den meisten Himmelskörpern im Sonnensystem, Spuren von Kollisionen mit Objekten sehr unterschiedlicher Größe. Woher stammen diese Geschosse? Warum sind sie mit den Planeten zusammengestoßen? Und gibt es nach wie vor eine Bedrohung für die Erde?

◀ Im Verlauf der ersten Hundert Millionen Jahre des Sonnensystems war der Beschuss der Planeten durch Objekte aus dem All sehr intensiv. Hier auf Merkur sind die Spuren dieser Einschläge noch heute zu sehen, da die Oberfläche des Planeten seit 4,5 Mrd. Jahren unverändert geblieben ist. Auf der Erde verschwanden diese Krater durch Verwitterung, Abtragung und Aufschüttung.

Von Kratern übersät
Dank der Raumfahrtmissionen, die zur Erforschung unseres Sonnensystems durchgeführt wurden, wissen wir seit den 1960er-Jahren, dass alle nicht gasförmigen Planeten sowie die Trabanten und Asteroiden mit oft mehrere Dutzend Kilometer großen Objekten kollidierten. Spuren solcher Zusammenstöße sind die zahlreichen Einschlagskrater unterschiedlicher Form und Größe, die sich auf dem sonnennächsten Planeten Merkur ebenso wie auf den Trabanten des Neptun am Rand des Sonnensystems finden. Vom Mond kannte man sie schon immer. Tycho, der riesige Krater auf der Mondsüdhalbkugel, ist mit bloßem Auge zu erkennen. Doch der Beweis, dass diese Krater tatsächlich von Meteoriteneinschlägen herrühren und nicht etwa vulkanischen Ursprungs sind, gelang erst mit den detaillierten Beobachtungen, die im Rahmen des Apolloprogramms durchgeführt wurden, sowie mit der Untersuchung von Proben lunaren Gesteins auf der Erde.

Die Datierung der Mondkrater
Es scheint so, dass die Entstehung der Mondkrater sehr lange zurückliegt, da sich heute, abgesehen von wenigen Ausnahmen, keine Einschläge mehr ereignen. Trifft das aber wirklich zu? Die meisten Krater befinden sich tatsächlich in Gesteinsformationen, deren Alter von 4,5 Mrd. Jahren (der Entstehungszeit des Mondes) bis 3,8 Mrd. Jahren reicht.
Der Mond ist das einzige Objekt des Sonnensystems, für das eine detaillierte Chronologie der Meteoriteneinschläge aufgestellt werden konnte. Auf der Erde selbst gibt es mit Ausnahme von Meteoritenresten keine anderen außerirdi-

schen Gesteinsproben als die des Mondes, da die meisten irdischen Einschlagskrater verschwunden sind. Erstaunlicherweise ähnelt aber die Chronologie der Einschläge auf dem Mond frappant derjenigen, die für den Merkur erstellt werden konnte. Es handelt sich also offenbar um einen typischen Prozess im Sonnensystem. Die großen Zusammenstöße, die sich vor etwa 4,5 Mrd. Jahren ereigneten, waren wohl die letzten Erschütterungen in der Endphase der Akkretion.

Heutige Kollisionen?
Die Meteoriten, die während der letzten 4 Mrd. Jahre die Planeten heimsuchten, hatten keinen akkretiven Effekt mehr, da die Bildung der Planeten abgeschlossen war. Dennoch wurden diese bisweilen von Körpern getroffen, die Durchmesser von bis zu 10 km erreichten. Im Sonnensystem konnten bisher nur wenige Einschläge direkt verfolgt werden. Vom Aufprall der Bruchstücke des Kometen Shoemaker-Levy 9 auf dem Jupiter wurde im Juli

▶ Der zwischen Mars und Jupiter gelegene Asteroidengürtel birgt zahlreiche kleine Objekte, wie hier den Asteroiden Gaspra (19 x 11 km groß). Die auf die Erde stürzenden Meteoriten sind Bruchstücke von Asteroiden und entstehen bei Kollisionen, die, wie hier an Gaspra deutlich zu sehen ist, Kraterspuren hinterlassen.

1994 live berichtet. Die etwa kilometergroßen Fragmente des Kometen schlugen mit einer Geschwindigkeit von annähernd 60 km/s und der Sprengkraft von etwa zehn Wasserstoffbomben ein. Die Verwüstungsbereiche hatten Durchmesser von bis zu 10 000 km, die teilweise noch tagelang sichtbar blieben.

Meteoriten auf der Erde

Dass sich auf der Erde irgendwann ähnliche Einschläge wie der auf dem Jupiter ereignet haben, ist heute keine Frage mehr. Bislang konnten Geologen etwa 150 solcher Krater auf unserem Planeten ausmachen, und vermutlich warten noch mehrere Hundert auf ihre Entdeckung. Man fand Krater mit Durchmessern von einigen Kilometern bis zu 200 km, und ihr Alter schwankt zwischen einigen Dutzend Jahren bis zu 2 Mrd. Jahren. Dies bedeutet nicht, dass sich die Zahl der Einschläge auf der Erde im Verlauf der letzten 2 Mrd. Jahre im Vergleich zu den vorangegangenen 2,5 Mrd. Jahren der Erdgeschichte vergrößert hat. Vielmehr spiegeln die Funde lediglich die Tatsache wider, dass sich die Formung der Oberfläche der Erde, anders als die des Mondes, sehr schnell vollzieht, sodass mögliche Spuren – in geologischen Zeiträumen gemessen – rasch verwischt werden. Hinzu kommt, dass an der Erdoberfläche nur wenig sehr altes Gestein zu finden ist, da es in der Regel längst im Kreislauf der Gesteine verarbeitet wurde.

Ein Dauerbombardement

Täglich regnen etwa 100 t außerirdische Materie auf die Erde nieder. Ein Großteil davon gelangt in Form kleinster, millimeter- bis zentimetergroßer Teilchen zu uns. Extrem kleine Partikel werden bei der Durchquerung der Atmosphäre nicht völlig zerstört, während einige der größeren hier komplett verglühen. Die Mikropartikel sind für den Laien unsichtbar, lassen sich aber aufspüren – entweder mithilfe klebriger Beschichtungen auf Flugzeugen, die die obere Atmosphäre durchqueren, oder auch durch das Schmelzen von Polareis, in dem sie manchmal noch zu finden sind.

Jedes Jahr schlagen auf unserem Planeten aber auch etwa ein Dutzend metergroße Meteoriten ein, bei denen es sich in der Hauptsache um Bruchstücke von Asteroiden aus dem Gürtel zwischen Mars und Jupiter handelt. Auch etwa ein Dutzend von der Mondoberfläche stammende Brocken wurden bislang auf der Erde gezählt. Sie ließen sich durch Vergleich mit Gesteinsproben, die von den Missionen Apollo und Luna zur Erde gebracht wurden, zweifelsfrei identifizieren. Diese Funde zeigen, dass Meteoriteneinschläge auf dem Mond so heftig sein können, dass dabei Bruchstücke weit ins All hinaus geschleudert werden. Einige dieser Brocken werden schließlich von der Erde eingefangen. 15 andere Meteoritenfunde hält man für Bruchstücke von der Marsoberfläche.

▲ *Der Meteor Crater in der Wüste Arizonas* in der Nähe der Stadt Flagstaff ist derjenige Meteoritenkrater auf der Erde, der sich am besten erhalten hat. Er besitzt einen Durchmesser von 1,2 km, ist in der Mitte 300 m tief und entstand vor 50 000 Jahren durch den Einschlag eines Eisenmeteoriten mit einem Durchmesser von etwa 30 m.

◀ *Die Wahrscheinlichkeit, dass ein Meteorit auf der Erde einschlägt,* verhält sich entgegengesetzt proportional zu seiner Größe. Im Mittel trifft einmal pro Jahr ein Meteorit von 10 m Durchmesser auf die Erde, einer von 40 m Durchmesser wie der von Tunguska alle 1000 Jahre. Ein Einschlag wie gegen Ende der Kreidezeit, der vermutlich zum Aussterben der Dinosaurier führte, ereignet sich alle 100 Mio. Jahre.

SCHAFFUNG ODER ZERSTÖRUNG VON LEBEN?

Auf der Erde einschlagende Meteoriten können Katastrophen auslösen. Im Juni 1908 kam es im Himmel über dem sibirischen Fluss Tunguska zur Explosion eines etwa 40 m großen Himmelskörpers, die so gewaltig war, dass sie auf der ganzen Erde registriert wurde. An der Stätte der Explosion wurden 2000 km² Taiga komplett vernichtet. Zum Glück explodierte der Meteor oberhalb des Bodens und verfehlte die Großstadt Sankt Petersburg, die ansonsten völlig zerstört worden wäre. Übrigens wird vermutet, dass die Dinosaurier vor 65 Mio. Jahren ausstarben, weil die Erde mit einem 10 km großen Asteroiden zusammenprallte. Doch aus dem Weltall stammende Objekte sind nicht nur zerstörerisch. Vielleicht waren sie es, die Kohlenstoffmoleküle auf die Erde brachten, einen wesentlichen Baustein des Lebens. Gleiches gilt für das lebensnotwendige Wasser der Ozeane, das vermutlich mit Kometen auf die Erde kam, die mit ihr kollidierten. Die Geburt, die Ausbildung und die Entwicklung des Lebens auf unserer Erde stehen in engem Zusammenhang mit der Zufuhr außerirdischer Stoffe.

Von der Erde zum Mond
Die Entstehung unseres Trabanten

Über die Verwandtschaft zwischen Erde und Mond geisterten lange die gewagtesten Hypothesen durch die wissenschaftliche Literatur. Entstanden beide zur gleichen Zeit? Wurde der Mond von der Erde eingefangen, als sich die beiden bei ihrer Bahn um die Sonne zufällig näher kamen? Zu Beginn der 1970er-Jahre wurde ein revolutionärer Gedanke formuliert: Der Erdtrabant sei infolge der gigantischen Kollision eines kleinen Planeten von der Größe des Mars mit der Erde entstanden.

▲ **Der Mond,** den wir heute jede Nacht am Himmel sehen, war nicht immer da ...

Gesteinsproben als Beweis

Anhand von Mondgesteinsproben konnten die Theorien über den Ursprung unseres Trabanten überprüft werden. So entstand das Modell von einer Kollision zwischen einem kleinen Planeten und der Erde zu einem sehr frühen Zeitpunkt in der Geschichte unseres Planeten. Wie lauten die Fakten?

Erde besteht, ähneln denen ihrer irdischen Gegenstücke. Allerdings muss hier vorausgesetzt werden, dass die Bildung des Erdkerns zum Zeitpunkt der Kollision bereits abgeschlossen war. Jüngste Messungen bestätigen diese Vermutung. Wir wissen heute, dass die

Zur Erinnerung: andere Mondgeschichten

Mangels vorhandener Gesteinsproben stützten sich die ersten wissenschaftlichen Überlegungen zur Entstehung des Mondes auf astronomische und geologische Beobachtungen.

3

1. Der Mond ist etwas jünger als die Erde. Zwischen ihrer Entstehung und der ihres Trabanten lagen einige Dutzend bis höchstens 100 Jahrmillionen. Dieser Altersunterschied stützt die Hypothese von einer frühen Kollision des Mondes mit der Erde.
2. Ein weiterer Beleg dafür ist die Tatsache, dass die Lavagesteine der Erde und die des Mondes sehr ähnlich beschaffen sind. Die in Mondbasalten zu findenden Konzentrationen chemischer Elemente wie Nickel oder Eisen, aus denen auch der metallische Kern der

Bildung des Erdkerns ein für geologische Verhältnisse extrem schnell verlaufender Prozess war, der etwa 60 Mio. Jahre in Anspruch genommen haben dürfte – dieser Zeitraum passt auch zum Alter des Mondes.
Bevor wir den Verlauf der Kollision zwischen der Erde und dem Protomond detailliert betrachten, werfen wir zunächst noch einen Blick auf die anderen Theorien zur Mondentstehung, die allesamt verworfen wurden, da sie mit den neueren Beobachtungen nicht in Einklang zu bringen sind.

Mehr als ein Jahrhundert lang ging die Wissenschaft davon aus, dass der Mond von einer allzu schnell rotierenden Erde abgerissen sei (um ihre Kugelgestalt zu retten). Die Erde hätte sich am Äquator abgeflacht und flüssige Materie in den Weltraum gestoßen.
In den 1960er-Jahren wurde dann das Modell der binären Akkretion formuliert, demzufolge

4

sich der Mond aus einem im Erdorbit befindlichen Materiering gebildet habe – einem Ring aus Felsbrocken, die auf kollidierende Planetesimale in Erdnähe zurückzuführen seien. Sie wären von der Erde eingefangen und im Orbit gehalten worden. In diesem Schwarm hätten sich die Bruchstücke dann unter Einwirkung der wechselseitigen Anziehung miteinander verbinden können, um schließlich einen massiven Körper zu bilden, der sich sämtliche Brocken

lich miteinander verschmolzen. Dieses Modell wurde schließlich ebenso fallen gelassen wie die These, dass die Erde den schon existierenden Mond lediglich eingefangen und in eine Umlaufbahn gezwungen habe. Die heute messbaren Fakten sprechen dagegen.

1

2

aus der direkten Nachbarschaft des Planten Erde einverleibte.

Dieses Modell konnte freilich nicht die chemische Ähnlichkeit zwischen dem Mantel der Erde und dem des Mondes erklären. Außerdem würde die Umlaufgeschwindigkeit eines Objekts, das sich ständig vergrößert, indem es rotierende Bruchstücke aufnimmt, stetig sinken, da die dauernden Einschläge wie eine Bremse wirken würden. Jenseits einer gewissen Grenze hätte sich der Protomond dadurch der Erde immer weiter genähert und wäre bald mit ihr kollidiert. Bei dieser mit geringer Geschwindigkeit verlaufenden Kollision hätten sich die beiden Himmelskörper zusammengefügt und wären schließ-

Die moderne Theorie

Das Szenario, in dem die Erde in ihrer Frühzeit mit einem kleinen Planeten kollidierte, passt dagegen perfekt zu allen bekannten Fakten. Hier das Ereignis Schritt für Schritt: Durch den Aufprall wurde der Planet abgebremst, und die bei der Kollision enstandene Hitze verdampfte und pulverisierte das betroffene Erdgestein. Fontänen gasförmiger Materie und fester Brocken wurden in eine Umlaufbahn um die Erde geschleudert. Das sich ausdehnende Gas kondensierte unter der Wirkung der raschen Abkühlung und bildete eine Akkretionsscheibe. Kurz nach der Kollision zerfiel der havarierte Planet, sein Metallkern trennte sich vom Mantel und stürzte auf die Erde, deren Gestein ihn absorbierte. Im Erdorbit blieben Bruchstücke zurück, deren Gesamtmasse nahezu jener des heutigen Mondes entsprach. All dies ereignete sich in weniger als 24 Stunden!

Diese Theorie erklärt die chemische Ähnlichkeit zwischen Erde und Mond. Erklärt sie aber auch erschöpfend dessen Ursprung? Nein, und es ist nicht ausgeschlossen, dass wir auch dieses Modell revidieren müssen, wenn wir genauer wissen, wie sich ein Himmelskörper innerhalb eines Gases zusammenfügt, das derart heiß ist.

◀ *Rekonstruktion der Kollision zwischen einem kleinen Planeten und der jungen Erde*
Während des Einschlags (1) verdampfte ein Großteil des Planeten. Dieser Dampf kondensierte sehr schnell wieder – und zwar innerhalb weniger Stunden – und bildete große Brocken, die die Erde umkreisten (2). Binnen weniger Tage schlossen sich diese Brocken wieder zusammen (3) und formten unseren Trabanten (4). Dieses Szenario ist bisher das überzeugendste, wenn es darum geht, den Ursprung des Mondes zu erklären.

◀ *Der „Nordpol" des Uranus*
(blau) ist zur Sonne ausgerichtet, und seine Trabanten (grau) umkreisen ihn auf Höhe seines Äquators. Diese einzigartige Situation im Sonnensystem zeugt von gigantischen Kollisionen, die vermutlich bei der Bildung der Planeten stattgefunden haben.

Eine Fabrik im Innern der Erde
Die Bildung des Erdkerns

Im unzugänglichen Innern der Erde hat Eisen in komplexen chemischen Prozessen den Erdkern geformt. In Tiefen von 2900–5200 km ist er flüssig, darunter, bis zum Erdmittelpunkt in 6370 km Tiefe, fest. Zu seiner Erforschung kann die Wissenschaft nur auf sehr alte Gesteine und auf das wenige Meteoritenmaterial zurückgreifen – in den Himmelsgeschossen nämlich ist Eisen allgegenwärtig.

Metall aus dem Weltraum

Eisen ist ein Metall, das in außerirdischer Materie in allen Formen zu finden ist. Allerdings machen so genannte Eisenmeteorite, die völlig aus Metall bestehen, nur etwa 5 % der bisherigen Meteoritenfunde aus. Dies spricht dafür, dass sie in ihrer Herkunftsregion, dem Asteroidengürtel, vermutlich sehr selten sind. Dass man sie umgekehrt häufig in den Schaukästen der Naturkundemuseen findet, hat damit zu tun, dass Eisenmeteorite inmitten von Erdgestein leichter aufzuspüren sind als andere Meteoritenarten.

Eisen als Basismaterial

Nach Silizium und Sauerstoff ist Eisen das Element, das in den primitiven Meteoriten, deren Bestandteile denen ähneln, die beim Aufbau der Erde eine wichtige Rolle spielten, in der höchsten Konzentration zu finden ist. Dieses Eisen liegt hier zum Teil in reiner Form vor; unter dem Mikroskop sind die dafür charakteristischen Strukturen deutlich zu erkennen.

Das restliche Eisen ist innerhalb nichtmetallischer Mineralien gebunden, besonders häufig in den dunkel gefärbten Silikaten, aber auch in Sulfiden und Oxiden. Die beiden Silikatmineralien Olivin und Pyroxen, die große Mengen Eisen bergen können, zählen zu den wichtigsten Bestandteilen der primitiven Meteoriten und des Erdmantels.

Vom gebundenen Eisen zum Metall

Der Verteilung des in Silikaten eingebundenen Eisens und des Eisens in gediegener Form liegt eine Gesetzmäßigkeit zugrunde. Bei der Analyse der vorhandenen Meteoritenproben zeigte sich ein Kontinuum dieser Verteilung, das von den metallreichsten zu den metallärmsten führt. Daraus wiederum kann man schließen, dass alle festen Körper des Sonnensystems in hohem Maß einem gemeinsamen chemischen Prozess unterworfen waren, und zwar der Reduktion oxidierter Silikate.

Bei starker Erhitzung von synthetischem Olivin, der eine ähnliche Zusammensetzung wie der Olivin der primitiven Meteoriten hat, schmilzt das Material teilweise, wobei sich ein Großteil seiner Eisenbestandteile in kugelförmigen Tropfen aus gediegenem Eisen ausscheidet. Die kleinsten dieser Kugeln lagern sich im Zentrum des Olivins ab, die größten in dessen Randbereichen. Das extrahierte Eisen bildet dabei mehrere Dutzend Mikrometer große flüssige Kügelchen.

Wie in einer Eisenhütte

Diese chemische Reduktionsreaktion ist vergleichbar mit den Verfahren, die in Eisenhütten eingesetzt werden, um aus einem Mineral reines Eisen zu gewinnen: Ein Teil des im Ausgangsolivin vorhandenen Eisens wird reduziert, sodass es anschließend in reiner Form vorliegt. Dass ein solches, im Prinzip einfaches Verfahren auch beim Aufbau der Erde wirkte, ist verblüffend.

Lässt man die Erde hypothetisch auf die gleiche Weise wie einen primitiven Meteoriten entstehen, dann kommt man zu folgendem Aufbau: Es bildet sich ein Mantel, der hauptsächlich aus dunklen, teils eisenhaltigen Silikatmineralien wie Olivin und Pyroxen besteht (im Verhältnis von 66, 6 % Olivin zu 33,3 % Pyroxen); im Innern entsteht ein aus Eisen gebildeter Metallkern mit Spuren verschiedener leichter Elemente wie Silizium; und schließlich bilden sich durch die Emission verschiedener Gase, insbesondere Sauerstoff, eine Atmosphäre und eine Hydrosphäre (Wasserhülle).

Ein Experiment in großem Maßstab

Die Menschheit benötigte viele Jahrhunderte, um aus Gesteinen reines Eisen zu gewinnen, zum einen, weil der Eisenanteil der Oberflächengesteine gering ist, zum anderen, weil für die erfolgreiche Eisengewinnung spezielle Verfahren entwickelt werden mussten. Das dazu nötige Know-how kam allerdings bereits in den Anfängen der Erdgeschichte in großem Maßstab zum Tragen. Das Ausgangsmaterial der Erde, von dem die primitiven Meteoriten zeugen, barg etwa 32 % Eisen (Gewichtsanteil). Wenn heute die Erdkruste im Durchschnitt nur noch 7,5 % Eisen enthält, liegt dies daran, dass sich das ursprüngliche Eisen zum Großteil im Erdkern konzentriert. Dazu musste zunächst einmal das gediegene Eisen der Planetesimale, der Bausteine der Erde, in den Erdkern befördert werden. An-

▶ **Pallasit aus Springwater**
Einige Meteoriten, wie die Pallasiten, bestehen aus Olivinkristallen, die in eine Grundmasse aus Nickel-Eisen eingebettet sind. Sie bildeten sich in Asteroiden wahrscheinlich in der Grenzschicht zwischen dem Nickel-Eisen-Kern und dem silikatischen Mantel.

▲ **Eisenaxt**
Diese Axt beweist, dass das Metall der Meteoriten in der Vorgeschichte der Menschen für die Eisenmetallurgie genutzt wurde – man fand Meteoriten, die nur aus Metall bestanden.

schließend musste auch das in den einschlagenden Meteoriten in oxidierter Form vorliegende Eisen extrahiert, zu reinem Eisen reduziert und ins Erdinnere transportiert werden.

Ein riesiger Kessel

Für diese Prozesse waren extrem hohe Temperaturen erforderlich. Unter dem Druck an der Erdoberfläche schmilzt reines Eisen bei 1539 °C – unter den im Zentrum der Erde herrschenden hohen Druckverhältnissen dürften dazu Temperaturen von bis zu 4000 °C erforderlich sein. Woher aber stammt diese gigantische Energiequelle? Heute vermutet man, dass diese Energie auf die Akkretion der Planetesimale zurückgeht, die die Erde formten (siehe S. 68). Dabei müssen Energiemengen freigesetzt worden sein, die theoretisch einen Temperaturanstieg auf über 25 000 °C bewirkt haben könnten! Ein großer Teil dieser Energie verpuffte praktisch unmittelbar ins All; der Rest scheint jedoch ausgereicht zu haben, um das Schmelzen der Erdkugel, die Reduktion eines großen Teils ihrer Metalle und deren Wanderung zum Erdkern zu bewirken.

Reines Eisen weist eine zwei- bis dreimal höhere Dichte als die Silikate auf,

aus denen es extrahiert wurde, sodass es in die Tiefe fließen und dort den Erdkern bilden konnte. Bei dieser Wanderung verleibte es sich noch kleine Einschlüsse mit flüssigem Metall ein. Im Zentrum des Erdkerns war das flüssige Eisen dann so hohen Temperaturen (5000 °C) und derartigem Druck ausgesetzt (3,5 Mio. bar), dass ein Teil kristallisierte und fest wurde.

Ein in Rekordzeit gebildeter Kern

Es ist unmöglich, das Alter des Erdkerns auf direktem Weg zu messen oder die Geschwindigkeit zu bestimmen, mit der er sich gebildet hat – die dazu benötigten Proben liegen außerhalb unserer Reichweite. Gut lassen sich aber die aufgefundenen Metallmeteoriten datieren. Ihre Entstehung fällt in einen Zeitraum von maximal einigen zehn Millionen Jahren nach Bildung der frühesten Meteoriten. Die von Silikaten ausgehende Entstehung reinen Eisens muss also sehr schnell verlaufen sein. Dafür spricht auch, dass die

für diesen Prozess erforderliche Energie nur aus zwei genügend starken Quellen stammen kann: aus einer Kernreaktion von Elementen mit einer sehr geringer Halbwertszeit von 10 Mio. Jahren, oder aus der jähen Freisetzung großer Gravitationsenergiemengen im Verlauf der Akkretionsphasen. So oder so: Der Erdkern hat sich in weniger als 60 Mio. Jahren nach Entstehung der Meteoriten gebildet.

Der Ofen ist noch immer heiß

Seit 4,5 Mrd. Jahren kühlt die Erde ab, während ihr Kern heiß bleibt – und zwar durch den Zerfall radioaktiver Elemente und durch die Energie, die bei der Bewegung von Metallkristallen in flüssigem Metall freigesetzt wird. Ein Teil der im Innern erzeugten Hitze steigt an die Oberfläche, und die Wechselwirkungen zwischen dem Kern und der Mantelbasis sind möglicherweise die Ursache für große Konvektionsbewegungen im Mantel, die sich an der Erdoberfläche etwa in vulkanischen Inseln wie Hawaii zeigen.

▲ *Inferno im Erdkern*
Obwohl der Erdkern bei seiner Entstehung drei Viertel des auf der gesamten Erde vorhandenen Eisens in sich band, blieb Eisen einer der Hauptbestandteile auch des Oberflächengesteins. Die Gewinnung von Eisen aus Eisenerz zählt zu den bedeutendsten technologischen Errungenschaften der Menschheit – sie prägte die Entwicklung mancher Kulturen und sicherte deren Vormachtstellung.

◀ *Eisenmeteorit*
Eine besondere Meteoritenart sind die Eisenmeteoriten, die nur aus Eisen- und Nickellegierungen in unterschiedlichen Anteilen bestehen. Sie sind vermutlich Bruchstücke von Planetesimalkernen, die sich absonderten und mehrere Millionen oder Milliarden Jahre später bei Kollisionen im Asteroidengürtel zerschellten.

Die Geburt der Kontinente
Die Differenzierung von Mantel und Kruste

Wie entstand die dünne Oberflächenkruste, die die Erde bedeckt? Ist sie das Ergebnis eines lang-samen Prozesses, der sich im Lauf der Entwicklung unseres Planeten abspielte, oder hat sie sich schon sehr früh, in den ersten 500–1000 Mio. Jahren, gebildet? Und welchen Einfluss hatte das von den Meteoriten stammende Material auf die Gesteine, die wir heute kennen?

Das Archaikum und die ersten Kontinente

Das Archaikum ist der früheste Teil der Erdgeschichte und erstreckte sich von der Entstehung der Erde bis in eine Zeit vor 2,5 Mrd. Jahren.

Im Zentrum der großen Kontinente, insbesondere im Norden Kanadas, in Grönland, im Zentrum und im Westen Afrikas sowie im Westen Australiens stieß man auf Gesteine, die aus dem Archaikum stammen. Diese Gesteine bildeten Provinzen, in denen die alleräl-testen Krustenfragmente mitunter auf mehreren hundert Kilometern zutage treten. Die ältesten, die auf rund 4 Mrd.

Jahre geschätzt werden, fand man in Nordkanada (Slave-Provinz). Am bes-ten erforscht und am berühmtesten sind die Funde von Isua auf Grönland, mit einem Alter von 3,5 Mrd. Jahren. Diese Fragmente der archäischen Krus-te machen freilich nur einen geringen Prozentsatz der Gesamtkruste aus, die heute die Erdoberfläche einnimmt. Wie sämtliche Kruste besteht auch die ar-chaische aus Sedimentgesteinen sowie magmatischen und metamorphen Ge-steinen. Allerdings weisen die großen archaischen Krustenprovinzen charak-teristische Gesteinsformationen auf, die so genannten Grünsteingürtel. Grün-steine sind vorwiegend durch das Mi-neral Chlorit grün gefärbte metamor-phe Basalte. Sie bilden mehr oder we-niger intensiv gefaltete Formationen von bisweilen mehreren hundert Kilo-metern Länge.

Der Magmaozean: Beispiel Mond

Die großen Unterschiede zwischen Mond- und Erdoberfläche lassen sich darauf zurückführen, dass der Mond ein seit mehr als 3 Mrd. Jahren toter Planet ist, ihm fehlt eine große innere Wärmequelle ebenso wie eine Atmo-sphäre. Anders als die Erdoberfläche, die sich seit 4,5 Mrd. Jahren ständig verändert hat, zeugt der Mond von Pro-zessen, deren Spuren auf der Erde heute verschwunden sind.

Die Mondkruste besteht aus breiten Mondbecken, den so genannten Mee-ren (maria), die durch Basaltströme überflutet wurden, und aus lunaren Hochebenen, den Terrae-Gebieten. Diese bestehen größtenteils aus mag-matischen Tiefengesteinen, in denen zu etwa 75 % eisenfreie, helle Feldspäte, die Plagioklase, vorherrschen. Sie wei-sen eine geringere Dichte auf als die Schmelzen, aus denen sie sich aus-schieden, aber auch als die schwereren Olivine und Pyroxene, die gleichzeitig kristallisierten. Die Mondkruste könnte sich demnach durch Plagioklaskristalle gebildet haben, die auf einem Magma-

▼ Karte der archaischen Kontinentalkerne
Die ältesten Fragmente konti-nentaler Kruste, die aus einer Zeit von vor mehr als 2,5 Mrd. Jahren (aus dem Archaikum) stammen, finden sich alle im Zentrum der heutigen Konti-nente. Diese uralten Zonen, die im Archaikum vermutlich miteinander verbunden waren, drifteten in der Folgezeit auf-grund der Plattentektonik aus-einander und dienten anschlie-ßend als Keimzellen für das Heranwachsen einer jüngeren kontinentalen Kruste.

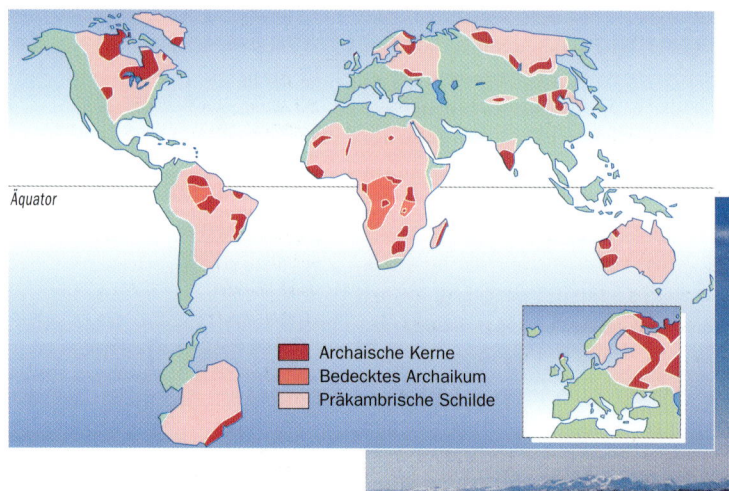

Äquator

■ Archaische Kerne
■ Bedecktes Archaikum
■ Präkambrische Schilde

▶ Das älteste Sediment-gestein der Erde
An der Westküste Grönlands tritt unter dem Eis das größte Stück alter kontinentaler Kruste zutage, das wir bislang kennen – sein Alter beträgt 3,5 Mrd. Jahre. Diese Kruste ist aus grünen Metasedimen-ten gebildet (Sedimentgestein, das nach seiner Ablagerung umgewandelt wurde) sowie aus helleren Gneisstreifen, die von sehr alten Magma-Adern herrühren.

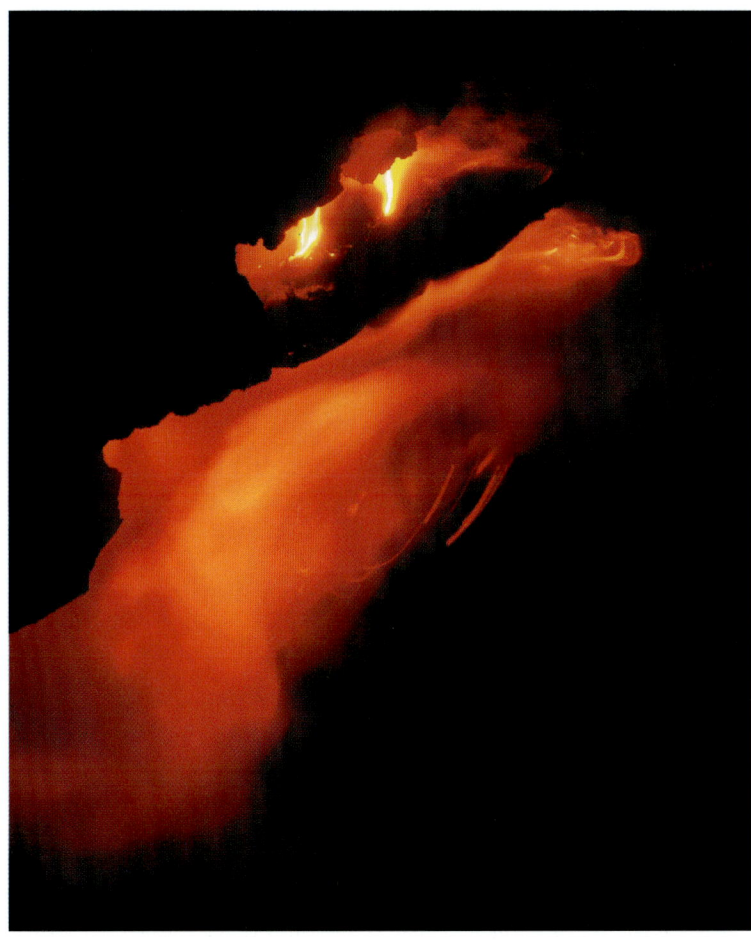

Das Schmelzen des Mantels unter den mittelozeanischen Rücken wird durch eine Druckminderung ausgelöst. Durch mächtige Konvektionsbewegungen steigt dann das geschmolzene Material zur Oberfläche.

Die kontinentale Kruste beinhaltet aber mehr Aluminium und weniger Magnesium als die ozeanische Kruste – dieses Ergebnis wird durch weitere Schmelzvorgänge erzielt, die im Bereich der Subduktionszonen verlaufen, wo ozeanische Kruste in die Tiefe abtaucht und teilweise schmilzt. Dabei wird Magma freigesetzt, das dann an die Oberfläche steigt und schließlich einen Teil der kontinentalen Kruste bildet.

Die kontinentale Kruste

Auf Basis von Schätzungen des Gesteinsvolumens der kontinentalen Kruste sowie der Altersbestimmung des Gesteins mittels Datierungsmethoden, die sich auf das Verhältnis zwischen radioaktiven Mutter- und Tochterisotopen stützen, lässt sich eine grafische Kurve erstellen, die das Volumen der Kruste in Abhängigkeit von ihrem Alter zeigt. Mit der Einschränkung, dass die Volumenschätzung nur ungenau sein kann, zeigt diese Kurve, dass der Umfang der kontinentalen Kruste seit 4 Mrd. Jahren zugenommen hat. In dieser Zeit gab es ausgesprochen intensive Phasen, in denen Kruste aus dem Mantelmaterial gebildet wurde: zwischen 3,2 und 2,5 Mrd. Jahren sowie zwischen 2,1 und 1,6 Mrd. Jahren. Vor 2,5 Mrd. Jahren existierten bereits etwa 80 % der heutigen Kontinentalkruste. Heute überwiegt der Prozess der Wiederverwertung von Material, d. h. die Umwandlung alter in neue Kruste.

◀ Die zahlreichen Lavaströme, die sich aus den großen Vulkanen ergießen, verdeutlichen am besten, wie sich die kontinentale Kruste gebildet hat. Allerdings zeigt die chemische Zusammensetzung dieser Lava, dass häufig nicht nur die Erdkruste, sondern auch der tiefer liegende Mantel schmilzt. Diese Lava bezeugt also sowohl die Umwandlung als auch die Bildung neuer Kruste.

ozean trieben – ähnlich wie Packeis, das aus schwimmfähigen Eiskristallen besteht, die leichter als Wasser sind. Dieser Magmaozean erhitzte sich durch Einschläge zahlloser großer Objekte auf Temperaturen von über 1400 °C. Er war wohl zwischen einigen hundert bis zu 1700 km tief – die zweite Zahl setzt allerdings einen komplett geschmolzenen Mond voraus.

Die Entdeckung von Plagioklaskristallen an den Flanken der großen Meteoritenkrater des Mondes lässt vermuten, dass die Plagioklasschicht durchaus mehrere Dutzend Kilometer mächtig sein kann. Und obwohl auf der Erde ein dem Mondgestein vergleichbares, an Feldspat reiches Gestein (Anorthosit) selten und recht jung ist (jünger als 2,7 Mrd. Jahre), scheint es doch wahrscheinlich, dass auch die Erde in einem sehr frühen Entwicklungsstadium von einem Magmaozean bedeckt war, von dem heute jedoch keine Spuren mehr zu finden sind.

Vom Mantel zur Kruste – eine Sache der Chemie

Erdkruste und Erdmantel weisen eine recht unterschiedliche chemische Zusammensetzung auf. Laborversuche, bei denen Gesteine zum Schmelzen gebracht wurden, demonstrierten, wie sich der Übergang vom Mantel zur Kruste vollzieht. Wenn Gestein, dessen Beschaffenheit der des Erdmantels entspricht, schmilzt, dann weist das entstehende Magma eine ähnliche Zusammensetzung auf wie jene Laven, die aus den mittelozeanischen Spalten dringen und dort Kruste bilden.

Während des Schmelzvorgangs reichern sich nämlich aluminiumreiche Verbindungen mit tieferem Schmelzpunkt im Magma und damit in der Kruste an, während z. B. magnesiumreiche Verbindungen nicht schmelzen und daher im Mantel verbleiben.

▼ Der älteste Zirkon
Die Abbildung zeigt den geschliffenen Querschnitt eines 3,96 Mrd. Jahre alten Zirkons. Dieses Mineral mit der chemischen Formel $ZrSiO_4$ weist unterschiedliche Schichten auf, die verschiedenen Wachstums- und Metamorphosephasen entsprechen. Solche geologischen Archive lassen sich mithilfe der Isotopenanalyse entschlüsseln, bei der in der Probe Krater in einer Größenordnung von 30 Mikrometern Durchmesser erzeugt werden.

DIE ÄLTESTEN „FOSSILIEN" DER ERDKRUSTE

D ie Überreste der ältesten Erdkruste sind 4,2 Mrd. Jahre alt, stammen also aus einer Zeit, als die Entstehung des Sonnensystems erst 250 Mio. Jahre zurücklag. Man fand sie in Westaustralien (Mount Narryer) in einigen nicht einmal millimetergroßen Körnchen eines besonderen und sehr widerstandsfähigen Minerals, das Zirkon genannt wird.
Das Alter dieser Funde lässt sich durch die (mittels Ionensonden gemessene) Konzentration der Bleiisotope bestimmen, die beim radioaktiven Zerfall des im Zirkon enthaltenen Urans entstehen. Dieses Gestein hat seit seinen Ursprüngen eine lange und komplexe Geschichte durchlaufen, doch einige der Zirkone haben in Gestalt der Isotope die Erinnerung an ihr Alter bewahrt.

Kontinente in Bewegung
Die Plattentektonik

Die Erdkruste befindet sich in ständiger Bewegung, wenn auch nicht nach menschlichen Zeitmaßstäben. Diese Bewegungen sind der Widerhall von Prozessen, die in der Tiefe der Erde ablaufen und ihre Entwicklung bestimmen. Sie lassen am Meeresboden enorme Spalten entstehen, verschieben Kontinente, heben gewaltige Bergketten empor und lassen manchmal die Erde unter unseren Füßen erbeben.

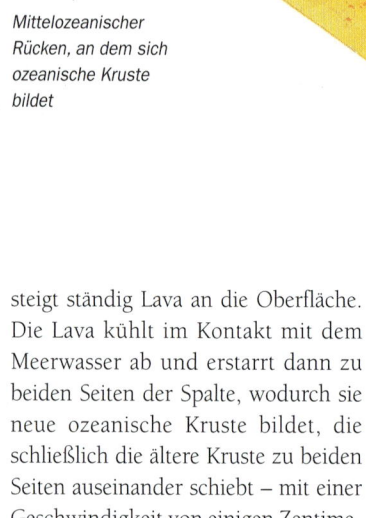

Mittelozeanischer Rücken, an dem sich ozeanische Kruste bildet

Die großen Platten der Erde

Die von Alfred Wegener im Jahr 1915 vorgestellte Theorie der Kontinentaldrift (heute zur Lehre von der Plattentektonik präzisiert) ließ uns erst verstehen, wie sich die Erdkruste im Lauf der Erdgeschichte gebildet und entwickelt hat. Danach werden Kontinente und Meeresböden von zwölf mehr oder weniger starren Platten getragen, die gleichsam wie Flöße auf der Asthenosphäre treiben. Verformungen der Platten konzentrieren sich hauptsächlich auf ihre Grenzbereiche, dort, wo sie aneinander stoßen und sich teilweise zerstören, wodurch es zur Bildung von mehr als 10 km tiefen Tiefseegräben oder zur Auftürmung von Gebirgen wie dem Himalaja kommt.

Beweise für die Plattentektonik

Die aus einer Karte ausgeschnittenen Kontinente Afrika, Europa und Asien, Nord- und Südamerika sowie Austra-

lien lassen sich gut zu einem gemeinsamen Kontinent zusammenfügen – insbesondere Südamerika passt haargenau zu Afrika. Dieser Großkontinent, der vor 200 Mio. Jahren existierte, wird Pangäa genannt.

Gesteinsproben aus Westafrika und dem östlichen Südamerika bestätigen, dass beide Erdteile in der Vergangenheit verbunden waren. Auf beiden gibt es 200 Mio. Jahre alte Fossilien, die an keiner anderen Stelle des Globus zu finden sind. Den endgültigen Beweis der Plattentektonik lieferte allerdings die Erforschung des Meeresbodens in den 1960er-Jahren, als die Rücken entdeckt wurden, an denen sich beständig frische ozeanische Kruste bildet.

Die Bildung der ozeanischen Platten

Die ozeanischen Platten werden an den mittelozeanischen Rücken gebildet. Dort ist die ozeanische Kruste nur einige Kilometer dick. Durch Spalten

steigt ständig Lava an die Oberfläche. Die Lava kühlt im Kontakt mit dem Meerwasser ab und erstarrt dann zu beiden Seiten der Spalte, wodurch sie neue ozeanische Kruste bildet, die schließlich die ältere Kruste zu beiden Seiten auseinander schiebt – mit einer Geschwindigkeit von einigen Zentimetern pro Jahr. So waren Europa und Nordamerika vor 150 Mio. Jahren fast nahtlos miteinander verbunden. Dieses Datum entspricht auch dem Alter der ältesten Gesteine zu beiden Seiten des Nordatlantik.

Die Zerstörung der ozeanischen Platten

Da die Oberfläche der Erde nachweislich nicht wächst, muss die Bildung neuer Kruste mit der Zerstörung alter Kruste einhergehen.

Prallen eine ozeanische und eine kontinentale Platte aufeinander, so gleitet die ozeanische Platte in der Regel unter die kontinentale Platte – wo das geschieht, spricht man von einer Subduktionszone. Je weiter die absinkende Platte in die Tiefe gleitet, desto höher wird ihre Temperatur – die Platte verliert ihre Wasserbestandteile, was zum teilweisen Aufschmelzen der Lithosphäre und zu vulkanischen Aktivitäten an der Erdoberfläche führt. All diese Bewegungen bauen gewaltige Span-

▼ Die tektonischen Platten und ihr Grenzverlauf
Die Mehrzahl der Erdbeben ereignen sich an den Grenzen zwischen den Platten, die die Kontinente und den Meeresboden bilden – beispielsweise in der Subduktionszone unter dem japanischen Hauptinselbogen. An diesen Grenzen liegen auch die großen Vulkanketten, etwa in den Kordilleren Südamerikas. Die mittelozeanischen Rücken, wo sich ozeanische Kruste bildet, sind ebenfalls Orte intensiver untermeerischer vulkanischer und tektonischer Aktivitäten.

Divergierende Grenzen

Konvergierende Grenzen

Vulkane

Bewegungsrichtung der Platten

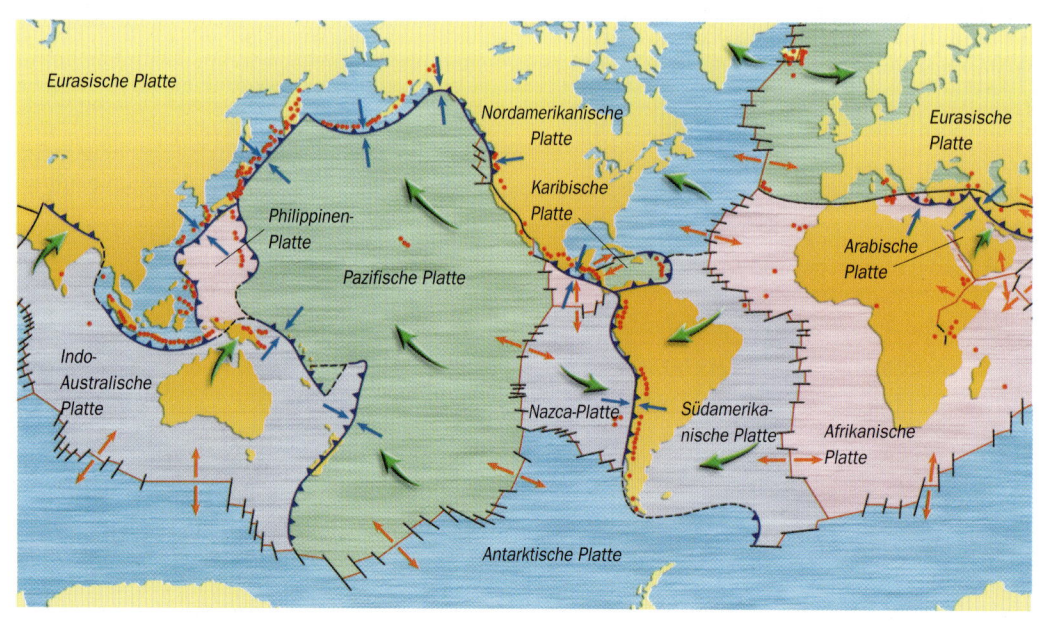

Eurasische Platte
Nordamerikanische Platte
Eurasische Platte
Karibische Platte
Philippinen-Platte
Arabische Platte
Pazifische Platte
Indo-Australische Platte
Nazca-Platte
Südamerikanische Platte
Afrikanische Platte
Antarktische Platte

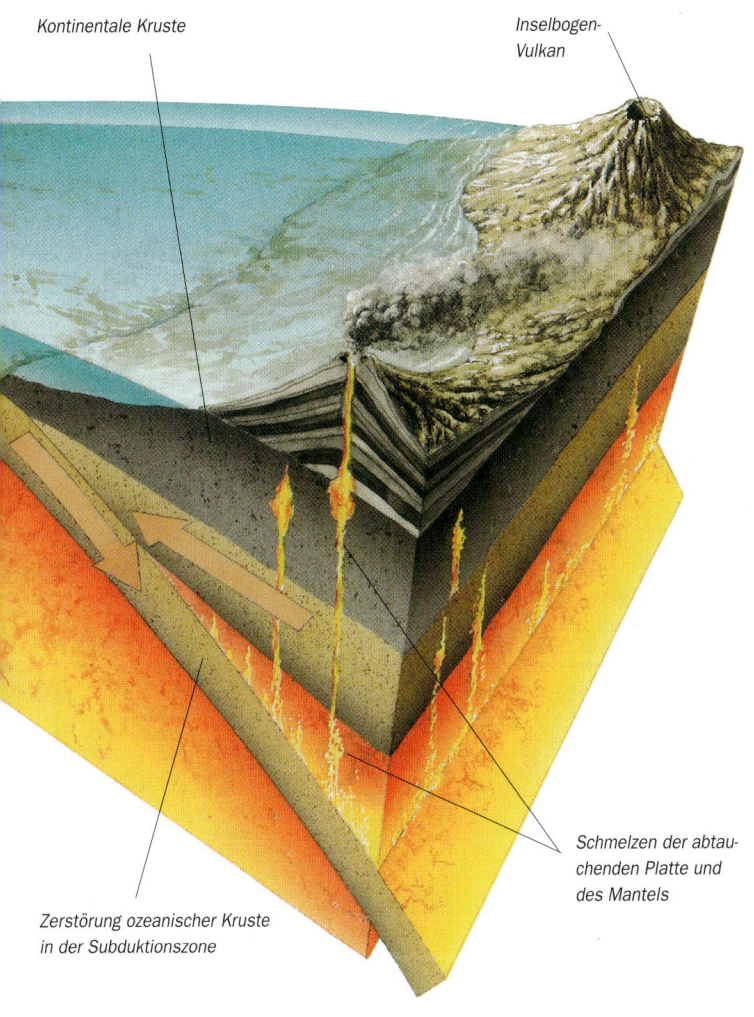

Kontinentale Kruste

Inselbogen-Vulkan

Zerstörung ozeanischer Kruste
in der Subduktionszone

Schmelzen der abtau-
chenden Platte und
des Mantels

nungen auf, die sich an den Plattenrändern subsummieren. Der Span-
nungsabbau vollzieht sich plötzlich und
äußert sich nicht selten durch überaus
heftige Erdbeben.

Die Radioaktivität der Erde ist der Motor

Es gibt nur eine Energiequelle, die in
der Lage ist, die Kontinente der Erde
über Zig Millionen Jahre kontinuierlich
in Bewegung zu halten und konstant
zu verschieben: die Hitze des Erdinnern. Der Erdmantel enthält große
Mengen radioaktiver Elemente mit langer Halbwertszeit, insbesondere Kalium
und Uran, die seit 4,5 Mrd. Jahren
beständig zerfallen, wobei Wärme freigesetzt wird, die in Richtung Erdoberfläche abgeleitet wird.

Wie ein Förderband

Jeder weiß, dass ein heißes Getränk
schneller abkühlt, wenn man es mit einem Löffel umrührt. Um die durch die
Radioaktivität freigesetzte Wärme an

die Erdoberfläche zu schaffen, „nutzt"
unser Planet das gleiche Verfahren –
Geologen sprechen hier von Konvek-
tion. Dabei steigt Materie aus den
heißen Zonen in kältere Schichten auf;
dort kühlt sie ab, nimmt an Dichte zu
und sinkt wieder in die Tiefe zurück.
Die im Erdmantel wirkenden Konvek-
tionsströme transportieren Gestein
nach oben, das, im geologischen Maßstab von einigen hundert Millionen Jahren, durchaus plastische Eigenschaften
besitzt. Dieses Gestein kann zwar die
Lithosphäre nicht durchdringen, ver-
hakt sich aber mit dieser, ehe es wieder absinkt, und zieht sie langsam über
Tausende von Kilometern mit sich, was
an der Erdoberfläche zur Bewegung der
Platten führt (siehe S. 64–65) .

Ein Gebirge entsteht

Große Gebirgsketten sind der deut-
lichste Beleg für die Bewegung der Platten. Die höchsten Gebirge befinden sich
in der Regel an den Plattenrändern, in
der Nähe der großen Kollisionszonen,

wie im Fall der südamerikanischen Anden. Jeder Zusammenstoß von zwei
Platten – seien es nun kontinentale oder
ozeanische – führt zur Entstehung von
Gebirgs- oder Inselketten. Allerdings
bilden sich diese Ketten nicht unmittelbar über einer Kollisionszone, sondern bis zu 1000 km dahinter – je
nachdem wie stark die Grenzfläche zwischen den Platten, von der die bei der
Kollision erzeugten Verformungen ausgehen, zur Tiefe hin geneigt ist.

Beispiel Himalaja

Der Himalaja, die höchste Bergkette der
Erde, ist ein Paradebeispiel für diesen
Prozess. Er entstand als Folge der Kollision der indischen mit der eurasischen
Platte, ein Vorgang, der vor etwa
50 Mio. Jahren begann und noch immer mit einer Geschwindigkeit von
5 cm pro Jahr abläuft. Am Himalaja
kann man ablesen, wie sich die durch
die Kollision verursachten Verformungen und Spannungen auf ein sehr
großes Gesteinsvolumen verteilt haben.
Dabei falten sich die Schuppen des
Nordrands der indischen Platte auf
(verantwortlich für das einzigartige
Landschaftsbild), zugleich hebt sich der
gesamte Südrand der asiatischen Platte
empor und bildet dabei die Hochebenen Tibets. Die Kollision dieser beiden
kontinentalen Platten macht sich bis
weit in den asiatischen Kontinent hinein durch mehr oder minder deutliche
Verwerfungen bemerkbar.

◀ *Die im Bereich eines
mittelozeanischen Rückens*
*gebildete ozeanische Kruste
gleitet unter die am Ozean-
rand liegende kontinentale
Kruste, die eine geringere
Dichte aufweist. Je weiter die
Platte in die Tiefe abtaucht,
desto höher steigt ihre Temperatur, sodass das in ihr enthaltene Wasser freigesetzt wird,
was zum lokalen Aufschmelzen der Erdkruste und des
oberen Mantels führt. Dieser
Prozess bildet die Quelle des
Vulkanismus, der am Rand der
Kontinente, etwa an der West-
flanke des amerikanischen
Kontinents, gut zu beobachten ist.*

▼ *Die Himalajakette*
*Mit einer relativen Geschwin-
digkeit von etwa 5 cm pro
Jahr schiebt sich die indische
Platte von Süden unter die eurasische Platte. Dieses
Aufeinanderprallen, das vor
etwa 50 Mio. Jahren ein-
setzte, schuf die hohe schnee-
bedeckte Himalajakette, in die
die Monsunregenfälle tiefe
Täler schneiden.*

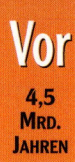

Eine Frage der Atmosphäre
Wie die Lufthülle der Erde entstand

Bei der Entstehung der Erdatmosphäre wirkten die Sonne, die Erde selbst und das Weltall mit. Meteoriteneinschläge, Vulkane und frühe Lebensformen leisteten ebenfalls ihren Beitrag zur Schaffung der Luft, die wir atmen. Dank der Erforschung des Sonnensystems mit interplanetarischen Sonden können wir heute die Ursprünge unserer Atmosphäre weitgehend erklären.

▼ **Jupiter in Grönland**
Das grönländische Packeis weist überraschende Ähnlichkeiten mit der Oberfläche des Jupitermonds Europa auf. Im Gegensatz zur Erde ist dieser Trabant zu weit von der Sonne entfernt, um an seiner eiskalten Oberfläche flüssiges Wasser zu besitzen. Stattdessen verbirgt sich unter seinem Packeis vermutlich ein mehrere Hundert Kilometer tiefer Ozean.

Woher kommt das Wasser?

Fotoaufnahmen des von Wolken überzogenen Jupiter oder Saturn und ihrer Trabanten zeigen, dass in den kalten Zonen des Sonnensystems jenseits des Mars sowohl diese Trabanten, als auch die Planetesimale, die auf ihnen einschlagen, riesige Mengen gefrorenes Wasser enthalten. Zwangsläufig stellt sich die Frage, ob die Atmosphäre der Erde – wie die der Venus oder des Mars – sich nicht diesen zahllosen kosmischen Objekten, die die Planeten bauten, verdankt. Denn all diese Boliden haben sich in den sonnenfernen eisigen Zonen des Raums gebildet, wo Wasser in großen Mengen kondensiert. Aber dieses Szenario lässt viele Fragen offen, und es scheint so, dass jeder Baustein der Atmosphäre seine eigene Geschichte besitzt.

Die Quellen der Atmosphäre

Die Frage nach den Ursprüngen und der Entstehungsgeschichte der Erdatmosphäre hat die Wissenschaft lange beschäftigt. In den letzten 30 Jahren wurde manches Rätsel gelöst. Es ging zuallererst darum, die Ursprünge der Gase zu ergründen, die sich in der Atmosphäre befinden. Um welche handelt es sich überhaupt?
Einige Gase, darunter Neon, stammen aus dem Weltall. Andere, beispielsweise Argon, entwichen Gesteinen, die sich während der Entstehung der Erde in geschmolzenem Zustand befanden. Eine dritte Gruppe, zu der der Sauerstoff zählt, entstand durch chemische Reaktionen innerhalb des Erdbodens oder mit lebender Materie.

Vulkanismus und Meteoritenbeschuss

Es ist bekannt, dass das System Erde unterschiedliche Gasschichten aufweist. Im Erdinnern sind Gase des alten solaren Nebels eingeschlossen, während die Atmosphäre mit Gasen angereichert ist, die durch Einschläge von Meteoriten auf die Erde gelangten – letzteres bestätigt auch die Zusammensetzung des Wasserstoffs des Meerwassers, der nicht solaren Ursprungs ist, sondern dem Wassergehalt der Mineralien in den frühen Meteoriten entspricht.
Mit den frühen Meteoriteneinschlägen gelangte demnach nicht nur ein Teil der seltenen Gase der Erdatmosphäre auf unseren Planeten, sondern auch eine Reihe flüchtiger Elemente, wie etwa Kohlenstoff, Wasser und Stickstoff, die zu den grundlegenden Bestandteilen unserer Lufthülle zählen.

Sauerstoff aus biologischer Quelle

Luftsauerstoff wird gebunden, wenn er mit bestimmten Mineralien der Oberflächengesteine reagiert: Sie oxidieren – deutlich in heißen Regionen der Erde, wo Eisenoxide den Boden rostrot färben, und an der Oberfläche von Lava beim Kontakt mit Meerwasser.
Ohne eine kontinuierliche Sauerstoffzufuhr (die heute die Pflanzen sicherstellen), wäre dieses Gas in weniger als 100 Mio. Jahren wieder aus unserer Atmosphäre verschwunden. Wie also konnte es sich dauerhaft erhalten?

▲ **Die Oberfläche des Jupitermonds Europa**

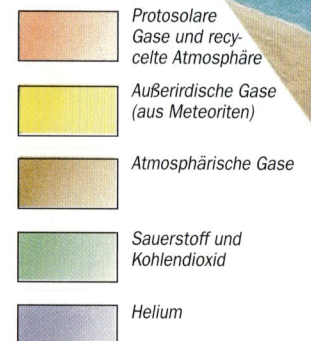

Helium

Protosolare Gase und recycelte Atmosphäre

Außerirdische Gase (aus Meteoriten)

Atmosphärische Gase

Sauerstoff und Kohlendioxid

Helium

erstoff wurde also zunächst von Oberflächengesteinen gebunden, ehe er sich in der Atmosphäre anreichern konnte. Diese Gesteine dokumentieren mithin ausgezeichnet die fortschreitende Entwicklung der Atmosphäre. Als schließlich oxidierbare Flächen (und Reaktionspartner) knapp wurden, entwich der Sauerstoff in die Atmosphäre.

Heute sorgt für ihren Sauerstoffgehalt die Photosynthese, zugleich wird durch die Atmung von Lebewesen und durch die Oxidation von jungen Gesteinen ständig Sauerstoff verbraucht.

Rost – eine kurze Geschichte des Sauerstoffs

Bevor sich Sauerstoff in der Atmosphäre anreicherte, hat er bis vor 2 Mrd. Jahren wohl zunächst einen Großteil der Gesteine an der Erdoberfläche oxidiert. Denn die älteren, 3,5–2 Mrd. Jahre alten präkambrischen Gesteine weisen einen erheblich geringeren Oxidationsgrad auf als ihre Nachfolger. Der von den ersten Lebewesen produzierte Sau-

Die Entstehung der Atmosphäre

Die Erdatmosphäre speiste sich also aus irdischen wie kosmischen Quellen, wobei sie während ihrer Entstehung mehrere große Etappen durchlief:

Im frühen Akkretionsstadium der Erde existierten im protosolaren Nebel noch Gase. Infolge der Zusammenstöße zwischen Planetesimalen und der Protoerde schmolz die Oberfläche des unfertigen Planeten, sodass sich Gase aus

dem protosolaren Nebel in dem geschmolzenen Gestein lösten und anschließend tief im Erdinnern eingeschlossen wurden.

Als die Bildung der Erde (in kosmologischer Hinsicht) vollendet war, entstand durch winzige Mengen aus dem Weltall stammender Stoffe eine Art dünner Uratmosphäre. Zugleich wurden an der Erdoberfläche enorme Mengen Kohlendioxid freigesetzt – ausgelöst durch einen intensiven Vulkanismus, der mit der Abkühlung der Erde einherging. Dieses Ausgasen dauerte nur 50–100 Mio. Jahre – im Vergleich zu den 4,5 Mrd. Jahren, die von der Geburt der Erde bis heute vergangen sind, ein kurzer Zeitraum.

Diese Uratmosphäre verwandelte sich anschließend langsam in die, die wir kennen: durch die Zufuhr von Gasen aus dem Tiefengestein, durch das Recycling von Wasser im Erdinnern, durch chemische Reaktionen an der Erdoberfläche und schließlich durch die Etablierung von Leben.

◀ *Der feste Kern des Halleyschen Kometen* wurde bei seiner Begegnung mit der Raumsonde Giotto fotografiert. Die von der Sonne erwärmte Oberfläche zerstiebt plötzlich in Form von Wasserdampffontänen, die feinen Staub mit sich ziehen.

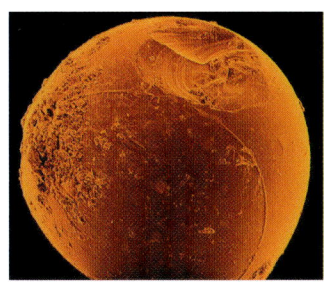

▲ *Kosmische Kügelchen*
Bestimmte Mikrometeoriten verlieren bei ihrem mit hoher Geschwindigkeit erfolgenden Eintritt in die Erdatmosphäre ihre flüchtigsten chemischen Elemente und bilden kleine geschmolzene Kügelchen, die sich in ozeanischen Sedimenten und im Polareis wiederfinden.

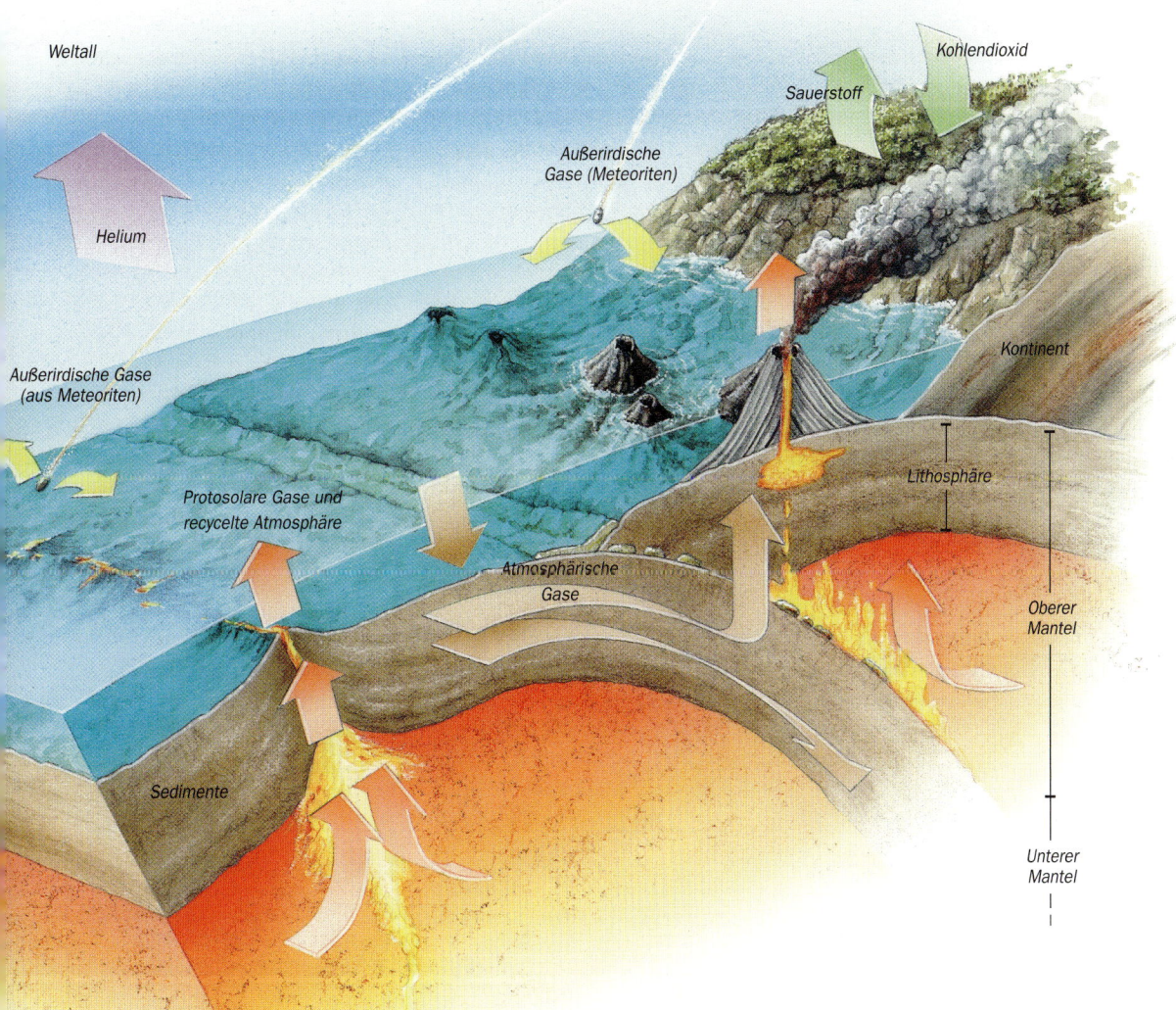

Weltall

Helium

Außerirdische Gase
(aus Meteoriten)

Außerirdische
Gase (Meteoriten)

Kohlendioxid

Sauerstoff

Kontinent

Protosolare Gase und
recyclete Atmosphäre

Atmosphärische
Gase

Lithosphäre

Sedimente

Oberer
Mantel

Unterer
Mantel

◀ *Der Kreislauf der atmosphärischen Gase*
Die aus dem protosolaren Nebel stammenden Gase, die während der Akkretionsphase der Erde in deren Tiefen eingeschlossen wurden, treten infolge der Konvektionsströmungen des Erdmantels kontinuierlich an der Oberfläche aus. Sie tragen ebenso wie aus dem Weltall stammende Substanzen zur heutigen Atmosphäre bei.

Die Kraft des Wassers
Wasserkreisläufe an der Erdoberfläche

Die Gestalt der Erdoberfläche wird auch vom Kreislauf des Wassers geformt, das chemische Elemente in die Erdkruste und die Ozeane befördert und die Temperatur reguliert – ein Prozess, der ohne die Atmosphäre, die den Wasserkreislauf gewährleistet, aber auch ohne den Treibhauseffekt, der die durchschnittliche Temperatur weltweit über dem Gefrierpunkt des Wassers hält, undenkbar wäre.

Das Element, das uns umgibt

Wenn es auch auf dem Mars tatsächlich einmal Ozeane gegeben haben sollte – heute ist die Erde der einzige Planet unseres Sonnensystems, dessen Oberfläche zu gut 70 % von Wasser bedeckt ist, was einem Gesamtvolumen von etwa 1,4 Mrd. km³ entspricht. In flüssiger Form beherbergen davon mit 96 % die Meere, während 3 % in den Gletschern und dem Polareis gebunden sind. Der winzige Rest verteilt sich auf unterirdisches Wasser, Seen und Flüsse sowie mit einem Tausendstel Prozent der Gesamtmenge auf die Erdatmosphäre.

▲ **Die Gangesmündung**
Der Ganges und der Brahmaputra nehmen die Produkte der Erosion der Südflanke der Himalajakette auf und tragen allein etwa 10 % der Partikel in die Weltmeere. Die Erosion des Himalaja, die v. a. während des Sommermonsuns sehr intensiv ist, bewirkt weltweite Veränderungen der Zusammensetzung der Ozeane.

Ein produktiver Kreislauf

So gering die in der Atmosphäre vorhandene Wassermenge erscheinen mag, so ist sie doch ein wesentliches Glied innerhalb des lebenswichtigen Kreislaufs, dem das gesamte Wasser an der Erdoberfläche unterworfen ist. Dabei gelangt das über Ozeanen und Kontinenten verdunstende Wasser als Wasserdampf in die Atmosphäre, wird dort von Luftströmungen davongetragen, kondensiert zu Wassertröpfchen und bringt schließlich den Niederschlag. Die Verdunstungsmenge ist über den Ozeanen größer als die Niederschlagsmenge, über den Kontinenten ist das Gegenteil der Fall. Die Ozeane sind damit die entscheidende Wasserquelle für die Landmassen. Die über den Kontinenten niedergehenden Regenfälle erreichen pro Jahr einen Umfang von etwa 0,11 Mio. km³, wovon zwei Drittel erneut in die Atmosphäre verdunsten. Das verbleibende Drittel kehrt durch Oberflächenabfluss und über Wasserläufe auf direktem Weg in die Ozeane zurück. Ein Teil der kontinentalen Niederschläge wird auch in der Erdkruste gespeichert, in Seen und unterirdischen Schichten sowie in bestimmten Mineralien, etwa in Tonen.

Elf Tage in der Atmosphäre

Kennt man die Menge des in der Atmosphäre vorhandenen Wassers sowie die Menge des in einem bestimmten Zeitraum verdunsteten Wassers, dann kann man seine Verweildauer in der Atmosphäre berechnen: Sie beträgt 11 Tage und entspricht der Zeit, in der sich die Atmosphäre durch Verdunstung mit Wasser anreichert oder durch Niederschläge wieder von ihm trennt. Während dieser kurzen Verweildauer kann das Wasser aber Tausende von Kilometern zurücklegen.

Stellt man die gleiche Rechnung für die Ozeane auf, so ergibt sich dort eine durchschnittliche Verweildauer des Wassers von 39 000 Jahren. Die Ozeane sind also der Wasserspeicher des irdischen Wasserkreislaufs.

Der Motor des Wasserkreislaufs

So wie das Driften der Kontinentalplatten durch die Erdwärme bewirkt wird, so bedürfen auch die Kreisläufe an der Erdoberfläche einer immensen Wärmequelle: der Sonnenenergie. 99,98 % aller der Erde zugeführten Energie stammt von der Sonne, während die geothermische Energie, die im Erdinnern entsteht, nur 0,02 % der Wärmebilanz ausmacht. Ähnlich wie im Innern unseres Planeten gibt es auch an seiner Oberfläche Konvektionsströmungen, die die eingestrahlte Sonnenenergie relativ gleichmäßig über die gesamte Erde verteilen.

Die Albedo

Von der zur Erde gelangenden Sonnenstrahlung werden im globalen Durchschnitt etwa 30 % von der Atmosphäre und der Erdoberfläche zurückgeworfen. Dieser Prozess findet Ausdruck in einer physikalischen Größe, der Albedo. Sie vermittelt eine unmittelbare Vorstellung von der Fragilität des thermischen Gleichgewichts auf der Erde. Wenn z. B. die Ausdehnung der vereisten Gebiete auf der Erde zunimmt, so erhöht sich auch die Albedo, da nun bei gleicher Einstrahlung mehr Sonnenstrahlung reflektiert wird – es kommt zu einer globalen Erkaltung der Erde und zu einer Beschleunigung der Bildung von Eisflächen.

Der Treibhauseffekt

Die nicht unmittelbar reflektierten 70 % der Sonnenstrahlung werden vom Erdboden und von der Atmosphäre aufgenommen und in Form von Infrarotstrahlung wieder ins Weltall abgegeben. Diese besitzt eine größerer Wellenlänge als das sichtbare Licht – daraus liest der Wissenschaftler ab, dass ein Teil der zugeführten Energie zur Erwärmung der Erde gedient hat. Sie erhält die Temperaturen aufrecht, die für die Existenz von Leben und für das Vorhandensein flüssigen Wassers unabdingbar sind. Ein beachtlicher Anteil der Wärmeausstrahlung der Erde wird von den so genannten Treibhausgasen absorbiert und als Gegenstrahlung an die Erdoberfläche zurückgegeben. Dieser Treibhauseffekt hält die Oberflächentemperatur der Erde bei durchschnittlich 15 °C, sodass das Meerwasser seinen flüssigen Aggregatzustand beibehalten kann.

Meeres- und Luftströmungen

Allerdings trifft die Sonnenstrahlung die Erdoberfläche nicht an jedem Fleck in gleicher Intensität. Es gibt vielmehr enorme Unterschiede zwischen den Zonen. Während die Sonnenstrahlen am Äquator steil auf den Erdboden treffen, fallen sie an den Polen flach ein. Diese Unterschiede lösen große Strömungs-

bewegungen in der Atmosphäre und in
den Ozeanen aus. Die am Äquator entstehende Wärme wird durch Luft-
ströme, Meeresströmungen und in
Form von Wasserdampf bis zu den Polen geleitet. Wasserdampf birgt Um-
wandlungswärme, die bei der Konden-
sation flüssiges Wasser erzeugt.
Die Oberflächenströmungen der Ozeane berühren Wasserschichten bis in
Tiefen von 300 m und entstehen als
Folge vorherrschender Winde. Diese
setzen das Oberflächenwasser in Bewegung und erzeugen große schleifenför-
mige Meeresströmungen, in denen das
Wasser auf der Nordhalbkugel im Uhrzeigersinn und auf der Südhalbkugel
gegen den Uhrzeigersinn strömt. Der
Golfstrom, der den Nordatlantik mit
warmem Wasser versorgt, ist ein
besonders markantes Bei-
spiel einer solchen ozea-
nischen Oberflächen-
strömung.

Von den Kontinenten zu den Ozeanen

Die Landmassen der Erde werden
durch Verwitterung, Abtragung und
Aufschüttung gestaltet. Dabei verzah-
nen sich die von der Sonnenenergie an-
getriebenen Oberflächenkreisläufe mit
jenen Prozessen, die der Wärmestrom
aus dem Erdinnern auslöst.
Wird Gestein durch tektonische Vorgänge emporgehoben, gerät die Geo-
statik aus dem Gleichgewicht – Erosion
stellt es wieder her. So repräsentiert der
Himalaja in seiner heutigen Größe den
aktuellen Gleichgewichtszustand zwischen der bei der Kollision zweier Kontinentalplatten verursachten Land-
hebung und der Erosion, die

die gegen seine Südflanke prallenden
Regen- und Schneemassen der Mon-
sune beständig bewirken.
Bei diesen Vorgängen spielt Wasser
durch die Auflösung von Mineralien
und ihren Transport in die Ozeane eine
herausragende Rolle. Die ozeanischen
Sedimente dokumentieren also präzise
alle Veränderungen in den Verwitte-
rungs- und Erosionsraten der Kontinente und damit auch des Klimas, das
in früheren Zeiten auf der
Erde herrschte.

Niederschlag

Transport durch die
Atmosphäre

Oberflächenabfluss,
Verwitterung, Abtragung
und Aufschüttung

Verdunstung

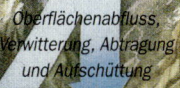

Versickerung

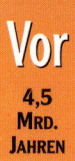

Wo entstand das Leben?
Der molekulare Ursprung des Lebens

Über die Form der ersten auf der Erde aufgetretenen organischen Moleküle kann man ebenso wie über den Stoffwechsel der ersten Lebewesen nur Mutmaßungen anstellen. Auch kann niemand mit Sicherheit sagen, wie das Leben letztlich entstanden ist. Entwickelte es sich zunächst in den Ozeanen? Oder im All? Oder gar im Schlamm am Rand einer Lagune?

◀ *Durch Langzeitbelichtung festgehaltene Sternenbahnen* Unablässig gelangt Materie aus dem Weltall auf die Erde. Vielleicht ist auf diesem Weg auch das Leben auf unseren Planeten gelangt.

Der Ursprung des Lebens – eine harte Nuss für die Wissenschaft

Es darf spekuliert werden. Denn es liegen keine Gesteinsproben vor, die Aufschluss über die ersten organischen Moleküle geben könnten, die sich irgendwann spontan in der Atmosphäre oder in den Ozeanen bildeten. Auch über den Stoffwechsel der ersten Lebensformen ist nichts bekannt. Die Forschung verfolgt mehrere Strategien. Zunächst will man weitere Erkenntnisse über die Fossilien der ersten nachweisbaren mikroskopisch kleinen Lebensformen gewinnen, die in den ältesten Sedimenten der Erde entdeckt wurden. Zugleich erstellt man eine exaktere Charakteristik der organischen Moleküle des frühen Sonnensystems, die man in Meteoriten findet, und schließlich erhofft man sich Aufschlüsse von der Erforschung solcher Planeten (insbesondere des Mars), die vielleicht einmal Lebensformen beherbergten, wie wir sie von der Erde kennen.

Woher kamen die ersten Moleküle?

Zwar baut sich alle lebende Materie aus organischen Molekülen auf, doch nicht alle organischen Moleküle werden von Lebewesen erzeugt. Industrielle Kunststoffe sind Beispiele für abiotische organische Moleküle – die auch im Weltraum allgegenwärtig sind, im interstellaren Raum ebenso wie in Kometen und Chondriten. Folglich existierten solche Moleküle schon im Anfangsstadium des Sonnensystems in großer Zahl. Heißt das aber auch, dass die ersten Lebensformen auf diese Moleküle zurückzuführen sind?
Diese Frage kann bislang nicht befriedigend beantwortet werden. Die Entstehung organischer Moleküle in der

Erdatmosphäre oder den Urozeanen ist dagegen sehr gut vorstellbar. Bei dieser Variante wäre die Entstehung von Leben das Ergebnis besonderer Voraussetzungen auf der Erde, die die Synthese der ersten organischen Materie ermöglichten.

Leben aus der Atmosphäre?

Bis in die 1980er-Jahre hinein favorisierte man aufgrund der Experimente von Stanley Miller (siehe Kasten S. 85) die atmosphärische Synthese. Doch bald sprachen immer mehr Fakten dagegen. So stellte sich heraus, dass die Uratmosphäre eine andere Zusammensetzung als das im Experiment verwendete Gasgemisch aufgewiesen hat. Die

wichtigsten Bestandteile dürften damals Kohlendioxid und Wasserdampf gewesen sein und zwar in stark erhitzter Form. Zahlreiche Experimente zeigten, dass solche atmosphärischen Bedingungen den Ablauf einer organischen Synthese eher hemmen. Darum verwarf man dieses Modell.

Leben aus den Ozeanen?

Wasser bietet ideale Bedingungen, um als Brutstätte des Lebens zu fungieren – seine Temperatur kann unter den Druckverhältnissen an der Erdoberfläche kaum über 100 °C steigen, außerdem gewährt es wirksamen Schutz vor der tödlichen, von der Sonne ausgehenden UV-Strahlung.

▼ *Die Urerde vor 3,5 Mrd. Jahren:* Eine dichte, gelbliche (kohlendioxid- und staubreiche) Atmosphäre, Strände mit schwarzem, vulkanischem Sand, unablässige Einschläge außerirdischer Objekte (Kometen und Meteoriten) sowie ein wesentlich erdnäherer Mond als heute kennzeichneten sie.

84

Heute wird das Leben auf der Erde von einer dünnen Ozonschicht, die sich aus Luftsauerstoff bildet, vor übermäßiger UV-Strahlung geschützt. Der atmosphärische Sauerstoff entstand jedoch erst mit der Entwicklung des Lebens, also spät in der Erdgeschichte. Kein anderes Gas ist gegen UV-Strahlung so wirksam wie Ozon – eine mehrere Meter mächtige Wasserschicht allerdings kann diese Strahlung ebenfalls absorbieren und das Leben auf einem unwirtlichen Planeten ermöglichen.

Wasser böte aber noch weitere Vorteile. Viele der elementaren Bestandteile organischen Lebens sind wasserlöslich – dieses Element kann also organische Moleküle über weite Strecken transportieren und vor allem den Kontakt zwischen ihnen herstellen. Je höher eine solche Kontaktmöglichkeit ist, umso größer sind die Chancen, dass zwischen verschiedenen Molekülen chemische Reaktionen stattfinden, die ein erstes chemisches Gefüge schaffen, das die Fähigkeit besitzt, sich selbst zu reproduzieren.

Eine weitere Entdeckung bestärkt die Forscher, die in den Ozeanen das Milieu für die Entstehung von Leben vermuten. In der Nähe der mittelozeanischen Rücken verströmen Schwarze Raucher (black smokers) Stoffe aus dem Meeresgrund. Identische Gebilde fand man in 3,5 Mrd. Jahre alten Gesteinen. Auf dem Grund der Urozeane sprudelten also mächtige potenzielle Quellen organischer Moleküle.

Ein interstellares Erbe?

Die dritte Theorie nimmt für die ersten organischen Moleküle einen außerirdischen Ursprung an. Dafür spricht zweierlei: Erstens fand man in Meteoriten alle für die Entwicklung organischen Lebens notwendigen Moleküle – warum also die jüngere Erdatmosphäre oder die Ozeane dafür in Anspruch nehmen? Zweitens war die Zuführung außerirdischer Materie in der Vergangenheit bekanntermaßen wesentlich umfangreicher als heute.

Seit gut 15 Jahren sammelt man bis zu stecknadelkopfgroße Mikrometeoriten aus den Gletschern der Polargebiete und aus der oberen Atmosphäre der Erde. Ihre Analyse hat gezeigt, dass sie in die Atmosphäre eindringen, ohne dabei ihren Bestand an flüchtigen Stoffen, Wasser und organischen Molekülen einzubüßen. Es steht also außer Frage, dass in der geologischen Vergangenheit große Mengen organischer Moleküle aus dem Weltall auf die Erde und damit in die Urozeane gelangt sind.

Und die Zufuhr außerirdischen organischen Kohlenstoffs während der ersten Jahrmilliarde der Erdgeschichte kann man sogar schätzen und kommt dabei auf eine mehrere Meter dicke Schicht, bezogen auf die gesamte Erdoberfläche. Es handelt sich folglich um enorme Mengen organischer Moleküle, mit denen die Erde aus dem All versorgt wurde – die Evolution musste sich ihrer nur bedienen, um die ersten Lebensformen hervorzubringen.

◄ Die ersten Lebensformen
Stromatolithen sind Kalksteingebilde. Primitive Organismen schaffen sie, indem sie im Meerwasser gelöste Karbonate binden und Sauerstoff produzieren.
Links: Lebende Exemplare an der australischen Küste
Unten: Fossilierte Strukturen in 3,5 Mrd. Jahre altem Feuerstein

Vielfältige Lösungen

Ob nun das Leben in den Ozeanen, in der Atmosphäre oder im Weltraum entstand – wir können noch nicht definitiv beantworten, für welche Variante sich die Natur letztlich entschieden hat, denn es gibt heute keine Spuren der allerersten Lebensformen mehr. Schon bei den in den ältesten Sedimenten entdeckten mikroskopisch kleinen Fossilien handelt es sich um sehr weit entwickelte Zellen.

Sicher wissen wir nur, dass unterschiedliche natürliche Milieus die Bausteine lebender Materie hervorbringen können. Warum und auf welche Weise das im Einzelnen geschah – auch darauf fehlt bislang die Antwort.

▲ Sternschnuppen am Nachthimmel
Sternschnuppenschwärme tauchen auf, wenn der Orbit der Erde die von einem vorbeigezogenen Kometen hinterlassene Staubwolke schneidet. Ebenso wie die Meteoriten versorgt dieser Staub die Erde beständig mit organischem Material.

LEBEN AUS DEM LABOR

Das erste Experiment zur Erkundung des Ursprungs von Leben wurde 1828 durchgeführt, als dem deutschen Chemiker Friedrich Wöhler die organische Synthese von Harnstoff gelang. Dass sich ein Bestandteil der lebenden Materie in einem Reagenzglas herstellen ließ, war eine riesige Überraschung.
Im Jahr 1953 führte dann Stanley Miller an der Universität von Chicago ein weiteres berühmtes Experiment durch (siehe auch S. 96): Unter Einwirkung elektrischer Entladungen synthetisierte er in einem aus Wasserstoff, Kohlenstoff, Stickstoff und flüssigem Wasser bestehenden Gasgemisch mehrere Aminosäuren. Die in lebenden Organismen vorhandenen Eiweiße setzen sich aus diesen Aminosäuren zusammen. Damit war erneut bewiesen worden, dass sich elementare Bestandteile des Lebens ohne die Mithilfe lebendiger Organismen herstellen lassen. Heute ist diese Erkenntnis in der Forschung Allgemeingut, und die in Pflanzen und Tieren entdeckten Wirkstoffe zahlreicher Medikamente kann man nun industriell herstellen.

2

Die Anfänge des Lebens

Schon vor mindestens 3,8 Mrd. Jahren entwickelte sich erstes Leben auf der Erde. Aber die Wissenschaft rätselt noch darüber, wie es zu dem geheimnisvollen Übergang von lebloser Materie zu ersten Lebensformen kam. Nur eines ist bislang sicher: Alles Leben hängt existenziell von Wasser ab, ganz gleich ob es nun aus dem Weltall stammt oder auf der Erde entstanden ist. Denn erst im Wasser, das in der frühen Erdgeschichte u. a. durch vulkanische Aktivitäten freigesetzt wurde, konnten sich organische Moleküle bilden. Die einfachen Grundbausteine von Lebewesen – Kohlenstoff-, Sauerstoff-, Wasserstoff- und Stickstoffatome – verbanden sich zu unzähligen Kombinationen und produzierten schließlich Eiweiße, Nukleinsäuren, Zucker und Fette. Nach einigen hundert Jahrmillionen tauchten dann die ersten lebenden Zellen auf, winzige Membransäcke. Sie hüteten ein Lebensprogramm, das in verschlüsselter Form schon in den Nukleinsäuren vorlag. Heutige Bakterien vermitteln uns eine Vorstellung von diesen Zellpionieren. In den folgenden 3 Mrd. Jahren entwickelten sie sich weiter und wurden immer komplexer. Es kam zu revolutionären Veränderungen. Sauerstoff, ein Abfallprodukt ihres Stoffwechsels, wurde freigesetzt, und schließlich etablierte sich auch die geschlechtliche Fortpflanzung, durch die sich genetische Codes austauschen konnten. Die Vielzelligkeit eröffnete ungeahnte Horizonte und brachte Organismen hervor, deren spezialisierte Zellen sich zu Gewebe und Organen verbanden.

Vor 4 Mrd.–570 Mio. Jahren:
Archaikum und Proterozoikum

▶ *Der vor etwa 1 Mrd. Jahren entstandene Superkontinent Rodinia*

〰〰〰 Grenville-Region

- - - - - Dehnungsfuge

▮ Kratone

◀ *Das zerfallende Rodinia im ausgehenden Proterozoikum (vor 600 Mio. Jahren)*

▽▽▽ Subduktionszone

– – – Nahtzone

→ Plattenbewegung

- - - - - Dehnungsfuge

Über die Verteilung der Kontinente und Ozeane in diesen mehr als 3 Mrd. Jahren wissen wir nur wenig. Durch das Zusammenwachsen relativ leichter Gesteinsmassen entstanden Stück für Stück große kontinentale Plattformen und ausgedehnte ozeanische Mulden. Bis vor etwa 2,4 Mrd. Jahren wuchs die Erdkruste beständig, doch in dem Maß, wie die inneren Schichten des Planeten abkühlten, verlangsamte sich diese Entwicklung. Es bildeten sich schließlich stabile Erdkrustenteile heraus, die Kratone – Kernzonen der späteren Kontinente. Zum Ende des mittleren Proterozoikum vor etwa 1 Mrd. Jahren bestand wohl ein erster Großkontinent, der durch die Verschmelzung mehrerer kontinentaler Gebilde in der Grenville-Region entstanden war. Die verschiedenen Puzzleteile ähnelten in ihrer Gestalt allerdings nicht im mindesten den heutigen Erdteilen. Am Ende des Proterozoikum dann, vor etwa 570 Mio. Jahren, verbanden sich sämtliche großen kontinentalen Fragmente zu einem einzigen Superkontinent: Pangäa. In ihm hatten sich die alten Plattformen, die heute die Basis unserer Kontinente bilden, folgendermaßen gruppiert: Antarktis, Australien, Indien, Arabien, Ost- und Südafrika formierten einen großen Block, während Westafrika, Nord- und Südamerika sowie die baltische und russische Plattform einen zweiten darstellten. Im Zentrum des Urkontinents Pangäa markierten die alten Kratone Westafrikas, Zentralafrikas und der Kalahari bereits den späteren afrikanischen Kontinent.

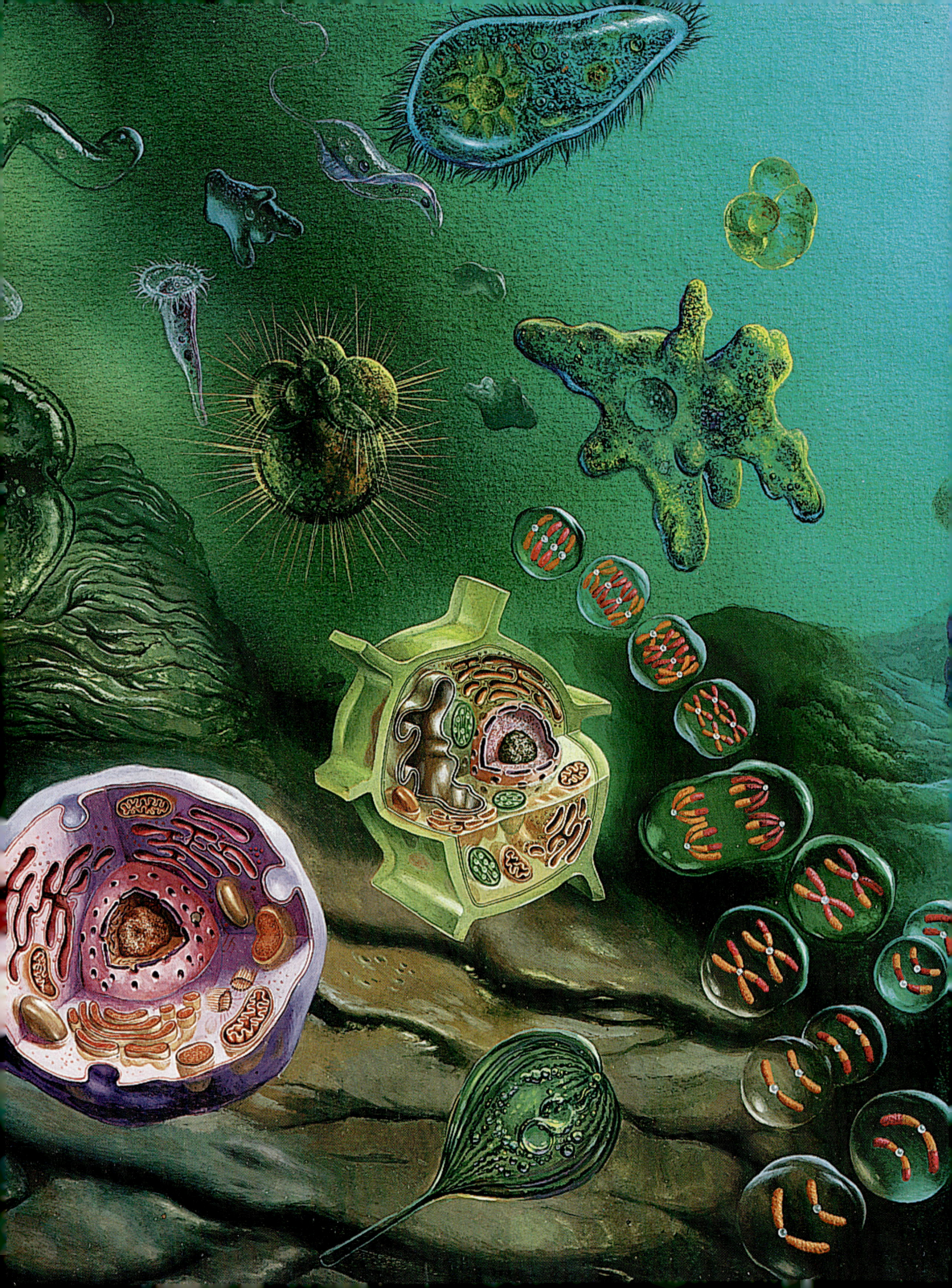

Bereits vor etwa 4 Mrd. Jahren könnten sich auf der Erde erste organische Moleküle gebildet haben. Die ältesten Spuren, die von Leben auf unserem Planeten zeugen, stammen aus einer Zeit von vor 3,8 Mrd. Jahren. Wie sahen diese ersten Lebensformen aus?

1 Diese kugeligen Wesen, nahe Verwandte unserer heutigen Bakterien, waren prokaryontische Einzeller.
2 Solche Zellen bargen bereits einige Organellen sowie eine DNA, die im Innern der von einer Membran geschützten Zelle in einer Flüssigkeit schwammen.
3 Prokaryontische Zellen vermehrten sich durch einfache Teilung, wobei identische Individuen entstanden.
4 Die Cyanobakterien reihten sich fadenförmig aneinander und bildeten so die Stromatolithen.
5 Die ältesten dieser Stromatolithen sind 3,4 Mrd. Jahre alt.

Im ausklingenden Proterozoikum erwarben einige dieser Urlebensformen die Fähigkeit, ihren Energiebedarf durch das Sonnenlicht zu decken. Dabei setzten sie ein zukunftsträchtiges Abfallprodukt frei: Sauerstoff. Er reicherte sich nach und nach im Wasser und in der Atmosphäre an. Zugleich „ergrünte" unsere Erde, weil manche Lebewesen eine grüne Farbe annahmen, und vor 2 Mrd. Jahren wurde der Himmel blau. Nun nahm die Evolution ihren Lauf.

6 Vor 1 Mrd. Jahre entstanden die Eukaryonten.
7 Ihr Erbgut wurde in einem Zellkern geschützt.
8 Einige von ihnen lebten in Kolonien und bildeten dabei komplexere Lebensformen, so genannte Vielzeller, in denen die Zellen bereits Gewebe erzeugten und klar definierte Funktionen übernahmen.
9 Die Keimzellen (Gameten) wurden schließlich für die Übertragung des genetischen Programms der Individuen zuständig, die im Rahmen einer Zellteilung, der Meiose, erfolgte – dies war der Beginn der geschlechtlichen Fortpflanzung.

Erste Zeichen des Lebens

Die Erde ist nach heutigem Wissen der einzige Planet in unserem Sonnensystem, auf dem Leben existiert – trotzdem erscheint es eher unwahrscheinlich, dass unter den Milliarden Planeten im Universum nur einer Leben hervorgebracht hat. Auf der Erde jedenfalls hat das Leben alle möglichen Lebensräume erobert, selbst die lebensfeindlichen. Die Gesamtheit der belebten Bereiche der Erde nennen wir Biosphäre. Sie reicht von den tiefsten Ozeangräben, in denen ungeheurer Druck herrscht, bis zu den sauerstoffarmen Grenzen der Atmosphäre. Einige Organismen trotzen sogar extremen Temperaturverhältnissen und überleben in eisigen Gletschern ebenso wie in heißen untermeerischen Quellen.

▶ **Ein Virus** (Mitte oben)
Viren sind eine Zwischenform zwischen belebter und unbelebter Materie. Sie bergen aber bereits eine genetische Information, die z. B. wirksam wird, wenn sie ein Lebewesen befallen.

▲ **Ausgefeilte Zelle**
Urtierchen (Protozoen) sind bereits recht weit entwickelte tierartige Einzeller. Das von einer bewimperten Membran umgebene Zytoplasma enthält zahlreiche Organellen, die die vitalen Funktionen sicherstellen. Der Kern birgt die DNA.

▶ **Giganten**
Zellen können sich zu außerordentlich großen Lebewesen organisieren. Dies gilt für Tiere ebenso wie für Pflanzen.

WINZLINGE UND GIGANTEN

Von den Forschern wurden bis heute an die 2 Mio. Pflanzen- und Tierarten beschrieben, doch man schätzt, dass weitere 2 Mio. oder mehr (noch unentdeckt) existieren. Ihre Größe reicht von einigen Mikrometern (tausendstel Millimeter) bei den kleinsten Einzellern bis zu einigen Dutzend Metern bei den Blauwalen – letztere bringen es auf ein Gewicht von 100 t, während die größten Bäume mehr als 2000 t wiegen können. Zur aktuellen Artenzahl muss man aber noch Dutzende von Millionen Arten hinzurechnen, die im Verlauf von 3,8 Mrd. Jahren die Erde bevölkerten und mittlerweile ausgestorben sind.

WAS? WANN? WO? WIE?

Im Lauf der Erdgeschichte wurde die Materie lebendig – diese einfache Feststellung setzt zunächst eine Definition von Leben (und Tod) voraus. Außerdem führt sie zwangsläufig zu der Frage, *wann* denn das Leben entstanden ist – da weiß man heute, dass es auf unserem Planeten bereits vor 3,8 Mrd. Jahren erste Anzeichen von Leben gab. Und nicht zuletzt bleibt zu klären, *wo* und *wie* Leben entstanden ist – dazu wiederum muss man zunächst definieren, was man denn überhaupt unter Leben versteht – ein circulus vitiosus.

DIE ZENTRALE FRAGE

Die Definition von Leben erscheint auf den ersten Blick einfach: Offensichtlich ist jedes Wesen, das sich bewegt, das atmet, sich ernährt und fortpflanzt, ein Lebewesen. Doch sobald man sich von den Menschen, Tieren und Pflanzen abwendet und in die Welt der einfacheren, weniger eindeutigen Lebensformen eintaucht, steht man sogleich vor komplizierten Fragen – besonders bei den elementarsten Formen im molekularen Bereich, also auf der Schwelle zwischen lebender und toter Materie. Und die Frage: Von welchem Zeitpunkt an ist ein Bündel aus Molekülen ein Lebewesen? ist außerordentlich schwer zu beantworten.

DIE MERKMALE

Um eine solche Antwort zu finden, muss man einerseits weit in die Vergangenheit zurückkreisen, andererseits klären, welche Kriterien man zur Definition von Leben heranziehen soll. Einige der ersten komplexen Moleküle müssen irgendwann die Fähigkeit entwickelt haben, sich zu verdoppeln und ihre Energie aus ihrer Umwelt zu beziehen. Darum definierten die Biologen folgende Merkmale von Leben: die Fähigkeit, Energie aus der Umgebung zu beziehen, die Fähigkeit, diese Energie umzuwandeln, und die Fähigkeit, sich zu vermehren. Mit anderen Worten: Materie lebt, wenn sie über ein Funktions-, Kontroll- und Reproduktionsprogramm verfügt. Diese genetischen Programme findet man in besonderen Molekülen, den Nukleinsäuren. Das Funktionieren jeder noch so einfachen Lebensform wird aber von einer anderen Molekülart sichergestellt – den Eiweißen –, die wiederum das genetische Programm kontrolliert.

VITALE FUNKTIONEN

Alle aktuellen Lebensformen zeigen offenkundige funktionelle Eigenschaften: Von den allereinfachsten bis zu den komplexesten sind sie in der Lage, sich zu erhalten und zu wachsen. Sie stellen also die Gesamtheit der chemischen und biologischen Vorgänge sowie ihre sämtlichen Verhaltensabläufe in den Dienst ihres Überlebens. Sie atmen, essen, wandeln Materie in Energie und Energie in Materie um, wachsen, erneuern ihre Zellen. Außerdem sichern alle lebenden Arten ihren Fortbestand durch Fortpflanzung, entweder durch einfaches ungeschlechtliches Kopieren oder durch geschlechtliche Reproduktion. Und nicht zuletzt ist das Leben an sich lässt sich bisher nicht beantworten. Man vermutet aber, dass sich ebensogut das alternative Modell hätte durchsetzen können.

Einzellige Lebewesen wie Bakterien oder Urtierchen weisen niemals Symmetrie auf. Ganz gleich, wo man sie zertrennt, man erhält stets zwei unterschiedliche Teile. Bei vielzelligen komplexen Lebensformen sieht das anders aus: Wo Gewebe entsteht, können auch symmetrische Baupläne auftreten, entweder in Teilen des Organismus oder aber beim gesamten Körper. Die offenkundigste Symmetrie ist die Spiegelsymmetrie, die man bei den Wirbeltieren und zahlreichen Wirbellosen findet. Spiegelt man etwa den Körper eines Wirbeltiers entlang seiner Längsachse, dann erscheinen beide Hälften symmetrisch. Mit Ausnahme der nur einzeln vorhandenen Organe sind alle Teile des Individuums paarig ausgebildet, eines links, das andere rechts. Eine andere Bauplan-Symmetrie findet man etwa bei den Stachelhäutern (Seeigel, Seesterne usw.), die in einer fünfstrahligen Radialsymmetrie konstituiert sind.

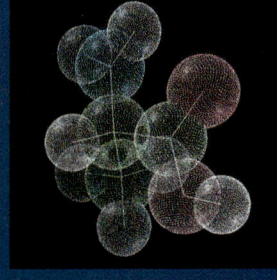

▲ **Asymmetrie**
Die Grundbestandteile organischer Moleküle sind asymmetrisch organisiert – ein typisches Merkmal von irdischem Leben.

▼ **Symmetrie**
Schwämme weisen keine Symmetrie auf, während andere Lebensformen eine Radialsymmetrie (Seesterne) oder eine Spiegelsymmetrie (Wirbeltiere und zahlreiche Wirbellose) entwickelten.

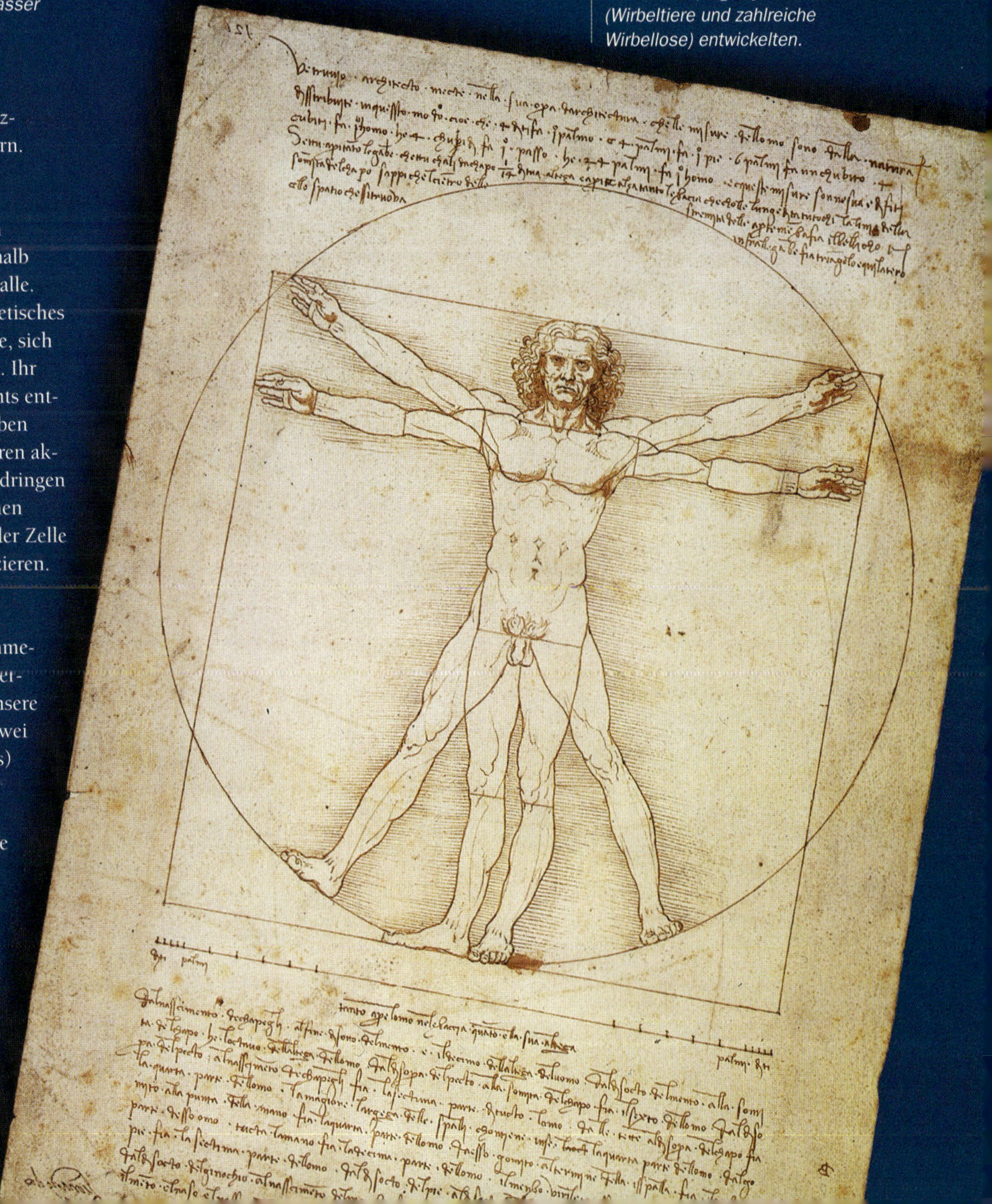

▲ *Die Vielfalt des Lebens*
Das Leben auf unserem Planeten entwickelte im Wasser und an Land eine große Artenvielfalt.

überaus anpassungs- und wandlungsfähig – seit 3,8 Mrd. Jahren bietet es sich ändernden Existenzbedingungen und zahllosen Katastrophen die Stirn.

AN DER GRENZE ZUM LEBEN

Es gibt Zwitterwesen, die sich auf der erwähnten Schwelle zum Leben befinden: die Viren. Außerhalb eines Organismus sind sie einfache, leblose Kristalle. Sie verfügen zwar über ein fragmentarisches genetisches Programm (die RNA), sind aber nicht in der Lage, sich eigenständig zu reproduzieren oder zu ernähren. Ihr „Körper" ist eine einfache Eiweißkapsel, die nichts enthält, was die Sicherung vitaler Funktionen erlauben würde. Trotz dieser Einschränkungen werden Viren aktiv, sobald sie ein Lebewesen befallen haben. Sie dringen in Zellen ein und impfen sie mit ihrem genetischen Code. Dieser verändert das genetische Material der Zelle so, dass sie gezwungen ist, neue Viren zu produzieren.

DAS LEBEN IST ASYMMETRISCH

Viele Basismoleküle der belebten Welt sind asymmetrisch aufgebaut. Sie setzen sich aus Atomen unterschiedlicher Größe zusammen und treten wie unsere beiden Hände oder wie Bild und Spiegelbild in zwei Bautypen auf, die in der Biochemie mit D (rechts) und L (links) bezeichnet werden. Man spricht auch von chiralen Molekülen (vom griech. *cheir* = Hand). Dieses Phänomen betrifft beispielsweise die Aminosäuren, die die Proteine bilden (alle vom L-Typ), und auch die Nukleotide, die Bausteine der DNA und der RNA (alle vom D-Typ). Sämtliche Eiweiße und alle Nukleinsäuren in irdischen Lebewesen weisen die gleiche Asymmetrie auf. Warum aber gerade diese „Chiralität" und nicht eine andere? Diese Frage

Die Materie wird lebendig

Rezepte des Lebens

Unser knapp 30 Buchstaben umfassendes Alphabet liegt Hunderttausenden von Wörtern zugrunde, die sich zu unzähligen Texten zusammensetzen lassen. Ähnlich brachte die Evolution aus einigen Dutzend Atomen Hunderttausende kleiner Moleküle hervor, die sich zu äußerst komplexen Organismen verbanden. In jedem Lebewesen laufen zahlreiche chemische Reaktionen ab, die sein Wachstum, sein Überleben, seine Beziehungen zu anderen Lebewesen sowie seine Fortpflanzung steuern.

▶ *Ein DNA-Molekül* besteht aus zwei parallel gewundenen Strängen, die eine Doppelhelix formen. Sie setzen sich aus einer großen Zahl von Nukleotiden zusammen, die wie Eisenbahnwaggons hintereinander hängen. Diese Nukleotide unterscheiden sich einzig durch ihre stickstoffhaltigen Basen voneinander. Die Reihenfolge der stickstoffhaltigen Basen A, G, T und C (Abkürzungen für besondere Verbindungen aus der Familie der stickstoffhaltigen Basen: Adenin, Guanin, Thymin und Cytosin) legen exakt den genetischen Code fest. Präzise regelt er das gesamte Funktionieren einer Zelle oder einer gigantischen Zellansammlung, aus der ein Tier oder eine Pflanze besteht.

Etwas Chemie

Alle Organismen bestehen aus den gleichen chemischen Elementen. Durchschnittlich finden sich in 1 kg lebender Materie 100 g Wasserstoff (da das Wasserstoffatom extrem leicht ist, entspricht das 48 % aller Atome pro Kilogramm Materie), 650 g Sauerstoff (25 % der Atome), 180 g Kohlenstoff (24 % der Atome) und 30 g Stickstoff (2 % der Atome). Diese vier Elemente machen den größten Teil organischer Materie aus. Die restlichen 40 g setzen sich aus Elementen wie Kalzium, Kalium, Phosphor, Magnesium, Natrium, Schwefel und Eisen zusammen. Auch Kupfer, Jod, Zink und Kobalt sind lebensnotwendig, jedoch nur in Spuren vorhanden.

Ein Allround-Atom

Obwohl im Universum 92 natürliche chemische Elemente zur Verfügung stehen, stützt sich die Biochemie lediglich auf vier Basiselemente und einige Dutzend weitere Elemente. Mehr noch, das Leben beruht fast ausschließlich auf dem Kohlenstoffatom. Reiner Kohlenstoff bildet Graphit oder Diamanten, doch in Kombination mit anderen Elementen liegt er nahezu 2 Mio. Kohlenstoffverbindungen zugrunde, die man auch organische

Verbindungen nennt. Und es existieren unzählige weitere Kombinationsmöglichkeiten. Warum Kohlenstoff? Er kann sich dank seiner Struktur mit anderen Atomen leicht verbinden und lange Ketten bilden – stabile und komplexe große Moleküle, die für lebende Materie charakteristisch sind.

Einfache Zutaten, komplizierte Rezepturen

Neben Wasser, das im Schnitt drei Viertel eines Lebewesens ausmacht (bei einigen Organismen bis zu 95 %) und den Mineralsalzen, die kaum mehr als 1 % ausmachen, organisieren sich die Moleküle des Lebens rund um den Kohlenstoff, wobei sich diese organischen Verbindungen in vier Hauptgruppen unterteilen lassen: Kohlenhydrate wie Zucker oder Stärke finden sich sowohl in einfacher Form als auch zu langen Ketten verbunden. Ihr Abbau stellt eine wichtige Energiequelle dar. Sie kön-

nen als Reservestoffe dienen, beispielsweise als Glykogen (tierische Stärke), das sich in der Leber von Tieren sammelt, oder als Stärke in Pflanzen. Zu langen Ketten verbunden dienen sie als Baumaterial, etwa für die Zellulose der Pflanzen oder das Chitin der Insekten. Lipide (z. B. Fette) sind kleine, hauptsächlich aus Kohlenstoff und Wasserstoff aufgebaute Moleküle, an die sich andere Elemente anlagern. Sie nehmen in Organismen zahlreiche Aufgaben wahr, dienen aber vor allem als Bestandteile von Membranen und zur Anlage von Energiereserven. Von den unterschiedlichen Lipidgruppen sind die Steroide von großer Bedeutung, da sie eine Vielzahl von Hormonen und Vitaminen umfassen. Proteine (oder Eiweiße) sind Ketten kleiner Moleküle, der Aminosäuren. Es gibt nur 20 Aminosäuren, die jedoch in der Natur weit verbreitet und Bausteine der Proteine sind. Aus ihnen wer-

den alle Eiweißmoleküle der belebten Welt aufgebaut. Die Anordnung von Dutzenden bis einigen Tausend Aminosäuren entlang der Eiweißkette verleiht den Proteinen ihre chemischen Eigenschaften. Daher rührt auch ihre große Vielfalt und ihr Vermögen, sehr unterschiedliche Aufgaben wahrzunehmen. Enzyme beispielsweise dienen bei chemischen Reaktionen als

Biokatalysatoren, Antikörper kämpfen gegen Eindringlinge, und Strukturproteine sind wesentlich am Aufbau des Organismus beteiligt.

RNA (Ribonukleinsäure) und DNA (Desoxyribonukleinsäure) sind mehr oder weniger lange Ketten aus kleineren Molekülen, den Nukleotiden – deren Aufeinanderfolge prägt jedem Organismus seinen genetischen Code ein. Die Nukleinsäuren liefern damit alle Informationen, die für das reibungslose Funktionieren eines lebenden Organismus benötigt werden. Die komplexen Moleküle des Lebens gibt es also in großer Zahl. Aber wo kommen sie her? Und wie haben sich die ersten von ihnen gebildet?

Eine schlichte Ursuppe

Um den Ursprung des Lebens zu erklären, stellten Chemiker mitunter gewagte Theorien auf. Aleksandr Ivanovich Oparin aber war der Vordenker eines Modells, das sich schließlich durchsetzte, des Modells von der Ursuppe. Im Jahr 1924 legte der russische Biochemiker in einem kleinen Buch dar, dass sich die Basiselemente des Lebens in der Atmosphäre der Urerde gebildet hätten, und zwar aus einfachen chemischen Grundformen. 5 Jahre später bestätigte der englische Genetiker John

Burdon Sanderson Haldane diese Überlegungen. Die beiden Wissenschaftler entwarfen folgendes Szenario: Anfangs wurde die Erde von einer reduzierten, d. h. sauerstofffreien Atmosphäre umgeben. In dieser Uratmosphäre kam es unter der Einwirkung von kosmischer Strahlung und elektrischen Entladungen (Blitzen) zu chemischen Wechselwirkungen, bei denen kleine Moleküle auf Kohlenstoffbasis entstanden, die so genannten organischen Verbindungen. Sie wurden mit den Regenfällen in die Urmeere gespült, in denen sie miteinander reagierten und komplexere Moleküle hervorbrachten, die Grundbausteine der belebten Welt. Und schließlich bildeten sich große organische

▲ *Die einfachste Sprache der Welt*

Ein aus den vier Buchstaben A, G, T und C bestehendes Alphabet reicht aus, um das gesamte Leben auf dem Planeten zu beschreiben und um zu erreichen, dass jedes Individuum den anderen Individuen seiner Spezies gleicht, sich jedoch von anderen Spezies unterscheidet.

DER FORSCHUNGSSTAND

In ihren Laboratorien erforschen Chemiker die Mechanismen beim Auftreten von Leben. Paläontologen suchen vor Ort nach den ältesten Spuren von Leben. Biologen wiederum versuchen, in der Natur Formen für sehr einfaches Leben zu finden, als eine Art Zeugnis aus dem Dunkel der Zeit, das uns eine Vorstellung von unseren entferntesten Vorläufern vermitteln könnte. Heute gelten als die einfachsten Organismen, die ein autonomes Lebens führen, die Mykoplasmen – sehr kleine Bakterien, die häufig als Schmarotzer in komplexeren Organismen zu finden sind. Ihr äußerst kurzes DNA-Molekül birgt den Synthese-Code für 750 Proteine, was wenig erscheint, aber bereits eine weit fortgeschrittene Phase darstellt. Könnte auch eine Lebensform mit weniger Proteinen wachsen und sich vermehren? Unser heutiger Wissensstand gibt darauf keine Antwort. Aber es ist sehr wahrscheinlich, dass einmal noch einfachere Pioniere existiert haben.

▶ **Millers Versuchsaufbau**

Miller führte in einen Ballon ein Gasgemisch (Methan, Ammoniak, Wasserstoff und Wasserdampf) ein, das die Uratmosphäre des Präkambrium simulieren sollte. Anschließend bemühte er sich, ähnliche Bedingungen zu schaffen, wie sie damals auf der Erde herrschten – Ozeane, Niederschläge, Blitze (durch 60 000-V-Entladungen) usw. Nach einigen Wochen hatte sich die klare Flüssigkeit zunächst orange und dann rot gefärbt und war schließlich schwärzlich geworden. Als Ergebnis offenbarte sich das Vorhandensein erster organischer Moleküle – eine Grundvoraussetzung für die Entstehung von Leben.

▲ **Die Väter der Ursuppen-Theorie**

Oparin (oben) formulierte als erster die These von der Ursuppe. Fünf Jahre darauf kam der englische Genetiker J. B. S. Haldane (Mitte) zu den gleichen Schlüssen. Miller (unten) schließlich erbrachte den vorläufigen Beweis im Experiment.

Moleküle, die zu einer eigenständigen Vermehrung (Autoreduplikation) in der Lage waren. Dieser Prozess setzte sich bis zur Entstehung der einfachsten Lebensformen fort.

Ein historisches Experiment

1952 unternahm an der Universität von Chicago Stanley Miller, ein beharrlicher und einfallsreicher Student, im Rahmen seiner Doktorarbeit einen kühnen Versuch mit unvorhersehbarem Ergebnis. Wenn sich, wie Oparin und Haldane vermuteten, die Moleküle des irdischen Lebens auf der Basis einfacher Elemente gebildet hatten, dann müsste es möglich sein, dies im Labor nachzustellen. Miller gab also destilliertes Wasser in einen kleinen Glasballon, verband diesen mithilfe eines Glasrohrs mit einem zweiten, größeren Ballon, in den zwei Elektroden ragten, und schloss den Kreislauf durch ein U-förmiges Rohr. Dann erzeugte er in dem System ein Vakuum und ersetzte anschließend die abgepumpte Luft durch ein Gemisch aus Methan, Ammoniak, Wasserstoff und Wasserdampf, die man damals für Bestandteile der Uratmosphäre hielt. Der kleine Ballon wurde erhitzt, der Wasserdampf zirkulierte und wurde nun, bevor er im U-Rohr kondensierte, elektrischen Entladungen ausgesetzt, die Blitze simulierten.

Nachdem das Experiment einige Woche lang gelaufen war, analysierte Miller die Gasmischung und das Wasser seines Versuchsaufbaus. Fanden sich darin noch die ursprünglichen Elemente? Nein! Sie hatten vielmehr miteinander reagiert, sich verbunden und neue Moleküle geschaffen, nämlich Formalin, Harnstoff, Zyanwasserstoffsäure und sogar Aminosäuren.

Mit diesem genialen Experiment hatte Miller klar bewiesen, dass sich die organischen Moleküle durchaus in einer Ursuppe hatten bilden können – sie war nicht länger nur eine Hypothese. Die 1953 veröffentlichen Ergebnisse Millers wurden mit Begeisterung aufgenommen, und es entstand ein neuer Forschungszweig, die präbiotische Chemie (die Chemie vom Ursprung des Lebens). Überall wurde nun geforscht, und tatsächlich erzielte man immer überzeugendere Ergebnisse, die die Entstehung der Grundbausteine des Lebens in der Uratmosphäre der Erde ver-

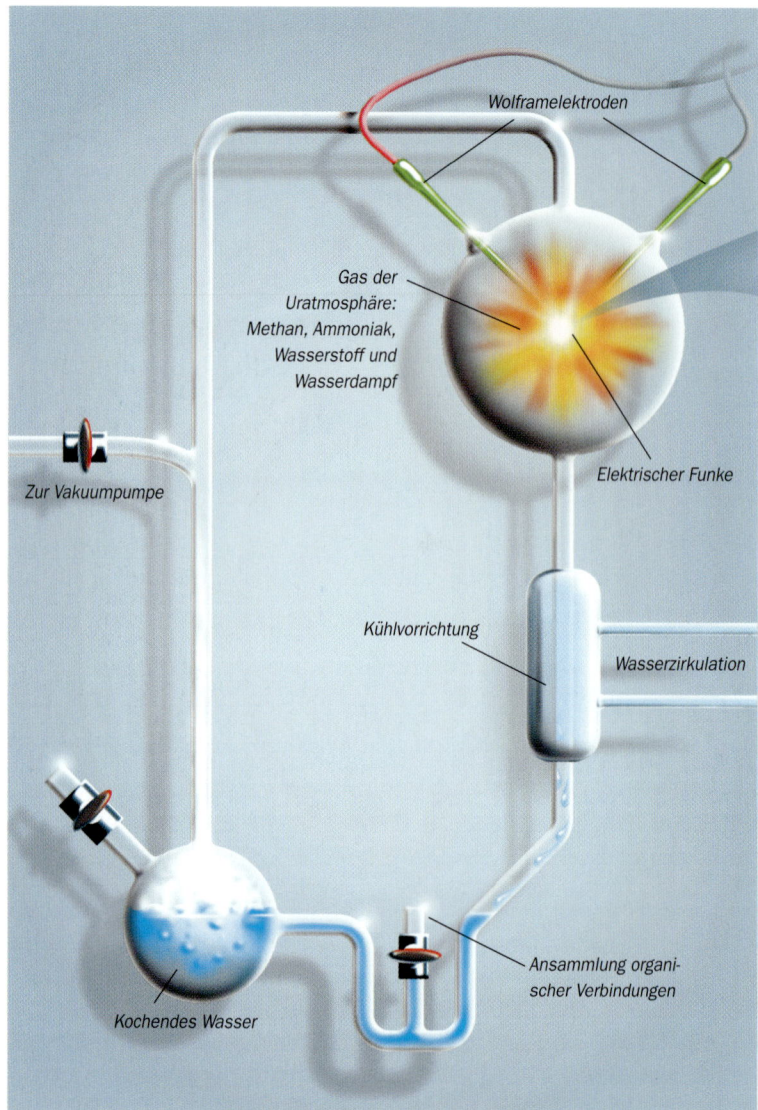

Wolframelektroden

Gas der Uratmosphäre: Methan, Ammoniak, Wasserstoff und Wasserdampf

Zur Vakuumpumpe

Elektrischer Funke

Kühlvorrichtung

Wasserzirkulation

Ansammlung organischer Verbindungen

Kochendes Wasser

ständlich machten. Aber noch blieben zahlreiche Etappen auf dem Weg zum Leben undurchsichtig.

Besucher aus dem All?

Schon im 19. Jh. ging der deutsche Naturforscher Richter davon aus, dass das Leben im ganzen Universum verteilt sei und interstellare Partikel die Planeten mit Keimen dieses Lebens besäen könnten. Diese Partikel taufte er Kosmozoen. Zu Beginn des 20. Jh. weitete dann der schwedische Chemiker Svante Arrhenius diese Hypothese aus. Auch er nahm an, dass das Leben im ganzen Universum gleichmäßig verbreitet sei und in Form von Sporen durch interstellaren Staub transportiert würde – die so genannte Panspermielehre. Arrhenius berechnete, dass ein Staubkorn, angetrieben durch den Strahlungsdruck des Lichts (etwa des „Sonnenwinds") nur 9000 Jahre benötigen würde, um von unserem Sonnensystem nach Al-

pha Centauri zu gelangen! Reine Einbildung? Nicht unbedingt ... Jährlich gehen etliche Tausend Tonnen außerirdisches Material auf unseren Planeten nieder, vom mikroskopisch kleinen Staubkorn bis hin zu großen Meteoriten. Und all diese Objekte trafen tausendfach mehr die Urerde.

Außerdem fand man heraus, dass einige Meteoriten, die kohlehaltigen Chondriten, organische Moleküle auf Kohlenstoffbasis und Aminosäuren bergen. Auch in Mikrometeoriten, interstellaren Staubkörnchen, gibt es bisweilen organische Moleküle. Und die Kometen enthalten zahlreiche recht komplexe organische Verbindungen auf Kohlenstoffbasis, Stickstoff, Sauerstoff und Wasserstoff. Und nicht zuletzt identifizierten Radioastronomen in interstellaren Wolken zahlreiche mehr oder weniger komplexe organische Moleküle. Ist das Leben also im gesamten Universum verbreitet?

sie beschleunigen und begünstigen komplexe chemische Reaktionen. Das Dilemma bei diesem Modell: Können denn Proteine nach einem Programm entstehen, das in den Aminosäuren bereits enthalten ist, obwohl sich diese Säuren erst durch die Mitwirkung von Enzymen, also Proteinen, bilden (so zumindest funktioniert die Chemie des Lebens heutzutage)? Folgte sie in den Anfängen des Lebens aber möglicherweise ganz anderen Regeln? Wer war zuerst da: die Henne oder das Ei?

Die Henne oder das Ei?

All diese organischen Moleküle bleiben aber nichts weiter als einfache Moleküle, ganz gleich, wo sie entstanden sind. Wann aber und wie wurde die Materie lebendig? Bei diesen Fragen gehen die Meinungen und Ansätze der Forscher noch weit auseinander.

Vertretern der „Zellenhypothese" zufolge sammelten sich diese Moleküle und verbanden sich miteinander, bis schließlich organisierte Haufen in Form lebendiger Tröpfchen entstanden, die durch eine Membran geschützt wurden und spezialisierte Moleküle bargen, eine Form sehr einfacher Zellen.

Für die Befürworter der „genetischen Hypothese" könnten aber solche Zellen nicht überleben, wenn sie nicht von einem reproduzierbaren genetischen Programm kontrolliert würden. Moleküle vom Typ Nukleinsäure, die solche Programme tragen, hätten also zuerst erscheinen müssen. Durch eine Membran geschützt, hätten sie sich zu einer organisierten Zelle weiterentwickelt.

Andere Forscher sprechen sich für die „Eiweißhypothese" aus – danach sind die Aminosäuren, die Grundbestandteile der Eiweiße, überaus einfach zu synthetisierende Moleküle – was Laborexperimente beweisen. Kleine Eiweiße, die Enzyme, könnten demnach auf natürliche Weise entstehen und die Bildung komplexerer organischer Moleküle erleichtern. Enzyme sind nämlich ausgezeichnete Katalysatoren, d. h.

Lebende Steinteppiche

Seit langem suchen die Paläontologen die Erde nach immer älteren Spuren von Leben ab. 1953 entdeckte Stanley Tyler in Guntflint (Kanada) fossile Reste der ältesten damals bekannten Organismen in 2 Mrd. Jahre alten Gesteinen. Dabei handelte es sich um einzellige Mikroorganismen, die man Cyanobakterien nennt.

Durch weitere Funde ließen sich die Ursprünge des Lebens immer weiter in die Vergangenheit zurückdatieren. So erkannte man endlich in den Stromatolithen („Mattensteinen") geschichtete Kalkablagerungen, und die Frage lag nahe, ob sie wohl einen organischen Ursprung hatten. Solche Gebilde entstehen noch heute, insbesondere in warmen, flachen und sehr salzhaltigen Gewässern vor den Küsten Floridas und Australiens.

Als Erbauer der Stromatholiten konnte man schließlich Kolonien von Cyanobakterien identifizieren, die auf dem Gewässergrund dünne lebende Teppiche bilden. Diese Organismen werden von marinen Sedimenten bedeckt. Weil sie Sonnenlicht benötigen, arbeiten sie sich durch die Sedimentschicht nach oben und bilden darauf einen neuen Teppich. Dieser Vorgang setzt sich immer weiter fort, bis schließlich Strukturen aus vielen feingeschichteten Lagen entstanden sind. Einige der in Australien, Simbabwe und Südafrika entdeckten Stromatolithen sind an die 3,5 Mrd. Jahre alt!

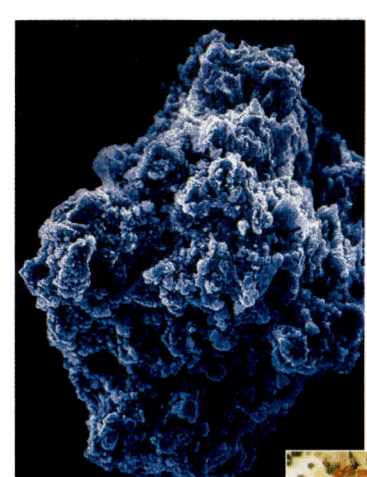

Immer weiter zurück

Indirekte Beweise zeugen von noch älteren Lebensformen. In der Natur wird Kohlenstoff von allen Lebewesen in hohem Maß genutzt und verbraucht. Nun liegen aber Kohlenstoffatome, wie die aller anderen Elemente, in verschiedenen chemischen Formen vor, die „stabile Isotope" genannt werden; sie weisen unterschiedlich beschaffene Atomkerne auf. So gibt es Kohlenstoffatome mit der Bezeichnung ^{12}C und solche mit der Bezeichnung ^{13}C, die etwas schwerer sind. Um bei chemischen Reaktionen Energie zu sparen, verwenden Lebewesen bevorzugt das leichteste Isotop. Daher werden Sedimentgesteine (etwa auf dem Meeresgrund) durch die Anhäufung toter Organismen mit Kohlenstoff 12 angereichert. Nun weisen aber auch die ältesten Sedimentgesteine unseres Planeten, die von Isua auf Grönland, wie eine Art chemische Signatur gerade diese Besonderheit auf. Und sie sind 3,5 Mrd. Jahre alt! Das überraschendste daran ist der Umstand, dass sich die junge Erde zu dieser Zeit erst seit etwa 500 Mio. Jahren abgekühlt hatte – gemessen am Alter des Universums eine recht kurze Zeit. Die präbiotischen chemischen Vorgänge (das Auftauchen der Moleküle des Lebens in der Ursuppe) müssen also schon sehr früh in der Erdgeschichte eingesetzt haben.

Kam das Leben aus dem Weltall?
Sowohl interstellarer Staub (unten) als auch große Meteoriten (links) schafften viele der Grundbausteine lebender Materie zur Erde.

Fossiler Stromatolith
Erstes Leben entstand auf der Erde vermutlich schon nach weniger als 1 Mrd. Jahre. Denn die ältesten fossilen Lebensspuren sind 3,5 Mrd. Jahre alt. Es handelt sich um Cyanobakterien, die die Fähigkeit besitzen, Stromatolithen zu bilden.

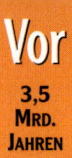

Sauerstoff – Abfallprodukt mit Zukunft
Die Photosynthese: eine Revolution der Natur

Die ersten Lebensformen bezogen ihre Energie aus den chemischen Elementen der Ursuppe. Dann begannen einige, das Kohlendioxid des Wassers und das Sonnenlicht zu nutzen. Als sich vor mehr als 3,5 Mrd. Jahren die Photosynthese und ihr Hauptabfallprodukt, der Sauerstoff, entwickelte, war dies eine entscheidende Etappe in der Entwicklung des Lebens.

Einige Sonnenstrahlen

Mangels Sauerstoff und Licht bezogen die ersten Bakterien die chemische Energie, die sie zum Überleben benötigten, aus den Elementen ihrer Umgebung – einige arbeiten noch heute so und benutzen Stickstoff, Metalle oder organische Materie, um Ammoniak, Schwefel oder auch Methan freizusetzen. Die meisten Bakterien lernten jedoch bald, ihre chemischen Reaktionen mithilfe der Sonnenenergie durchzuführen. Ziel war dabei, Wasserstoff zu extrahieren und an Kohlendioxidmoleküle (CO_2) zu binden, um Kohlenhydrate (Zucker) herzustellen. Das erforderliche Kohlendioxid stand reichlich zur Verfügung, vorerst fehlte jedoch der Wasserstoff. Denn das vorhandene Wasser (H_2O) barg immense Gefahren: Bei der Gewinnung von Wasserstoff direkt aus dem kleinen Wassermolekül wurde ein tödliches Zellgift freigesetzt: Sauerstoff. Darum bezogen die Bakterien den erforderlichen Wasserstoff zunächst aus ungefährlichen Verbindungen wie Schwefelwasserstoff (H_2S). Erst allmählich gelang es ihren Zellen, den Sauerstoff in jeder Form zu bändigen und an die Umwelt abzugeben. Damit hatten sie endlich Zugang zu einer unerschöpflichen Wasserstoffquelle, dem Wasser, gewonnen.

Eine lebende grüne Materie

Ohne Licht und Wasser sterben Grünpflanzen rasch ab. Das liegt an ihrer Farbe. Denn die allermeisten Pflanzen vollziehen die so genannte Photosynthese, die erst durch das in ihrem Gewebe enthaltene Chlorophyll, das Blattgrün, möglich wird.
Die Photosynthese ist eine unter Lichteinwirkung ablaufende chemische Reaktion. Ausgehend von Kohlendioxid (CO_2) und Wasser produzieren die

Lichtenergie

CO_2

H_2O

O_2

Organische Moleküle

▲ **Der Ablauf der Photosynthese**
Bei der Photosynthese verwandeln Pflanzen Wasser und Kohlendioxid unter Einwirkung von Lichtenergie in Zucker, wobei Sauerstoff freigesetzt wird.

VERSCHIEDENE ENERGIEQUELLEN

Die Nahrung, die wir zu uns nehmen, verbrennen wir mithilfe von Sauerstoff, um daraus Energie zu gewinnen und Zellen zu produzieren. Auch Pflanzen atmen und nutzen Licht, Wasser und Kohlendioxid als Energiequellen; dabei setzen sie Sauerstoff frei – diese Vorgänge ergänzen einander und schaffen eine Art Stoffwechsel-Gleichgewicht. Man darf bei dieser Rechnung aber nicht die große Vielfalt der Mikroorganismen vergessen, von denen zahlreiche ohne Sauerstoff auskommen. So beziehen einige Bakterien ihre Energie aus Stickstoff oder Metallen. Andere zersetzen organische Materie und setzen Ammoniak, Schwefel oder Methan frei. Sie spielen eine wichtige Rolle in der Natur, denn sie recyceln organische Materie. Sie vermitteln uns eine Vorstellung davon, wie die ersten lebenden Organismen die verschiedenen Quellen chemischer Energie nutzten.

Pflanzen verschiedene Kohlenhydrate, die Basisstoffe aller Lebenschemie. Sie werden von der Pflanze entweder sofort verbraucht oder gespeichert. Bei dieser chemischen Reaktion entsteht ein interessantes Abfallprodukt, der Sauerstoff. Die Photosynthese zählt zu den wichtigsten chemischen Vorgängen in der belebten Welt, da Pflanzen, ob nun einfache Einzeller oder komplexe Vielzeller, der gesamten Nahrungskette zugrunde liegen.

Sklaven oder Verbündete?

Seit mehr als 3,5 Mrd. Jahren existieren auf der Erde Bakterien, die Photosynthese betreiben. Allein das in ihnen enthaltene Chlorophyll versetzt sie in die Lage, Lichtenergie aufzunehmen und zu nutzen.

Bei diesen Bakterien schwimmen die großen Chlorophyllmoleküle in einer Flüssigkeit, dem Zytoplasma. Bei vielzelligen Pflanzen ist dieser Farbstoff jedoch in kleinen Zellorganellen, den Chloroplasten, untergebracht. Diese befinden sich im Innern jener Zellen, die diejenigen Pflanzenteile bilden, die dem Licht ausgesetzt sind (Blätter, Stängel, Thallus usw.). Auf dieser Tatsache fußt die Theorie von der Endosymbiose.

Ende des 19. Jh. hatten Biologen die Idee, dass die Chloroplasten der Pflanzen vielleicht nichts anderes als chlorophyllhaltige Bakterien seien, die in den Zellen der Pflanzen leben und für diese die Photosynthese übernehmen. Zunächst heftig zurückgewiesen, bestätigte sich diese Überlegung aber durch moderne Untersuchungen. Bei den Chloroplasten handelt es sich tatsächlich um photosynthetische Bakterien, die von den Zellen der Pflanze beherbergt werden. Sie sind dabei nicht Sklaven der Pflanze, sondern leben mit ihr in Symbiose, wovon beide profitieren. Das gilt auch für die Mitochondrien, Organellen, in denen die Zellatmung und die Energieumwandlung in der Mehrzahl der Zellen stattfindet – auch sie sind fleißige Bakterien in der Obhut von Pflanzen.

Sauerstoff – ein Umweltgift

Ohne Sauerstoff können die meisten Lebewesen nicht existieren. Aber wie bei jeder guten Sache ist ein Zuviel schädlich, ja tödlich! Der Sauerstoff, den die ersten photosynthetischen Organismen freisetzten, reicherte sich immer stärker in der Atmosphäre an. Dies führte zu einer natürlichen Umweltvergiftung, die für zahlreiche Lebensformen das Ende bedeutete. Aber die Evolution meisterte auch diese Katastrophe – sie fand sogar mehrere Lösungen für das Problem. Zunächst siedelten sich einige Organismen in Zonen an, in die kein Sauerstoff vordrang. Solche anaeroben Lebensformen – Einzeller, die ihre Energie aus anderen chemischen Prozessen beziehen – existieren noch heute. Anderen Organismen gelang es, den in der Atmosphäre angereicherten Sauerstoff zu nutzen: Die Photosynthese wurde durch das Phänomen der Atmung ergänzt, bei der Organismen den von den Pflanzen freigesetzten Sauerstoff verbrauchen. Im biochemischen Sinn ist Atmung die Fähigkeit, Sauerstoff zur Oxidation von Nährstoffen zu verwenden. Dabei wird Sauerstoff verbraucht, im Gegensatz zur Photosynthese, die ihn produziert.

Ein Schutzschild entsteht

Die Photosynthese setzte so große Mengen Sauerstoff frei, dass die Lebewesen ihn nicht vollständig absorbieren konnten. Es entstand ein immenser Überschuss, von dem ein großer Teil zunächst durch das Eisen in den Ozeanen (siehe Kasten) chemisch recycelt wurde. Als dieses Eisen komplett oxidiert war, reicherte sich der Sauerstoff im Wasser selbst an und zuletzt in der Atmosphäre. Gegenwärtig macht er 21 % aller atmosphärischen Gase aus und stellt für das Leben auf der Erde keine Bedrohung mehr dar – im Gegenteil: In den oberen Schichten der Atmosphäre verbanden sich, unter Einwirkung der ionisierenden Strahlung, die zweiatomigen Sauerstoffmoleküle (O_2) zu Molekülen mit drei Atomen (O_3): Ozon entstand. Die Ozonschicht bildete in der Stratosphäre einen gasförmigen Schutzschild, der einen Großteil der ultravioletten Strahlung der Sonne absorbiert. Ohne ihn hätte sich außerhalb des Wassers nie Leben entwickeln können, und die Oberflächen der Kontinente wären auch heute noch verwaist.

GEBÄNDERTE EISENERZE

Eisen ist auf der Erde weit verbreitet. Bekanntermaßen neigt es dazu, zu rosten oder chemisch ausgedrückt: zu oxidieren. Diese Eigenschaft kann man für die Erforschung früher Lebensformen und insbesondere der Entstehung der Photosynthese nutzen. So entdeckten Wissenschaftler in Kanada rot gefärbtes, wasserunlösliches, oxidiertes Eisen in 3,8 Mrd. Jahre alten Gesteinen. Dieses oxidierte Eisen beweist, dass während seiner Ablagerung zumindest lokal Sauerstoff vorhanden war. Dieser Sauerstoff muss von lebenden Organismen freigesetzt worden sein. Die Photosynthese auf unserem Planeten könnte also schon sehr früh eingesetzt und mit einigen Cyanobakterien ihren Anfang genommen haben.

Ähnliches gilt wohl auch für einige große Gesteinsformationen, in denen eisenreiche rote Schichten mit grauen, eisenarmen Schichten abwechseln – die so genannten Bändereisenerze. Die roten Schichten (an die 2,5 Mrd. Jahre alt) zeugen ebenfalls von Organismen, die schon früh Photosynthese betrieben.

Der blaue Planet
Ihre charakteristische blaue Farbe verdankt die Erdatmosphäre der Streuung des Sonnenlichts an den Luftmolekülen. Der zunehmende Sauerstoffgehalt, der durch winzige Organismen bewirkt wurde, veränderte das Antlitz der Erde: Der rosafarbene Himmel nahm seine Bläue an, und die braunen Meere wurden gar azurblau.

Steinteppiche
Stromatolithen sind Teppiche aus Cyanobakterien, die verkrusten und sich übereinander lagern. Vor 3,5 Mrd. Jahren wurden diese Bakterienkolonien auf dem Meeresgrund immer zahlreicher und setzten ohne Unterlass Sauerstoff frei. Dieses zunächst im Wasser angesammelte Gas (wo es Eisen rosten ließ) verteilte sich anschließend in der Atmosphäre.

Die Erde rostet
Eisenrost in sehr alten Gesteinsschichten lässt auf die Existenz von Sauerstoff in den Urmeeren schließen. Diese Schichten bildeten sich vor 2,5–1,8 Mrd. Jahren. Nicht oxidiertes Eisen zersetzt sich nämlich in Meerwasser, während es in oxidiertem Zustand wasserunlöslich ist und sich als Niederschlag absetzt, der noch heute zu sehen ist.

Die Fortpflanzung
So oder so

Da jedes Individuum sterblich ist, muss es den Fortbestand seiner Art durch Fortpflanzung sichern. Doch zwischen der einfachen Vervielfachung und der komplexen geschlechtlichen Fortpflanzung gibt es vielfältige Methoden zur Verbreitung von Leben.

▲ **Das Aufeinandertreffen von Keimzellen** (Gameten) kann ein wahres Glücksspiel sein. Einige Pflanzen vertrauen ihre Pollen dem Wind an, andere überlassen Insekten die Verbreitung.

▶ **Die geschlechtliche Fortpflanzung** ist die einzige Möglichkeit der Vermehrung, die den höheren Tieren (Säugetieren, Reptilien, Vögeln und zahlreichen Wirbellosen) zur Verfügung steht. Sie paaren sich, wobei die Spermien direkt in den Körper des Weibchens gelangen.

Späte Klärung

„Man nehme das getragene Unterhemd einer Frau, lasse es für 21 Tage mit Stroh mazerieren und aus dem Krug werden Mäuse springen." Über die Fortpflanzung kursierten lange die abwegigsten Vorstellungen. Sie blieb lange rätselhaft und fand erst zu Beginn des 20. Jh. eine rationale Erklärung. Frühe Naturforscher hatten bereits versucht zu beweisen, dass ein Lebewesen nur von einem anderen Lebewesen hervorgebracht werden kann, doch erst mit den Arbeiten Pasteurs und den Entdeckungen der Genetik und der modernen Biologie konnten die Mechanismen der Fortpflanzung endlich geklärt werden.

Einfache Kopien

Bei den Prokaryonten (wie den Bakterien) und bei einigen eukaryontischen Einzellern (etwa den Urtierchen) geschieht die Fortpflanzung, indem eine Mutterzelle durch Teilung zwei Tochterzellen hervorbringt – aber selbst dieser Vorgang ist nicht so einfach wie er

erscheint. Denn auch das genetische Material muss in seiner Gesamtheit übertragen und verdoppelt werden. Daher handelt es sich eigentlich nicht um eine Teilung, sondern um eine deckungsgleiche Kopie.

Diese Verdopplung – Mitose – verläuft in mehreren Etappen. Zunächst müssen die Chromosomen kopiert und in zwei Portionen in der Zelle verteilt werden, bevor sich diese halbiert. Dieser

Prozess ist keineswegs auf Einzeller beschränkt, denn auch bei den Vielzellern vervielfältigen sich alle Zellen eines wachsenden oder sich erneuernden Gewebes auf diese Weise.

Ein grundlegendes Verfahren

Eine Vielzahl von Organismen benutzt eine einfache und wirkungsvolle Methode der Vermehrung, die ungeschlechtliche Fortpflanzung. Sie vollzieht sich ohne die Beteiligung weiblicher und männlicher Keimzellen. Individuen, die exakt die gleichen Gene wie ihre „Mutter" besitzen, entwickeln sich auf dieser und trennen sich von ihr, sobald sie voll entwickelt sind. Das geschieht beispielsweise bei Pflanzen, aber auch manche Tiere pflanzen sich durch Knospung fort, so die Hydra. Einige bilden Sporen, wie etwa die Schwämme, die Teile von sich selbst abstoßen, die sich dann andernorts entwickeln können.

Ein Recht auf Verschiedenartigkeit

Die ungeschlechtliche Vermehrung ist zwar eine unkomplizierte Fortpflanzungsmethode, hat aber den entschei-

▶ **Die ungeschlechtliche Fortpflanzung**
Einzeller, Bakterien und Urtierchen, aber auch die Gewebezellen von Vielzellern reproduzieren sich durch Teilung. Dabei verdoppeln sich die Chromosomen und wandern zu den Polen der Zelle, bevor sich diese teilt.

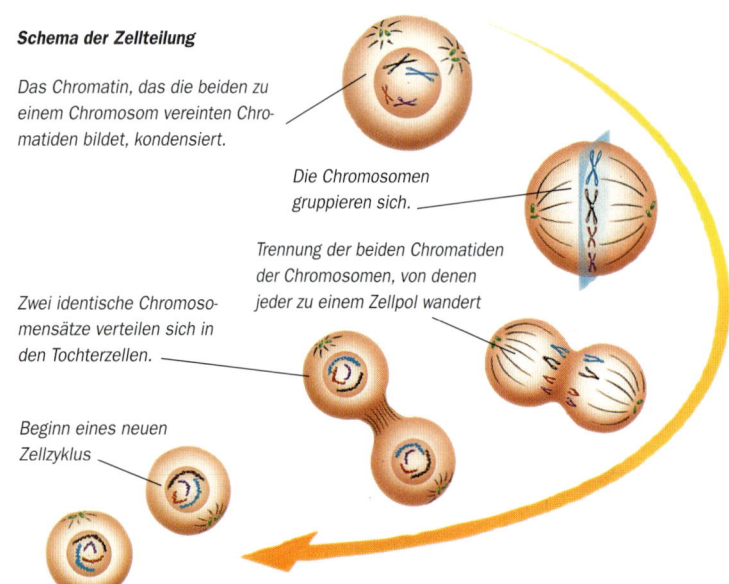

Schema der Zellteilung

Das Chromatin, das die beiden zu einem Chromosom vereinten Chromatiden bildet, kondensiert.

Die Chromosomen gruppieren sich.

Trennung der beiden Chromatiden der Chromosomen, von denen jeder zu einem Zellpol wandert

Zwei identische Chromosomensätze verteilen sich in den Tochterzellen.

Beginn eines neuen Zellzyklus

EIN KLEINER FEHLER – SCHON ÄNDERT SICH ALLES

I n die Moleküle der DNA wird ein eindeutiger genetischer Code eingetragen, Chromosomen tauschen sich aus und verdoppeln sich usw. Die zahlreichen Etappen der Reproduktion sind exakt vorgezeichnet. Dennoch können auf diesem Weg Fehler auftreten. Ein Chromosom oder Teilstück kann fehlen oder plötzlich doppelt oder dreifach vorliegen oder einfach an der falschen Stelle sitzen. Einer oder mehrere Buchstaben des Codes können schlecht kopiert oder verstümmelt sein. Solche genetischen Unfälle bleiben nicht ohne Folgen und führen in den meisten Fällen zu nicht lebensfähigen Individuen. Aber manchmal kann sich auch ein Organismus mit mehr oder weniger schwerwiegenden genetischen Anomalien entwickeln.

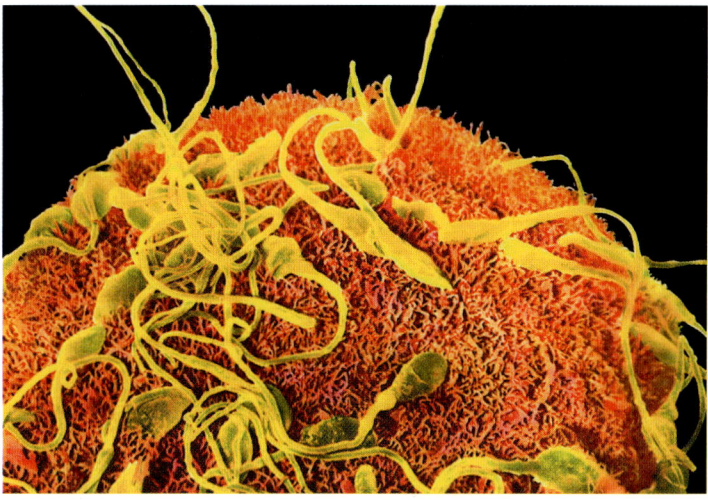

▲ *Bei geschlechtlichen Organismen* verbinden sich während der Befruchtung die Keimzellen (Eizellen und Spermien). Da jede einen Chromosomensatz eines Elternteils trägt, stellt ihre Vereinigung die Gesamtheit des Erbguts in Form von Chromosomenpaaren wieder her.

denden Nachteil, dass die erzeugte Nachkommenschaft vollkommen identisch ist. Sobald sich die Lebensbedingungen verändern, ist darum die Existenz des gesamten Stamms bedroht. In einer Welt mit sich wandelnden Lebensbedingungen lässt sich der Fortbestand besser sichern, wenn unterschiedliche Nachkommen hervorgebracht werden. Das ist nur durch die geschlechtliche Vermehrung zu erreichen, an der zwei unterschiedliche In-

Schema der Meiose

Jedes Chromosom wird verdoppelt und tauscht dabei das genetische Material mit dem neuen Chromosom aus.

Jedes Chromosom wickelt sich zu einer Spirale auf und verdichtet sich so maximal.

Die Chromosomen verteilen sich auf die beiden Hälften der Zelle.

Jedes Chromosom wandert zu einem Zellpol.

Die Plasmamembran wird abgeschnürt, und zwei Zellen mit n Chromosomen bilden sich.

Die Chromosomen richten sich aus.

Die Chromatiden jedes Chromosoms wandern zu den Polen der Zelle und verteilen sich auf jede Zellhälfte.

Ende der Meiose. Es sind vier Zellen, die Gameten, mit n Chromosomen entstanden.

dividuen beteiligt sind. Beide bringen ihr genetisches Material ein, wodurch ein einzigartiges Individuum entsteht. Dieses Verfahren ist wesentlich komplexer als die einfache Vervielfachung, bietet aber zahlreiche Vorteile. Die neuen Individuen sind sich genetisch sehr ähnlich (bleiben also der gleichen Spezies zugehörig), weisen aber genügend Unterschiede auf, um das Überleben der Art zu sichern. Diese Fortpflanzungsart ist bei den höheren Tierarten die Regel, kann aber auch bei anderen Lebewesen vorkommen.

Keimzellen – Boten des Lebens

In allen Organismen übernimmt jede Zellenart eindeutige Aufgaben. Für die Fortpflanzung sind spezielle Zellen in den Geschlechtsorganen verantwortlich. Sie produzieren Keimzellen, die eigentlichen Geschlechtszellen, die bei weiblichen Individuen Eizellen und bei männlichen Spermien genannt werden. Doch die männlichen und weiblichen Keimzellen enthalten nicht das gesamte elterliche genetische Material – dieses würde sich sonst mit jeder Generation verdoppeln.

1 + 1 = 1

Jeder ausgewachsene Organismus trägt vielmehr Erbgut in doppelter Ausfertigung: Ein Exemplar stammt von der Mutter und eins vom Vater. Jede der Zellen, die ein Individuum bilden, weist demnach in ihrem Kern eine bestimmte Zahl von DNA-Strängen (die Chromosomen) in doppelter Ausführung auf. Der Mensch verfügt über 46 Chromosomen, also über 23 Chromosomenpaare. In ihnen sitzen (ebenfalls doppelt) die Gene, die die Ausbildung ganz bestimmter Merkmale steuern. Bei einigen Individuen kommen mehr die Gene der Mutter zum Tragen, bei anderen eher die des Vaters oder auch eine Kombination von beiden. Dies erklärt,

weshalb sich jedes Kind von seinen Eltern unterscheidet und dennoch aufgrund seines Erbguts eine Famlienähnlichkeit aufweist.
Um ein vollständiges Individuum hervorzubringen, muss sich das genetische Ausgangsmaterial zunächst teilen, sodass jede Keimzelle nur die Hälfte des Erbguts enthält. Dieser Schritt heißt Meiose (Reduktionsteilung). Nach der Trennung der Chromosomenpaare weisen Spermien und Eizellen nur noch ein Exemplar eines jeden Chromosoms auf. Durch die Befruchtung werden die 23 Paare zu einem neuen Individuum zusammengefügt.

Mit oder ohne Paarung

Jedes geschlechtliche Individuum bringt also Keimzellen hervor, die aufeinandertreffen müssen, um sich vereinigen zu können. Einige Organismen überlassen das dem Zufall. Algen beispielsweise setzen Spermien frei, die mit der Strömung des Wassers zu den Eizellen getragen werden. Höhere Pflanzen lassen ihre Keimzellen von Wind oder Insekten transportieren (bestäuben) – einige haben hier besondere Mittel entwickelt, um Insekten anzulocken und ihnen die wertvollen Keimzellen anzuvertrauen (Form und Farbe der Blüten, Nektar usw.). Bei den Tieren, die sich in der Regel selbst fortbewegen, kann die Befruchtung außerhalb des Körpers (Fische und Amphibien) stattfinden, wobei das Männchen die Eier bei der Eiablage mit seinen Spermien befruchtet. Bei der Befruchtung innerhalb des Körpers bringt das Männchen seine Spermien in den Körper des Weibchens ein.

▲ *Insekten* werden häufig von Pflanzen angelockt und transportieren deren in den Pollen enthaltene Keimzellen.

◀ *Die geschlechtliche Fortpflanzung*
Die Meiose beruht auf der Produktion männlicher oder weiblicher Keimzellen im Zuge einer Zellteilung. Pflanzen und Tiere stützen sich auf das gleiche Prinzip. Nur die Fortpflanzungsmechanismen unterscheiden sich – wobei das selbe Ziel verfolgt wird, nämlich die Überlebenschancen der Spezies ständig zu verbessern.

Die Zelle – ein komplexes Gebilde
Mikroskopisch kleine Fabriken

Die Zelle ist der Grundbaustein der belebten Welt und die einfachste lebende autonome Einheit. Sie ist in der Lage, aus ihrer Umgebung Energie zu beziehen, eine große Zahl chemischer Reaktionen durchzuführen und ihren Fortbestand zu sichern, indem sie sich vermehrt. Zellen sind fast immer mikroskopisch klein, sie existieren isoliert oder zu Kolonien vereint und organisieren sich bei komplexeren Lebewesen zu Gewebe und Organen. Doch schon für sich allein genommen sind sie sehr weit entwickelt.

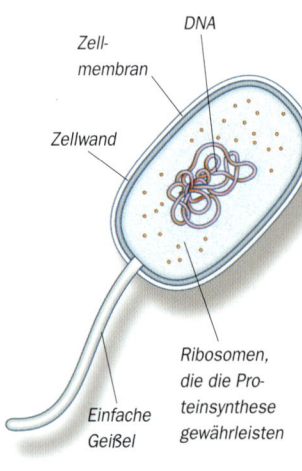

▼ *Die prokaryontische Zelle* besitzt keinen Zellkern. Die DNA, die die Form eines dünnen, verschlungenen Strangs hat, schwimmt daher direkt im Zytoplasma.

Zell-membran

DNA

Zellwand

Ribosomen, die die Proteinsynthese gewährleisten

Einfache Geißel

Abschirmung von der Außenwelt

Jede Zelle ist von einer einige Millionstel Millimeter dicken Membran umgeben. Sie schützt den Inhalt der Zelle und kontrolliert den chemischen Austausch zwischen Außenwelt und Zellinnerem. Ohne sie könnte die Zelle nicht überleben. Die Entstehung dieser Membran stellte eine fundamentale Etappe in der Evolution des Lebens dar – zwangsläufig ist sie äußerst komplex aufgebaut.

Die Membran heutiger Zellen besteht aus einer Doppelschicht von Molekülen aus der Familie der Lipide, hauptsächlich Phospholipide, deren Funktion darin besteht, sich gegenüber Wasser richtig zu verhalten. Ihre eine Seite ist hydrophob, sie wird von Wasser abgestoßen, die andere hydrophil, sie wendet sich dem Wasser zu. Bei Kontakt mit Wasser richten sich diese Moleküle entsprechend aus und ballen sich zu Kugeln oder Doppelschichten zusammen, wobei die hydrophobe Seite das Innere schützt.

Doch die Funktion der Membran beschränkt sich nicht darauf, den Zellinhalt abzuschirmen. Um leben zu können, muss eine Zelle atmen und sich ernähren. Dabei lässt die Membran wie ein feiner Filter einige Moleküle passieren und andere nicht. Diese Rolle übernehmen Proteine, die Poren und Pumpen bilden und so den Austausch mit der Zellumgebung gewährleisten. Außerdem muss die Zelle auch ihre Umgebung erkennen können und Informationen mit anderen Zellen austauschen. Diese wichtige Aufgabe wird hauptsächlich durch Kohlenhydrate erledigt.

Tier oder Pflanze?

Eine Pflanze von einem Tier zu unterscheiden, scheint nicht schwer zu sein. Tiere können sich fortbewegen und ernähren sich von anderen lebenden Organismen – Pflanzen dagegen sind ortsgebunden und beziehen ihre Nahrung aus dem Boden und der Luft. Gut und schön, aber es gibt auch mobile Pflanzen und solche, die sich von anderen Organismen ernähren, so wie es auch ortsgebundene Tiere gibt. Bezieht man dann noch mikroskopisch kleine einzellige Lebensformen ein, wird eine Unterscheidung praktisch unmöglich. Die Wissenschaft teilt daher die belebte Welt heute in zwei große Gruppen ein, in so genannte prokaryontische und eukaryontische Lebensformen.

Das Grundmodell

Ein kleiner geschlossener Membransack bildet noch keine Zelle, nicht einmal eine einfache. Im Zytoplasma der Zellen schwimmen die Moleküle und kleine, zum Leben und zur Vermehrung notwendige Gebilde. Die wichtigsten sind die Nukleinsäuren, die DNA (Desoxyribonukleinsäure) und die RNA (Ribo-

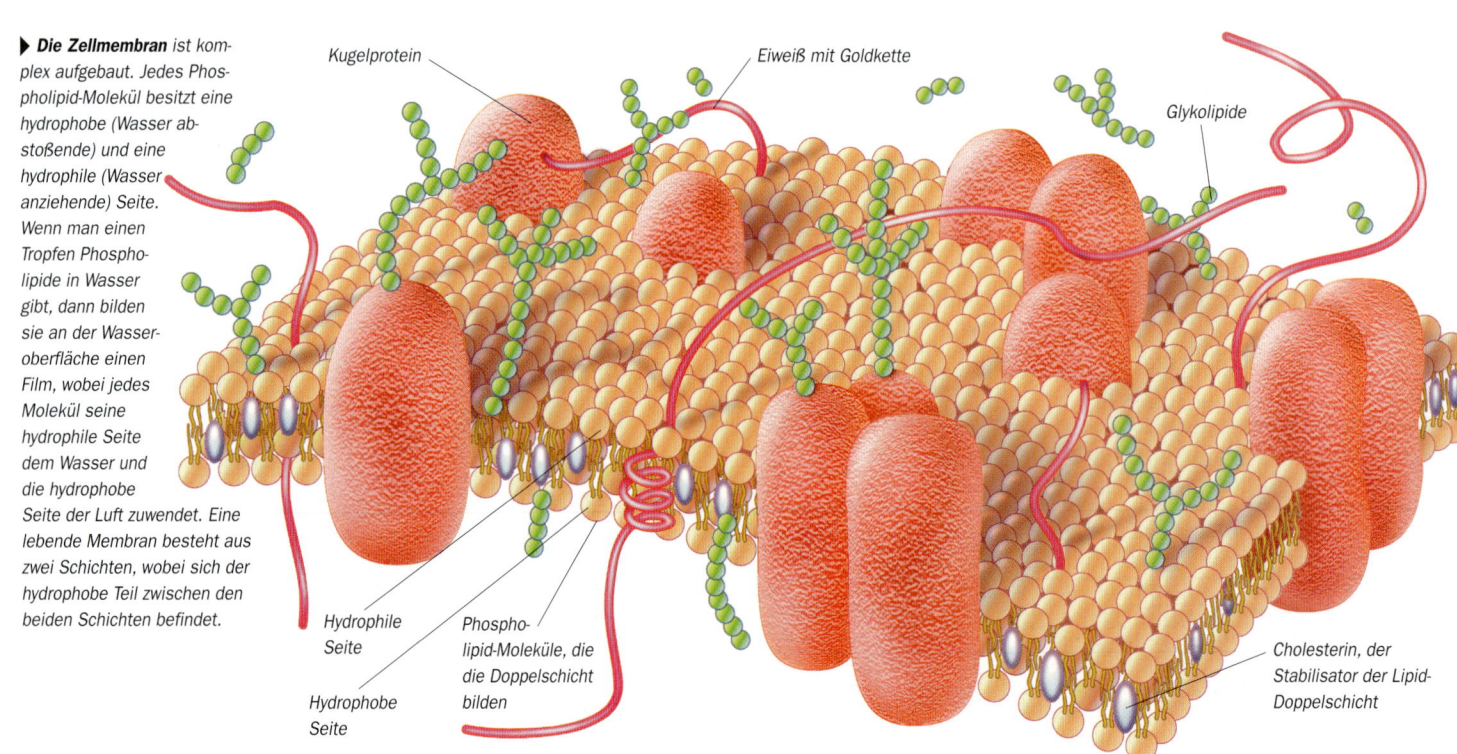

▶ *Die Zellmembran* ist komplex aufgebaut. Jedes Phospholipid-Molekül besitzt eine hydrophobe (Wasser abstoßende) und eine hydrophile (Wasser anziehende) Seite. Wenn man einen Tropfen Phospholipide in Wasser gibt, dann bilden sie an der Wasseroberfläche einen Film, wobei jedes Molekül seine hydrophile Seite dem Wasser und die hydrophobe Seite der Luft zuwendet. Eine lebende Membran besteht aus zwei Schichten, wobei sich der hydrophobe Teil zwischen den beiden Schichten befindet.

Kugelprotein

Eiweiß mit Goldkette

Glykolipide

Hydrophile Seite

Phospholipid-Moleküle, die die Doppelschicht bilden

Hydrophobe Seite

Cholesterin, der Stabilisator der Lipid-Doppelschicht

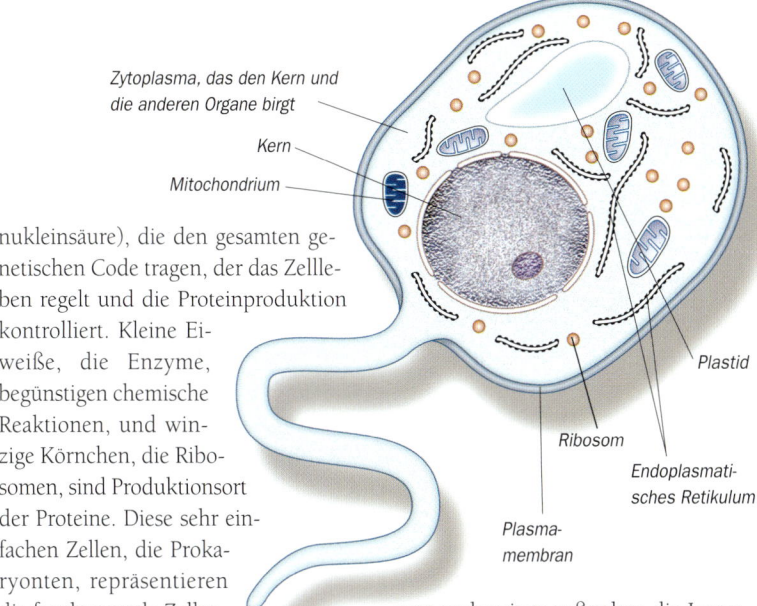

Zytoplasma, das den Kern und die anderen Organe birgt

Kern

Mitochondrium

Plastid

Ribosom

Endoplasmatisches Retikulum

Plasmamembran

nukleinsäure), die den gesamten genetischen Code tragen, der das Zellleben regelt und die Proteinproduktion kontrolliert. Kleine Eiweiße, die Enzyme, begünstigen chemische Reaktionen, und winzige Körnchen, die Ribosomen, sind Produktionsort der Proteine. Diese sehr einfachen Zellen, die Prokaryonten, repräsentieren die fundamentale Zellorganisation, wie sie etwa bei Bakterien anzutreffen ist. Prokaryontische Zellen besitzen keinen Zellkern. Die Nukleinsäuren liegen hier in Form langer Stränge vor, die ohne besonderen Schutz frei im Zytoplasma schwimmen.

Eine kleine Fabrik

Dagegen sind die eukaryontischen Zellen, die Tiere, Pflanzen, Pilze und eine große Zahl von Einzellern bilden, wesentlich komplexer strukturiert. Die DNA liegt hier in einem Kern, der von einer Membran geschützt wird, wie sie auch die Zelle umgibt. Diese Zellmembran ist selbst komplex gestaltet und weist verschiedene Einstülpungen ins Zellinnere auf. Im Zytoplasma schwimmen zahlreiche Funktionsträger, so die Ribosomen, die am Aufbau von Eiweißen beteiligt sind, und der Golgi-Apparat, der die Eiweiße für den Trans-

port vorbereitet; außerdem die Lysosomen, kleine Enzymsäcke, die die Teilchen in der Zelle verdauen, das endoplasmatische Retikulum, Sitz der Proteinsynthese, dazu ein ausgefeiltes System feinster Kanälchen, das bestimmten Molekülen Wasser entzieht, sowie die Mitochondrien, die die Zellatmung sicherstellen und Energie erzeugen. Eine eukaryontische Zelle ist eine kleine biochemische Fabrik, die alle vitalen Funktionen steuert.

Eine Zelle, zwei Zellen, drei Zellen ...

Eine einzelne Zelle kann unabhängig von ihren Nachbarn leben. Dies gilt z. B. für Bakterien, zahlreiche Urtierchen, einzellige Algen usw. Sie alle gehören als äußerst einfache Organismen zu den grundlegenden Formen des Lebens. Doch Gemeinschaft macht stark, und diese menschliche Regel hat sich für die belebte Welt bereits zu einem frühen Zeitpunkt bewahrheitet.

DIE HERSTELLUNG EINES PROTEINS

Alle Proteine werden in Zellen hergestellt, ob nun in Ein- oder Vielzellern. Sie sind äußerst vielfältig und zahlreich, haben unterschiedliche Aufgaben, und bei ihrer Synthese darf kein Fehler unterlaufen. Das „Rezept" für die Herstellung jedes Proteins liegt im DNA-Molekül vor, und zwar in Form einer Folge von Stickstoffbasen, die klar definierte Abschnitte, die Gene, bilden. Daher muss das Rezept für das Eiweiß vom DNA-Molekül kopiert und dann zu den Ribosomen transportiert werden, wo die Proteinsynthese stattfindet. Diese Arbeit wird von kleinen Nukleinsäuremolekülen, der so genannten Boten-RNA (mRNA) übernommen, die den DNA-Abschnitt, der dem gewünschten Protein entspricht, kopiert und zu den Ribosomen transferriert. Während diese Botschaft von einer Folge von Stickstoffbasen gebildet wird, werden die Proteine aus einer Abfolge von Aminosäuren geformt. Wenn man nicht die gleiche Sprache spricht, braucht man einen Übersetzer. Diese Rolle wird von einem anderen RNA-Typ, der Transfer-RNA (tRNA), übernommen, kleinen Molekülen, die an ihrem einen Ende eine Aminosäure und am anderen einen Code aus drei Stickstoffbasen tragen, die sich wiederum nur an eine komplementäre Sequenz von drei Stickstoffbasen der mRNA anbinden können. Die Aminosäuren werden so eine nach der anderen übertragen und an eine Eiweißkette angefügt.

Einige einzellige Lebewesen haben sich schon früh zu für sie vorteilhaften Kolonien zusammengeschlossen. Doch diese Zellkolonien stießen rasch an ihre Grenzen, da die im Zentrum lebenden Individuen keinen ausreichenden Zugang zur Umwelt hatten und mangels Gas- und Nährstoffaustauschs zuguterletzt erstickten. Die Lösung dieses Problems besteht in einer Art „Nachbarschaftshilfe", bei der ein reger Austausch zwischen den Zellen stattfindet. Und sobald die Organisation weiter fortgeschritten ist, können sich einige Zellen auf eine bestimmte, für die Gemeinschaft nützliche Aufgabe spezialisieren. In diesem Stadium ist eine vielzellige Organisation nicht mehr allzu weit entfernt.

Man könnte auf den ersten Blick ein solch komplexes Lebewesen aus Dutzenden, Hunderten, Millionen oder Milliarden Zellen als eine gigantische

Zellkolonie ansehen. In Wirklichkeit jedoch sind die Zellen in fortgeschrittenen Lebewesen wie Bäumen oder Tieren differenziert oder spezialisiert, haben sich als Gewebe und Organe organisiert und nehmen sehr präzise Aufgaben wahr. Eine Hautzelle hat andere Funktionen als eine Leberzelle und sie sind nicht untereinander austauschbar. Nicht einmal alle Zellen eines Organs haben die gleiche Aufgaben.

Doch auch der fortgeschrittenste Organismus geht von einer einzigen Zelle aus, die sich in zahllose andere teilt. Beim Wachstum des neuen Zellklumpens, des Embryos, erhält dann jede Zelle unter der strengen Kontrolle des genetischen Codes ihre ganz besondere Funktion zugeteilt.

◀ **Die eukaryontische Zelle** *ist weiter entwickelt als die prokaryontische. Ihr Erbgut liegt geschützt in einem Zellkern. Neben dem Zellkern verfügt sie über zahlreiche kleine Bestandteile mit genau festgelegten Funktionen. Dieser Zelltyp findet sich bei Einzellern wie den Urtierchen und bei allen Vielzellern.*

▲ **Urtierchen** *Pantoffeltierchen sind weit entwickelte eukaryontische Einzeller, die man häufig in stehenden Gewässern finden kann.*

Ende eines Paradieses
Die Ediacara-Fauna

Vor rund 600 Mio. Jahren, im Ediacarium, gab es auf Erden eine tatsächlich friedliche Welt ohne Jäger und Gejagte, in der Stromatolithen bildende und fremdartige, wie Luftmatratzen strukturierte Organismen harmonisch miteinander lebten.

▼ **Die ersten Tiere**
Charniodiscus *(links). Dieses merkwürdige, wedelförmige Tier maß 50 cm und lebte am Meeresboden, in den es sich mithilfe einer Art Haftwurzel verankerte. Auffällig ist seine kammerförmige Struktur. Neben seinem „Stiel" sind Par-vancorina (gelb) und* Tribachi-dium *(orange) zu sehen.*

Das verlorene Paradies

Das Bild von Adam und Eva, die eine verbotene Frucht kosteten und daraufhin aus dem irdischen Paradies vertrieben wurden, um fortan mit harter Arbeit für ihr Auskommen sorgen zu müssen, illustriert recht gut jene große Umwälzung, die die Geschichte des Lebens in der letzten Phase des Proterozoikum erfuhr.

Vor 600 Mio. Jahren gab es auf Erden das Paradies der Ediacara-Fauna mit ihren fein ziselierten Stromatolithen und merkwürdigen Organismen, die an Luftmatratzen erinnern. Und in einem verborgenen Winkel dieser friedlichen Welt ohne Jäger und Gejagte lebten wurmförmige Tiere, die nur eine bescheidene Nebenrolle spielten.

Die globalen Eiszeiten zum Ende des Präkambrium führten den Untergang dieser paradiesischen Epoche und damit den Niedergang der Stromatolithen und das Aussterben der Luftmatratzen-Organismen herbei. Die ungeschützten

Weichtiere überlebten, mussten sich aber in der völlig gewandelten Welt, in der ihnen nun Räuber nachstellten, schützende Schalen, Panzer und Skelette zulegen. Mit diesen Rüstungen gelang es ihnen zu überleben.

Wenn das Leben Verstecken spielt

Die Paläontologen standen lange vor einem großen Rätsel: Während sich in den untersten Gesteinsschichten des Kambrium (ab einer Zeit von vor 570 Mio. Jahren) unvermittelt eine Fülle fossiler Überreste (Panzer, Muschelschalen) fand, die den Weichtieren, Gliederfüßern, Armfüßern und Stachelhäutern zuzuordnen waren, stieß man in präkambrischen Schichten auf keine echten Versteinerungen.

Wie ließ sich das erklären? Der Evolutionstheorie zufolge hätte dieser wahren Explosion vielgestaltigen Lebens im frühen Kambrium eine jahrmillionenlange Entwicklung vorausgehen müssen. Doch den fossilen Archiven war dazu keine Information zu entlocken. Charles Darwin selbst gestand ein, dass diese Fossillücke im Verlauf des Präkambrium ein schiefes Licht auf seine Evolutionstheorie würfe.

Doch seit dem Ende der 1940er-Jahre brachte eine Reihe wichtiger Entdeckungen Licht ins Dunkel. Sie bestätigten, dass schon im Proterozoikum eine Vielzahl mannigfacher Lebensformen existiert hatte. Nur war ihre Existenz bis dahin nicht bemerkt worden. Dies lag zum Teil an der geringen Größe dieser Organismen, aber der Hauptgrund bestand darin, dass diese Lebewesen weder einen Panzer noch eine Schale besessen hatten, sondern völlig nackt und weich gewesen waren und daher beim Prozess der Versteinerung häufig nicht erhalten blieben.

Die älteste Fauna: eine Welt von Weichtieren

Die Gefährten von James Cook, die erstmals Schnabeltiere, Kängurus und Koalas erblickten, waren erstaunt über die fremdartige Tierwelt, die sie bei ihrer Landung in Australien vorfanden. Doch die merkwürdigste Fauna, die je auf diesem Kontinent existiert hatte, war wohl jene, die 1947 von dem Geologen Reginald C. Sprigg in Ediacara, im Süden des Landes, entdeckt wurde. Es handelte sich um die ältesten bekannten Fossilien vielzelliger (aus mehreren Zellen gebildeter) Organismen. Diese Urtiere mit weichem Körper lebten im späten Präkambrium (vor etwa 640 Mio. Jahren), einer Zeit, die die Geologen Neo-Proterozoikum nennen. Die von Martin Glaessner ab den 1960er-Jahren erforschte Ediacara-Fauna umfasste mehrere Dutzend Formen, die er als Stellvertreter der Quallen (Nesseltiere) oder Würmer (Anneliden) interpretierte, sowie eine Hand voll rätselhafter Organismen, die möglicherweise mit den Stachelhäutern (Arkarua) oder Gliederfüßern (Praebrachidium) verwandt waren. Diese Fauna wurde seither in allen Winkeln der Erde (Sibirien, Südafrika, Kanada, England, Skandinavien usw.) entdeckt, was darauf schließen lässt, dass die Tiere seit Ende des Präkambrium nicht nur vielgestaltiger wurden, sondern sich auch über die gesamte Erde verbreiteten.

Luftmatratzen und Pfannkuchen

Ist die Evolution ein gleichmäßiger Prozess, bei dem im Lauf der Zeit die Komplexität der Organismen konstant zunimmt, oder verläuft sie vielmehr chaotisch und wechselhaft, von zahlreichen Krisen geschüttelt? Diese Frage beschäftigt die Paläontologen seit etwa 20 Jahren intensiv. Bei der Suche nach einer Antwort spielt die Ediacara-Fauna eine entscheidende Rolle. Glaessner

WAS WÄRE, WENN ...

Die Dinosaurier waren mehr als 150 Mio. Jahre lang die Herrscher der Erde – und ohne jene Katastrophe, die sich vor 65 Mio. Jahren ereignete, als ein großer Meteorit in die Erde einschlug, hätten die Säugetiere gewiss auch weiterhin nur eine Nebenrolle in den von den Sauriern beherrschten Ökosystemen gespielt. In einer solchen Welt wäre es wohl nie zur Entwicklung des Menschen gekommen – eine Furcht erregende oder auch eine angenehme Vorstellung.
Noch radikaler aber hätte die Perspektive ausgesehen, wenn die „Luftmatratzen" vom Typ Ediacara, die das Ökosystem der Meere annähernd 100 Jahrmillionen dominierten, nicht vor spätestens 400 Mio. Jahren plötzlich verschwunden wären. Diese „Dinosaurier" des Präkambrium waren außerordentlich gut angepasst. Sie hätten die Ozeane weiterhin bevölkern und die wurmförmigen Metazoen, auf die alle großen heutigen Gruppen (Gliederfüßer, Weichtiere, Stachelhäuter und Wirbeltiere) zurückgehen, für immer in die Kulissen der Erdgeschichte verweisen können. Die von der Paläontologie zutage geförderten Fakten stellen also eine allzu schlichte Auffassung von der Evolution in Frage. Unsere Anwesenheit auf der Erde erscheint mehr und mehr als das Ergebnis einer Verkettung besonderer Umstände.

sieht in den Organismen von Ediacara durchaus vertraute Spezies (Quallen, Würmer, Stachelhäuter, Gliederfüßer), nämlich die frühen weichen Vorfahren jener mit Panzern, Schalen und Skeletten ausgestatteten Lebewesen, von denen sich aus dem Kambrium so zahlreich fossilierte Reste erhalten haben. Der deutsche Paläontologe Dolf Seilacher stellt diese Interpretation seit den

1980er-Jahren ernsthaft in Frage – er betrachtet die Gesamtheit der Ediacara-Fauna (die er Vendobionta nennt), als das erste (gescheiterte) Experiment der Evolution zur Herstellung vielzelliger Organismen.

Diese Fossilien wären danach keineswegs mit den zahlreichen Tiergruppen verwandt, die einige Millionen Jahre später zu Beginn des Kambrium auftraten. Er argumentiert, dass jeder Organismus von Ediacara sich in Gestalt eines Blattes oder einer Scheibe von unterschiedlicher Größe (von einigen Zentimetern bis zu 1 m) präsentierte, zugleich aber sehr flach (einige Millimeter) und in Kammern unterteilt war. Diese Organismen erinnern an große Pfannkuchen oder an Luftmatratzen, für die sich keine Entsprechungen in der heutigen Natur finden.

Tatsächlich scheint die charakteristische Ediacara-Fauna zu Beginn des Kambrium (vor 570 Mio. Jahren) nahezu vollständig ausgestorben zu sein, vermutlich durch den starken Konkurrenzdruck, den moderne Metazoen (tierische Vielzeller) ausübten. Auf diese gehen vermutlich auch die zahlreichen Baue und Spuren zurück, die in den gleichen Schichten gefunden wurden, in denen man die Ediacara-Pfannkuchen und -Luftmatratzen fand, die nicht in der Lage gewesen sind, solche Spuren zu hinterlassen oder gar Gänge in die Sedimente zu graben.

3

Explosion des Lebens im Meer

Die heutige Pflanzen- und Tierwelt ist das Ergebnis einer Jahrmillionen währenden Evolutionsgeschichte, in deren Verlauf die Natur mit dem Leben experimentierte – sie entwickelte zahlreiche Modelle, verwarf die einen, während andere überlebten. Dieser Prozess ist nicht abgeschlossen: Die Welt von Morgen wird anders aussehen als die, die wir kennen, denn die Gesetze der Evolution sind weiter wirksam. Die Wissenschaft hat tiefe Einblicke in die letzten 540 Mio. Jahre dieser Entwicklung gewinnen können. Die Weichtiere aus der Zeit davor blieben nur selten in fossiler Form erhalten, doch im mittleren Kambrium bildeten die ersten Tiere feste Schalengehäuse aus, wodurch sie in alten Gesteinsschichten bis heute überdauerten. Man spricht im Zusammenhang mit dieser Zeit gern von der kambrischen Explosion des Lebens (der allerdings eine große Vielfalt an Lebensformen vorausgegangen sein muss), und tatsächlich zeigt die Geschichte des Lebens seither eine enorme Fülle. In den Meeren des Paläozoikum entfalteten sich alle uns heute vertrauten Tiergruppen, darunter Schwämme, Korallen, Weich- und Gliedertiere, von denen einige – wie die Trilobiten und die Seeskorpione – längst ausgestorben sind. Neben ihnen fasste aber auch eine zunächst noch recht bescheidene Tiergruppe Fuß, die mit einem zukunftsträchtigen Gewebe, mit Knochen nämlich, ausgestattet war: die Wirbeltiere.

Vor 570–250 Mio. Jahren:
Das Paläozoikum

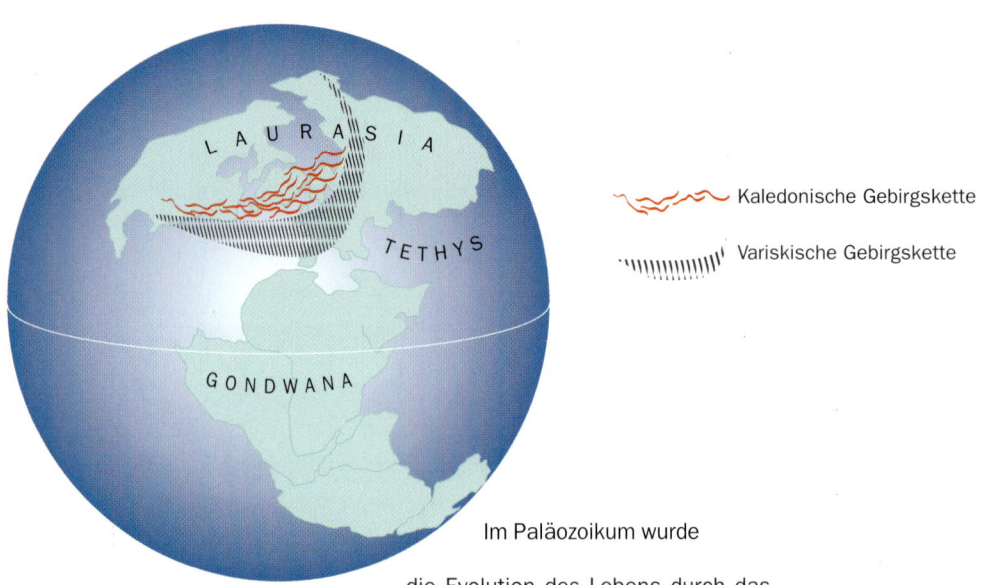

~~~ Kaledonische Gebirgskette

'''''''''' Variskische Gebirgskette

Im Paläozoikum wurde
die Evolution des Lebens durch das
allmähliche, aber immer wieder von Zerfallsphasen unterbrochene
Zusammenrücken der Landmassen und gegen Ende der Ära durch die
Bildung des Urkontinents Pangäa geprägt, der sich in die Blöcke Laurasia und
Gondwana gliederte. Neue Ozeane öffneten sich, wie der „Ur-Atlanik" Japetus, der
sich vor etwa 420 Mio. Jahren wieder schloss. Während mehrerer Gebirgsbildun-
gen entstanden mächtige Gebirgsketten, wie die Kaledoniden, deren Wurzeln noch
heute beiderseits des Atlantik (in Norwegen, Schottland, Neufundland und in den
Appalachen) vorhanden sind. Gondwana seinerseits erlebte mehrere Vereisungen. Am Ende bildete Pangäa im Urozean Panthalassa eine nahezu
geschlossene Landmasse – die aber schon von Bruchlinien
durchzogen war, von denen sich eine zu einem breiten Golf, dann zu einem riesigen
Meer auswuchs: zur Tethys.

Vor etwa 600 Mio. Jahren lebten in den warmen, seichten Meeren erstaunliche Wesen, deren Existenz durch viele Funde, darunter im australischen Ediacara, belegt wird:
1 *Hallucigenia*,
2 *Opabinia*,
3 *Pikaia* (der mutmaßliche Vorfahr der Wirbeltiere).

Vor etwa 540 Mio. Jahren waren die Meere so reich an gelöstem Kalk, dass die Tiere sich wahre Rüstungen – Schalen, Kalkplatten und Knochenpanzer – zulegen konnten. Dies geschah zu Beginn des Paläozoikum.
Zu dieser Zeit lebten:
4 Weichtiere,
5 Trilobiten (Gliederfüßer),
6 Eurypteriden (Gliederfüßer),
7 Agnatha, die ersten Wirbeltiere – kieferlose, durch einen Panzer geschützte Fische.

Die Evolution setzte sich in den Meeren des Paläozoikum rasant fort:
8 *Dunkleosteus*, ein kieferbewehrter Panzerfisch, trat auf.
9 Ihm folgten vor mehr als 400 Mio. Jahren die Haie als Knorpelfische.
10 Dann traten auch die echten, mit Gräten und Schuppen ausgestatteten Knochenfische auf, die heute in den Meeren zahlenmäßig überwiegen.

11 Ebenfalls vor etwa 400 Mio. Jahren wurden Pflanzen die ersten Besiedler der Kontinente.
12 Gliederfüßer und Weichtiere folgten ihnen nach. Vor etwa 350 Mio. Jahren wagten sich dann die ersten Wirbeltiere an Land.
13 30 Mio. Jahre lang sollten unter den letzteren die Amphibien sowie ferne Vorfahren unserer Frösche und Salamander die Küsten, Sümpfe und Feuchtwälder beherrschen.
14 In diesen Biotopen lebten auch räuberische Riesenlibellen.

Fossilien in jeder Form

Ein Fossil zeugt von einem früheren Organismus. Dabei kann es sich um einen einfachen Abdruck im Sediment oder um ein vollständig erhaltenes Tier handeln. Manchmal dokumentieren Fossilien die Aktivitäten von Lebewesen, etwa Kriech- und Laufspuren oder Kot. Doch vor allem gewähren sie den Paläontologen einen Einblick in die Entwicklung des Lebens im Verlauf der Erdgeschichte. Hier ein kurzer Abriss ihrer Entstehung und Erforschung.

▶ **Die Gliederfüßer,** hier ein Krebstier, besitzen einen organischen Panzer, der bei der Fossilisation erhalten bleibt.

▲ **Koprolithen** sind fossile Exkremente von urweltlichen Tieren.

DIE INTERPRETATION VON FOSSILIEN

Um ein Fossil zu identifizieren, unterziehen Paläontologen es einer eingehenden anatomischen Untersuchung. Bei Säugetieren oder Haien kann etwa die Bauweise der Zähne zur Bestimmung der Tiergruppe ausreichen. Solchen Rückschlüssen liegt ein Vergleich mit heutigen Arten zugrunde. Fehlen moderne Vertreter, klassifiziert man die Fossilien nach besonderen charakteristischen Kennzeichen, etwa der Ornamentik der Schalen bei Ammoniten. Je vollständiger die Fossilien erhalten sind, desto zahlreicher sind die Vergleichskriterien und umso genauer ist die Interpretation. Diese hängt auch vom Forschungsstand und von Vergleichstechniken ab. Der komparatistische (vergleichende) Ansatz ist aber noch recht jung. Erst Ende des 18. und zu Beginn des 19. Jh. legten Wissenschaftler wie Cuvier, d'Orbigny, Lamarck, Lyell, Buckland und Brongniart die Grundlagen für eine neue Wissenschaftsdisziplin: die Paläontologie, die Lehre von den alten Lebensformen.

VOM LEBENDEN ORGANISMUS ZUM FOSSIL: EIN WEG MIT HINDERNISSEN

Nicht alle Lebensformen eignen sich gleich gut zur Fossilisation. Ob es zur Versteinerung eines Organismus kommt, hängt zunächst von seiner Physis ab, aber auch von dem Milieu, in dem er stirbt. In der Regel wird organische Materie zunächst von Aasfressern und dann durch Verwesung zerstört, doch ein rascher

▶ **Gefangen**
Im Bernstein gefangene Insekten wie diese Fliege sind nach vielen Millionen Jahren immer noch perfekt erhalten.

Einschluss in Sediment und die Unterstützung durch Bakterien können den Organismus erhalten, sodass er schließlich versteinert und in dieser Form lange überdauert. Eine Konservierung des ursprünglichen Körpers ist nur unter außergewöhnlichen Bedingungen, etwa durch den Einschluss in Bernstein oder Eis, möglich. Da die überwiegende Zahl der Wirbellosen und der Pflanzen, also ein Großteil der belebten Welt, nur selten als Fossilien erhalten bleiben, weist der Fossilienbestand große Lücken auf. Daher hat die Wissenschaft auch nur eine recht vage Vorstellung von den ersten Kapiteln der Geschichte des Lebens. Hat ein Organismus allerdings schon zu Lebzeiten mineralisierte Teile (Knochen und Zähne bei Wirbeltieren, Schalen bei Weichtieren) oder ein anderes widerstandsfähiges Gewebe (Hüllen bei Pollen, Panzer bei Krebstieren) ausgebildet, dann können diese Teile auch versteinern. Bei diesem Vorgang (der Fossildiagenese) werden die Mineralien des toten Organismus umgebildet und verfestigt, wobei sich chemische Elemente der umgebenden Sedimente an die Stelle der Ausgangsmineralien setzen und so widerstandsfähige Fossilien schaffen.

REINSTE DETEKTIVARBEIT

Einige Fossilien werden nach der Lage ihres Fundorts innerhalb der geologischen Schichtenfolge bestimmt und datiert (Biostratigraphie). Andere

▲ **Im Labor**
Koprolithen geben Aufschluss über die Nahrungsgewohnheiten ausgestorbener Tiere.

liefern Hinweise auf die damaligen Umweltbedingungen (Klima, Temperatur, Salzgehalt der Meere) – das Gebiet der Paläoökologie. Hier spielt der Vergleich mit der heutigen Tier- und Pflanzenwelt eine wesentliche Rolle. Und natürlich untersuchen die Wissenschaftler die chemische Beschaffenheit der Fossilien, etwa um ihr Alter zu bestimmen oder das frühere Nahrungsangebot

▲ Querschnitt eines Ammoniten aus Pyrit
Im Lauf der Fossilisation werden die Substanzen der erhaltungsfähigen Körperteile häufig durch andere ersetzt, wie bei diesem Ammoniten, dessen ursprüngliche Kalkschale jetzt aus Pyrit besteht.

kennen zu lernen. Doch selbst bei Organismen, die unter gleichen Bedingungen versteinerten oder aus dem gleichen Lebensraum stammen, können sich die Umstände ihres Todes und zahlreiche spätere Faktoren stark auf das Bild auswirken, das sich die Paläontologen von ihren Fossilien machen. Wurden die toten Organismen z. B. im Wasser weiter transportiert, dann sind die Überreste heute nach ihrer Dichte oder ihrer Gestalt sortiert. Und die leichten Pollen trägt oft der Wind davon.

Um Fossilien korrekt zu interpretieren, müssen also zunächst ihr Alter und ihre Herkunft geklärt werden. Dabei hilft auch die Taphonomie (Fossilisationslehre), die beinahe kriminologisch untersucht, in welcher Weise die Fossilien eingebettet wurden und wie ihre Oberfläche oder auch ihre chemische Zusammensetzung beschaffen ist.

Wo findet man Fossilien?

Fossilien finden sich fast ausschließlich in Sedimentgesteinen. Die fossilienreichsten stammen aus frühen Lebensräumen, in denen zahlreiche Organismen existierten. Die Zahl der Fossilien ist umso größer, je günstiger die Bedingungen für ihre Ablagerung waren und je rascher ihre Sedimentierung erfolgte. So blieben in Kalkgesteinen in seichtem Meerwasser viele Organismen mit Schalen erhalten, beispielsweise an Riffen, wo sie in großer Zahl vorkamen. Auch Landlebewesen blieben besser erhalten, wenn sie in Gewässern (insbesondere in Seen) starben und nicht an der freien Luft. Hier sind lediglich Höhlen oder natürliche Fallen im Gelände günstige Fundstätten. In manchen Höhlen blieben die Kadaver Tausender von Fledermäusen bis heute erhalten, aber auch die Überreste von Tieren, die durch Spalten in sie hineingstürzt sind.

Der Handel mit Fossilien

Ein gut erhaltenes Fossil kann ein erlesenes Schmuckstück darstellen. Schon prähistorische Völker fertigten aus Haizähnen, versteinerten Muschelschalen und sogar Dinosauriereiern Schmuckstücke an. Heute existiert ein organisierter internationaler Handel mit Fossilien. Denn da sich mit ihnen viel Geld verdienen lässt, sind rund um den Globus skrupellose Fossilienjäger am Werk, die alles und jedes an den Meistbietenden verkaufen, ob an Fachleute, private Sammler oder findige Händler. Man stiehlt sogar Museumsstücke oder plündert geschützte Lagerstätten. Und mancher fantasiereiche Gauner kreiert sogar aus verschiedenen Fossilienresten ganz „neue" urzeitliche Tierarten! Die wissenschaftliche Welt sorgt sich über dieses Treiben sehr, doch der Kampf zum Schutz des gefährdeten geologischen Erbes gestaltet sich schwierig, da eine geeignete Gesetzgebung fehlt.

▲ Pollenkorn
Pollen besitzen eine säureresistente organische Hülle (Chitin), weshalb sie auf den Kontinenten häufig in fossiler Form anzutreffen sind. Sie spielen eine wichtige Rolle bei der Rekonstruktion der Pflanzenwelt einer Epoche.

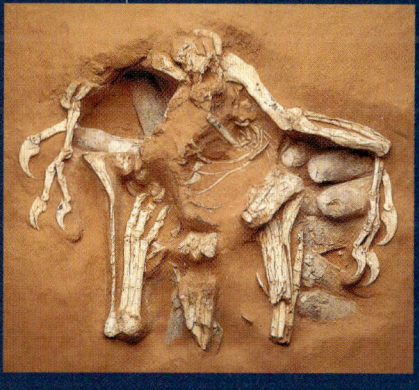

▲ Dinosauriermutter
Dieses fossile Dinosaurierweibchen starb zur gleichen Zeit wie seine Brut. Da das Nest vom Sand begraben wurde, blieb es bis heute erhalten und offenbarte, dass einige dieser Reptilien Brutpflege betrieben.

▲ Geologischer Schnitt
Wann immer dies möglich ist, erfolgt die Entnahme von Fossilien methodisch innerhalb eines bestimmten geologischen Profils.

Fossile Schätze
Der Glücksfall vom Burgess-Pass

Während des Kambrium, des ersten Abschnitts des Erdaltertums, bildeten die meisten großen Tiergruppen einen Panzer oder eine Schale aus. Ihre relativ gut erhaltenen fossilen Reste gestatten uns, die Entwicklung der belebten Welt präziser nachzuzeichnen.

▲ **Waptia** wurde im Burgess-Schiefer entdeckt und ist eines der ältesten bekannten Krebstiere. Dieses etwa 7,5 cm lange Tier, das einer Garnele ähnelte, lebte nah am Meeresgrund, wo es sich von organischen Schwebstoffen ernährte.

▶ **Auch** Naraoia wurde im Burgess-Schiefer gefunden – ein 1–4 cm großer Trilobit ohne Kalkpanzer und mit nur zwei Körperteilen, Kopf und Schwanz. Ein Thorax ist, wie bei den Larven der anderen Trilobiten, nicht vorhanden.

▼ **Der Meeresboden** vor etwa 520 Mio. Jahren in Britisch-Kolumbien (Kanada). Ein Jäger (Anomalocaris) über seiner Beute, zu der die mit Stacheln bewehrte Wiwaxia sowie Würmer und kleine Gliederfüßer zählten.

Wozu ein Skelett?

Wie lässt sich das plötzliche Auftauchen vielzelliger Organismen zu Beginn des Kambrium erklären? Spricht es für eine wahre Explosion des Lebens in dieser Zeit oder lediglich dafür, dass verschiedene Arten ein neues Merkmal ausbildeten, das die Fossilisation erleichterte – nämlich ein Skelett?

Die zunehmende Fülle von Spuren am Ende des Präkambrium lässt vermuten, dass der Entwicklung harter Körperteile die Etablierung verschiedener Gruppen von Metazoen (vielzelligen Tieren) vorausgegangen war. Aber warum begannen unterschiedliche Tiere überhaupt, Panzer und Schalen hervorzubringen? Die Paläontologen können hier nur Vermutungen anstellen. Zum einen bot die Ausbildung eines Skeletts einen wirksamen Schutz gegen die ersten Räuber. Aber auch die chemische Zusammensetzung der Ozeane spielte womöglich eine Rolle – der richtige Sauerstoffgehalt der präkambrischen Meere ermöglichte vielleicht erst die Mineralisierung. Einige Wissenschaftler halten es auch für denkbar, dass ein Virusbefall die verschiedenen Organismen dazu brachte, Skelette auszubilden.

Der Burgess-Schiefer: ein Fenster in die Vergangenheit

Die Fossilisation ist ein ungewöhnliches Phänomen – von den heute lebenden Organismen könnten schätzungsweise nicht einmal 10 % versteinert werden. Auch bei der großen Mehrzahl der paläontologischen Funde handelt es sich in der Regel um die mineralisierten (harten) Teile von Lebewesen, wie Schalen und Panzer – im weitesten Sinn Skelette. Alle weichen Teile, wie auch alle Tiere ohne Knochengerüst zersetzen sich rasch und hinterlassen meist keine Spuren. Als Charles Walcott 1909 in den kanadischen Rocky Mountains auf die Fossilfundstätte Burgess stieß, war dies eine der bedeutendsten Entdeckungen der Paläontologie. Denn dank der außergewöhnlichen Konservierungsbedingungen war die gesamte Fauna (inklusive der Tiere mit weichem Körper) dreidimensional erhalten geblieben und zwar in Schiefern des Mittleren Kambrium (von vor etwa 520 Mio. Jahren). Burgess bietet damit einen einmaligen Einblick in den Zustand des Lebens kurz nach der kambrischen Explosion. Damals tauchten alle großen Gruppen der heutigen Metazoen auf (Weichtiere, Gliederfüßer, Armfüßer, Stachelhäuter und Chordatiere), neben vielen anderen Organismen, die ohne Nachfahren blieben.

▲ **Marella**
Das Fossil, das im Burgess-Schiefer am häufigsten anzutreffen ist, ist dieser 2,2 mm kleine, einfache Gliederfüßer, der auf dem Meeresgrund lebte, wo er sich von kleinen Tierchen und organischen Schwebstoffen ernährte.

Überleben – eine Leistung oder reine Glückssache?

Dem Burgess-Schiefer entnehmen wir, dass die Artenvielfalt im Kambrium größer war als heute. Jede Art wurde allerdings nur von einer relativ geringen Zahl von Spezies repräsentiert. Und

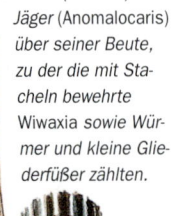

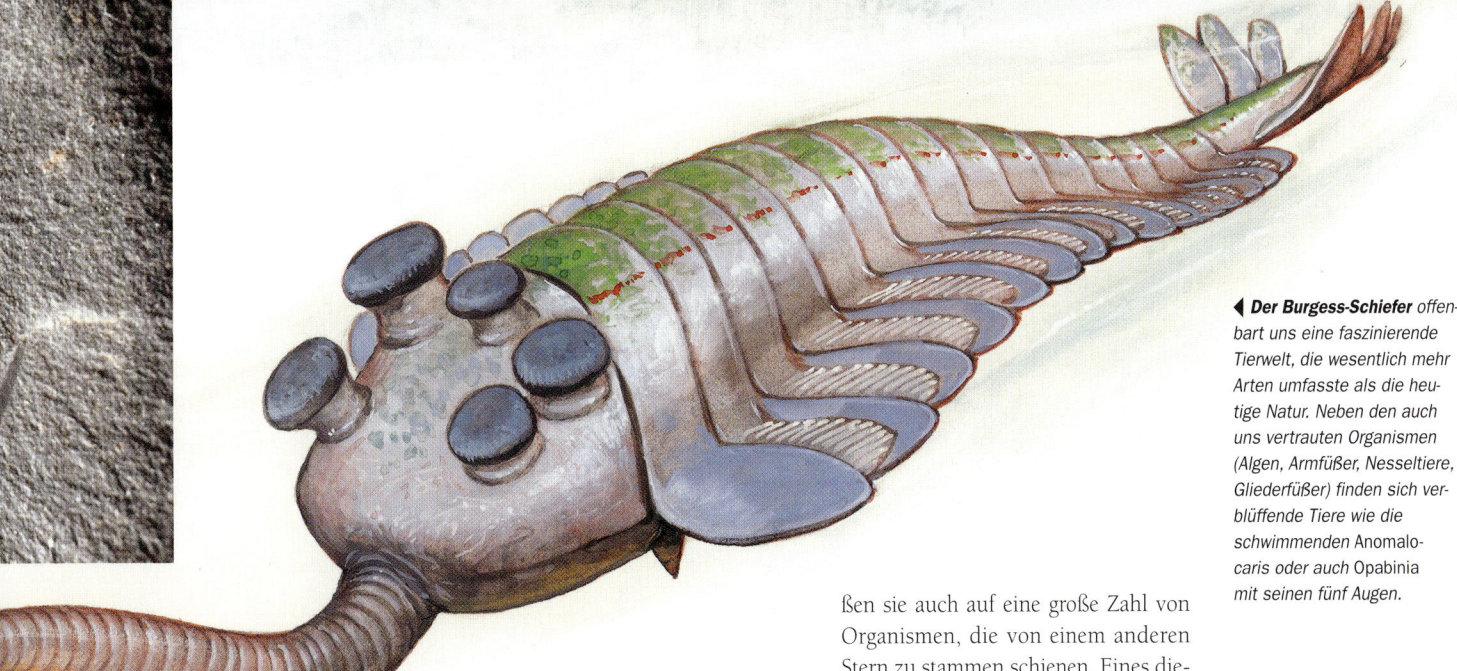

Der Burgess-Schiefer offenbart uns eine faszinierende Tierwelt, die wesentlich mehr Arten umfasste als die heutige Natur. Neben den auch uns vertrauten Organismen (Algen, Armfüßer, Nesseltiere, Gliederfüßer) finden sich verblüffende Tiere wie die schwimmenden Anomalocaris oder auch Opabinia mit seinen fünf Augen.

NACKT WIE EIN WURM

Da sie über keine Hartteile verfügen, bleiben Würmer nur in außergewöhnlichen Fällen als Fossilien erhalten, und solche Funde wie die des Burgess-Schiefers, der mehrere Spezies unterschiedlicher Würmer lieferte, sind ausgesprochen selten. In den meisten Fällen wird das Vorhandensein von Würmern einzig aufgrund der von ihnen hinterlassenen Spuren offenbar (zahlreiche von ihnen lebten in Bauen oder Gängen, die sie in die Sedimente gruben). Diese Spuren organischer Aktivitäten zeigten sich erstmals vor etwa 900 Mio. Jahren und vervielfachten sich zu Beginn des Kambrium (vor etwa 570 Mio. Jahren). Höchstwahrscheinlich ähnelten die ersten Vertreter der verschiedenen Tiergruppen Würmern. So sah Pikaia, unser entfernter Vetter, der im Burgess-Schiefer gefunden wurde und eines der ältesten bekannten Chordatiere darstellt, eben wie ein Wurm aus.

nur die wenigsten von ihnen haben überlebt – und das nicht unbedingt darum, weil sie leistungsfähiger waren, sondern vermutlich weil sie mehr Glück hatten. Seit dem Kambrium ist keine grundlegend neue Lebensform mehr aufgetreten; die große Vielfalt der heutigen belebten Welt geht also auf Abwandlungen einiger weniger Modelle zurück, die sich schließlich durchsetzten. So sind alle Fische, die Amphibien (Frösche, Salamander), die Reptilien (Schildkröten, Schlangen, Echsen, Krokodile, Dinosaurier), die Vögel und die Säugetiere nichts weiter als Variationen des einen anatomischen Leitmotivs: der

Chordatiere, die in Burgess durch ein wurmförmiges Tier namens Pikaia repräsentiert werden.

Wie aus dem Science-Fiction-Film

Beim Burgess-Schiefer könnten sich Regisseure von Science-Fiction-Filmen noch manche Anregung holen, denn selbst ihre skurrilsten Schöpfungen verblassen neben einigen Burgess-Tieren. Als in den 1970er-Jahren drei Wissenschaftler die Erforschung des von Walcott gesammelten Materials fortsetzten, trauten sie ihren Augen nicht. Neben klassischen Tieren wie Würmern, Schwämmen oder Gliederfüßern stie-

ßen sie auch auf eine große Zahl von Organismen, die von einem anderen Stern zu stammen schienen. Eines dieser erstaunlichen Fossilien ist Opabinia, ein Wesen, dessen Mund sich am Ende einer Art Rüssel befand und das über fünf Augen verfügte. Amiskwia war ein nicht segmentierter, mit Schwimmflossen ausgestatteter Wurm. Dinomischus erinnert an einen mit einem Stängel am Boden befestigten Staubwedel und Nectocaris war ein Mischwesen aus Wurm, Chordatier und Gliederfüßer.

Der ungewöhnliche Körperbau einiger Organismen im Burgess-Schiefer ist oft nur schwer zu deuten. So versuchten die Wissenschaftler mehrere Jahre lang vergeblich, die rätselhafte Anatomie von Hallucigenia zu erhellen, einer Wurmart, die auf der einen Seite des Körpers sieben Paar starke Stacheln und auf der anderen sieben Paar weiche, tubaförmige Fortsätze besaß. Benutzte das Tier diese Stacheln wie Stelzen, um sich fortzubewegen, oder lief es auf den weichen Fortsätzen? Die Entdeckung fossiler Lobopoden (Stummelfüßer), Würmern „mit Beinen", in ebenso alten Fundstätten löste das Rätsel: Bei diesen Tieren waren die Stacheln wesentlich kürzer und zu einfachen Höckern reduziert. Daraus schloss man, dass die weichen Fortsätze von Hallucigenia die Beine des Tieres waren.

Die Anneliden oder Ringelwürmer sind marine Entsprechungen unserer Landwürmer. Sie zählen zu der artenreichsten und evolutionsgeschichtlich erfolgreichsten Tiergruppe.

Fleißige Riffbauer
Schwämme und Korallen – zwei Baumeister als Konkurrenten

Schon im frühen Erdaltertum errichteten Schwämme und Korallen an vielen Orten Riffe. Auf diesen großen Baustellen gaben zunächst die Schwämme den Ton an, während heute nahezu alle Riffe in den warmen Gewässern von Korallen gebildet werden.

▶ *Quallen* sind zusammen mit Seeanemonen und Korallen die einfachsten Metazoen und vermutlich schon sehr früh, vor etwa 600 Mio. Jahren, aufgetreten.

▼ *Die ersten Riffe* wurden von primitiven Schwämmen schon im frühen Kambrium erbaut. Ihr Innenaufbau ist uns durch Querschnitte bekannt.

Ein Skelett in der Dusche

Haben Sie sich beim Duschen jemals gefragt, ob ihr Badeschwamm, ein „reines Naturprodukt", eine Pflanze oder ein Tier ist? Die Wahrheit: Er ist das Skelett eines mehrzelligen Organismus, der weder zum Pflanzen-, noch zum Tierreich gehört. Dank der jüngsten Erkenntnisse der Molekularbiologie, die sich auch mit der RNA beschäftigt, müssen wir die Schwämme auf der Grenze zum Tierreich, in der Nähe bestimmter Pilze, ansiedeln. Darum haben die Wissenschaftler sie in die Gruppe der Parazoen (von griech. *para* und *zōon* = den Tieren benachbart) eingeordnet. Schwämme und echte Tiere (Metazoen) haben höchstwahrscheinlich ganz unterschiedliche Ursprünge – die Schwämme dürften von isolierten Stämmen der Protozoen (einzelligen Organismen) abstammen. Anders als bei den Tieren setzt sich nämlich ihre Körperwandung nicht aus Schichten differenzierter Zellen (oder Platten) zusammen. Die meisten Schwämme sind marine Organismen, die hohle Schlauch- oder Sackformen bilden. Einige sind ganz weich, während andere ihre Wand durch Skelettelemente (oder Nadeln) verstärken, die kalk- oder kieselhaltig sein können. Der Körperbau von Schwämmen ist vielfältig (krustenartig, schalenförmig, fächerförmig usw.) und hängt jeweils von dem ihnen zur Verfügung stehenden Raum, den Strömungsbedingungen und der Beschaffenheit des Meeresbodens ab.

Quallen und Polypen

Welcher Zusammenhang besteht zwischen einer Qualle – einem schlaffen, optisch faden, mit Nesselzellen ausgestatteten Tier –, einer zarten Seeanemone und den überaus bunten, formenreichen Korallen, die die tropischen Meere bevölkern? Die Antwort: Sie alle sind relativ einfache marine Organismen, die man zur Gruppe der Nesseltiere rechnet. Diese verfügen über Nesselkapseln (Nematozysten), die sich in der Nähe des Mundes und an den Tentakeln befinden und beim Beutefang eingesetzt werden. Nesseltiere weisen im Körperbau eine Radialsymmetrie auf, bei ihnen gibt es weder vorn noch hinten, und ihre Körperwand besteht aus nur zwei Zellschichten (bei den übrigen Tieren sind es drei).

Das sagt aber noch nicht viel über die Verwandtschaft zwischen Quallen und Korallen aus. Die Lösung findet sich bei den heutigen Süßwasserpolypen (oder

Kalkskelett ausbildeten. Während des Unteren und Mittleren Kambrium sind die Urbechertiere in besonders großer Zahl und Vielfalt nachweisbar, sie verschwanden aber um die Mitte des Kambrium (vor etwa 540 Mio. Jahren), ohne identifizierbare Nachfahren zu hinterlassen. Im weiteren Verlauf des Paläozoikum traten dann neue Organismen

◀ **Die heutigen Schwämme** entfalten eine verschwenderische Farbenpracht und zeigen eine große Formenvielfalt. Diese erstaunlichen Organismen sind weder Pflanzen noch Tiere, sondern Parazoen (= den Tieren Benachbarte).

Hydrozoen), die im Verlauf ihres Fortpflanzungszyklus einen regelmäßigen Generationswechsel zwischen einer frei schwimmenden Form (der Qualle) und einer ortsgebundenen (dem Polypen) vollziehen. Bei den Quallen (oder Scyphozoen) dominiert nun die frei schwimmende Variante, während bei den Korallen (oder Anthozoen) die ortsgebundene Form vorherrscht. Auch bei den Nesseltieren stellt sich aber die Urfrage der Biologie: Wer trat zuerst auf, der Polyp oder die Qualle?

Den Paläontologen bleiben da bislang nur Spekulationen, da die Vertreter der Hydrozoen, Scyphozoen und Anthozoen in der Ediacara-Fauna des ausgehenden Präkambrium (vor 600 Mio. Jahren) zeitgleich vorhanden waren,

was für eine lange, in noch frühere Zeiten zurückreichende Entwicklung spricht.

Die ersten Riffe

Die große Mehrzahl der heutigen Riffe wird von Korallen und Algen gebildet. Zu Beginn des Paläozoikum, als die allerersten Riffe entstanden, war dies anders. Die kambrischen Riffe nämlich wurden von so genannten Urbechertieren, den Archaeocyathen, errichtet, die zu den ältesten bekannten Schwämmen zählen.

Sie besaßen eine doppelwandige Becherform und waren durch zahlreiche radiale Scheidewände (oder Septen) in einzelne Kammern gegliedert. Sie traten gleich zu Beginn des Kambrium (vor etwa 570 Mio. Jahren) auf und zählten zu den ersten Organismen, die ein

ihre Nachfolge an, zunächst andere Schwämme (die Stromatoporen während des Silur und Devon), die bald von zwei Korallengruppen, den tabulaten und den rugosen Korallen (oder Tetrakorallen) abgelöst wurden. Während des großen Massensterbens an der Perm-Trias-Grenze verschwanden aber die allermeisten dieser Pioniere des Riffbaus. Eine neue Gruppe von Korallen (die Steinkorallen) rückte nun an ihre Stelle und übernahm die Aufgabe, in den tropischen Meeren Riffe zu bauen, und das bis heute. Seit dieser Zeit spielen die Schwämme oder die Rudisten (riesige Muscheln aus der Kreidezeit) nur noch eine untergeordnete Rolle bei der Schaffung dieser oft grandiosen natürlichen Bauten.

▲ **Catenularia** Diese Form einer tabulaten Koralle zählt zu einer der größten Korallengruppen des Paläozoikum. Sie verschwand vor 200 Mio. Jahren ohne Nachfahren.

▲ **Costata** *und* **Pleurodictyum** Eine große Formenvielfalt zeigt sich auch bei den fossilen Schwämmen wie Costata (kleines Foto oben links). Pleurodictyum (unten) war eine rugose Koralle und ist eines der ältesten Beispiele für Kommensalismus. Man findet sie häufig zusammen mit einem Annelidenwurm (schlangenförmiger Abdruck in der Mitte), dem sie Unterkunft und Verpflegung bot.

TROPISCHE LAGUNEN AN SCHWEDENS KÜSTEN?

E in jeder hat schon idyllische Bilder von tropischen Stränden gesehen, die wunderschöne geschützte Lagunen säumen. Heute liegen diese Lagunen hinter einer Riffbarriere, die sie vom offenen Meer trennt. Anders als Klippen, die schlicht Felsen sind, die aus dem Meeresboden ragen, werden Riffe von lebenden Organismen errichtet. Heute sind die wichtigsten Riffbaumeister die Riffkorallen (Hexakorallier), die dabei aber eng mit Grünalgen zusammenarbeiten, die Licht benötigen, um sich entwickeln zu können (Photosynthese).
Der lebende Teil eines Riffs (Korallen und Algen) konzentriert sich an seiner Oberfläche, während sich die Hauptmasse seines Gefüges unter Wasser befindet und aus einer Ansammlung leerer Skelette toter Korallen besteht.

Die Mehrzahl der heutigen Riffe findet man rund um den Äquator in den Tropen. Denn damit ein Riff entstehen kann, muss das Wasser warm (mehr als 18 °C), klar (frei von Schwebstoffen) und flach (weniger als 40 m tief) sein und einen mittleren Salzgehalt aufweisen (darum gibt es keine Riffe an Flussmündungen). Die Lebensbedingungen von Riffen sind seit Jahrmillionen nahezu unverändert geblieben. Die Entdeckung von fossilen Riffen aus dem Silur (vor etwa 430 Mio. Jahren) in Estland und auf der schwedischen Insel Gotland sowie jüngerer Riffe aus dem Devon (vor etwa 380 Mio. Jahren) in Belgien und der Bretagne belegen, dass diese Regionen früher wohl in Äquatornähe lagen. Europa ist also während des Paläozoikum kräftig nach Norden gewandert.

Lebendig eingemauert
Die ersten Schalentiere treten auf

Angeblich hört man in ihnen das Meer rauschen: Die mehr als 500 Mio. Jahre lange Geschichte der durch ein festes Gehäuse gewappneten Tiere ist die Geschichte von Organismen, die angesichts einer gefährlichen Umwelt dazu übergingen, ihr Leben eingeschlossen in wunderschönen Schalen zu verbringen.

▲ **Spiriferina** ist eine Gattung fossiler Armfüßer, die in den Meeren des Paläozoikum (vor etwa 380 Mio. Jahren) in großer Zahl vorkam. Die Windungen im Innern der Schale stellen das Brachidium dar, den Stützapparat der beiden Zweige eines Organs, das der Atmung und Ernährung diente.

Glücklich lebt sich's im Verborgenen

So könnte der Wahlspruch einiger wurmförmiger Organismen gelautet haben, die sich vor etwa 570 Mio. Jahren (zum Auftakt des Kambrium) daranmachten, sich verschiedene Schutzvorrichtungen zu schaffen, um den immer zahlreicheren Räubern der Meere zu entgehen – ein Prozess, der mehrere Millionen Jahre in Anspruch nahm. Einige dieser Organismen rüsteten sich, ähnlich wie die heutige Käferschneckengattung Chiton, mit regelrechten Kettenhemden aus, deren zahlreiche Glieder (oder Skleriten) mit Gelenken versehen waren und sich beim Tod des Tieres voneinander lösten. Die Mehrzahl legte sich jedoch ein Schalengehäuse zu, in das sie sich bei Gefahr zurückziehen konnten. An diesen frühen Panzerungen dürften sich die ersten Räuber wohl die Zähne ausgebissen haben. Die ältesten mit „Zähnen" ausgestatteten Fossilien solcher Räuber

sind seit dem frühesten Kambrium nachgewiesen und könnten auf Pfeilwürmer (Chaetognatha) zurückgehen. Ihre Zähne sowie erste Schalen aus den gleichen geologischen Schichten bilden die älteste bekannte fossile Sammlung mineralisierter Körperteile. Paläontologen nennen sie *Small Shelly Fauna* (Fauna kleiner Schalen) – sie dokumentiert die Existenz eines komplexen Ökosystems in jener fernen Zeit.

Die Weichtiere

Schnecken, Muscheln, Austern und Tintenschnecken findet man auf vielen Speisekarten. Sie zählen zum Stamm der Weichtiere, deren Ursprünge sich in den Tiefen der Zeit verlieren. Sie stammen vermutlich von einem präkambrischen wurmförmigen Vorfahren ab, der nach Art der heutigen Nacktschnecken über den Meeresboden kroch. Die ältesten bekannten Weichtiere, die Monoplacophoren, erscheinen in den fossilen Archiven ebenfalls in der *Small Shelly Fauna*, also vor etwa

570 Mio. Jahren zu Beginn des Kambrium. Lange waren sie nur Paläontologen ein Begriff, aber in den 1950er-Jahren entdeckte man in der Tiefsee des Ostpazifik mehrere moderne Vertreter der Monoplacophoren, von denen man angenommen hatte, sie seien schon seit 380 Mio. Jahren ausgestorben. Bauchfüßige Gastropoden (Schnecken), Bivalvia (Muscheln) und schließlich Cephalopoden (Kopffüßer) lösten die *Small Shelly Fauna* bald ab – sie stammen vermutlich von den nah mit den Monoplacophoren verwandten primitiven Weichtieren ab. Für diese drei Gruppen begeistern sich heute nicht nur Feinschmecker, die eine Schwäche für Meeresfrüchte haben, sondern auch die passionierten Sammler von Muschelschalen und Fossilien.

Nicht länger mit dem Kopf nach unten schwimmen!

Der Name Nautilus (lat. = Seefahrer) erinnert an das Unterseeboot von Kapitän Nemo aus Jules Vernes Roman *20 000 Meilen unter dem Meer*. Der Kopffüßer *Nautilus* ist der letzte Überlebende der einst blühenden Linie der Nautiloiden. Im Gegensatz zu anderen Kopffüßern, deren Schale entweder reduziert ist bzw. ins Körperinnere wan-

EIN UNTERMEERISCHER HEISSLUFTBALLON

Heiße Luft besitzt eine geringere Dichte als kalte, darum steigt sie nach oben. Aufgrund dieser Beobachtung konnten die Brüder Montgolfier einen Ballon entwickeln, der durch die Luft fahren konnte, indem er den Temperatur- und Dichteunterschied zwischen der warmen Luft im Balloninnern und der kälteren Luft der Atmosphäre ausnutzte. Seit mehr als 500 Mio. Jahren erfüllen die Gehäuse der Kopffüßer wie der Tintenschnecken (oder Nautiloiden) im Wasser die gleiche Funktion. Ein Großteil ihres Schalengehäuses ist nämlich mit einem Gasgemisch gefüllt, dessen Dichte geringer ist als die des Meerwassers. Es übernimmt also die Rolle eines Schwimmers, der die Masse des Tieres exakt ausgleicht, wodurch es sich mühelos im Wasser halten kann. Das gilt auch für die täglichen Veränderungen seiner Masse, die durch Nahrungsaufnahme oder das Ausscheiden von Exkrementen verursacht werden – das System reguliert ständig den Gasdruck im Innern des Schalengehäuses. Die Natur hat hier eine bemerkenswerte hydrostatische Konstruktion zustande gebracht.

▲ **Für die Entwicklung der Nautiloiden** ist charakteristisch, dass sich ihre Gehäuse im Verlauf des Paläozoikum zunehmend spiralförmig gestalteten. In den Meeren des Paläozoikum waren die frühen Nautiloiden mit ihren geraden Hörnern oder Orthoceren (vom griechischen orthos und kéras = gerades Horn) gefürchtete Räuber, die bis zu 10 m lang werden konnten. Das Foto zeigt einen heutigen Nautilus.

derte (der Knochen der Tintenschnecken) oder völlig fehlt (wie bei den Kraken), weist *Nautilus* eine eindrucksvolle spiralförmige äußere Schale auf. Die Nautiloiden erschienen gegen Ende des Kambrium vor 510 Mio. Jahren und beherrschten dann als erfolgreiche Räuber für mehr als 300 Mio. Jahre die Meere des Paläozoikum, bevor sie das Feld für ihre entfernten Vettern, die Ammoniten, räumten. Diese behaupteten sich im gesamten Mesozoikum, bis sie vor 65 Mio. Jahren zur gleichen Zeit wie die Dinosaurier ausstarben.

Anders als das spiralförmig gewundene Gehäuse des heutigen *Nautilus* waren die Schalen der ersten Nautiloiden meist gerade und leicht kegelförmig, was freilich in mancher Hinsicht von Nachteil war. Das Tier musste nämlich seine Schale (indem es darin verschiedene Luftdepots anlegte) beschweren und austarieren, um nicht mit dem Kopf nach unten schwimmen zu müssen. Die Spiralschale löste dieses Problem und bewährte sich zugleich als eine hervorragende hydrostatische Vorrich-

tung. *Nautilus* ist übrigens der einzige Kopffüßer, der noch heute eine Außenschale besitzt.

Die Konkurrenz: Armfüßer

Aber nicht nur Kopffüßer bildeten zu ihrem Schutz Schalen aus. Die Armfüßer taten es ihnen gleich – ihre frühen Schalen sind wie die der primitiven Weichtiere ebenfalls in der *Small Shelly Fauna* vertreten. Armfüßer gab es in den Meeren des Paläo- und des Mesozoikum in überaus großer Zahl – heute zählt man nur noch 300 Arten. Ihre Schalen, die aus zwei Klappen bestehen, erinnern auf den ersten Blick an die der zweischaligen Weichtiere (wie der Muscheln). Sie unterscheidet von

diesen jedoch, dass sie oft über eine Art Stiel verfügen, mit dem sie sich am Meeresgrund verankern können. Ihnen eigentümlich ist auch ein spezialisiertes Organ, das Lophophor (von griech. *lophos* und *phoros* = der einen Kamm trägt). Es wird von bewimperten Armen in Mundnähe gebildet und dient der Ernährung und Atmung. Dieses Organ findet sich auch bei anderen Wirbellosen wie den Moostierchen, dem *Odontogriphus* aus dem mittelkambrischen Burgess-Schiefer oder auch einigen Würmern (Hufeisenwurm) – vielleicht stammen sie alle von einem gemeinsamen Vorfahren ab, der große Ähnlichkeit mit den Hufeisenwürmern hatte.

Tausend und ein Fuß

Die Gliederfüßer: Insekten, Krebstiere & Co.

Häufig spricht man vom Zeitalter der Reptilien und vom Zeitalter der Säugetiere – dabei stellen die Arthropoden (die Gliederfüßer) mehr als 80 % der heute lebenden Spezies. Aus diesem Blickwinkel herrscht auf der Erde seit mehr als 500 Jahrmillionen das Zeitalter der Gliederfüßer!

▲ **Die Seeskorpione**
(Eurypteriden) gehören zur Gruppe der Fühlerlosen (Spinnen, Skorpione, Pfeilschwanzkrebse). Diese im Wasser lebenden Räuber konnten bis zu 3 m lang werden und ernährten sich von Insekten und den ersten Fischen. Sie sind vom Ordovizium, der zweiten Periode des Erdaltertums, bis zum Perm, seiner letzten, bekannt.

▶ **Die Trilobiten** waren Gliederfüßer und in den Meeren des Paläozoikum sehr stark vertreten. Sie starben vor 225 Mio. Jahren gegen Ende des Erdaltertums aus. Nur ihr stark kalkhaltiger Panzer blieb in der Regel als Fossil erhalten. Die Bauchseite und die Fortsätze sind nur durch eine Hand voll Spezies bekannt. Hier eine Rekonstruktion von Neometacanthus (unten) und ein fossiler Vermontanus (oben).

Was eigentlich ist ein Gliederfüßer?

Gliederfüßer findet man überall: Als Flöhe – die Plagegeister unserer Haustiere –, als Delikatesse (Hummer) und als Spinnen an der Zimmerdecke gehören sie zu unserem Alltag. Diese Tiere haben alle Lebensräume besiedelt – die Luft, das Meer und das Land von Pol zu Pol – und gelten heute als die erfolgreichsten Vertreter der Fauna.

In den fossilen Archiven sind Gliederfüßer seit Beginn des Kambrium vor 570 Mio. Jahren zu finden. Man unterteilt sie in drei große Gruppen: die Uniramia (Insekten, Tausendfüßer, Skolopender), die Fühlerlosen (Spinnen, Milben, Skorpione, Pfeilschwanzkrebse) und die Krebstiere (Asseln, Krabben, Hummer). Die Gliederfüßer haben vermutlich einen frühen Vorfahren mit den Anneliden (Ringelwürmern) gemein, denn wie bei diesen ist ihr Körper segmentiert, d. h. er setzt sich aus einer gewissen Zahl von Elementen zusammen, die sich mehr oder weniger ähneln. Bei manchen Gliederfüßern verschmelzen mehrere dieser Segmente zu einem Kopf oder zu einem Hinterleib. Von den Anneliden unterscheiden sich die Gliederfüßer durch Körperfortsätze, die der Fortbewegung und/oder der Atmung dienen und an unterschiedlichen Segmenten des Körpers sitzen. Den Körper wiederum schützt ein starrer Panzer, der manchmal aus Kalk, meist aber aus Chitin (einem organischen Material) besteht, weshalb er nur selten in fossiler Form zu finden ist. Da der Körper in diesem Panzer buchstäblich eingesperrt ist, muss das Tier sein starres Korsett während des Wachstums regelmäßig abstreifen und durch ein neues ersetzen. In dieser Phase sind die Gliederfüßer völlig ungeschützt und werden somit zu einer leichten Beute für Räuber jeder Art.

Krebstiere

Wer einmal am Meer war, kennt die winzigen, fest auf den Felsen in Strandnähe sitzenden Kegel. Die darin lebenden Seepocken zählen nicht zu den Weichtieren, sondern wie Krabben, Hummer und Langusten zur Gruppe der Krebstiere. Zu ihnen gehören nicht minder erstaunliche Arten, die heute nicht nur die Kontinente bevölkern (wie die Asseln), sondern auch die Meere und Süßgewässer (etwa winzige Muschelkrebse, Ostracoden), wo sie in zweiklappigen Schalen leben. Seepocken, Krabben, Asseln und Muschelkrebse erscheinen auf den ersten Blick als sehr unterschiedliche Organismen. Doch sind diese verschiedenen Arten nur einfache Variationen ein und desselben anatomischen Modells – und dieses Modell hat sich seit seiner Entstehung vor 500 Mio. Jahren nicht verändert, sondern seither lediglich zahllose Spielarten ausgebildet. Eines der ältesten bekannten Krebstiere ist Canadaspis, es wurde im mittelkambrischen Burgess-Schiefer (in Kanada) entdeckt und begleitete dort verschiedene Vertreter der drei anderen großen Gliederfüßergruppen, der Uniramia, Fühlerlosen und Trilobiten – aber auch weiterer Artgenossen, die sich keiner dieser Gruppen zuordnen lassen. Man kann also annehmen, dass ihre Vielfalt damals größer war als heute.

TRILOBITEN – DIE STARS DER MEERE DES PALÄOZOIKUM

Die Trilobiten (vom lat. *tri* und *lobos* = aus drei Lappen geformt) verdanken ihren Namen dem Aufbau ihres Körpers, der sich in drei Teile – den Kopf, den Brustkorb und den Schwanz – gliedert. Sie bildeten neben den Uniramia, den Fühlerlosen und den Krebstieren eine der vier Hauptgruppen der Gliederfüßer, die sich im beginnenden Kambrium entwickelten. In den Meeren des Paläozoikum waren die Trilobiten evolutionsgeschichtlich äußerst erfolgreich (man zählt mehrere Zehntausend beschriebene Arten). Sie maßen in der Regel nur wenige Zentimeter, es gab aber auch Zwerge (kaum mehr als 1 mm groß) und mehr als 60 cm lange Riesen. Die Trilobiten eroberten von den Küstengewässern bis in die Tiefsee hinab alle maritimen Lebensräume und entwickelten vielfältige Lebensweisen. Einige, wie Haie gestaltet, waren aktive Schwimmer. Andere waren glatt und gewölbt und gruben sich wie Maulwürfe durch den Schlamm. Wieder andere waren platt wie eine Flunder und lebten am Meeresgrund. Die Trilobiten ernährten sich von Tier- und Pflanzenresten und wurden ihrerseits von anderen Räubern gefressen. Nach einer langen, mehr als 300 Mio. Jahre umfassenden Entwicklungsgeschichte verschwanden sie während des großen Massensterbens an der Perm-Trias-Grenze.

Ein portionierter Räuber

Der Ehrgeiz der Paläontologen, längst ausgestorbene Tiere der Frühzeit zu rekonstruieren, für die sich in der gegenwärtigen Fauna keine Beispiele und Muster finden, ist vergleichbar mit der Mühe, ein Puzzle zusammenzusetzen, dessen Vorlage verlorengegangen ist. Außerdem erschwert die Natur den Wissenschaftlern bisweilen ihre Aufgabe, indem sie zusätzlich die Puzzleteile durcheinander bringt.

Eines der besten Beispiele dafür ist wohl *Anomalocaris*, der größte Räuber der kambrischen Meere. Von ihm fand man weit verstreut nur einzelne Fragmente, die man sorgfältig beschrieb, aber lange als jeweils eigenständige Organismen interpretierte.

Die ersten Überreste dieses Tieres wurden 1866 entdeckt, und da sie an geköpfte Garnelen erinnerten, kamen sie zu dem Namen *Anomalocaris* (lat. = merkwürdige Garnele). Zwei andere Körperteile des Tieres wurden 45 Jahre später im mittelkambrischen Burgess-Schiefer gefunden: Einen wie eine Ananasscheibe geformten Körperteil hielt man für eine Qualle, während man das andere, schlecht erhaltene Fragment zunächst als primitiven Schwamm, dann als zerquetschte Seegurke deutete. Erst 70 Jahre später lieferte die Entdeckung mehrerer Fossilien, bei denen die gleichen drei Teile miteinander verbunden waren, die Lösung dieses Rätsels: Garnelen, Ananasscheibe und Seegurke gehörten zu dem selben Tier, zu *Anomalocaris*. Die zerquetschte Seegurke war sein Körper, und die geköpften Garnelen stellten bewegliche Fortsätze dar, die dem Tier erlaubten, seine Beute zu fangen und sie zum Mund (der Qualle) zu führen. *Anomalocaris* wurde bis zu 60 cm lang, und sein runder, mit mehreren Reihen kleiner Zähne bestückter Mund arbeitete wie ein kräftiger Nussknacker, mit dem er die Panzer der ersten Gliederfüßer zerbrechen konnte.

▼ *Pycnogoniden* (Asselspinnen) sind nur im Meer lebende Gliederfüßer, die seit dem Devon bekannt sind und eine oberflächliche Ähnlichkeit mit den Spinnen aufweisen.

▲ **Anomalocaris** aus dem mittelkambrischen Burgess-Schiefer (Kanada) konnte bis zu 60 cm lang werden und war einer der effektivsten Räuber seiner Zeit. Er stellte die Paläontologen lange vor ein Rätsel, da sie die verschiedenen Körperteile des Tieres zunächst ganz unterschiedlichen Organismen zuordnetcn.

◀ *Pfeilschwanzkrebse* sind marine Gliederfüßer aus der Gruppe der Fühlerlosen (Spinnen, Skorpione), deren Körperbau sich seit dem Paläozoikum kaum verändert hat.

Wehrhafte Fossilien
Die Stachelhäuter

Seeigel, Seesterne und Seewalzen, so genannte Stachelhäuter (Echinodermata), hat wohl jeder von uns schon einmal gesehen und bestaunt. Sie traten wohl schon vor 600 Mio.
Jahren, spätestens aber im Kambrium, in den Meeren auf und
sind vermutlich unsere engsten Vettern im Tierreich.

Meerwasser anstelle von Blut

Innerhalb des Tierreichs wirken die Stachelhäuter wie Außerirdische, und zwar
dank dreier einmaliger Kennzeichen:
Sie leben ganz eingeschlossen innerhalb
ihres Skeletts, das sich aus zahlreichen
Elementen (Platten) zusammensetzt,
die aus Karbonaten und dem organischen Kollagen bestehen. Seewalzen
sind weiche Stachelhäuter, weil der organische Anteil ihres Skeletts wesentlich höher ist als sein mineralischer.
Charakteristisch für Stachelhäuter ist
auch das so genannte Ambulakral-
gefäßsystem, ein mit Flüssigkeit ge-
fülltes inneres Röhrensystem oder Netz
aus Taschen und Kanälen, in denen sich
Meerwasser befindet. Stachelhäuter haben weder Blut noch Lymphe und sind
die einzigen Tiere, deren Körperflüs-
sigkeit aus Meerwasser besteht.
Das Ambulakralsys-
tem verzweigt sich
vom Mund aus
strahlig in fünf Ra-
diärkanäle. Da-
durch erhält der
allgemeine Kör-
perbau eine fünf-
strahlige Radialsym-
metrie (ganz deutlich
zu sehen bei den fünf
Armen des See- oder
Schlangensterns), die im
Tierreich einzigartig ist.

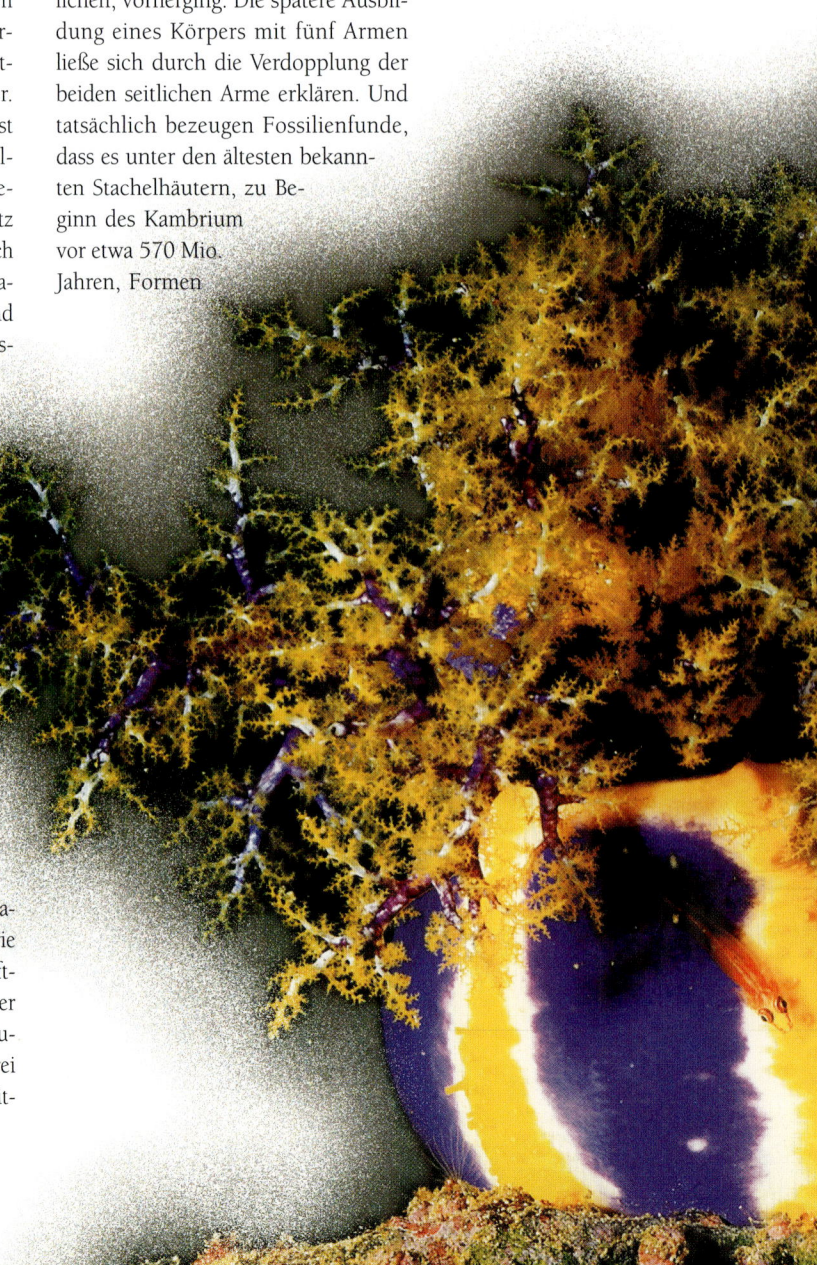

▲ *Die fünfstrahlige Symmetrie* war bei zahlreichen Stachelhäutern des Paläozoikum
noch kaum ausgeprägt oder
gar nicht vorhanden. Sie ist
jedoch bei Platanaster (oben),
einem 470 Mio. Jahre alten
Seestern, offensichtlich, der
trotz seines Alters den heute
an den Küsten zu findenden
Seesternen (oben rechts)
ausgesprochen ähnlich ist.

Eine ungewöhnliche Symmetrie

Wie aber ist diese für Stachelhäuter charakteristische fünfstrahlige Symmetrie
entstanden? Die meisten Wissenschaftler gehen heute davon aus, dass dieser
Symmetrieform im Verlauf der Evolutionsgeschichte ein Stadium mit drei
Armen, einem zentralen und zwei seit-

lichen, vorherging. Die spätere Ausbildung eines Körpers mit fünf Armen
ließe sich durch die Verdopplung der
beiden seitlichen Arme erklären. Und
tatsächlich bezeugen Fossilienfunde,
dass es unter den ältesten bekannten Stachelhäutern, zu Beginn des Kambrium
vor etwa 570 Mio.
Jahren, Formen

▶ *Seewalze* mit ausgestreckten Tentakeln. Seewalzen
(populär als Seegurken) sind
weiche Stachelhäuter und seit
dem Beginn des Paläozoikum
bekannt.

mit drei Armen, die Helicoplacoidea, gab. Allerdings verlagert diese Erklärung nur das Problem auf die Frage: Wie entstand dann die dreistrahlige Symmetrie?

Außerdem stieß man in Australien auf den wahrscheinlich ältesten Stachelhäuter, nämlich auf *Arkarua*, ein rätselhaftes Fossil aus dem ausgehenden Präkambrium (vor 600 Mio. Jahren) – und bei diesem Organismus handelte es sich zwar um eine weiche Form (ohne mineralisiertes Skelett), die aber eine offenkundige fünfstrahlige Symmetrie aufweist. Gut möglich also, dass die fünfstrahlige der dreistrahligen Symmetrie sogar vorausgegangen ist.

Und zuletzt: Wie lässt sich das völlige Fehlen jedweder verbindlichen Symmetrie bei zahlreichen primitiven Stachelhäutern im frühen Paläozoikum erklären (der älteste bekannte Haarstern, *Echmatocrinus*, besaß acht Arme)? Französische und amerikanische Wissenschaftler konnten kürzlich – vor allem auf der Basis embryologischer und genetischer Forschungen – zwei Hauptbestandteile in der Körperwand der Stachelhäuter identifizieren. Und die Ausbil-

dung einer fünfstrahligen Radialsymmetrie scheint auf nur einen dieser Bestandteile zurückzugehen, der aber wohl im Paläozoikum wesentlich seltener auftrat als heute – darum entwickelte sich diese Symmetrieform damals nur im Ausnahmefall, während sie heute die Regel ist.

Sind Stachelhäuter unsere Vettern?

Niemand wird auf den ersten Blick eine Verwandtschaft zwischen einem Fisch und einer Seelilie vermuten. Der Fisch zählt wie der Mensch zu den Wirbeltieren, er besitzt ein Innenskelett und Kiemen und ist mobil. Die Seelilie dagegen lebt, mit einem Stiel am Boden verankert, im Innern eines kelchförmigen Außenskeletts und filtert mithilfe zahlreicher Arme ihre Nahrung aus dem Meerwasser heraus.

Biologen konnten aber belegen, dass diese beiden Organismen eine sehr ähnliche embryonale Entwicklung durchlaufen, die sich von jener der großen Mehrzahl der übrigen Tiere (Würmer, Hohltiere, Weichtiere, Armfüßer, Gliederfüßer), die zur Gruppe der Protostomier gehören, unterscheidet. Bei diesen entwickelt sich nämlich die erste Öffnung, die beim Embryo erscheint (der Urmund), zu einem wirklichen Mund, während sie bei den Deuterostomiern (Stachelhäutern und Chordatieren) zum After wird. Diese gemeinsamen embryonalen Merkmale der Stachelhäuter und Chordatiere sprechen für einen fernen gemeinsamen Ahnen

(siehe Kasten). Die ältesten erhaltenen Überreste von Stachelhäutern (*Arkarua*, Helicoplacoidea) und Chordatieren (beispielsweise *Yunnanozoon* in China, *Pikaia* im Burgess-Schiefer) zeigen, dass sich beide Gruppen schon seit dem frühesten Kambrium deutlich unterscheiden, also ihre grundlegenden individuellen Merkmale bereits auszubilden begonnen hatten. Die Trennung ihrer Entwicklungslinien wäre demnach noch weit früher erfolgt und ins Präkambrium zu datieren.

▲ **Seelilien** (unten ein Fossil, oben ein lebendes Exemplar) sind seit dem Beginn des Ordoviziums, ja sogar seit Mitte des Kambrium nachgewiesen. Sie ernähren sich, indem sie ihre verzweigten Arme ausbreiten, um Partikel einzufangen. Diese Lebensweise als Filter war im Paläozoikum bei den Stachelhäutern wesentlich weiter verbreitet als heute.

DAS FEHLENDE ZWISCHENGLIED

Embryologische Untersuchungen zeigten, dass die Stachelhäuter und die Chordatiere, die Vorläufer der Wirbeltiere, einen frühen gemeinsamen Vorfahren besaßen. Ende der 1960er-Jahre verkündete Richard Jefferies vom Londoner Museum, dass er das *Missing Link*, das fehlende Verbindungsglied zwischen beiden Gruppen, gefunden habe. Es handelte sich um primitive paläozoische Stachelhäuter, Carpoidea, die keine fünfstrahlige Symmetrie, sondern eine leichte Spiegelsymmetrie aufwiesen. Die Hauptkörpermasse dieser Organismen wurde als die Entsprechung eines Kopfes interpretiert und ihr durch ein Gelenk verbundener Fortsatz als muskulöser Schwanz, analog dem Schwanz bei Wirbeltieren. Jefferies schlug darum den Begriff Calcichordata als Bezeichnung für diese primitiven Kaulquappen vor, die zugleich Merkmale der Stachelhäuter (Kalkskelett) und der Chordatiere (Kopf, muskulöser Schwanz, Kiemen) zu besitzen schienen.

Doch schon bald bewies Georges Ubaghs von der Universität Lüttich, dass der Kopf den Körper des Tieres darstellte und der Schwanz dem Arm eines Seesterns entsprach. Auf diesem Arm ist nämlich der Abdruck einer Art Nährfurche zu erkennen, die zum Mund des Tieres führt, der an der Basis des vermeintlichen Schwanzes sitzt. Die Carpoidea sind also keineswegs die direkten Ahnen der Wirbeltiere, sondern eine Gruppe von Stachelhäutern, die lediglich keine fünfstrahlige Symmetrie mehr ausgebildet hatten. Die Paläontologen sind also noch immer auf der Suche nach dem fehlenden Glied zwischen ihnen und den Chordatieren.

Der Knochen – ein Durchbruch
Die ersten Wirbeltiere: die Kieferlosen

Der Mensch und die Wirbeltiere generell sind durch ein den Körper stützendes Knochengerüst charakterisiert. Bei den ersten Wirbeltieren, die im frühen Erdaltertum lebten, zeichneten sich die späteren Knochen jedoch zunächst in Form von Panzern ab, und zwar bei Wassertieren, die weder einen Kiefer noch echte Flossen besaßen.

Die ersten Wirbeltiere ... noch ohne jeden Wirbel

Unlängst entdeckte man in Südchina zwei 2–3 cm lange Abdrücke in einer aus dem Unteren Kambrium (vor etwa 540 Mio. Jahren) stammenden Fossilienlagerstätte. Ihre detaillierte Untersuchung brachte feine Spuren im Sediment zum Vorschein, die versteinerten inneren Organen entsprachen. Gut ließen sich Zickzack verlaufende Muskeln erkennen, dazu ein offensichtlich aus Knorpel bestehender Schädel, Kiemenbögen, ein großes Herz, das möglicherweise in einem Herzbeutel saß, sowie Strahlen, die die Flossen des Wasserbewohners stützten. Unter allen uns bekannten Tieren gibt es all diese Merkmale nur bei sehr primitiven fischartigen Tieren. Die beiden kleinen Fossilien stellen also die bislang ältesten und ursprünglichsten Wirbeltiere dar. Sie unterschieden sich stark vom heutigen Kabeljau oder einer Forelle. Ihr Skelett bestand aus Knorpel, und sie besaßen weder Kiefer noch eine Wirbelsäule. Einige Wissenschaftler fassen darum Tiere in dieser Entwicklungsstufe in die Gruppe der Craniaten (Schädeltiere) – um die Bezeichnung „Wirbeltiere" den Fischen und ihren Nachfahren, die über echte Wirbel verfügten, vorzubehalten. Echte Wirbeltiere sind in den kambrischen Gesteinsschichten extrem selten anzutreffen. Erst in jüngeren Gesteinsschichten des Ordovizium (vor etwa 450 Mio. Jahren) und insbesondere des Silur (vor 420 Mio. Jahren) werden ihre fossilen Überreste häufiger, was insbesondere dem Auftreten von Knochen zu verdanken ist. Dieses mineralisierte Gewebe, das die Oberfläche eines Lebewesens bedecken und sein Inneres strukturieren kann, erhöht die Chancen der Fossilisation ungemein.

Panzer und Schilde

Rund um das bolivianische Dorf Sacabamba offenbarten ordovizische Gesteine in großer Zahl Fossilien in Form kleiner Keulen. Es handelte sich um Exemplare von *Sacabambaspis*, einem der ältesten bekannten gepanzerten Schädeltiere, ein Wirbeltier, das sich in allen Meeren der Welt im Verlauf von gut 100 Mio. Jahren entwickelte. Sein Kopf und der Vorderteil seines Rumpfes waren von einem Panzer aus Knochenplatten bedeckt, während der restliche Körper mit kleinen Schuppen übersät war. Sein Maul war schlicht eine Öffnung, die sich an der Vorder- oder Unterseite des Kopfes befand. Bei einigen Arten ließ sie sich mit beweglichen Knochenplatten verschließen, aber noch keine verfügte über wirkliche Kiefer mit Gelenken. Diese Eigenschaft hat ihnen den Namen Kieferlose (Agnatha) eingebracht. Diese fischartigen Tiere sollten sich in mehreren Entwicklungs-

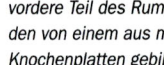

▲ *Nachbildung von* **Drepanaspis** *(oben) und* **Pteraspis** *(unten)*
Diese beiden Heterostraken (kieferlose Fische) lebten im Erdaltertum. Ihr Kopf und der vordere Teil des Rumpfes wurden von einem aus mehreren Knochenplatten gebildeten Panzer geschützt, während der restliche Körper von kleinen Schuppen bedeckt war.

▶ *Nachbildung von* **Haikouichthys**
Dieses kleine, knapp 3 cm lange fischartige Tier ist das älteste bekannte Wirbeltier und lebte in einem Meer, das vor etwa 550 Mio. Jahren das heutige China bedeckte. Es besaß weder Kiefer noch Knochengewebe oder echte Wirbel. Ein solches Tier war der Vorfahr aller Wirbeltiere.

DER URSPRUNG DER WIRBELTIERE

Die Frage nach dem Ursprung der Wirbeltiere ist noch nicht letztgültig beantwortet. Sicher ist heute, dass von den zahlreichen Tieren, die allzu voreilig als Wirbellose eingestuft wurden, der Lanzettfisch oder *Amphioxus* und die Manteltiere nahe Verwandte der Wirbeltiere sind. Das gilt auch für die Stachelhäuter, zu denen Seeigel, Seesterne, Schlangensterne und Seegurken zählen. Eine kühne Hypothese (siehe Kasten S. 123) ging davon aus, dass eine Gruppe fossiler Stachelhäuter, die Calcichordata, die direkten Ahnen der Wirbeltiere sei. Diese gepanzerten Tiere besitzen tatsächlich eine Art Kopf und eine Art Schwanz, und beides erinnert vage an die Gestalt eines einfachen Fisches. Diese Theorie wurde aber bald verworfen, insbesondere aufgrund der jüngsten Funde sehr alter Wirbeltiere, die keinerlei Spuren eines Panzers aufweisen. Was bleibt, ist allerdings die nicht zu leugnende Verwandtschaft zwischen uns und den Stachelhäutern.

◀ *Ein Neunauge in Aktion (großes Foto)* Neunaugen sind zusammen mit den Ingern die einzigen heutigen Wirbeltiere ohne Kiefer (Kieferlose). Sie schmarotzen auf Fischen, denen sie das Blut aussaugen. Sie verankern sich dazu mithilfe kleiner Zähne, die sich rund um ihr Maul befinden (kleines Foto), an der Beute, dann raspeln sie deren Haut auf und pumpen mit ihrer zu einer Saugpumpe umgestalteten Zunge Blut ab.

linien diversifizieren. Die primitivsten wie *Sacabambaspis* besaßen nur einen spatelförmigen Schwanz, aber keine Flossen, während andere mit direkt hinter dem Panzer sitzenden Rücken- und Brustflossen ausgestattet waren.

Neunaugen und Inger

Auch heute gibt es noch Kieferlose, die Neunaugen und Inger. Inger sind aalförmige Meeresfische, die sich nachts von kleinen Wirbellosen und Fischkadavern ernähren. Selbst im Vergleich mit fossilen Fischen sind sie die primitivsten bekannten Wirbeltiere. Auch die ebenfalls aalförmigen Neunaugen sind in der Regel Meeresbewohner. Einige Arten ziehen jedoch zur Fortpflanzung die Flüsse hinauf, andere bringen ihr gesamtes Leben in Süßwasser zu. Sie ernähren sich vom Blut der Fische, an denen sie sich mit ihrem saugnapfartigen Maul festsaugen, um ihnen dann mit ihrer Zunge Blut abzupumpen. Inger und Neunaugen haben ein sehr einfaches Knorpelskelett, was wohl auch für ihre fernen Vorfahren galt, die darum nur sehr selten in fossiler Form überliefert wurden. Im mittleren Paläozoikum vor rund 400 Mio. Jahren exis- tierte noch eine weitere Gruppe von Kieferlosen, die Anaspiden, nahe Vettern der Neunaugen. Sie besaßen keinen knöchernen Panzer wie die meisten Kieferlosen ihrer Zeit, dafür aber stachelbewehrte Brustflossen, und ihr Körper war vollständig von einfachen kleinen Schuppen bedeckt.

EINFACHE ODER PAARIGE NASENLÖCHER?

Auf den ersten Blick würde wohl jeder annehmen, daß die Nasenlöcher bei Wirbeltieren immer paarig vorhanden sind. Doch bei Fischen dienen diese Öffnungen ja nicht zum Atmen, das durch die Kiemen geschieht, sondern nur zum Riechen. Die Mehrzahl der heutigen Fische hat auf jeder Seite des Mauls ein Riechorgan, das zwei Öffnungen nach außen besitzt. Die Kieferlosen allerdings verfügen nur über ein einziges Nasenloch, das sich in der Mitte des Schädeldachs befindet. Bei einigen Kieferlosen des Paläozoikum saß diese Öffnung vermutlich vorn am Kopf, dort wo sich die Mundhöhle öffnete, was den abschreckenden Eindruck zweier übereinander sitzender Mäuler erweckte. Bei anderen befand sich dieses einzige Nasenloch in Form einer breiten Öffnung an der Rückenseite des Panzers zwischen den Augenhöhlen. Also ist ein so alltägliches Organ wie eine in zwei Nasenlöchern mündende Nase bei den Wirbeltieren keine Selbstverständlichkeit.

▼ *Nachbildung von* **Hemicyclaspis**, eines charakteristischen Vertreters der gepanzerten Kieferlosen. Die mit kleinen Schuppen bedeckten Felder, die zwischen den Augenhöhlen und an den Rändern des Panzers lagen, waren Sinnesorgane, die möglicherweise der Wahrnehmung von Elektrizität dienten.

Kiefer und Flossen
Der Durchbruch bei den Wirbeltieren

Vor mehr als 400 Mio. Jahren ernährten sich einige Fische – die Kiefermäuler (Gnathostomata) – nicht länger nur von pflanzlichen und tierischen Resten oder Mikroorganismen. Sie entwickelten Kiefer, die viele von ihnen in Räuber verwandelten. Um aber ihrer Beute erfolgreich nachstellen zu können, mussten sie auch ihre Flossen perfektionieren.

Kiefer mit Gelenken: die Panzerfische

Die Panzerfische bilden eine Gruppe fischähnlicher Wirbeltiere, die einige Paläontologen in Nachbarschaft zu den Knorpelfischen (Rochen und Haie) sehen, und zwar wegen der bei den Männchen vorhandenen Kopulationsorgane, der Klasper, die eine innere Befruchtung der Eier ermöglichten. Panzerfische lebten vom Silur bis zum Ende des Paläozoikum (vor 425–355 Mio. Jahren). Wie bei einigen Kieferlosen aus der gleichen Periode waren ihr Kopf und der vordere Rumpf von einem knöchernen Panzer bedeckt. Er erstreckte sich bei ihnen aber weiter über den Körper und bestand in der Regel aus zwei mit Gelenken verbundenen beweglichen Teilen. Die Zähne der Panzerfische unterschieden sich von denen anderer Kieferfische: Es handelte sich um Platten aus einer besonderen Art von Zahnbein, die von Ober- und Unterkiefer getragen wurden – diese bestanden aus Knorpel mit einem Knochenkern. Die Zahnplatten arbeiteten wie scharfe Fangzähne, und ein Gelenk zwischen den beiden Teilen ihres Panzers erlaubte es diesen Tieren, ihr Maul bei der Jagd sehr weit zu öffnen – sicher ein bedrohlicher Eindruck.

Insbesondere in Marokko und in Nordamerika fand man in Gesteinen des ausgehenden Devon (vor 355 Mio. Jahren) mehrere riesige Panzerfische. Einige waren über 6 m lang – vermutlich die größten Räuber ihrer Zeit.

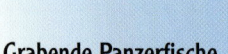

▲ **Bothriolepis** *ist ein in den Gesteinen des Mittleren und Oberen Devon relativ häufig anzutreffender Panzerfisch. Mit seinen Brustflossen in Form gepanzerter Fortsätze konnte er sich im Sand eingraben. Er war also ein in der Bodenzone (Benthal) lebender Fisch.*

Grabende Panzerfische

Panzerfische entwickelten eine erstaunliche Formenvielfalt. Einige verfügten über eine abgerundete und gedrungene Rüstung, auf der die von Knochenplatten bedeckten Schwimmflossen wie Fortsätze saßen. Wegen dieses eigentümlichen Körperbaus interpretierte man die Fossilien dieser Fische zu Beginn des 19. Jh. zunächst als Reste fossiler Krabben oder Langusten. Ihr Körperbau ist aber charakteristisch für Fische, die über lockerem Meeresboden leben.

Mit ihren gepanzerten Schwimmflossen konnten sich diese Exemplare schnell in den Sand eingraben, so wie es heute einige tropische Krabben tun.

Es gibt Fossilienfundstätten, wo Hunderte von Individuen eine Art Verbundpflaster bilden, ein Phänomen, das auf ein gemeinsames plötzliches Sterben hindeutet, vermutlich infolge der Lebensgewohnheiten dieser Tiere: Denn da sie in Küstennähe oder im Süßwasser lebten, sahen sie sich bisweilen in Pfützen und Tümpeln gefangen, wo sie, sobald das Wasser verdunstete, in großer Zahl starben.

▼ *Nachbildung eines* **Dunkleosteus**
Dunkleosteus konnte über 6 m lang werden und war vermutlich einer der effektivsten Räuber seiner Zeit. Seine fossilen Reste, hauptsächlich Stücke seines dicken Panzers, wurden in den Sedimenten des Oberen Devon (etwa 355 Mio. Jahre alt) entdeckt. Seine Zähne maßen stattliche 20–25 cm.

DER URSPRUNG DES KIEFERS

Eine gängige Erklärung für die Ausbildung eines mit Gelenken versehenen Kiefers bei den Wirbeltieren geht davon aus, dass er sich aus einem Teil des Skeletts ihres Atmungssystems entwickelte. Denn die Kiemen der Fische werden von bogenförmigen Gebeinen, den Kiemenbögen getragen, die an ein gebogenes V und damit an die beiden Teile erinnern, die den Kiefer bilden. Bei diesem Modell hätte sich der erste Bogen (oder Unterkieferbogen) zum Kiefer entwickelt und hinter ihm hätte sich ein zweiter, Zungenbein genannter Bogen so verändert, dass er diesen stützt. Doch die Sache hat einen Haken, denn die Anordnung der Kiemenbögen bei kieferlosen Fischen, beispielsweise dem Neunauge, unterscheidet sich erheblich von der der kiefertragenden Wirbeltiere, den Kiefermäulern (Gnathostomata). Der Ursprung des Kiefers könnte also durchaus ein anderer sein. Möglicherweise ging seine Entwicklung vom Skelett des Velums aus, eines Organs, das es den Neunaugen erlaubt, Blut aus ihrer Beute abzupumpen. Hinter diesen Protokiefern wäre es dann aus Gründen des mechanischen Widerstands zu einer Veränderung der Kiemenbögen gekommen. Bei dieser Variante läge also dem Kiefer kein Kiemenbogen zugrunde, vielmehr hätte ein bereits bei den Kieferlosen vorhandener Protokiefer zur Bildung der Kiemenbögen der Gnathostomata geführt.

Falsche Rochen

In den Meeren des Devon gab es Lebewesen, die eine verblüffende Ähnlichkeit mit Rochen aufwiesen. Ihre großen Flossen erschienen wie Flügel, und ihr Körper war ebenso wie ihr Kopf abgeflacht. Die sorgfältige Untersuchung ihrer Fossilien offenbarte einige Besonderheiten. Anders als bei den Rochen war der Körper dieser Geschöpfe von Knochenplatten bedeckt, die Nasenlöcher befanden sich an der Oberseite des Kopfes, und eine einzige Öffnung verband die Kiemen mit dem nassen Element. Diese Tiere waren also echte Panzerfische und keineswegs mit den Rochen verwandt. Die Ähnlichkeiten gehen lediglich auf eine parallele Entwicklung zurück, die wiederum auf einer gleichen Lebensweise in gleichen Lebensräumen beruht (in diesem Fall ein Leben am Meeresgrund) – Paläontologen sprechen hier von Konvergenz. Sie ist in der Geschichte des Lebens häufig anzutreffen und bisweilen der Grund für Irrtümer bei der Klassifizierung von Fossilien.

Stachelige Fische

Zeitgleich mit den Panzerfischen lebten die Acanthodier, deren Aussehen eher an das der heutigen Fische erinnert. Sie gehörten jedoch einer Gruppe an, die seit mehr als 250 Mio. Jahren ausgestorben ist. Die kleinen Fische besaßen ein kaum verknöchertes Innenskelett, ihr Körper war von Schuppen bedeckt, und an den Flossenspitzen saßen große Nadeln. Gut erhaltene Fossilien von Acanthodiern sind selten und viele Einzelheiten ihres Körperbaus darum unbekannt. Sie ernährten sich von anderen kleinen Fischen oder Mikroorganismen und lebten sowohl in Süß- als auch Salzwasser. Möglicherweise eilten sie in Schwärmen durchs Wasser.

▲▼ *Der Panzer von* **Bothriolepis,** *mit seinem Paar Flossenfortsätzen (oben), erinnert entfernt an einige Krebstiere (unten* Cyclerion, *ein Krebstier des Oberen Jura). Aufgrund dieser Ähnlichkeit stuften Paläontologen des 19. Jh. die fossilen Reste der Antiarchi (Ordnung der Panzerfische) vom Modell* Bothriolepis *als Gliederfüßer ein.*

▼ *Die Acanthodier – hier* Climatius *(ein Stachelhai) – waren in der Regel klein, vorn an ihren Flossen saßen Nadeln. Sie gehörten weder zur Gruppe der Knochenfische (Osteichthyes) noch zu der der Knorpelfische (Chondrichthyes), sondern bildeten eine eigene Tiergruppe, die vor 250 Mio. Jahren ausstarb.*

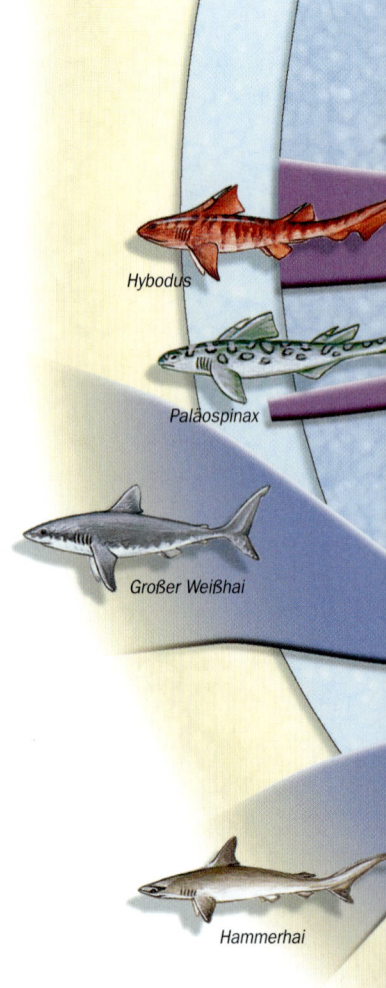
Die Herrscher der Meere
Die lange Odyssee der Haie

D ie Haie verfügen ebenso wie Rochen und Seedrachen (Chimären) über ein Knorpelskelett. Sie traten vor mehr als 400 Mio. Jahren in Erscheinung und umfassen noch heute annähernd 380 Arten (gegenüber 550 Rochen- und etwa 30 Seedrachenarten). Aus dieser Vielfalt kann man ablesen, wie erfolgreich sich diese effektivsten aller Räuber über Jahrmillionen trotz aller Katastrophen der Erdgeschichte behauptet haben.

Hybodus

Paläospinax

Großer Weißhai

Hammerhai

▶ *Seedrachen besitzen wie Haie ein Knorpelskelett, unterscheiden sich von diesen jedoch durch verschiedene Merkmale, darunter den Kiemendeckel, der die Kiemenschlitze bedeckt.*

Zahn versus Knochen

Der Hai zählt zu den mit einem Kiefer ausgestatteten Fischen, den so genannten Kiefermäulern (Gnathostomata); er hat jedoch im Unterschied zu den meisten anderen anstelle eines Knochenskeletts ein Knorpelskelett.

Darum rechnen die Zoologen ihn zur Klasse der Chondrichthyes (Knorpelfische), zu der noch Rochen, Seedrachen und alle primitiven Haie des Paläozoikum gehören. Ihr Knorpelskelett macht diese Tiere besonders leicht und wendig, führt jedoch aus Sicht der Paläontologen zu der katastrophalen Situation, dass sie nur selten Fossilien hinterlassen. Glücklicherweise besitzen die Knorpelfische aber auch widerstandsfähigeres Gewebe wie Zähne, Rückenflossen und Schuppen oder Hautzähne. Letztere sind echte Mikrozähne, die die Haihaut derart rau und rutschfest machen, dass Buchbinder und Hersteller von Säbelgriffen sie einst sehr zu schätzen wussten.

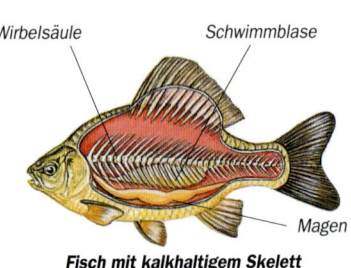

Wirbelsäule   Schwimmblase

Magen

Fisch mit kalkhaltigem Skelett

Wirbelsäule   Magen

Hai mit Knorpelskelett

▲ *Die meisten Fische besitzen ein kalkhaltiges Skelett, doch einige Arten, wie etwa die Haie, verfügen über ein Knorpelskelett, das leichter und beweglicher ist.*

Zahnlose Räuber

Zeitpunkt und Ort des Auftretens der ersten Haie liegen noch im Dunkeln. Allerdings wissen die Wissenschaftler mittlerweile, dass vor etwa 440 Mio. Jahren Fische lebten, von denen man immerhin weiß, dass ihre Schuppen stark denen der heutigen Haie ähnelten. Diese Fische, die einige Fachleute schon als Knorpelfische klassifizieren, lebten während des gesamten Silur in den Meeren; man fand aber

von ihnen bislang keine Zähne. Die ersten Vertreter gingen vermutlich aus primitiven Fischen hervor, die den Acanthodiern ähnelten, einer Gruppe kleiner, beweglicher Räuber, die sich in den silurischen Meeren entwickelten.

Klein, aber oho

Die ältesten fossilen Zähne eines Hais (*Leonodus*) wurden in Spanien gefunden und stammen aus dem frühen Devon. Von diesem Zeitpunkt an wuchs die Bedeutung dieser neuen Gruppe von Räubern sehr rasch, denn es lassen sich etwa 30 unterschiedliche fossile Arten unterscheiden, die mehr als 360 Mio. Jahre alt sind und in verschiedenen Meeren der Erde gefunden wurden. Die Untersuchung der Überreste eines Schädels aus dem Mittleren Devon (*Antarctilamna*) und die aus späterer Zeit stammenden Spuren des vollständigen Körpers eines anderen Tieres (*Cladoselache*) zeigten, dass diese verhältnismäßig kleinen Haie recht modern aussahen, jedoch anatomische Besonderheiten aufwiesen, die sich stark von denen der heutigen Haie unterschieden. Davon abgesehen waren sie aber bereits ebenso Furcht erregende Räuber wie ihre fernen, noch heute lebenden Vettern.

Die Gunst der Stunde

Die Haie nahmen schon damals gleich nach den Panzerfischen Platz zwei in der Weltrangliste der Raubfische ein und nutzten dann das Aussterben dieser Konkurrenten im späten Paläozoikum, um sich in den Meeren endgültig an die Spitze der Nahrungskette zu setzen – der große Siegeszug der Knorpelfische hatte begonnen. Zahlreiche Formen, allesamt Verwandte der heutigen Haie, erschienen während des Karbon, darunter die Seedrachen und die Stethacanthidae, große Haie mit ambossförmiger (*Stethacanthus*) oder schwertförmiger (*Damocles, Falcatus*) Rückenflosse. In dieser Periode traten auch die äußerst merkwürdigen Edestoiden auf, zu denen Haie gehörten, deren untere Zahnreihe zu einer Spirale eingerollt war (*Helicoprion*), sowie die Xenacanthiden, die bis zu 4 m lang werden konnten und wahrscheinlich in Süßwasser jagten. Neben rätselhaften Tieren wie den Petalodontiden (Blätterzähnern), von denen einige wie Rochen (*Janassa*) aussahen, existierten in den Meeren des ausge-

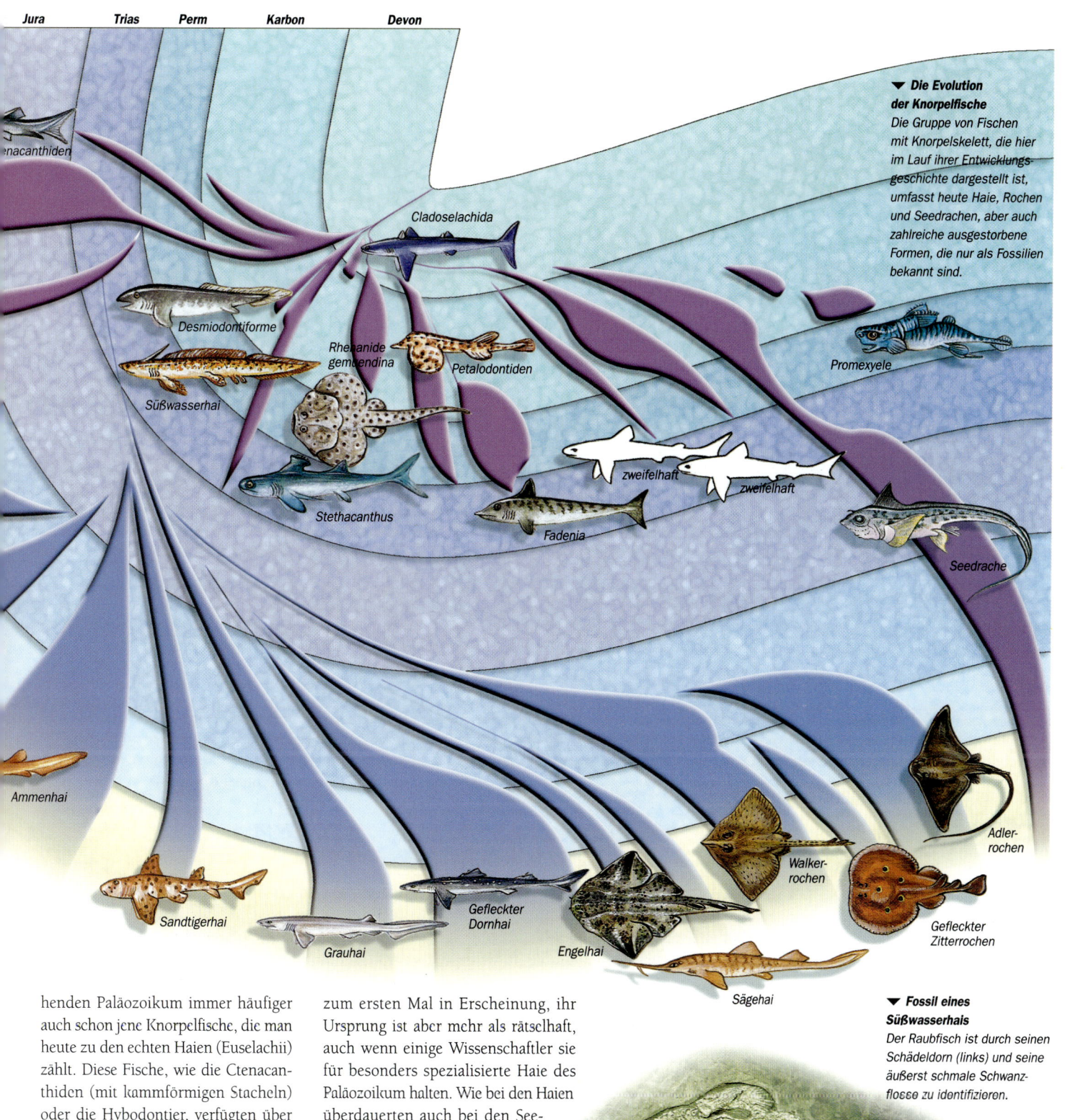

...enacanthiden

Cladoselachida

Desmiodontiforme

Rhenanide
gembendina

Petalodontiden

Süßwasserhai

Stethacanthus

Fadenia

zweifelhaft

zweifelhaft

Promexyele

Seedrache

Ammenhai

Sandtigerhai

Grauhai

Gefleckter
Dornhai

Engelhai

Walker-
rochen

Adler-
rochen

Gefleckter
Zitterrochen

Sägehai

**▼ Die Evolution
der Knorpelfische**
*Die Gruppe von Fischen
mit Knorpelskelett, die hier
im Lauf ihrer Entwicklungsgeschichte dargestellt ist,
umfasst heute Haie, Rochen
und Seedrachen, aber auch
zahlreiche ausgestorbene
Formen, die nur als Fossilien
bekannt sind.*

henden Paläozoikum immer häufiger auch schon jene Knorpelfische, die man heute zu den echten Haien (Euselachii) zählt. Diese Fische, wie die Ctenacanthiden (mit kammförmigen Stacheln) oder die Hybodontier, verfügten über Zähne, die schon stark denen der heutigen Haie ähnelten. Diese Vertreter der Chondrichthyes mussten die Meere mit ihren zahlreichen älteren Vettern teilen, waren aber bereits auf dem Weg, die Herrschaft zu übernehmen.

Echte Seedrachen

Die heutigen knapp 30 Seedrachenarten sind Überlebende der merkwürdigen Gruppe der Holocephali. Diese Fische traten gegen Ende des Devon zum ersten Mal in Erscheinung, ihr Ursprung ist aber mehr als rätselhaft, auch wenn einige Wissenschaftler sie für besonders spezialisierte Haie des Paläozoikum halten. Wie bei den Haien überdauerten auch bei den Seedrachen am häufigsten ihre versteinerten Zähne. Mit diesen Pflasterzähnen konnten sie Muscheln und Krebstiere, ihre Hauptnahrungsquelle, aufbrechen. Die Seedrachen waren am Ende des Paläozoikum in großer Zahl vertreten, aber ihre damaligen Formen unterschieden sich deutlich von den heutigen.

**▼ Fossil eines
Süßwasserhais**
*Der Raubfisch ist durch seinen
Schädeldorn (links) und seine
äußerst schmale Schwanz-
flosse zu identifizieren.*

129

▲ Spiralförmige Zähne
Die spiralförmige Zahnreihe von Helicoprion aus dem Karbon könnte möglicherweise, wie beim heutigen Sägehai, zum Harpunieren der Beute gedient haben.

▲ Zahngeschichte
Bei Haien erneuern sich ein Leben lang regelmäßig die Zähne. Dieses besondere Phänomen erklärt die großen Mengen an Haizähnen, auf die man in den Fossilfundstätten stieß.

▶ Der Kiefer von Carcharocles megalodon im Vergleich zu dem eines Großen Weißhais (im Hintergrund). Dieses Monster dürfte etwa 15 m lang gewesen sein, also zwei- bis dreimal so lang wie der Große Weißhai.

Wie fast 90 % aller lebenden Organismen wurden auch sie stark von dem großen Massensterben am Ende des Perm (vor 250 Mio. Jahren) dezimiert. Nur die Gruppe der Chimären entging diesem Schicksal und verbreitete sich in den Meeren des Jura und der Kreide – einige Seedrachenarten konnten über 2 m lang werden (wie *Edaphodon* oder *Ischyosodus*). Diese Erfolgsgeschichte hätte sich wohl fortgesetzt, wäre nicht am Ende der Kreide ein neuer Eindringling aufgetaucht, der ebenfalls hervorragend hartschalige Organismen knacken konnte. Seitdem zogen sich die alten Seedrachen immer weiter in die Tiefsee zurück, die noch heute ihr letztes Refugium darstellt.

Die Nutznießer

Auch die Mehrzahl der paläozoischen Haie ging während des großen Massensterbens an der Perm-Trias-Grenze unter. Die wenigen Überlebenden, wie die Xenacanthiden, behaupteten sich noch weitere 40 Mio. Jahre, bevor auch sie ausstarben. Ihren Platz als Herrscher der Meere übernahmen die Echten Haie, insbesondere die Hybodontier. Dagegen erscheint die Geschichte der Ctenacanthiden erheblich kürzer verlaufen zu sein, denn ihre Spur verliert sich schon am Ende der Trias. Aus ihrer Mitte ging aber zu einem unbekannten Zeitpunkt die noch heute existierende Gruppe der Neuen Haie (Neoselachii) hervor. Kurz nach dem Massensterben waren diese kleinen Haie noch recht unauffällig. Ihre Entwicklung setzte gegen Ende der Trias vor etwa 230 Mio. Jahren in den damals an Westeuropa grenzenden Meeren ein.

Krieg der Generationen

Zwei Generationen von Raubfischen lösten sich in der Herrschaft über die Ozeane des Mesozoikum ab. Zunächst traten die Hybodontier auf, massige, seit dem Ende des Paläozoikum verbreitete Haie, die das Massensterben an der Perm-Trias-Grenze zu ihrem Vorteil nutzten. Ihre Zähne waren von Art zu Art recht unterschiedlich gebaut. Arten, deren Zähne mit spitzen oder scharfen Höckern ausgestattet waren (die Mehrzahl der Hybodontier), machten wohl auf bewegliche Beute Jagd, während ihre Verwandten mit Pflasterzähnen (wie *Asteracanthus* oder *Ptychodus*) darauf spezialisiert waren, Muschelschalen aufzubrechen.
Die meisten Hybodontier lebten zwar in den Meeren, es gab aber auch einige Süßwasserhaie (so aus den Reihen von *Lissodus*). Zur gleichen Zeit gewannen aber Generationen Neuer Haie immer größere Bedeutung, darunter durchaus moderne Vertreter wie *Palaeospinax*

oder *Synechodus*, die heute verschwunden sind. Sie und ihre direkten Nachfahren traten allmählich an die Stelle der älteren Hybodontier, die schließlich am Ende der Kreide, vor 65 Mio. Jahren, endgültig ausstarben.

CARCHAROCLES MEGALODON

Carcharocles megalodon war zweifellos der größte Raubfisch aller Zeiten. Er tauchte im Miozän vor fast 23 Mio. Jahren auf und ist vor allem durch seine großen, dreieckigen Zähne mit scharf gesägten Rändern bekannt geworden. Sie erreichten bei diesem fossilen Monster über 16 cm, während sie beim Großen Weißhai, dem größten heute lebenden Raubfisch, selten länger als 6 cm werden. Die Nachbildungen des frühen 20. Jh. zeigten Carcharocles megalodon sehr spektakulär als 24 m langes Ungetüm. Heute geht man davon aus, dass er wohl nicht länger als 15 m wurde, was aber immerhin noch der zwei- bis dreifachen Länge des Großen Weißhais (siehe Foto) entspricht. Sein Auftreten in den warmen Meeren des Miozän ist wohl eng mit dem starken Auftreten von Meeressäugern verbunden, die einen großen Teil seiner Beute ausgemacht haben dürften. Vermutlich wurde dieser gigantische Raubfisch dann im Neogen vor etwa 3 Mio. Jahren Opfer der Eiszeiten. Einige sehen im Großen Weißhai seinen Nachfahren – zu Unrecht, denn der gefährlichste und gefürchtetste heutige Hai stammt wohl eher von einer anderen großen Art des Miozän ab, nämlich dem heute nur noch als Fossil bekannten Vorfahren des modernen Mako-Hais.

EINE FAMILIE MIT SCHLECHTER PRESSE

Schon in der Antike berichteten Seefahrer von gewaltigen Seeungeheuern, die Menschen verschlangen, wenn sie sich zu weit auf die Meere hinaus wagten. Einbildungskraft und Fantasie reduzierten sich schließlich auf eine tatsächlich blutige Realität, nämlich auf den Hai, dem mancher Seefahrer zum Opfer fiel und der bis heute die Menschen verängstigt.

Trotz zahlloser Furcht erregender Darstellungen in Wort und Bild (darunter auch falsche, denn den biblischen Jonas verschlang ein Wal) sind die wenigsten Haie für Menschen gefährlich. Wenn auch Taucher und Schwimmer zu Recht einer Begegnung mit einem Großen Weißhai *(Carcharodon carcharias)* oder einem Tigerhai *(Galeocerdo cuvieri)* aus dem Weg gehen sollten, so stellen doch nur etwa 20 der 380 Haiarten eine potenzielle Gefahr dar. Die weitaus meisten sind weniger berühmt und völlig harmlose Fische, so der Walhai, der Riesenhai, der Riesenmaulhai, auch ungewöhnliche Spezies wie Fuchshai, Sägehai oder Stierkopfhai. All diese in der Tiefsee oder in Küstennähe lebenden Haie, die sich allzu oft in den Netzen der Fischer verfangen, haben in der Regel unseren Appetit mehr zu fürchten als wir den ihren!

Die letzte Haiwelle

Die fast explosionsartige Entwicklung der Neuen Haie ist die am besten dokumentierte, denn Fachleute konnten an die 2350 fossile Arten aus den letzten 200 Mio. Jahren der Erdgeschichte beschreiben. Die ersten dieser Haie – Stierkopfhai (Heterodontiformes), Ammenhai (Orectolobiformes) und Katzenhai (Carcharhiniformes) – tauchten im Unteren oder Mittleren Jura (vor 180 Mio. Jahren) auf. Gleichzeitig entwickelten sich andere Arten in eine besondere Richtung und brachten u. a. Grauhaie (Hexanchiformes), Dornhaie (Squaliformes), Engelhaie (Squatiniformes) und Rochen (Batoidei) hervor. Die warmen Flachmeere der Kreide beherbergten eine reiche Tierwelt und stellten damit ein gewaltiges Angebot an Beute. So kam es zu einer erheblichen Zunahme an Raubfischen, wobei Haie an erster Stelle standen. Ein besonderer Fall ist der der Lamniformes, die vor annähernd 140 Mio. Jahren auftraten und die Gruppe der großen Raubfische begründen sollten.

Diese außerordentliche Blüte wurde am Ende der Kreide durch ein erneutes Massensterben unterbrochen, das nahezu die Hälfte aller zuvor bekannten fossilen Gattungen in Mitleidenschaft zog. Auch Haie und Rochen waren davon betroffen, fanden aber erstaunlich rasch zu ihrer alten Bedeutung zurück. Seit dem Eozän diversifizierten sie sich weiter und entwickelten langsam die heute bekannten Arten. Dabei blieben aber auch einige auf der Strecke, etwa der riesige *Carcharocles megalodon* (siehe Kasten links).

Der Höhenflug der Rochen

Der Haityp, aus dem sich die ersten Rochen entwickelten, die wohl vor etwa 180 Mio. Jahren auftauchten, konnte noch nicht bestimmt werden. Diese Rochen (wie *Jurobatos*) gehörten, nach dem Aussehen ihrer fossilen Zähne, zur Gruppe der Geigenrochen. Die in den Gesteinen des Oberen Jura in Deutschland und Frankreich entdeckten Skelettreste (*Spathobatis*, *Belemnobatis* und *Asterodermus*) zeigen, dass diese Formen bereits eine moderne Physiognomie besaßen. Die frühen Rochen differenzierten sich dann in Kreide und Tertiär zu den Großformen wie den Myliobatidae (Adlerrochen), deren Zähne ein regelrechtes Pflaster bildeten und vermutlich dem Knacken von Schalen dienten. Schließlich erschienen vor 40–50 Mio. Jahren die Zitterrochen und die ersten Süßwasserrochen.

Heute sind die Rochen mit 550 verschiedenen Arten artenreicher als die Haie. Sie leben zwar vorwiegend in den Bodenzonen der Meere, doch ist ihnen in weniger als 200 Mio. Jahren die Anpassung an viele Wasserlebensräume und Nahrungsangebote gelungen.

Tödliche Kämpfe schon vor der Geburt

Haie und Rochen paaren sich wie Landwirbeltiere. Die Tragzeit kann sehr lang währen (bis zu 22 Monaten bei den Dornhaien), und pro Wurf können um die Hundert, aber auch nur ein einziges Junges zur Welt kommen. Je nach Art schlüpfen die Jungen aus abgelegten Eiern (Oviparie) oder aus Eiern, die sich entweder in der Gebärmutter der Mutter entwickeln (Ovoviviparie) oder wie bei den Säugetieren an einer Plazenta (Viviparie).

Die Jungen sind sofort nach ihrer Geburt in der Lage (und gezwungen), sich selbst zu ernähren – die Jagd beginnt bei einigen Arten bereits im Mutterleib. Der häufigste Fall ist hier die Oophagie, bei der der erste geschlüpfte Embryo sich von den übrigen Eiern ernährt. Eine extreme Variante entwickelte dabei der Sandtigerhai, dessen Junge sich schon im Uterus einen gnadenlosen Kampf liefern, bis es nur noch einen einzigen Überlebenden gibt. Man spricht hier von intrauterinem Kannibalismus. Diese Haie sind also schon vor ihrer Geburt Raubtiere.

◀ *Der Körperbau dieses Riffhais (Carcharhinus perezi) ist zweifellos der typischste bei den heutigen Haien, einer noch jungen Gruppe in der Geschichte der Selachii, denn ihre Fossilien sind erst ab dem Oligozän/Miozän nachweisbar. Sie traten also erst vor etwas weniger als 30 Mio. Jahren auf.*

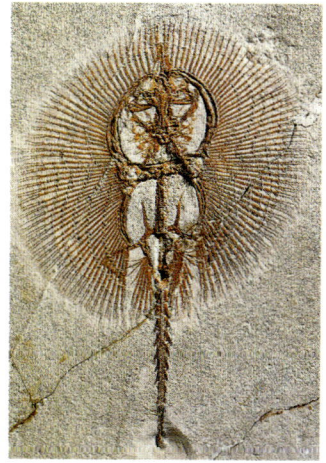

▲ *Cyclobatis*
Der außergewöhnlich gute Zustand des fossilen Skeletts dieses Rochens, das im Libanon entdeckt wurde und mehr als 90 Mio. Jahre alt ist, zeigt die Entwicklung der Brustflossen zu einer Scheibe, die einige Rochen zum Schwimmen periodisch schwingen.

Abenteuer Flosse
Knochenfische bevölkern das Wasser

Kiefer, Schuppen, Schwanzflossen, Schwimmflossen – die ältesten Knochenfische stammen aus einer Zeit von vor 420 Mio. Jahren. Sie bevölkerten rasch Meere, Seen und Flüsse. Die Strahlenflosser (Actinopterygier) bildeten dabei den harten Kern der Gruppe der Knochenfische, die heute mehr als 30 000 Arten umfasst.

▲ *Fossil von*
Aeduella blainville
Der Körper dieses 15 cm langen, komplett erhaltenen Exemplars, das in Frankreich entdeckt wurde, ist von dicken Schuppen mit Schmelz- oder Ganoinüberzug bedeckt.

▶ *Die Vielfalt der Fische*
Die Verteilung der großen Gruppen ist rechts nach ihrer Entwicklungsgeschichte und Verwandtschaft geordnet. Man findet hier die Kiefer-losen (Agnatha), die ältesten und primitivsten Wirbeltiere, die noch keinen beweglichen Kiefer besaßen; die Knorpel-fische (Chondrichthyes, siehe S. 128–131); die Strahlenflos-ser (Actinopterygier) als um-fassendste Gruppe der Kno-chenfische, die durch ihre fächerförmigen, paarigen Flos-sen gekennzeichnet sind; die Knochenfische (Osteichthyes) mit ihren nur zum Teil knöcher-nen Skeletten; und schließlich die Muskelflosser (Sarcopte-rygier) mit paarigen Flossen und einem gut entwickelten, von Muskeln umgebenen Ske-lett, die vom Devon bis heute überlebt haben.

Die beste Option

In einem ersten Entwicklungsschritt legten sich die Strahlenflosser eine dicke Schuppenschicht und eine noch kaum verknöcherte Wirbelsäule zu. Dadurch waren sie zwar gut vor Räubern geschützt, aber schwer und in ihrer Bewegungsfähigkeit eingeschränkt.

Im Lauf der Evolution bildeten sich dann wendige und schnelle Fische heraus, mit dünneren Schuppen und robuster, knöcherner Wirbelsäule. Zugleich gewann der Schwanz der Strahlenflosser – der ursprünglich disymmetrisch gebaut war, denn nur der obere Lappen wurde von der Wirbelsäule gestützt – jene symmetrische Form, die bei der Mehrzahl der heutigen Fische anzutreffen ist. Die äußerst beweglichen, geschmeidigen und schnellen Strahlenflosser machten sich an die Eroberung der Gewässer.

Die ersten Korallenabweider

In mancher Hinsicht stellen die Pycnodonten, die zu den Strahlenflossern zählen, eine besondere Gruppe dar. Diese Fische erschienen in der Oberen Trias vor mehr als 200 Mio. Jahren. Fast alle wiesen einen seitlich zusammengedrückten Körper auf, was ihnen eine scheibenförmige oder ovale Silhouette verlieh. Ihre Kiefer waren mit stabilen, zwiebelförmigen Zähnen bestückt, die optimal dazu geeignet waren, harte Nahrung zu zermahlen. Und mit ihren Schneidezähnen konnten sie sich gut ihre Beute schnappen.

Diese Merkmale sind typisch für Fische, die Riffe und Lagunen bewohnten und harte Nahrung verzehrten. Ihr bevorzugter Lebensraum waren die Korallenriffe, aber auch andere Bauten, die Algen, Schwämme oder Rudisten (Riffmuscheln, die in der Oberen Kreide un-

tergingen) errichteten. Als die Pycnodonten vor 30 Mio. Jahren ausstarben, wurde die frei gewordene ökologische Nische von Papageifischen und einigen Doktorfischen besetzt, die auch heute noch in Lagunen leben.

Der Erfolg der Knochenfische

Vor etwa 200 Mio. Jahren, zu Beginn des Jura, wiesen kleine, unspektakulär aussehende Fische schon eine gewisse Ähnlichkeit mit unseren heutigen Gründlingen auf. Ein genauer Blick auf ihr fossiles Skelett, insbesondere auf die Anatomie ihres Schwanzes, zeigt, dass sie sich leicht von anderen zeitgenössischen Strahlenflossern unterschieden. Diese unscheinbaren Details deuten darauf hin, dass nahezu alle heutigen Strahlenflosser (die Knochenfische) auf diese Winzlinge

zurückgehen. Sie sollten sich im Lauf der Zeit stark diversifizieren und sehr unterschiedlich entwickeln. Zu den Knochenfischen zählen Fische wie der Tiefseeaal, der Mondfisch, die Sardine, die Seezunge, der Wels, der Hecht und alle Fische, deren vordere Flossenstrahlen Nadeln bilden, beispielsweise Barsch und Drachenkopf.

Glückspilze und Pechvögel

Bereits in der Oberen Kreide traten die Knochenfische in großer Vielfalt auf und bevölkerten sämtliche Wasserlebensräume: küstennahe Gewässer ebenso wie das offene Meer, aber auch Flüsse und Seen. Am Ende der Kreide vor 65 Mio. Jahren kam es dann zu einem großen Massensterben, dem ne-

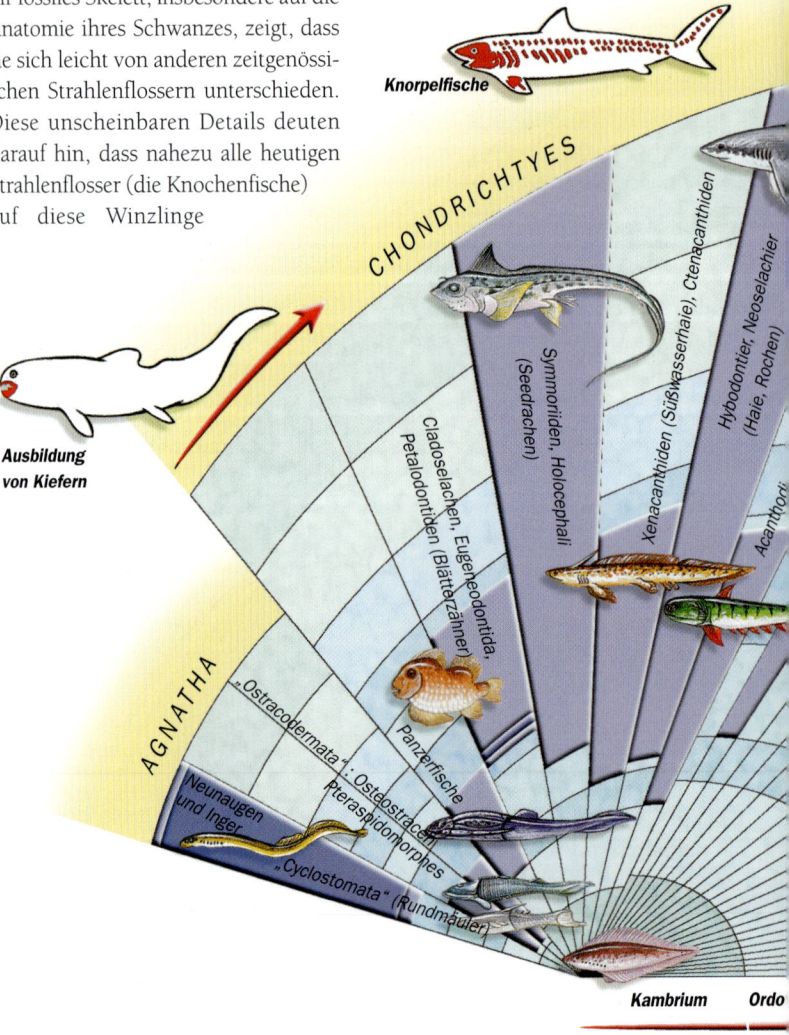

Knorpelfische

CHONDRICHTYES

Symmoriiden, Holocephali (Seedrachen)

Xenacanthiden (Süßwasserhaie), Ctenacanthiden

Hybodontier, Neoselachier (Haie, Rochen)

Acanthodii

Cladoselachen, Eugeneodontida, Petalodontiden (Blätterzähner)

Ausbildung von Kiefern

Panzerfische

»Ostracodermata 1: Osteostracen« Pteraspidomorphes

AGNATHA

Neunaugen und Inger

»Cyclostomata« (Rundmäuler)

SINNESWAHRNEHMUNG UND VERSTÄNDIGUNG BEI FISCHEN

Nahezu alle Fische, aber auch Amphibienlarven und einige erwachsene Amphibien, die sich vorwiegend im Wasser aufhalten, besitzen an der Schädeloberfläche und entlang des Körpers ein Kanalnetz, das sich durch kleine Poren, die spezielle Sinneszellen beherbergen, nach außen hin öffnet. Mithilfe dieses Sinnesorgans können sie Veränderungen der Wasserströmung, Oberflächenwellen und niederfrequente Schallwellen wahrnehmen. Bei einigen Fischen hat sich dieses System so spezialisiert, dass sie elektrische Felder messen können. Sie orten dadurch Beute oder kommunizieren mit Individuen der gleichen Spezies.

ben den Dinosauriern auch zahlreiche Fische zum Opfer fielen. Während die Süßwasserarten die Katastrophe recht gut überstanden, waren die Salzwasserarten erheblich betroffen. Dieser Befund stützt auch die Hypothese, dass dieses Massensterben durch einen Meteoriteneinschlag ausgelöst wurde. Denn da die gesamte Nahrungskette im offenen Meer auf Plankton fußt, waren die Salzwasserfische vom Verschwinden dieser

Mikroorganismen besonders betroffen, während die Süßwasserarten, die sich von organischen Abfällen ernährten, überleben konnten.

Strahlenflosser gegen Muskelflosser

Unter den heutigen Knochenfischen gibt es einige Arten, deren Flossen nicht aus strahlenförmigen Knochenstäben bestehen, wie sie für die Strahlenflosser typisch sind, sondern von einer zentralen Knochenkette gebildet werden. Die

Rede ist hier von den Muskelflossern (Sarcopterygier). Deren zweites wesentliches Merkmal ist ein Schädel, der aus zwei äußerst beweglichen Teilen besteht, was ihnen erlaubt, ihr Maul sehr weit zu öffnen und somit ihre Beute leichter zu verschlucken. Heute sind die Muskelflosser selten. Ihre Blü-

▲ **Vergleich** der Silhouetten eines primitiven (oben) und eines entwickelten Strahlenflossers (unten). Die primitiven Strahlenflosser – hier Moythomasia aus dem Oberen Devon (vor etwa 360 Mio. Jahren) – hatten einen mit dicken Schuppen bedeckten Körper, während ihre Wirbelsäule kaum verknöchert war. Die entwickelten Strahlenflosser – hier ein moderner Barsch – weisen sehr dünne Schuppen auf, dafür ist ihre Wirbelsäule äußerst stabil. Der Schwanz hat sich von einer disymmetrischen Form (mit einem weiter entwickelten oberen Lappen) zu einer symmetrischen Form gewandelt.

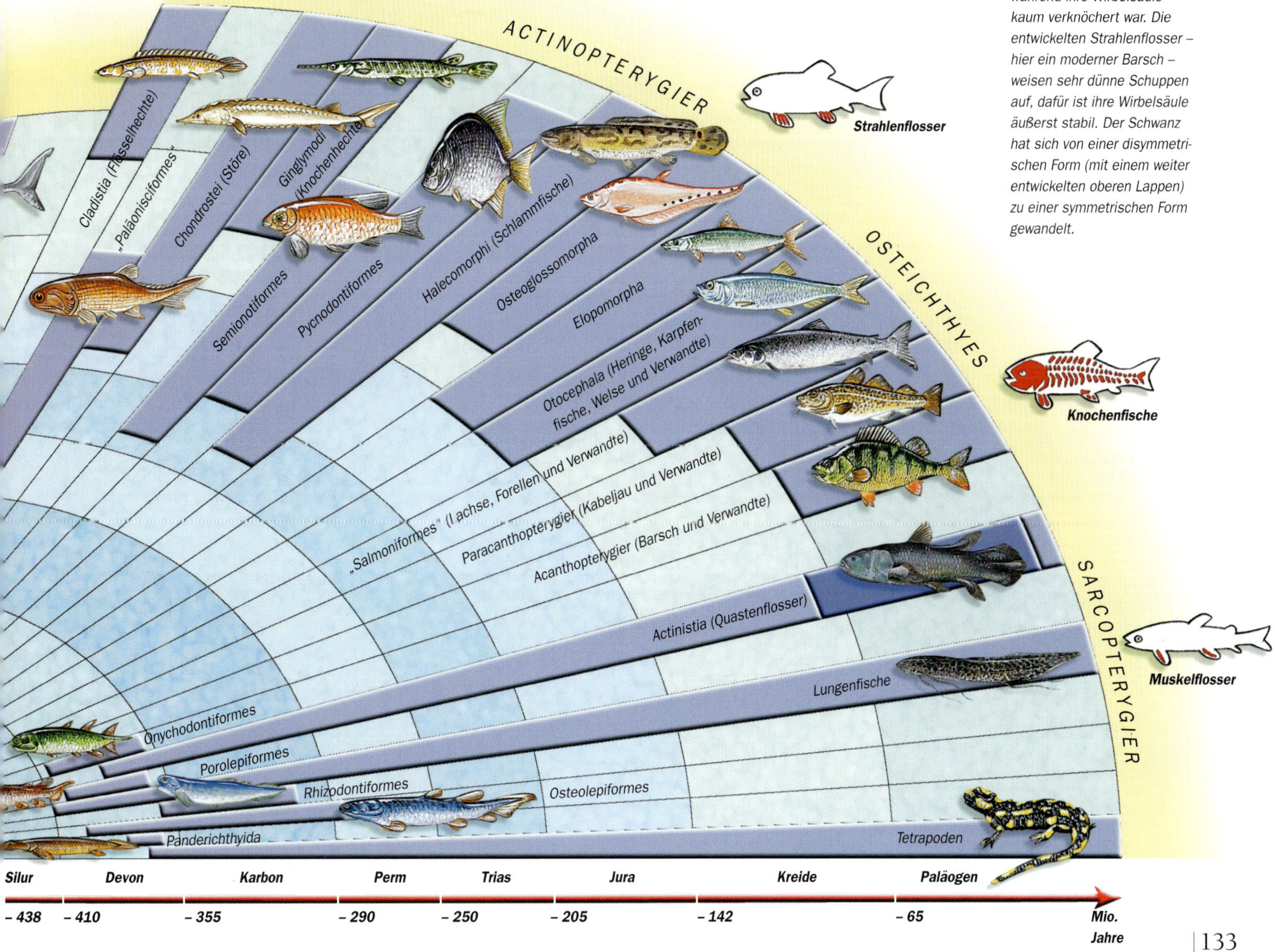

ACTINOPTERYGIER

Cladistia (Flösselhechte)

"Paläonisciformes"

Chondrostei (Störe)

Ginglymodi (Knochenhechte)

Semionotiformes

Pycnodontiformes

Halecomorphi (Schlammfische)

Osteoglossomorpha

Elopomorpha

Otocephala (Heringe, Karpfenfische, Welse und Verwandte)

"Salmoniformes" (Lachse, Forellen und Verwandte)

Paracanthopterygier (Kabeljau und Verwandte)

Acanthopterygier (Barsch und Verwandte)

Actinistia (Quastenflosser)

Lungenfische

Onychodontiformes

Porolepiformes

Rhizodontiformes

Osteolepiformes

Panderichthyida

Tetrapoden

OSTEICHTHYES

SARCOPTERYGIER

Strahlenflosser

Knochenfische

Muskelflosser

Silur	Devon	Karbon	Perm	Trias	Jura	Kreide	Paläogen	
– 438	– 410	– 355	– 290	– 250	– 205	– 142	– 65	Mio. Jahre

133

▲ **Schema der Flosse eines Muskelflossers**
Die Muskelflosser – Fische, die heute selten sind, vor 300 Mio. Jahren jedoch in großer Zahl vorkamen – sind durch ihre gelappten Flossen gekennzeichnet, die aus einer zentralen Knochenachse gebildet und von einer kräftigen Muskulatur gestützt werden. Unter den Muskelflossern befindet sich der Vorfahr der Tetrapoden (Amphibien, Reptilien, Vögel und Säugetiere).

▶ **Die Drachenköpfe** zählen zu einer Gruppe, die an den Flossen und auf dem Kopf zum Teil lange Stacheln ausbilden. Sie enthalten bei einigen Arten ein Gift.

tezeit erlebten sie während des späten Erdaltertums (Paläozoikum) vor etwa 300 Mio. Jahren.

Eine überraschende Entdeckung

Im Jahr 1938 brachten Fischer einen merkwürdigen Fisch zu Marjorie Courteney-Latimer, der Kustodin des Naturhistorischen Museums von Eastlondon an der Ostküste Südafrikas. Sie konnte den Fang zwar nicht exakt identifizieren, ahnte jedoch die Bedeutung dieser Entdeckung, weshalb sie eine Skizze des Tieres an J.L.B. Smith, einen renommierten Fischkundler jener Zeit, sandte. Vor allem anhand eines Details des Schwanzes erkannte Smith, dass das Tier zu den Quastenflossern zählte, Fische, die bis dahin nur in fossiler Form bekannt waren und von denen man angenommen hatte, dass sie seit 80 Mio. Jahren ausgestorben seien. Obwohl der Verwesungsprozess eingesetzt hatte, wurde der Fisch gut präpariert. Smith nannte ihn zu Ehren von Mrs. Latimer *Latimeria* und machte die Neuigkeit weltweit publik. Anschließend suchte er 14 Jahre lang die afrikanischen Küsten nach weiteren Exemplaren ab. Ein zweiter *Latimeria* wurde weiter nördlich, nahe den Komoren, gefangen. Nachdem der Lebensraum der Fische einmal bekannt war, dehnten die

Franzosen, die damals auf den Komoren saßen, die Forschungsarbeit aus, und in der Folge kamen jedes Jahr neue Quastenflosser für die naturkundlichen Sammlungen der großen Museen hinzu.

Das Tier wurde so stark bejagt, dass das Überleben der Latimeria-Population heute bedroht ist. Anstatt den Fisch zu fangen, hat sich die Wissenschaft nun darauf verlegt, ihn in seiner natürlichen Umgebung zu erforschen. Mithilfe kleiner Tauchboote wurden zahlreiche Foto- und Filmaufnahmen gemacht, sodass die Gewohnheiten dieses lebenden Fossils, wie er gern genannt wird, heute recht gut bekannt sind. 1998 hat die Entdeckung einer weiteren Latimeria-Population vor der Insel Sulawesi (Celebes), mehr als

10 000 km von der ersten entfernt, die Hoffnung geweckt, dass die Quastenflosser möglicherweise zahlreicher und weiter verbreitet sind, als man zunächst angenommen hatte.

Dennoch eine Enttäuschung?

Die Entdeckung eines lebenden Quastenflossers hat die Wissenschaftler zunächst begeistert, da sie ihn als nahen Verwandten eines Ahnen der ersten Tetrapoden sahen – endlich also das fehlende Zwischenglied! *Latimeria* wurde sorgfältig seziert, erforscht und beschrieben, doch stellte sich schließlich heraus, dass er keineswegs die erhoffte Verbindung zwischen Fischen und Amphibien präsentiert – seine Merkmale machen ihn vielmehr zu einem primitiven Strahlenflosser.

EMPFINDLICHE STEINE IM OHR

Der Lebensraum Wasser ist eine dreidimensionale Welt, in der Oben von Unten nicht immer leicht zu unterscheiden ist. Um sich hier zu orientieren, haben zahlreiche Fische spezielle, im Schädel befindliche Organe ausgebildet. So verfügen Knochenfische auf jeder Seite des Hirns über drei Gleichgewichtssteinchen, Otolithen genannt. Sie befinden sich an der Basis eines Systems, das sich aus drei Kanälen zusammensetzt, die nach den drei Raumebenen ausgerichtet und mit einer Flüssigkeit, der Endolymphe, gefüllt sind. Die Bewegungen des Fisches sowie des ihn umgebenden Wassers verursachen gegenläufige Druckwellen in den drei Kanälen und wirken auch auf die Otolithen ein. Dieser Druck wird durch spezielle Sensoren gemessen. Dank dieses Hochleistungssystems kann der Fisch zu jeder Zeit seine Position und seine Bewegungen im Raum sowie Vibrationen in seiner Umgebung wahrnehmen. Bei den Knochenfischen ist einer dieser drei Otolithen (mit Namen Sagitta) größer als die anderen – ein charakteristisches Merkmal. In manchen Sedimentgesteinen fand man fossile Otolithen in großer Zahl. Durch ihre Bestimmung über Vergleiche mit den Otolithen der heutigen Fische kann man eine recht genaue Liste aller Spezies aufstellen, auch wenn keine Knochenreste vorliegen.

Lungen und Kiemen

In den Flüssen und Seen Australiens, Südamerikas und Afrikas entdeckte man sehr ungewöhnliche Strahlenflosser: die Lungenfische. Sie weisen keine einzeln ausgebildeten Zähne auf, sondern vier Zahnplatten (eine pro Kieferhälfte), mit denen sie ihre Nahrung zermahlen. Sensationell an ihnen ist jedoch, dass sie zusätzlich zu ihren Kiemen über echte Lungen verfügen. Diese Süßwasserfische ergänzen ihre Sauerstoffversorgung, indem sie häufig an der Wasseroberfläche nach Luft schnappen. Die Ausstattung mit beiden Atemsystemen gibt es nur bei den Lungenfischen. Allerdings nutzt nur der australische

Lungenfisch vorwiegend seine Kiemen zur Atmung, während seine Verwandten auf den beiden anderen Kontinenten dazu vornehmlich ihre Lungen gebrauchen. Dieses Atmungs-Kombi-System, zu dem auch Öffnungen (Choanen) im Gaumen gehören, mit denen die Luft von außen in den Rachenbereich geleitet wird, zeigt gewisse Ähnlichkeiten mit dem Atemapparat bei Landwirbeltieren. Sie haben die Diskussion über eine Frage wiederbelebt, die die Wissenschaft seit über 150 Jahren beschäftigt: Was ist der Ursprung der Tetrapoden, jener außerhalb des Wassers lebenden Wirbeltiere mit Gliedmaßen (Amphibien, Reptilien, Vögel und Säugetiere)? Gehen sie womöglich auf die primitiven Lungenfische oder andere, heute verschwundene Strahlenflosser zurück?

Unserer Herkunft auf der Spur

Heute geht man tatsächlich davon aus, dass die Tetrapoden (und damit wir selbst) von Fischen abstammen, die vor etwa 375 Mio. Jahren begannen, sich an ein Leben außerhalb des Wassers anzupassen. Die Strahlenflosser mit Lungenatmung gelten dabei als die geeignetsten Kandidaten für diese Rolle. Aber welcher von ihnen?

Die Fachleute unterteilen die Strahlenflosser des Paläozoikum in mehrere Gruppen. Die so genannten Porolepiformes gelten als nahe Verwandte der Lungenfische. Eine andere Gruppe – die Rhizodontiformes – waren große Raubfische, die wahrscheinlich wie Hechte jagten, indem sie sich aus ihrem Versteck unvermittelt auf ihre Beute stürzten. Auch die Osteolepiformes waren Räuber,

und ihr berühmtester Vertreter, *Eusthenopteron*, wurde lange Zeit als Vorfahr der Tetrapoden gehandelt.

Aufgrund neuester Forschungen weist man diese geschichtsträchtige Rolle mittlerweile aber einer weiteren Strahlenflossergruppe zu, den Panderichthyiden – Fischen, deren sehr flacher Schädel stark an den der allerersten Amphibien erinnert.

SIND MENSCHEN KNOCHENFISCHE?

Der Begriff *Osteichthyes* bedeutet Knochenfisch. Man ordnet darunter alle heutigen Fische ein, mit Ausnahme von Rochen, Haien und einigen Kieferlosen. Allerdings hat man dabei die möglichen Konsequenzen solch moderner Klassifizierungsmethoden übersehen. Einige Zoologen rechnen nämlich den eigentlichen Knochenfischen auch noch all ihre Nachfahren zu – also die große Mehrzahl der heutigen Wirbeltiere, inklusive aller Amphibien, Reptilien, Vögel und Säugetiere (den Menschen eingeschlossen). Der Begriff erweist sich folglich als wenig tauglich, die Knochenfische eindeutig zu systematisieren – darum zieht man heute die Klassifikationen Strahlenflosser und Muskelflosser vor, Bezeichnungen, die die große Mehrzahl der echten Fische mit einem knöchernen Skelett umfassen.

▲ **Latimeria,** *der einzige noch lebende Vertreter der Quastenflosser, und* Undina, *ein fossiler, an die 150 Mio. Jahre alter Vertreter, der in Bayern entdeckt wurde. Latimeria ist ein erstaunlicher Fisch. Beim Schwimmen bewegt er seine Flossen wie ein Tetrapode, der auf festem Boden läuft, und in seinem Maul befindet sich ein einzigartiges, besonderes Organ, das es ihm offensichtlich erlaubt, seine Beute durch die Wahrnehmung von Elektrizität zu orten.*

◀ *Nachbildung von* **Panderichthys,** *einem nahen Verwandten des Vorfahren der Tetrapoden. In Estland, Lettland und Kanada wurden Fossilien dieses „Fisches mit Amphibienkopf" in etwa 365 Mio. Jahre alten Gesteinen des Oberen Devon entdeckt.*

4

Die Besied- lung von Luft und Land

Mehr als 3 Mrd. Jahre lang vollzog sich die Entwick- lung des Lebens ausschließlich im Lebensraum Wasser – die jungen Landmassen blieben verwaist. Dann begann vor etwa 420 Mio. Jahren die Eroberung der Kontinente, zunächst durch Pflanzen, denen dann Wirbellose folgten. Landschnecken, In- sekten, Spinnen und Tausendfüßer gelten als die heutigen Nachfahren dieser - ersten Landnehmer. Vor 350 Mio. Jahren verließen die ersten Wirbeltiere das Wasser. Die Vorhut bildeten besondere Fische, die zur Not auch außerhalb des Wassers atmen konnten. Aus ihnen gingen die Amphibien hervor, die aber nach wie vor die Nähe des Wassers suchten, auf das sie insbesondere für ihre Fort- pflanzung angewiesen waren. Vor etwa 320 Mio. Jahren „erfand" dann die Evo- lution ein von einer Schale geschütztes Ei, das auch an Land abgelegt werden konnte. Nun standen den Reptilien die Kontinente offen, was die Geschichte der Wirbeltiere beschleunigte. Die Reptilien beherrschten schließlich alle Ökosys- teme der Erde und überlebten auch große Katastrophen. Das Erdmittelalter (das Mesozoikum) verdient den Beinamen „Zeitalter der Reptilien" durchaus. Nicht zu- letzt brachten die Reptilien zwei andere viel versprechende Wirbeltiergruppen hervor: die Säugetiere und die Vögel.

Vor 250–65 Mio. Jahren:
Das Mesozoikum

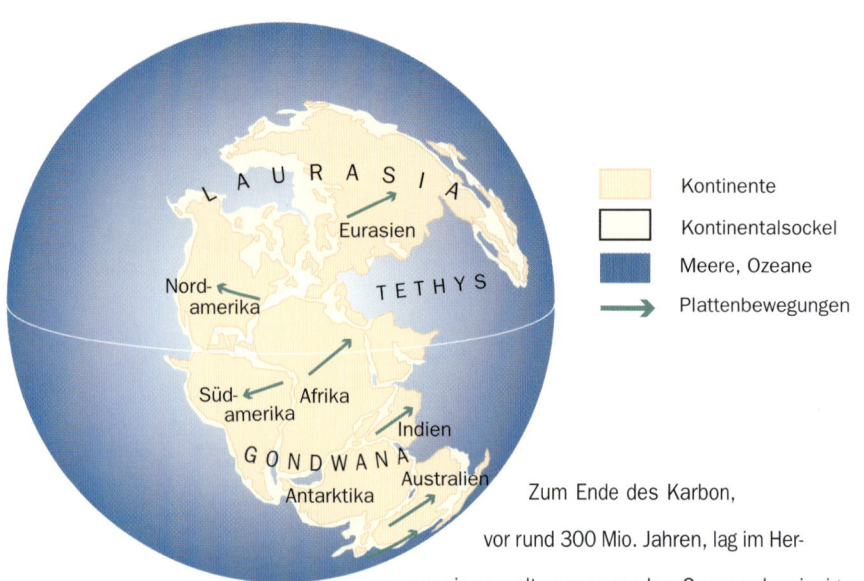

Kontinente

Kontinentalsockel

Meere, Ozeane

Plattenbewegungen

Zum Ende des Karbon, vor rund 300 Mio. Jahren, lag im Herzen eines weltumspannenden Ozeans der riesige Superkontinent Pangäa, der die beiden Landmassen von Laurasia und Gondwana vereinte. Laurasia umfasste das heutige Eurasien und Nordamerika, während Gondwana sich aus Afrika, Südamerika, Antarktika, Australien und Indien zusammensetzte. Von Osten her schob sich allerdings schon ein mächtiger Golf, die Proto-Tethys, tief zwischen die beiden Blöcke und schuf dann vor etwa 200 Mio. Jahren im Zentrum Laurasias, zwischen Eurasien, Grönland und Nordamerika, eine Bruchzone, die die Lage des künftigen Nordatlantik markierte. Zunächst zerbrach aber Gondwana in mehrere große Teile: Die spätere südamerikanische Platte trennte sich mitsamt Antarktika von Afrika, und zwar entlang einer Zerrungszone, die einmal der Südatlantik werden sollte. Vom Südosten Gondwanas löste sich eine weitere Platte: das heutige Australien, während sich die künftige indische Halbinsel auf eine lange Wanderung in Richtung Nordosten begab. In diesen Ereignissen nahmen Gestalt und Verteilung unserer heutigen Kontinente und Ozeane ihren Anfang. Aber die Erdteile hatten noch gänzlich andere Positionen, und die Ozeane waren bei weitem noch nicht jene großen Becken, die wir heute kennen.

Die Geschichte der Reptilien begann vor gut 300 Mio. Jahren. Die ersten waren kleine, unauffällige Insektenfresser, die allerdings über eine entscheidende Errungenschaft verfügten:
1 Sie konnten ein amniotisches Ei (mit Eihülle) außerhalb des Wassers ablegen.

Einmal an Land, entwickelten sich die Reptilien rasant. Zunächst erschienen:
2 die Pelycosaurier und dann die
3 Therapsiden, aus denen vor 210 Mio. Jahren die Säugetiere hervorgingen.

Nach einem großen Massensterben vor 250 Mio. Jahren kam es während des Mesozoikum zu einer explosionsartigen Entfaltung anderer großer Reptiliengruppen. Hierzu zählten:
4 die Krokodile (Panzerechsen) und die Flugsaurier (Pterosaurier) wie:
5 *Rhamphorhynchus* und
6 *Pteranodon*; fleisch- und aasfressende Dinosaurier wie:
7 *Coelophysis* in der Trias;
8 *Allosaurus* im Jura;
9 *Tyrannosaurus* in der Kreide; pflanzenfressende Dinosaurier wie:
10 *Plateosaurus* in der Trias;
11 *Diplodocus* im Jura;
12 *Brachiosaurus* im Jura;
13 die Hadrosaurier in der Kreide;
14 die Ankylosaurier in der Kreide;
15 die Ceratopsier in der Kreide.
16 In der Kreidezeit gab es bereits Blütenpflanzen und Insekten, die Nektar und Blütenstaub sammelten.

Vor 65 Mio. Jahren löschte vermutlich ein Meteoriteneinschlag drei Viertel aller Lebewesen der Erde aus, darunter die Dinosaurier und andere große Reptilien. Zu den Überlebenden zählten:
17 die Vögel, die als Verwandte der fleischfressenden Dinosaurier vor 150 Mio. Jahren auftraten, und
18 die bis dahin unauffälligen Säugetiere, die einmal die Welt erobern sollten.

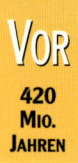

Die grüne Landnahme
Pflanzen: Vorreiter des Lebens auf dem Land

Vor 550 Mio. Jahren wuchsen auf den Kontinenten unseres Planeten weder Bäume noch Gräser, denn alle damaligen Organismen lebten noch ausnahmslos im Wasser. Und bevor die ersten Tiere das Festland betreten konnten, mussten sich dort zunächst Pflanzen ansiedeln. Sie benötigten rund 60 Mio. Jahre, um sich an ein Leben an der Luft, einem für sie bis dahin feindlichen Medium, anzupassen.

▶ **Moose verließen als erste das Wasser**
Die Meeresküsten waren die ersten Landbereiche, die von Pflanzen besiedelt wurden. Vermutlich waren sie von einem Teppich aus grünen Moosen und grauen Flechten bedeckt.

▲ **Rhynia – eine der ersten Gefäßpflanzen**
Ihre Geschlechtsorgane wurden von blattlosen Stängeln getragen, die jedoch Spaltöffnungen (Detail oben) aufwiesen, die den Gasaustausch ermöglichten.

▶ **Psilophyton – erste Andeutung von Blättern**
Die grünen, abgeflachten Enden der unteren Zweige dieser kleinen, 380 Mio. Jahre alten Pflanze zählen zu den Vorläufern echter Blätter, die alle höheren Pflanzen, die ihr folgten, ausbilden sollten.

Pflanzen verlassen das Wasser

Vor 550 Mio. Jahren gab es auf den Kontinenten noch kein Leben, doch waren nahezu alle Grundlagen dafür gelegt. In den Ozeanen betrieben Bakterien bereits seit 3,5 Mrd. Jahren die Photosynthese, einen Prozess, bei dem als Abfallprodukt Sauerstoff anfällt. Dieses Abfallprodukt wurde intensiv verwertet, denn kleine Algen wie *Parka* benötigten es vor 420 Mio. Jahren für ihre Atmung. Das Leben dieser Grünalge war allerdings nach wie vor ans Wasser gebunden, aus dem sie ihre Nahrung bezog, in dem sie sich entwickelte und fortpflanzte. Trotzdem sind Grünalgen wie *Parka* frühe Vorfahren der Bryophyten (Moose

und Lebermoose), der ersten Pflanzen, die sich schließlich auf dem Trockenen ansiedelten. Die Bryophyten mussten sich dabei zunächst auf die Meeresküsten beschränken, denn zur Fortpflanzung waren sie noch immer auf das Wasser angewiesen – nur dort konnten ihre Geschlechtszellen aufeinander treffen.

Druck in den Rohren

Vor 380 Mio. Jahren erstreckte sich im heutigen schottischen Rhynie, nahe Aberdeen, ein Sumpf. Seine Ufer säumten die ersten ganz auf festem Boden wachsenden Pflanzen. Diese ursprüngliche Pflanzenwelt wurde bald von kleinen Tieren – Springschwänzen, Tausendfüßern und anderen Gliederfüßern – bevölkert.
Hier tauchte auch *Rhynia* auf, ein Vorfahr der Farne und Schachtelhalme. Diese Pflanze zählt zu den so genannten Gefäßpflanzen, die zur Versorgung der oberirdischen Pflanzenteile eine Art Röhrengefäßsystem entwickelten. Diese Errungenschaft sicherte ihr Überleben und förderte ihre Verbreitung. Ein Prob-

lem war für die neuen Pflanzen zunächst der atmosphärische Druck, der ihre weichen Körper (anders als im Wasser) zusammenpresste. *Rhynia* löste dieses Problem mit der Entwicklung eines Gefäßsystems, denn die unter Innendruck stehenden Röhrengefäße wirkten wie ein Skelett und stützten das Gewebe. Im Unterschied zu den kriechenden Moosen konnte *Rhynia* nun aufrecht wachsen.
Allerdings trugen ihre zylindrischen, verzweigten, oberirdischen Stängel noch keine Blätter. Sie streckten sich himmelwärts, und an ihren Spitzen saßen die Organe, die die Geschlechtszellen produzierten. Außerdem umgaben sich *Rhynia* und ihre Artgenossen mit einer undurchdringlichen Hülle, der Kutikula, um sich vor dem Austrocknen zu schützen. Spaltöffnungen in dieser dünnen Haut, so genannte Stomata, ermöglichten den unerlässlichen Gasaustausch zwischen Pflanze und Atmosphäre.
Um sich weiter zu verbreiten, mussten diese frühen Pflanzen die amphibische Welt, aus der sie hervorgegangen waren, verlassen. Dazu war es nötig, ihren Nachwuchs über Land zu versenden. Voraussetzung dafür war eine Fortpflanzungsmethode, die nicht ausschließlich mehr vom Wasser abhängig war. Die Lösung brachte die Entwicklung der Sporen: Die Pflanzen konnten nun ihre Geschlechtszellen, von einer undurchdringlichen Hülle geschützt, dem Wind und den Wasserläufen anvertrauen. Männliche und weibliche Sporen trugen auf diese Weise das Erbgut der ortsgebundenen Pflanzen rund um die Welt.

Immer höher hinaus

Je höher die Abflugbasis der Sporen emporragte, umso weiter konnte der Wind diese über Land transportieren. Folglich entwickelten die Pflanzen einen immer höheren Wuchs, um ihre Fortpflanzungsorgane optimal für die Verbreitung zu platzieren. Zwangsläufig wurden auch die den Saft führenden

WAS SIND PFLANZEN?

Laien neigen dazu, alle lebenden Organismen, die keine Tiere sind, für Pflanzen zu halten – Pilze, Blaualgen, Algen, Flechten (Lebensgemeinschaften von Pilzen und Algen) ebenso wie die komplette Flora unserer Wiesen und Wälder. Dabei handelt es sich aber nicht in jedem Fall um tatsächliche Verwandte. Biologen unterteilen sämtliche Organismen in zwei so genannte Überreiche: die Prokaryota (kernlose Einzeller) und die Eukaryota (Kernzeller). Letztere gliedern sich in vier Reiche: die Protista, die Fungimorpha, die Plantae und die Animalia. Zum Reich der Plantae, der Pflanzen, zählen nur Organismen, die von ein und demselben Vorfahren abstammen – Grünalgen, Bryophyten (Moose und Lebermoose), Pteridophyten (Farne, Schachtelhalme und Bärlappgewächse), Nacktsamer (Nadelbäume und deren Verwandte: Ginkgo, Palmfarne, Araukarien und Gnetales) sowie Bedecktsamer (etwa Eichen, Rosen und Orchideen).

Die meisten Pflanzen sind autotrophe Organismen, d. h. sie ernähren sich von Mineralien, die sie dem Boden entziehen. Hier liegt der entscheidende Unterschied zu Tieren, die sich von pflanzlichen oder tierischen Organismen ernähren müssen, um zu überleben – sie werden als heterotroph bezeichnet.

Gefäße immer länger und damit die „Skelette" solider. Damit einher ging die Notwendigkeit, die Aufnahme von CO_2 und Sonnenenergie zu steigern, die für die Photosynthese benötigt wurden – so bildeten sich allmählich die Blätter als spezialisierte Organe aus, in denen sich dann in Zukunft die Photosynthese hauptsächlich vollziehen sollte.

Die abgeflachten Enden der Zweige beispielsweise von *Psilophyton* (380 Mio. Jahre alt) waren lediglich Blatt-Rohlinge. Sie entwickelten sich bei anderen Arten schließlich zu Blättern, die von Stängeln getragen wurden, die sich ihrerseits zu Ästen entwickelten. Diese Vorgänge führten zu einer enormen Gewichtszunahme der Pflanzen. Um dieses Gewicht tragen zu können, bildeten sie ein Innenskelett aus, indem sie ihr Gewebe mit einer sehr harten Substanz, dem Lignin, verstärkten – ein weiterer Schritt auf dem Weg zum Holz, das erst die Entstehung echter Bäume ermöglichte.

Erste Bäume – wie *Archaeopteris* – traten vor 370 Mio. Jahren auf und waren nur einige Meter hoch. Aber das Modell bewährte sich, und so entstanden schließlich vor 355–295 Mio. Jahren die riesigen Wälder des Karbon. In dieser Periode bildeten sich durch gewaltige Überschwemmungen ausgedehnte Sumpfgebiete. Sie förderten die Entwicklung der Wälder, in denen vor allem baumhohe Farnpflanzen (Pteridophyta) und imposante Bärlappgewächse wie der Siegelbaum zu finden waren. Dazu gesellten sich noch riesige Schachtelhalme.

Mit dem Ende des Paläozoikum gingen dann aber dramatische tektonische Veränderungen einher, in deren Folge das Klima auf der Erde trocken und kalt wurde und zuletzt riesige Eisflächen die Südhalbkugel bedeckten. Zahlreiche Pteridophyten überlebten diesen drastischen Klimawandel nicht, darunter auch die großen Bärlappe und Schachtelhalme. Die Farne überlebten (bis heute), indem sie sich ins Unterholz zurückzogen. Doch der Wind der Evolution hatte gedreht und leitete den Siegeszug der Samenpflanzen ein.

▲ *Das trügerische Laub von Archaeopteris*
Erst als man sein Laub in Verbindung mit Holz bringen konnte, erhielt Archaeopteris den Status als erster Baum.

▲ *Der erste Baum*
Der etwa 4 m hohe Archaeopteris bildete einen Stamm und Zweige aus Holz aus. Er war der erste Baum in der Familiengeschichte der Pflanzen und trug zur Bildung der ersten Wälder bei.

◀ *Eine Landschaft im Oberen Karbon*
Vor 300 Mio. Jahren waren die Kontinente von Sümpfen bedeckt, in denen sich eine üppige Pflanzenwelt aus riesigen Schachtelhalmen (links), baumartigen Farnen (rechts) und Siegelbäumen (grüne Insel im Hintergrund) entfaltete.

Waffenlose Okkupanten
Wirbellose besetzen die Kontinente

Die so genannten Wirbellosen verfügen über keine Wirbelsäule. Ihre wichtigsten Vertreter sind die Gliederfüßer (Skorpione, Spinnen, Tausendfüßer und Insekten) – sie begaben sich im mittleren Paläozoikum auf die Landmassen der Erde, vermehrten sich dort rege und trugen dazu bei, auch an Land eine gut gefüllte „Speisekammer" zu schaffen, was es unseren fernen, noch in den Ozeanen lebenden Vorfahren sehr viel später erlauben sollte, ebenfalls das Wasser zu verlassen.

▶ *Die ersten Abenteurer*
Die Gastropoden (Schnecken und Nacktschnecken) sind die einzigen Weichtiere, die sich, vermutlich seit dem Karbon vor etwa 320 Mio. Jahren, aufs Festland vorwagten.

▼ *Die Wegbereiter*
Flechten zählten zu den Pionieren auf dem Festland, denn sie konnten den extremen klimatischen Bedingungen am ehesten trotzen. Diese bedürfnisarmen Pflanzen sind gleichsam Doppelwesen aus Algen und Pilzen.

Eine feindliche Welt

Heute ist die gesamte Erde, von den tropischen Wäldern bis zu den Eiswüsten der Pole, von Lebewesen bevölkert. Bis zum Kambrium, also während des größten Teils der bisherigen Erdgeschichte, sah dies ganz anders aus: Das Leben war gänzlich auf die Ozeane beschränkt, in denen es entstanden war und sich entwickelt hatte. Die damaligen Landmassen bildeten wahre Gesteinswüsten, die großen Temperaturschwankungen und einer immensen Erosion unterworfen waren, die noch keine Vegetation eindämmte. Die UV-Strahlung war wesentlich intensiver als heute, und der Sauerstoffgehalt der Luft lag unter 10 % des heutigen Wertes.

Dennoch machte sich das Leben schon früh daran, diese überaus unwirtliche Welt zu erobern. Erste Brückenköpfe bildeten die flachen, feuchten Küstengebiete. Die Untersuchung der präkambrischen Böden belegte die Aktivität von Bakterien und einzelligen Algen. Die Kolonien, die diese Mikroorganismen anlegten, waren die Keimzellen für die langwierige Besiedlung der Landmassen. Seit Beginn des Paläozoikum schlossen sich dann Flechten und später auch Moose diesen Pionie-

ren an. Diese Pflanzen können auch heute noch in den lebensfeindlichsten Zonen des Planeten (Polargebiete, Wüsten) überdauern, und zwar dank einer besonderen Fähigkeit, die man Anabiose nennt: Wenn sich ihre Lebensbedingungen verschlechtern, fallen sie – bisweilen für Jahrhunderte – in eine Art Scheintod; verbessern sich die Bedingungen wieder, setzen sie ihr Wachstum sogleich fort.

Als Moose und Flechten das Wasser verließen, wurden sie vermutlich schon von Tieren begleitet, die ebenfalls zur Anabiose fähig waren (siehe Kasten rechts). Allerdings konnten uns Fossilien bislang nur sehr wenige Hinweise auf diese ersten Etappen der Belebung der Kontinente liefern.

Der arbeitsame Wurm

Obwohl sie oft mit Desinteresse oder gar Ekel bedacht werden, verdienen die im Boden lebenden Würmer unsere ganze Aufmerksamkeit. Diese kleinen Wirbellosen aus der Gruppe der Ringelwürmer zählen nämlich zu den wichtigsten und nützlichsten Tieren der Erde. Indem sie unermüdlich Gänge graben, sorgen sie für die Erneuerung

und Bereicherung der Böden. Denn sie vermischen dabei die organischen Teilchen der oberen Bodenschichten mit den von den Pflanzen benötigten Nährstoffen (Nitrate, Phosphate) der tiefer gelegenen Schichten. Mit dieser Vorarbeit bereiteten die Ringelwürmer also gleichsam den Boden für die Ansiedlung höherer Pflanzen. Funde belegen, dass gegen Ende des Ordovizium vor 450 Mio. Jahren die frühesten Sporen von Landpflanzen auf die frühen Wurmbauten trafen.

Endlich Fossilien!

Von den 20 großen heutigen Tiergruppen (oder -stämmen) haben sich lediglich sieben aus den Ozeanen aufs Festland gewagt. Vier dieser Stämme umfassen verschiedene Arten weicher Würmer und liefern daher kaum Fossilien. Von den drei übrigen – die Gliederfüßer (Skorpione, Spinnen, Tausendfüßer und Insekten), Gastropoden (Schnecken und Nacktschnecken) und Wirbeltiere (Amphibien, Reptilien, Vögel und Säugetiere) – wurden uns dank ihrer harten Körperteile (Panzer, Schalen, Skelette) Exemplare in fossiler Form überliefert.

Dennoch sind die fossilen Archive arm an Informationen über die ersten Tiere, die das Festland besiedelten. Selbst für das Ordovizium können die Paläontologen lediglich auf einige Baue verweisen, deren Schöpfer freilich unbekannt sind. Und für die Zeit davor sind sie ohnehin auf Spekulationen angewiesen. Erst vom späten Silur an (vor 420 Mio. Jahren) verbessert sich der Überlieferungsstand – aus dieser Zeit stammen die ältesten Fossilien von Tieren, die zweifelsfrei an Land lebten. Es handelt sich dabei um die Überreste kleiner Gliederfüßer, Tausendfüßer (oder Myriapoden) sowie um Trigonotarbiden (heute verschwundene ferne Vettern der Spinnen), die man Anfang der 1990er-Jahre in Wales entdeckte. Diese Fossilien überraschten die Fachwelt durch ihr ausgesprochen „modernes"

Erscheinungsbild, aus dem man schließen kann, dass sie bereits hervorragend an das Leben an Land angepasst waren. Dem ging sicher eine längere Entwicklungszeit voraus, sodass sie wohl schon zu Beginn des Silur (vor etwa 438 Mio. Jahren) auf dem Land lebten.

Ein Überlebens-Set für neue Welten

Der Mensch hat sich mittlerweile an seinen Lebensraum optimal angepasst. Will er jedoch in den Weltraum oder ins Meer vordringen, dann muss er sich mit Sauerstoffflaschen und Raumanzügen behelfen. Ebenso wie Taucher oder Astronauten sahen sich die ersten Wirbellosen, die den Versuch unternahmen, das Wasser zu verlassen, zahlreichen Problemen gegenüber. Das größte stellte die Atmung dar, und die Gliederfüßer lösten es durch eine entsprechende Veränderung ihres ursprünglichen Körperbaus. Skorpione und einige Spinnen wandelten ihre Kiemen in „Lungen" um. Auch ganz neue anatomische Konstrukte entstanden, beispielsweise die Tracheen – starre, verzweigte Röhren, deren Öffnungen sich in der Körperwand der Insekten und der meisten Spinnen befinden und die der Atmung dienen. Da sich die Tiere nicht mehr ständig im Wasser aufhielten, mussten sie sich außerdem vor dem Austrocknen schützen. Generell war zwar der Panzer der Gliederfüßer hervorragend für das Leben an Land geeignet, doch seine Effizienz wurde

◀ **Ein gnadenloser Kampf**
Schonung wird nicht gewährt: Diese Nacktschnecke verspeist gerade einen Pilz. Schnecken haben die seit Jahrmillionen bewährte komplexe Nahrungskette aus dem Ozean auf das Festland ausgedehnt.

▲ **Die ersten Grubenarbeiter**
Diese ausgesprochen artifiziell wirkenden Muster sind wohl Spuren, die Ringelwürmer hinterlassen haben. Diese ersten Würmer trugen entscheidend zur Bereicherung der Böden und damit zur Entwicklung der ersten Pflanzen bei.

BÄRTIERCHEN: RAUE PIONIERE

Bärtierchen (Tardigrada) sind fraglos verkannte Helden, wenn es um die Besiedlung der Kontinente durch die Tiere geht. Trotz ihrer winzigen Größe von weniger als 1 mm besitzen diese Organismen zwei Augen, vier bewegliche Beine und eine starre Kutikula. Man findet sie auf der gesamten Erde, und zwar selbst in den unwirtlichsten Regionen, wie den Polar- und den Tiefseegebieten. Der Wind kann ihre Eier über Hunderte von Kilometern forttragen, sie sind gegenüber UV-Strahlung unempfindlich und überleben extreme Temperaturen (von -273 °C bis +150 °C). Sie werden nur dann aktiv, wenn flüssiges Wasser vorhanden ist. Fehlt dieses (aufgrund von Verdunstung oder Gefrieren), fallen sie verblüffenderweise in einen tiefen „Schlaf", bis wieder günstigere Bedingungen eintreten. Diese verlangsamte Lebensphase kann Jahre, ja sogar Jahrhunderte dauern. Ein japanisches Forscherteam konnte Bärtierchen „aufwecken", die sich seit mehr als 100 000 Jahren im Eis befanden. Die ältesten bekannten Exemplare stammen aus einer Zeit von vor 65 Mio. Jahren, aber sie existierten vermutlich bereits viel früher. Ihre außergewöhnliche Überlebensfähigkeit macht sie zu den ersten Anwärtern auf den Titel wahrer Pioniere der Besiedlung des Festlands.

▶ **Heuschrecken – Meister der Tarnung**

Heuschrecken können ihre Farbe so verändern, dass sie in ihrer natürlichen Umgebung nur schwer auszumachen sind. Dieses Phänomen wird als Homochromie (Farbanpassung) bezeichnet. Andere Insekten sind noch besser getarnt. So sehen etwa die Gespenstschrecken (Stabheuschrecken, Wandelndes Blatt) Blättern oder Zweigen zum Verwechseln ähnlich.

▶ **Insekten – Meisterschüler der Evolution**

Während sie im Devon noch nahezu unbemerkt die Bühne des Lebens betraten, sind Insekten heute die erfolgreichsten Vertreter des Tierreichs. Die Zahl der verschiedenen Arten beläuft sich Schätzungen zufolge auf 3–70 Millionen.

▼ **Spinnen auf Beutefang**

Seit jeher machen Spinnen auf die gleiche Weise Beute: Sie fangen ihre Opfer in einem Netz, lähmen sie mit Gift und spinnen sie ein.

durch die zahlreichen Öffnungen – eben die Tracheen – erheblich beeinträchtigt. Dieses Problem wurde durch die Entwicklung spezieller Verschlussmechanismen gelöst, während dem Austrocknen der Eier und der Embryonen verschiedene Entwicklungen entgegenwirkten, von denen eine der erstaunlichsten sicher der „Uterussack" einiger Skorpione ist, der stark an die Plazenta der Säugetiere erinnert.

Dank ihrer geringen Körpergröße und der größeren Zahl an Gliedmaßen fiel es den Gliederfüßern weitaus leichter als den ersten Wirbeltieren, sich an Land fortzubewegen und sich schnell auszubreiten.

Ein riesiger Skorpion?

Schottland ist vor allem für seine Spukschlösser, Dudelsäcke, Kilts und auch für seinen Whisky bekannt. Nicht viele wissen aber, dass es dort auch eine bedeutende Fundstätte von Tierfossilien gibt. Während des Unteren Devon vor etwa 400 Mio. Jahren lag Schottland nämlich in der Nähe des Äquators. Weite Landflächen waren von ausgedehnten Seen bedeckt, an deren Ufern eine üppige tropische Pflanzenwelt ge-

dieh. Die schottische Fundstätte Rhynie zeugt von der reichen damaligen Tierwelt, die aus an Land und im Wasser lebenden Wirbellosen bestand – aus Myriapoden (Tausendfüßern), mehreren Milbenarten, Springschwänzen (primitiven, flügellosen Insekten), Trigonotarbiden (einer mit den Spinnen verwandten Gruppe) und echten Spinnen. Diese Fundstätte brachte auch die ältesten bekannten Skorpione zutage, deren Kiemen offenbarten, dass sie noch Wasserbewohner waren.

Zu den Gliederfüßern zählen auch die Seeskorpione (Eurypteriden), die im Wasser lebten. Diese entfernten Vettern der modernen Skorpione und Spinnen erreichten Längen von bis zu 2 m. Manchmal schleppten sie sich auch an Land, um dort zu jagen.

Auch eine andere Fundstätte – Gilboa in der Nähe von New York – zeigte eine vergleichbare, wenn auch etwas jüngere (380 Mio. Jahre alte) Palette von Gliederfüßern, eben Tausendfüßer, Milben, Trigonotarbiden und Spinnen. Beide Entdeckungen belegen, dass vor etwa 400 Mio. Jahren weltweit eine relativ weit diversifizierte „moderne" Fauna von landbewohnenden Gliederfüßern existierte. Schon die fossilen Spinnen des Unteren Devon sind für das Seidenspinnen und mit Giftstacheln ausgerüstet – ein Beweis, dass sich ihre Lebensweise in den letzten 400 Mio. Jahren kaum verändert hat.

Eine Welt ohne Pflanzenfresser

Im Biologieunterricht konnten wir erfahren, dass es in der Natur zahlreiche, mehr oder weniger komplex ausgebildete Nahrungsketten gibt, die alle auf

dem gleichen Prinzip beruhen, denn ihre Grundlage bilden stets die Pflanzen (als so genannte Produzenten), die ihre Energie aus der Sonne und den Mineralstoffen des Bodens gewinnen. Sie werden von den Pflanzenfressern (den Primärkonsumenten) vertilgt, die wiederum zur Beute der Fleischfresser (der Sekundärkonsumenten) werden. Als letzte Glieder einer Nahrungskette zersetzen schließlich Bakterien und Pilze alle anderen Protagonisten und beenden damit die Wiederverwertung der Materie.

Rekonstruiert man nun die nachweisbaren Nahrungsketten im späten Silur und im Devon, so kommt man zu einem erstaunlichen Ergebnis: Die ersten Landtiere waren allesamt Räuber (Spinnen, Trigonotarbiden, Skorpione) bzw. Arten, die sich von Aas ernährten (wie die Milben und Tausendfüßer). Nirgends finden sich jedoch Überreste pflanzenfressender Lebewesen – kein Wunder, denn die ersten herbivoren Wirbellosen traten erst viel später, im Verlauf des Karbon, in Erscheinung. Hier stellt sich sofort die spannende

Frage, aus welchem Grund denn bis zum Erscheinen der ersten Pflanzenfresser mehr als 100 Mio. Jahre verstrichen? Nach heutigem Wissensstand liegt des Rätsels Lösung bei den damaligen Gefäßpflanzen. Sie produzierten zum Bau ihres Gefäßsystems die Holzsubstanz Lignin; dabei entstanden Toxine, die ihre Zellwände anreicherten und sie ungenießbar machten. Außerdem verfügten die Pflanzen noch nicht über Früchte, Samen und Blüten – und Wurzeln, Stängel, Stämme und Blätter besitzen nur einen geringen Nährwert.

Diese beiden Tatsachen erklären gut, warum die Wirbellosen die Pflanzen zunächst ignorierten. Damit entstand die erdgeschichtlich einmalige Situation, dass sich Fleischfresser nicht von Pflanzenfressern ernährten, sondern von anderen Fleischfressern und von Detritivoren (Abfallverzehrern). Diese konnten allerdings die weniger toxischen, von Pilzen und Bakterien zersetzten Pflanzenreste verwerten.

Das Reich der Insekten

Die Artenvielfalt der heutigen Insekten ist so ungeheuer groß, dass selbst die Fachwissenschaftler nicht mehr überblicken, wie viele Arten bereits beschrieben wurden – man schätzt: zwischen 700 000 und 1 Mio. Das ist allerdings nur die erkennbare Spitze des Eisbergs, denn man geht davon aus, dass es tatsächlich zwischen drei und 70 Mio. lebende Insektenarten gibt, von denen die meisten wohl in den noch wenig erforschten Tropenwäldern beheimatet sind.

Vergleicht man diese Zahlen mit denen der anderen Tiergruppen, dann können die Insekten konkurrenzlos die Krone der Schöpfung für sich beanspruchen – viel eher etwa als die Wirbeltiere: Sämt-

RIESENINSEKTEN BEVÖLKERTEN DIE WÄLDER

Fröschen würde eine Zeitreise in das Karbon sicher Alpträume bereiten: Denn in den damaligen feuchtwarmen Wäldern wimmelte es geradezu von mehr als 2 m langen Tausendfüßern und von Urlibellen, die so groß wie Möwen waren. Vor 320 Mio. Jahren dürften sich die ersten dem Wasser entstiegenen Wirbeltiere in einer Welt, die seit Jahrmillionen von den Gliederfüßern beherrscht wurde, recht verloren gefühlt haben. Unter diesen Gliederfüßern nahmen die Insekten eine Vormachtstellung ein, denn ihnen war es gelungen, die riesigen Nahrungsressourcen zu nutzen, die die Pflanzenwelt darstellte – die anderen Gliederfüßer beachteten sie nicht. Schon die ersten pflanzenfressenden Insekten spezialisierten sich bald auf die unterschiedlichste Nahrung. Einige ernährten sich von den jungen, zarten Pflanzentrieben, andere verwerteten vor allem die Sporen, Samen und Samenstände. Und da ihnen keine Konkurrenten die überreichlich vorhandene Nahrungsquelle streitig machten, entwickelten diese Pflanzenfresser schließlich enorme Körpergrößen – worauf die Evolution freilich eine bewährte Antwort gab: Auch die Lebewesen, die sich von diesen Insekten ernährten, wurden immer größer. Und für die Wirbeltiere, die sich nun in immer größerer Zahl an Land wagten, wurden diese riesigen Insekten zur bevorzugten Kost, wodurch der ungehemmten Ausbreitung und dem unbegrenzten Wachstum der Gliederfüßer schließlich ein Ende gesetzt wurde.

▲ **Die ersten Libellen** konnten ihre Flügel noch nicht anlegen. Darum mussten sie sich ihre Beute im Flug aus dem Laub der Bäume herausgreifen.

liche Fische, Frösche, Reptilien, Vögel und Säugetiere stellen zusammen weniger als 50 000 Arten!

Die Ursprünge der evolutionsgeschichtlich erfolgreichsten Tiere der Erde verlieren sich in den warmen, feuchten Wäldern des mittleren Paläozoikum. Auch ihr erster Auftritt verlief eher bescheiden und datiert aus dem Unteren Devon. Wichtige Meilensteine waren dabei die flügellosen Urinsekten (Apterygota). Aber schon im Oberen Karbon (vor 320 Mio. Jahren) waren die Insekten dann auf dem Festland weit verbreitet, was zahlreiche Fossilienfunde belegen. Neben längst verschwundenen Familien wie den Protodonaten (riesigen Libellen) gab es bereits auch uns vertraute Formen: die Eintagsfliegen,

Schaben, Halbflügler (Blattläuse, Wanzen), Geradflügler (Grillen, Heuschrecken, Feldheuschrecken), Käfer (Marienkäfer, Skarabäen) unf Zweiflügler (Mücken, Fliegen). Für diese vehemente Entwicklung gab es zahlreiche Gründe. Zunächst kam es zu bedeutenden physiologischen Neuerungen. So entwickelten sich bei den Pflanzen die schon erwähnten Spaltoffnungen (siehe S. 142), die ihren Wasserverlust reduzierten. Die Insekten bildeten Flügel aus, und einige entwickelten die Metamorphose, die sie verschiedene Entwicklungsetappen durchlaufen lässt – die Raupe verwandelt sich in eine Puppe und diese schließlich in einen Schmetterling. Insgesamt fanden die Insekten zahlreiche Wege, um aus den bis dahin ungenutzten pflanzlichen Ressourcen den größtmöglichen Nutzen zu ziehen. Und nicht zuletzt profitierten sie davon, dass auch die Pflanzenwelt im Verlauf des Karbon und des Perm einer umfassenden Weiterentwicklung unterworfen war.

▲ **Meister der Anpassung**
Einer der Schlüssel zum großen Erfolg der Insekten (hier das Fossil einer Heuschrecke) ist ihre außerordentliche Fähigkeit, sich rasch an Veränderungen in der Pflanzenwelt anzupassen. So folgten dem Auftauchen der Blütenpflanzen im Verlauf des Mesozoikum bald die verschiedensten Insektengruppen, die sich von Nektar ernährten und die Blüten bestäubten.

◀ **Die heutigen Skorpione**
sind Landtiere, doch ihre fernen Vorfahren im Unteren Devon waren ausgesprochene Wasserbewohner.

Auf allen Vieren aufs Trockene
Amphibien: die ersten Wirbeltiere mit Beinen

nders als Pflanzen und Gliederfüßern gelang es den Wirbeltieren schon beim ersten Versuch, sich dauerhaft an Land zu etablieren. Vor etwa 370 Mio. Jahren begannen marine Wirbeltiere, vier Füße auszubilden, die sie für ein erfolgreiches Leben zwischen Wasser und Festland benötigten – sie wurden die ersten Tetrapoden (Vierfüßer) und besiedelten als Amphibien erstaunlich schnell und in großer Vielfalt geeignete Lebensräume. Doch die meisten von ihnen verschwanden, ohne Nachfahren zu hinterlassen.

Ein kleiner Schritt an Land, ein großer für die Evolution

Als Wirbeltiere das Wasser verließen, begann ein faszinierendes Abenteuer der Evolutionsgeschichte. Wie aber kam es, dass Lungenfische wie *Panderichthys* aus dem Wasser robbten? Welche Veränderungen gingen mit diesem Schritt einher? Die Abfolge dieser Ereignisse fügt sich zu einem Roman zusammen, der längst nicht all seine Geheimnisse preisgegeben hat.

Wirbeltiere bevölkerten bereits an die 200 Mio. Jahre das Wasser, als dem ersten Fisch Beine wuchsen. In diesem langen Zeitraum bereitete die Evolution dieses entscheidende Ereignis behutsam vor. Und gerade die Übergangsphase, die die ersten Amphibien repräsentieren, liefert uns einen Schlüssel für dessen Verständnis; dabei hinterließ der erste Tetrapode (Vierfüßer) – ein Amphibium, das vor etwa 375 Mio. Jahren an Land ging – nicht mehr als seine Fußabdrücke! Und die ältesten Bruchstücke von Amphibienknochen sind ungefähr 370 Mio. Jahre alt. Erst ihre Nachfahren hinterließen 100 Mio. Jahre später fast vollständige Skelette.

Vom Frosch zum Wal

Alle Wirbeltiere, die über Gliedmaßen verfügen, zählen zu den Tetrapoden. Chronologisch sind dies Amphibien, Reptilien, Säugetiere und Vögel. Der etwas missverständliche Begriff Tetrapode (wörtlich = Vierfüßer) benennt nur die Anlage von vier Gliedmaßen im Skelett der Tetrapoden (nicht die Art ihrer Fortbewegung) – und daraus ergeben sich überraschende Gemeinsamkeiten etwa zwischen einem Wal, einem Marabu und einem Frosch. Denn ihrer unterschiedlichen äußeren Erscheinung zum Trotz gehen diese drei Tiere auf ein gemeinsames Urmodell zurück, was ihre Skelette beweisen: Alle besitzen Wirbel und mehr oder weniger stark ausgeprägte, an ihren jeweiligen Lebensraum angepasste Gliedmaßen. Der Frosch hat vier Beine. Die Beine des Wals sind verschwunden und zu Flossen verschmolzen. Die vorderen Gliedmaßen des Marabus haben sich zu Flügeln entwickelt. Die Gliedmaßen der Tetrapoden zeugen also von ihrem gemeinsamen Ursprung, darum bilden sie eine natürliche, monophyletische (einstämmige) Gruppe. Auch wenn wir ihren gemeinsamen Ahnen nicht kennen, so vermitteln uns die Fossilien doch eine Vorstellung davon, wie er ausgesehen haben könnte. Die Paläontologen interessiert heute weniger die Frage, wer von wem abstammt, als die andere: wer wohl am nächsten mit wem verwandt ist.

Süß- oder Salzwasser?

Lange gingen die Wissenschaftler davon aus, dass die Vorfahren der Amphibien ausschließlich im Süßwasser versumpfter Flüsse lebten. Das schienen Fossilien in Sandstein zu beweisen, der auf Sand aus alten Flussbetten zurückgeht. Das Austrocknen der Sümpfe hätte dann die Ur-Amphibien veranlasst, das Wasser zu verlassen. Die modernen Lungenfische bevölkern noch immer solche Lebensräume, da sie dank ihrer Lungenatmung im Schlamm überleben können.

Neuere Entdeckungen stellten diese Sicht aber in Frage. Denn in einigen Fossilienfundstätten mit Amphibien fand man auch Schalentiere, die typisch für die Gezeitenzonen von Küstengewässern sind. Und ein anderes frühes Amphibium, *Tulerpeton*, war in Sedimenten fossiliert, die charakteristisch für seichtes Meerwasser sind. Die Wirbeltiere vollzogen also den Schritt aus dem Wasser an Land vermutlich in den Küstenzonen eines heute verschwundenen Meeres, vielleicht im Schwemmlandgebiet eines Flussdeltas.

ALLE WIRBELTIERE SIND VETTERN

Denn alle haben einen gemeinsamen Vorfahren, der *Panderichthys* ähnelte (*Acanthostega* ist nicht das Zwischenglied zwischen Fisch und Amphibium, sondern war einer der frühesten Tetrapoden). Die Differenzierung erfolgt durch unterschiedliche Formen der Fortpflanzung. Bei Marabu und Wal wird der Embryo im Ei oder im Bauch der Mutter durch eine Flüssigkeit geschützt. Sie sind Amnioten. Die weichen Eier der Amphibien enthalten keine amniotische Flüssigkeit.

Panderichthys   *Acanthostega*   Kröte   Marabu   Wal

— **Muskelflosser** (Sarcopterygier)
— **Tetrapoden**
— **Amnioten**

Mühsame Detektivarbeit

Ichthyostega war lange der älteste bekannte Tetrapode. Eine dänische Expedition entdeckte ihn 1929 auf Grönland. Angesichts des Fundorts glaubten die Wissenschaftler, dass dieser vermeintlich erste Vertreter der Gruppe ausschließlich an Land lebte, zumal der 1 m lange Fleischfresser, eine Kreuzung aus Salamander und Krokodil, stämmige Beine, kräftige Schultern und ein massiges Becken aufwies. *Ichthyostega* blieb für mehr als 30 Jahre das einzige Zwischenglied zwischen Fischen und Amphibien. Im Jahr 1987 entdeckten dann Briten und Dänen – wiederum in Grönland – ein noch vollständigeres und vor allem primitiveres Exemplar, das *Ichthyostega* seinen Status streitig machte. Heute gilt *Acantho-* *stega* – so sein Name – als Vorläufer aller echten Tetrapoden. Seine ruderförmigen Gliedmaßen, sein langer und wie bei Fischen strahlenförmiger Schwanz, sein großer, flacher Kopf, seine funktionellen Kiemen – alles Hinweise auf ein auf das Wasser ausgerichtetes Leben. Biomechanische Studien, bei denen die Beweglichkeit seiner Gelenke untersucht wurde, zeigten, dass dieser Ur-Tetrapode nicht in der Lage war, sich auf festem Boden fortzubewegen und sein eigenes Gewicht zu tragen.

Weitere fragmentarische Funde machten das verschwommene Bild der frühen Amphibien nicht unbedingt deutlicher. In Schottland blieben von *Elginerpeton* – einem älteren und größeren Artgenossen – nur ein Stück seines Kiefers, ein Wirbel und ein Beinknochen erhalten. Andere Exemplare wurden in

▼ **Acanthostega** – *ein Wasserbewohner*
Dieser früheste Tetrapode lebte im Wasser. Entgegen der weit verbreiteten Vorstellung bildeten sich bei einem Fisch die ersten Beine nicht heraus, um seinen Körper aus dem Wasser tragen zu können, wie es das Bild zeigt, sondern um seine Schwimmfähigkeit zu verbessern und einen besseren Halt am Gewässerboden zu gewinnen.

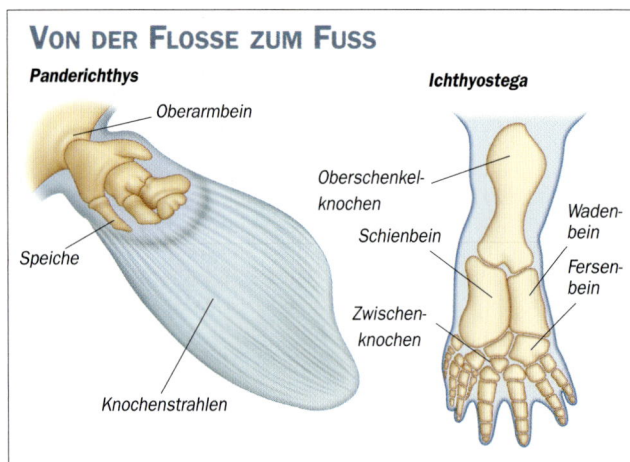

Panderichthys

Oberarmbein

Speiche

Knochenstrahlen

Ichthyostega

Oberschenkel-knochen

Schienbein

Waden-bein

Fersen-bein

Zwischen-knochen

▲ *Etwas vergleichende Anatomie*
Von der Flosse von Pander-ichthys (einem Lungenfisch) zum Vorderfuß von Ichthyo-stega ist es nur ein Schritt! Auch wenn die Strahlen der Flossen nicht den Fingern entsprechen, so sind doch an beider Aufbau die gleichen Gene beteiligt.

▲ *Amphibien auf der Spur*
Diese in Frankreich entdeck-ten fossilen Fußspuren zeigen, dass die primitiven Amphibien nicht fünf, sondern sieben Zehen besaßen!

Litauen und Russland entdeckt (und erhielten nicht minder komplizierte Na-men). Sie alle lebten aber noch ganz im Wasser!

Fossilien scheibchenweise

Die fossilen Reste primitiver Amphibien allein verraten nicht eindeutig, ob die Tiere eher an Land oder im Wasser leb-ten – die Bezeichnung Amphibium lei-tet sich vom griechischen *amphibios* ab und bedeutet: doppeltes Leben. Erweist sich die Erforschung des Skeletts als unzureichend, greifen die Wissen-schaftler auf Verfahren der Paläohisto-logie zurück und untersuchen die Mi-krostruktur der Knochen, sofern diese gut erhalten sind. Die Fossilien werden dazu in hauchdünne Scheiben ge-schnitten, dann wird jede Scheibe ge-schliffen, bis sie lichtdurchlässig ist. Un-ter dem Mikroskop offenbaren nun diese nur einige Zehntel Millimeter di-cken Proben etliche Geheimnisse des versteinerten Tieres. So kann man aus der Knochenstruktur auf seine Lebens-weise schließen. Generell lässt sich sa-gen, dass die primitiven Tetrapoden recht unterschiedliche Knochen-strukturen aufweisen, die häufig schwer zu deuten sind. Dennoch lieferte die Paläohistologie be-reits wichtige Ergebnisse. So hatte die konventionelle Untersuchung des Skeletts von *Eryops* keinerlei Aufschluss darüber bringen können, ob er aus-schließlich an Land oder im Wasser lebte. Nach hitzigen Diskussionen un-ter den Fachleuten und mehreren Re-konstruktionen konnte die Untersu-chung seiner Knochenstruktur schließ-lich definitiv zeigen, dass *Eryops* die meiste Zeit im Wasser zubrachte.

Beine bloß zum Schwimmen?

Wenn die ersten Tetrapoden noch ganz im Wasser lebten, wozu dienten dann ihre Beine? Ihre recht steifen, pad-delförmigen Gliedmaßen erlaubten ih-nen offenbar, sich auch am Boden schlammiger Gewässer aufzuhalten und sich selbst zwischen wuchernden Was-serpflanzen fortzubewegen. *Pander-ichthys* und *Acanthostega* besaßen keine Rücken- und Afterflossen mehr, mit de-nen Fische ihr Gleichgewicht halten – *Acanthostega* wird dazu wohl seine Beine benutzt haben.

Allmählich verloren dann die Beine ihre Schwimmfunktion, bis sich die Tiere schließlich auch an Land fortbewegen konnten. Der Fachausdruck für einen solchen Funktionswandel lautet Exap-tation. An den Gliedmaßen bildeten sich fünf, sechs, sieben oder acht Finger bzw. Zehen aus. Da viele moderne Te-trapoden, darunter der Mensch, über je fünf Finger oder Zehen verfügen, nahm man lange an, dass dies auch bei den gemeinsamen Ahnen so gewesen sei. Davon musste man jedoch Abstand nehmen, als ein russischer Paläontologe in den 1980er-Jahren einen sehr frühen Tetrapoden mit sechs Fingern pro Gliedmaße entdeckte. Und die Unter-suchung neuer Fossilien von *Ichthyo-stega* und *Acanthostega* zeigten, dass ers-terer sieben Zehen an den hinteren Gliedmaßen besaß und letzterer gar acht an seinen Vorderfüßen!

Zehen oder Flossen?

Solche sieben- oder achtzehigen Füße ließen die Wissenschaftler stutzen. Weshalb brachte eine Gliedmaße so viele Zehen hervor? Einige Paläontolo-gen des ausgehenden 19. Jh. sahen ge-wisse Ähnlichkeiten zwischen den Kno-chenstrahlen der Fischflosse und den Zehen der Tetrapoden – waren sie wo-möglich identisch? Seit den 1980er-Jah-ren wissen wir jedoch, dass Finger und Zehen keine variierten Flossenstrahlen sind. Denn durch Zellknospung bilden sich die Gliedmaßen eines Tetrapoden in der embryonalen Phase von innen nach außen: Zuerst entsteht der Ober-schenkel, dann der Unterschenkel, das Fußgelenk und zuletzt der Fuß. Diese embryonale Knospung vollzieht sich zwar auch bei den Fischen, doch ver-hindert eine Hautfalte ihre Entwick-lung. Das Innenskelett beendet vorher

sein Wachstum, und statt eines Ober-schenkels oder Oberarms entwickeln sich die Strahlen der Flosse. Beide Me-chanismen hängen von den so genann-ten Homöobox-Genen ab, die aller-dings bei Fischen und Tetrapoden zu verschiedenen Zeitpunkten des Ent-wicklungsverlaufs wirksam werden, um das jeweils erforderliche Ergebnis – Flosse oder Bein – herbeizuführen.

Eine Familie von Opportunisten

Waren sie im Oberen Devon noch rela-tiv zahlreich vertreten, so fanden sich in den Schichten des Unteren Karbon (vor 355–320 Mio. Jahren) nur wenige Te-trapodenarten und -exemplare. Erst am Karbon-Ende (vor 300 Mio. Jahren) stieg die Zahl der Amphibien wieder, und jetzt entwickelten sie auch eine beachtliche Artenvielfalt. Die Entste-hung großer Seen und riesiger Sümpfe könnte für diesen Schub ausschlagge-bend gewesen sein. Obwohl sie für die

des aquatischen Lebensraums den Vorzug. Einige kehrten in die Süßwasser-
seen zurück, andere fanden – lange vor
den großen Meeresreptilien des Erd-
mittelalters – den Weg zurück in die
warmen Ozeane. Dabei verloren einige
Arten allmählich wieder ihre Gliedmaßen und entwickelten eine schlan-
genförmige Erscheinung,
wie *Ophiderpeton*. Bei anderen ähnelte der Körper-
bau schließlich dem der
heutigen Krokodile oder
Gaviale – die Schnauze
wurde länger, die Beine
wurden kürzer und der
Schwanz streckte sich. Jede
Familie bildete ganz spezi-
fische Charakteristika aus
– aber sie alle ernährten
sich von Fischen.

◀ ***Eine fossile Kaulquappe?***
Dieses kleine Amphibium
(als Branchiosaurus bekannt)
wurde in Deutschland ent-
deckt. Es könnte sich um ein
sehr jung gestorbenes Tier
handeln, das vor etwa
300 Mio. Jahren in Sediment
eingeschlossen wurde.

Trotz dieser großen Varia-
tionsfülle starben die Amphibien nach mehreren Millionen Jahren fast vollständig aus. Unterlagen sie
schließlich im Wettbewerb mit den besser an das Leben an Land angepassten
Reptilien? Oder fielen sie einem globalen Klimawechsel zum Opfer, in dessen Verlauf sich die Zahl der Seen und
Sümpfe drastisch verringerte? Immerhin brachten sie vor ihrem Ende noch
die Frösche und die Salamander hervor und auch die Amnioten, die unsere
Vorfahren wurden – aber das ist eine
andere Geschichte ...

rechteren Körperbau, während sich ihre
Gliedmaßen schon fast unter dem Kör-
per befanden, beinahe so wie bei den
Dinosauriern und Landsäugern.

Die Rückkehr ins Wasser
Während die Zahl der landbewohnenden Amphibien immens stieg, begannen einige, sich den Lebensraum Wasser zurückzuerobern. Vielleicht waren
sie der Konkurrenz mit ihren räuberischen Vettern nicht mehr gewachsen,
oder sie gaben dem Nahrungsangebot

Fortpflanzung nach wie vor vom Lebensraum Wasser abhängig waren, waren sie flexibel genug, um sich an ihre
jeweilige Umwelt anzupassen – gebo-
rene ökologische Opportunisten.
Aber auch eine Veränderung des Klimas, das immer wärmer wurde, und
das Zusammenrücken der Kontinente
zu einer einzigen großen Landmasse
(Pangäa) erleichterte den Amphibien
die weltweite Verbreitung. Heute findet
man ihre fossilen Reste auf allen Kontinenten, von Südamerika über die Antarktis bis Asien, sogar einige Arten aus
der Kreidezeit Australiens und der Blütezeit der Dinosaurier. Zahlreiche neue
Familien tauchten auf, in der Mehrheit
Fleischfresser, die Längen zwischen einigen Zentimetern und mehreren Metern erreichten! Ihre Gliedmaßen sowie
Schulter- und Beckengürtel wurden robuster, und einige, wie *Seymouria* oder
Diadectes (vermutlich Ahnen der Reptilien), entwickelten bereits einen auf-

DIE METAMORPHOSE – EVOLUTION IN KURZFASSUNG?

Könnte man nicht, indem man das vergleichsweise schnelle Wachstum eines
menschlichen Embryos beobachtet, Aufschlüsse über den Ablauf der Evolution gewinnen, die sich über Millionen von Jahre erstreckt? Die Antwort lautet: Nicht wirklich, denn nur wenige Merkmale lassen sich auf die markanten Etappen der Evolution übertragen. So sind die kurzlebigen Kiemenspalten beim 30 Tage
alten menschlichen Fötus in der Tat ein Andenken an unsere Fischahnen.
Anders bei den Amphibien: Die Metamorphose der Kaulquappe gewährt einen guten Einblick in die Art und Weise, wie die ersten Tetrapoden das Wasser verließen.
Der Verlust von Kiemen und Schwanz, die Ausbildung von Beinen, Lungen und
Blase, das Wandern der Augen auf die Oberseite des Kopfes – all diese Veränderungen verwandeln die aquatische Kaulquappe in einen typischen Landbewohner,
einen Frosch. Und obwohl die Vorfahren der Tetrapoden keine Kaulquappen waren,
erhellen diese Analogien doch die generelle Metamorphose.

Energie in Hülle und Fülle
Das Leben in den Wäldern des Karbon

D as Karbon war mit einer Dauer von rund 70 Mio. Jahren der zweitlängste Abschnitt des Erdaltertums. Was geschah in dieser Periode? Entlang des Äquators erstreckte sich von Westen nach Osten ein wahrhafter Urdschungel aus riesigen Farnen und Schachtelhalmen, in dem es von enorm großen Insekten nur so wimmelte – er war damals die grüne Lunge unseres Planeten und sollte das Ausgangsmaterial für die großen Kohlelagerstätten unserer Zeit bilden.

Zusammenstoß zweier Riesen

Die Landmassen der Erde waren damals anders verteilt als heute: Sie hatten sich in zwei mehr oder minder kompakten Großkontinenten gebündelt, die nur von einem schmalen Ozeanbecken getrennt waren – doch von Süden her wanderte Gondwana mit einer Geschwindigkeit von 2 cm pro Jahr (2 km in 1 Mio. Jahre) nordwärts. Als die beiden Kolosse schließlich zusammenprallten, entstanden entlang des Äquators in Nordamerika die Appalachen und in Europa die variskische Gebirgskette. Doch erst Millionen Jahre später, in der Trias, verschmolzen sämtliche Landmassen zu einem einzigen riesigen Kontinent: zu Pangäa. Und vom Südpol aus schob sich nun eine gewaltige Eisschicht nach Norden, die binnen kurzem zwei Drittel Pangäas bedeckte.

Ein Urdschungel?

An den Hängen und zu Füßen der neu entstandenen äquatorialen Gebirge begünstigte ein vorteilhaftes tropisches Klima die Entstehung eines üppigen grünen Bandes – das Wasser aus den Seen am Rand der Gebirge floss durch Wildbäche, dann durch stark

gewundene Flüsse, deren Ufer weitflächig versumpften, hinab zum Meer: die Grundlage für riesige, feuchte tropische Wälder, die sich schon nach wenigen Jahrmillionen von Nordamerika bis nach Westeuropa erstreckten. Man könnte von einem Urdschungel sprechen, wenn er denn jener Art von Urwald entsprochen hätte, die wir ken-

SIBIRIEN

LAURUSSIA

PROTO-TETHYS

GONDWANA

- Feuchtklima
- Kohlelagerstätten
- Trockenwüste
- Vereisungen
- Grundmoränen
- Kontinentalsockel
- Meere, Ozeane

▶ **Die Weltkarte des Karbon**
Die Plattentektonik beeinflusste die Entwicklung des Lebens auf der Erde entscheidend. Gondwana stieß im Norden mit Laurussia zusammen, einem Kontinent, der aus der Kollision von Nordamerika mit Nordeuropa und der Russischen Tafel hervorgegangen war. Ein neuer großer Kettengebirgsgürtel ließ nun am Äquator eine fruchtbare grüne Zone entstehen, während im Süden eine breite Eisschicht das Land bedeckte.

▲ **Bäume über Bäume**
Baumartige Farne, Siegelbäume, Protokoniferen oder auch riesige Schachtelhalme: Der Dschungel des Karbon bestand bereits aus einer Vielzahl von Baumarten. Rechts setzt Hylonomus, einer der ersten Amnioten (30 cm groß), zum Sprung auf seine Beute, die Riesenlibelle Meganeura, an, bevor er sich wieder in den Baumstümpfen der Bärlapp-Riesen versteckt.

nen. Aber kein Vogelgezwitscher erfüllte die Luft, keine Säugetiere kletterten in den Bäumen, und keine Blumen schmückten das Bild – es sollte noch einige Dutzend Jahrmillionen dauern, bis sie Teil der Vegetation wurden.

Im Dach des Waldes, 30 m über dem Boden, ragten die Äste der Bärlappe und der Siegelbäume empor, ferne Vettern unserer heutigen Moose. Ihre Zweige fielen wie Lianen bis zum Boden herab. In den unteren Stockwerken teilten sich kleinere Baumarten das verbleibende Licht – Baumfarne, Psaroniales, Protokoniferen oder Cordaiten, überdimensionale Schachtelhalme oder Calamiten, in denen die ersten fliegenden Insekten Schutz suchten.

Sobald sich hier der morgendliche Nebel lichtet, tummeln sich selbst in den kleinsten Wasserlachen Hunderte von Skorpionlarven. In den Sümpfen lauern riesige Salamander, im Schlamm versteckt, regungslos auf ihre Beute. Über einem dampfenden Sumpf vollführen überdimensionierte Libellen (mit Flügelspannweiten von 75 cm) ihren Hochzeitstanz. Plötzlich erzittert das Laub: Eine gewaltige Spinne kämpft mit einem mehrere Meter langen Tausendfüßer um ihr Leben.

Dichter Humus überzieht den Boden wie ein schwarzes Leichentuch. Hohle Baumstämme schützen eine Kolonie dicker Schaben, dort verbirgt ein Haufen von verrottendem Laub gefräßige Milben. Der Himmel ist rot, und bald fällt ein feiner, warmer Regen auf das Dach des Dschungels. Aber das Wasser, das da auf den feuchten Boden rinnt, ist grau von Asche. Denn im fernen Gebirge grollen bedrohlich mächtige Vulkane, aus deren Kratern dunkler Rauch emporsteigt.

Wälder verwandeln sich in Kohle

Das äquatoriale Klima förderte das üppige Wachstum ausgedehnter Wälder. Der ewige Kreislauf des Absterbens und der Erneuerung der Vegetationsdecke, den die heftigen Monsunregen dieser Epoche noch beschleunigten, ließ großflächig eine mächtige Humusschicht

entstehen, die unablässig weiter wuchs. Im Mittellauf der großen Ströme verwandelten sich die weiten, sumpfigen Ebenen allmählich in riesige Torfmoore – der Ursprung unserer Braunkohle: Denn die großen nordamerikanischen und europäischen Kohlevorkommen gehen auf diese gewaltigen organischen Lagerstätten zurück. Sobald nämlich das vertorfte Pflanzenmaterial unter Sedimenten begraben war, verdichtete und erwärmte es sich, trocknete dann aus und verwandelte sich langsam in Braun- und Steinkohle – unsere fossilen Brennstoffe, ohne die die Industrialisierung seit dem 19. Jh. nicht möglich gewesen wäre und die mittlerweile das Weltklima so stark belasten.

Wenn heute erschöpfte Kohleminen aufgegeben werden, füllt man sie entweder auf oder nutzt sie als Mülldeponien. Im besten Fall werden sie vorher noch von Fossilienjägern untersucht. Orte wie East Kirkton in Schottland, Joggins in Neuschottland (Kanada), Mazon Creek in den USA, Buxières und Montceau-les-Mines in Frankreich oder auch Nyrany in der tschechischen Republik verdanken ihre Bekanntheit den Fossilienfunden aus ihren ehemaligen Bergwerken.

Süßwasserhaie?

An einem Morgen im Karbon: Am Rand der Wälder beleuchtet der silberne Widerschein riesiger Seen am Fuß der Berge das Treiben ihrer Bewohner. Das Sonnenlicht glitzert diffus auf dem leuchtend grünen Wasser, das reich an tierischem Plankton und mikroskopisch kleinen Algen ist. Dieses grüne Paradies stellt das Nahrungsreservoir für eine artenreiche Fauna dar. Unzählige kleinere Fische tummeln sich hier, längliche, nadelförmige, breite – doch im trüberen Wasser des Grundes, in tiefer Dunkelheit, belauern kalte Augen das morgendliche Treiben und warten, verborgen im Schlamm, auf erste Beute. Außer diesen Augen ragt vielleicht noch ein aufgerichteter Dorn aus dem Schlamm, in jedem Fall aber ein weit geöffneter Kiefer, der mit Hunderten von Zähnen bestückt ist und jederzeit bereit, sich bei der

kleinsten Vibration zu schließen – ein Hai! Denn wie heute unsere Welse nahmen damals mehrere Meter lange Haie – wie *Orthacanthus* und *Xenacanthus* – die Spitze der aquatischen Nahrungskette ein. Paläontologen interessiert hier vor allem, ob es sich tatsächlich um Süßwasserhaie handelte, wie man lange annahm. Die Forscher sind sich da nicht mehr so sicher. Manche küstennahen Wälder des Karbon ragten nämlich in ihrem Randbereich mit ihrem Wurzelwerk ins Meer hinein, ähnlich wie die heutigen Mangroven. Warum also sollten die damaligen Haie nicht ebenso Meeresbewohner gewesen sein wie ihre modernen Nachfahren? Die heutigen Fossil-Fundstätten Montceau-les-Mines und Nyrany jedenfalls lagen damals unweit der Küste.

DAS ZENTRALMASSIV – EIN OFFENES BUCH

In Buxières-les-Mines werden Hammer und Meißel nicht mehr zum Kohleabbau, sondern nur noch für die Suche nach Fossilien eingesetzt, seit man dort unter Tage bedeutende Entdeckungen machte. Der Arbeitsaufwand ist allerdings enorm. Zunächst durchforscht man die früheren Minen nach fossilhaltigen Gesteinsschichten. In Frage kommendes Gestein (hier ist es Schiefer) muss dann mühsam herausgehauen und ans Tageslicht geschafft werden, wo es gereinigt und gespalten wird. Man kann die verschiedenen Schichten schließlich

wie die Seiten eines Buches lesen und selbst die kleinsten Spuren fossilen Lebens aufspüren, das vor 300 Mio. Jahren darin eingeschlossen wurde. In einigen Jahren wird man so unsere Sicht der Welt im Oberen Karbon erheblich erweitert haben. Schon heute wissen wir, dass in den damaligen Wäldern, lange vor den Dinosauriern, eine neue Gruppe von Reptilien auftrat, die Amnioten. Anders als ihre noch stark vom Wasser abhängigen amphibischen Verwandten hatten sie sich bereits stärker an das Leben an Land angepasst. Sie waren kleine, unauffällige Fleisch- und Insektenfresser und entwickelten sich über Jahrmillionen schließlich zu unangefochtenen Herrschern über Kontinente, Ozeane und Lüfte.

▲ *Resiger Salamander aus Buxières-les-Mines (Mittelfrankreich)*
Dieser Schädel, der vor einigen Jahren in einer Mine entdeckt wurde, gehörte zu einem fleischfressenden Amphibium, das ausgewachsen mehrere Meter lang wurde!

▲ *Die Zähne des Sees*
Mit sonderbaren Dornen auf dem Schädel und mit Hunderten von Zähnen ausgestattet, machten Haie, wie der oben abgebildete Orthacanthus, bereits die tiefen Wasser der Flussmündungen unsicher.

◀ *Einige der typischen Pflanzen des Karbon*

Schuppenbaum (50 m)   Scallaria (30 m)   Calamites (20 m)   Cordaltes (12 m)   Psaronius (7,50 m)

Das amniotische Ei: Abschied vom Wasser
Die Revolution der Reptilien

Wieder die Frage nach der Henne und dem Ei? Keineswegs, denn eigentlich erübrigt sie sich, wenn man weiß, dass es das Ei schon vor mindestens 320 Mio. Jahren gab, also zu einer Zeit, als an Hühner noch längst nicht zu denken war! Das Ei betrat mit den Reptilien die Bühne der Evolution, und diese verfügten noch über weitere Trümpfe, die ihnen bald eine beispiellose Rolle verschafften.

▶ **Hylonomus** *und* **Palaeothyris** *lebten vor 320 Mio. Jahren in den warmen Wäldern des Karbon und sind die ältesten uns bekannten Reptilien. Gefangen in den hohlen Stämmen von Siegelbäumen blieben ihre Körper bis heute erhalten.*

Das Ei, das alles änderte

Amphibien leben in zwei Welten, im Wasser und an Land. Zur Ablage ihrer empfindlichen und kaum geschützten Eier brauchen sie das Wasser oder wenigstens eine sehr feuchte Umgebung. Das Weibchen legt die in der Regel unbefruchteten Eier ab, während das Männchen sie mit seinem Sperma befruchtet. Die Eier reifen im Wasser heran und bringen zumeist Larven hervor, die dann eine Metamorphose durchlaufen. Dieser komplexe Fortpflanzungszyklus ist alles andere als ökonomisch, denn nur eine geringe Zahl Larven reift heran, von denen wiederum nur wenige das Erwachsenenstadium erreichen. Um die großen Verluste auszugleichen, legen Amphibien

▼ **Reptilien** *lassen sich anhand ihrer Schädelfenster unterscheiden. Unten sind ein anapsider, ein synapsider und ein diapsider Schädelbau zu sehen.*

EIN SCHÄDEL SPRICHT BÄNDE

Die systematische Einteilung einer so reichen und vielfältigen Tierklasse wie die der Reptilien ist nicht leicht. Man verständigte sich darauf, Reptilien nach ihrem Schädelbau in vier große Unterklassen zu gliedern. Der Schädel eines **anapsiden** Reptils weist außer den Augenhöhlen und Nasenöffnungen keinerlei Fenster auf. Anapsiden sind allesamt frühe fossile Reptilien.
Der Schädel eines **synapsiden** Reptils besitzt außer Augen- und Nasenöffnungen ein Paar so genannte Schläfenöffnungen. Zu den Synapsiden zählen fossile Reptilien wie die Pelycosaurier und die Therapsiden – aber auch die Säugetiere haben synapside Schädel.
Der **diapside** Reptilienschädel verfügt zusätzlich über ein weiteres Paar Schläfenöffnungen oberhalb der synapsiden Schläfenfenster. Diapsiden bilden die zahlenmäßig größte Unterklasse, zu ihnen gehören Echsen und Schlangen ebenso wie die Dinosaurier und ihre Nachfahren, die Vögel.
Die Einordnung der Schildkröten ist nach wie vor umstritten, da es sowohl anapside wie diapside Arten gibt.
Eine ebenfalls ausgestorbene Gruppe von Reptilien aus dem Mesozoikum waren die **Euryapsiden**, die wie die Synapsiden nur ein Paar Schläfenöffnungen besaßen, das aber hoch am Schädel saß. Dazu zählten Meeresreptilien wie die Ichthyosaurier (Fischsaurier) und die Placodonten (Pflasterzahnsaurier).

sehr viele Eier ab. Etwa vor 320 Mio. Jahren fand die Evolution dann einen Weg, um die Fortpflanzung der Wirbeltiere sicherer und ökonomischer zu machen – sie entwickelte das amniotische Ei.
Dieses Wunderwerk an Perfektion schützt den Embryo mitsamt einem ausreichenden Nährstoffvorrat durch mehrere funktionelle Hüllen – das hatte revolutionäre Folgen, denn die Wirbeltiere (nunmehr die Reptilien) waren nicht länger an den Lebensraum Wasser gebunden, sondern konnten ihre Eier nun an jedem beliebigen Ort an Land ablegen, sodass ihnen die Lebensräume der Kontinente offen standen. Allerdings setzte diese neue Form der Fortpflanzung voraus, dass die Befruchtung noch vor der Eiablage zu erfolgen hatte. Es musste also auch eine neue Befruchtungsmethode gefunden werden: die Paarung.

Spektakuläre Neuerungen

Das amniotische Ei war freilich nur ein Glied innerhalb einer evolutionären Gesamtkonzeption, die es den Wirbeltieren ermöglichte, sich zu echten Reptilien zu entwickeln. So erfolgt bei den Amphibien die Atmung noch weitgehend über die feuchte und nackte Haut, eine Funktion, die sie außerhalb des Wassers nicht mehr erfüllen kann. Reptilien konnten zum Atmen nur auf ihre Lungen zurückgreifen, die entsprechend leistungsfähiger werden mussten; damit einher ging ein effizienterer Blutkreislauf. Die Haut der Tiere musste vor Sonne und trockener Luft geschützt werden – sie überzog sich mit einer hornartigen Oberhaut, die bei manchen Reptilien von Schuppen bedeckt ist. Für die Fortbewegung an Land waren ein solideres Skelett, eine stärkere Muskulatur, ein kräftigeres Kreuz, leistungsfähigere Sinne und ein beweglicherer Kopf erforderlich. All diese Veränderungen auf dem Weg vom Amphibium zum Reptil vollzogen sich innerhalb eines erdgeschichtlich relativ kurzen Zeitraums vor 330–320 Mio. Jahren. Das macht es bisweilen schwierig, die Fossilien von Wirbeltieren aus dieser Epoche eindeutig zu identifizieren.

Lizzie – Amphibium oder Reptil?

In der reichen Fossil-Fundstätte von East Kirkton in Schottland stieß man auf die Reste von Amphibien aus dem Unteren Karbon (vor etwa 340 Mio. Jahren), darunter auf das Skelett eines kleinen, 20 cm langen Tieres, das in den 1980er-Jahren unter Paläontologen von sich reden machte. Es schien näm-

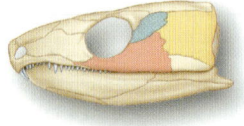

▲ **anapsid (Captorhinus)**

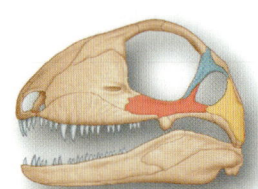

▲ **synapsid (Haptodus)**

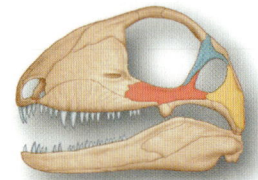

▲ **diapsid (Petrolacosaurus)**

OPTIMALE AUSSTATTUNG

Das amniotische Ei besitzt eine weiche oder feste Schalenhülle. Sie ist semipermeabel, also zwar durchlässig für Gase wie Sauerstoff oder Kohlendioxid, aber nicht für Flüssigkeiten. Außerdem schützt sie den Inhalt des Eis vor Erschütterungen. Das ist aber noch nicht alles. Der Embryo ist zusätzlich von drei besonderen Membranen umgeben – dem Chorion, der Allantois und dem Amnion –, die wichtige Funktionen erfüllen, nämlich den Schutz, die Atmung, die Ausscheidung von Abfallstoffen und auch den Zugang zu Nährstoffreserven sicherstellen.
So kann sich der Embryo im Ei perfekt geschützt und gut versorgt entwickeln und schließlich wohlgerüstet ausschlüpfen.

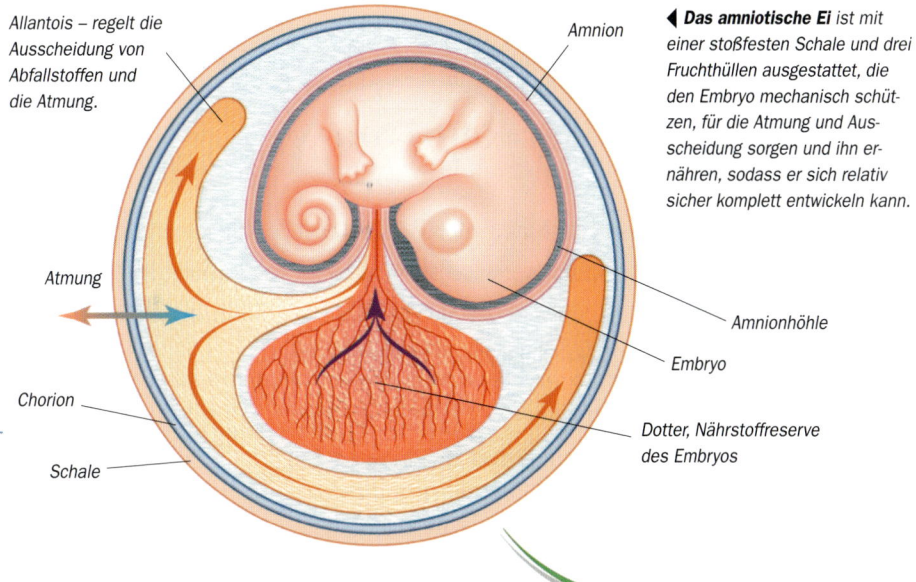

Allantois – regelt die Ausscheidung von Abfallstoffen und die Atmung.

Atmung

Chorion

Schale

Amnion

Amnionhöhle

Embryo

Dotter, Nährstoffreserve des Embryos

◀ Das amniotische Ei ist mit einer stoßfesten Schale und drei Fruchthüllen ausgestattet, die den Embryo mechanisch schützen, für die Atmung und Ausscheidung sorgen und ihn ernähren, sodass er sich relativ sicher komplett entwickeln kann.

BEISPIEL FÜR DIE BEFRUCHTUNG AUSSERHALB DES KÖRPERS

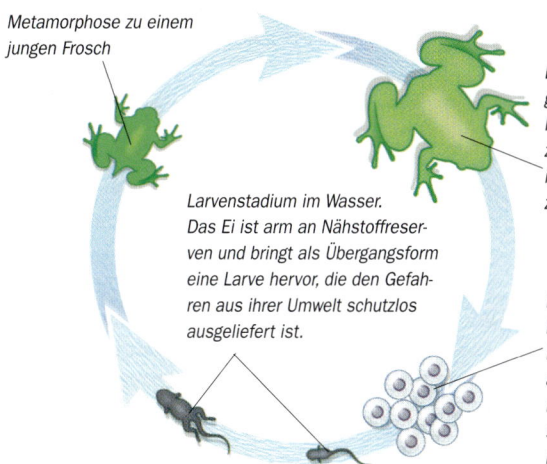

Metamorphose zu einem jungen Frosch

Erwachsener, geschlechtsreifer Frosch. Er muss zur Fortpflanzung ins Wasser zurückkehren.

Larvenstadium im Wasser. Das Ei ist arm an Nährstoffreserven und bringt als Übergangsform eine Larve hervor, die den Gefahren aus ihrer Umwelt schutzlos ausgeliefert ist.

Das Weibchen legt zahlreiche Eier ins Wasser ab, die das Männchen mit seinem Sperma befruchtet.

BEISPIEL FÜR DIE BEFRUCHTUNG INNERHALB DES KÖRPERS

Bildung eines jungen Reptils, das sehr rasch die Fähigkeiten eines ausgewachsenen Tieres erlangt.

Geschlechtsreifes Tier. Die Begattung findet an Land statt, wobei das Sperma direkt in den Körper des Weibchens eingebracht wird.

Das Ei wird an Land ausgebrütet. Es birgt ausreichend Nährstoffreserven und erlaubt eine lange und vollständige Entwicklung des Embryos.

Das Larvenstadium fällt weg.

▼ Petrolacosaurus lebte vor etwa 300 Mio. Jahren in Nordamerika. Er ist der Ahnherr der riesigen Familie der diapsiden Wirbeltiere, zu denen Schlangen, Echsen, Dinosaurier und auch die Vögel zählen.

---

lich das älteste bis dahin entdeckte Reptil zu sein. Der Fund war insofern von großer Bedeutung, als mit ihm der Ursprung der Reptilien um etwa 20 Mio. Jahre rückdatiert werden musste.
Bald stellte sich allerdings die Frage, ob dieses Tier mit dem Namen Lizzie, das wissenschaftlich *Westlothiana lizzae* heißt, tatsächlich schon ein Reptil oder noch ein Amphibium war. Jedenfalls scheint Lizzie mehr amphibische als reptilische Merkmale aufzuweisen.

Die Pioniere

Die im Gegensatz zu Lizzie zweifelsfrei ältesten Reptilien – *Hylonomus* und *Paleothyris* – zählen zu den Anapsiden. Diese kleinen, etwa 20 cm langen Tiere, die wie Eidechsen aussahen, lebten vor 320–310 Mio. Jahren in den üppigen Wäldern der Region, die heute dem kanadischen Neuschottland entspricht. Wälder bilden in der Regel keine idealen Bedingungen, um Lebewesen fossil

zu erhalten, da hier die Kadaver, noch bevor sie von Erde bedeckt werden, verwesen. Die Überreste der kleinen Reptilien jedoch wurden im versteinerten hohlen Stumpf eines Siegelbaums entdeckt, der für die Tiere zu einer Falle geworden war.

Die Anfänge einer langen Geschichte

Auf *Hylonomus* und *Palaeothyris* folgte bald *Archaeothyris*, den man in den gleichen Gesteinsschichten Neuschottlands entdeckte. Er ist aber der Vertreter einer anderen großen Gruppe von Reptilien, der Synapsiden, aus denen einmal die Säugetiere hervorgehen sollten.

Und in texanischen Gesteinen aus dem Oberen Karbon fand man schließlich *Petrolacosaurus*, den ältesten Vertreter der diapsiden Reptilien.
Im Karbon bildeten sich also die drei großen Entwicklungslinien der Reptilien heraus – womit eine überaus faszinierende Geschichte einsetzte, die noch heute andauert.

Ein viel versprechender Beginn
Die Reptilien

In den 320 Mio. Jahren ihrer beispiellosen Existenz ist es den Reptilien gelungen, in fast allen Lebensräumen der Erde Fuß zu fassen – von den Wüsten bis in die Wälder, von den Lüften bis in die Ozeane. Dabei entwickelten sie einen atemberaubenden Artenreichtum: Bis heute fand man Tausende fossiler Arten, und jedes Jahr kommen weitere Entdeckungen hinzu.

Unerschütterlich und dominant

Reptilien treten nicht annähernd so auffällig in Erscheinung wie ihre Nachfahren, die Säugetiere und Vögel. Doch obwohl wir sie nur selten zu Gesicht bekommen, spielten sie in der Evolution eine außerordentlich wichtige Rolle – wobei sich ihre lange Geschichte als überaus komplex und verwickelt darstellt. Sicher ist heute, dass die Reptilien zum ersten Mal im Karbon (vor etwa 320 Mio. Jahren) auftraten. Sie teilten sich sehr bald in drei große Gruppen, die im weiteren Verlauf sehr unterschiedlichen Entwicklungen und Schicksalen unterworfen sein sollten: in Anapsiden, Synapsiden und Diapsiden (siehe S. 154). Diese drei Gruppen entfalteten sich ein erstes Mal im Verlauf des Perm (vor 290–250 Mio. Jahren), dem letzten Abschnitt des Paläozoikum, wurden dann aber von einem beispiellosen Massensterben in Mitleidenschaft gezogen, das die gesamte damalige Tierwelt berührte: Auch die Reptilien wurden stark dezimiert, aber sie überlebten.

In der folgenden Trias (vor 250–205 Mio. Jahren) entwickelten sie dann einen weit größeren Artenreichtum als zuvor und dominierten schließlich das gesamte restliche Mesozoikum, das darum auch gern das „Zeitalter der Reptilien" genannt wird. Als dann vor 65 Mio. Jahren vermutlich ein Meteoriteneinschlag ein zweites und kaum weniger dramatisches Massensterben verursachte, verschwanden auch zahlreiche Reptilienfamilien für immer von der Erde, darunter die Dinosaurier und die großen Meeresreptilien. Die ganz wenigen überlebenden Reptilienarten entwickelten sich aber bis in unsere Zeit fort: Schildkröten, Krokodile, Echsen und Schlangen.

Primitiv, aber robust

Bald nach ihrem Auftreten im Karbon bildeten die Anapsiden mehrere Entwicklungslinien aus. Die in der Regel kleinen Tiere sind heute alle ausgestorben und äußerst schwer zu klassifizieren. Einige Linien brachten erstaunliche Modelle hervor, etwa die Pareiasaurier. Diese massigen, kräftigen Pflanzenfresser konnten 2–3 m Länge erreichen und wogen mehrere Hundert Kilogramm. Ihre Schädel waren nicht selten mit knochigen Vorsprüngen versehen, die ihnen ein spektakuläres Aussehen verliehen.

Diese Anapsiden überdauerten nur einige Jahrmillionen und fielen bereits dem ersten Massensterben an der Perm-Trias-Grenze zum Opfer. Eine andere Gruppe erwies sich als erfolgreicher: die Schildkröten, deren Geschichte mittlerweile über 200 Mio. Jahre zurückreicht. Aufgrund ihres primitiven Körperbaus halten viele Forscher sie für direkte Nachfahren der Anapsiden des Erdaltertums. Gestützt auf neuere Studien rechnen aber andere sie mittlerweile zu den Diapsiden, was sie zu nahen Verwandten der Echsen und Schlangen machen würde. In Paläontologenkreisen wird darüber noch immer heftig diskutiert – ein gutes Beispiel dafür, wie schwierig sich die Klassifizierung von Lebewesen bisweilen gestalten kann.

Der Weg der Säugetiere

Während des gesamten Mesozoikum wurden die wichtigen Lebensräume der Erde unzweifelhaft von den Synapsiden dominiert. Auch ihre Wurzeln lagen im Karbon (vor etwa 310 Mio. Jahren), und von den drei Reptiliengruppen, die damals antraten, sollten sie sich in Zahl und Artenvielfalt als die weitaus erfolgreichste erweisen.

Zu den ersten Synapsiden gehörte die Familie der Pelycosaurier. Einige ihrer Vertreter, wie *Dimetrodon* und *Edaphosaurus*, besaßen eine bemerkenswerte Erscheinung: Entlang der Wirbelsäule trugen sie nämlich lange, knochige Fortsätze, die ein Hautsegel stützten, das den Forschern lange Zeit viele Rätsel aufgab. Dieses stark durchblutete Rückensegel diente vermutlich als Wärmetauscher. War das Tier abgekühlt,

◀ *Die Pelycosaurier oder Wolfsaurier waren erstaunliche Tiere. Einige von ihnen trugen Rückensegel, die vermutlich der Temperaturregulierung dienten.*

begab es sich in die Sonne, wo sich sein Körper dank des großen Sonnensegels rasch aufheizte. Umgekehrt suchte es bei Überhitzung den Schatten auf, um den Wärmeüberschuss loszuwerden. Alle Pelycosaurier – fleischfressende wie pflanzenfressende – starben im Verlauf des Perm aus. Zuvor brachten sie allerdings noch eine neue, schicksalsträchtige Synapsidenfamilie hervor, die Therapsiden, die man auch als säugetierähnliche Reptilien bezeichnet. Im Verlauf des Perm und in der Anfangsphase des Mesozoikum diversifizierten sich die Therapsiden in zahlreiche Linien – und aus einer gingen vor etwa 210 Mio. Jahren die Säugetiere hervor.

Die unauffälligsten, dafür die langlebigsten: die Diapsiden

Während Anapsiden und Synapsiden gleichsam mit Theaterdonner die Bühne des Lebens betraten, machte sich die dritte große Reptiliengruppe, die Diapsiden, zu Anfang eher bescheiden und zurückhaltend bemerkbar – nichts deutete darauf hin, dass sie eine außergewöhnliche Zukunft erwartete. Das älteste bekannte diapside Reptil war *Petrolacosaurus* und lebte vor etwa 300 Mio. Jahren während des Oberen Karbon. Das kleine, etwa 40 cm lange Tier erinnert stark an eine Eidechse.
Aus dem Perm wurden uns nur wenige fossile diapside Reptilien überliefert, doch diese lassen bereits die beiden großen Gruppen erahnen, die dann das gesamte Mesozoikum prägen und teils bis heute die Fauna bereichern sollten. Die eine stellten die Archosauromorpha, deren bekannteste Vertreter die Krokodile, die Pterosaurier, die Dinosaurier und deren Nachfahren, die Vögel, wurden. Bei der anderen Gruppe handelte es sich um die Lepidosauromorpha, die im Mesozoikum in großer Zahl – auch in den Meeren – vertreten waren. Diese Gruppe wird bis in unsere Tage durch Echsen und Schlangen repräsentiert.

Erfolg erst beim zweiten Versuch

Wie schon erwähnt, fand die erste Blütezeit der Reptilien an der Wende zur Trias durch ein katastrophales Massensterben ein jähes Ende.
Am Ende des Paläozoikum (oder Erdaltertums) wurden schätzungsweise

Die Pareiasaurier, massige Pflanzenfresser, fielen dem großen Massensterben am Ende der Kreide zum Opfer. Sie verschwanden, ohne Nachfahren zu hinterlassen.

90 % der damaligen Tier- und Pflanzenarten von einer beispiellosen ökologischen Katastrophe heimgesucht, deren Ursachen bislang weitgehend unklar sind. Fest steht jedoch, dass diese Katastrophe weit größere Ausmaße hatte als jenes Massensterben, dem 185 Mio. Jahre später neben vielen anderen auch die Dinosaurier zum Opfer fielen. Erstaunlicherweise entgingen die Reptilien am Ende des Perm der kompletten Vernichtung. Ihre drei großen, im

Paläozoikum entstandenen Gruppen (Anapsiden, Synapsiden und Diapsiden) erlitten zwar erhebliche Verluste und zahlreiche ihrer Familien starben aus. Doch die wenigen Linien, die dieses Massensterben überlebten, bildeten die Grundlage für jene außerordentliche und spektakuläre Artenvielfalt und Vielgestaltigkeit, die dann die Reptilien während des gesamten Mesozoikum zur dominanten Tierklasse auf der Erde machen sollten.

DIE MESOSAURIER: GUT ERFORSCHT UND DOCH FREMD

Bisweilen sehen sich die Paläontologen exzellenten Funden gegenüber, die ihnen dennoch erhebliches Kopfzerbrechen bereiten. Die Mesosaurier sind ein solcher Fall. Die kleinen, im Wasser lebenden Reptilien waren seit Beginn des Perm vor etwa 280 Mio. Jahren auf der Südhalbkugel heimisch. Ihre zahlreichen fossilen Reste, die man im Süden Amerikas und Afrikas entdeckte, lassen den Schluss zu, dass sie zu ihrer Zeit in relativ großer Zahl vertreten waren. Die lang gestreckten, schlanken Tiere waren sehr gute Schwimmer und konnten dank einer Vielzahl dünner, spitzer Zähne Fische und andere kleine Wassertiere erbeuten. Die Entdeckung ihrer Fossilien lieferte Alfred Wegener sogar ein weiteres Argument für seine damals revolutionäre Theorie von der Kontinentaldrift – denn da die Fossilien der Mesosaurier in Südamerika und im Süden Afrikas in den gleichen geologischen Schichten gefunden wurden, musste man davon ausgehen, dass der Südatlantik zu ihrer Zeit noch nicht existierte. Trotz dieser wichtigen Zeugenschaft stellen die Mesosaurier die Paläontologen vor ein ernstes Problem: Sie können sie nicht eindeutig klassifizieren, denn ihr Körperbau stimmt mit keiner bekannten Reptilienart überein – und solche Geheimnisse schätzen die Wissenschaftler gar nicht!

Mesosaurus war an das Leben im Wasser angepasst. Seine Zuordnung zu den Reptilien ist noch umstritten.

Weltmeister der Beharrlichkeit

Der lange Weg der Schildkröten

Als der Dichter La Fontaine seine Fabel vom Wettlauf zwischen Hase und Schildkröte schrieb, wollte er den Lesern menschliche Charaktereigenschaften vor Augen führen. Er wusste nicht, dass seine Fabel ebensogut das lange Evolutionsabenteuer der Schildkröten illustrierte. Die Geschichte der Chelonia, so ihr wissenschaftlicher Name, reicht mehr als 200 Mio. Jahre zurück. Sie erlebten die Dinosaurier, überlebten sämtliche Massensterben und existieren noch heute, an Land und in den Flüssen und Meeren.

Frühentwickler

Die Frage, woher die Schildkröten stammen, konnte noch nicht befriedigend beantwortet werden. Die ältesten Fossilien kommen aus der ausgehenden Trias, sind also etwa 210 Mio. Jahre alt. Zu dieser Zeit waren die Schildkröten aber bereits weit verbreitet, denn ihre fossilen Reste finden sich fast auf der ganzen Welt: in Asien, Afrika, Europa und Südamerika. Ein frühes Exemplar ist die in Deutschland entdeckte *Proganochelys quenstedti*, die im Unterschied zu den heutigen Schildkröten über kleine Zähne verfügte und wohl noch nicht den Kopf einziehen konnte. Sie lebte offenbar in sumpfigem Gelände.

Köpfchen, Köpfchen!

Bald nach diesen ersten nachgewiesenen Schildkröten entwickelten sich zwei charakteristische Unterordnungen, deren Mitglieder Flüsse, Seen, Land und Meere besiedelten: die Halswender (Pleurodira) und die Halsberger (Cryptodira). Zusammen umfassen beide heute mehr als 230 Arten, dazu kommen noch Hunderte fossile. Bei den lebenden Tieren kann man den gravierenden Unterschied zwischen beiden Gruppen sehr gut beobachten: Die Halsberger ziehen ihren Kopf durch eine vertikale S-förmige Biegung der Halswirbelsäule geradlinig in ihren Panzer zurück, während die Halswender ihn durch eine horizontale Krümmung des Halses seitlich in den Panzer schieben. Auch anhand der Skelette – die bei den fossilen Arten die einzigen erhaltenen Körperteile sind – lassen sich Unterschiede zwischen den beiden Gruppen feststellen. Bei den Halswendern haftet der Beckengürtel (an dem die Gelenke der Hinterbeine sitzen) fest am Bauchpanzer (Plastron), während der der Halsberger frei ist. Die Funktionsweise der Kiefer ist ebenfalls bei beiden unterschiedlich.

Während mehrerer Jahrmillionen diversifizierten sich diese beiden Unterordnungen unabhängig voneinander mehrfach – mal entstanden Land-, mal Meeres-, mal Süßwassermodelle.

Die Beine der heutigen Schildkröten entschlüsseln auch die Fortbewegungsweise und damit den Lebensraum ihrer fossilen Ahnen. So enden die schlankeren Beine der kleinen Wasserschildkröten in langen, durch eine Schwimmhaut verbundenen Zehen. Die Zehen der Landschildkröten dagegen sind kürzer, und ihre stämmigen Beine ähneln Elefantenfüßen.

Die Meiolaniidae waren Landschildkröten, die erst im Pleistozän ausgestorben sind. Diese letzte Familie primitiver Halsberger zeichnete sich durch knöcherne Schädelhörner aus. Bei anderen Landschildkröten spezialisierten sich die Füße in Form von Spateln, die sie als Schaufeln einsetzen können, um große Erdbaue zu graben – und bei den Meeresschildkröten mutierten sie zu regelrechten Schaufeln, die sie wie Flossen oder Paddel benutzen.

Die Schildkröten und das Meer

Fundstätten wie Solnhofen in Deutschland oder Cerin in Frankreich lieferten die ersten Fossilien von Schildkröten, die sich vor etwa 150 Mio. Jahren ins Meer wagten. Sie weisen relativ lange Zehen auf, die eine große Schwimmhaut getragen haben. Einige Knochen des Panzers sind weniger entwickelt, sodass zwischen ihnen Freiräume blieben, die so genannten Fontanellen. Durch sie wurde das Tier leichter und konnte besser schwimmen. Sämtliche Schildkröten des Jura lebten vermutlich in Lagunen oder Küstenzonen. In der Kreide nahmen dann andere Schildkröten sowohl ihre Stelle als auch ihren Lebensraum ein, etwa *Pleurodira araripemys*.

In der gleichen Periode spezialisierten sich einige Schildkröten noch mehr, um sich auch ins offene Meer begeben zu können. Ihre Panzer waren erheblich leichter und ihre Gliedmaßen in Schwimmschaufeln verwandelt. Einige Formen wie *Archelon* erreichten Größen von mehr als 3 m, sodass sie sich endgültig im Meer

▲ *Zwei Arten, den Kopf einzuziehen*
Die Unterscheidung zwischen Cryptodira und Pleurodira erfolgt nach der Art und Weise, wie die Schildkröten ihren Kopf einziehen. Die Cryptodira oder Halsberger ziehen ihn vertikal ein (oben), die Pleurodira oder Halswender horizontal (unten).

▶ **Meiolania,** *eine fossile Landschildkröte mit „Hörnern". Die letzten Fossilien dieser Art wurden auf einer Insel einige Kilometer vor Australien gefunden und sind mindestens 150 000 Jahre alt.*

EIN HAUS AUF DEM RÜCKEN

Interessanterweise konnten die Paläontologen bislang keine fossilen Schild-kröten-Vorfahren finden, die eine Art Vorstufe des späteren Panzers der Tiere aufgewiesen hätten – so kommt es, dass die Schildkröten mit ihrem einmaligen Körperbau scheinbar plötzlich und vollendet in die Geschichte des Lebens eintraten. Ihr Panzer besteht bei allen Arten aus zwei Teilen: dem gewölbten Rücken-panzer und dem platten Bauchpanzer (Plastron). Die Knochensegmente des Panzers sind sowohl miteinander als auch mit Rippen und Wirbelsäule verschmolzen, zudem von großen Schuppen bedeckt und verstärkt. Diese hornigen Schuppen wurden nicht fossilisiert, hinterließen aber bisweilen Abdrücke auf den härteren Knochenteilen, die in großer Zahl als Fossilien überdauerten.

Auch der Schilkrötenschädel ist bemerkenswert aufgebaut. Oft klobig gestaltet, übernimmt er, wie der Panzer, eine Schutzfunktion. Er besitzt auch keine Schlä-fenöffnungen wie der Schädel anderer moderner Reptilien. Und Schildkröten haben in der Regel keine Zähne, sondern eine Art hornigen Schnabel.

◀ **Proganochelys,** *die älteste bekannte fossile Schildkröte*

▼ *Die Vielfalt der heutigen Schildkröten*
Die amerikanische Dosenschild-kröte Terrapene *(links) ist ein Allesfresser und lebt an Land in Feuchtgebieten. Die Alligator-Schnappschildkröte* Chelydra *(kleines Foto unten) ist ein Fleischfresser und lebt im Süß-wasser. Die Meeresschildkröte* Chelonia *(großes Foto unten) ernährt sich hauptsächlich vegetarisch.*

behaupten konnten. Wie die heutigen Meeresschildkröten, kam *Archelon* wohl nur zur Eiablage an Land.

Ein uniformer Körperbau? Nur eine Frage der Optik

Schildkröten passten sich den unter-schiedlichsten Lebensräumen an und entwickelten auch (entgegen dem An-schein) eine große Vielgestaltigkeit. Ei-

nige heutige Vertreter wie *Trionyx* (eine Weichschildkröte) haben ihre Schup-pen verloren – übrig blieb nur das Ske-lett des Panzers, über das sich eine Haut spannt. Einige Arten sind Tarnspezia-listen, so die flache und unter Laub fast unsichtbare Fransenschildkröte (*Chelus fimbriatus*). Alligator-Schnappschild-kröten sind gefährliche Räuber, manche können mit einem einzigen Biss ihres Schnabels einen Besenstiel durchtren-nen. Und der Panzer einiger fossiler Ar-ten war mit Spornen bestückt, deren Funktion noch unklar ist.

Wären Anpassungsfähigkeit und Viel-gestaltigkeit bei den Schildkröten nicht seit jeher in so hohem Maß ausgeprägt gewesen, dann hätten sie kaum so viele andere Tiergruppen überlebt.

Die Herrscherreptilien
Die Archosaurier

Gegen Ende des Paläozoikum vor etwa 255 Mio. Jahren wurde eine Reptiliengruppe unübersehbar, die man Archosaurier nennt – Herrscherreptilien. Und schon zu Beginn des Mesozoikum hatten sie sich in drei großen Entwicklungslinien etabliert, die tatsächlich bald die Ökosysteme der Festländer dominierten: als Krokodile, als Pterosaurier (Flugsaurier) und als Dinosaurier (von denen wiederum die Vögel abstammen).

◄ **Tanystropheus**, *eine lebende Angelrute*
Diese „Giraffenhals-Echse" war eines der erstaunlichsten Reptilien. Ihr unglaublich langer Hals bestand aus zwölf Wirbeln von jeweils 30 cm Länge und war damit mehr als doppelt so lang wie der Rumpf des Tieres! *Tanystropheus* lebte vermutlich als ausgezeichneter Angler in den Küstengebieten.

Die Anfänge im Perm

Die Archosaurier betraten im Oberen Perm vor etwa 255 Mio. Jahren eine Welt, die von den Therapsiden, den säugetierähnlichen Reptilien, dominiert wurde. Sämtliche Landmassen hatten sich zum Superkontinent Pangäa verbunden – dort, wo heute Russland liegt, lebte damals der älteste bekannte Archosaurier. 5 Mio. Jahre später verschwanden bei dem schon erwähnten Massensterben an der Schwelle zum Mesozoikum 85–95 % aller Arten von der Erde! Die Tierwelt betrat das Erdmittelalter also schwer angeschlagen. In der beginnenden Trias besetzten zunächst die überlebenden Archosaurier wie *Proterosuchus* die ökologischen Nischen, die durch das plötzliche Aussterben der fleischfressenden Therapsiden frei geworden waren. Der an die 5 m lan-ge *Vjushkovia* aus der Mittleren Trias Russlands konnte sich von großen pflanzenfressenden Therapsiden ernähren. Er zeigte neue Archosauriermerkmale, darunter einen merkwürdigen Höcker auf dem Oberschenkelknochen – den Vierten Trochanter –, an dem Muskeln ansetzten. Aus der Mittleren Trias Südafrikas stammt *Euparkeria*, ein kleiner, etwa 50 cm langer Fleischfresser mit einem sigmaförmigen Schenkelknochen und knöchernen Hautplatten auf dem Rücken. Er konnte sowohl auf zwei als auch auf vier Beinen laufen und gilt als der erste Tetrapode, der sich kurzfristig zweibeinig fortbewegte. Damit hatte *Euparkeria* fast jenen Punkt der Evolution erreicht, an dem sich die Archosaurier einerseits in die Krokodile, andererseits in die Pterosaurier (Flugsaurier) verzweigten. Gemeinsam mit den Archosauriern traten im Verlauf der Trias auch die Meeresreptilien (Nothosaurier, Plakodonten, Ichthyosaurier), die Schildkröten und die Sphenodontier auf den Plan.

Keine Chance mehr im Jura

Verwandte der Archosaurier in der Trias waren die Rhynchosaurier, Pflanzenfresser, deren Schnäbel wie Zangen funktionierten. Mit ihnen zertrennten sie die härtesten Pflanzen, bevor sie sie mit ihren zahlreichen kleinen Zähnen zerkleinerten. Ihren Speiseplan bereicherten sie um Wurzeln, die sie mit ihren starken Krallen ausgruben. Die nächsten Verwandten der Archosaurier waren aber wohl die Prolacertiformes, an Land lebende, langhalsige Fleischfresser. All diese Reptilien starben im Lauf der Trias aus, ebenso wie einige ferne Vorläufer der Krokodile. Die 2–4 m langen Phytosaurier, die sich in den Flüssen und Seen der Oberen Trias tummelten, hatten große Ähnlichkeit mit Krokodilen, wenngleich sich ihre Nasenlöcher auf einem knochigen Höcker vor den Augenhöhlen befanden und nicht am Ende der Schnauze.

Erste pflanzenfressende Archosaurier waren die Aetosaurier. Ihr abgeflachter Körper wurde von einem Panzer aus verknöcherten Hautplatten geschützt, dazu von knöchernen Dornen, um Fleischfresser wie *Saurosuchus*, einen 6–7 m langen Rauisuchida, abzuwehren. In der Nähe einiger *Saurosuchus*-Fossilien wurden zahlreiche Reste von Aetosauriern, Rhynchosauriern und Therapsiden entdeckt, sodass man annehmen kann, dass diese auf ihrem Speisezettel standen.

Die ersten Herrscherechsen

Die Protosuchia, die ersten Krokodile im engen Sinn, sind seit dem Unteren Jura nachgewiesen, aber einige ihrer nahen Verwandten lebten bereits in der Oberen Trias – z. B. *Terrestrisuchus*, ein kleiner, 50 cm langer landbewohnender Fleischfresser, der zwar auf gestreckten Beinen lief, aber dennoch durch mehrere Merkmale in die Nähe der Krokodile gehört.

Lagosuchus aus der Mittleren Trias Argentiniens war ein etwa 30 cm langes, zierliches Tier, das manchmal nur auf seinen zwei langen hinteren Gliedmaßen lief. Es wird als naher Verwandter der ersten Dinosaurier und Pterosaurier betrachtet, deren älteste Überreste wiederum aus dem Beginn der Oberen Trias stammen, als auch die ers-

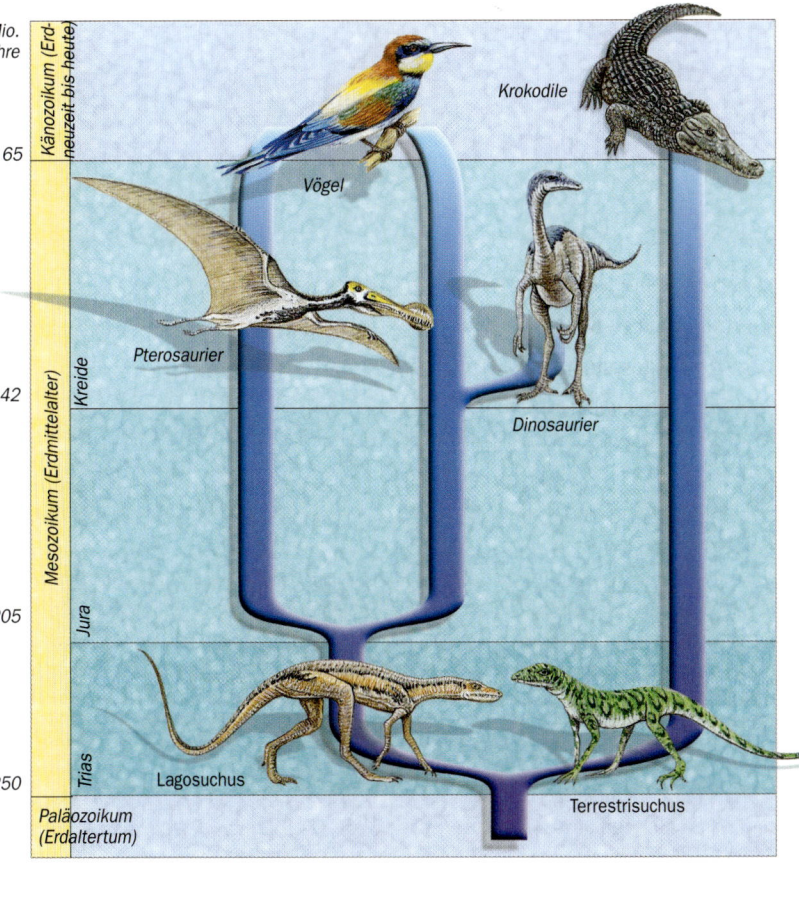

ten Säugetiere in Erscheinung traten. Nach dem Massensterben an der Perm-Trias-Grenze vor 250 Mio. Jahren, bei dem zahlreiche Therapsiden und andere Reptilien verschwanden, besetzten die ersten Dinosaurier mit fleischfressenden und pflanzenfressenden Arten die frei gewordenen ökologischen Nischen. An der Wende von der Trias zum Jura löschte dann ein weiteres Massensterben die letzten Pioniere der Trias aus. Krokodile, Dinosaurier und Pterosaurier konnten nun unangefochten ihre 140 Mio. Jahre dauernde Herrschaft antreten.

Lange rätselte die Forschung, welche Qualitäten eigentlich die Dinosaurier zu einer so erfolgreichen Familie machten. Einer der wesentlichen Gründe dafür war vermutlich ihre ökonomische Art der Fortbewegung. Denn wie die Vögel und die Säugetiere verfügten die Dinosaurier über gerade, vertikal ausgerichtete Gliedmaßen, die unterhalb ihres Körpers saßen – das ermöglichte ihnen eine flinke, energiesparende Fortbewegung. Bei den Echsen dagegen saßen die Beine abgewinkelt an den Körperseiten – das gestaltete ihre Bewegungen schwerfälliger und energieintensiver.

▶ **Die wichtigsten Vertreter der Herrscherreptilien** sind die Krokodile, die Pterosaurier (Flugsaurier), die Dinosaurier und die Vögel. Die Ahnen der Krokodile sowie der Ptero- und Dinosaurier dürften kleine, landbewohnende Fleischfresser gewesen sein – vielleicht wie Terrestrisuchus und Lagosuchus, nahe Verwandte aus der Trias.

▼ **Um ihre Hauptnahrung Fisch** zu ergänzen, griffen die Phytosaurier, wie die heutigen Krokodile, vermutlich auch Tiere an, die sich in die Nähe der Ufer wagten (hier ein Rhynchosaurier). Überreste von Landreptilien wurden in den Mägen von zwei indischen Phytosauriern der Art Parasuchus gefunden.

EIN LÖCHRIGER SCHÄDEL UND GUT VERANKERTE ZÄHNE

Die Archosaurier oder Herrscherreptilien besaßen eine charakteristische Schädelöffnung, nämlich ein zwischen Augenhöhle und Nasenloch gelegenes Fenster. Das gilt für die Krokodile ebenso wie für die Ptero- und Dinosaurier sowie deren Nachfahren, die Vögel. Dieses gemeinsame Merkmal belegt die Verwandtschaft der Tiere. Bei manchen Archosauriern, etwa den Ankylosauriern (Panzerdinosauriern), hat sich diese Öffnung später geschlossen, auch bei den modernen Krokodilen. Lange klassifizierte man übrigens die ersten Archosaurier als Thecodontia (Wurzelzähner), doch weil dieser Begriff eine Verwandtschaft zwischen nicht miteinander verwandten Tieren suggerierte, nahm man wieder von ihm Abstand. Er weist allerdings auf ein wichtiges Merkmal der Archosaurier hin: Ihre Zähne waren in Alveolen verwurzelt und nicht wie bei ihren Vorfahren mit dem Knochen verschmolzen.

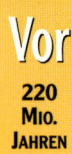

Dickhäutige Veteranen
Die Panzerechsen

Die Panzerechsen (Krokodile, Alligatoren und Gaviale) stellen mit den Vögeln die letzten Vertreter der Herrscherreptilien dar. Heute existieren nur noch acht Gattungen – von einer Gruppe, deren fossile Überlieferung mehr als 150 Gattungen umfasst. Die ursprünglich amphibisch lebenden, später auch in terrestrischen und marinen Formen auftretenden gepanzerten Räuber erwiesen sich als zäh.

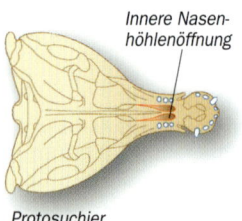

Innere Nasen-
höhlenöffnung

Protosuchier

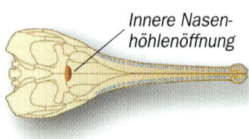

Innere Nasen-
höhlenöffnung

Mesosuchier

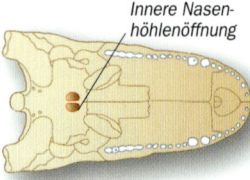

Innere Nasen-
höhlenöffnung

Eusuchier (moderne Krokodile)

Alt, aber nicht archaisch

In den Wasserläufen der Tropen und Subtropen stellen die Panzerechsen – Krokodile, Alligatoren (inklusive Kaimane) und Gaviale – die weitaus stärkste Gruppe amphibischer Räuber. Sie bewegen sich im Wasser durch seitliche Schwanzbewegungen fort. Auf dem Land richten sie sich auf ihren relativ kurzen, seitlichen Gliedmaßen auf – und können auch dort eine beachtliche Geschwindigkeit erreichen. Panzerechsen und Vögel (Nachfahren der Dinosaurier) sind die letzten Vertreter aus der Gruppe der Herrscherreptilien. Und die Panzerechsen sind mit den Vögeln enger verwandt als mit den Echsen oder Schlangen, obgleich viele Fachbücher sie nicht den Vögeln, sondern anderen

Reptilien zuordnen. Die wenigen Panzerechsen, die es heute gibt, entstammen einem ursprünglich weit artenreicheren Geschlecht, das sich in der Oberen Trias (vor etwa 220 Mio. Jahren) in Gestalt kleiner landbewohnender Fleischfresser wie *Terrestrisuchus* präsentierte. Die so genannten Protosuchier – Panzerechsen im engeren Sinn – traten im frühen Jura auf. Auch bei ihnen handelte es sich wohl um kleine Landraubtiere wie *Protosuchus*: Er war etwa 1 m lang, hatte einen breiten Schädel, eine kurze Schnauze, recht langgestreckte Gliedmaßen und einen Panzer aus dicken, in der Lederhaut gebildeten Knochenplatten, den man noch bei den heutigen Krokodilen und Alligatoren wiederfindet.

Panzerechsen für jedes Gelände

Ebenfalls zu den Panzerechsen zählen die Mesosuchier, die sich im Lauf der Zeit stark diversifizierten und spezialisierten. Im Unteren Jura passten sich einige sogar dem Leben im Meer an. Der Körperbau bestimmter Mesosuchier wies viele Gemeinsamkeiten mit heutigen Panzerechsen auf, was auf eine ähnliche Lebensweise schließen lässt. *Goniopholis* mit seiner langen, relativ breiten Schnauze lebte im Süßwasser und erinnert an das Nilkrokodil. Die Arten der Gattung Pholidosaurus mit einer langen Schnauze voll spitzer Zähne dürften sich von Fischen ernährt haben wie die heutigen Gaviale. In der Kreidezeit nahmen Mesosuchier, etwa die Familie der Notosuchidae, auch die ökologischen Nischen kleiner landbewohnender Fleischfresser ein. Und gewaltige Landkrokodile, so die Sebecidae aus Südamerika, waren ohne Zwei-

▲ *Die drei großen Panzerechsentypen* unterscheiden sich durch die Lage der inneren Öffnungen der Nasenhöhle (Choanen) und durch ihre Wirbelform. Die allmähliche Verschiebung der inneren Nasenhöhlenöffnungen trennte schließlich die Atemwege von den Nahrungswegen und führte zu einer Kräftigung der Schnauze. Gleichzeitig erfuhren die Wirbel eine stärkere Aushöhlung, wodurch die Wirbelsäule leichter und flexibler wurde.

fel in der Lage, es sogar mit den großen Säugetieren des Eozän aufzunehmen. Ihr Gebiss deutet auf fleischliche Kost hin: Die spitzen, kompakten, messerklingenförmigen Zähne mit Wellenschliff zum Packen und Zerlegen der Beutetiere weisen eine gewisse Ähnlichkeit mit denen der fleischfressenden Dinosaurier auf. Wie es scheint, sind diese Räuber dann mit dem Erscheinen der fleischfressenden Säugetiere im Tertiär ausgestorben.

Die modernen Krokodile

Die Eusuchier oder Echten Krokodile sind durch zwei der heutigen Familien – Krokodile und Alligatoren – seit der oberen Kreidezeit nachgewiesen. Die Gaviale, die dritte Familie, traten erst vor rund 50 Mio. Jahren auf.

Die Eusuchier besitzen so genannte procoele (hohle) Wirbel, die der Wirbelsäule Biegsamkeit verleihen, und stark zurückgesetzte innere Öffnungen der Nasenhöhle, was zum einen die Atemwege vom Speiseweg trennte, zum anderen die Schnauze verstärkte. Heute leben die Krokodile zwangsläufig in Binnengewässern der tropischen und subtropischen Zone, denn sie brauchen sowohl Wärme wie Wasser, um ihre Körpertemperatur zu regulieren: Wasser erwärmt und kühlt sich langsamer ab als Luft; es wirkt in der größten Hitze des Tages erfrischend und bei nächtlicher Kühle wärmend.

In der Vergangenheit waren die Krokodile geographisch erheblich weiter verbreitet: Sie wanderten in den europäischen Gewässern bis hinauf ins heutige Schweden und bevölkerten Frankreich vor 20 Mio. Jahren in großer Zahl. Ihre letzten Vertreter in Europa lebten hier

bis vor etwa 5 Mio. Jahren. Dann sorgte eine Klimaverschlechterung am Ende des Tertiär dafür, dass sich die warmen Klimazonen der Erde – der Lebensraum der Echsen – stark verkleinerten. Heute gefährdet das Überleben der Krokodile vor allem der Mensch, der sie bejagt und ihre Ökosphäre zerstört.

◀ **Auf die Zähne kommt es an**
Unmöglich könnte man dieses Nilkrokodil mit einem Alligator oder einem Kaiman vewechseln, bei denen der vierte Zahn des Unterkiefers bei geschlossenem Maul nicht zu sehen ist.

Krokodil

Alligator

Gavial

Knochiger Vorsprung beim Gavial-Männchen

◀ **Meereskrokodile**
Die Thalattosuchier aus dem Unteren Jura waren Krokodile, die sich dem Leben im Meer angepasst hatten. Einige, wie die Teleosauridae, lebten vorwiegend in den Uferzonen. Sie bewegten sich mit wellenförmigen Schwanzschlägen durchs Wasser, und ihre langen, schmalen Kiefer waren mit zahlreichen spitzen Zähnen bewehrt. Noch besser an die Lebensbedingungen im Meer angepasst waren die Metriorhynchidae mit ihren zu Schwimmschaufeln umgebildeten Gliedmaßen und einer fast panzerlosen Rückenpartie – hier ein Metriorhynchus. Bei einigen Arten wurde die Fortbewegung im Wasser zusätzlich durch eine steile Flosse am Schwanzende erleichtert.

KIEFERFORMEN UND BEUTETIERE

I n der Vielfalt der Kieferformen von Panzerechsen kommt die Verschiedenartigkeit ihrer Ernährungsweisen zum Ausdruck. Einige, wie die Gaviale, haben eine lange, schmale Schnauze, deren Kiefer mit zahllosen langen, spitzen Zähnen bestückt ist. Er eignet sich hervorragend zum Fangen von Fischen, die ihre Hauptnahrungsquelle darstellen. Dagegen besitzen Alligatoren, Krokodile und auch mehrere fossile Formen ein relativ kurzes, breites Maul mit mächtigen Kinnbacken, das ihnen gestattet, ganz unterschiedliche Beutetiere zu greifen: Fische, Schildkröten, ja sogar große Säuger, die eine Wasserstelle aufsuchen. Selbst Löwen und Leoparden fürchten Krokodile zu Recht.

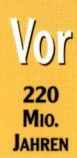

Vor

220 MIO. JAHREN

Drachen mit Lederflügeln
Die Pterosaurier

D ie Pterosaurier oder Flugechsen waren die ersten Wirbeltiere, die sich in die Lüfte hoben. Sie lebten im Mesozoikum 160 Mio. Jahre lang Seite an Seite mit ihren Vettern, den Dinosauriern, und wie diese starben sie vor 65 Mio. Jahren aus. Sie lieferten die Vorbilder für die mythischen Drachen in alten Sagen und Legenden. Pterosaurier diversifizierten sich in die unterschiedlichsten Formen und Größen, und einige von ihnen zählten zu den größten Flugtieren, die es je auf der Erde gab.

▼ *Die Pterosaurier* wiesen einen relativ einheitlichen Skelettbau auf. Eigentümlich waren dabei die stark verlängerten vierten Finger der Hände sowie die Pteroid- und die Hohlknochen. Man unterscheidet zwei Gruppen von Flugsauriern: die Rhamphorhynchoiden und die Pterodactyloiden, wobei die ersten sich durch einen langen Schwanz und eine fünfte, verhältnismäßig lange Zehe von den zweiten unterscheiden.

Rhamphorhynchus

Pteroidknochen

Vierter, stark verlängerter Finger

Fünfte, gut ausgebildete Zehe

Langer Schwanz

▶ *Dieses Skelett des* **Pterodactylus antiquus** *wurde im bayrischen Solnhofen in feinkörnigem Kalkstein aufgefunden. Anhand einer Zeichnung erkannte Cuvier an dem stark verlängerten vierten Finger der Hand, der einst die Flughaut trug, dass es sich um ein Flugreptil handelte.*

Eine gewagte Identifizierung

1801 eröffnete Georges Cuvier (der Vater der vergleichenden Anatomie) der Fachwelt, dass es sich bei einem 20 Jahre zuvor in Bayern entdeckten fossilen Skelett um die Reste eines Flugtiers handelte, und zwar eines flugfähigen Reptils. Das war eine für die damalige Zeit äußerst gewagte Hypothese, zumal sich Cuvier dabei ausschließlich auf eine Darstellung von Collini stützte,

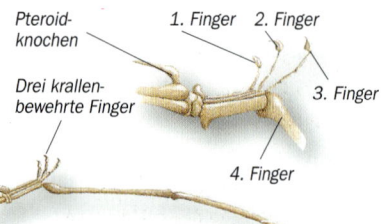

Pteroidknochen

Drei krallenbewehrte Finger

1. Finger   2. Finger

3. Finger

4. Finger

des italienischen Naturalisten, der dieses Urtier 1784 beschrieben und gezeichnet hatte. So fand denn auch Cuviers Interpretation nicht durchweg Zustimmung: Einige Naturforscher deuteten den Fund als eine unbekannte Fledermausart, andere als eine Übergangsform zwischen Säugetieren und Vögeln. Cuvier verwies auf den stark verlängerten vierten Finger der Hand des Tieres, an dem eine Flughaut befestigt gewesen sei. Darum gab er dem Fossil 1809 den Namen Ptero-Dactylo, wörtlich „geflügelter Finger", und begründete damit die Gattung *Pterodactylus*. 40 Jahre später wurden in Bayern weitere Skelette des Tieres entdeckt, und bei ihnen waren auch die Flughäute als Abdrücke im Kalkstein erhalten, was Cuviers These, wenn auch postum, bestätigte.

Die Flugechsen tummelten sich 160 Mio. Jahre lang, also fast im gesamten Mesozoikum, über den Köpfen ihrer Vettern, der Dinosaurier, in den Lüften. Ein anteorbitales Fenster (eine Schädelöffnung vor der Augenhöhle) reiht sie mit diesen und den Krokodilen in die Gruppe der Herrscherreptilien (Archosaurier) ein. Auch die Pterosaurier sind bei dem Massensterben am Ende der Kreide (vor etwa 65 Mio. Jahren) ausgestorben. Sie hinterließen keine Nachkommen, und in der heutigen Natur findet sich kein einziges Tier, dessen Körperbau dem ihren entspricht.

Eine einzigartige Anatomie

Die Pterosaurier hatten überproportional lang gestreckte Vordergliedmaßen. Auch der vierte Finger der Hand war bei ihnen im Gegensatz zu den drei anderen, die kurz und mit Krallen besetzt

waren, sehr lang dimensioniert – ein charakteristisches Merkmal. Eine zwischen diesem Finger und dem Rumpf des Tieres gespannte Lederhautmembran bildete den Flügel. Im Verhältnis zur Flügelspannweite erscheint der Körper der Flugreptilien recht klein. Die Tiere besaßen einen besonderen Knochen im Bereich des Handgelenks, den Pteroiden, der dabei half, eine kleine Flughaut zwischen dem Halsansatz und dem Handgelenk zu spannen. Das Brustbein bestand aus einer breiten Knochenplatte und einer Leiste, die wie bei den Vögeln als Befestigungspunkt für die beim Fliegen stark beanspruchten Brustmuskeln diente. An einigen Stellen waren die Wirbel miteinander verschmolzen, was dem Rumpf während des Fluges eine größere Steifheit verlieh. Ebenfalls wie bei den Vögeln gewann das Skelett durch hohle, dünnwandige Röhrenknochen eine große Leichtigkeit. Als weitere Gemeinsam-

▲ *Die Langschwänze oder rhamphorhynchoiden Ptero-saurier* – hier Eudimorphodon aus der Trias – waren kleine Flugechsen mit einer maxima-len Flügelspannweite von etwa 2 m. Zu ihnen zählen die äl-testen bekannten Flugsaurier, die bereits alle typischen Merkmale der Flugreptilien aufweisen, darunter einen re-lativ langen Schwanz. Dieser setzte sich aus zahlreichen Wirbeln zusammen und en-dete in einer aufgerichteten, faserverstärkten Flughaut, deren Abdruck bei einigen Fos-silien erhalten geblieben ist. Dieser Schwanzflügel war je nach Art mehr oder weniger rautenförmig ausgebildet.

keit waren die Knochenwände stellen-weise durchbrochen, was darauf schlie-ßen lässt, dass auch die Pterosaurier in besonderen Knochen kleine Luftsäcke bargen; durch Poren verliefen Verbin-dungskanäle zur Lunge hin. Anpassun-gen an ein Leben im Flug fand man auch im Bereich des Gehirns. Nachbil-dungen der Schädelhöhle machen deut-lich, dass die Pterosaurier über gut ent-wickelte Sehlappen und daher wie die Vögel über einen äußerst scharfen Blick verfügten.

Die Langschwänze

Man gliedert die Pterosaurier in zwei Gruppen: die Rhamphorhynchoiden und die Pterodactyloiden – die Lang-schwänze und die Kurzschwänze. Die Rhamphorhynchoiden traten in der Oberen Trias vor etwa 220 Mio. Jahren auf, gleichzeitig mit ihren Dinosaurier-Vettern, starben aber bereits vor rund 135 Mio. Jahren, in der Unteren Kreide, aus. Ihr Hauptmerkmal war ein langer, durch stabförmige Knochen versteifter Schwanz. Mehrere Exemplare weisen Spuren einer aufrechten Flügelspitze am Schwanzende auf, die wohl beim Flug als Ruder diente. Bemerkenswert

ist auch eine fünfte, stark verlän-gerte Zehe. Die Rham-phorhynchoiden weisen be-reits alle Merkmale der Ptero-saurier auf, selbstverständlich auch die voll entwickelten Flügel. Die Ver-wandlung der Vordergliedmaßen von

Reptilien in Flügel ist nicht durch Fos-silien dokumentiert. Die ältesten Funde von Flugsauriern stammen aus Nord-italien. Hier fand man Tiere mit einer geringeren Flügelspannweite (von 45 cm–1 m), etwa *Eudimorphodon*, der bis-lang als der älteste Flugsaurier gilt, oder *Peteinosaurus*, dessen Flügel recht unterentwickelt anmuten, insofern sie nur zweimal so lang wie seine Hinter-beine sind – vielleicht waren es nur Hilfsflügel.

DIE PIONIERE DES FLIEGENS

D ie Pterosaurier waren die ersten Wirbeltiere, die vor etwa 220 Mio. Jahren den Lebensraum Himmel für sich erschlossen, lange also vor den Vögeln, die erst vor etwa 140 Mio. Jahren auftraten, und den Fledermäusen, die erst seit dem Tertiär bekannt sind. Trotzdem waren sie nicht die ersten flugfähigen Tiere, denn schon im Paläozoikum gab es fliegende Insekten. Was Pterosaurier, Vögel und Fledermäuse dazu befähigte zu fliegen, war evolu-tionsgeschichtlich die Entwicklung des Flügels. Allerdings ist er bei den drei Wirbeltiergruppen unterschiedlich aufgebaut. Typisch für die Pterosaurier war der stark verlängerte vierte Finger der Hand, an dem die Flughaut befestigt war. Die Evolution hat in ihrem bisherigen Verlauf nicht selten die glei-chen anatomischen Errungenschaften bei verschiedenen Tiergrup-pen hervorgebracht, wenn diese Arten ähnliche Aufgaben (z. B. das Fliegen) zu erfüllen hatten und sie sich für ihr Überleben ähnliche ökologische Nischen (z. B. den Luftraum) sichern mussten. Man nennt dieses Phänomen evolutionäre Konvergenz. Sie lag auch bei Pterosauriern, Vögeln und Fledermäusen vor, die ganz unabhängig voneinander ihre Flügel entwickelten.

Pteroidknochen
Drei Finger
Vierter Finger
Flughaut

▲ Die Kurzschwänze oder pterodactyloiden Flugsaurier
Während des Jura und der Kreide erweiterten die Pterodactyloiden die Formenvielfalt der Pterosaurier. Manche Arten hatten keine Zähne mehr, entwickelten Schädelleisten und erreichten riesenhafte Ausmaße – so wie der hier abgebildete Quetzalcoatlus *mit seiner Flügelspannweite von 12 m.*

Pterodactylus

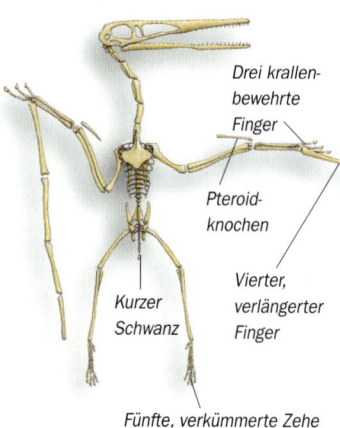

Drei krallen-
bewehrte
Finger

Pteroid-
knochen

Vierter,
verlängerter
Finger

Kurzer
Schwanz

Fünfte, verkümmerte Zehe

Die Kurzschwänze

Die im Verlauf des Jura in Erscheinung tretenden Kurzschwänze oder pterodactyloiden Flugsaurier gingen aus der Gruppe der Langschwänze oder Rhamphorhynchoiden hervor. Beide Gruppen existierten dann offensichtlich nebeneinander, wie es bayrische Funde von *Rhamphorhynchus* und *Pterodactylus* aus dem Oberjura zeigen. Anders als die Rhamphorhynchoiden besaßen die Pterodactyloiden nur einen kurzen unversteiften Schwanz sowie eine zurückgebildete fünfte Zehe. Durch ihre verlängerten Halswirbel war ihr Hals verhältnismäßig lang gestreckt. Der Cuviersche *Pterodactylus* war ein kleiner Kurzschwanz (bis 2,50 m Flügelspannweite) mit den typischen Merkmalen seiner Gattung.

Im Lauf ihrer Entwicklung bildeten die Kurzschwänze verschiedene Formen von Schädelknochenleisten aus, *Gallodactylus* z. B. einen kurzen Knochen-

fortsatz am Hinterkopf. Die Kreidezeit sieht dann eine starke Tendenz zum völligen Verlust des Gebisses und gleichzeitig eine Zunahme der Körpergröße – ganz deutlich bei *Tapejara*, einer zahnlosen Form mit einem prächtigen Hautschleier über dem Schädel, der im Abdruck erhalten blieb. Auch die Vertreter von *Pteranodon* besaßen keine Zähne mehr. Stattdessen erreichten einige Exemplare eine Flügelspannweite von 9 m! Solche Dimensionen kamen im Wesentlichen durch die Verlängerung der vier Glieder des Flügelfingers zustande und nicht etwa durch eine Erhöhung der Gliederzahl. Wie bei den anderen Kurzschwänzen

waren ihre Rückenwirbel im Bereich des Schultergürtels zusammengewachsen und bildeten so das Notarium, das dem Rumpf die für den Flug notwendige Steife verlieh. Ausgeprägte Muskeln an Brustbein und Unterarm lieferten die Kraft für den Flügelschlag.

Riesen des Himmels

Die Pterosaurier waren die größten Flugtiere, die je auf der Erde lebten. Das Beispiel des kleineren Bruders von *Pteranodon*, nämlich *Pteranodon ingens* (der es auf eine Flügelspannweite von 7 m brachte), dabei aber gerade einmal 17 kg wog, zeigt, dass das Geheimnis dieser Riesen in ihrem geringen Gewicht lag. Er trug am Hinterkopf eine große Knochenleiste, deren Aufgabe unklar ist: Spielte sie eine aerodynamische Rolle, oder kennzeichnete sie nur das Geschlecht des männlichen oder weiblichen Tiers? Der größte bekannte Pterosaurier war *Quetzalcoatlus* – mit einer Flügelspannweite von 12 m (das Dreifache des größten heutigen Vogels). Zugeich war er der späteste Pterosaurier: Er wurde knapp unterhalb der Grenzschicht gefunden, die das Aussterben der Art markiert.

ERSTAUNLICHE VERSTEINERUNGEN

Einige Pterosaurier sind auf derart subtile Weise versteinert worden, dass sogar der Abdruck weicher Körperteile erhalten geblieben ist. So hat sich in manchen Fällen die Flughaut im Sediment abgebildet, wodurch die Paläontologen erfuhren, dass sie bis zum Oberschenkel oder gar bis zum Fußgelenk reichte und von etwa 0,05 mm dicken Fasern gespannt und verstärkt wurde. 1989 lieferte ein Fund aus der Unterkreide Brasiliens nicht etwa nur den Abdruck, sondern ein konserviertes kleines Stück einer solchen Flughaut. Die Untersuchung unter dem Elektronenmikroskop ergab, dass sie sich aus mehreren Gewebeschichten zusammensetzte, darunter eine Epidermis, eine Kutis und ein Muskelgewebe. Bei anderen Exemplaren wurden sogar Spuren von Haaren festgestellt, was bedeutet, dass manche Pterosaurier, vielleicht sogar alle, in eine frühe Form von Fell gekleidet waren. Von hier zu der Spekulation, dass es sich bei den Flugsauriern bereits um Warmblüter handelte, ist es nicht weit …

FLUGECHSEN ZU FUSS

D ie Pterosaurier waren Flieger schlechthin, mussten sich aber doch bisweilen auf dem Boden niederlassen, etwa um sich fortzupflanzen. 1957 beschrieb der Paläontologe William Stokes die versteinerten Fußabdrücke eines vierbeinigen Tieres (das sich auf allen Vieren fortbewegte) und identifizierte sie als die Spuren von Pterosauriern. Diese Interpretation wurde damals nicht ernst genommen und war sogar noch 1984 Gegenstand eines heftigen Wissenschaftler-Streits, denn einige Paläontologen deuteten die Abdrücke als die Spuren von Panzerechsen. Erst 1995 konnten Referenz-Abdrücke, die mit den von Stokes beschriebenen identisch waren, unzweideutig Pterosauriern zugeordnet werden. Namentlich handelte es sich hier um Funde aus Südfrankreich. Dank dieser und anderer Fährten wissen wir heute, auf welche Weise sich die Pterosaurier am Boden fortbewegten. Stokes hatte also Recht – doch er starb, bevor die Bestätigung seiner Pionierarbeit an die Öffentlichkeit gelangte.

Meeresflugsaurier?

Die Knochen der Pterosaurier waren so zerbrechlich, dass sie nur unter besonders günstigen Bedingungen versteinerten – dazu zählten insbesondere eine möglichst unbewegte Umgebung und der Einschluss in feinkörnige Sedimentschichten; man findet ihre Fossilien darum hauptsächlich in marinen Ablagerungen, etwa in einstigen Küstenregionen Europas aus der Zeit des Oberen Jura – damals glich Europa einem ausgedehnten Inselarchipel.

Wir wissen wenig über die Pterosaurier, und ihr Artenreichtum ist höchstens zu 1 % belegt – das ist etwa so, als würden wir von allen heute lebenden Vögeln nur die Küstenvögel kennen. Skelette von *Pteranodon* wurden in Felsen entdeckt, die einmal kleine Inseln inmitten eines Meeres bildeten, das sich in der Kreide in Nordamerika von Norden nach Süden erstreckte. Diese großen Flieger gingen vielleicht auf offener See auf Fischfang. Die Kiefer der Pterosaurier zeigen, dass sie sich von Meeresorganismen ernähren konnten, was Funde von Seefischresten im Innern mancher Exemplare bestätigen. *Pterodaustro* und *Ctenochasma* wateten dagegen wohl eher durch die seichten Uferregionen und filterten nach Art der Flamingos Plankton aus dem Wasser, während *Pterodactylus* in Schlammlöchern mit seinem Schnabel nach Würmern wühlte. Einige Flugsaurier ähnelten also in ihrer Lebensweise heutigen Küstenvögeln.

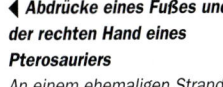

◀ **Abdrücke eines Fußes und der rechten Hand eines Pterosauriers**
An einem ehemaligen Strand in Crayssac (frz. Departement Lot) fand man zahlreiche versteinerte Fußspuren von Pterosauriern aus einer Zeit vor 140 Mio. Jahren. Diese Abdrücke beweisen, dass die Tiere sich auf vier Beinen fortbewegten, wenn sie sich am Boden befanden.

▼ **„Der Flügel des Südens"** **(Pterodaustro)** *aus der Unteren Kreide Argentiniens zeigt einen Unterkiefer mit ungefähr 1000 äußerst feinen, bartenähnlichen Zähnen, die sehr eng beieinander stehen und ein natürliches Sieb bilden, das wohl zum Abseihen von Plankton diente.*

▼ **Fischfang aus der Luft**
Tropeognathus („der mit dem kielförmigen Kiefer") besaß am Vorderteil seines Schnabels zwei Ausbuchtungen, die wohl eine hydrodynamische Rolle spielten, indem sie den Wasserwiderstand verringerten, wenn das Tier an der Oberfläche fischte.

Kiefer in jeder Form

Die Pterosaurier bildeten vielfältige Kieferformen aus, die auf sehr unterschiedliche Ernährungsweisen schließen lassen. *Eudimorphodon* hatte sehr kräftige Zähne, die auch sehr hartschuppige Fische aufbrechen konnten. Die äußerst kurzen Zähne von *Dimorphodon* dienten dagegen wohl dem Insektenfang, während der verlängerte Kiefer von *Pterodactylus* Platz bot für lange Reihen einheitlicher, kurzer und spitzer Zähne, die wie eine Zange wirkten und sich ausgezeichnet zum Würmerfang eigneten. Die leicht nach vorne gebogenen Zähne von *Rhamphorhynchus* sorgten wie eine Harpune dafür, dass einmal gepackte glitschige Beutetiere nicht entwischten. Über die gleichen Zähne verfügte auch *Gallodacty-* *lus*, wenn auch nur im vorderen Teil des Kiefers. *Ctenochasma* zeichnete sich durch eine große Zahl sehr feiner, spitzer Zähne aus, mit denen er Kleinstorganismen aus dem Wasser heraussieben konnte – hierin übertraf ihn allerdings *Pterodaustro*, „der Flügel des Südens", aus der Unteren Kreide Argentiniens bei weitem: Sein Unterkiefer war mit an die 1000 äußerst feinen, bartenförmigen Zähnen eng bestückt und diente wohl zum Herausfiltern von Plankton. Viele andere, vor allem spätere Pterosaurier waren dagegen völlig zahnlos, darunter *Pteranodon* und *Quetzalcoatlus*. Sie hatten vermutlich bereits ähnliche Methoden des Beutefangs entwickelt, wie sie uns von einigen der heutigen Vogelarten bekannt sind.

Die Dinosaurier
„Schreckliche Echsen"

D er Begriff wurde 1842 geprägt, um jene sensationellen Fossilien einzuordnen, die die damaligen Vorstellungen über die Geschichte des Lebens auf der Erde umstießen. Über 150 Mio. Jahre lang beherrschten die Dinosaurier die Tierwelt auf dem Festland. Aus ihren Reihen kamen die größten Landtiere der Erdgeschichte, und als regelrechte Fossilienstars in den Museen und als Medienstars im Film genießen sie ein Image, das sich nur selten mit der wissenschaftlich gesicherten Wirklichkeit deckt.

Auftakt in England

Die ersten bekannt gewordenen Funde von Dinosaurier-Fossilien wurden Anfang des 19. Jh. in England gemacht. Während der Landarzt Gideon Mantell 1822 einen seiner Patienten im Süden Londons besuchte, fiel der Blick seiner Frau, die draußen auf ihn wartete, auf einen merkwürdigen Stein am Wegesrand. Darin eingeschlossen war ein großer versteinerter Zahn, den aber ihr Mann ebenso wenig einordnen konnte wie die Gelehrten der Geological Society of London. Georges Cuvier, damals eine Koryphäe auf dem Gebiet der Paläontologie, deutete den Fund schließlich als den oberen Schneidezahn eines Nashorns. Mantell ermittelte nun als Ursprungsort des Steins einen Steinbruch, wo er gleichartige Zähne und auch Gebeine entdeckte. Da er zwischen den fossilen Zähnen und denen eines Leguans eine große Ähnlichkeit festzustellen glaubte, gab er dem unbekannten Reptil 1825 den Namen *Iguanodon* (Leguanzahn). Zur gleichen Zeit entdeckte der Arzt James Parkinson (Namensgeber für die gleichnamige Krankheit) im Süden Englands ebenfalls einen sehr großen Zahn von einem Reptil, das er *Megalosaurus* (große Echse) nannte. 1832 war es dann wiederum Mantell, der eine dritte Art dieser merkwürdigen Reptilien ausfindig machte, der er den Namen *Hylaeosaurus* (Waldechse) gab. Der englische Anatom Richard Owen sah durch all diese Funde nicht nur gewöhnliche, wenn auch riesenhafte Echsen entdeckt, sondern Tiere, die einer gänzlich anderen Ordnung angehörten – 1842 fasste er sie unter dem Namen Dinosauria (Schreckensechsen) zusammen. Heute sind weltweit etwa 800 Dinosaurierarten registriert. Als letzter Kontinent gab 1988 die Antarktis Dinosauriergebeine preis.

◄ Pflanzenfresser
Der Sauropode Brachiosaurus weidet das hohe Blattwerk der Bäume ab (siehe Kasten rechts). In der Mitte links ein anderer Vegetarier: Stegosaurus.

Zeitliche Einordnung

1887 teilte der britische Paläontologe Seeley die Dinosaurier in die Ordnungen Saurischia und Ornithischia ein. Sie unterscheiden sich wesentlich durch die Form ihrer Becken; die Ornithischier weisen zudem einen besonderen Knochen am äußeren Ende des Unterkiefers auf: das Prädentale. Alle Ornithischier waren Pflanzenfresser, während die Saurischier sowohl Fleischfresser (Theropoden) als auch Pflanzenfresser (Sauropodomorphe) hervorbrachten. Die bislang ältesten Dinosaurier-Fossilien stammen aus der frühen Oberen Trias vor fast 230 Mio. Jahren – dazu zählen die jüngsten Funde des primitiven Sauropodomorphen *Saturnalia* in Brasilien und zwei Kiefer von Prosauropoden, die man in Madagaskar entdeckte. Wahrscheinlich ist aber der Ursprung der Dinosaurier noch früher anzusiedeln, da sich ihre beiden Hauptgruppen in der Oberen Trias bereits fest etabliert hatten. Ihre weltweite Verbreitung wurde dadurch begünstigt, dass die kontinentalen Landmassen sich in der Trias zu dem Superkontinent Pangäa verbanden, sodass sich den Dinosauriern keine unüberwindlichen Hürden in den Weg stellten.

Seit der Oberen Trias dominierten sie die Tierwelt auf dem Festland, doch sind die Gründe für diesen Erfolg noch nicht völlig geklärt. Beruhte ihre Überlegenheit vor allem auf ihrem Bewegungsapparat? – die geraden Gliedmaßen unterhalb des Körpers gewährleisteten jedenfalls eine schnelle und (energetisch) ökonomische Fortbewegung. Oder nutzten sie das Aussterben ihrer größten Konkurrenten während der Trias, um die frei gewordenen ökologischen Nischen zu besetzen? Sie haben jedenfalls die Kontrolle der Landökosysteme bis zum Ende der Kreide nicht wieder abgegeben.

Zähne zum Fürchten

Die zahlreichen Fleischfresser unter den Dinosauriern – die Theropoden (Saurischier) – waren die vorherrschenden

Landraubtiere in Jura und Kreide. Sie liefen auf zwei Beinen, da ihre vorderen Gliedmaßen kürzer waren als die hinteren. Sie hatten Finger, die in mächtigen Krallen endeten, und Kiefer, die in der Regel mit spitzen, flachen und scharfen Zähnen mit Wellenschliff besetzt waren. Der Berühmteste unter den Theropoden ist heute sicher *Tyrannosaurus rex* aus der späten Kreide. Er war einer der letzten Theropoden und konnte auf eine große Ahnenreihe zurückblicken – etwa auf die Ceratosaurier der Trias mit kleinen, grazilen Vertretern wie *Coelophysis*, der nicht länger wurde als 3 m.

Zur Gruppe der Carno- oder Fleischsaurier zählen die größten der fleischfressenden Dinosaurier und im weiteren Sinn die größten Fleischfresser, die je existierten. Ihre Schädel waren so gewaltig, dass ihr Gewicht durch Hohlräume reduziert werden musste, und ihre Kiefer waren mit überaus kräftigen, dolchförmigen Zähnen ausgestattet. Berühmte Carnosaurier sind *Megalosaurus* (aus dem europäischen Mitteljura) – der erste wissenschaftlich beschriebene

◀ **... und wieder ein Angriff von T. Rex!**

Ein *Tyrannosaurus* attackiert hier einen harmlosen Stegosaurier. *Tyrannosaurus* war gewiss ein gewaltiger Fleischfresser, der mit seinen bis zu 20 cm langen, messerscharfen und gesägten Zähnen beachtliche Fleischbrocken zerreißen konnte. Trotzdem war er vermutlich eher ein Aasfresser als ein schrecklicher Killer, denn seine kümmerlichen, nur mit zwei Fingern versehenen Vordergliedmaßen erscheinen für Kämpfe wenig geeignet. Sein Image als später Star der fleischfressenden Dinosaurier führt dazu, dass die Öffentlichkeit die breite Vielfalt seiner Familie übersieht.

▼ **Kopf mit drei Hörnern**

Triceratops trug am Vorderkopf drei Hörner, die ihm zur Verteidigung dienten, und einen eindrucksvollen Schutzschild im Nacken. Sein Schädel konnte eine Länge von mehr als 1 m erreichen. Das Aussehen dieses Dinosauriers erinnert ein wenig an das unseres Nashorns. Seine Körperlänge von 9 m lässt ihn allerdings im Vergleich zum Nashorn als Koloss erscheinen.

WAHRE VERDAUUNGSMÜHLEN

Unsere Kenntnisse über die Ernährungsweise der Dinosaurier stützen sich u. a. auf die Struktur ihrer Zähne. Die Carnivoren (Fleischfresser) beispielsweise verfügten über scharfe, gesägte Zähne. Die versteinerten Reste einer letzten Mahlzeit geben uns Aufschluss über die Nahrung der Tiere – etwa eine im Skelett des kleinen Fleischfressers *Compsognathus* gefundene Eidechse oder Fischüberreste in dem Fischfresser *Baryonyx*. Die Sauropoden dagegen waren Pflanzenfresser, die in Folge ihrer gewaltigen Körpergröße Unmengen an Pflanzenmaterial verschlingen und verdauen mussten. Ihre verhältnismäßig kleinen Zähne waren interessanterweise für das Zermalmen von Pflanzen ungeeignet. Stattdessen besaßen sie wie einige moderne Vögel einen Kaumagen, in dem die Nahrung zwischen abgerundeten Steinen, die das Tier zuvor verschluckt hatte, zermahlen wurde. Diese Kaumagensteine (so genannte Gastrolithen) wurden im Innern einiger Sauropoden entdeckt. Dank dieser effektiven Pflanzenmühlen mussten sie nicht wie die Wiederkäuer den ganzen Tag mit Kauen zubringen.

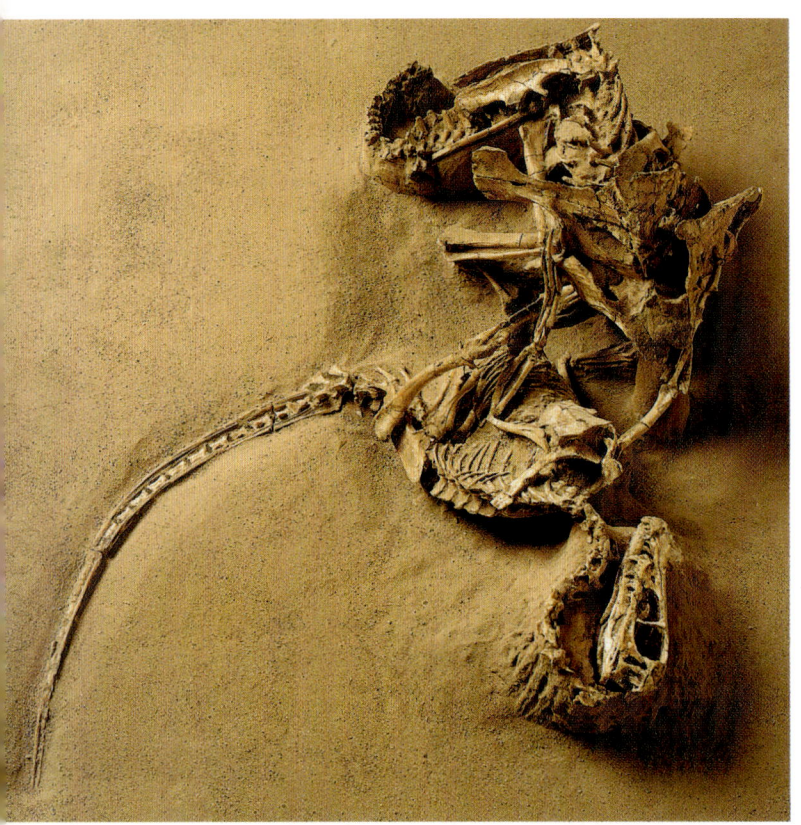

▲ Die Überreste eines
Velociraptor und eines
Protoceratops

In der Wüste Gobi (Mongolei)
fand man zwei Skelette aus
der Oberkreide: Ein Veloci-
raptor (Fleischfresser) um-
klammert den Schädel eines
Protoceratops (Pflanzenfres-
ser). Haben sie sich gegen-
seitig im Kampf getötet? Der
an der zweiten Zehe mit einer
scharfen Sichelkralle bewehrte
Velociraptor konnte seiner
Beute schreckliche Wunden
zufügen.

▶ Dinosaurierspuren

Die Aufsehen erregendsten
Fußabdrücke von Dinosauriern
wurden im Tal des Connecticut
River in Colorado (USA) ent-
deckt. Auf diesem Foto er-
kennt man deutlich die etwa
130 Mio. Jahre alten Fußspu-
ren von fünf nebeneinander
herlaufenden Sauropoden.
Offenbar lebten diese großen
Pflanzenfresser in Herden.
Das Fehlen von Schwanz-
spuren beweist, dass sie im
Gegensatz zu zahlreichen Re-
konstruktionen beim Laufen
ihren Schwanz anhoben.

Dinosaurier –, dann der 10 m lange *Al-*
losaurus (aus dem Oberen Jura Nordamerikas) und natürlich *Tyrannosaurus,*
der eine Länge von 15 m erreichte.

Zur Gruppe der Coelurosaurier gehörten leichtere Theropoden unterschiedlicher Form und Größe, z. B. *Compsog-*
nathus, ein kleiner Theropode, der im
europäischen Oberjura nur durch zwei
Exemplare bekannt ist, aber auch die
Familie der Dromaeosauridae aus der
Kreide der Nordhalbkugel – kleine bis
mittelgroße (etwa 3 m lange) Theropoden. Die schnellen, gelenkigen Läufer
besaßen eine stark ausgebildete Kralle
an der zweiten Zehe, die wohl dazu
diente, Beutetiere zu reißen.

Vegetarische Giganten

Die üppige Flora des Mesozoikum bot
seit der Oberen Trias den pflanzenfressenden Dinosauriern – etwa dem 9 m
langen Prosauropoden *Plateosaurus* –
ein reiches Nahrungsangebot. Im Unteren Jura erschienen dann die Sauropoden. Diese „Langhälse" – Vierbeiner
mit verhältnismäßig kleinem Kopf und
massigem, mit einem langen Schwanz
versehenen Rumpf – konnten mehr als
30 m lang werden und über 50 t wiegen. Zu den heute berühmtesten zählen
der über 20 m lange *Diplodocus* sowie

Brachiosaurus, dessen Kopf sage und
schreibe in eine Höhe von 12 m emporragte!

Die Ornithischier waren reine Pflanzenfresser. Ankylosaurier und Stegosaurier (die bis zu 9 m lang wurden)
traten als kompakte gepanzerte Vierbeiner auf; ihre Körper waren ganz oder
teilweise von Knochenplatten bedeckt.
Ihre Kiefer trugen nur kleine, wenig
spezialisierte Zähne, mit denen ein ef-
fektives Kauen nicht möglich war. Die
Ornithopoden allerdings, die im frühen
Jura entstanden, verbesserten im Verlauf ihrer Entwicklung ihren Kauapparat, was besonders für die Hadrosaurier
oder Entenschnabelsaurier mit ihrer
verlängerten, abgeflachten Schnauze
gilt: Sie hatten zwar im vorderen Teil
des Kiefers keine Zähne, dafür aber weiter hinten im Maul zu beiden Seiten
ganze „Zahnbatterien" mit Tausenden,
sich ständig erneuernden Zähnen, die
selbst den härtesten Pflanzen gewachsen waren. Die Ceratopier (Horndino-
saurier) wiederum besaßen eine Art
schmalen Schnabel. Dieser war bei den
Psittacosauriern der Unteren Kreide
Asiens besonders ausgeprägt und erinnert an einen Papageienschnabel. Bei
den Ceratopidae wie *Triceratops* barg
der Schnabel in seinem hinteren Teil
Zahnbatterien und diente wohl dazu,
die Pflanzen vor dem Zermalmen zu
zerrupfen.

Der Schmuck der Dinosaurier

Einige Dinosaurier waren mit spektakulären Kämmen, Hörnern, Platten, ja
sogar mit Stacheln besetzt, und ein
ganzes Arsenal knöcherner Strukturen
zierte Schwanz, Rücken, Hals und Kopf
der Tiere. So waren die Ceratopinae mit
Hörnern geschmückt, die bei *Tricera-*

tops („Gesicht mit drei Hörnern") auf
der Schnauze und über den Augen
saßen. Sie dienten der Verteidigung und
wurden durch einen Knochenkragen
im Nacken zum Schutz des Halses
ergänzt. Stegosaurier und Ankylosaurier dagegen waren gepanzert. Ein Stegosaurier (Dachechse/Stachelschwanz)
wies längs des Rückens und des
Schwanzes eine oder zwei Reihen Knochenplatten oder knöcherne Stacheln
auf. Auch sie erfüllten wahrscheinlich
eine Verteidigungsfunktion, womöglich
spielten diese stark durchbluteten Platten aber auch eine Rolle bei der Regulierung der Körpertemperatur. Die Ankylosaurier (Panzerechsen) wiederum
waren durch einen Harnisch aus Knochenplatten geschützt, die Schädel,
Rücken und Schwanzseiten bedeckten.
Mitglieder der Familie der Ankylosau-
ridae bildeten zudem am Schwanzende
eine regelrechte kugelförmige Kno-
chenkeule aus, mit der sie sich ihrer
Feinde erwehrten. Bei einigen Hadro-
sauridae (auch Entenschnäbel genannt)
– z. B. *Parasaurolophus* – wurde der
Schädel von einem langen, nach hinten gebogenen Rohr überragt, das die
Nasenhöhle verlängerte und wahrscheinlich als Resonanzkörper zur
Verstärkung ausgesandter Töne diente.
Diese Schallfunktion und die Formenvielfalt solcher Kämme lassen vermu-

HITCHCOCKS VÖGEL

ie versteinerten Fußspuren eines
dreizehigen Tiers, die man 1802 im
Connecticut River Valley (USA) fand,
hielt man zunächst für die des Raben von
Noah, der nach der Sintflut nach Land
suchte. 1841 wurden sie dann durch Edward Hitchcock, einen Wegbereiter der
Untersuchung versteinerter Abdrücke, als die Spuren eines großen ausgestorbenen
Vogels identifiziert. Dank solcher Fußspuren wissen wir heute viel über die Fortbewegung der Saurier – so setzten die Fleischfresser ihre Füße nacheinander in
gleicher Linie auf. Aus einigen Fährten von zweibeinigen Dinosauriern konnte man
schließen, dass sie sich mit einer Geschwindigkeit von mehreren Dutzend Stunden-
kilometern fortbewegten. Und parallel verlaufende Fährten beweisen, dass bestimmte Dinosaurierarten in Gruppenverbänden wanderten (Foto).

ten, dass sie auch eine wichtige Rolle im Sozialverhalten spielten. Die Pachycephalosaurier (Dickschädelechsen) trugen eine Art kuppelförmigen „Knochenhelm", mit dem die Männchen bei Rangkämpfen aufeinander losgingen, so wie man es heute auch bei einigen Säugetieren beobachten kann.

Größe S oder XXL

Obwohl die Dinosaurier auch zahlreiche kleine Arten hervorbrachten, wie *Compsognathus*, der nicht größer war als ein Huhn, so sind sie doch berühmt dafür, dass sie die längsten und schwersten Landtiere waren, die je auf der Erde existierten. Manche fleischfressenden Arten, wie *Megalosaurus*, erreichten 10 m Länge, *Tyrannosaurus* gar 15 m – er war übrigens 6 m hoch und wog etwa 7 t. Der Theropode *Deinocheirus mirificus* aus der Mongolei der Oberkreide, der nur durch seinen Brustgürtel und die Vordergliedmaßen eines einzigen Exemplars bekannt ist, besaß Arme von 2,40 m Länge! Dennoch stellten die Pflanzenfresser, insbesondere die Langhälse, die größten aller Dinosaurier. *Supersaurus*, *Ultrasaurus* ... bei der Bezeichnung der Kolosse sparte man nicht an Superlativen. *Seismosaurus* ist mit einer geschätzten Länge von über 50 m der bislang gewaltigste Vertreter. *Brachiosaurus* sah aus 12 m Höhe auf seine Artgenossen herab. Diese Giganten waren auch die schwersten. Einige brachten es auf 80 oder 100 t und wogen damit mehr als 50 Elefanten! Dagegen nimmt sich der berühmte *Diplodocus* mit seinen 27 m Länge, 8 m Höhe und seinen 15 t Gewicht geradezu bescheiden aus. Sie alle stammten übrigens aus relativ kleinen Eiern von nur 2–3 l Fassungsvermögen, was die Frage aufwirft, wie denn die Dinosaurier über-

haupt solche Dimensionen entwickeln konnten. Untersuchungen der Überreste von Jungtieren zeigten, dass ihr Knochengewebe stark von Blutgefäßen durchzogen war; das deutet auf ein rasches Wachstum in den ersten Lebensjahren hin und auf ein schnelles Erwachsenenwerden.

Das mesozoische „Drachenblut"

Waren die Dinosaurier nun Warmblüter wie Säuger und Vögel oder Kaltblüter wie jedes echte Reptil? Zur Regulierung ihrer Temperatur waren manche auf dem Rücken mit „Radiatoren" ausgestattet. Ein gutes Beispiel ist *Spinosaurus*, ein Theropode aus der afrikanischen Kreide, dessen Rückenwirbel durch eine Verlängerung der Neuraldornen einen Rückenkamm bildeten, über den sich ein Hautsegel spannte. Dieses Rückensegel war stark von Gefäßen durchzogen; das in ihnen zirkulierende Blut erwärmte oder kühlte den Organismus je nach Bedarf ab. Die relativ konstante Temperatur bei den Dinosaurier-Giganten ließe sich durch das Phänomen der massebedingten Warmblütigkeit erklären. Je größer ein Tier ist, desto kleiner wird das Verhältnis zwischen seiner Körperoberfläche

und seinem Volumen – der Wärmeverlust über die Haut verringert sich, sodass sich in seinem Innern eine nahezu gleich bleibende Temperatur hält, die von den Schwankungen der Tagestemperatur kaum beeinflusst wird. Allerdings lässt sich dieses Modell nicht auf die zahlreichen kleineren Dinosaurier

▼ *Dachechse*
Der *Stegosaurus* trug auf dem Rücken eine doppelte Reihe Knochenplatten, deren Rolle (Verteidigung? Wärmeregulation?) bislang noch ungeklärt ist. Auf dem Baum erkennt man *Archaeopteryx*, den ältesten bekannten Vogel.

▲ Modelle für jede Nische

Auf ihrem insgesamt etwa 165 Mio. Jahre langen Weg durch das Erdmittelalter entwickelten die Dinosaurier eine imposante Artenvielfalt. Während einige die größten Pflanzen- und Fleischfresser der Erdgeschichte wurden, blieben andere kleinwüchsig. Es gab die unterschiedlichsten Modelle – Zweibeiner, Vierbeiner, Langhalsige, mit Knochenplatten und Stacheln bestückte und viele mehr. Dank dieser Vielfalt konnten die Dinosaurier zahlreiche ökologische Nischen besetzen, womit sie dafür sorgten, dass die Säugetiere des Mesozoikum, unsere entfernten Ahnen also, bis zum Aussterben der "Schrecklichen Echsen" vor 65 Mio. Jahren nicht größer wurden als heutige Katzen.

übertragen. Eine Studie zum Isotopenverhältnis der in Knochenfunden enthaltenen Sauerstoffmoleküle könnte zeigen, ob die thermische Physiologie der untersuchten Dinosaurier jener der Warmblüter ähnelte.

Aus der Unteren Kreide Chinas stammen Saurier, die von einem Flaum bedeckt waren, der den Wärmeverlust reduzierte – ihre Nachkommen, die warmblütigen Federtiere, haben diese Errungenschaft perfektioniert.

Die Kehrseite des Ruhms

Die Dinosaurier sind heute auf der ganzen Welt bei Groß und Klein überaus populär. Das ist für die Paläontologen ein wahrer Glücksfall, denn durch die Beliebtheit der Dinosaurier treten nicht nur die schrecklichen Echsen aus dem Schatten der Fachwissenschaft heraus; auch andere Fossilien werden zum Ge-

sprächsthema, und die gesamte Paläontologie rückt ins Rampenlicht. Als Stars in den Museen und in populärwissenschaftlicher Literatur gewannen die Dinosaurier ein volkstümliches Image, das

allerdings nur wenig mit dem Kenntnisstand der Paläontologen zu tun hat. *Tyrannosaurus rex* und *Triceratops* stehen in der Gunst des Publikums ganz oben. Nach ihrer Entdeckung in Nord-

Die Eier der Dinosaurier

Auf der ganzen Welt hat man mittlerweile zahlreiche Dinosaurier-Eier gefunden. In manchen Fällen waren sogar die Embryonen im Innern der Eier noch erhalten, und gelegentlich entdeckte man in der Nähe eines Geleges die Überreste von gerade ausgeschlüpften Tieren, sodass man die Art bestimmen konnte, von der die Eier stammten. Im US-Bundesstaat Montana lieferten Gelege und Knochenfunde aus der Oberkreide zahlreiche Informationen über die Fortpflanzung und die Brutpflege der Dinosaurier. So waren die Nester des Hadrosauriers *Maiasaura* (Gute-Mutter-Echse) in Gestalt von kleinen Kratern angelegt – in die Erde gegrabene Vertiefungen, deren Ränder sorgsam mit Lehm erhöht waren. Aus den Untersuchungen solcher Funde ergab sich das Bild eines Brutpflegeverhaltens, wie wir es von den Vögeln kennen. In einigen dieser Nester fand man Dinosaurier-Junge, die zu groß waren, um gerade geboren zu sein – offenbar konnten die Jungen noch einige Zeit nach dem Schlüpfen im Nest verweilen und wurden von den Alten mit Nahrung versorgt. Die Nestfunde lassen es auch als sicher erscheinen, dass bisweilen verschiedene Arten am gleichen Ort in Kolonien genistet haben.

DER UNSCHULDIGE EIERDIEB

Die Oviraptorosaurier oder Eierdiebe, kleine Theropoden mit kurzen, zahnlosen Kiefern, wurden lange Zeit als Nestplünderer, besonders von Ceratopsiern, betrachtet. Diese Annahme gründete sich auf den 1923 in der Wüste Gobi (Mongolei) gemachten Fund eines Exemplars von *Oviraptor philoceratops* inmitten eines Geleges, das angeblich einem *Protoceratops* (ein kleiner Pflanzenfresser) gehörte. 1993 wurde dann in der gleichen Wüste ein Ei ausgegraben, das mit den vermeintlichen Eiern des *Protoceratops* identisch war. Allerdings enthielt dieses Ei einen Oviraptor-Embryo! Diese Entdeckung entlastete natürlich die Oviraptoren, die keineswegs die Nester der Ceratopsier geplündert haben – ihren diskriminierenden

Namen behielten sie gleichwohl. Im Jahr 1995 stieß man schließlich auf einen Oviraptor, der auf seinem eigenen Gelege saß, und zwar in einer Haltung, die an brütende Vögel erinnerte. Dieser Fund bewies endgültig, dass auch der 1923 gefundene Oviraptor sich in seinem eigenen Nest befunden hatte, als ihn der Tod ereilte. Einige Dinosaurier brüteten also wie ihre Nachkommen, die Vögel, ihre Eier aus (rechts ein Oviraptor-Gelege).

amerika wurden sie sehr schnell medienwirksam vermarktet, nach dem bewährten Gut-Böse-Muster: Stets attackiert der schreckliche Fleischfresser den liebenswerten Pflanzenfresser.

Doch diese beiden Dinosaurier aus dem Ende der Kreide zählten zu den letzten ihrer Art und repräsentieren nicht annähernd die große Vielfalt und Mannigfaltigkeit der ganzen Gruppe. Stars sind auch die Langhälse wie *Diplodocus*, Vierbeiner, die eine Länge von über 20 m erreichten und mehr als 20 t wogen. Ihnen haben die Dinosaurier den Ruf von schwerfälligen Tieren zu verdanken – dabei konnten sie sich sehr behände fortbewegen.

Die kleineren, leichteren und ungeheuer flinken Dinosaurier wie die Ornithomimo- oder Straußensaurier werden vom breiten Publikum ignoriert, da die Vorstellung, dass alle Dinosaurier Kolosse waren, die einander an Gewicht, Langsamkeit und Brutalität übertrafen, offenbar unausrottbar ist.

Dinosaurier-Rekonstruktionen

Seit Anfang des 19. Jh. erstanden *Megalosaurus*, *Iguanodon* und *Hylaeosaurus* in fantasievollen lebensgroßen Nachbildungen, die auf einigen Knochenfunden basierten. Die Entdeckung vollständiger Skelette in der zweiten Hälfte des 19. Jh. gestattete nach und nach eine Verfeinerung der Rekonstruktionen – z. B. entfernte man das Horn auf der Nase von *Iguanodon*, da es mittlerweile als das letzte Glied des Daumens identifiziert worden war. Die Arbeiten des amerikanischen Malers Charles Knight spiegeln den Kenntnisstand Ende des 19. und Anfang des 20. Jh. gut wider. Einige seiner Interpretatio-

nen sind mittlerweile überholt, etwa der über den Boden schleifende Schwanz, ergaben doch Untersuchungen der Schwanzwirbel einiger Dinosaurier, dass sie ihren Schwanz in der Waagerechten über dem Boden hielten, was schon die fehlenden Schwanzspuren bei Fährtenfunden vermuten ließen. Auch alte Bilder vom Lebensraum der Dinosaurier wurden korrigiert: Der war keineswegs eine endlose Sumpflandschaft, in der beispielsweise die Hadrosaurier mit ihren Entenschnäbeln zarte Wasserpflanzen abweideten – schon 1922 wusste man, dass ihr Mageninhalt aus Landpflanzen bestand. Trotzdem dauerte es bis in die 1960er-Jahre hinein, bis man die Zahnbatterien der Hadrosaurier als ideale Mahlwerkzeuge für hartes Pflanzenmaterial anerkannte und die Tiere endlich dem Wasser entsteigen durften.

Ein Ölgemälde von Knight (1897) stellt den Kampf zweier großer Carnivoren dar, die heftig aufeinander einstürmen. Diese Darstellung deckt sich mit Einsichten aus jüngerer Zeit, denn wir wissen heute, dass sich die Dinosaurier leichtfüßig fortbewegten, ganz im Gegensatz zu der Vorstellung, die man sich im 19. Jh. davon machte. Durch erhaltene Abdrücke von der Schuppenhaut einiger Dinosaurier konnte auch ihre äußere Erscheinung präziser rekonstruiert werden – aber der Fund kleiner Theropoden mit Federspuren wird unser Bild von diesen Meistern der Anpassung ein weiteres Mal verändern.

Dinosaurier-Geflügel
Der Ursprung der Vögel

Vögel sind Wirbeltiere, die nach heutigem Kenntnisstand von den fleischfressenden Dinosauriern abstammen. Die Entdeckung gefiederter, nicht flugfähiger Dinosaurier in China zeigte, dass nicht erst die Vögel ein Federkleid aufwiesen und dass dessen Ursprung nicht notwendigerweise mit dem Fliegen in Verbindung stand. Insofern spiegelt die Konvention, nach der die Dinosaurier zur Klasse der Reptilien gezählt werden und die Vögel eine eigene Klasse bilden, nicht die Evolutionsgeschichte der Vögel wider.

▼ *Die erstaunliche Abstammung der Vögel*
Wenn man ein Huhn isst und es dabei sorgfältig zerlegt, erzählt es die Geschichte vom Ursprung der Vögel. Das Skelett weist nämlich eine ganze Palette von Merkmalen auf, die die Vögel von ihren Ahnen, den Dinosauriern, geerbt haben. War also das Gabelbein von Archaeopteryx *(griech. = alte Feder), des ältesten bekannten Vogels, vor 140 Mio. Jahren auch für sie ein Glücksbringer?*

Abstammung von Reptilien?

In den 1870er-Jahren brachte Thomas Henry Huxley eine Verwandtschaftsbeziehung zwischen Vögeln, Dinosauriern und Krokodilen ins Gespräch, nachdem ihm ihre anatomischen Ähnlichkeiten aufgefallen waren.

Zunächst suchte man, da bei den Dinosauriern offenbar das Schlüsselbein fehlte, den Ursprung der Vögel bei einer ursprünglicheren Tiergruppe, den Thecodonten. Dann fand man bei einigen Dinosauriern dieses Schlüsselbein doch und auch zahlreiche andere anatomische Merkmale, die Vögeln und Dinosauriern gemeinsam sind. Insbesondere die Ähnlichkeiten zwischen dem ältesten bekannten Vogel, *Archaeopteryx*, und kleinen, fleischfressenden Theropoden wie *Compsognathus* fielen ins Auge. Als der nächste Verwandte der Vögel unter den Dinosauriern gilt heute der Dromaeosaurier *Deinonychus* (aus der Familie der Maniraptora). Und unter den lebenden Tierarten sind die Krokodile am engsten mit den Vögeln verwandt.

Stark spezialisierte Dinosaurier

Untersuchungen der theropoden Dinosaurier, aus denen die Vögel hervorgegangen sind, zeigten, dass viele Skelettmerkmale der Vögel bereits bei ihren Vorfahren vorhanden waren. Bei den Theropoden hatten sich in der Trias (vor etwa 230 Mio. Jahren) nach und nach Veränderungen vollzogen, die sich dann auch bei den Vögeln wiederfinden: die Zweibeinigkeit, der Zehengang, die Ausbildung langer Hohlknochen, langer Arme, dreizehiger Klauen und eines zu einem einzigen Knochen (Gabelknochen) reduzierten Schlüsselbeins, die Umgestaltung der Fußwurzel (um eine größere Beweglichkeit des Fußgelenks zu erreichen), die Verknöcherung des Brustbeins usw.

All diese Anpassungen führten dazu, dass sich eine Reihe von Dinosauriergruppen von anderen abgrenzten und immer stärker spezialisierten. Zwischen ihnen und *Archaeopteryx*, dem ältesten bekannten Vogel, erfolgten weitere Spezialisierungsschritte: Der Schwanz verkürzte sich auf weniger als 26 Wirbel, und die erste Zehe verwandelte sich in eine Afterklaue wie bei unseren Hühnern. Durch diesen Entwicklungsweg klassifiziert man heute die Vögel (Aves) als eine Untergruppe der Maniraptora, diese als Untergruppe der Tetanurae, die wiederum eine Untergruppe der therapoden Dinosaurier bilden. Die Vögel sind also auf den Flug spezialisierte Dinosaurier.

Die Fossilienlage

Für die Rekonstruktion der Entwicklungsgeschichte von Lebewesen nutzt man zunehmend die so genannte kladistische Methode – sie schließt aus Ähnlichkeiten zwischen verschiedenen Organismen, die sich in Anatomie und Biochemie auf gleiche Weise spezialisiert haben, auf den oder die gemeinsamen Vorfahren. Dabei klassifiziert sie die Verwandtschaftsbeziehungen ganz unabhängig davon, *wann* diese Lebewesen in der Erdgeschichte auftraten. So ist etwa *Deinonychus*, ein theropo-

◀ **Archaeopteryx**
(*„alte Feder"*)
*Der älteste bekannte
Vogel wurde im gut
140 Mio. Jahre alten Soln-
hofen-Plattenkalk (Bayern)
entdeckt. Er hatte eine
Flügelspannweite von etwa
45 cm. Sieben Skelette
und ein einzelner Feder-
abdruck sind bislang von
ihm bekannt. Die Versteinerungen wiesen außerordentlich gut erhaltene Abdrücke
vom Flügel- und Schwanz-
gefieder auf – danach
konnte die Gussform für
die Nachbildung (kl. Bild)
angefertigt werden.*

der Dinosaurier aus der Kreide, zwar jünger als sein naher Verwandter *Archaeopteryx* aus dem Oberen Jura, er weist aber ursprünglichere Merkmale auf. Gerade die Entwicklungsgeschichte der Vögel macht deutlich, dass das Alter von Fossilien nicht unbedingt den Verlauf der Evolution wiedergibt.

So stürzte eine 1982 durchgeführte kladistische Analyse, die sich ausschließlich auf Merkmale heutiger Tiere stützte, die Wissenschaftler in große Ratlosigkeit, denn dieser Analyse zufolge waren die nächsten Verwandten der Vögel die Säugetiere! Als man dann 1988 auch Fossilien in die Untersuchung einbezog, wurde dagegen bestätigt, dass die heute nächsten Verwandten der Vögel die Krokodile sind.

Die ursprüngliche Analyse hatte die Grenzen der kladistischen Methode aufgezeigt. Denn für die Bestimmung der Familienbande zwischen Lebewesen sind Fossilien oft wesentlich.

Kein abgeschlossener Fall

Die Position der Vögel in der Systematik der Tiere ist aber nach wie vor umstritten. Einige Biologen plädieren dafür, die Vögel als eigene Klasse zu etablieren, entsprechend der Klasse der Reptilien, zu der Krokodile und Dinosaurier gerechnet werden. Diese Einordnung würde dem offensichtlichen Hauptcharakteristikum der Vögel, nämlich ihrer Befähigung zum Flug, Rechnung tragen, die sie von den Reptilien unterscheidet. Anderen Wissenschaftlern, die sich auf die Ergebnisse der Kladistik stützen, erscheint das abwegig, sie halten aber andererseits auch die Klasse der Reptilien für ungeeignet, die Vögel aufzunehmen. Sie schlagen vielmehr vor, die Unterklasse der Archosaurier

(Dinosaurier, Pterosaurier und Panzerechsen) als eine neue, von den Reptilien unabhängige Klasse anzuerkennen, in die die Vögel als eine Untergruppe der Dinosaurier eingegliedert würden – durch diese Zuordnung fänden die Verwandtschaftsbeziehungen einen angemessenen Ausdruck.

Doch wie auch immer die theoretische Wissenschaft entscheiden wird: Praktisch sind die Dinosaurier noch immer unter uns, und sei es auch nur in Gestalt des leckeren Brathühnchens auf unserem Teller, dessen Gabel- und Hohlknochen beredt von seiner reptilen Abstammung erzählen.

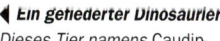
◀ **Ein gefiederter Dinosaurier**
Dieses Tier namens Caudipteryx *ähnelt zwar einer großen, abgemagerten Taube, aber es handelt sich um einen echten Dinosaurier, genauer gesagt um einen ebenso flinken wie aggressiven Raubsaurier aus der Familie der Theropoden.*

GEFIEDERTE DINOSAURIER

Kleine, ungewöhnlich gut erhaltene Dinosaurier-Theropoden aus der Unteren Kreide wurden im Nordosten Chinas freigelegt. An den Skeletten befanden sich noch Abdrücke von Federn, es handelte sich also um gefiederte Dinosaurier. Ähnliche Abdrücke liegen vom Schwanz von *Caudipteryx* vor. Der Körper von *Sinosauropteryx* war allerdings vollständig von Flaum bedeckt. Seine mit der des kleinen Theropoden *Compsognathus* verwandte Anatomie offenbart jedoch, dass er entwicklungsgeschichtlich noch recht weit von den Vögeln entfernt war. Gefieder war bei den Dinosauriern ein relativ weit verbreitetes Merkmal und nicht erst typisch für die Vögel, die sehr viel später auftraten. Diese gefiederten Dinosaurier waren überdies Lauftiere: Die Entwicklung der Feder erfolgte demnach nicht mit dem Ziel, ein flugfähiges Tier hervorzubringen – das es ja in Gestalt der Flugsaurier längst gab. Vielmehr kommt hier die so genannte Exaptation zum Tragen, ein Phänomen, das in der Evolutionsgeschichte häufig vorkommt: Eine schon vorhandene körperliche Errungenschaft (hier das Gefieder) erhält in einer anderen ökologischen Situation bei einem anderen Tier eine neue Aufgabe.

Die Kinder von *Elkinsia*
Die Nacktsamer (Gymnospermen)

Die Nacktsamer machten vor 170 Mio. Jahren 80 % der Pflanzen auf der Erde aus. Das Geheimnis dieser Dominanz war ein kleines Samenkorn. Unsere Koniferen sind die wichtigsten Überlebenden dieser Großmacht, die durch andere Nachkommen von *Elkinsia* entthront wurde: die Angiospermen.

▲ *Die Fortpflanzung der Nadelhölzer*
Die Fortpflanzung unserer guten alten Weihnachtsbäume geht nicht so rasch vonstatten, wie man glauben möchte, denn die durch den Wind verbreiteten Pollenkörner müssen zunächst einmal vom männlichen Zapfen (1) zum weiblichen Zapfen (2) gelangen. Dieser braucht dann fast 2 Jahre, um heranzureifen (3) und die fertigen, zur Keimung bereiten Flugsamen (4) freizusetzen.

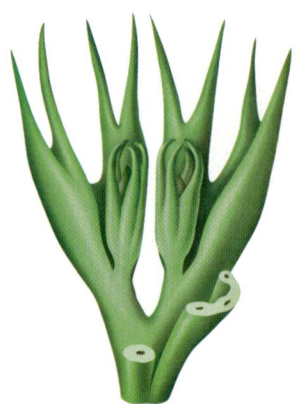

▲ *Elkinsia, eine der ältesten Samenpflanzen*
Trotz ihrer einfachen Morphologie besitzt sie bereits das charakteristische Merkmal aller höheren Pflanzen: eine Eizelle (hier am Grund eines Fruchtbechers), die nach ihrer Befruchtung ein Samenkorn hervorbringt.

▲ *Der Pollen* Die Gymnospermen entwickelten einen neuen männlichen Sporentyp, der durch den Wind zur befruchtungsreifen Eizelle getragen wird: den Pollen. Der Pollen der Nadelbäume ist mit zwei kleinen Luftsäcken ausgestattet, dank derer er unter Wind leicht transportiert werden kann. Dadurch ist ihm eine maximale Verbreitung garantiert.

▶ *Glossopteris, der Beherrscher der Südhalbkugel*
Dieser wenige Meter hohe, buschige Baum mit zungenförmigen Blättern hat über 50 Mio. Jahre lang das Landschaftsbild der Südhalbkugel bestimmt.

Die Verbündete des Windes

Die kleine *Elkinsia*, die vor 360 Mio. Jahren in Nordamerika lebte, gilt als Ahn der Gymnospermen, der Nacktsamer. In ihren Anfängen war sie kaum höher als andere Pflanzen, hatte ihnen aber etwas Entscheidendes voraus: eine weibliche Fortpflanzungszelle, die in den Spitzen ihrer Sprossen saß. Dieses wichtige Merkmal ist zwei Pflanzengruppen gemeinsam: den Gymnospermen (wie Koniferen, Ginkgo und Palmfarn) und den Angiospermen (wie Eiche, Hahnenfuß und Mais). Mit *Elkinsia* wird der Wind zum Hauptverbündeten im Wettkampf um die effektivste Fortpflanzung, denn ihm fällt es zu, die durch Sporen geschützten männlichen Geschlechtszellen, die Pollenkörner, zu verbreiten. Damit beginnt eine durchaus schicksalhafte Lotterie, denn von den Abertausenden von Pollen, die pro Tag umherfliegen, erreicht nur ein Bruchteil das winzige Ziel: die Eizelle einer weiblichen Pflanze, in die die Spermien eindringen müssen. Der Embryo, der dann aus dieser Verbindung hervorgeht, ist allerdings äußerst verletzlich. Um ihn in einer feindlichen Welt voller allzu hungriger Insekten durchzubringen, folgten nun Pflanzen wie *Elkinsia* dem Beispiel mancher Tiere und nahmen den Embryo fortan unter die eigenen Fittiche, und zwar im Innern einer weiteren biologischen Errungenschaft: des Samenkorns. Bei den Gymnospermen findet also sowohl die Befruchtung als auch ein Teil der Entwicklung des Embryos auf der Mutterpflanze statt. Erst wenn das Samenkorn zur Reife gelangt ist, fällt es von dieser zur Erde, wo es keimen und selbst eine neue Pflanze hervorbringen kann.

Zum großen Erfolg dieser neuen Fortpflanzungsart, die die Gymnospermen als erste praktizierten, trug ein Umstand bei, der der Klimaentwicklung im späten Paläozoikum Rechnung trug: Die Pflanze kam bei dieser Form der Vermehrung nämlich mit weit weniger Wasser aus – ein entschiedener Vorteil in einer Zeit, in der das Klima ständig trockener wurde.

Bettgeschichten

Stellen wir uns einmal die Wälder des Mesozoikum vor, mit ihren riesenhaften Bäumen wie den Samenfarnen der Nordhalbkugel, die fein geäderte Palmwedel trugen, oder den üppigen Glossopteridaceae, die 50 Mio. Jahre lang die Pflanzenwelt der ganzen Südhemisphäre prägten. Sie besaßen zungenförmige Blätter, die sich zu einer Krone organisierten, und Eizellen, die in einer Art Zapfen versammelt waren.

Einige Nachkommen der Gymnospermen gehören noch heute zu unserer Pflanzenwelt – die kleinen, baumähnlichen Palmfarne (Cycadeen) und auch der Ginkgo, ein lebendes Pflanzenfossil, sowie schließlich die Koniferen, die noch in großer Zahl verbreitet sind.

Um den heutigen Artenbestand der Gymnospermen besser zu verstehen, muss man 250 Mio. Jahre weit ins ausklingende Paläozoikum zurückblicken. Schon damals gab es geeignete Kandidaten, um als Vorfahren der späteren Nadelhölzer in Frage zu kommen: nämlich einige eher unscheinbare Sträucher, die so genannten Cordaiten. Die „Modernität" der Gymnospermen beruhte auf der Entwicklung des robusten Samenkorns – die Koniferen zeichneten sich ihrerseits durch ganz besondere Geschlechtszellen aus, denn bei ihnen

DER QUASTENFLOSSER UNTER DEN PFLANZEN: *GINKGO BILOBA*, EIN LEBENDES FOSSIL

Das ist schon ein wundersamer Baum. Neben seinen eigentümlichen zweilappigen Blättern, denen er seinen Namen verdankt (biloba) und die im Herbst eine leuchtende Goldfärbung annehmen, weist *Ginkgo biloba* noch andere Besonderheiten auf. Dieser Nacktsamer bringt nämlich mirabellenähnliche Früchte hervor, obgleich eigentlich nur die Angiospermen (Bedecktsamer) Früchte bilden, in denen sich die befruchtete Eizelle befindet, aus der, zum Samenkorn herangereift, eine neue Pflanze entsteht. Dagegen sind die Scheinfrüchte des Ginkgo-Baums lediglich unbefruchtete Eizellen, also eine Täuschung. Der Ginkgo – ein urtümlicher Baum, der schon seit 100 Mio. Jahren existiert – hat sich so wenig weiterentwickelt, dass ihm die Bezeichnung „lebendes Fossil" durchaus gerecht

wird – vergleichbar dem Fossilfisch *Coelacanthus* (dem Quastenflosser) bei den Tieren. *Ginkgo biloba* ist der letzte Vertreter einer Pflanzengruppe, die im Mesozoikum glänzend florierte: der Ginkgoales. Damals gehörte zu dieser Gruppe etwa ein Dutzend Arten, die sich über zwei Drittel der bestehenden Landflächen verteilten. Heute existiert davon nur noch eine einzige Art, *Ginkgo biloba*, dessen natürliches Verbreitungsgebiet sich zudem auf eine kleine Provinz im Südosten Chinas beschränkt, wo der Ginkgo seit jeher als heilig gilt. Daneben sieht man ihn auch häufig als Bürgersteigbepflanzung in den Städten Asiens, wo er unsere Platanen ersetzt.

reifen die Eizellen in Kegeln heran, den bekannten Tannenzapfen. Und auch die Pollen entwickeln sich in Zapfen. Der schwedische Naturforscher Linné scherzte: Bei den Gymnospermen halten sich die Ehegatten entweder in zwei verschiedenen Häusern auf (es gibt männliche und weibliche Bäume) oder aber in demselben Haus (ein hermaphroditischer Baum trägt sowohl weibliche wie männliche Zapfen), dann stehen aber wenigstens die Betten (Geschlechter) getrennt. Sobald ein Pollenkorn seinen Bestimmungsort erreicht hat, bildet es ein langes elastisches Rohr aus, das sich langsam einen Weg zur Eizelle bahnt. Dieser Pollenschlauch transportiert dann die Spermien bis zum Eingang der Eizelle. Diese neue Fortpflanzungsform – man spricht hier von Siphonogamie (von griech. *siphôn* = Schlauch) – entwickelte sich vor 230 Mio. Jahren. Sie setzte sich erstaunlich schnell durch und wird heute von allen Samenpflanzen praktiziert.

▲ **Mehr Schein als Sein**
Der Ginkgo *hat sich seit seiner Entstehung vor 100 Mio. Jahren kaum verändert. Seine Blätter weisen noch dieselbe Gestalt auf wie ihre urzeitlichen Vorgänger. Auch wenn seine fleischigen Eizellen Früchten täuschend ähnlich sehen, handelt es sich beim Ginkgo um einen typischen Nacktsamer.*

◄ **Die Cycadeen – ins Abseits gedrängt**
Wie der Ginkgo *gehört auch der* Cycas *(Palmfarn) zu den Pflanzen, die während des Mesozoikum auf der ganzen Erde verbreitet waren, bevor sie durch den Vormarsch der Blütenpflanzen in einige Randgebiete abgedrängt wurden.*

◄ **Mammutbäume** *gibt es seit mehr als 120 Mio. Jahren. Diese lange Existenz verdanken sie vielleicht ihrem Riesenwuchs. Mit über 100 m Höhe und 2,5–3 m Durchmesser zählen sie zu den größten Bäumen der Welt.*

Meeresreptilien
Ganz besondere Kreaturen

Auch die Meere des Mesozoikum beherbergten Reptilien, die den Dinosauriern durchaus ebenbürtig waren – 15 m lange Tiere, von denen manche Delphinen ähnelten, schreckliche Räuber mit messerscharfen Zähnen, aber auch friedliche Muschelknacker.

◀ **Die „Delphine" des Jura**
Die Ichthyosaurier waren die schnellsten aller Meeresreptilien. Sie hatten sich zu hervorragenden Schwimmern entwickelt und lassen sich ökologisch mit unseren heutigen Delphinen vergleichen.

Spezialisten

Vor 250 Mio. Jahren endete das Paläozoikum mit einer großen ökologischen Katastrophe. Das Verschwinden zahlreicher Pflanzen- und Tierarten brachte die Ökosysteme der Erde aus dem Gleichgewicht. Aber die Natur ist immer bestrebt, entstandene Lücken wieder aufzufüllen – und so erlebte die Tier- und Pflanzenwelt im Mesozoikum eine regelrechte Neugründung auf Basis der noch einmal davon gekommenen Arten, darunter die Reptilien. Sie besetzten in wenigen Jahrmillionen alle geeigneten Lebensräume, indem sie sich sehr unterschiedlichen Bedingungen anpassten. Die Dinosaurier bevölkerten das Festland; ihre nahen Verwandten, die Pterosaurier, erlernten das Fliegen und waren lange Zeit die Herren der Lüfte; und andere Reptilien wurden auch im Meer heimisch – die meisten von ihnen sind heute freilich verschwunden.

Die Küstenzonen waren vor 230 Mio. Jahren Schauplatz der ersten Annäherung verschiedener Reptilien an das marine Milieu. Einige, von einem schweren Panzer geschützt, freundeten sich mit den flachen Küstengewässern an, wo sie sich von Muscheln ernährten. Hier lebten auch die 20 cm–4 m langen echsenartigen Nothosaurier, die für ihre Fischzüge schon die offene See aufsuchten. Sie starben noch vor dem Ende der Trias aus.

Rückkehr ausgeschlossen

Die echten Fischechsen (Ichthyosaurier) verbreiteten sich seit der Trias über sämtliche Meere. Ihre ersten Vertreter schwammen, indem sie ihren langen, abgeflachten Schwanz wellenförmig hin und her schlugen. Bald schon hatten sie sich zu ausgezeichneten Hochseeschwimmern entwickelt, die es durchaus mit den Fischen aufnehmen konnten. Sie waren die Delphine des Mesozoikum, auch in ihrem Körperbau: mit einem stromlinienförmigen Rumpf, einem vertikalen, zweilappigen Schwanz (ähnlich der Schwanzflosse eines Fischs), mit vier zu Schwimmschaufeln umgebildeten Gliedmaßen und einer Rückenflosse. Selbstverständlich waren sie nicht mehr in der Lage, ihre Eier an Land abzulegen. Vielmehr brüteten die Weibchen sie bis zum Schlüpfen in ihrem Leib aus. Die Jungen wurden dann ausgetragen und konnten sich sofort eigenständig im Meer behaupten. Ichthyosaurier waren also ovovivipar (eierlebendgebärend). Es gab unter ihnen Giganten von 20 m Länge. In der Kreide, vor 90 Mio. Jahren, starben sie dann aus ungeklärten Gründen aus.

Ein Mittel gegen Langsamkeit?

Die Plesiosaurier, Nachkommen der Nothosaurier aus der Trias, besaßen einen massiven Körper, einen ganz kleinen Kopf am Ende eines endlos langen Halses und lange, zu Schwimmschaufeln umgeformte Beine. Gegen Ende des Mesozoikum war bei einigen dieser Tiere der Hals weit länger als der Körper. Wozu mag er gedient haben? Vielleicht waren die Plesiosaurier mit ihren Schwimmschaufeln nicht schnell genug für die Jagd auf Fische, und der lange Hals glich diesen Nachteil aus, indem er den Fangradius vergrößerte.

Meereskrokodile

Heute wagen sich von den Echsen nur das Leistenkrokodil und die Galápagos-Meerechse aufs Meer hinaus. Im Mesozoikum gab es dagegen ausgesprochene Meereskrokodile. Einige Arten der heute ausgestorbenen Familie der Metriorhynchidae wiesen entsprechende Anpassungen auf: lange Kiefer mit messerscharfen Zahnen, mit denen sie im offenen Meer nach Fischen schnappten, zu Schwimmpaddeln umgebildete Gliedmaßen, und bei manchen kam

noch ein Ruder am Ende ihres mächtigen Schwanzes hinzu, das ihre Schwimmleistung steigerte.

Wahre Fressmaschinen

Abgesehen von einigen Haiarten und den Schwertwalen sind große Meeresräuber heute selten. Ganz anders in den Ozeanen des Mesozoikum: Da hinterließen gewaltige Räuber eine Spur des Grauens. So war das riesige Maul der Pliosaurier vollgepackt mit spitzen Zähnen, und ihr gewaltiger Leib, der zwischen 12 und 20 m lang wurde, verlangte immerzu nach Nahrung. Bevor auch sie in dem großen Massensterben am Ende der Kreide zugrunde gingen, durchpflügten sie sämtliche Meere der Welt – sie hatten nur wenige Konkurrenten. Gegen Ende der Kreide, vor 80 Mio. Jahren, begannen auch die Mosasaurier – waranähnliche Wasserechsen – sich zu behaupten und entwickelten sich rasch weiter. Ihr langer, glatter Rumpf machte sie zu ausgezeichneten Schwim-

mern, die Fische und Weichtiere jagten; die größten unter ihnen waren über 10 m lang. Doch auch sie fielen der globalen Katastrophe am Ende des Mesozoikum zum Opfer.

Unverwüstliche Langweiler

Von allen damaligen Meeresreptilien trotzte nur eine Gruppe allen Krisen und überlebte bis heute: die Schildkröten. Sie traten in der Trias auf, und zwar zunächst als Landbewohner. Die ersten Meeresschildkröten, die dann vor etwa 150 Mio. Jahren erschienen, hatten mit den heutigen nichts gemein. Die kleinen Tiere wagten sich mit ihren Schwimmfüßen nicht weit ins Meer hinaus. Der offenen See zogen sie die warmen Lagunen im Küstenbereich vor. Echte Meeresschildkröten traten erst in der Kreide auf. Sie waren die Vorfahren all jener Arten, die unsere Zeitgenossen sind. Sie besaßen wirkliche Schwimmflossen, und sehr große Exemplare erreichten fast 4 m Länge!

◀ *Gefürchtete Jäger*
Die Pliosaurier, gefräßige Meeresräuber, maßen mehr als 12 m. Dank ihrer gewaltigen, mit scharfen Zähnen besetzten Kiefer konnten sie Beute jeder Art angreifen, darunter auch andere Reptilien.

▼ *Die Plesiosaurier* mit ihrem markanten massiven Körper und ihrem wendigen langen Hals waren ebenfalls ausgezeichnete Jäger.

ECHSE MIT ANGELHALS

Die Evolution bringt bisweilen Wesen hervor, die das menschliche Vorstellungsvermögen übersteigen. *Tanystropheus* lebte während der Trias vor allem an den Küsten der europäischen Meere. Sein Körper und die großen krallenbewehrten Klauen wiesen ihn unzweifelhaft als Echse aus. Aber sein langer, durch gestreckte Wirbel versteifter Hals machte ihn zu einem Monster aus einem Science-fiction-Film – dabei war er nicht mehr als eine gigantische lebendige Angelrute, mit der *Tanystropheus* von einem Felsen aus oder halb im Wasser liegend die Küsten des heutigen Europa sehr effektiv leer fischte.

Schuppenkriechtiere
Lepidosauria: Eidechsen und Schlangen

Aus den Lepidosauria (Schuppenechsen) ist die große Mehrzahl (mehr als 90 %) der modernen Reptilien hervorgegangen. Die bekanntesten sind die Eidechsen und Schlangen, die verborgensten die Doppelschleichen (Amphisbaenia) und die seltensten die Brückenechsen. Für ihr Überleben seit 200 Mio. Jahren sorgten sie mit der Ausprägung ganz besonderer Lebensweisen.

▲ *Die Brückenechse* **Sphenodon** *(oder* Tuatara*) ist die einzige Überlebende aus der Ordnung der Rhynchocephalia (Schnabelköpfe) und ähnelt einer großen, etwas plumpen Eidechse. Sie kommt heute nur noch auf Neuseeland vor, wo es nie größere Echsen gab, die ihr hätten Konkurrenz machen können.*

▶ *Rekonstruktion von Wonambi*
Schlangen aus dieser Familie, die eine Länge von etwa 5 m erreichten und wohl ähnlich lebten wie die heutigen Boas, wurden in Australien, Europa und Afrika gefunden. Sie sind heute ausgestorben, weil sie vermutlich von anderen, weiter entwickelten Schlangen verdrängt wurden.

▶ *Die Speikobra benutzt ihr Gift als Verteidigungswaffe gegen größere Angreifer. Im Allgemeinen zielt sie auf das Gesicht oder die Augen des Gegners und ruft damit Verbrennungen oder eine vorübergehende Blindheit hervor.*

Die Ungeliebten

Schuppenkriechtiere erfreuen sich keiner großen Popularität, besonders nicht in Europa. Man hält sie für schleimig und fürchtet ihr Gift, ja sogar ihren Blick. Dennoch haben zahlreiche Kulturen ihnen segensreiche Kräfte zugeschrieben. Im Allgemeinen klein bis mittelgroß, besitzen alle Lepidosauria eine völlig drüsenlose und daher völlig trockene Haut, die von feinen Schuppen überzogen ist (darum ihr Name, in Abgrenzung zu den Krokodilen und Schildkröten). Mehrheitlich Fleisch- oder Insektenfresser, haben sich einige Schuppenkriechtiere, nämlich verschiedene Schlangenarten, eine gefährliche Waffe zugelegt: Gift. Auf die scheuen, im Verborgenen lebenden Schlangen trifft man gemeinhin selten, Grund genug, um ihnen (zu Unrecht) den Ruf überaus geheimnisvoller Tiere einzutragen.

Eidechsen und Schnabelköpfe

Die Brückenechsen aus der Ordnung der Schnabelköpfe (Rhynchocephalia) traten schon in der Trias auf und waren im Mesozoikum weit verbreitet. Sie besetzten die unterschiedlichsten ökologischen Nischen, einige als Insektenfresser, andere, von stattlicher Größe (bis zu einigen Metern Länge), als Pflanzenfresser, die den Boden auch nach Wurzeln durchpflügten. Fast alle Brückenechsen wurden nach und nach verdrängt, hauptsächlich durch ihre nahen Verwandten, die echten Echsen, die im Jura auftraten und sich rasch differenzierten. Bestimmte Lepidosauria-Gruppen der Kreide waren wohl die Ahnen aller heute lebenden Familien. Das Europa der ausklingenden Kreidezeit war von Leguanen, Waranen und Echsen bevölkert, die mit

unseren heutigen Smaragdeidechsen verwandt sind. Besonders die Waranartigen verbreiteten sich damals außerordentlich. Von ihnen führen Entwicklungslinien zu den Vorfahren der Warane, zu den Mosasauriern (große Tiere, die zum Wasserleben zurückkehrten) und schließlich zu den Ahnen der Schlangen.

Da verschwanden die Beine

Das Fehlen sichtbarer Gliedmaßen ist bei den Schuppenkriechtieren nichts ungewöhnliches. Kriechende Echsen wie die Blindschleichen und die Erzschleichen kommen sehr gut mit der Zurückbildung oder dem Verlust der Beine zurecht, der für Grabtiere sogar einen Vorteil bedeutet. Auch die Vorfahren der Schlangen waren quadrupede (vierfüßige) Echsen. Bei ihnen muss sich die Rückbildung und Verkümmerung der Beine etwa in der Mitte der Kreide vollzogen haben.

Ihre einzigartige Fortbewegungsweise hat den Schlangen ganz neue ökologische Möglichkeiten eröffnet. Was den Verlust der Gliedmaßen bei ihren Vorfahren verursachte, ist nicht völlig geklärt. Die Verschlankung und Verlängerung des Körpers auf Kosten der Gliedmaßen ist für Grabtiere ebenso nützlich wie für Wassertiere, die nach Art der Aale schwimmen, wie die heutigen Seeschlangen. Lebten also die ersten Schlangen unter der Erde oder im Meer? Man weiß es nicht. Allerdings wurden alle Fossilien von Urschlangen in Sedimentschichten aus dem Meer oder von Küsten gefunden.

Meerschlangen und Flugschlangen

Von Beginn an expandierten die Schlangen stark und sicherten sich viele Lebensräume: vom Meer (dort auch mit großen Arten wie *Palaeophis*, der über 5 m lang wurde) bis in die Wipfel der Bäume hinein. Einige baumbewohnende Schlangen können sogar fliegen oder vielmehr durch die Luft gleiten.

ACHTUNG: GIFT!

Giftige Reptilien sind höchst selten. Nur bei den Schlangen (genauer: bei etwa der Hälfte der Arten) hat sich diese gefährliche Waffe bis zur Perfektion ausgebildet – wenn man von den beiden Arten der mexikanischen Krustenechse Heloderma einmal absieht, die ebenfalls ein Gift produzieren und injizieren. Allerdings sind deren Giftzähne nicht so hoch entwickelt wie die der Giftschlangen: Sie besitzen keinen Hohlkörper, sondern sind an ihrer Basis lediglich mit kleinen Kanälen ausgestattet, in die das Gift einsickert. Dagegen haben sich bei den Giftschlangen die Zähne und sogar die Knochen des Oberkiefers im Verlauf der Evolution erheblich umgebildet, um eine größere Wirksamkeit und Präzision des Bisses zu erreichen. Dabei spezialisierten sich nur wenige Zähne im Schlangenkiefer auf das Injizieren des Gifts in die Beute oder einen Feind: Anfangs öffnete sich in diesen größer angelegten Zähnen eine Rinne, die vom Zahnansatz zur Zahnspitze verlief und durch die das Gift floss. In einem nächsten Evolutionsschritt schlossen sich dann die Ränder dieser Rinne: Der Zahn funktionierte nun wie die Nadel einer Spritze. Bei einigen besonders hoch entwickelten Schlangen wie den Vipern hat der Knochen, der die Giftzähne trägt (Maxillaris), nur eine lose Verbindung zum Schädel, sodass das Tier sie vor und zurück schwenken kann – in Ruhestellung klappt es seine (oft sehr langen) Giftzähne in die Horizontale um. Bei Gefahr aber öffnet es sein Maul, und die Giftzähne nehmen automatisch eine vertikale Stellung ein: Die Schlange ist jetzt bereit zuzubeißen.

Bei sehr wenigen Giftschlangen befindet sich die Mündung des Giftkanals nicht an der Spitze des Zahns, sondern an seiner Vorderseite. Das Gift wird also nicht nach unten, direkt in die Blutbahn des Opfers, sondern nach vorn gespritzt. Man spricht hier, wie bei einigen Kobraarten, von Speischlangen.

Zähne und Giftrinnen am Zahnansatz

Krustenechse

Natter

Kobra

Viper

Diese Akrobaten spreizen ihre Rippen, ziehen den Bauch ein und segeln dann in die Tiefe. Sie können auf diese Weise bis zu 10 m überwinden. Andere sind ausgesprochen kleinwüchsig und werden im ausgewachsenen Zustand nicht größer als 10 cm. Die hundertfache Länge erreichen dagegen die Giganten der Gruppe: die Pythons.

Eine lockere Sache

Für die Kieferpartie mancher Lepidosaurier ist ein erstaunliches Phänomen charakteristisch, das man intrakraniellen Kinetismus nennt: Die beiden Hälften des Unterkiefers sind nicht zusammengewachsen und darum einzeln beweglich. Auch der Befestigungspunkt des Kiefers am Schädel kann nach Bedarf verlagert werden, um die Öffnung des Mauls zu vergrößern. Und selbst die Knochen, in denen die obere Zahnreihe sitzt, sind nur lose mit dem Schädel verbunden, sodass sie problemlos vor, zurück und seitwärts verschoben werden können – dank dieser Anpassungen können Schlangen Beutetiere verschlingen, die viel größer sind als ihr eigener Schädel.

Wo ist der Kopf?

Die seltenen Doppelschleichen (Amphisbaenia) kommen in nur etwa 100 tropischen Arten vor. Es handelt sich um beinlose Grabtiere mit wurmförmigem Körper und unsichtbaren Augen und Ohren – darum fällt es schwer, ihr Vorder- und Hinterteil zu unterscheiden, worauf auch der Name Amphisbaenia (in beide Richtungen gehend) verweist: Man weiß nie, welches Ende nun loskriechen wird. Doppelschleichen sind seit dem Beginn des Känozoikum nachgewiesen und besaßen schon damals fast alle Merkmale der heutigen Arten. Ihre Verwandtschaft zu Eidechsen und Schlangen lässt sich nur schwer belegen.

▲ **Beinreste**
Einige Kobras besitzen noch Überreste von Hintergliedmaßen, die nur bei genauem Hinsehen als kleiner Dornfortsatz erkennbar sind.

◀ **Scharfsichtige Räuber**
Schlangen haben im Allgemeinen ein sehr gutes dreidimensionales Sehvermögen, das sie einem frontalen räumlichen Gesichtsfeld verdanken – für ein baumbewohnendes Tier wie die Brasilianische Schlanknatter (Leptophis ahaetulla) lebensnotwendig.

◀ **Die größte Schlange**
Die Große Anakonda aus Südamerika (Eunectes murinus) wetteifert mit der asiatischen Netzpython (Python reticulatus) um den Titel der größten lebenden Schlange. In beiden Fällen wurden schon Tiere von fast 10 m Länge beobachtet.

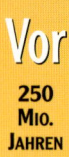
Der große Umbruch
Die säugerähnlichen Reptilien

Die vor 250 Mio. Jahren auftretenden Therapsiden, die so genannten säugerähnlichen Reptilien, markieren den Ursprung der Säugetiere, insbesondere die Cynodontier, die wie große Hunde mit Echsenbeinen aussahen.

▶ **Thrinaxodon** (hier sein versteinertes Skelett) besaß bereits viele charakteristische Säugermerkmale, aber sein Unterkiefer setzte sich noch aus mehreren Knochen zusammen, und seine Zähne erneuerten sich oft.

Ein verheißungsvolles Vorspiel
Vor etwa 250 Mio. Jahren, gegen Ende des Perm, wurde das Klima zunehmend trockener; die heute getrennten Kontinente bildeten zusammen eine einzige Landmasse: Pangäa. Zu dieser Zeit trat eine neue Gruppe von Reptilien in Erscheinung: die Therapsiden oder Säugerreptilien, die sich bald über die ganze Welt verbreiten sollten.
Unser Wissen über diese ersten Vorläufer der Säugetiere geht in erster Linie auf den erstaunlichen Fossilienreich-

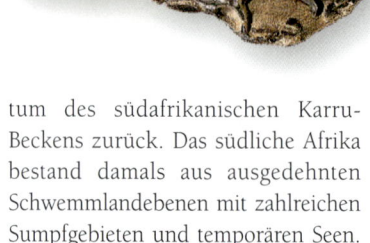

tum des südafrikanischen Karru-Beckens zurück. Das südliche Afrika bestand damals aus ausgedehnten Schwemmlandebenen mit zahlreichen Sumpfgebieten und temporären Seen. Hier entwickelten sich die Therapsiden in mehreren, teils fleisch-, teils pflanzenfressenden Gemeinschaften.
Unter den Pflanzenfressern ragten die Dicynodonten (Hauerzahnsaurier) als die mit Abstand bedeutendste Gruppe heraus. Sie hatten keine Zähne, sondern (wie unsere Schildkröten) mit Hornscheiden überzogene Kiefer, mit denen sie Blattwerk abrupften oder den

Boden nach Wurzeln durchkämmten. Dagegen waren die Gorgonopsier Raubtiere, die ihre Beute mit mächtigen Reißzähnen töteten und in Stücke rissen, so wie es unsere Raubkatzen tun. Doch die großen ökologischen Katastrophen am Ende des Perm bedeuteten für die meisten dieser frühen Therapsiden das Ende. Nur einige Dicynodonten und kleinere Carnivoren, aus denen die Säugetiere der Trias hervorgingen, überlebten.

Der Neubeginn
In der Trias formierten sich die Familien der Therapsiden neu. Die Dicynodonten, wie *Lystrosaurus* (Löffelechse), ähnelten in ihrer Lebensweise den heutigen Nilpferden. Sie hatten vermutlich nur wenige natürliche Feinde und konnten sich über große Gebiete verbreiten. Insbesondere auf *Lystrosaurus* stützte Alfred Wegener seine Theorie von der Kontinentaldrift, denn aus den Fossilfunden dieses Dicynodonten auf heute getrennten Kontinenten schloss er, dass diese einst miteinander ver-

bunden waren. Weit kompakter als *Lystrosaurus* waren die ebenfalls in Südafrika entdeckten Kannemeyeria. Die schweren Tiere ähnelten großen, mit mächtigen Krallen bewehrten Schweinen. Ihre Nahrung bestand aus Wurzeln, die sie mit ihren schnabelartigen Hornscheiden am Mundrand ausrissen. Die Dicynodonten besetzten die ökologischen Nischen vieler Pflanzenfresser, fanden allerdings bald ernste Konkurrenz in den vegetarischen Dinosauriern, die im Verlauf der Trias auftraten und dann während des ganzen Mesozoikum die Sphäre der großen Pflanzenfresser dominierten.

▲ **Lystrosaurus** *war ein sonderbares, amphibisch lebendes Tier. Fossilien von ihm wurden in Südafrika, der Antarktis, Indien, China und Russland gefunden. All diese Gebiete, die heute durch Meere getrennt sind, waren einst im Superkontinent Pangäa vereint.*

Der hundeartige Ahn

Gegen Ende des Perm erschienen die äußerst unauffälligen Cynodontier. Diese Tiere entwickelten innerhalb verschiedener Stämme unabhängig voneinander typische Säugermerkmale, darunter einen knöchernen Gaumen, der es den Tieren ermöglichte, auch während des Fressens zu atmen – ein entschiedener Vorteil. Die Zähne übernahmen allmählich unterschiedliche Aufgaben: So fungierten die entlang der Wangen angeordneten Zähne bei manchen Pflanzenfressern schließlich als Pflanzenreibe, während sich bei den Fleischfressern kräftige Reißzähne ausbildeten. Auch die Körperhaltung veränderte sich: Die Gliedmaßen richteten sich auf und überwanden die echsentypische Spreizstellung durch die vertikale Positionierung unter dem Körper, die für die heutigen Säugetiere charakteristisch ist.

Es ist kaum festzustellen, von welcher Familie der säugerähnlichen Reptilien die Cynodontier abstammten. Einige von ihnen – besonders spezialisierte – lebten nämlich vom Ende der Trias bis ins Mitteljura hinein zeitgleich mit den ersten echten Säugetieren. Als wahrscheinlichster Vorfahr gilt heute aber *Thrinaxodon*.

◀ *Das Skelett eines Lystrosaurus aus der Unteren Trias Südafrikas zeigt, dass seine Gliedmaßen noch nicht aufgerichtet waren wie bei den heute lebenden Säugern.*

Die Natur konstruiert ein Ohr

Beispielhaft für die Veränderungen, die die Entwicklung der Reptilien zu Säugern begleitete, ist die Vervollkommnung des Mittelohrs. Bei den Reptilien wird der Unterkiefer aus mehreren Knochen gebildet. Zu ihnen gehört auch der Zahnknochen, in dem die Zähne verankert sind. Das Mittelohr besteht dagegen aus einem einzigen Knochen (Steigbügel), der die Schallwellen vom Trommelfell zum Innenohr überträgt, wo sie in Nervensignale umgewandelt werden. Bei verschiedenen Cynodontiern geschah nun folgendes: Der reptile Zahnknochen dehnte sich bis in den hinteren Teil des Unterkiefers aus und verdrängte die anderen Knochen, die sich bei den echten Säugern schließlich ins Mittelohr einfügten. Dort bildeten sie die Reihe der drei Knöchelchen zur Lautübertragung: Hammer, Amboss und Steigbügel.

Die Evolution hat hier also nichts Neues geschaffen, sondern nur einen Teil des Unterkiefers der Reptilien demontiert und die Einzelteile wiederverwendet, um das Ohr der Säuger herzustellen.

◀ *Rekonstruktion einer Landschaft im Karru-Becken (Südafrika) vor etwa 250 Mio. Jahren. Ein friedlicher, pflanzenfressender Dicynodont durchstreift einen subtropischen Wald aus Farnkraut und Schachtelhalmen. Die ersten Überreste von Säugerreptilien wurden Mitte des 19. Jh. in dieser Region freigelegt. Sie gelten heute als Musterfossilien für das Studium dieser Übergangszeit in der frühen Geschichte der Säugetiere.*

EINE LEISTUNGSSTARKE, VERSCHWENDERISCHE HEIZUNG

E in jeder hat wohl schon eine Eidechse reglos in der Sonne liegen sehen. Die ektothermen Reptilien speichern die Wärme aus der Umgebung, um ihren Körper aufzuheizen. Wenn sie das nicht tun, arbeitet ihr Stoffwechsel – der innere Heizkessel – in verlangsamtem Tempo. Die endothermen Säugetiere haben dieses Problem gelöst, indem sie selbst die nötige Wärme produzieren. Die Aufgabe, diese Wärme zu halten und die Körpertemperatur zu regeln, übernimmt ein kompliziertes, hormonell gesteuertes Überwachungssystem; zugleich vermindert eine gute Isolierung den Wärmeverlust – dafür sorgt bei den Säugern die Behaarung, bei den Vögeln die Befiederung. Und zuletzt müssen Säugetiere ständig aktiv sein, um ihrem Körper rund um die Uhr die erforderliche Energie zuzuführen, sei es durch Bewegung oder durch Nahrung. Unter diesem Blickwinkel sind sie alles andere als Energiesparer: So reicht die Futtermenge eines Löwen aus, um 20 Krokodile zu ernähren. Reptilien sind also die weitaus ökonomischeren Lebewesen ...

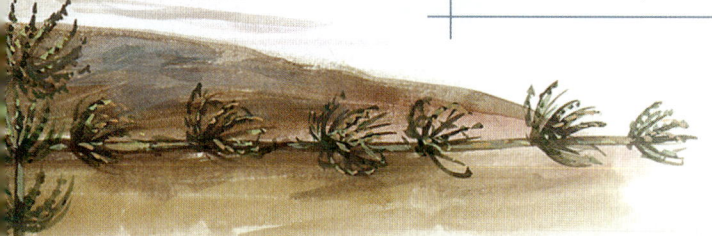

Ein undurchsichtiger Auftakt
Die ersten Säugetiere

Über die Anfänge der Säugetiere wissen wir nur wenig, denn Fossilien der frühen Säuger sind äußerst rar. In vielen Fällen vermitteln uns nur ein paar Zähne bestenfalls Andeutungen, wie diese Pioniere eines Abenteuers, das nun schon mehr als 200 Mio. Jahre andauert, aussahen.

▼ Ptilodus – *der erste Reibezahn*
Die Multituberculata wurden als schon hoch spezialisierte Säugetiere ins Fossilienverzeichnis aufgenommen. Ptilodus – im frühen Tertiär in Nordamerika beheimatet – besaß einen großen Vorbackenzahn (Prämolar), der ihm als Pflanzenreibe diente.

Ein Hut voll Fossilien

1927 meinte der berühmte amerikanische Paläontologe George Gaylord Simpson, die Zahl der Säuger-Fossilien des Mesozoikum sei so gering, dass sie gut und gern in seinem Hut Platz hätten. Auch heute liegt das Anfangskapitel der Geschichte der Säuger noch weitgehend im Dunkeln. Fossilien der ersten Säugetiere sind selten, oft stehen uns zur Bestimmung einer Art nur ein paar winzige Zahnstummel zur Verfügung (der Zahnschmelz überdauert als sehr widerständiges Gewebe die Zeit gut). Die ersten Funde von Säugetieren des Mesozoikum stammen aus der Mitte des 18. Jh., doch fast 100 Jahre lang bezweifelten die meisten zeitgenössischen Geologen, dass es Säuger zu einem so frühen Zeitpunkt über-

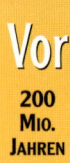

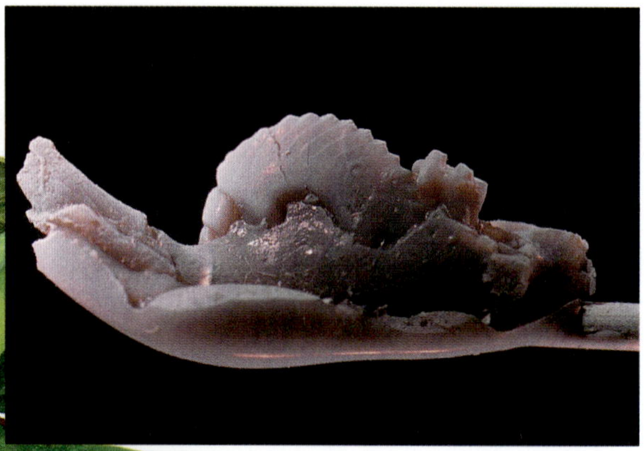

▲ *Der Unterkiefer von* **Arginbaatar** *aus den kreidezeitlichen Ablagerungen der Wüste Gobi. Dieser Multituberculate unterschied sich von den anderen durch eine Spezialisierung: Sein vierter, auffällig großer Prämolar (Vorderbackenzahn) erlaubte es dem Tier, seine Nahrung zu zermalmen.*

haupt gab. Gegen Ende des 19. Jh. bewiesen dann zahlreiche neue Funde von Säugerüberresten (zeitgleich in England und Nordamerika) nicht nur, dass zwei Drittel ihrer Geschichte unbekannt waren, sondern dass die Säugetiere schon zur Zeit der Dinosaurier durchaus vielgestaltig präsent waren. Nach dem Zweiten Weltkrieg wuchs unser Wissen von diesen ersten katzengroßen Säugern vor allem durch verbesserte Methoden des Waschens und Siebens von mesozoischen Sedimenten erheblich. Werfen wir also einen Blick in die Welt dieser kleinen Tiere, die ein Leben im Schatten der Dinosaurier führten.

Morganucodon, der Nachtschwärmer

Die bislang ältesten Spuren von Säugetieren wurden in Ablagerungen der Oberen Trias (vor 225 Mio. Jahren) in Texas entdeckt, doch ergiebiger sind vollständiger erhaltene Fossilien aus Höhlen im Süden Englands. *Morganucodon* – der erste Säuger – lebte vor etwa 210 Mio. Jahren in Europa und ähnelte stark einer Spitzmaus. Da der Superkontinent Pangäa noch nicht zerbrochen war, fand man enge Verwandte von *Morganucodon* auch in Afrika und China. Die Untersuchung seines Schädels, dessen Durchmesser kaum größer als ein paar Millimeter war, förderte zutage, dass er wohl einen knöchernen Gaumen besaß, der es ihm erlaubte, gleichzeitig zu fressen und zu atmen. Winzige Löcher in seiner Schnauze deuten darauf hin, dass sie mit Tasthaaren ausgestattet war, mit denen er seine nähere Umgebung erkunden konnte. Wie die heutigen Säuger hatte er große Augen, die an ein nachtaktives Leben angepasst waren. Und nicht zuletzt wiesen seine Zähne drei hintereinander angeordnete Höcker auf, die wie eine Schere funktionierten. Darin vor allem unterschied sich *Morganucodon* von späteren, so genannten tribosphenischen Säugetieren, deren Zahnhöcker den Stößeln eines Mörsers ähnelten (siehe S. 186–187).

▸ **Morganucodon** *ist der bekannteste Säuger der ausklingenden Trias. Wahrscheinlich war er nachtaktiv und ernährte sich nach Art der heutigen Spitzmäuse von Insekten.*

Die Multituberculata – Säuger mit Reibezähnen

Man benannte sie nach der Form ihrer Mahlzähne, die sich aus zwei bis drei in einer Reihe stehenden Höckern zusammensetzten. Ihre gut entwickelten Schneidezähne ähnelten schon denen heutiger Nager, während die Mahlzähne wohl als Reiben fungierten. Die Multituberculata waren zu Anfang des Mesozoikum die einzigen pflanzenfressenden Säugetiere und wurden nicht größer als Katzen. Sie erschienen im Mittleren Jura und starben 120 Mio. Jahre später, am Ende des Eozän, aus. Einige von ihnen, z.B. *Lambdopsalis* aus dem chinesischen Paleozän vor 55 Mio. Jahren, scheinen Wühltiere gewesen zu sein, während andere (aus der Kreide) körperliche Anpassungen zeigen, die auf ein Leben in den Bäumen schließen lassen. Nach wie vor rätselhaft ist die Fortpflanzung der Multituberculata, obgleich die Form ihres Beckens die Vermutung nahelegt, dass sie – wie heutige Beuteltiere – unvollständig entwickelte Junge zur Welt brachten, die dann außerhalb des mütterlichen Körpers zur Reife gelangten.

Die Kloakentiere – Säuger, die aus der Rolle fallen

Diese kleine, hoch spezialisierte Gruppe ist heute nur noch durch zwei Familien vertreten – das Schnabeltier und die Ameisenigel –, die auf Australien und Neuguinea beschränkt sind. Das Schnabeltier pflegt eine amphibische Lebensweise. Es besitzt einen Hornschnabel und hat im Erwachsenenalter keine Zähne mehr, wie auch die Ameisenigel, die sich von Insekten und Larven ernähren, die sie mit ihrer langen Zunge fangen. Der Status dieser Wesen im Tierreich war lange umstritten, denn sie legen Eier wie Reptilien und Vögel, produzieren aber auch Milch, um ihre Jungen zu ernähren, wie alle Säugetiere. Und obgleich endotherm, sind sie nicht in der Lage, ihre Körpertemperatur effizient zu regulieren.

Von ihrer Geschichte wissen wir wenig, doch neuere Fossilfunde aus der Kreide Australiens und Südamerikas deuten darauf hin, dass der Hauptschauplatz die Südhalbkugel war. 1985 entdeckten australische Paläontologen in Ablagerungen der australischen Unterkreide den Unterkieferrest (mit drei Mahlzäh-

nen) von einem Tier, dass sie *Steropodon* nannten. Die Zähne ähneln denen eines heutigen Schnabeltiers. *Steropodon* dürfte die Größe einer Katze besessen haben und wäre damit einer der größten bekannten Säuger des Mesozoikum. Jüngeren Datums ist der Fund eines weiteren Fossils in Sedimentschichten des gleichen Alters, das den Namen *Kollikodon* erhielt. Beide Funde weisen auf eine sehr frühe Artenvielfalt bei den Kloakentieren hin, deren Ursprung aber weiterhin im Dunkeln liegt.

Die Vorzüge des Dreiecks

Seit Ende der Trias sind außer *Morganucodon* noch weitere kleinere Säugerarten dokumentiert. Die Gattung *Kuehneotherium* wurde 1968 in Südwales entdeckt. Die Form ihrer Molaren (Backenzähne) macht ihre Vertreter zu unseren unmittelbarsten Vorfahren in dieser Zeit. Die Molaren von *Kuehneothe-*

▴ *Das rätselhafte Schnabeltier*
Dieses amphibische Säugetier fängt im Wasser Larven, Insekten und Schalentiere. Pro Tag nimmt es etwa 700 g Nahrung zu sich. Während der Fortpflanzungszeit gräbt es lange Gänge in die Uferböschungen der Flüsse und richtet sich mit Eukalyptusblättern eine Höhle ein.

rium zeigen wie die von *Morganucodon* drei Höcker, die aber statt in einer Reihe in einem Dreieck gruppiert sind. Diese Anordnung verbesserte das Zerkleinern der Nahrung, die das Tier nicht nur zerschneiden, sondern auch zermalmen konnte. Wülste um jeden Zahn sollten wohl das Zahnfleisch schützen.

Das nur wenige Zentimeter große und einige Dutzend Gramm schwere *Kuehneotherium* jagte wohl nachts Larven und kleine Insekten.

Während des Mesozoikum entwickelten die Säugetiere einen großen Artenreichtum, indem sie sich den Bedingungen ihrer Umwelt bestmöglich anpassten. Sie wurden komplexer, ohne doch vorerst die Größe einer Katze zu überschreiten – dem standen ihre mächtigen reptilischen Konkurrenten im Wege. Erst mit deren Verschwinden am Ende der Kreide schlug dann die Stunde auch für größere Säuger.

EINE FRAGE DER ENERGIE

Eine der größten Errungenschaften der Säugetiere ist die enorme Leistungsfähigkeit ihrer Zähne. Bei den Reptilien erneuern sich die Zähne in regelmäßigen Abständen, so lange sie leben. In der Regel zerreißen sie ihre Beute und verschlingen sie unmittelbar, ohne sie zu zerkauen. Dagegen können die Säugetiere im Allgemeinen nur auf zwei Gebisse bauen: auf die Milchzähne und die bleibenden Zähne (zu denen freilich auch die ersten Backenzähne gehören). Welchen Vorteil bietet es aber einem Tier, wenn es seine Zähne zeitlebens behält? Kleine Tiere verbrauchen relativ mehr Energie als die großen, da sie schneller auskühlen. Die ersten Säuger mussten also sehr viel fressen, um diesen Energieverlust auszugleichen und ihre Körpertemperatur stabil zu halten. Wenn aber ein Säugetier frisst, kneten seine Zähne, indem sie exakt ineinander greifen, die Nahrung ausgiebig durch und erleichtern damit die Verdauung. Sobald die Zähne im Kiefer vollständig entwickelt sind, erlangt der Kauapparat seine maximale und endgültige Leistungsfähigkeit, die bis zum Tod des Tieres bestehen bleibt.

Ein neuer Säugerzahn
Der tribosphenische Molar

Vor 105 Mio. Jahren veränderte sich bei einigen kleinen Säugern unmerklich die Form ihrer Backenzähne. Fortan waren sie in der Lage, ihre Nahrung zu zerkauen und ihre Ernährung abwechslungsreicher zu gestalten. Diese Errungenschaft leitete eine Wende in der Geschichte dieser Tiergruppe ein und trug entscheidend zur breiten Diversifizierung der Säugetiere bei.

▶ *Tribosphenischer Molar*
Die oberen Backenzähne von Prokennalestes trofinovi *aus der oberen Unterkreide wurden in der Wüste Gobi, in der Mongolei, entdeckt. Sie gehörten einem sehr primitiven plazentalischen Säugetier, einem kleinen Insektenfresser von etwa 8 cm Länge.*

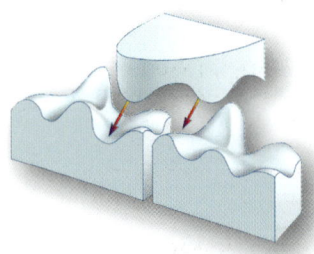

▲ *Endlich zermalmen*
Dank der tribosphenischen Molaren greifen die oberen und unteren Zahnreihen ineinander, und es kommt zum Zahnreihenschluss. Er ermöglichte es den frühen Säugetieren, ihre zerkleinerte und eingespeichelte Nahrung zu zermalmen: Dabei greift der äußere Zahnhöcker (Spitze) des oberen Molars in das mit ihm korrespondierende Zahngrübchen des unteren Molars (Pfeil links). Und die oberen Höcker dringen in die freien Flächen zwischen den unteren Molaren ein (Pfeil rechts).

▶ *Dieser unvollständige Unterkiefer* von Kennalestes trofinovi *zeigt den letzten schneidenden Prämolaren und die drei unteren tribosphenischen Molaren mit einem hohen und einem niedrigen Teil dahinter, mit dem der Höcker des entsprechenden oberen Molaren korrespondiert – zusammen wirken sie wie ein Stößel in einem Mörser.*

Zahnreihenschluss und Kauvorgang

Zu Beginn der Kreide vervollkommnete eine Gruppe kleiner Säuger ihr Gebiss. Bei ihren reptilischen Ahnen und auch bei den ersten Säugetieren schwankte noch die Zahl der Zähne hinter den Eckzähnen. Prämolaren oder Molaren (Backenzähne) waren nicht vorhanden. Erst in der Kreide begannen die Zähne sich auf unterschiedliche Funktionen zu spezialisieren, und ihre Zahl blieb fortan innerhalb derselben Spezies gleich. Die Prämolaren gewannen ihre Klingenform und konnten so Beutetiere wie mit einem Beil zerteilen. Dagegen wurden die Molaren zu einem Hochplateau mit abgerundeten Erhebungen (den Höckern) und Senken (Grübchen oder Fissuren), wobei sich der Höcker eines Backenzahns in das Grübchen seines Pendants senkte. Damit wurde ein Zerstoßen von Nahrung möglich, vergleichbar dem Zusammenwirken von Stößel und Mörser. Dieses neue Werkzeug wurde tribosphenischer Molar genannt (von griech. *tribos* = Abnutzung oder Reibung und *spheno* = zerstoßen). Er ist bei einigen sehr spezialisierten heutigen Säugern (Gürteltier, Ameisenbär, Faultier, Wal, Delphin) schon wieder verschwunden.

Die ersten Theria

Die ältesten bekannten tribosphenischen Molaren wurden in Texas in den Sedimenten der Unterkreide entdeckt und sind 105 Mio. Jahre alt. Die Paläontologen haben sie mit den entsprechenden Zähnen bei zwei Säugergruppen unserer Zeit verglichen,

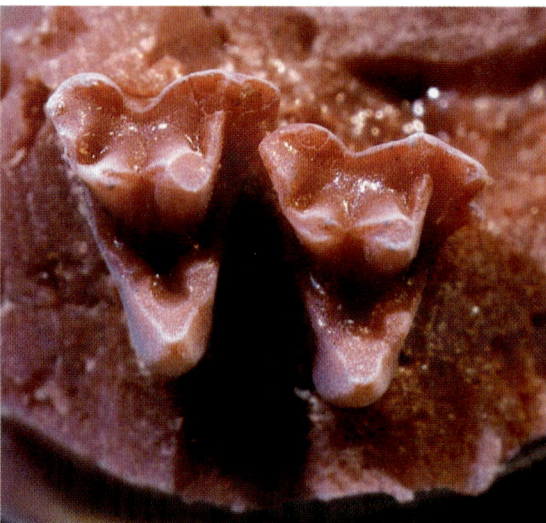

deren Entwicklung seit der Oberkreide sehr verschiedene Wege nahm: der Beuteltiere und der Plazentatiere. Doch da den Forschern kein komplettes fossiles Gebiss zur Verfügung stand, verliefen die Untersuchungen wenig zufriedenstellend. Zwar wiesen die in Texas gefundenen oberen Backenzähne gewisse Ähnlichkeiten mit denen von frühen Säugern auf, die durch vollständige Zahnreihen repräsentiert sind, aber andere Exemplare lassen daran zweifeln, dass es sich bei den Funden um die tribosphenischen Molaren von Säugetieren handelt. Der britische Paläontologe Bryan Patterson schlug darum 1956 vor, sie dem Theria-Stamm zuzuschlagen, aus dem sich die Beuteltiere und die Plazentatiere (neben anderen, die im Lauf der Oberkreide wieder verschwanden) jeweils eigenständig weiterentwickelten. Das entspräche der ersten adaptiven Radiation (Aufspalten einer Art in verschiedene Arten) der Säuger mit hoch entwickeltem Gebiss. Denn die Beuteltiere sind keineswegs die Ahnen der Plazentatiere, sondern ihre Vettern.

Zwei getrennte Geschichten

Heute kommen Beuteltiere in Australien, auf Neuseeland, im Osten der Wallace-Linie (die die Sundainseln teilt) sowie in Südamerika und im Süden Nordamerikas vor. Von den Plazentatieren waren in Australien vor Ankunft des Menschen nur die fliegenden – die Fledermäuse – präsent. Für die Verbreitung der Beuteltiere ist die Kontinentaldrift verantwortlich: Australien, Antarktika und Südamerika bildeten lange einen gemeinsamen südlichen Großkontinent, der in der Kreidezeit zunehmend zerbrach. Er war auch von Säugetieren bevölkert, und die Paläontologen konnten verwandte Beuteltierarten auf den heutigen Bruchstücken dieses Kontinents ausfindig machen. Ähnliches gilt für die Plazen-

tatiere, die sich auf dem damaligen nördlichen Großkontinent entfalteten, der Nordamerika, Europa, Afrika und Asien umfasste. Aber auch er zerbrach, und die Plazentatiere wanderten auf seinen Bruchstücken mit. Nach Südamerika gelangten sie über Landbrücken, die sich infolge tektonischer Ereignisse seit dem Tertiär mehrfach bildeten – etwa die Landenge von Panama.

Die Qual der Wahl beim Zahnreihenschluss

1980 wurde in der Provinz Sichuan im Südwesten Chinas nahe der Grenze zu Myanmar der Unterkiefer eines winzigen Säugetiers gefunden. Er stammt aus dem Oberen Jura (vor 150 Mio. Jahren). *Shuotherium*, so der Name des einstigen Besitzers, wies ein faszinierendes Merkmal auf: Sein Talonid (eine zusätzliche Unterkieferbackenzahn-Ferse) befand sich nicht wie bei den anderen be-

▲ *Das ungewöhnlich gut erhaltene Skelett* dieses Beuteltiers aus den Anfängen des Tertiär stammt aus der Ausgrabungsstätte Tiupampa in Bolivien.

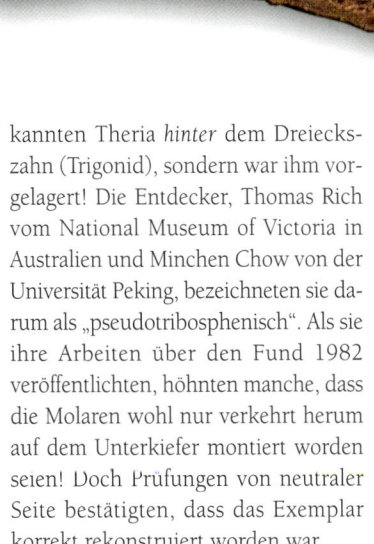

◀ *Dieses Beuteltier,* ein Opossum, das heute in Süd- und Nordamerika lebt, besitzt ein Gebiss, das dem seiner tertiären Vorfahren gleicht.

kannten Theria *hinter* dem Dreieckszahn (Trigonid), sondern war ihm vorgelagert! Die Entdecker, Thomas Rich vom National Museum of Victoria in Australien und Minchen Chow von der Universität Peking, bezeichneten sie darum als „pseudotribosphenisch". Als sie ihre Arbeiten über den Fund 1982 veröffentlichten, höhnten manche, dass die Molaren wohl nur verkehrt herum auf dem Unterkiefer montiert worden seien! Doch Prüfungen von neutraler Seite bestätigten, dass das Exemplar korrekt rekonstruiert worden war.

Um ihren Kauvorgang effektiver zu machen, mussten die damaligen kleinen Säuger den Zahnreihenschluss (Okklusion) vollziehen. Sie hatten dabei die Wahl zwischen zwei Lösungen: Sie konnten das erforderlichen Talonid entweder *vor* oder *hinter* dem Trigonid ihrer unteren Molaren platzieren. Beide Möglichkeiten wurden erprobt, doch zumindest bei *Shuotherium* gab die Evolution der zweiten den Vorrang. Solche Fälle alternativer Entwicklungsvarianten sind nicht selten. So standen die ersten Wasser-Wirbeltiere am Anfang des Paläozoikum vor der Wahl, ein Scharniergelenk entweder im hinteren Teil des Unterkiefers oder im Bereich des Schädels auszubilden. Nur die Arthrodiren, eine Ordnung der Panzerfische, haben sich für die zweite Alternative entschieden. Sie gingen irgendwann unter, nachdem sie eine große Artenvielfalt produziert hatten. Das scheint bei *Shuotherium* nicht der Fall gewesen zu sein.

▲ *Das Gebiss des heutigen Maulwurfs* ähnelt dem Gebiss der plazentalen Säugetiere. Der Hauptunterschied besteht in der Existenz eines unteren Eckzahns in Form eines Schneidezahns; die Rolle des Eckzahns wurde durch den ersten Prämolaren übernommen. Vor diesem Eckzahn befinden sich drei scharfe Schneidezähne. Dahinter erkennt man oben und unten vier scharfe Prämolaren und drei Mahlzähne. Diese Zahnformel weicht von derjenigen der ursprünglichen und der heutigen Beuteltiere ab.

IN DEN GIPSBLÖCKEN VON MONTMARTRE

Versteinerte Zeugnisse von Beuteltieren und Plazentatieren sind an Form und Zahl ihrer Molaren leicht zu unterscheiden. Bisweilen findet man auch nur einzelne Knochen, die sich aber dennoch identifizieren lassen. So sind bei den Beuteltieren die Knochenenden der Gliedmaßen stumpfer, und ihr vorderes Becken weist zwei besondere Knochen auf: die Marsupialknochen. Der französische Anatom Georges Cuvier nutzte dieses Merkmal Anfang des 19. Jh., um den Mitgliedern der Akademie der Wissenschaften in einer Grabungsstätte auf Montmartre in Paris die marsupiale Natur eines kleinen versteinerten Säugetiers aus dem alttertiären Gips nachzuweisen. Zwar kommen diese Knochen auch bei den Plazentatieren vor, sie sind bei ihnen aber nicht mit dem übrigen Skelett verbunden – es handelt sich um den aus dem Verschmelzen der beiden Marsupialknochen hervorgegangenen Penisknochen und um die Vaginalknorpel.

Die Erde erblüht
Die Angiospermen (Bedecktsamer)

Die Angiospermen, eine Sippe der Samenpflanzen, prägen die Pflanzenwelt seit gut 150 Mio. Jahren. Heute zählt man an die 250 000 Arten, dagegen nur 600 bei den Gymnospermen oder Nacktsamern. Kein Wunder also, dass die Bedecktsamer eine wesentliche Rolle nicht nur im Bild unserer Landschaften, sondern auch in unserem täglichen Leben spielen – wir bestreiten mit ihnen einen Großteil unserer Ernährung. Wie aber konnten sie sich gegenüber den älteren Gymnospermen durchsetzen?

◀ Unsere Pflanzenwelt
Wie die tropischen Regenwälder wird die gesamte heutige Vegetation von den Angiospermen beherrscht. Es gelang ihnen, sämtliche Gegenden der Welt in jeder Wuchsform (als Baum, Busch, Gras, Liane, Parasit oder Aufsitzerpflanze) zu besiedeln.

▲ Archaefructus – erste Früchte
Die Früchte, die die Samenkörner schützen und den jungen Pflanzen als erste Nahrung dienen, sind ein typisches Merkmal der Angiospermen. Archaefructus mit seinen charakteristischen kleinen Schoten ist vermutlich die älteste aller fruchttragenden Pflanzen.

EHELICHE MORAL

Als der Naturforscher Carl von Linné die Geschlechtlichkeit der Blütenpflanzen studierte, bezeichnete er den Staubbeutel, der die Pollenkörner mit den männlichen Geschlechtszellen trägt, als Gatten und den Stempel, der die Eizelle birgt, als Gattin. Die Blüte betrachtete er als das Bett dieses traditionellen Ehepaars. Meist vereinigen sich beide Geschlechter im Ehebett – man spricht von einer zweigeschlechtlichen (hermaphroditischen) Blüte, auf der sich zuweilen aber auch mehrere Damen (Stempel) das Bett mit zahlreichen Herren (Staubbeuteln) teilen. Auch in diesem Fall bleibt aber die Moral unangetastet, da, um Erbfehler zu vermeiden, Inzucht zwischen den männlichen und weiblichen Geschlechtszellen desselben Individuums unmöglich ist. Das Ehebett der Staubbeutel-Stempel-Paare wird zudem gegen äußere Unbill von Blüten- und Kelchblättern behütet, die damit die Rolle des Brautschleiers übernehmen. Alle Organe einer Blüte (Kelchblätter, Blütenblätter, Staubgefäße und Stempel) sind spezialisierte Blätter. Der Staubbeutel beispielsweise ist ursprünglich ein Blatt, das stark verkleinert wurde, um zwei kleine pollengefüllte Säckchen tragen zu können, in denen sich die männlichen Geschlechtszellen befinden.

Blühende Gymnospermen?

Zu den möglichen Vorfahren der Angiospermen gehören auch die Gnetales. Sie erschienen vor mehr als 200 Mio. Jahren, und ihre frappierende Ähnlichkeit mit den Blütenpflanzen hebt sie aus dem Kreis der Gymnospermen (siehe S. 176–177) heraus. Heute zählen sie noch einige Dutzend Arten, darunter die wundersame *Welwitschia mirabilis*, die nur an den Wüstenküsten Südafrikas wächst und mehrere 1000 Jahre alt werden kann. Doch bei den Gnetales sitzen weibliche und männliche Fortpflanzungsorgane nur auf Scheinblüten – die wahren Blüten blieben den Angiospermen oder Bedecktsamern vorbehalten, die sich Jahrmillionen im Schatten der Gymnospermen auf ihren Auftritt vorbereiteten.

Uralte Ahnen

So wie die Säugetiere sich langsam im Schatten der großen Reptilien etablierten, harrten auch die Blütenpflanzen unter Palm- und Riesenfarnen und anderen baumartigen Gymnospermen auf die Gunst der Stunde. Sie kam erst in der Unteren Kreide vor etwa 130 Mio. Jahren. 20 Mio. Jahre zuvor waren sie eher bescheiden hervorgetreten. Von dem in China entdeckten *Archaefructus* besitzen wir nicht mehr als einen kaum 10 cm langen Zweig. Aber *Archaefructus* trug bereits die für alle Blütenpflanzen typischen Früchte, die ein Samenkorn schützend umschließen! Nach 50 Mio. Jahren Entwicklungszeit treten die Angiospermen dann in der beginnenden Kreide schon zahlreicher auf. Man findet sie jetzt in der Mongolei, in Sibirien und sogar in Australien. Ihr Artenreichtum wächst bereits schneller als der der Gymnospermen

▲ Einkeimblättrig oder zweikeimblättrig?
Anhand der Blattaderung lassen sich die beiden großen Angiospermengruppen unterscheiden. Die Einkeimblättrigen (links) besitzen schmale, glattrandige Blätter mit parallel verlaufenden Adern; die Zweikeimblättrigen (rechts) haben entweder einfache oder in viele Blättchen zerteilte Blätter.

Staubgefäße

Stempel

▲ *Der Bund mit den Insekten: das Erfolgsrezept der Blütenpflanzen?*
Bei den Angiospermen übernehmen hauptsächlich Insekten die Aufgabe, die männlichen Pollen zu verbreiten. Das geschieht von ihnen unbemerkt, denn um den köstlichen Nektar aus dem Innern der Blüte holen zu können, müssen sie die Staubbeutel passieren – dabei streifen sie die Pollen auf ihre Rücken. Später laden sie sie bei ihren Sammelflügen auf irgendeiner anderen Blüte ab.

oder Farnkräuter. Vom Grashalm bis zum meterhohen Baum, vom länglichen, kleinen oder großen, fächerförmigen oder gezähnten Blatt bis zu vielfarbigen Blüten – die Farben und Formen der Angiospermen verdrängen das eintönige Grün der Jura-Wälder.

Doppelt genäht hält besser!

Zwei Dinge haben die Angiospermen allen anderen Pflanzen voraus: die Blüte, die ihre Eizelle schützt, und die Frucht, die den Embryo behütet. Das Geheimnis liegt in der besonderen Art der Fortpflanzung: Denn beim Eindringen der männlichen Samenzellen in die weibliche Geschlechtszelle vollziehen sich zwei Befruchtungen! Daraus entstehen aber keine Zwillinge, sondern ein Embryo und ein Nährgewebe (Endosperm), das die zukünftige Pflanze mit Nahrung versorgt. Der Embryo ist also in gewisser Weise der Parasit seines „Bruders" Endosperm. Embryo und Endosperm bilden zusammen das Samenkorn, und das hat es in sich, denn sein Kern bleibt dank der harten Schutzhülle, die ihn umgibt, sehr lange fruchtbar.

Geben und Nehmen

Mit Samenkorn und Frucht hatten die Blütenpflanzen das ihre getan – das weitere war den bestäubenden Tieren überlassen. Beobachten Sie einmal einen Schmetterling bei seiner Mahlzeit: Mit ihrem Nektar lockt die Blüte ihn an; beim Einsaugen des köstlichen Tranks wird sein Kopf mit Pollen bedeckt. Er fliegt weiter von Blüte zu Blüte und lädt dabei nebenher die Pollenkörner auf der Spitze des weiblichen Fortpflanzungsorgans ab.

Bis zwischen Angiospermen und Insekten diese perfekte Arbeitsteilung funktionierte, vergingen Millionen von Jahren. Zum Beispiel hätte ein Schmetterling mit einem zu kurzen Rüssel den Nektar kaum erreichen können – er hätte sich andere Nahrung und die Pflanze sich eine andere Art der Fortpflanzung wählen müssen ...

Fossilien von Bestäuberinsekten aus China offenbaren, dass diese Zusammenarbeit bereits vor 140 Mio. Jahren bestand. Je weiter sich dann die Hauptgruppen der Bestäuberinsekten (Bienen, Hummeln, Fliegen und Schmetterlinge) diversifizierten, umso größere Bedeutung gewann die Bestäubung der Blütenpflanzen.

Diese sich in wechselseitiger Abhängigkeit vollziehende parallele Entwicklung von Insekten und Angiospermen illustriert beispielhaft das Phänomen der Koevolution. Alle Vertreter von Flora und Fauna haben daran Anteil, denn in der Natur gilt das Gesetz, dass jeder Mitspieler zugleich Gebender und Nehmender ist.

Der Sieg der Vielfalt

Das unbestrittene biologische Leitmotiv in der Oberen Kreide (vor 95–65 Mio. Jahren) war die geradezu explosionsartige Verbreitung der Angiospermen. Magnolien und Lorbeerbäume gehörten zu den ersten Angiospermenlinien, aus denen sich später alle anderen entwickeln sollten.

Vor 90 Mio. Jahren bildeten sich zwei große Gruppen heraus: Zweikeimblätt-

FLEISCHFRESSENDE PFLANZEN?

I n einer noch zu Anfang des 19. Jh. lebendigen Legende war tatsächlich von „menschenfressenden" Pflanzen die Rede! Zum Glück ist aber noch nie ein Mensch von einer Pflanze verschlungen worden, denn die Beutetiere der fleischfressenden Pflanzen sind meist winzig. Speziell auf sauren oder nährstoffarmen Böden (z. B. in Torfmooren) haben einige Angiospermen

lediglich einen besonderen Weg gefunden, um zu überleben: Sie locken andere Lebewesen in eine Falle, um sie anschließend zu verdauen. Fleischfresser sind seit dem Ende des Mesozoikum im Pflanzenreich vertreten – heute zählt man mehr als 500 Arten, von denen die Wasserschlauchgewächse und die Sonnentaugewächse

die bekanntesten und zahlreichsten sind. Obwohl diese Pflanzen verschiedenen Familien angehören, entwickeln sie mitunter den gleichen Fallentyp, wobei ein Kelch mit schlüpfrigen Rändern und klebrigen Härchen zu den verbreitetsten Fangsystemen gehört. Dazu verwandelten sich nur die Blätter, denn die Blüten verströmen den üblichen Duft, um die als Beutetiere erforderlichen Bestäuber anzulocken – hauptsächlich Insekten, gelegentlich kleine Amphibien und ganz selten junge Nager. Ihr Fang folgt einem festen Muster: Die Beute rutscht in die Falle oder lässt sie selbst zuschnappen. Nach einer langsamen Verdauung, die sich von einigen Stunden bis zu mehreren Wochen hinziehen kann, bleibt von dem Tier nur noch der Chitinpanzer oder das Skelett übrig. Dann öffnet sich die Falle erneut, bereit für das nächste Opfer.

rige (Dikotyledonen) und Einkeimblättrige (Monokotyledonen). Bei ersteren besitzt der Embryo zwei kleine Keimblätter, die Kotyledonen – die meisten Bäume und ein großer Teil der Blütenpflanzen (wie Hahnenfuß, Rosen und Enzian) zählen zu ihnen. Bei den Einkeimblättrigen weist der Embryo nur ein einziges Keimblatt auf – ihnen gehören an die 50 000 Arten an, in der Hauptsache Blütenpflanzen (Iris, Orchideen und Weizen) sowie einige Bäume von

großer wirtschaftlicher Bedeutung (wie Palme, Bananenstaude und Ingwer).

Vor dem geballten Auftreten der Angiospermen bot die Vegetation der Erde ein erheblich monotoneres, wenn nicht fast monochromes Bild in Braun und Grün. Heute hält die Pflanzenwelt eine ungeheure Fülle an Formen, Farben und Düften bereit, von der sich sowohl Künstler als auch Parfümhersteller immer von Neuem inspirieren lassen.

▲ *Am weitesten verbreitet*
unter den fleischfressenden Pflanzen ist die rundblättrige Drosera, der Sonnentau. Diese Art, die man auch in Deutschland antrifft, ist eine halbaktive fleischfressende Pflanze. Sie wartet, bis die Insekten an ihren klebrigen Fangarmen haften geblieben sind, um diese zu schließen und ihre Beute dann in aller Ruhe zu verdauen.

◀ *Orchideen*
Die wegen ihrer Schönheit gerühmten Orchideen verfügen über eines der ausgefeiltesten Insekten-Anlocksysteme. Ihr großes unteres Blütenblatt, die so genannte Lippe, dient Insekten aller Art als einladende Landebahn.

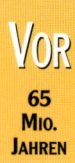

Einmischung aus dem Weltall
Die Katastrophe zwischen Kreide und Tertiär

Vor 65 Mio. Jahren fielen etwa 75 % aller Lebewesen, die die Erde bis dahin besiedelt hatten, einem plötzlichen Massensterben zum Opfer, darunter auch die Dinosaurier. Diese Katastrophe markiert das Ende des Mesozoikum und den Beginn des Känozoikum. Seit einiger Zeit wird dieses Ereignis intensiv erforscht, und als wahrscheinlichste Ursache der Katastrophe gilt heute der Einschlag eines großen Meteoriten auf die Erde, der tief greifende ökologische Umwälzungen nach sich zog.

▶ *In den letzten 438 Mio. Jahren* wurde die Biosphäre der Erde fünfmal von Massenaussterben (rot unterstrichen) heimgesucht. Das folgenreichste war wohl jenes am Ende des Perm vor 250 Mio. Jahren, dem 85–95 % der marinen Arten zum Opfer fielen. Die Katastrophe vor 65 Mio. Jahren bedeutete für 75 % der landbewohnenden und marinen Arten das Ende und ist somit das zweitgrößte Massensterben der Erdgeschichte.

Ein massenhaftes Aussterben

Cuvier hatte 1812 als Erster bewiesen, dass im Verlauf der Erdgeschichte zahlreiche Arten verschwunden waren – er führte dafür den Begriff des Aussterbens ein, für das seiner Meinung nach „Revolutionen der Erdoberfläche" (jähe Katastrophen von verheerendem Ausmaß) verantwortlich waren. Damit begründete er die Theorie des Katastrophismus, die aber zunächst keineswegs alle Experten überzeugte. Das Aussterben von Arten stand zwar außer Zweifel, aber man gab doch der These von einem langsamen und schrittweisen Erlöschen den Vorzug. Im eklatanten Widerspruch dazu musste man allerdings für die Zeit zwischen Kreide und Tertiär zur Kenntnis nehmen, dass da-

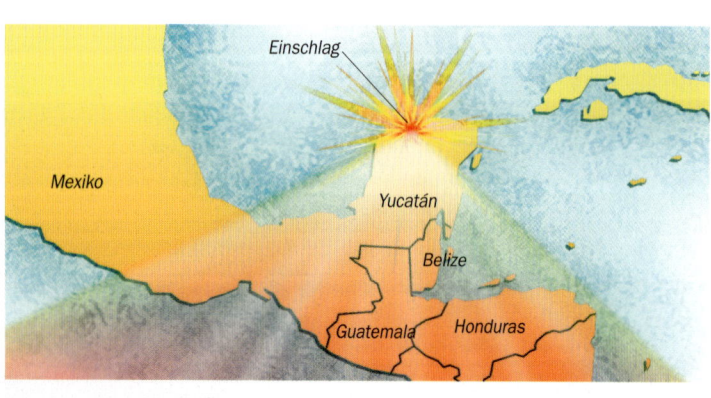

▲ *Ein gigantischer Krater*
von 180–300 km Durchmesser wurde im Norden der mexikanischen Halbinsel Yucatán in dem Dorf Chicxulub unter einer 1000 m dicken Schicht jüngerer Sedimente entdeckt – er rührt höchstwahrscheinlich vom Einschlag eines Meteoriten von 10 km Durchmesser vor 65 Mio. Jahren her.

mals binnen kurzem die Dinosaurier, die Pterosaurier, Meeresreptilien (Plesiosaurier, Mosasaurier), marine Wirbellose (Ammoniten, Belemniten) und viele andere ausgestorben waren; selbst die Vielfalt der planktonischen Mikroorganismen hatte sich stark vermindert. Diese globale Krise wurde zum Musterbeispiel für ein so genanntes Massensterben. Und für eine solche Katastrophe, bei der 75 % aller

Arten ausgelöscht wurden, konnte nur eine ebenfalls globale Ursache verantwortlich sein.

Hypothesen noch und noch

Die Suche nach dieser Ursache produzierte eine Fülle von Spekulationen. Insbesondere interessierte man sich für das Aussterben der Dinosaurier und ignorierte lange den globalen Aspekt der Katastrophe. So war zu Beginn des 20. Jh. eine These populär, nach der die Dinosaurier im Verlauf der Kreidezeit gleichsam das Greisenalter ihrer Gattung durchschritten hätten, das dann ganz natürlich mit dem Tod endete – man zog Parallelen zwischen dem biologischen Lebensweg eines Individuums und dem eines Kollektivs, auch eines natürlichen.

Man führte auch den dramatischen Rückzug der Meere und die übermäßige Vulkantätigkeit in Indien am Ende der Kreide ins Feld. Und womöglich waren diese Phänomene tatsächlich für das langsame Aussterben *einzelner* Arten verantwortlich, erklären aber nicht das unvermittelte Massensterben vor 65 Mio. Jahren.

Eine Attacke aus dem All?

Der Übergang zwischen Kreidezeit und Tertiär ist im Gestein durch eine dünne Tonschicht markiert, die sich dort vor 65 Mio. Jahren ablagerte. Im Jahr 1980 entdeckte man zunächst in Italien, dass diese Schicht einen ungewöhnlich hohen Anteil von Iridium aufwies – und die gleiche

Mio. Jahre		
	Känozoikum	Quartär
		Tertiär
-65		
		Kreide
-205	Mesozoikum (Erdmittelalter)	Jura
		Trias
-250		
		Perm
		Karbon
-355	Paläozoikum (Erdaltertum)	Devon
		Silur
-438		Ordovizium
		Kambrium
	Präkambrium	

Anomalie wurde dann weltweit an mehr als hundert Ausgrabungsstätten angetroffen. Iridium kommt in der Erdkruste äußerst selten vor, während es in Meteoriten in relativ hohen Konzentationen zu finden ist – der Einschlag eines großen kosmischen Objekts auf der Erde zwischen Kreidezeit und Tertiär erschien nicht mehr abwegig. Seither konnten Forscher aus verschiedenen Disziplinen (Geochemiker, Mineralogen, Physiker) die Spuren eines solchen Einschlags tatsächlich nachweisen und diesen schließlich sogar lokalisieren, denn er hatte an der Küste Mexikos auf der Halbinsel Yucatán einen gewaltigen Krater hinterlassen. Die aufgefundenen chemischen Elemente stammten teils von einem Meteoriten (Iridium, Magnesium, Nickel), teils waren sie durch den Aufprall entstanden. Die spannende Frage war jetzt, ob dieses nur sekundenlange Ereignis das Massensterben der Arten am Ende der Kreide auslöste – Cuvier ließ grüßen.

Ursache und Wirkung

Wie aber sollte man einen Zusammenhang zwischen beiden Ereignissen nachweisen? Und warum starben bestimmte Arten aus, andere nicht?
Man berechnete, dass die bei dem Aufprall freigesetzte Energie (die 10 Mio. Megatonnen TNT entsprach), den außerirdischen Eindringling völlig pulverisierte und die feinen Partikel weit in die Erdatmosphä-

re schleuderte. Durch die entstehenden Staubwolken konnte das Sonnenlicht mehrere Monate lang nicht zur Erdoberfläche durchdringen. In der Folge reduzierte sich die Photosynthese drastisch, was vorübergehend alle Pflanzen eingehen ließ (ausgenommen Samen und Sporen) – damit war die Basis der Nahrungskette zerstört, mit allen fürchterlichen Konsequenzen für die Tierwelt. In den Vereinigten Staaten konnte man für die Zeit der iridiumreichen Tonschicht eine drastische Verminderung der Blütenpflanzenpollen feststellen. Auch das Verschwinden von mehr als 50 % der

Planktonarten fällt mit der kosmischen Kollision zusammen. Nur die Nahrungsketten, die sich auf die Verwertung organischen Materials stützten, hatten eine Chance.

LANGSAM ODER PLÖTZLICH VERSCHWUNDEN?

Sind die vielen Lebewesen, die das Känozoikum nicht erreichten, in einem langsamen Prozess ausgestorben, oder wurden sie am Übergang zwischen Kreide und Tertiär Opfer eines plötzlichen Ereignisses? Neuere Arbeiten über die letzten Dinosaurier zeigen, dass diese bis zum Beginn des Tertiär mit bislang 67 verzeichneten Arten vertreten waren, also keineswegs am Rand des Aussterbens standen. Wahrscheinlicher ist also, dass ein katastrophales Ereignis (wie der Einschlag eines Meteoriten) zahlreiche Gruppen von Lebewesen auf einen Schlag auslöschte und in der Folge entscheidende Auswirkungen auf die Evolution des Lebens auf der Erde hatte. So wurde durch das Verschwinden der Dinosaurier eine ökologische Lücke frei, die es den damals kaum mehr als katzengroßen Säugetieren erlaubte, sich so erfolgreich zu diversifizieren, dass Sie jetzt diese Zeilen lesen können!

▲ Die Unterbrechung der Nahrungskette auf pflanzlicher Basis soll das Aussterben der Pflanzenfresser und ihrer natürlichen Feinde auf dem Festland und im marinen Milieu verursacht haben (hier verendet ein Carnivore neben einem seiner früheren Beutetiere). Dagegen waren Süßwasserbewohner wie die Panzerechsen kaum von der Katastrophe betroffen, weil sie in eine Nahrungskette eingebunden waren, die sich auf organische Schwebstoffe gründete.

◄ Deep Impact
Die Hypothese eines Meteoriteneinschlags wird durch die Entdeckung nickelhaltiger Magnetiten in der Grenzschicht zwischen Kreide und Tertiär gestützt. Diese Mineralien, die in terrestrischem Gestein normalerweise nicht vorkommen, entstehen beim Eintritt eines Meteoriten in die Erdatmosphäre. Die Tatsache, dass sie lediglich wenige Millimeter der Grenzschicht ausmachen, verrät die Kürze des kosmischen Ereignisses.

Frösche, Kröten und Salamander
Die Lurche

Die einzigen modernen Vertreter der einst großen Gruppe der Amphibien sind heute die Lurche. Und wenn auch jeder den Laubfrosch und den Salamander kennt, so liegt doch die Entwicklungsgeschichte dieser schillernden Tiere nach wie vor über weite Strecken im Dunkeln.

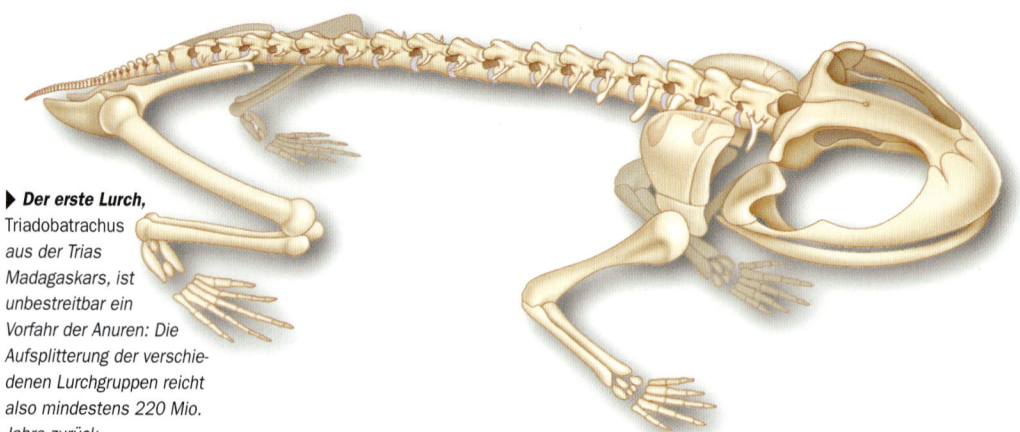

▶ *Der erste Lurch,*
Triadobatrachus
aus der Trias
Madagaskars, ist
unbestreitbar ein
Vorfahr der Anuren: Die
Aufsplitterung der verschie-
denen Lurchgruppen reicht
also mindestens 220 Mio.
Jahre zurück.

▼ *Fliegt die List auf, bleibt*
immer noch die Flucht!
Mit einem Satz springen die
Anuren ins Wasser und tau-
chen in ein sicheres Refugium
ab. Einige baumlebende Rha-
cophorus spielen sogar Dra-
chenflieger: Indem sie ihre
Schwimmfüße so weit wie
möglich spreizen, schweben
sie im Gleitflug einige Meter
tief hinab und lassen ihren
Feind einfach zurück.

▶ *Azurblauer Pfeilgiftfrosch*
Manche giftigen Lurche
schmücken sich mit grellen
Warnfarben. Das wird aber
auch von einigen ungiftigen
Opportunisten zum Zweck der
Täuschung aufgegriffen.

Eine dunkle Vergangenheit

Man unterscheidet vier Gruppen von Lurchen: die (schwanzlosen) Anuren, zu denen Frösche, Kröten, Laubfrösche usw. gehören; die Urodelen (die Schwänze besitzen), wie Salamander oder Molche; die wurmförmigen Blindwühlen und die ausgestorbenen Albanerpetontiden.

Die Geschichte der Lurche ist geheimnisumwittert: Ihr Erscheinungsbild scheint schon bei ihrem Auftreten fast mit dem heutigen identisch gewesen zu sein. Allerdings blieben aus den ersten 50 Jahrmillionen ihrer Existenz nur ein Dutzend Fossilien erhalten. Die Einzelheiten ihrer Entwicklung warten noch auf ihre Erforschung.

Die schwanzlosen Anuren

Das älteste echte Anurenfossil, *Prosalirus*, stammt aus den Anfängen des Jura. Von seinem Vorfahren *Triadobatrachus* trennen ihn nur etwa 20 Mio. Jahre. Erstaunlich ist, dass er bereits ganz das Aussehen eines heutigen Froschs besaß – das Skelett der Anuren, das sie zu wahren Spezialisten im Weitsprung machte, muss sich also sehr rasch entwickelt haben. Im Lauf der Evolution hatte sich ihr Schwanz zu einem neuen Skelettelement, dem charakteristischen Urostyl, umgebildet. Das Becken streckte sich und wurde nach oben und unten frei beweglich. Die Hinterbeine verlängerten sich, wobei der Fuß oftmals länger ist als das Schienbein. Angewinkelt wirken diese langen, kräftigen Beine wie Sprungfedern und sorgen für ein optimales Sprungvermögen. Die außergewöhnlich geschmeidigen und soliden Schultern und Arme der Anuren dienen beim Sprung als hervorragende Stoßdämpfer. Manche fossilen Anuren, z.B. die Palaeobatrachiden, waren wie die noch lebenden Pipiden aufs Schwimmen spezialisiert. Die meisten ausgewachsenen Anurenarten kommen sowohl an Land als auch im Wasser zurecht, dennoch haben einige sich ganz einem der beiden Lebensräume angepasst.

Die Mehrzahl der modernen Anuren-Familien – Bufoniden (Kröten), Raniden (echte Frösche), Discoglossiden (Gelbbauchunken, Geburtshelferkröten), Pelobatiden (Knoblauchkröten) – existierte bereits vor 50–70 Mio. Jahren. Außergewöhnlich gut angepasst, bestand für sie keine Notwendigkeit, sich grundlegend zu verändern.

Die Urodelen: atmen ohne Lungen

Die ersten Urodelen stammen aus dem Jura und wurden in Eurasien gefunden. Wie die Anuren besitzen fast alle heu-

VERTEIDUNGSPROGRAMME: TARNFARBE UND GIFT

Obwohl Lurche sich selbst von Fleisch ernähren, interessieren sich zahlreiche Räuber für sie. Die Lurche mussten also spezielle Abwehrtechniken entwickeln. Und der sicherste Weg zu überleben besteht darin, sich für seine Feinde unsichtbar zu machen. Tarnmaßnahmen sind darum bei den Lurchen weit verbreitet, und viele sind imstande, ihre Farbe ihrer Umgebung anzupassen. Umgekehrt ist ihre wirksamste Waffe ihr Gift: Es wird in Hautdrüsen erzeugt, die z.B. bei den Kröten gut sichtbar am Hinterkopf sitzen oder bei zahlreichen Urodelen in Reihen längs des Körpers angeordnet sind. Diese Gifte weisen von Art zu Art unterschiedliche Toxizitäten auf: Einige falsche Laubfrösche in Südamerika und bestimmte Salamanderarten in Nordamerika sondern Gifte ab, die einen Menschen töten könnten, würde man sie ihm injizieren. Dagegen bringt das Gift der gemeinen Kröte einem unvorsichtigen jungen Hund oder Fuchs höchstens ein schmerzhaftes Brennen an der Schnauze bei, das ihn jedoch lange Zeit von einem erneuten Kontaktversuch abhalten wird. Einige Salamanderartige besitzen geteilte Rippen, von denen aus mehrere Spitzen auf ihre Flanken gerichtet sind. Diese Spitzen liegen unter der Haut verborgen, doch wenn ein Räuber das Tier mit seiner Schnauze packt und es nur leicht zwischen seinen Kiefern drückt, durchdringen sie die Haut dort, wo kleine Giftdrüsen sitzen, und stechen den Angreifer umso heftiger, je fester er seinen Fang umschlossen hält.

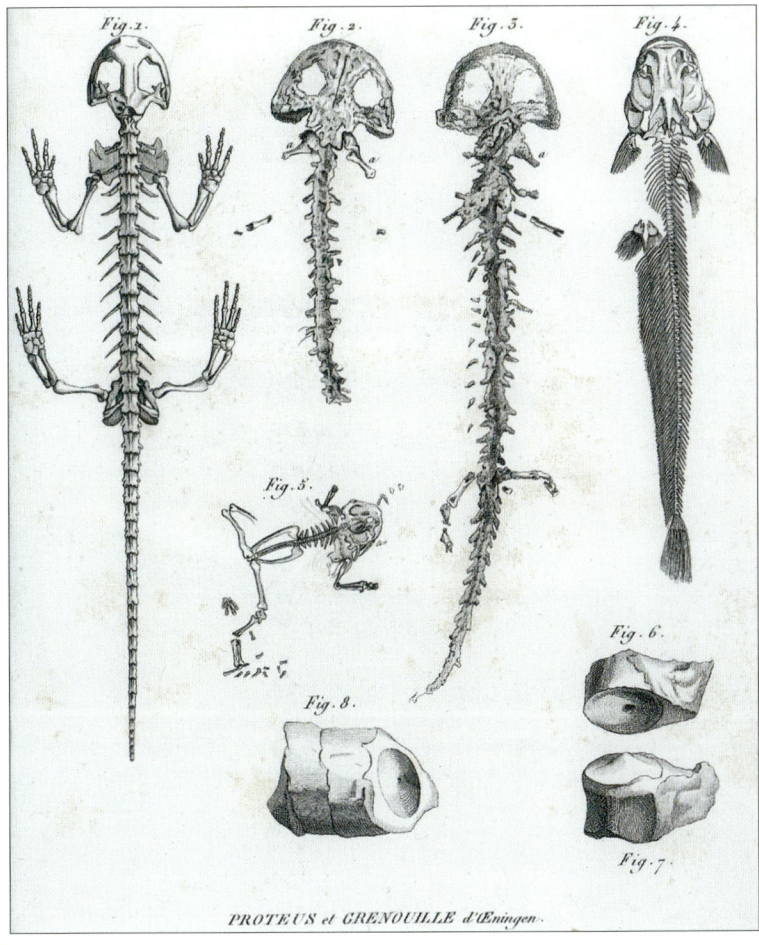

PROTEUS et GRENOUILLE d'Eningen.

LEBENDE ARGUMENTE

Die Lurche liefern uns wichtige Hinweise auf die Drift der Kontinente. Ihre sehr durchlässige Haut verbietet ihnen den Kontakt mit Salzwasser, denn das Salz dringt sofort in ihr Blut ein und tötet sie. Meere und Ozeane sind also für Lurche unüberwindliche Hindernisse, darum hat sich jeder Kontinent im Lauf der Zeit seine eigene Lurchpopulation erhalten. Findet man nun aber Mitglieder derselben Familie auf verschiedenen Kontinenten, dann bedeutet das, dass diese Kontinente einmal zusammenhingen und die Lurche unbeschadet von einem zum anderen wandern konnten. Beispielsweise kennt man in Amerika nur zwei Salamanderarten – Salamandriden sind aber eigentlich die für Eurasien typischen Urodelen. Umgekehrt gibt es im heutigen Europa einen lungenlosen Salamander aus der Familie der Plethodontiden, der eigentlich typisch amerikanisch ist. Die Schlussfolgerung: Irgendwann müssen sich die beiden Kontinente touchiert haben, sodass sich einige abenteuerlustige Lurche von beiden Seiten aufmachten, Neuland zu betreten.

tigen Urodelen-Familien sehr alte Wurzeln, und ihre Ahnen in der Kreide kamen den modernen Vertretern äußerlich schon recht nahe.

Die Salamandriden, die heute nahezu die Gesamtheit der europäischen Urodelen stellen, existierten schon damals in Europa. Das Urodelen-Skelett hat noch geringere Veränderungen erfahren als das der Anuren. Trotzdem machen besondere Spezialisierungen des Schädels und erstaunliche physiologische Merkmale diese Tiere zu einer eigenen Gruppe – ein gutes Beispiel ist die Atmung. Bei den Lurchen erfolgt generell die Sauerstoffzufuhr ins Blut zum großen Teil direkt über die Haut, die darum stets feucht sein muss. Einige Salamanderarten haben dieses System so vervollkommnet, dass ihre Lungen überflüssig geworden sind: Sie atmen ausschließlich durch die Körperhaut und den Mundinnenraum. Außerdem verfügen die Urodelen über Selbstheilungs- und Narbenbildungskräfte, die unter den Wirbeltieren einzigartig sind: So können bestimmte Arten nach einer Verletzung ganze Gliedmaßen neu bilden, auch den Schwanz und Teile der Augenpartien! Und diese Regeneration

erfolgt vollständig : Alle Gewebe (Muskeln, Skelett etc.) wachsen nach und stellen den Ursprungszustand wieder her – was den Eidechsen nicht gelingt.

Die Blindwühlen: verkannte Blinde

Die Blindwühlen oder Gymnophionen sind die am wenigsten dokumentierten Lurche. Es handelt sich um beinlose tropische Grab- oder Wassertiere, die eine Länge von bis zu 1,50 m erreichen können. Sie sind blind, weil ihre Augen von der Oberhaut bedeckt werden; dafür besitzen sie vorn an jedem Auge ein sensorisches Tastorgan. Fossilien dieser Gattung sind äußerst selten, und nur eine einzige Fundstätte (in Arizona, USA) hat ein fast vollständiges Skelett

zutage gefördert, mit etwa 200 Mio. Jahren zugleich das bislang älteste der wenigen überlieferten Fossilien. Es unterscheidet sich von den heutigen Blindwühlen nur durch kleine, aber gut ausgebildete Beine sowie durch normal große Augenhöhlen. Darüber hinaus ähnelt es so stark den modernen Tieren, dass man auch auf eine vergleichbare Lebensweise schließen kann.

Die Albanerpetontiden

Die ausgestorbenen Albanerpetontiden – Landtiere, die sich von Insekten ernährten – sahen wie große Salamander aus. Ihre Haut war durch kleine Schuppen verstärkt, eine Ausnahme bei den Lurchen. Sie sind in Nordamerika und Eurasien von der Kreide bis ins Miozän nachgewiesen.

◀ *Ein seltsamer Mensch*
1726 wurde das erste bekannte Lurchfossil (Figur 2) von dem Schweizer Johann Jakob Scheuchzer als Relikt eines bei der Sintflut ertrunkenen Menschen gedeutet – daher sein ursprünglicher Name: Homo diluvii testis! Später ordnete man ein vollständigeres Skelett (Figur 3) einem Wels zu. Um zu beweisen, dass es sich dabei jedoch um einen mit dem Japanischen Riesensalamander verwandten Urodelen handelte, rekonstruierte Cuvier 1811 ein Salamanderskelett (Figur 1), das er einem Welsskelett (Figur 4) gegenüberstellte. 1833 erhielt das erstgefundene Fossil dann den Namen: Andrias scheuchzeri.

◀ *Wie manche Urodelen ist auch Axolotl (Ambystoma mexicanum) neotenisch, d. h. er gelangt zur Geschlechtsreife, während er gleichzeitig bestimmte Merkmale der Kaulquappe, z. B. die Kiemen, beibehält. Erst wenn er günstige Lebensbedingungen vorfindet, entwickelt er sich zum Erwachsenen fort.*

◀ *Hautatmung*
Der lungenlose Salamander Hydromantes aus der Familie der Plethodontiden. Die Hautatmung hat den Nachteil, dass sie die Lurche sehr anfällig für Hauterkrankungen macht, die durch Parasiten, Pilze oder Umweltverschmutzung verursacht werden.

▶ **Lamarck** war einer der Väter der Abstammungslehre. 1809 veröffentlichte er seine Theorie von der Weitergabe erworbener Eigenschaften. Er benutzte auch als erster den Begriff „Biologie" für die Lehre vom Lebendigen. Seine Erklärung z. B. für den langen Hals der Giraffen (nämlich das Blattwerk der Baumwipfel zu erreichen) wird von den meisten Biologen heute als eine allzu schlichte Vorstellung verworfen, in der Evolution, Fortschritt und Anpassung durcheinander gebracht würden.

EINE KOMPLIZIERTE GESCHICHTE

Die Evolution – die Entwicklung der Arten in der Zeit – ähnelt einer verstaubten Filmspule, die man in einem verlassenen Kino entdeckt hat. Die Handlung des Films folgt keiner geraden Linie vom Bakterium bis zum Menschen, sondern gleicht einem üppigen Busch, dessen Zweige (die Darsteller) sich ständig verändern. Der Film hat überdies kein Ende, und spult man ihn zurück, erzählt er nicht mehr dieselbe Geschichte. Greift man nämlich in die Vergangenheit ein, so verhindert man vielleicht die Entstehung der Primaten, zu denen auch wir zählen. Und ließe man die Dinosaurier nicht aussterben, dann könnte unser Säuger-Urahn seinen Bau nicht verlassen, um die Welt zu erobern.

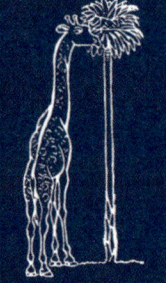  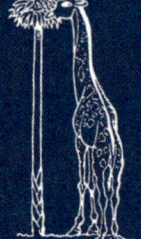 

Warum sind die Palmen so hoch? Damit die Giraffen sie abweiden können ...

Denn wären die Palmen niedrig, wäre das für die Giraffen äußerst hinderlich.

Darum haben die Giraffen einen langen Hals ...

... hätten sie nämlich einen kurzen, wäre das für sie noch schlechter.

EVOLUTION CONTRA SCHÖPFUNG

Viele, die im Lauf der Jahrhunderte wagten, über die Veränderlichkeit alles Lebendigen zu spekulieren, endeten auf dem Scheiterhaufen. Denn bis ins 18. Jh. hinein besaß allein die Kirche die Autorität, Lebewesen verbindlich zu interpretieren. Aber gelehrte Priester und geistliche Naturforscher brachten von ihren Missionen außer Gold und Edelsteinen auch exotische Pflanzen und Tiere mit. Bald häuften sich die Informationen, und es erwies sich als nötig, Ordnung in das bunte Chaos zu bringen. Carl von Linné (1707–1778) fiel es zu, die „Schöpfungen Gottes" zu klassifizieren. Er ersann eine Systematik, mit der er ähnliche Arten in Gattungen zusammenfasste. So gehört das Pferd zur Art Caballus aus der Gattung Equus – daher sein Name *Equus caballus*. Mehr als zweieinhalb Jahrhunderte später ist diese Klassifizierung noch immer aktuell.

▲ „Mensch und Affe haben einen gemeinsamen Vorfahren!" erklärt Darwin dem Affen. Der scheint darüber entzückt zu sein – anders als das Bürgertum seiner Zeit.

LAMARCK UND DIE ERWORBENEN EIGENSCHAFTEN

Obgleich der Evolutionsgedanke bereits im Jahrhundert der Aufklärung vage ins Bewusstsein der Naturforscher rückte, konnte er erst im 19. Jh. offen diskutiert werden. Saint-Hilaire (1772–1844) und Lamarck (1744–1829) gelten als Mitväter der Evolutionslehre, denn beide entwickelten, mehr oder minder unabhängig voneinander, „Abstammungslehren". Während Saint-Hilaire hinter der Organisation der Organismen einen einheitlichen Plan vermutete, der auf den gemeinsamen Ursprung verwies, vertrat Lamarck die Auffassung, dass sich zeitlebens erworbene Eigenschaften auf die Nachkommen vererben. Die Anpassung galt ihm als einziger Motor der Evolution: Jedes Organ (z. B. das Auge) würde von ihr in Hinblick auf seine Aufgabe (das Sehvermögen) immer wirkungsvoller angepasst. Larmarck goss damit Wasser auf die Mühlen der Gegner einer Evolutionslehre: Denn wenn das Auge zum Sehen gemacht ist, setzt das in der Natur eine Zweckbestimmung voraus, die wiederum nur ein Bewusstsein vornehmen kann. Gott existierte also und erschuf jedes Lebewesen nach Gutdünken!

AHNHERR DARWIN

Nach Darwin besteht die Evolution im unablässigen Kampf des Stärkeren gegen den Schwächeren, des besser Angepassten gegen den, dem die Anpassung weniger gut gelingt. So nahm er an, dass es ursprünglich zwei Arten von Giraffen gab – eine mit kurzem und eine mit langem Hals; während einer Dürreperiode war die langhalsige im Vorteil, da sie auch die Wipfel der Bäume abweiden konnte. Sie verdrängte schließlich die kurzhalsige, die sich nicht anpassen konnte. Darwin formulierte als Erster klare Argumente, die für die Evolution sprachen, und war überzeugt, dass Mensch und Affe einen gemeinsamen Vorfahren haben

▲ **Der Comte de Buffon** führte 1749 bei seinen Versuchen, das Alter der Erde zu bestimmen, den Zeitbegriff in die Betrachtung ein.

▲ **Gregor Mendel**
Schon 1859 stellte Gregor Mendel zusammen mit seinem Botaniker-Kollegen de Vries die Gesetzmäßigkeit der Kreuzung von Pflanzen im Allgemeinen und von Erbsen im Besonderen dar. Doch erst im Jahr 1900 rückten ihre Entdeckungen ins Interesse der breiten Öffentlichkeit.

(er behauptete allerdings nie, dass der Mensch vom Affen abstamme). Er wehrte sich auch dagegen, die Evolution mit zielgerichtetem Fortschritt gleichzusetzen.

ERBSEN UND MÖNCHE

Ab 1859 untersuchte der tschechische Mönch Gregor Mendel mit Konfratres auf der Grundlage seiner Arbeiten über die Kreuzung von Erbsen die Gesetzmäßigkeiten der Vererbung. Er wurde zum Begründer der modernen Genetik, denn er wies nach, dass zahlreiche Eigenschaften eines Organismus durch Gene bestimmt werden, die Veränderungen unterliegen können.

KLADISTIK UND PUNKTUALISMUS

Noch in den 1950er-Jahren galt ein Fossil entweder als direkter Vorfahr eines noch lebenden Organismus oder als fehlendes Bindeglied zwischen zwei unterschiedlichen Formen. 1950 revolutionierte der deutsche Insektenforscher Henning mit der Kladistik die systematische

▶ **Stephen Jay Gould**
Als Mitbegründer der Punktualismus-Theorie (1972) war der Professor für Geologie, Biologie und Wissenschaftsgeschichte an der Harvard-Universität bis zu seinem Tod im Jahr 2002 einer der größten Verfechter der Evolutionslehre auf internationalem Parkett.

Darstellung der Lebewesen. Er untersuchte die Verwandtschaftsbeziehungen zwischen Organismen einzig und allein auf der Grundlage ihrer gemeinsamen Entwicklungsmerkmale – das kam einer Revolution gleich! Durch die Informatik kann die Kladistik heute zahlreiche Arten und Merkmale miteinander vergleichen. Ein anderer Neuerer war S. J. Gould. Seine Punktualismus-Theorie (1972) geht davon aus, dass sich die Arten nicht langsam und konstant durch kleine Mutationen verändern, sondern dass sich kurze Phasen schneller Veränderung (Punktuation) mit längeren Zeiträumen ohne Veränderung (Stasis) abwechseln. Gould griff auch die Idee der Heterochronie wieder auf: Danach können kleine Veränderungen beim Embryo zu unvorhersehbaren neuen Merkmalen führen – die Entdeckung der Hox-Gene, die als molekulare „Architekten" der tierischen Baupläne fungieren, stützte diese Annahme: Schon eine winzige Veränderung dieser Gene kann eine ganz neue Erscheinungsform zur Folge haben.

JURASSIC PARK – EINE WELT VON MORGEN?

Kann man im Genlabor einen Dinosaurier herstellen? Nein, denn die überlieferte fossile DNA ist in der Regel zerstört. Die älteste DNA der Welt ist 125 Mio. Jahre alt und stammt von einem in Bernstein konservierten Insekt der Ordnung Coleoptera. Selbst auf der Grundlage eines vollständigen DNA-Strangs kann man (noch) keinen Menschen klonen. Wie sollte das also mit einem kleinen DNA-Fetzen von einer Art gelingen, die vor mehr als 65 Mio. Jahren ausgestorben ist?

▲ **Vier Flügel für eine Fliege**
Bestimmte Gene (Architekten genannt) steuern die Bildung eines Organismus. Wie das Beispiel dieser vierflügeligen Drosophila zeigt, ist es im Labor möglich, diese Gene zu deaktivieren oder zu reaktivieren. Und in der Natur?

5

Die Säugetiere erobern die Erde

Mehr als 150 Mio. Jahre lang entfalteten sich die Säugetiere im Schatten der Reptilien. Eher unauffällig besetzten sie dabei viele ökologische Nischen und entwickelten zahlreiche Eigenschaften, die ihnen sehr zum Vorteil gereichten, etwa die Viviparie: Nachdem die Säuger zunächst noch wie ihre reptilischen Vorfahren Eier gelegt hatten, gingen einige Stämme nun dazu über, ihre Nachkommen lebend zu gebären. Außerdem wurde ihr Gebiss zunehmend leistungsfähiger: Die Zähne differenzierten sich und übernahmen je nach Position im Kiefer unterschiedliche Aufgaben. Insbesondere die Backenzähne erhielten eine Form, die ein effizienteres Zermalmen der Nahrung ermöglichte. Dies war umso notwendiger, als die Säuger für die Regulierung ihrer konstanten Körpertemperatur viel Energie in Form von Nahrung benötigten. Sie waren also gut gewappnet, um nach der globalen Umweltkatastrophe am Ende der Kreide die ökologische Nachfolge der Reptilien antreten zu können. Innerhalb weniger Jahrmillionen hatten sich alle heute bekannten Großgruppen etabliert.

Vor 65–1,6 Mio. Jahren:
Das Tertiär

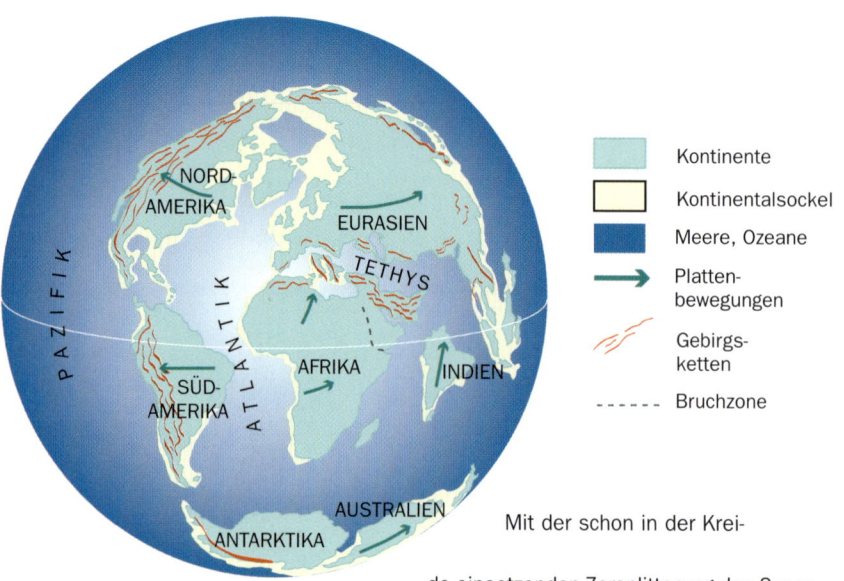

Kontinente

Kontinentalsockel

Meere, Ozeane

Platten-
bewegungen

Gebirgs-
ketten

Bruchzone

Mit der schon in der Krei-
de einsetzenden Zersplitterung des Super-
kontinents Pangäa ging die Öffnung des Atlantischen Ozeans einher; gleichzeitig
schloss sich die Tethys, sodass es im Süden Eurasiens zu folgenschweren Kollisionen von Landmassen kam, während sich im Westen die bis dahin getrennten amerikanischen Festländer nach und nach durch eine Landbrücke miteinander verbanden. Teile Nordafrikas stießen mit Südeuropa zusammen, wobei sich die Alpen sowie die Gebirgszüge der
Balkanhalbinsel und Anatoliens auffalteten. Gleichzeitig öffnete sich im Osten Afrikas ein
gewaltiger Graben, der die Indische Platte abtrennte, die langsam zum asiatischen Kontinent driftete – durch das Zusammenprallen türmte sich der Himalaja auf, und der
ostasiatische Raum fügte sich aus mehreren großen Blöcken zusammen.
Am Ende des Jungtertiär glich die Konstellation der Kontinente
und Ozeane schon fast dem heutigen Bild.

Das Mesozoikum endete in einer globalen Katastrophe, der unter anderem die Dinosaurier und andere Großreptilien zum Opfer fielen. Damit begann vor 65 Mio. Jahren ein neues Erdzeitalter: das Känozoikum.

1. Nun traten kleine Säugetiere wie *Ptilodus* in Erscheinung.

2. Große, fleischfressende Laufvögel tauchten auf und besetzten die Nischen der großen Räuber.

3. Das größte damalige Säugetier war mit 5 m Länge der Räuber *Andrewsarchus*. Da dieses Huftier anatomisch nicht in der Lage war, Beute zu fassen, handelte es sich wohl um einen Aasfresser.

4. Hinter dem nashornähnlichen *Arsinoitherium*, einem der größten Tiere der afrikanischen Fauna, ist hier

5. der Pflanzenfresser *Indricotherium* (mit einem Gewicht von 15 t und einer Widerristhöhe von 5,5 m) zu sehen, davor ein *Uintatherium*. Vor diesem stillen mehrere Exemplare des kaum mehr als fuchsgroßen *Hyracotherium*, des ältesten bekannten Pferdes, im Bach ihren Durst.

6. Die ersten Vertreter der Elefanten waren durchweg von bescheidener Größe, mit Ausnahmen wie *Amebelodon*, der auch zwei Paar Stoßzähne besaß.
Vor ihm der spektakuläre Säbelzahntiger *Smilodon*, der mit seinen langen gebogenen Reißzähnen Beutetiere geradezu aufspießen konnte.

Zwei weitere der vielen Säugergruppen gewannen im Känozoikum ihr unverwechselbares Profil: die vielseitigen und überaus fruchtbaren Nager, die die Erde geradezu überschwemmen sollten, und

7. die Primaten, denen die Evolution eine ganz besondere Rolle zugedacht hatte.

Schnäbel und Federn
Aufbruch in die Erdneuzeit

Zu Beginn des Känozoikum, vor 65 Mio. Jahren, beschien die aufgehende Sonne vielleicht eine ausgedehnte sumpfige Ebene, aus der eine Schar kleiner Vögel aufstob. Die Dinosaurier mit ihren markanten Konturen waren jedenfalls aus dem Landschaftsbild verschwunden, ebenso die Palaeornithes, die frühen gefiederten Wirbeltiere. Deren Platz hatte nach dem Massensterben am Ende der Kreide ein überaus farbenprächtiges und lärmendes Tiervolk eingenommen: die Vorfahren unserer heutigen Vögel.

▲ *Ein schönes Gefieder*
Abdruck eines Wiedehopfs aus dem Eozän von Messel (Deutschland), dessen Gefiederstruktur sehr gut erhalten geblieben ist.

▶ *Die alten Kiefer*
Die Palaeognathen („alte Kiefer") existierten seit dem Paleozän. Heute sind sie noch durch die Strauße, die Nandus, die Emus (rechts), die Kasuare und die Kiwis vertreten – allesamt Laufvögel, bei denen einige Hebemuskeln der Flügel so stark zurückgebildet sind, dass sie nicht mehr fliegen können. Allerdings gehören zu ihrer Gruppe auch die in Südamerika beheimateten Tinamus, die sehr wohl in der Lage sind, zu fliegen. Bei allen anderen Vögeln des Känozoikum – den so genannten Neuvögeln – handelt es sich um Neognathen („neue Kiefer").

Erster Auftritt

Nach der Katastrophe am Ende der Kreide gesellten sich den überlebenden Tieren die Neornithes oder Neuvögel hinzu, die den uns bekannten Vögeln schon recht nahe kamen – Nandus, Kranichvögel (Rallen, Kraniche, Trappen), Entenvögel (Enten, Gänse, Schwäne) und Eulenvögel (Eulen, Uhus, Schleiereulen). Tatsächlich hatten sich die meisten der 32 modernen Vogelordnungen bis zum Ende des Eozän herausgebildet. So war im Gebiet des heutigen Australien schon damals das muntere Gezwitscher der Sperlingsvögel zu hören, die heute mit 59 % der 9700 bekannten Vogelarten die artenreichsten darstellen.

Eine weitere Diversifizierung der Vögel fand im Miozän (vor 23–5,3 Mio. Jahren) statt, wobei die Steißhühner, einige Laufvögel und die Lappentaucher in Erscheinung traten.

Leidenschaftliche Zugvögel

Bis weit ins Pliozän hinein lebten zahlreiche moderne Tropenvögel in Europa, Nordamerika und im nördlichen Asien, da dort zu dieser Zeit ein tropisches Klima herrschte. Ihre aktuelle geographische Verbreitung spiegelt also nicht unbedingt ihre Vergangenheit und ihre Herkunft wider.

Ganze Vogelpopulationen mussten dann, auch infolge der globalen Vergletscherungen des Quartär (bis gegen Ende des Pleistozän), einen Ortswechsel vornehmen.

Ein paar Rekorde

Neben den großen Laufvögeln (Straußen, Nandus usw.) und den Tauchvögeln brachten auch andere Arten Modelle von beachtlicher Größe hervor, so die Pelagornithiden, die vom Eozän bis zum Miozän an allen Meeren lebten, oder Greifvögel wie *Harpagornis moorei*, der größte Adler der Welt – er jagte auf Neuseeland Moas, ebenfalls große, aber flugunfähige Vögel. *Ornimegalonyx oteroi* aus dem kubanischen Pleistozän war mit mehr als 1 m Länge der größte damalige Nachtgreifvogel. Da auf vielen Inseln räuberische Säugetiere oft nur in geringer Zahl vorkommen, konnten die Greifvögel dort solch extreme Dimensionen erreichen.

Moas (Neuseeland), Mihirungs (Australien) und Elefantenvögel (Madagaskar) waren flugunfähig und konnten darum ihre Inselheimat nicht verlassen, sodass sie schließlich ein leichtes Opfer der Menschen wurden. Unter allen bekannten Vögeln hielten sie sowohl den Gewichtsrekord – einige wogen über 450 kg –, als auch mit bis zu 3,7 m Körperlänge den Größenrekord.

Das andere Extrem bilden die Kolibris (Schwirrvögel), die eher wie Insekten als Vögel wirken, denn manche wiegen nur 2 g – anders als ihre monumentalen Artgenossen haben sie jedoch nicht nur bis heute überlebt, sondern sich obendrein noch stark diversifiziert.

Flugunfähige Vögel

Viele der landbewohnenden Vögel haben im Lauf der Zeit ihre Flugfähigkeit verloren, etwa die Diatrymiformes oder die Phorusrhaciden, gigantische Läufer mit mächtigen Schnäbeln, die bis zum Ende des Pliozän in Südamerika und Europa verbreitet waren.

Heutige Beispiele für solche auf das Leben am Boden beschränkten Vögel sind die Ratiten (die Flachbrustlaufvögel) – Strauße, Kasuare und andere sind auf fast allen Kontinenten zu finden.

Weniger bekannt ist, dass auch zahlreiche andere Vögel nicht (oder kaum) mehr in der Lage sind, zu fliegen. Dazu gehören Rallen, Ibisse, einige Papageienartige (Papageien, Sittiche) und die Hühnervögel (Reb- und Auerhühner), ebenso ein Vertreter der Nachtschwalben (der Ziegenmelker) und ein Mitglied der

Rackenvögel, nämlich der Wiedehopf. Die meisten von ihnen lebten ursprünglich auf Inseln, wo sie keine natürlichen Feinde hatten und ihre Flugfähigkeit nicht mehr benötigten.

Ihr ärgster Feind wurde durch seine weltweite Ausbreitung der Mensch, der Tausende Arten ausrottete, darunter den Dodo und den Moa.

▲ *Rekordflieger*
Einige Seeschwalben halten den Entfernungsrekord: Sie fliegen von einem Polarkreis zum anderen. Die Vogelzüge etablierten sich spätestens im Miozän und wurden wohl durch die zunehmend deutlicher ausgeprägten jahreszeitlichen Klimaschwankungen ausgelöst.

IN DER LUFT UND IM WASSER

Die besten Schwimmer und Taucher unter den Vögeln haben Beine, die mit Schwimmhäuten oder Hautlappen ausgestattet sind, sodass sie sich gut im Wasser fortbewegen können – wie die Lappen- und Seetaucher, oder auch wie *Chendytes*, ein im kalifornischen Pleistozän ausgestorbener, mit den heutigen Eiderenten verwandter Entenvogel, der mit seinen verkümmerten Flügeln nicht mehr fliegen konnte. Andere Tauchvögel praktizieren eine Art Unterwasserflug: die Pinguine – darunter auch die Riesenpinguine, die vom Eozän bis ins Untere Miozän lebten – und die Alkiden (Alke, Papageientaucher, Lummen und andere ihnen verwandte flugunfähige Arten, die bis ins Pleistozän hinein existierten) sowie die Plotopteriden.

Viele unserer Tauchenten bewegen sich mit Beinen und Flügeln zugleich fort. Und ganz unabhängig vom Verwandtschaftsgrad passten sich alle Arten, die schwimmen oder tauchen müssen, anatomisch den Erfordernissen des Wassers auf ähnliche Weise an. Das ging bei einigen so weit, dass sie letztlich ihre Flugfähigkeit einbüßten, wie die Pinguine auf der Südhalbkugel und die küzlich ausgestorbenen Alke auf der Nordhalbkugel.

▼ *Die Größten*
Die Pelagornithiden waren die Giganten unter den fliegenden Seevögeln. Sie besaßen riesige albatrosähnliche Schwingen, die für Fischfresser typischen hornartig-knöchernen Zähne und eine Flügelspannweite von 6 m (gegenüber 4,2 m bei den größten heute lebenden Albatrossen).

Schutz für empfindliche Füße
Der Ursprung der Huftiere

Die Ungulaten (oder Huftiere) brachten einige der bizarrsten und schwergewichtigsten Säugetiere überhaupt hervor. Noch heute bilden sie eine der großen Säugergruppen. Die Huftiere erlebten ihre Blütezeit zu Beginn des Känozoikum. Damals traten nicht nur alle heutigen Huftiergattungen in Erscheinung, sondern auch mehrere mittlerweile ausgestorbene. Und manche dieser behuften Säuger konnten sich über mehrere Kontinente verbreiten, während andere sich mehr oder minder isoliert nur auf einem einzigen Erdteil entwickelten.

Merkwürdige Experimente der Evolution

Vor 65 Mio. Jahren entstanden die ersten echten Kräuter- und Graspflanzen. Aber bis zum Ende des Eozän (vor 35 Mio. Jahren) boten die Landschaften nur wenige ausgedehnte Grasflächen, die als Weiden hätten dienen können. In dieser Lage traten verschiedene Säugetiere auf, die eine ähnliche Lebensweise pflegten wie manche unserer heutigen Huftiere. Es handelte sich um große Tiere, die Blätter, Knospen, ja sogar Früchte der Bäume erreichen konnten oder aber im Boden nach Wurzeln und Knollen gruben. All diese „evolutiven Versuchstiere" verschwanden aber bis zum Ende des Paläogen, ohne Nachkommenschaft zu hinterlassen.

Zu ihnen gehörten die Taeniodonten, in ihrer Mehrzahl schwer gebaute, mit Grabkrallen ausgestattete nordamerikanische Säuger. *Conoryctes*, der aus dem Unteren Paläogen Montanas (USA) stammt, besaß etwa die Größe eines Schweins und ernährte sich von hartem Pflanzenmaterial, wie seine langen, scharfen Schneidezähne bezeugen.

In Asien, Nordamerika und Europa stößt man dagegen häufig auf Fossilien von Tillodonten. *Trogosus* hatte einen Schädel und Beine so kräftig wie ein Bär und ein Gewicht von etwa 150 kg. Wie viele der pflanzenfressenden Huftiere unserer Tage besaß er eine auffällige Lücke zwischen seinen Vorderzähnen und den Prämolaren, die so genannte Diastema. Wenn er auch im Körperbau eher einem Bären glich, machen ihn seine langen Schneidezähne und die hinteren Mahlzähne zu einem überdimensionierten Nager.

Die Pantodonten wiederum entwickelten auf den drei nördlichen Kontinenten seit dem Paleozän einen großen Artenreichtum; in der Mongolei sind sie sogar bis zum Oberen Eozän dokumentiert. Manche dieser Tiere erreich-

▲ **Andrewsarchus**
Unter den fleischfressenden Unpaarhufern war der bedrohlich wirkende Andrewsarchus aus dem mongolischen Eozän eines der größten Raubtiere. Sein Schädel erreichte eine Länge von 1 m. In Anbetracht seiner Größe und seines Gewichts war er wohl kein schneller Jäger, sondern eher ein Aasfresser, wie zuweilen auch der heutige Bär.

▶ **Die Stammesentwicklung der Huftiere**
Man erkennt hier gut die relative zahlenmäßige Stärke und die Verwandtschaftsbeziehungen zwischen den unterschiedlichen Gruppen.

WAS IST EIN HUFTIER? DNA- UND FOSSILIENANALYSEN

Für Paläontologen und Zoologen bilden die Huftiere eine homogene Gruppe, deren sämtliche Vertreter auf einen gemeinsamen Vorfahren zurückgehen. Man nennt eine solche Gruppe monophyletisch (einstämmig). Zu den heutigen Huftieren zählen die Unpaarhufer (Pferde, Zebras, Tapire und Nashörner), die Paarhufer (Rinder, Antilopen, Giraffen, Flusspferde) und die Proboscidier oder Rüsseltiere (Elefanten). Obwohl sie keine Hufe besitzen, ordnet man ihnen auch die Waltiere (Wale und Delphine), die Seekühe (Dugongs und Lamantinen), die Hyracoiden (Klippschliefer) und die Röhrenzähner (Erdferkel) zu. Ursprünglich war die Vielfalt dieses Stammes noch weit größer – drei Viertel der Familien und 90 % der Arten sind heute erloschen.

Forscher, die die Verwandtschaftsbeziehungen zwischen den heutigen Säugetieren auf der Grundlage von DNA-Molekülen (Molekularphylogenese) ergründen, gliedern die Huftiere in zwei Gruppen: In der einen sind Unpaarhufer, Paarhufer und Waltiere den Fleischfressern zugeordnet, in der anderen alle Huftiere afrikanischen Ursprungs (Elefanten, Dugongs und Klippschliefer) den Insektenfressern, wie dem Goldmull – wahrlich eine erhellende Systematisierung!

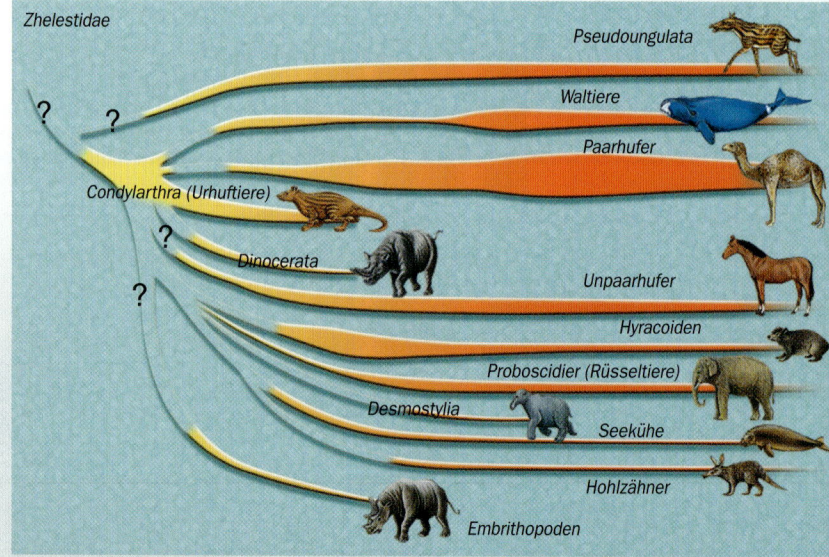

Zhelestidae
Pseudoungulata
Waltiere
Paarhufer
Condylarthra (Urhuftiere)
Dinocerata
Unpaarhufer
Hyracoiden
Proboscidier (Rüsseltiere)
Desmostylia
Seekühe
Hohlzähner
Embrithopoden

hoch entwickelten Linie von Condylarthra, den Phenacodonten, hervor. Manche von ihnen ähnelten schon den ersten Pferden, insbesondere ihre Gliedmaßen wiesen die typischen Merkmale eines Lauftiers auf. Zur gleichen Zeit erschienen in Afrika die ersten Rüsseltiere (die Vorfahren der Elefanten) und die Hyracoiden (Klippschliefer). Wie die Unpaarhufer gehen wohl auch sie auf die Phenacodonten zurück. Den bislang frühesten „Elefanten", *Phosphatherium*, fand man in Marokko in Gestein aus dem Ende des Paleozän.
Der Ursprung der Paarhufer (Wiederkäuer, Schweine, Kamele usw.) ist dagegen weitaus rätselhafter. Einige Paläontologen nehmen an, dass sich die verschiedenen Entwicklungslinien schon sehr früh, zwischen Kreide und Alttertiär, trennten, also etwa zeitgleich mit dem Auftreten der ersten Unpaarhufer. So teilen zwar die Waltiere (Wale und Delphine) mit den Paarhufern einen gemeinsamen Vorfahren, könnten aber durchaus auch mit den fleischfressenden Unpaarhufern verwandt sein – womöglich stammen also unsere friedlichen Wale und Rinder von einem fernen Ahnen ab, der sich einst wie ein blutrünstiger Wolf gebärdete. Man darf also Huftiere nicht generell mit Pflanzenfressern gleichsetzen!

◀ Die in Europa und Amerika bekannten Vertreter der Gattung Coryphodon waren Tiere, die wohl in Seen und Flüssen lebten und nachts zum Weiden an Land kamen. Pantonodon podoxys sah aus wie ein großer Tapir und konnte bis zu 3 m lang und 500 kg schwer werden.

▼ Uintatherium
Das den Dinocerata zugeordnete Uintatherium war eines der ersten großen Säugetiere. Seine Lebensweise glich der des heutigen afrikanischen Nashorns. Der Name Dinocerata bedeutet „schreckliche Hörner" und bezieht sich auf die sechs knöchernen Schädelauswüchse bei den männlichen Tieren.

ten die Größe eines Nilpferds, etwa *Titanoides*, bei dem auch schon ein Geschlechtsdimorphismus vorlag: Die Männchen unterschieden sich von den Weibchen durch lange Eckzähne, die wohl bei ihren Paarungskämpfen zum Einsatz kamen.
Die Dinoceraten, die man mitunter den echten Huftieren zuordnet, erreichten Größen bis zu 4 m und waren damit die ersten wirklich großen Säugetiere. Die in Nordamerika und Asien heimische Spezies *Uintatherium* aus dem Eozän hatte drei Paar Knochenfortsätze am Schädel und 15 cm lange Eckzähne.

Die Condylarthra – mysteriöse urzeitliche Huftiere

Die Geschichte der Echten Huftiere beginnt vor 65 Mio. Jahren im frühen Känozoikum mit dem Erscheinen der Condylarthra oder Urhuftiere. Diese Säuger gehen wahrscheinlich auf die Zhelestidae zurück, kleine Pflanzenfresser aus der Oberen Kreide Zentralasiens, die schon ein erstaunlich modernes Gebiss aufwiesen, das dem der Urhuftiere sehr nahe kam.
Das früheste Condylarthrum, *Protungulatum*, stammt von der Schwelle zwischen Kreide und Alttertiär in Montana (USA). Dieses Fossil ist ein naher Verwandter von *Arctocyon*, der während des Paleozän in Europa und Nordamerika lebte. Beide sind verwandt mit anderen Condylarthra-Familien, die zahlreiche ökologische Nischen besetzten.

Zahnfunde verraten, dass es unter ihnen auch einige Carnivoren gab, wie *Mesonyx*, das größte Landraubtier des Paleozän. Andere ernährten sich von Pflanzen, so *Hyopsodus*, der nicht größer als 30 cm wurde. *Ectoconus* wiederum war ein Allesfresser wie unser Schwein. Andere hatten ein Leben auf Bäumen gewählt und besaßen entsprechend bewegliche Arme und Handgelenke, gebogene Krallen und vermutlich einen Greifschwanz.

Platz für die Zukunft!

Nach heutigem Wissensstand traten die ersten modernen Ungulaten im Oberen Paleozän in China auf. *Radinskya* gilt als ältester Unpaarhufer und damit als der gemeinsame Vorfahr von Pferd, Nashorn und Tapir. Es ging vermutlich aus einer

Die Säugetiere des Südens
Die Evolution auf isolierten Inselkontinenten

Am Beginn des Känozoikum waren die vier südlichen Kontinente – Afrika, Südamerika, Australien und Antarktika – völlig von den nördlichen Landmassen getrennt. Das begünstigte die Herausbildung eines sehr eigentümlichen und für jeden Erdteil typischen Säugetierbestands.

▶ **Säugetierwanderungen**
Als sich die Landenge von Panama vor 3 Mio. Jahren schloss, wanderten die südamerikanischen Säuger in Richtung Norden, während die Säugetiere aus Nordamerika gen Süden zogen. Diese Migrationsbewegungen nennt man auch den Großen Amerikanischen Austausch.

▼ **Arsinoitherium**
Aus der Gruppe der Embrithopoden gibt es heute keine Vertreter mehr. Das wunderliche Arsinoitherium aus dem ägyptischen Oligozän war ein Pflanzenfresser, der viel Ähnlichkeit mit einem Nashorn besaß. Es zählte zu den größten Tieren der afrikanischen Fauna.

Das Rätsel der afrikanischen Huftiere
Die klassischen Huftiere (Unpaarhufer und Paarhufer, siehe S. 212–215) erreichten Afrika erst, nachdem der Kontinent im Miozän mit der eurasischen Landmasse kollidiert war – davor setzte sich sein Huftierbestand im Wesentlichen aus Klippschliefern (Hyracoiden) und Dugongs (Seekühen) sowie aus Vertretern der Gattung *Arsinoitherium* zusammen, den Vorfahren der Elefanten (siehe S. 208–209). Für diese frühen afrikanischen Huftiere – die Klippschliefer ausgenommen – hat man den Sammelbegriff Tethytheria (wörtlich: Tiere der Tethys) geprägt – er bezieht sich auf das Meer Tethys, das Afrika zu dieser Zeit von Eurasien trennte. Trotz bedeutsamer Funde (darunter der eines Rüsseltiers aus dem Oberen Paleozän) liegt der Ursprung dieser Säugetiere nach wie vor im Dunkeln. Von den Hyracoiden exis-

tieren heute nur noch drei kleinwüchsige Gattungen, die lediglich in Teilen Afrikas und des Nahen Ostens vorkommen. Während des Alttertiär allerdings stellten sie die bedeutendste Huftierordnung dar und waren unter den Säugetieren die wichtigsten Pflanzenfresser. Manche wogen kaum mehr als 3 kg (wie der algerische *Microhyrax*), während *Titanohyrax* aus Ägypten bis zu 1,3 t schwer wurde. Nach der Verbindung Afrikas mit Eurasien verarmte diese Artenvielfalt, da sich die Tethytheria mit der Konkurrenz durch die aus Eurasien eingewanderten klassischen Huftiere konfrontiert sahen.

Die trügerischen Huftiere aus Südamerika
Vor ihrem noch ungeklärten Verschwinden im Pleistozän stellten die so genannten Meridi-

ungulaten seit dem Paleozän die Mehrzahl der pflanzenfressenden Säugetiere Südamerikas. In ihrer Lebensweise ähnelten sie stark den echten Huftieren der anderen Kontinente – ein Fall von adaptiver Konvergenz.
Bei einigen von ihnen, die den Pferden glichen, die zur gleichen Zeit in Nordamerika lebten, ruhte das Körpergewicht bereits auf der Achse der dritten Zehe. Dieses Merkmal, das man bei *Diadiaphorus* aus dem Miozän Argentiniens fand, belegt gut seine Anpassung an die Funktion als Lauftier.
Andere Meridiungulaten waren wohl, wie unsere Flusspferde, halbe Wassertiere. *Astrapotherium* etwa hatte tatsächlich die Größe eines Flusspferds; er verfügte über Stoßzähne, und seine Molaren glichen denen des Nashorns. Die Gattung *Pyrotheria* (aus einer anderen Familie) stand morphologisch den afrikanischen Rüsseltieren nahe – Ähnlichkeiten gab es vor allem in der Ausbildung der Gliedmaßen, der Molaren, der zu Stoßzähnen umgeformten Schneidezähne und des Rüssels.
Die zahlenmäßig stärkste und zugleich vielgestaltigste Gruppe bildeten mit etwa 170 verzeichneten Gattungen die Notoungulaten. Die kleineren Arten waren durchaus mit den afrikanischen Hyracoiden oder mit Kaninchen und anderen Nagern vergleichbar. Dagegen erinnern die Toxodonten in Größe und Morphologie weit mehr an die großen Huftiere Eurasiens, Nordamerikas und Afrikas – sie besaßen Merkmale von Seekühen, Pferden und Nagern. Ihre Bezahnung wiederum ähnelt stark jener der Nashörner, und die Vertreter der Gattung *Trigodon* trugen auf ihren Stirnen tatsächlich Hörner.

In der Manege Südamerikas

Insgesamt entwickelten die südamerikanischen Säugetiere im Verlauf des Alttertiär eine beachtliche Vielfalt, der erst die Verbindung des Kontinents mit Nordamerika am Ende des Jungtertiär Einhalt gebot.

Bis dahin hatten sich die Nachkommen der frühen Säugetiere Südamerikas, gegen äußere Einflüsse abgeschirmt, auf sehr eigentümliche Weise diversifiziert: Die Gruppe der Säuger setzte sich hier aus Beuteltieren und Plazentatieren zusammen. Und mit den ersten Plazentatieren waren am Ende des Paleozän auch die Zahnarmen, die Vorfahren unserer heutigen Gürteltiere, Ameisenbären und Faultiere, aufgetaucht.

Während des Oligozän traten dann die ersten Nager und Primaten auf, die Ahnen des heutigen Meerschweinchens (Caviomorpha) und der Platyrhinia (Neuweltaffen), die heute durch das Pinseläffchen, das Kapuzineräffchen und den Brüllaffen vertreten sind. Obwohl sich die Paläontologen sicher sind, dass die Herkunft der südamerikanischen Säugetiere in Afrika lag, ist unklar, wie sie nach Südamerika gelangen konnten, da die beiden Kontinente durch den Südatlantik getrennt waren. Gesichert dagegen ist die Einwanderung von Tieren aus Nordamerika, nachdem die heutige Landbrücke zwischen beiden Amerika entstanden war. Die verschiedenen Einwanderungswellen begannen am Ende des Miozän und erreichten im Verlauf des Pliozän (vor 3,5 Mio. Jahren) im „Großen Amerikanischen Austausch" ihren Höhepunkt. Die ersten Ankömmlinge waren Vettern der Waschbären. Ihnen folgten im Pliozän die Nager-Cricetiden (Hamster) und die Nabelschweine; das Pleistozän erlebte dann eine Masseneinwanderung von Huftieren und Fleischfressern: Pferde, Tapire, Hirsche, Lamas, Mammuts, Hunde, Wölfe, Pumas, Jaguare und Bären, den Abschluss machten Spitzmäuse, Kaninchen und Eichhörnchen. Umgekehrt wanderten das Opossum, einige Zahnarme (Gürteltier, Riesenfaultier, Ameisenbär) sowie das Meerschweinchen nach Norden.

AUSTRALIEN, KONTINENT DER ROLLENSPIELE

Eine erste Diversifizierung der Beuteltiere scheint auf den südlichen Kontinenten (Südamerika, Antarktika und Australien) zu Anfang der Oberkreide stattgefunden zu haben. Das Driften Australiens gen Osten isolierte die Beuteltiere von den Plazentatieren, was (so die Fachleute) ihre *adaptive Radiation* begünstigte – damit ist die Auffächerung einer bestimmten Gattung in viele voneinander abweichende Arten gemeint, die sich an unterschiedliche Lebensräume anpassen. Am überraschendsten gestaltete sich die Fauna während des Pleistozän. Besonders verblüffend ist dabei eine erstaunliche Parallelität zwischen den australischen Beuteltieren und den Plazentatieren der anderen Kontinente – ein ganz spezieller Fall von adaptiver Konvergenz. Die Beuteltiere besetzten damals nämlich alle ökologischen Nischen, die andernorts von Säugern eingenommen wurden. Unter den Vegetariern gab es kleine Formen, wie die Koalas, aber auch Riesen wie die Diprotodonten, die in Herden lebten, und natürlich die Kängurus, von denen *Procoptodon* eine Größe von 3 m erreichte. Unter den Räubern setzten besonders der Beutellöwe und der auch als Tasmanischer Wolf bekannte *Thylacine* Glanzlichter. Weitere Konvergenztypen finden sich bei den Beutelmaulwürfen und Beutelspitzmäusen oder auch bei Beuteltierversionen von Katzen und Ameisenbären.

Der lange Weg der Elefanten
Die Proboscidier (Rüsseltiere)

Der erste Elefant, der vor etwa 53 Mio. Jahren lebte, war nicht viel größer als ein Dachs und hatte noch keinen Rüssel. Weshalb hat sich später der Rüssel entwickelt? Wir wissen es nicht. Gleichwohl gehören alle Mitglieder dieser Familie (auch die rüssellosen) zu den Proboscidiern: den Rüsselträgern.

▶ *Merkwürdige Stoßzähne*
Kopf eines Dinotherium *(oben)* und eines Amebelodon *(unten),* die zwei verschiedene Gattungen von Rüsseltieren begründeten. Dinotherium *besaß nur ein einziges Paar nach unten gebogener Stoßzähne, während Amebelodon derer zwei besaß: ein säbel- und ein schaufelförmiges. Mit den Schaufeln durchwühlte er den Boden nach Wurzeln und Knollen.*

▼ *Eine Herde*
Afrikanischer Elefanten
Diese Loxodonta africana *leben heute in der Savanne Kenias.*

Die ersten Friedhöfe Afrikas

Die ältesten Rüsseltiere stammen aus dem Eozän des arabisch-afrikanischen Raums. *Phosphaterium*, das urtümlichste und kleinste von ihnen, wurde in einer Phosphatgrube in Marokko entdeckt. Das Fossil ist 53 Mio. Jahre alt, das Tier war kaum größer als ein Dachs. Und obwohl von ihm nur ein paar Zähne erhalten blieben, zwang dieser Fund die Wissenschaftler, den Ursprung der Rüsseltiere um mindestens 5 Mio. Jahre zurückzudatieren; außerdem bestätigte er ihre afrikanische Herkunft.
Numidotherium (46 Mio. Jahre alt) wurde im Süden Algeriens aufgespürt, und zwar als fast vollständiges Skelett. Etwa so groß wie ein Tapir (1 m), hatte das Tier bereits elefantenähnliche Züge. Sein hoher, aus leichten Knochen gebildeter Schädel wurde von einer starken Muskulatur getragen, und auch sein Gang glich wohl dem der Elefanten, da seine Gliedmaßen fast senkrecht unterhalb des Körpers saßen.
Die aussagekräftigsten Spuren hinterließ jedoch eine dritte Gattung namens *Moeritherium*. Die in der Nähe des einstigen Moeris-Sees in Ägypten, aber auch

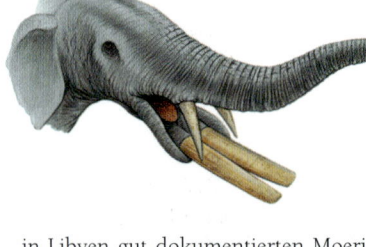

in Libyen gut dokumentierten Moeritherien behaupteten sich rund 10 Mio. Jahre lang und lebten unweit von Küstenstreifen und Sümpfen ähnlich wie Nilpferde. Ihr Skelett verrät einen langen, gedrungenen Körper auf kurzen Beinen. *Moeritherium* und *Numidotherium* hatten vermutlich keinen Rüssel, aber eine äußerst bewegliche Oberlippe, die zwischen zwei noch recht kleinen Stoßzähnen lag.

Gar schreckliche Säugetiere!

Im Miozän verbreiteten sich die Rüsseltiere stark. Im feuchtheißen Klima Ostafrikas wanderten vor 23 Mio. Jahren mächtige Elefanten durch die dichten Laubwälder. Es handelte sich um Dinotherien, also um „schreckliche Säugetiere". Sie konnten auf ihren langen Beinen eine Höhe von 4 m erreichen. Bemerkenswert waren auch ihre Stoßzähne, die in der Form eines abwärts gebogenen Paars im Unterkiefer verankert waren. 20 Mio. Jahre lang sollten sich die Dinotherien auf dem afrikanischen Kontinent halten.
Vor 18 Mio. Jahren besiedelten sie dann zusammen mit anderen Rüsseltieren (den Elefantoiden), die zu Beginn des Miozän aufgetreten waren, auch Europa und Asien. Das wurde möglich, weil im Westen (Gibraltar) und im Osten (Anatolien) des arabisch-afrikanischen Raumes zwei Landbrücken nach Eurasien entstanden waren, über die die Tiere Afrika verlassen konnten.

Stoßzähne für Alle!

Auch die ersten Elefantoiden – z. B. die Gomphotherien und die Amebelodontiden –, die im Unteren Miozän (vor 20 Mio. Jahren) in Afrika lebten, entdeckten für sich Eurasien und zuletzt sogar Amerika, das sie über eine Landverbindung zwischen Sibirien und

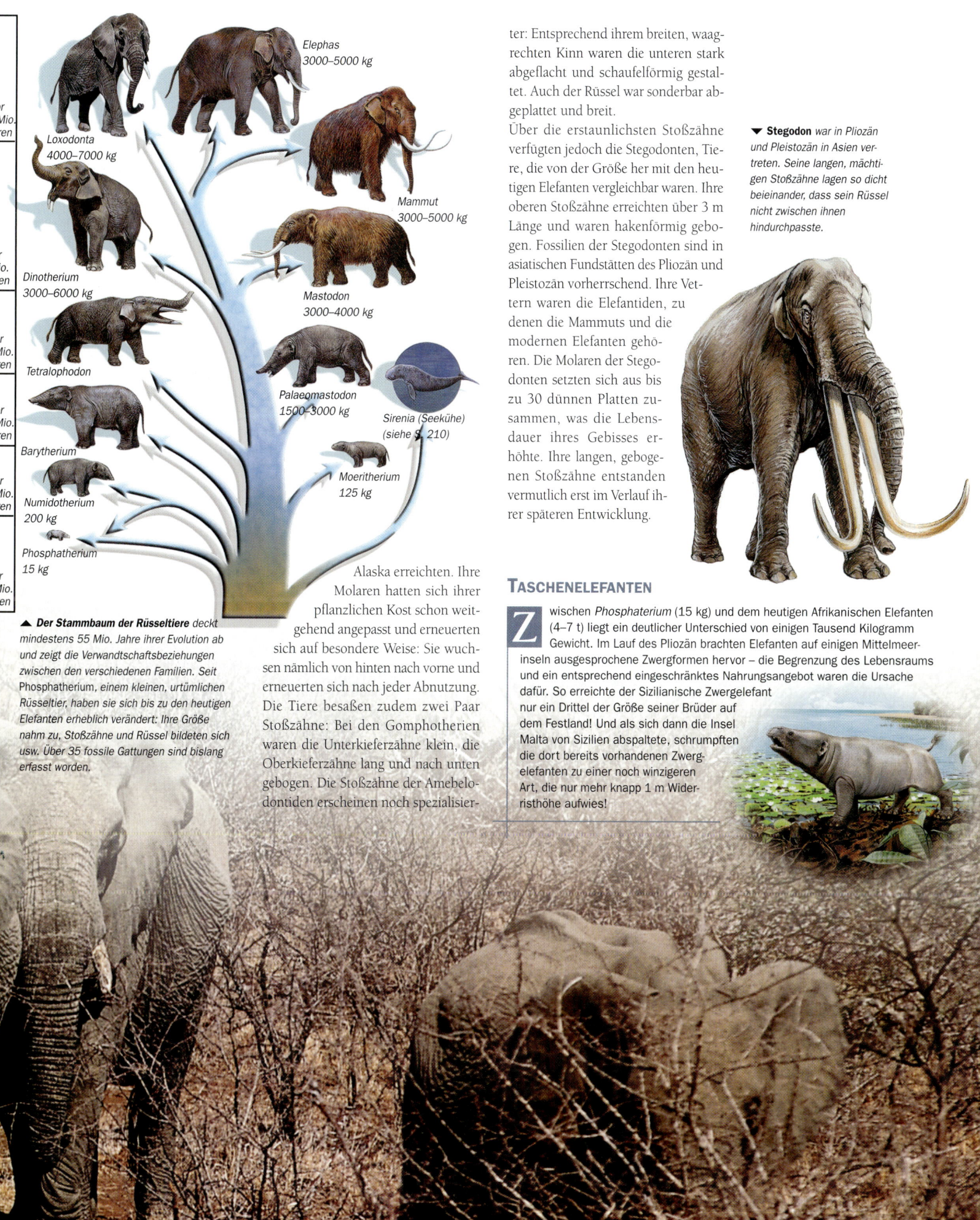

Elephas
3000–5000 kg

Loxodonta
4000–7000 kg

Mammut
3000–5000 kg

Dinotherium
3000–6000 kg

Mastodon
3000–4000 kg

Tetralophodon

Palaeomastodon
1500–3000 kg

Sirenia (Seekühe)
(siehe S. 210)

Barytherium

Moeritherium
125 kg

Numidotherium
200 kg

Phosphatherium
15 kg

▲ *Der Stammbaum der Rüsseltiere* deckt mindestens 55 Mio. Jahre ihrer Evolution ab und zeigt die Verwandtschaftsbeziehungen zwischen den verschiedenen Familien. Seit Phosphatherium, einem kleinen, urtümlichen Rüsseltier, haben sie sich bis zu den heutigen Elefanten erheblich verändert: Ihre Größe nahm zu, Stoßzähne und Rüssel bildeten sich usw. Über 35 fossile Gattungen sind bislang erfasst worden.

Alaska erreichten. Ihre Molaren hatten sich ihrer pflanzlichen Kost schon weitgehend angepasst und erneuerten sich auf besondere Weise: Sie wuchsen nämlich von hinten nach vorne und erneuerten sich nach jeder Abnutzung. Die Tiere besaßen zudem zwei Paar Stoßzähne: Bei den Gomphotherien waren die Unterkieferzähne klein, die Oberkieferzähne lang und nach unten gebogen. Die Stoßzähne der Amebelodontiden erscheinen noch spezialisier-

ter: Entsprechend ihrem breiten, waagrechten Kinn waren die unteren stark abgeflacht und schaufelförmig gestaltet. Auch der Rüssel war sonderbar abgeplattet und breit.

Über die erstaunlichsten Stoßzähne verfügten jedoch die Stegodonten, Tiere, die von der Größe her mit den heutigen Elefanten vergleichbar waren. Ihre oberen Stoßzähne erreichten über 3 m Länge und waren hakenförmig gebogen. Fossilien der Stegodonten sind in asiatischen Fundstätten des Pliozän und Pleistozän vorherrschend. Ihre Vettern waren die Elefantiden, zu denen die Mammuts und die modernen Elefanten gehören. Die Molaren der Stegodonten setzten sich aus bis zu 30 dünnen Platten zusammen, was die Lebensdauer ihres Gebisses erhöhte. Ihre langen, gebogenen Stoßzähne entstanden vermutlich erst im Verlauf ihrer späteren Entwicklung.

▼ *Stegodon* war in Pliozän und Pleistozän in Asien vertreten. Seine langen, mächtigen Stoßzähne lagen so dicht beieinander, dass sein Rüssel nicht zwischen ihnen hindurchpasste.

TASCHENELEFANTEN

Z wischen *Phosphaterium* (15 kg) und dem heutigen Afrikanischen Elefanten (4–7 t) liegt ein deutlicher Unterschied von einigen Tausend Kilogramm Gewicht. Im Lauf des Pliozän brachten Elefanten auf einigen Mittelmeerinseln ausgesprochene Zwergformen hervor – die Begrenzung des Lebensraums und ein entsprechend eingeschränktes Nahrungsangebot waren die Ursache dafür. So erreichte der Sizilianische Zwergelefant nur ein Drittel der Größe seiner Brüder auf dem Festland! Und als sich dann die Insel Malta von Sizilien abspaltete, schrumpften die dort bereits vorhandenen Zwergelefanten zu einer noch winzigeren Art, die nur mehr knapp 1 m Widerristhöhe aufwies!

Zurück ins Meer!
Wale und Seekühe

V or 55 Mio. Jahren, im frühen Eozän, traten zwei neue Säugetier-Ordnungen in Erscheinung: die Waltiere (Cetacea) und die Seekühe (Sirenia). Zu den Cetacea rechnet man derzeit mehr als 80 hoch spezialisierte, weitgehend geschützte Arten (Barten- und Zahnwale sowie Delphine). Das Überleben der Seekühe (Dugongs und Manatis) ist dagegen ernstlich in Gefahr. Wie vollzogen diese beiden Säugetiergruppen ihre Rückkehr ins Meer?

Eine langwierige Heimkehr über 10 Mio. Jahre

Vor 55 Mio. Jahren hatten die Säugetiere die Landmassen nahezu flächendeckend besiedelt und einen stabilen Artenreichtum entwickelt. In dieser Situation begannen zwei Gruppen (eine carnivore und eine herbivore), die Evolution um- und ins Wasser zurückzukehren – die Urahnen der späteren Waltiere und Seekühe.

Die Waltiere gehen auf die Mesonychidae zurück, landbewohnende, fleischfressende Huftiere, die mit den Paarhufern verwandt waren und womöglich den Flusspferden ähnelten. Die ersten Waltiere des Eozän, die Archaeoceten (Urwale), stammen aus dem indo-pakistanischen Raum. Ihre Fossilien geben Aufschluss über die schrittweisen Veränderungen des Skeletts, das sich dem Leben im Wasser anpasste. Der noch vierbeinige räuberische Ambulocetus konnte sich, wie die Krokodile, an Land und im Wasser fortbewegen. Er lauerte seiner Beute im seichten Wasser auf. Basilosaurus aus dem ausklingenden Eozän war schon ein ausgesprochenes Wassertier. Er hatte einen kleinen Kopf sowie einen spindelförmigen, etwa 18 m langen Rumpf und schwamm mit Hilfe von Brustflossen und eines langen Schwanzes. Seine verkümmerten Hintergliedmaßen hätten den schweren Körper an Land schon nicht mehr tragen können. Offenbar brauchte es nur etwa 10 Mio. Jahre, um die Nachkommen der ersten Archaeoceten vollkommen an ein Leben im Wasser anzupassen.

Die Seekühe entdecken die untermeerischen Weiden

Die ersten uns bekannten Seekühe unterscheiden sich entwicklungsgeschichtlich stark von den Waltieren. Sie gelten als die nächsten Verwandten der Rüsseltiere, mit denen sie ein gemeinsamer pflanzenfressender Vorfahre verbindet. Von Beginn an widmeten sich diese Vegetarier dem Abweiden der untermeerischen Seegrasfelder, wodurch sie an die warmen, seichten Gewässer der tropischen Regionen gebunden waren. Und schon vor 50 Mio. Jahren hatten sich die frühesten Seekühe von der Karibik bis zum östlichen Mitteleuropa verbreitet. Anfangs verfügten sie zwar noch über vier Beine, verbrachten aber bereits den größten Teil ihres Lebens im Wasser. Typisch für ihre Anpassung an eine aquatische Existenz ist ihr massiver Knochenbau. Zur Fortbewegung benutzten sie zunächst noch ihre Hinterbeine. Doch langsam gewann ihr Körper (analog zu den Urwalen) eine immer ausgeprägtere Stromlinienfom und verlor schließlich seine hinteren Gliedmaßen. Die Fortbewegung bewerkstelligte nun ein langer Schwanz. Mit zunehmender Anpassung an den Lebensraum Wasser gingen bei den Seekühen zahlreiche Veränderungen in Körperbau und Lebensweise einher.

Moderne Waltiere und Seekühe

Am Übergang zwischen Eozän und Oligozän vollzog sich bei Waltieren und Seekühen eine große Differenzierung, die jeweils zu einer Trennung in zwei Entwicklungslinien führte.

Bei den Waltieren schieden sich die Mysticeten oder Bartenwale von den mit Zähnen ausgestatteten Odontoceten oder Zahnwalen. Die Barten – eine Art Seihvorrichtung – entwickelten sich (schon bei den ersten Walen des Oligozän), um den Tieren eine unerschöpfliche Nahrungsquelle zu erschließen:

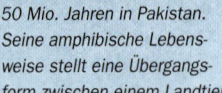

▲ **Ambulocetus** lebte vor 50 Mio. Jahren in Pakistan. Seine amphibische Lebensweise stellt eine Übergangsform zwischen einem Landtier und modernen Waltieren dar.

▼ **Basilosaurus** hatte einen kleinen Kopf und einen sehr langen Körper (etwa 18 m). Er machte Jagd auf Fische und Kalmare, indem er sich wie ein Aal durchs Wasser schlängelte. Dieser schon recht weit entwickelte Urwal stammt aus der Zeit vor 40 Mio. Jahren.

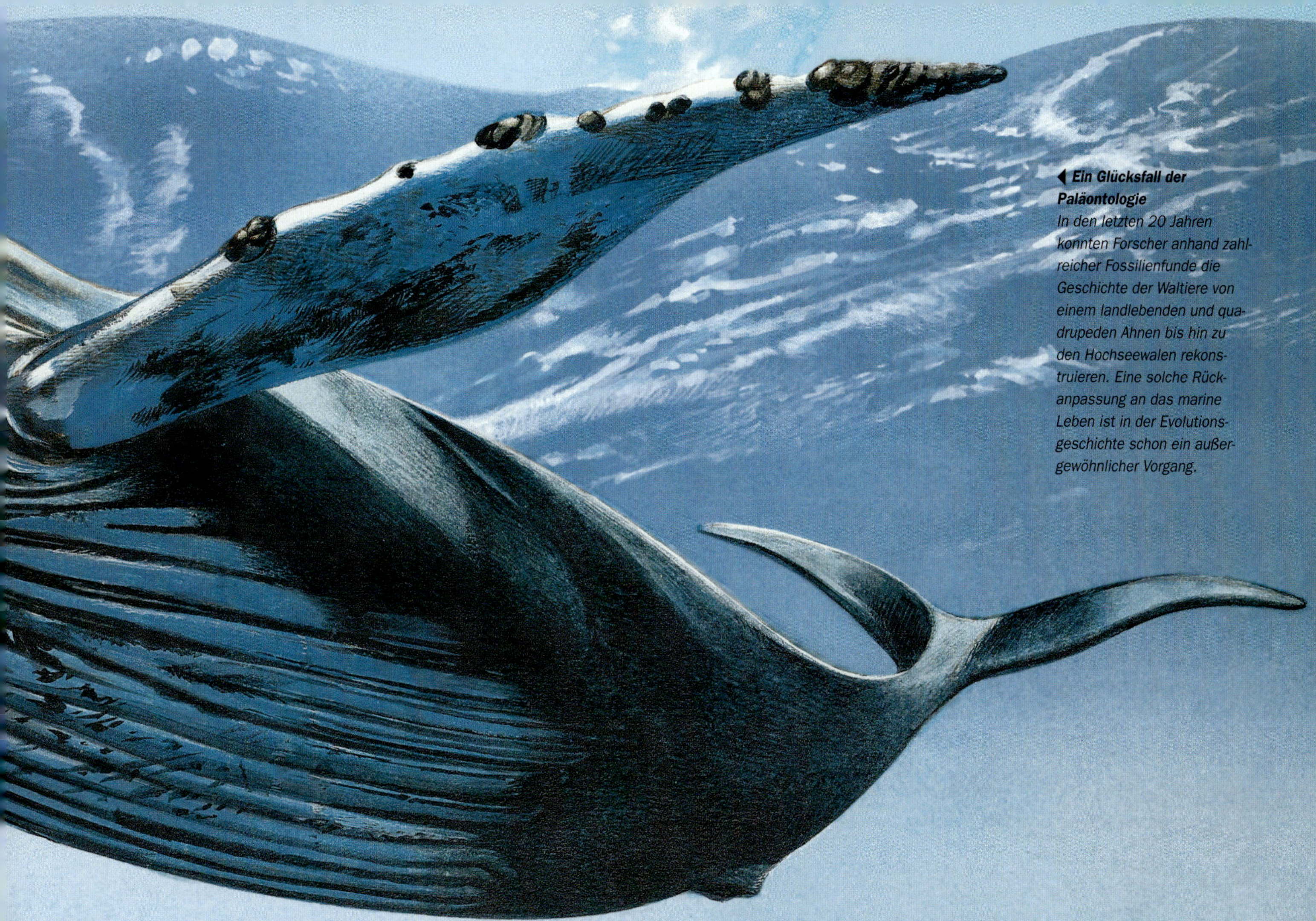

◄ Ein Glücksfall der Paläontologie *In den letzten 20 Jahren konnten Forscher anhand zahlreicher Fossilienfunde die Geschichte der Waltiere von einem landlebenden und quadrupeden Ahnen bis hin zu den Hochseewalen rekonstruieren. Eine solche Rückanpassung an das marine Leben ist in der Evolutionsgeschichte schon ein außergewöhnlicher Vorgang.*

den Krill, den sie mit ihnen aus dem Wasser heraussieben können. Heute gehören zu den Bartenwalen u. a. der Glattwal, der Buckelwal, der Finnwal und das größte lebende Säugetier überhaupt, der Große Blauwal.

Die faszinierendste Errungenschaft bei den Zahnwalen ist die Echo-Ortung: Die Tiere senden unter Wasser Schallwellen aus, um zu kommunizieren, zu navigieren und Beute zu lokalisieren. Ihre große Familie umfasst die Delphine und Schwertwale, die Belugas und Narwale, die Pottwale und Tümmler. Zahnwale halten den absoluten Tiefenrekord im Tauchen: Der Schnabelwal (eine Art Delphin) kann in Tiefen von über 1450 m vordringen!

Die Seekühe trennten sich in die Dugongiden (Gabelschwanzseekühe), die heute nur noch durch die Dugongs vertreten sind, und in die Trichechiden (Rundschwanzseekühe), denen aktuell drei Manati-Arten angehören. Bei den Dugongs ist die Schwanzflosse gespalten, bei den Manatis löffelförmig. Letztere sind heute vom Aussterben bedroht – im Miozän dagegen bevölkerten die Rundschwanzseekühe die Flüsse und Trichtermündungen Südamerikas mit vielen Arten. Ihre Geschichte ist eng mit der Auffaltung der Anden verknüpft: Die dabei angefallenen ungeheuren Mengen an feinkörnigen Sedimenten förderten die Entwicklung einer üppigen Wasservegetation. Da das harte Pflanzenmaterial (ihre Nahrung) die Zähne der Manatis stark abnutzt, können sie (wie die Elefanten) ihre Molaren ständig erneuern – die nachrückenden verdrängen die verbrauchten.

Die ausschließlich im Meer beheimateten Gabelschwanzseekühe lebten während des Pliozän in den indo-pazifischen Gewässern. Sie lösten das Problem der starken Zahnabnutzung mit so genannten hypsodonten Molaren: Diese wachsen beständig weiter und können darum lebenslang ihre Aufgabe erfüllen. Diese Lösung wurde auch der Vorliebe der Gabelschwanzseekühe für weiche Pflanzen gerecht.

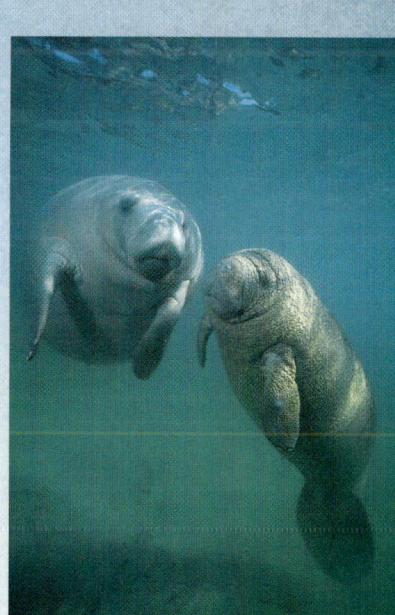

▲ Zwei Manatis *(eine Mutter und ihr Junges) beim Schwimmen und Spielen. Durch die Form ihrer Schwanzflosse, die bei den Manatis flach und gerundet ist, kann man sie auf Anhieb von den Dugongs unterscheiden, deren Schwanzflosse wie bei den Delphinen v-förmig ist.*

Gejagt bis zum bitteren Ende

Die mit 10 m Länge und 10 t Gewicht größte der Gabelschwanzseekühe – die Stellersche Seekuh – lebte einst in den Gewässern des Nordpazifik im Bereich der Beringsee. Sie ernährte sich in Küstennähe vorwiegend von Tang, den sie mit Hilfe ihrer hornüberzogenen Kauplatten zermalmte, da sie keine Zähne besaß. Durch ihre gewaltige Größe konnte sie sich in dem kalten Wasser behaupten, wurde dann aber wegen ihrer Fleisch-, Fett- und Hautmassen im 18. Jh. so intensiv bejagt, dass sie nach nur 30 Jahren vollständig ausgerottet war – ein Schicksal, das auch manche Walart fast ereilt hätte!

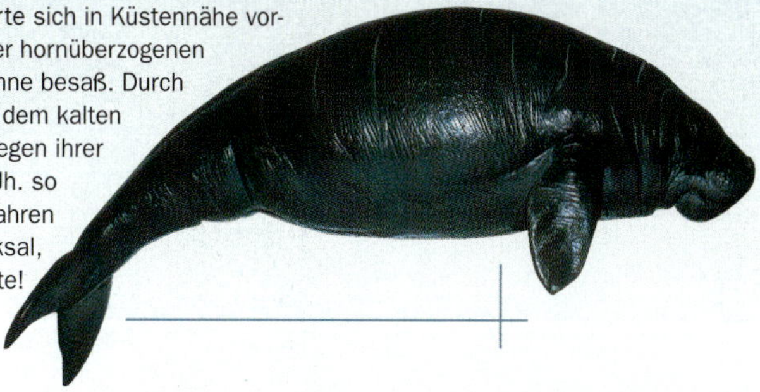

◄ Die allerletzte Stellersche Seekuh *wurde um 1768 von Jägern harpuniert.*

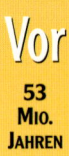
Die erstaunliche Welt der Huftiere
Die Paarhufer: Schweine und Wiederkäuer

Schweine und Flusspferde, Kamele, Hirsche, Rinder, Ziegen und viele mehr – all diesen scheinbar so unterschiedlichen Tieren ist gemeinsam, dass sie der großen Gruppe der Paarhufer angehören. Zu ihr zählen alle Huftiere, bei denen die Zahl der Zehen an jedem Fuß gerade ist. Die ersten Vertreter dieser Gruppe traten vor rund 55 Mio. Jahren in Erscheinung, und eigentlich erleben sie seitdem eine permanente Blütezeit.

▼ *Die ersten Kamele*, wie Poebrotherium *(ganz links), gehörten im Oligozän zum normalen Landschaftsbild des nordamerikanischen Flachlands. Ob sie schon damals über jene Fähigkeiten verfügten, die ihren Nachkommen ein Leben in Wüstengebieten erlauben, ist nicht bekannt.* Enteledon *mit seinen breiten Wangenknochen (liegend im Vordergrund) war ein kompakter, alles fressender Schweineverwandter, während die zu dieser Zeit stark vertretene Gruppe der Oreodonten, wie* Merycoidodon *(rechts), schon gewisse Merkmale andeutete, die später ein Leben auf Bäumen ermöglichten.*

Eine Frage des Sprunggelenks

Wie bei anderen Huftieren scheint auch die Geschichte der Paarhufer auf die Anfänge des Eozän (vor 53 Mio. Jahren) zurückzugehen. Ihre ersten Vertreter hatten die Gestalt und Größe von Kaninchen und ernährten sich von Früchten, Blättern und Knospen. Ihr Astragalus (das Sprungbein) wies an beiden Enden bereits die charakteristischen Scharniergelenke auf, die seitliche Bewegungen der Gliedmaßen stark einschränken. Diese Tiere (ihr Name: Diacodexis) waren nahezu über die gesamte Erde verbreitet, denn man findet sie zeitgleich in Nordamerika, in Europa und in Asien.

Im Eozän verlief die Geschichte der Paarhufer recht verzwickt. Zahllose, an ein Leben im Wald gebundene Formen entstanden, von denen keine bis heute überlebt hat. In Europa erreichten diese Anoplotheren zuweilen die Größe eines Kleinpferds. Die ersten Fossilfunde machte man zu Anfang des 19. Jh. in den eozänen Gipsvorkommen des Pariser Montmartre.

Lamas und Kamele

Nordamerika, seit dem Unteren Eozän von Europa isoliert, wurde damals von großen Oreodonten-Herden bevölkert, darunter *Merycoidodon*, wahrscheinlich ein Grabtier, denn Fossilien dieses Huftiers entdeckte man in Bauen. Auch die ers-

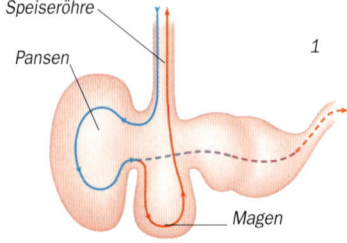

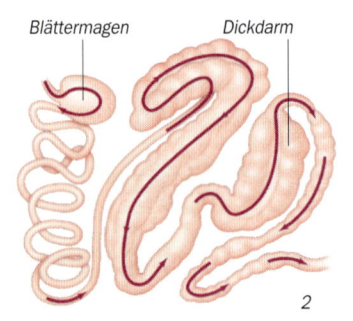

▲ *Das Wiederkäuen* Anders als der Verdauungsapparat der Pferde (2) kann der der Wiederkäuer (1) auch Zellulose (Bestandteil pflanzlicher Gewebe) verdauen. Nachdem der Nahrungsbrei die verschiedenen Teile des Magens (siehe folgende Seite) durchlaufen hat, wird er in einem Gärungsprozess abgebaut.

ten echten Kamele traten zu dieser Zeit in Erscheinung. Bis zum Ende des Miozän setzten sie ihre Entwicklung in Nordamerika fort, um anschließend Asien und dann Afrika zu besiedeln. Im ausklingenden Pliozän wanderten sie auch nach Südamerika, wo sie heute noch durch die Lamas vertreten sind. In Europa diversifizierten sich im Verlauf des Oligozän die Cainothera, entfernte Verwandte der heutigen Kamele. Diese kleinen, längst ausgestorbenen Tiere hatten eine mit unseren Kaninchen vergleichbare Lebensweise.

Vielseitige Schweine

Die Schweine und ihnen nahe stehende Säuger (die Suiformes) waren mit Zähnen ausgestattet, die es ihnen erlaubten, verschiedene Arten von Nahrung zu zerkleinern. Als Allesfresser verzehrten sie nicht nur Wurzeln und Blätter, die ihre Nahrungsgrundlage darstellten, sondern bei Gelegenheit durchaus auch Fleisch. Ihre zwiebel- oder hügelförmigen Zähne, denen sie das Attribut „bunodont" verdanken (griech. *bunos* = Hügel), und ihre vierzehigen Beine machten sie zu sehr anpassungsfähigen Tieren, die ebenso gut im Wald wie in offeneren Landschaften leben konnten. Die heute auf Südamerika beschränkten Pekaris waren, wie die Schweine generell, seit dem Ende des Eozän in Asien präsent. Im Oligozän tummelten sich auf den Ebenen Eurasiens und Nordamerikas Riesenschweine von 4 m Länge, beispielsweise *Entelodon*. Sie ernährten sich vermutlich von Aas und Pflanzen.

Im Verlauf des Miozän erlebten die Suiformes mit dem Auftreten der modernen

Schweine ihre entscheidende Diversifikationsphase, die sich vorwiegend in Eurasien und Afrika vollzog.
Obwohl der Mensch die Suiformes wieder nach Nordamerika zurückbrachte, kann sich ihre heutige Artenvielfalt bei weitem nicht mit der einstigen messen. Flusspferde und Antracotheren (ihre nächsten ursprünglichen Vettern) sind wohl nicht mit den Schweinen, sondern mit den Waltieren verwandt.

Hörner und Geweihe

Der Aufschwung der Wiederkäuer ist eng mit den tiefgreifenden globalen Klimaveränderungen verknüpft, die im Verlauf des Jungtertiär stattfanden. Die frühesten Wiederkäuer stammen aus dem Eozän und ähnelten dem Moschustier, einem kleinen Exemplar, das in den tropischen Wäldern Südostasiens und Afrikas beheimatet war.
Im Oligozän besiedelten geheimnisvolle horn- und geweihlose Wiederkäuer zeitgleich Eurasien und Nordamerika, doch erst im Miozän traten die ersten echten Hirsche, Giraffen, Rinder und Antilopen auf, die sich dann in Afrika und Asien rasant entwickelten. All diese Tiere trugen bereits Hörner oder Geweihe, die sich in den verschiedenen

Familien parallel entwickelt hatten (Hirsche werfen ihre Geweihe alljährlich ab, während die knöchernen, hornbedeckten Hörner der Bisons ein Leben lang halten müssen). In Nordamerika dominierten im Miozän die Gabelböcke (Großhirsche mit gegabelten Hörnern – heute nur noch durch die Gattung *Antilocapra* vertreten) die Fauna der Wiederkäuer. Die Blüte der Wiederkäuer geht wohl auf Klimaschwankungen in den Tropen zurück, die eine starke Ausdehnung der Grassteppen zur Folge hatten.

◀ Megaloceros
Im Eiszeitalter, dem Pleistozän, erreichte der heute ausgestorbene Megaloceros *oder Riesenhirsch eine Widerristhöhe von bis zu 1,7 m, und sein ausladendes Geweih maß an die 3 m.*

WELCH EIN SCHWEIN!

Eines der ursprünglichsten Tiere auf der indonesischen Insel Sulawesi ist der Hirscheber (*Babirussa babirussa*), ein Schwein, dessen Name sich vom Indonesischen *babi* = Schwein und *rusa* = Hirsch ableitet, als Anspielung auf seine langen, schlanken Beine und die gekrümmten Stoßzähne, die an ein Geweih erinnern. Das bis zu 90 kg schwere Tier gehört zur Familie der Altweltschweine (Suidae), zu der Schweine und Wildschweine sowie die afrikanischen Warzenschweine zählen. Der indonesische Hirscheber unterscheidet sich durch seine langen Beine und seinen fast völlig unbehaarten Leib mit einer gräulich-braunen, faltenreichen Haut himmelweit von den Hausschweinen unserer Bauernhöfe. Seine oberen Eckzähne, die ursprünglich nach unten gerichtet waren, kehrten zunächst ins Innere des Mauls zurück und wuchsen dann so sehr empor, dass sie die Schnauze des Tieres durchbohrten und beidseitig wieder zum Vorschein kamen. Zuletzt krümmten sich diese Stoßzähne noch zu den Augen hin. Bei alten Tieren können sie durchaus eine Länge von 25 cm erreichen.
Örtliche Legenden erklären die merkwürdige Form dieser Stoßzähne damit, dass das Männchen, während es auf ein Rendezvous mit einem Weibchen wartet, mit ihnen seinen allzu schweren Kopf in einen niedrigen Ast verhake, um sich zu entlasten. Noch fantastischer ist die Version, der Hirscheber verwende seine oberen Stoßzähne als Haken, mit denen er sich zur Nachtruhe in einem Baum wie ein Kleidungsstück aufhänge. Übrigens ist ein extremes Wachstum der Stoßzähne nur bei den Männchen anzutreffen, sodass nicht unwahrscheinlich wäre, wenn diese Zähne bei Konkurrenzkämpfen zum Tragen kämen.

Wiederkäuen – die Patentlösung

Ihren ökologischen Erfolg haben die Wiederkäuer ihrem außergewöhnlichen Verdauungssystem zu verdanken. Ihr Magen besteht aus vier Teilen, in denen das Pflanzenmaterial nach mehrfachem Kauen durch Bakterien abgebaut wird. So können sie der Nahrung ein Maximum an Energie abgewinnen.
Dieser Verdauungstyp trat in der Geschichte der Paarhufer wahrscheinlich häufiger auf, allerdings geben uns die erhaltenen Zahnüberreste darüber nicht genauer Auskunft.

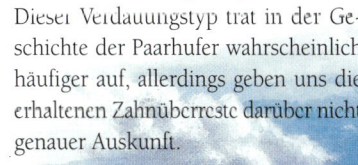

▼ Aepycamelus oder Giraffenkamel
Dieses Tier durchstreifte während des Miozän die baumbestandenen Savannen Nordamerikas. Es besetzte damit die gleiche ökologische Nische wie die echten Giraffen, die zeitgleich mit ihm in Asien und Afrika lebten.

Apokalyptische Kreaturen
Aufstieg und Fall der Unpaarhufer

Seit geraumer Zeit nimmt die Zahl der Perissodactyla oder Unpaarhufer – der Huftiere mit ungerader Zehenzahl – kontinuierlich ab. Heute gehören nur noch drei Familien zu ihnen: die Pferde, die Tapire und die Nashörner. Dabei entwickelten die ausgestorbenen Ahnen dieser Pflanzenfresser vor 55–25 Mio. Jahren im Lauf der ersten Hälfte des Känozoikum eine enorme Artenvielfalt, die man sich heute kaum mehr vorstellen kann.

▲ *Dieser junge Baird-Tapir*
lebt in den Wäldern und Sumpfregionen Mexikos und Kolumbiens. Die Abholzung der mittel- und südamerikanischen Wälder stellt eine ernsthafte Bedrohung für das Überleben dieser urtümlichen Tiere dar.

▶ *Das rätselhafte Elasmotherium*
Dieses Gras fressende Rhinozeros, einst auf dem Gebiet des heutigen Russland ein Zeitgenosse der Mammuts und prähistorischer Menschen, besaß ein gewaltiges Stirnhorn. Seine exzentrische Anatomie bot dem Scharfsinn der Paläontologen lange Zeit die Stirn.

Trügerische Tapire

Wer im südamerikanischen oder indonesischen Regenwald einem Tapir begegnet, wird kaum vermuten, dass er dem (heute) engsten Verwandten des Nashorns gegenübersteht – immerhin hat der Tapir einen Rüssel und gleicht einem großen Schwein.

Die Tapire sind die einzigen Überlebenden einer im Alttertiär weit verzweigten Gruppe, die sowohl in Nordamerika als auch in Eurasien beheimatet war. Die zu Beginn des Eozän (vor 55 Mio. Jahren) in Erscheinung getretenen Unpaarhufer, insbesondere die Tapiroiden, haben sich äußerst schnell diversifiziert. Der rüssellose *Heptodon* lebte in den dichten tropischen Wäldern Nordamerikas und Asiens Seite an Seite mit dem Urpferd *Hyracotherium*. Anders als ihr Körperskelett, das die vor 40 Mio. Jahren erworbenen Merkmale größtenteils bewahrte, entwickelte sich der Schädel der Tapire bald zu seiner heutigen Gestalt weiter. Auch in Europa waren Tapire fast 30 Mio. Jahre lang heimisch. Die letzten verschwanden am Ende des Pleistozän.

Ein gehörntes Tier?

Woran erkennt man ein Nashorn? Natürlich an seinem Horn! Aber wäre dieses Merkmal entscheidend, dann stünden die Paläontologen vor neun von zehn fossilen Rhinozerossen ratlos da. Denn seit dem Auftreten von *Hyrachus* vor 50 Mio. Jahren in Eurasien und Nordamerika hat nur eine einzige Familie ein solches Horn ausgebildet, und zwar die der Rhinocerotiden. Im Oligozän trug das erste behornte Rhinozeros (*Diceratherium*) auf der Nase zwei starke, symmetrische Knochenleisten. Bei anderen Rhinozerossen, wie beim heutigen Nashorn, entstand nur ein einziges Nasenhorn, bei einigen auch ein Stirnhorn.

Die unbehornten Rhinozerosse bildeten stattdessen andere, nicht minder wirkungsvolle Abschreckungswaffen aus – säbelscharfe Scheidezähne etwa oder auch eine riesenhafte Statur. Und einige gingen sogar nach Art der Flusspferde zu einer amphibischen Lebensweise über (*Teleoceras*). Übrigens wanderten die Rhinozerosse erst vor 20 Mio. Jahren aus Asien nach Afrika ein.

Donnertiere

Die ersten Fossilfunde von Brontotherien machten die Sioux in den Badlands von Nebraska, nachdem Regenfälle die Versteinerungen freigelegt hatten. Ihrer Meinung nach handelte es sich um Abbildungen jener „Blitzpferde", die sie für Gewitter verantwortlich machten. Aus diesem Grund gab ihnen der Paläontologe Marsh den Namen Brontotherien (Donnertiere).

Die Evolutionschronik dieser ausgestorbenen Gruppe veranschaulicht gut einen in der Geschichte des Lebens

häufigen Mechanismus: die Allometrie. Im Verlauf des Eozän vervierfachte sich die Größe der Brontotherien. Zwangsläufig wurden dabei die Gliedmaßen immer kräftiger, und im Nasenbereich

EIN RITT DURCH DIE ZEIT

Die Geschichte der Pferde (Equiden) ist eng mit großen Klimaveränderungen verknüpft. Das älteste Pferd, *Hyracotherium*, das die Größe eines Hundes besaß und über vier mal vier Zehen verfügte, lebte zu Beginn des Eozän in Europa und Nordamerika, die damals noch nicht völlig getrennt waren. Die Gruppe entwickelte sich insbesondere in Nordamerika weiter, die Tiere wurden größer und wandelten sich zu Lauftieren, wobei sich ihre Zehenzahl verringerte. Im frühen Miozän gab es eine Fülle dreizehiger Arten, von denen einige (wie *Anchitherium*) auch die Wälder Eurasiens besiedelten, während andere (wie *Merychippus*) die weiten Prärielandschaften Nordamerikas bevorzugten, die sich durch ein trockeneres Klima erheblich ausdehnten. Die Zähne der Tiere entwickelten sich zu wahren Mühlsteinen, die ganz der Grasnahrung angepasst waren – *Merychippus* war ein Vorläufer der modernen Pferde. Am Ende des Miozän waren die Equiden in Eurasien und Afrika durch *Hipparion* vertreten, der seinen Lebensraum noch mit den ersten Australopitheken teilte. Aus Nordamerika stammend, erreichte das moderne Pferd (Equus) vor 2,5 Mio. Jahren auch die Alte Welt. Fast zur gleichen Zeit starb es in seiner Heimat aus und wurde dort erst wieder durch die Konquistadoren heimisch.

Gliedmaßen griff es sich Zweige, um die Blätter zu verschlingen, oder es grub mit seinen mächtigen Krallen Wurzeln aus dem Boden. Es gibt nicht viele Fossilien von *Chalicotherium*. Die ersten krallenlosen Vertreter dieser Familie traten zu Beginn des Eozän auf, ihre letzten Enkel waren noch Zeitgenossen der ersten Menschen in Ostafrika.

DAS GRÖSSTE SÄUGETIER ALLER ZEITEN

I m Jahr 1999 entdeckten französische Paläontologen in Pakistan Hunderte von Überresten des größten Landsäugetiers, das je gelebt hat: *Paraceratherium* war ein entfernter urzeitlicher Verwandter der Rhinozerosse, genauer gesagt der Baluchitheria. Das hornlose Tier erreichte eine durchschnittliche Widerristhöhe von 5 m und eine Länge von 10 m bei einem geschätzten Gewicht von 15–20 t. Seine stattliche Erscheinung schützte es vermutlich vor den fleischfressenden Säugern seiner Zeit. Doch andere Räuber waren dem Giganten durchaus gewachsen: Die damaligen Riesenkrokodile (10–12 m lang)

zögerten gewiss nicht, auch die Baluchitherien anzugreifen, wenn sie an den Wasserstellen ihren Durst stillten. Und so weisen auch die meisten der aufgefundenen Baluchitherium-Knochen kegelförmige Bissspuren auf, die von den Zähnen der Krokodile stammen. Die Riesen-Rhinozerosse kamen hauptsächlich im Oligozän Asiens vor (vor 33–24 Mio. Jahren).

bildeten sich zwei markante knöcherne Auswüchse, die zweifellos bei Paarungskämpfen zum Einsatz kamen. Je größer das Tier war, desto stärker waren diese Knochenkegel ausgeprägt. Die letzten Brontotherien (*Embolotherium, Brontops*), die im späten Unteren Oligozän in Asien und Nordamerika lebten, wiesen eine geradezu martialische Schädelmorphologie auf.

Pferde mit Krallen

Stellen Sie sich ein krallenbewehrtes Säugetier mit Pferdekopf vor, das sich wie ein Gorilla fortbewegt – die Rede ist hier keineswegs von einem Fabelwesen, sondern von *Chalicotherium*. Bis zum Ende des 19. Jh. kam es den Paläontologen nicht in den Sinn, dessen überdimensionierten zahnlosen Pferdekopf ausgerechnet den gewaltigen Gliedmaßen eines Riesensäugetiers zuzuordnen. Erst die Entdeckung eines vollständigen Skeletts aus dem Miozän von Sansan im südfranzösischen Departement Gers lüftete das Geheimnis um das sonderbare Tier und bezeugte seine Existenz! Mit seinen vorderen

Effiziente Fleischverwerter
Das große Panorama der Carnivoren

D er Säbelzahntiger *Smilodon* ist zweifellos der Bekannteste unter den urzeitlichen räuberischen Säugern. Doch stellt er nur ein frühes Glied in einer langen Kette aus vielen hundert Arten dar, die im Verlauf der letzten 60 Mio. Jahre mit einer bemerkenswerten Vielfalt von Verhaltensweisen, Fortbewegungsarten und Ernährungsformen einander ablösten. Heute zählen zu den Carnivoren nur noch 271 Arten – nach wie vor spielen sie aber in der Nahrungskette eine wesentiche Rolle.

▶ Vulpavus
Trotz seines lemurenartigen Aussehens war Vulpavus einer der ursprünglichsten Fleischfresser! Er bewegte sich auf Bäumen ebenso sicher fort wie auf dem Boden und besaß bereits Reißzähne (das Markenzeichen jedes Carnivoren), mit denen er seine Beute zerlegte.

▼ Bei der blitzschnellen Attacke dieser beiden Säbelzahntiger
(der Art Barbourofelis) hat das Nashorn kaum eine Chance. Allerdings waren diese gefährlichen Räuber die letzten Vertreter der Nimraviden, einer einst blühenden Familie, die vor 7 Mio. Jahren endgültig erlosch.

Schüchterne Anfänge

Als die großen Reptilien des Mesozoikum (und mit ihnen viele andere Tierfamilien) verschwunden waren, traten die ersten Carnivoren in Erscheinung, deren Ahnen noch im Umfeld der letzten Dinosaurier gelebt hatten. Es handelte sich um kleine, flinke, von Ast zu Ast springende Tiere, die sich bemühten, fliegende und kriechende Insekten zu erhaschen. Zum Knacken der Panzer ihrer Beutetiere setzten sie ihre spitzen Zähne ein – insgesamt eine recht energieaufwändige Ernährungsweise.

Um ihre Überlebenschancen zu verbessern, erweiterten diese frühen Carnivoren ihren Speiseplan. Ihre Zähne gewannen an Schärfe, sodass sie in der Lage waren, Fleisch zu zerschneiden und Sehnen zu durchtrennen. Die gehaltvollere Ernährung wiederum machte sie innerhalb weniger Jahrmillionen kräftiger und größer, und schließlich hatten sie sich, vor etwa 60 Mio. Jahren, zu jenen echten Raubtieren gewandelt, deren überlebende Nachkommen noch unsere Zeitgenossen sind.

Sämtliche Carnivoren-Arten verfügen über mindestens ein Paar äußerst scharfer Reißzähne, die bei allen die gleiche Stelle im Gebiss einnehmen, nämlich die des ersten unteren Molaren und des vierten oberen Prämolaren. Bei geschlossenem Maul dienen sie dem Tier als eine Art Schere. Da im beginnenden Känozoikum die Vielfalt der Säuger rasant wuchs, eröffneten sich für die neuen Räuber dank ihrer Reißzähne weite Jagdgründe.

Damals war der amerikanische Kontinent in weiten Teilen von einer dichten Pflanzendecke überzogen. Hier lebte *Viverravus*, ein kleiner, kaum fuchsgroßer Räuber. Mit Beute im Maul kehrt er von der nächtlichen Jagd heim. Ein rascher Blick, um sich zu vergewissern, dass keine Gefahr droht, dann erklimmt der Familienvater eine Konifere, um seinen Unterschlupf aufzusuchen. Seine Jungen, dicht bei ihrer Mutter kauernd, warten schon auf die Fütterung.

Im frühen Känozoikum waren die Jahreszeiten noch wenig ausgeprägt und die Winter kaum von den Sommern zu unterscheiden. Nahrung war fast immer im Überfluss vorhanden.

Ur-Fleischfresser wie *Viverravus* lebten noch mehrere Millionen Jahre vorwiegend in den Bäumen, sodass für sie auch keine Notwendigkeit bestand, sich weiter zu entwickeln – ihre Anatomie und Lebensweise blieben in dieser langen Zeit fast unverändert.

Doch vor etwa 35 Mio. Jahren wurde das globale Klima zunehmend trockener. In der Folge wichen die Feuchtwälder in großem Maß Savannen mit nur lichtem Baumbestand. *Viverravus* und

andere Carnivoren mussten sich auf einen ausgeprägteren Jahreszeitenwechsel einstellen. Die Lebensräume wurden vielfältiger – zugleich traten neue Beutetiere auf, und die Raubtiere mussten sich bessere Jagdtechniken aneignen. Dabei verschwanden die kleinen Ur-Carnivoren zugunsten ihrer modernen Nachfolger.

Die Nimraviden: wahre Tötungsmaschinen

Vor 35 Mio. Jahren wäre man in den großen Ebenen Nordamerikas bei Sonnenaufgang wohl *Hoplophoneus dakotensis* begegnet – vielleicht ausgestreckt auf einem hohem Ast, den er sich wie moderne Leoparden zum Nachtlager gewählt hat, um die Mahlzeit des Vortags, einen kleinen *Eotylopus*, zu verdauen. Die im Unterholz lebenden kleinen Huftiere mussten sich vor diesem gefährlichen Räuber hüten, der in seiner äußeren Erscheinung einer großen Katze ähnelte – weshalb man seine Familie lange mit der Familie der Katzen, den Felidae, verwechselte. Aber die Nimraviden haben mit den heutigen Löwen oder Tigern nichts zu tun, denn keiner ihrer Nachfahren hat überlebt. Wie seine Artgenossen besaß *Hoplophoneus* zwei außerordentlich lange obere Eckzähne, die ihn zu einer wahren Tötungsmaschine machten.

Über diese imposanten Reißzähne ist viel gerätselt worden. Manche Wissenschaftler am Ende des 19. Jh. hielten die Nimraviden wegen ihren überlangen Eckzähne gar für Vampire!

Unseren *Hoplophoneus* jedenfalls treibt nach ein paar Ruhetagen sein knurrender Magen wieder auf die Jagd. Der Vollmond ist auf seiner Seite. Jetzt gilt es, der Beute aus dem Hinterhalt aufzulauern und den richtigen Augenblick für den Angriff abzupassen. Die Sache muss schnell und präzise vonstatten gehen. *Hoplophoneus* rammt seine Säbelzähne in die Kehle des Opfers und umklammert es mit seinen muskulösen Vorderläufen, bis es verendet ist. Das

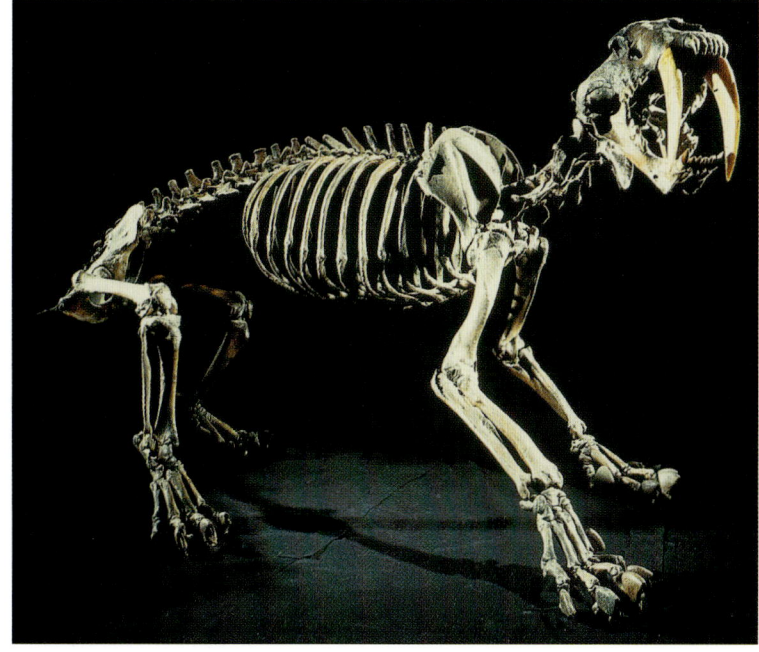

ist auch für ihn nicht ohne Risiken, denn eine Beschädigung seiner zerbrechlichen Eckzähne könnte ihn für den Rest seiner Tage zum harmlosen Aasfresser machen ...

Seine zahlreichen Nachkommen waren für Millionen von Jahren die bedeutendsten Großraubtiere in Nordamerika und Eurasien. Ein 1970 entdeckter entfernter Nachkomme von *Hoplophoneus* übertraf diesen noch: Das Tier, das man *Barbourofelis fricki* nannte, lebte vor 6 Mio. Jahren und ist der bislang eindrucksvollste Nimravide – ein löwengroßes, doch weit kräftigeres Raubtier mit über 20 cm langen Reißzähnen! Selbst die großen Teleoceras-Nashörner seiner Zeit hatten gegen *Barbourofelis* gewiss keine Chance.

CARNIVOREN UND CREODONTEN

Zeitgleich mit den Carnivoren traten im Känozoikum auch die Creodonten auf – sie sind vor 7 Mio. Jahren ausgestorben. Beide Gruppen teilten die gleichen Lebensräume, wobei es den Creodonten dank einer rapiden Diversifizierung häufiger gelang, die Carnivoren entwicklungstechnisch auszustechen. Sie bevölkerten die ganze Nordhalbkugel und Afrika. Den äußerst effektiven Fleischfressern blieb kein Jagdgrund verschlossen, ausgenommen das Wasser: Sie lebten am Boden oder auf Bäumen, betätigten sich als Grabtiere oder auch als Jäger. Viele entwickelten beeindruckende Merkmale, wie *Apataelurus*, ein kleines amerikanisches Creodontum von der Größe eines Luchses, das mit säbelförmigen Eckzähnen drohte, oder wie *Hyainailourus*, einer der letzten Vertreter der Gruppe, der so groß wurde wie der größte heute lebende Bär. Mancher Wissenschaftler sah die Creodonten in enger Verwandtschaft zu den Carnivoren, immerhin besitzen sie eine Anzahl gemeinsamer Merkmale, vor allem eben die erwähnten Reißzähne, die Angehörige aus beiden Gruppen entwickelten. Gerade hier liegt aber der Unterschied, denn bei den Creodonten variiert – anders als bei den Carnivoren – die Position des Reißzahnpaars in der Zahnreihe von Fall zu Fall.

Die Felidae: Katze & Co.

Die ersten Felidae (Katzenartigen) waren, verglichen mit den Nimraviden, eher unscheinbar. Trotzdem sollten sie einmal in der Nahrungskette deren Nachfolge antreten.

Der kleine, langgestreckte *Proailurus lemanensis*, der vor 25 Mio. Jahren in Europa lebte, wog etwa 15 kg. Seine Wendigkeit erlaubte ihm eine schnelle Fortbewegung durch die Baumkronen, wo er Vögel und Nager jagte, wie die meisten anderen Katzenartigen.

Die Blütezeit der Felidae begann vor 10 Mio. Jahren, als ihre Hauptkonkurrenten, die Nimraviden, seltener wurden. Diversifikationsprozesse führten zu den 37 Arten, die wir heute kennen und die sich über die ganze Welt (mit Ausnahme Australiens und Antarktikas) verbreitet haben. Die meisten leben in ihrem ursprünglichen Lebensraum, dem Tropenwald. Zu ihren berühmten Vorfahren zählen auch die Sabelzahntiger, die freilich mit Tigern nichts gemein hatten. Sie starben ohne Nachkommenschaft aus, darunter auch der berühmte *Smilodon*.

Zu dessen Jagdrevieren gehörte einst auch das heutige Kalifornien – eine Horde von *Smilodon fatalis* fällt gerade eine Herde urtümlicher Bisons an. Das wichtigste Ziel der Raubkatzen ist es dabei, ein einzelnes Beutetier von der Herde zu isolieren. Das Töten selbst nimmt wenig Zeit in Anspruch, da das Opfer bereits von der Treibjagd er-

◀ **Smilodon**

◀ **Smilodon**

Riesige Reißzähne zieren das Maul dieses Smilodon. *Sie erlaubten ihm, auch große Beutetiere erfolgreich zu attackieren – einmal ins Fleisch des Opfers gehauen, gaben sie es nicht mehr frei, bis es zusammenbrach.*

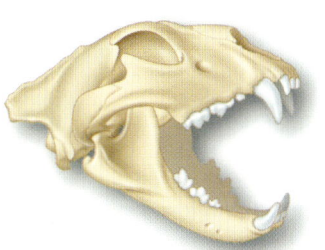

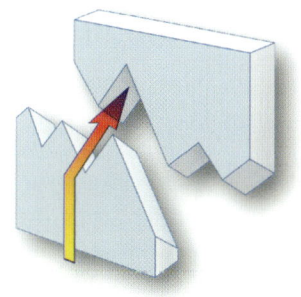

▲ **Ein Carnivorenschädel und die Funktionsweise der Reißzähne**

Die Form der Zähne wird von der Ernährungsweise diktiert. Bei den Carnivoren sind die Reißzähne das Hauptwerkzeug des Räubers. Diese Zähne funktionieren wie eine Schere und können Sehnen und harte Haut durchtrennen.

▲ ▶ Hyäne (links) und Schneeleopard (rechts)

Obgleich beide zu den Carnivoren zählen, stammen Hyäne und Schneeleopard aus zwei unterschiedlichen Familien: den Hyänen und den Katzen. Der Schneeleopard ist die einzige Katze, die das Gebirge schätzt, er lebt im mongolischen Altai und im Himalaja in bis zu 4000 m Höhe. Die Hyäne erkennt man schon von Weitem an ihrem ungewöhnlichen Körperbau mit dem schräg nach hinten abfallenden Rücken. Kein Knochen und keine Sehne hält ihrem stahlharten Kiefer stand, und nicht einmal König Löwe wagt sich zwischen einen Tierkadaver und ein Rudel Hyänen. Ist also nicht vielleicht die Hyäne die wahre Regentin der Savanne?

schöpft ist. Gelingt der Beutezug, dann steht den Smilodons genügend Fleisch für mehrere Tage zur Verfügung.

Die Zähne der Katzen wurden im Lauf ihrer Entwicklung zunehmend schärfer, aber die Eckzähne der späteren Arten erreichten nicht mehr die Größe eines Säbels. Dafür wurden die Gliedmaßen der Felidae kräftiger, die Krallen einziehbar und die Wirbelsäule biegsamer – Maßnahmen, die sie zu vollendeten Jägern machten. Unauffällig beschleichen sie ihre Beute oder lauern ihr stundenlang auf. Sie nutzen den Überraschungseffekt: Binnen weniger Sekunden packen sie ihr Opfer und töten es rasch, indem sie ihm das Genick brechen oder es durch einen kräftigen Biss ersticken. Nur der Gepard ist eine Ausnahme. Er jagt seine Beute im offenen Gelände und besitzt keine einziehbaren Krallen.

Die Hyaeniden: eine Familie mit schlechtem Ruf

Die Hyäne gilt als eine nimmersatte Aasfresserin, die zudem noch Laute ausstößt, die wie teuflisches Lachen anmuten. Und im Volksglauben vieler Afrikaner ist die Überzeugung tief verwurzelt, dass das Hinterteil der Hyäne den Hexen als Sessel diene – eine Erklärung der in der Tat merkwürdigen Anatomie des Tieres. Auf der anderen Seite stehen die bemerkenswerten Jagdfähigkeiten der vorwiegend nachtaktiven Hyänen, die überaus effektive Raubtiere sind. Aus den vier Arten der Familie sticht der Erdwolf hervor. Ertappt man

ihn beim Gähnen, so sieht man nichts als wenige, einfach strukturierte Zähne, die sich stark von denen seiner Vettern unterscheiden – der Erdwolf kann nämlich gut auf große Prämolaren verzichten, da er nur winzige Termiten frisst! Dass er zur gleichen Familie wie die Hyänen gehört, mag überraschen, wird aber durch Blut- und Chromosomenanalysen bestätigt; er ist lediglich einen anderen Entwicklungsweg gegangen als seine Cousinen.

Die frühesten Ahnen der Familie lebten vor 20 Mio. Jahren. Seitdem wuchs die Familie rapide, und innerhalb kürzester Zeit entstanden mehrere Dutzend Arten, die sich dann vor einigen Millionen Jahren in zwei Linien spalteten: Aus der einen, die über messerscharfe Gebisse verfügte, gingen die vor etwa 1,5 Mio. Jahren ausgestorbenen Amerikanischen Hyänen hervor. Die andere führt zu den modernen Hyänen; deren Zähne, insbesondere die Prämolaren, sind breiter und eignen sich weit besser zum Zerbeißen von Knochen als zum Reißen von Beutetieren.

Die Schleichkatzen: ausgesprochene Leichtgewichte

Zur Familie der Schleichkatzen (Viverridae) gehören kleine, behände Räuber, die meist in Gebieten mit dichter Vegetation zu finden sind. So lebt die tigerähnliche Ginsterkatze Südafrikas, ein nachtaktiver Sohlengänger, vorzugsweise auf Bäumen.

Der früheste Vorfahr der Schleichkatzen war in Westeuropa heimisch – insbesondere im französischen Allier-Tal stieß man auf unzählige Fossilien des kleinen *Herpestides antiquus*, die aus einer Zeit vor etwa 23 Mio. Jahren stammen. Die ganze Gruppe durchlebte damals in Europa und Asien eine heftige Diversifikationsphase. Wenig später erschienen die Schleichkatzen dann auch in Afrika. Im Verlauf der letzten 10 Mio. Jahre verbreitete sich die Familie am stärksten in Asien. Leider geben hier nur wenige Fossilien Aufschluss über das Leben der kleinen Tiere, deren Körperbau sich bis zum heutigen Tag nicht grundlegend verändert hat. Infolge überaus günstiger klimatischer Bedingungen diversifizierten sich die Schleichkatzen vor 5 Mio. Jahren erneut, und von dort führt ein direkter Weg zu den heute lebenden Arten (Ginsterkatzen und Zibetkatzen).

Anbetungswürdige Mangusten: die Herpestiden

Die Mangusten – kleine, schmächtige Tiere – erlangten dadurch eine verdiente Berühmtheit, dass sie nicht davor zurückschrecken, den giftigsten Schlangen zu Leibe zu rücken. Ihre Jagdkünste genossen in der griechisch-

NICHT ALLE CARNIVOREN FRESSEN FLEISCH

In der Wissenschaft hat das Wort Carnivor (von lat. *carnis* = Fleisch und *vorare* = verschlingen) zwei Bedeutungen. Zunächst bezeichnet es eine Ernährungsweise, die verschiedene räuberische Tierarten teilen, deren Nahrung Fleisch ist – im Unterschied zu den Pflanzenfressern, den Herbivoren. Zahlreiche Mitglieder sehr verschiedener Tierfamilien sind seit vielen Millionen Jahren in diesem Sinn Carnivoren: Fische, Reptilien und Vögel. Mit zunehmendem Artenreichtum übernahmen bei den Säugetieren einerseits die (lange ausgestorbenen) Creodonten, andererseits die Carnivoren die Ernährung durch Fleisch – womit die zweite, engere Bedeutung des Begriffs Carnivor genannt ist: Er bezeichnet hier eine Klasse von Säugetieren, denen zahlreiche anatomische Merkmale gemeinsam sind. Allerdings wird die Lage dadurch verkompliziert, dass nicht alle Säuger-Carnivoren Raubtiere sind und sich von Fleisch ernähren. Fazit: Nicht alle Carnivoren sind Fleischfresser, und nicht alle Tiere, die eine carnivore Ernährungsweise pflegen, sind carnivore Säuger!

Der Große Panda z. B., anatomisch ein musterhaftes Mitglied der carnivoren Familie der Bären, ernährt sich von Bambus – ungeachtet seiner zoologischen Zugehörigkeit zur fleischfressenden Fraktion ist er ein strikter Vegetarier.

römischen, der ägyptischen und der indischen Kultur eine solche Wertschätzung, dass man sie zum Gegenstand kultischer Verehrung machte.

Mit rund 35 Arten bilden die Mangusten eine Familie, die nicht nur in Indien oder Ägypten anzutreffen ist, sondern überall dort, wo auch Schleichkatzen leben, insbesondere also in Asien. Obschon sie oft im gleichen Gebiet jagen, vermeiden es die Angehörigen der beiden Familien möglichst, einander zu begegnen. Im Gegensatz zu den Schleichkatzen sind die Mangusten vorwiegend tagaktiv, so die Zwergmangusten, die in alten Termitenbauten regelrechte Kolonien begründen, oder auch die Erdmännchen, die, auf ihren Hinterbeinen aufgerichtet, wie Wächter ihr Wüstenrevier kontrollieren.

Über den Ursprung der Mangusten kursieren zwar im Volksglauben zahl-

reiche Legenden, aber wissenschaftlich sind ihre Herkunft und Entwicklung nut spärlich dokumentiert. Ihr ältester Vorfahr, *Leptoplesictis*, sah vermutlich schon beinahe so aus wie heutige Mangusten. Er lebte vor etwa 20 Mio. Jahren in Europa und in Afrika. Die weitere Geschichte der Familie wird erst seit einem Zeitpunkt vor etwas mehr als 5 Mio. Jahren durchsichtiger, insbesondere in Asien und vor allem in Afrika. Doch da hatten die heutigen Familien auch schon ihre Plätze eingenommen.

Die Hundeartigen: Geschichten vom großen, bösen Wolf

Der Wolf ist die unbestrittene Symbolfigur dieser Familie. Zum einen entspricht sein Image jenem mütterlichen Bild, das die berühmte Wölfin beim Nähren von Romulus und Remus, den sagenhaften Gründern Roms, zeigt. Auf der anderen Seite ruft dieses Tier aber immer wieder irrationale Ängste

hervor, die auf purer Unwissenheit beruhen. Der Wolf war niemals ein blutrünstiger Mörder. Die berühmte Bestie von Gévaudan, die zwischen 1761 und 1765 in Frankreich mehr als 100 Menschen tötete, war vermutlich nicht einmal ein Wolf.

Canis lupus, wie sein wissenschaftlicher Name lautet, stellt nur eine von 34 Arten dar, die heute von Alaska bis Feuerland, von den USA bis Japan, von Skandinavien bis Südafrika und Australien die Familie der Caniformes, der Hundeartigen, bilden.

Diese weite Verbreitung erfolgte erst in neuerer Zeit – denn die Geschichte der Hundeartigen war lange auf Nordamerika beschränkt. Sie begann vor fast 40 Mio. Jahren in den amerikanischen Great Plains mit dem Erscheinen von *Hesperocyon gregarius*. Dank seines geringen Gewichts (unter 3 kg) und seiner grazilen Gestalt war dieses Tier ein wendiger Kleinjäger. Ernsthafte Konkurrenten waren nur *Miacis* und *Didymictis*, doch *Hesperocyon* hatte ihnen gegenüber den Vorteil, über Beine zu verfügen, die ihm die Jagd am Boden ermöglichten. Wirkliche Feinde waren allerdings die Creodonten, wie *Hyaenodon*, dem *Hesperocyon* als willkommenes Mahl diente. Einer seiner entfernten Neffen, das kleine *Leptocyon*,

◀ **Proailurus: Tatsächlich aus einem anderen Zeitalter?**
Nur noch Sekunden, dann kann sich Proailurus, eine der frühesten Katzen, auf seine Beute stürzen ... Das Leben dieser kleinen Raubkatze ähnelte vor mehr als 20 Mio. Jahren dem ihrer heutigen Verwandten frappant.

▼ **Von Angesicht zu Angesicht**
Dieser Kampf erscheint schon im Voraus entschieden – für die Kobra. Aber der Mungo ist ein geschickter Kämpfer, und nur zu oft ist es die Kobra, die bei einer solchen Auseinandersetzung ihr Leben lassen muss. Das Bemühen der Schlange, ihrem Feind den tödlichen Biss zu versetzen, scheitert häufig an der Flinkheit und Entschlossenheit des kleinen Säugers.

▲ **Kein blutrünstiger Bär ...**
... aber der Große Panda ist trotz seiner vorwiegend vegetarischen Ernährungsweise alles andere als harmlos. Wie andere Carnivoren hat auch er Fangzähne und starke Krallen.

▶ **Reicher Fischfang**
Fleisch oder Fisch, Honig oder Früchte: Die Ernährung des Braunbären ist überaus vielseitig. Hier sieht man ihn beim Lachsfang, einer Kunst, die weit schwieriger ist als sie erscheint!

▼ **Amphicyon major,** *der stärkste aller Carnivoren*
Es gab keinen Kampf, wenn Amphicyon Beute machte, nur einen blitzschnellen Tod vor dem Verschlingen.

sollte später eine bedeutende Rolle in der Familiengeschichte übernehmen – begründete es doch vor nahezu 25 Mio. Jahren die Linie der echten Hunde. Vor 5 Mio. Jahren verließen Nachkommen von ihm Nordamerika und begannen ihre Reise rund um die Welt.

Canis cipio etwa erreichte schon bald Spanien, während einige seiner Vettern etwas später in Afrika und Südamerika einwanderten. Obwohl Wölfe auch heute noch Karibus und Moschusochsen jagen, geben sie sich auch mit Nagern, ja sogar mit Früchten zufrieden, wenn der Hunger sie quält. Die Nachkommen von *Leptocyon* sind Meister im Langstreckenlauf und können ihrer Beute über große Entfernungen nachstellen. Sie besitzen sowohl Mahl- als auch Schneidezähne, was ihnen eine gemischte Ernährungsweise gestattet. Hier liegt der Schlüssel zu ihrem Erfolg, und wie die Menschen behaupteten sich die Hundeartigen auf allen Kontinenten.

Zwischen Hund und Bär

Die Angelsachsen nennen sie *bear dogs* (Bärenhunde), und dieser Begriff fasst die Merkmale der räuberischen Amphicyoniden treffend zusammen. Halb Hund, halb Bär, ordnete man sie zeitweilig der einen wie der anderen Gruppe zu, ehe man sie als eigenständige Familie anerkannte.

Die Amphicyoniden traten erstmals vor über 35 Mio. Jahren auf und waren bald in allen Ökosystemen Nordamerikas und Eurasiens vertreten. Ihre Fossilien sind häufig die einzigen Überreste von Fleischfressern, die man dort finden kann. Die Tiere dominierten dank ihrer stattlichen Größe rasch die anderen Räuber – ein gutes Beispiel ist hier *Amphicyon major*, der vor 15 Mio. Jahren in Europa beheimatet war und sich gewiss auch sehr großen Beutetieren gewachsen zeigte. Der letzte Vertreter der Amphicyoniden verschwand vor 7 Mio. Jahren in Asien.

Ursidae: die illustre Familie der Großbären

Die größten landbewohnenden Carnivoren der Neuzeit brachte die Familie der Bären hervor, die heute nur noch aus neun Arten besteht, vom Braunbären bis zum Großen Panda, der ausschließlich in China beheimatet ist. Selbst der nordamerikanische Grizzly, der bekanntermaßen kein harmloser Teddy ist, kann den generell guten Ruf des Bären beim Menschen nicht schmälern – was dann vielleicht doch mit dem Plüschteddy zu tun hat.

Als Tier mit gemütlicher Gangart strebt der Bär weder nach Anmut noch nach Schnelligkeit. Dennoch wäre es klüger, einen satten Löwen zu streicheln, als einen Bären aus dem Winterschlaf zu wecken – da versteht er keinen Spaß. Der Bär ist ein Feinschmecker, oder auch ein Allesfresser, der nicht unbedingt ein Stück Fleisch braucht, es aber keineswegs verschmäht.

Der Unterschied zwischen den scharfen Zähnen der Katzen und den aufs Mahlen spezialisierten Zähnen der Bären ist eklatant und das Ergebnis einer langen Evolution. Seit dem europäischen Cephalogalen, der vor mehr als 30 Mio. Jahren lebte, waren nämlich vor allem die Backenzähne der Bären Gegenstand der Weiterentwicklung: Sie wurden länger und breiter, wodurch sich ihre Kaufläche vergrößerte.

Bären leben vorwiegend vegetarisch, was beim Panda sofort ins Auge fällt: Er kaut den ganzen Tag über Bambus.

Die Marder: eine rege Familie

Der Seeotter, der mit großen Kieselsteinen Muscheln öffnet, der Dachs, der verzweigte Baue mit mehreren Ausgängen gräbt (bis zu 50!), aber auch ein Leichtgewicht wie das Wiesel (mit

JEDEM SEINE SCHUBLADE

Vor jeder Diskussion über Entwicklungsverläufe steht für die Fachleute die Klassifizierung der Tiere nach ihrer Verwandtschaft und ihren Ähnlichkeiten, denn zunächst muss man sich über die Identität jeder einzelnen Art im Klaren sein. Stellen Sie sich die Ordnung der Carnivoren wie eine Kommode mit vielen Schubladen vor. Jede Schublade entspricht einer Familie und enthält Arten mit verwandter Anatomie. Nun stellten die Wissenschaftler fest, dass unter zeitgleich lebenden Familien manche einander ähnlicher sind als andere. Darum fassten sie die Familien der Felidae (Katzen), der Hyaenidae (Hyäne und Erdwolf), der Viverridae (Schleichkatzen – Ginster- und Zibetkatze) sowie der Herpestidae (Mangusten und Erdmännchen) unter dem Begriff „Katzenartige" zusammen, während sie die restlichen Familien unter der Bezeichnung „Hundeartige" versammelten: die Canidae (Hunde), die Mustelidae (Dachse und Marder), die Procyonidae (Waschbären) und die Ursidae (Bären und Großer Panda). Dazu rechnet man aber auch die marinen Fleischfresser, denn die Otariidae (Ohrenrobben und Seelöwen), die Phocidae (Hundsrobben: Seehunde und Seeelefanten) und die Odobenidae (Walrosse) werden unter den Carnivoren den Hundeartigen zugeordnet.

100 g Gewicht der kleinste Carnivor überhaupt) – sie stellen nur einen Ausschnitt aus der großen Familie der Marder dar, die mit 65 lebenden und Dutzenden ausgestorbener Arten die vielfältigsten fleischfressenden Säuger sind. Die Familie diversifizierte sich bereits zu einem sehr frühen Zeitpunkt ihrer Geschichte. Die ersten Vertreter erschienen vor 35 Mio. Jahren in Nordamerika und Westeuropa und hatten schon da mehrere Linien ausgebildet. Aus einer gingen vor rund 25 Mio. Jahren sämtliche modernen Gattungen hervor: die Stinktiere, die Otter, die Dachse, die echten Marder, die Iltisse und die Steinmarder. Vor etwa 20 Mio. Jahren erreichten die Marder Afrika. Nach Südamerika gelangten sie erst vor 2,5 Mio. Jahren, als sich die Landbrücke von Panama schloss.

Die Procyonidae: nur Waschbären?

Die Procyoniden (Kleinbären) sind in der Öffentlichkeit wenig bekannt. Das gilt aber nicht für den Waschbären, des-

sen Name auf einem Irrtum beruht, insofern er von Beobachtungen an gefangenen Tieren herrührt, denn in freier Wildbahn waschen diese Bären ihre Nahrung nur selten, bevor sie sie verschlingen. Die Waschbären – heute nur noch in Amerika heimisch – bevölkerten vor mehr als 30 Mio. Jahren die gesamte Nordhalbkugel. Ihr Ursprung ist unsicher, da ihre Geschichte sich mit der der Marder überschneidet, die als ihre nahen Verwandten gelten.

Auch der Kleine Panda wird mitunter den Kleinbären zugeordnet. Die Klassifikation dieses Pflanzenfressers, der nur in der Himalaja-Region vorkommt, bereitet allerdings den Biologen einiges Kopfzerbrechen – es lässt sich nicht eindeutig bestimmen, ob es sich bei ihm nun um einen Cousin des Waschbären, des Bären oder des Marders handelt.

Die Flossenfüßer: Meerescarnivoren

Der feine Schädel, der lange Schnurrbart, der schnittige Körper und der clowneske Watschelgang machen es

schwer, die Ohrenrobbe als Verwandte des Bären und des Dachses zu sehen. Aber was soll man von ihrem Bellen halten und von den Namen ihrer Cousins: des Seelöwen, des Seeleoparden? Und verfügen nicht manche ihrer Vettern über regelrechte Stoßzähne, zum Beispiel das Walross?

Es gibt zahlreiche Merkmale, die die Beziehung zwischen Flossenfüßern und landbewohnenden Carnivoren deutlich machen. Denn diese Meeresräuber haben nicht immer im Ozean gelebt, vielmehr sind sie wie die Wale gleichsam zu ihren Wurzeln zurückgekehrt und haben sich wieder an den Lebensraum Wasser angepasst (wobei sie aber einen Teil ihres Lebens weiterhin an Land verbringen). Zwischen ihrem Vorfahren *Enaliarctos*, der vor mehr als 25 Mio. Jahren in Nordamerika lebte, und den

34 aktuellen Arten vollzogen die Flossenfüßer zahlreiche anatomische Anpassungen, um wieder im Meer heimisch werden zu können.

Zunächst mussten sie ihr wasseruntaugliches Fell ablegen und sich stattdessen zur Eindämmung des Wärmeverlustes mit einer dicken Fettschicht versehen. Die Schnelligkeit ihrer marinen Beutetiere verlangte ihnen zudem eine rasche Fortbewegung ab – die Ohrenrobben legten sich zu diesem Zweck paddelähnliche Vordergliedmaßen und zu einem Steuerruder verschmolzene Hintergliedmaßen zu, während die Seehunde ihre Hinterbeine zum Antrieb nutzen. Hinzu kamen noch eine auf das Leben im Wasser abgestimmte Atmung und spezielle Sinnesorgane für die Orientierung und die Kommunikation – damit ist aber die immense Entwicklung, die die Flossenfüßer über mehr als 25 Mio Jahre hinweg durchlaufen mussten, nur knapp skizziert!

▼ **Beruf: Erdarbeiter**
Die gemäßigten Zonen Europas und Asiens sind der Lebensraum des Gemeinen Dachses, Meles meles. Der gedrungene Räuber mit den kurzen Beinen und dem bemerkenswerten Haarkleid hat sich einem Leben als emsiger Erdarbeiter perfekt angepasst. Schwanz und Schnauze sind kurz, Ohren und Augen klein, während seine mächtigen Pfoten mit starken Krallen besetzt sind.

▲ **Ein unübertroffener Schwimmer**
Der Otter ist eine der bezauberndsten Raubtierarten. Leider wird er wegen seines Fells stark bejagt, sodass man ihn in seinem natürlichen Lebensraum immer seltener antrifft.

◀ **Äußerste Anpassung**
Wie die Ohrenrobben haben sich alle marinen Carnivoren in idealer Weise an den Lebensraum Wasser angepasst – man vergleiche nur eine Ohrenrobbe mit einem Dachs, der zur gleichen Gruppe der Hundeartigen gehört.

Auf der Jagd nach Proteinen
Spezialisierte kleine Säuger: die Insektivoren

Vor etwa 130 Mio. Jahren entfalteten sich die Blütenpflanzen in unzähligen Arten, die das Landschaftsbild bald grundlegend veränderten. Fliegen, Schmetterlinge und Käfer profitierten zwar als Erste von diesem Wandel, wurden aber zugleich eine ergiebige Nahrungsquelle für andere Tiere, nämlich die Insekten verzehrenden Säugetiere. Auch heute gibt es noch kleine Säuger, die sich von Insekten ernähren, wie Spitzmäuse, Maulwürfe und Igel auf dem Erdboden sowie Fledermäuse, die ihre Beute im Flug fangen.

▲ **Macrocranion tupaiodon**
Dieses katzengroße Sprungtier vereinte ursprüngliche Merkmale wie den langen Schwanz mit speziellen Anpassungen wie den verkümmerten Vordergliedmaßen.

▲ **Die Spitzmaus**
Die Etruskerspitzmaus ist das kleinste heute lebende Säugetier. Sie wird nicht größer als 5 cm und nicht schwerer als 2,5 g. Wie alle Crociduren hat sie weiße Zähne.

▶ **Bei den Maulwürfen (Talpide, Foto)) und den Goldmullen** (Chrysochloridae) hat sich der Oberarmknochen (Humerus) ganz aufs Graben spezialisiert. Sein äußerstes Ende ist entsprechend breit. Der gesamte Knochen ist bei den Grabtieren abgeflacht wie eine Schaufel.

Säuger mit besonderen Vorlieben

Die ersten Säugetiere ernährten sich vorwiegend von Insekten. Erst zu Anfang der Kreide bildeten die Säuger Mahlzähne aus, die ihnen gestatteten, verschiedenerlei Nahrung zu zerkleinern. Zu dieser Zeit spezialisierte sich eine Säugetiergruppe ganz auf den Fang und Verzehr von Insekten – ihre Mitglieder nennen die Zoologen Insektivoren. Man darf also diese spezielle Ordnung innerhalb der Säugetiere nicht mit Tierarten aus anderen Ordnungen (wie den Reptilien und Vögeln) verwechseln, die ebenfalls eine insektivore Lebensweise pflegen.

Die (Säuger)Insektivoren haben eine bewegte Geschichte hinter sich, in deren Verlauf sie sich in etwa 20 verschiedene Familien verzweigten, von denen heute nur noch sechs erhalten sind. Als die ursprünglichsten plazentalischen Säuger sind die Insektivoren durchweg kleine, wendige und angriffslustige Räuber. Trotz relativ vielfältiger Anatomie und Lebensweise bilden sie heute eine homogene Gruppe mit vielen gemeinsamen Merkmalen. Dazu gehören die Form ihrer Backenzähne, die Anzahl ihrer Finger oder der Aufbau ihres Verdauungstrakts.

Spitzmäuse

Die Spitzmäuse traten im frühen Eozän in Nordamerika auf und drangen ab dem frühen Oligozän über die heutige Beringstraße nach Eurasien vor. Im Oberen Miozän waren sie auf nahezu allen Kontinente vertreten – und sind es heute in großer Zahl in den fossilen Fundstätten.

Anhand ihrer Zahnfarbe unterscheiden die Wissenschaftler zwei große Spitzmausfamilien, die sich zu Beginn des Oligozän voneinander trennten. Die Weißzahnspitzmäuse oder Crociduren besiedelten ganz Afrika mit Ausnahme der Wüsten, sowie Südeuropa und große Teile Südasiens. Die Rotzahnspitzmäuse oder Soricinen (tatsächlich sind nur ihre Zahnspitzen rot) sind in den gemäßigten bis kalten Zonen der nördlichen Hemisphäre beheimatet.

Das namensgebende Unterscheidungsmerkmal geht auf den Eisengehalt im Zahnschmelz der Soricinen zurück; er verbessert die Widerstandskraft der Zähne gegen Abnutzung. Die geographische Verbreitung der beiden Spitzmauslinien überschneidet sich bisweilen, in Europa etwa an der Grenze zwischen ozeanisch-mediterranem Klima und Kontinentalklima. Die Geschichte der Spitzmäuse gibt also auch Aufschluss über die Klimate der Vergangenheit.

Heute stellen die Spitzmäuse mit mehr als 250 verzeichneten Arten die bedeutendste Insektivorengruppe. Nur in den kältesten und trockensten Zonen der Alten Welt sowie in Australien und im größten Teil Südamerikas wurden sie nicht heimisch – in den beiden Südkontinenten wurden ihre Habitate seit dem Tertiär von kleinen Beuteltieren besetzt, die den heutigen Beutelspitzmäusen ähnelten.

In freier Wildbahn kann man Spitzmäuse nur ganz selten beobachten; der Grund dafür ist zum einen ihre unauffällige Färbung, zum anderen der Umstand, dass sie vorzugsweise nachts auf Jagd gehen und sich gern in Gebüsch und unter welkem Laub verbergen. Das kleinste aller heute lebenden Säugetiere, die 5 cm große Etruskerspitzmaus, kommt in Südeuropa, Afrika und Asien vor.

Maulwürfe

Die frühesten Maulwürfe sind durch Zahnfunde aus dem Oberen Eozän Südenglands bekannt. Eine bedeutende Diversifizierung der Grabtierarten fand

Fingerknöchel (Finger von 1 bis 5)

Handgelenk

1

2

Unterarm

Mittelhand

Handwurzel

3

Arm

Speiche

Humerus

Elle

4

Becken

Schienbein

5

▲ **Der Flügel der Fledermaus** ist eine Membran, die zwischen den Fingerknöcheln gespannt wird, während die großen Federn bei den Vögeln, die so genannten Schwungfedern, an den Knochen der Mittelhand, des Handgelenks und des Unterarms befestigt sind.

▲ **Lauschangriff**
Schnauze und Ohren dieser Hufeisennase sind ganz für die Aussendung und den Empfang von Ultraschalllauten konstruiert, die ihr im Halbdunkel den Weg weisen.

◀ **Die ältesten Fledermäuse**
stammen aus der Grube Messel in Deutschland. Schon sie wiesen alle modernen Anpassungen der Gruppe auf. Dabei lebten sie vor 45 Mio. Jahren – die frühe Geschichte dieser Tiere ist bislang noch ein Geheimnis.

erstmals im Verlauf des Oligozän in Europa statt, als die tropischen Feuchtwälder trockeneren Landschaften wichen, die den Tieren den Bau von Gängen ermöglichten. In der Folge gelang es verschiedenen Arten, nach Nordamerika und Asien auszuwandern.

Unter diesen Migranten befanden sich auch wasserbewohnende Maulwürfe, die so genannten Desmane, die seit dem Oligozän Wasserläufe in Eurasien und Nordamerika besiedelten. Von ihnen haben zwei Arten bis heute überlebt: der Pyrenäen-Desman und der Russische Desman.

Es mag erstaunen, dass Grab- und Nagetiere in derselben Familie zusammengefasst sind. Grund dafür ist die beiden Tiergruppen gemeinsame Art der Fortbewegung, die sie durch ruderartiges Schaufeln mit ihren Vordergliedmaßen bewerkstelligen – darum kann man fossile Grabtiere leicht an ihren stark abgeflachten Oberarmknochen identifizieren, denn mit ihren Armen mussten sie die Erde aus ihren Bauen an die Luft befördern.

Igel

Die Igel stammen ursprünglich aus Nordamerika, wo ihre frühesten Vertreter schon seit dem Unteren Eozän ansässig waren. Erst nach der Schließung der Turgai-Straße im Süduralmeer, die bis zum Unteren Oligozän Asien von Westeuropa trennte, gelangten die Igel auch in die Alte Welt. Im Gegensatz zu Spitzmäusen und Maulwürfen verfügen die Igel durch einen vierten Höcker über viereckige obere Molaren. Mit diesem Evolutionsschritt konnten sie ihre Kauleistung verdoppeln, denn beim Zahnreihenschluss greifen nun gleich zwei Spitzen in die Täler des gegenüberliegenden Zahns. Damit erweiterte sich für die Igel das Nahrungsangebot, zu dem nun neben Insekten und Würmern auch harte Körner gehören, die weit schwerer zu kauen sind.

Die Stacheligel entwickelten sich später als Igel mit seidenweichem Fell, das heute noch die Igel Südostasiens auszeichnet. Igel kommen nördlich der Sahara auch in Afrika und im Süden Eurasiens vor.

Fledermäuse

Die Fledertiere oder Chiropteren sind die einzigen fliegenden Säuger und bilden innerhalb der Insektivoren eine sehr differenzierte Gruppe. In den Fossilfundstätten sind sie seit dem Eozän dokumentiert. Da sie meist nachts oder in der Dämmerung auf Beutefang gehen, haben sie ein einzigartiges Orientierungssystem entwickelt, mit dessen Hilfe sie Hindernissen ausweichen und die Insekten, die sie im Flug fangen und verzehren, genau orten können: Die Fledermäuse stoßen nämlich Ultraschalltöne aus, deren Echo sie über spezielle Organe wieder empfangen; die Analyse des Echos versetzt sie dann in die Lage, angemessen zu agieren – ein regelrechtes Sonarsystem!

Damit aus „Mäusen" Fledermäuse werden konnten, mussten sie ihre Anatomie den Erfordernissen des Fliegens anpassen. Der wichtigste Schritt bestand darin, ihre Vordergliedmaßen zu Flügeln umzubilden. Diese sind, anders als bei den Vögeln, nicht mit Federn, sondern mit feinen, kurzen Härchen besetzt. Wenige Fledermausarten saugen Blut, darunter die Vampire der südamerikanischen Tropen. Einige Arten Südamerikas und Asiens ernähren sich von kleinen Fischen und Krustentieren, die sie mit den Füßen greifen. Und die Komoren-Flughunde, die heute auf die Wälder und Savannen Afrikas und Asiens beschränkt sind, fressen sogar Früchte.

Dank ihrer Flugfähigkeit konnten die Fledermäuse im Lauf der Zeit alle Kontinente und Inseln der Erde besiedeln.

EXOTISCHE INSEKTENFRESSER

Seit dem Miozän, besonders aber im Altpleistozän erschienen mancherorts ganz neue insektenfressende Säugetiere. Die madagassischen Tenreks etwa sind in Ostafrika als Versteinerungen aus dem Miozän gut bekannt. Aus der Tatsache, dass sie oft mit Stacheln ausgestattet sind, darf man allerdings nicht auf eine Verwandtschaft mit den klassischen Igeln schließen, handelt es sich doch lediglich um einen weiteren Fall von morphologischer Konvergenz.

Die Kapgoldmulle oder die Chrysochloris, die im südlichsten Teil Afrikas zu Hause sind, haben sich als kleine Insektivoren auf eine Weise an die grabende Lebensform angepasst, die sich von jener der Maulwürfe des alten Kontinents unterscheidet.

Die Entwicklungsgeschichte der Tenreks und der Goldmulle bleibt aber vorerst noch im Dunkeln, ebenso wie die der rätselhaften Potamogalen oder Großen Otterspitzmäuse aus den Feuchtzonen Ostafrikas, wo die otterähnlichen Tiere mit Hilfe ihres gut ausgeprägten Geruchssinns Fischen nachstellen.

Auch auf den Antilleninseln Hispaniola und Kuba stieß man auf eine Gruppe außergewöhnlicher exotischer Insektenfresser, die so genannten Schlitzrüssler (Solenodontidae). Die Entwicklung ihrer Molaren, die auf das tribosphenische Modell zurückgeht (siehe S. 186), lässt sich bis ins beginnende Quartär zurückverfolgen.

Kosmopoliten mit langen Zähnen
Die Nager: ein Erfolgsmodell der Evolution

Mit über 2000 verzeichneten Arten machen die Nager nahezu 50 % der heutigen Säugetiere aus. Man trifft sie fast überall auf der Erde an, wo sie sich in alle terrestrischen Lebensräume eingenistet haben. Die Geschichte dieser Gruppe ist vielschichtig und blieb lange Zeit ein Geheimnis. Erst jüngere Forschungen konnten den Schleier, der sich über ihren Ursprung und ihre Entwicklung breitete, ein wenig lüften.

Die Ratte, ein Vetter des Kaninchens?

Es war der schwedische Naturforscher Carl von Linné, der 1758 als erster vorschlug, Nagetiere und Hasenartige (Hasen und Verwandte) wegen ihres ähnlichen Gebisses zu einer einzigen Ordnung zusammenzufassen, den Glires (kleine Säugetier-Nager). Spätere detaillierte Studien zu den Schädel- und Zahnmerkmalen sowie zum Kauvorgang bei beiden Gruppen zeigten dann aber, dass Linné sich geirrt hatte, und so schied man die beiden Gruppen wieder voneinander.

Doch die jüngsten paläontologischen Entdeckungen, die mehrere fossile Übergangsformen aus dem Paleozän Asiens zutage förderten, bestätigten wiederum die Verwandtschaft zwischen Nagern und Hasenartigen – heute geht man davon aus, dass die gemeinsamen Vorfahren beider Gruppen vor mehr als 65 Mio. Jahren am Ende der Kreide lebten. Der bislang früheste Nager, *Tribosphenomys minutus*, wurde in Gestein des Oberen Paleozän der Inneren Mongolei identifiziert, das rund 60 Mio. Jahre alt ist.

Der große Nager-Boom

Ganz zu Beginn des Eozän (vor 53 Mio. Jahren) erlebten die Nager eine so genannte adaptive Radiation – nicht nur nahm ihre Artenvielfalt schlagartig zu, sondern zugleich bildeten sie recht unterschiedliche Lebensweisen aus (wogegen ihre Vorfahren noch ausschließlich auf Bäumen lebten). Von Asien aus verbreiteten sich die Nager dann rasch über Europa, Afrika und Nordamerika; Südamerika erreichten sie erst vor 30 Mio. Jahren, und zwar in Gestalt der Caviomorphen (der Meerschweinchenverwandten). Während dieser ersten Besiedlungsphase bedeckten tropische Regenwälder weite Teile des Erdballs, denn es herrschte ein feuchtes tropisches Klima.

Eine exzellente Anpassungsfähigkeit

Die nachfolgende globale Abkühlung des Klimas bewirkte einen Rückzug der Wälder, wobei sich die Nager-Habitate in mehr oder minder isolierte Inseln zersplitterten. Deren Bewohner folgten

◀ ▲ *Vom Kleinsten zum Größten*
Mit einem Gewicht von nur 6 g ist die Zwergmaus (Micromys minutus) das kleinste heute lebende Nagetier. Das Wasserschwein (oben Hydrochoerus hydrochaeris) kann dagegen bis zu 80 kg auf die Waage bringen.

▲ *Die Wüstenrennmaus lebt in den Wüsten und Halbwüsten Nordafrikas. Die Haare, die sie am Fußgewölbe trägt, erleichtern ihr die Fortbewegung im Sand.*

▼ *Vereinfachte Darstellung der Geschichte der Nager*
Sie verdeutlicht den Ursprung der Gruppe, ihre explosionsartige Vermehrung im Unteren Eozän sowie die späte Ankunft der Muriden (Mäuse und Ratten) am Ende des Miozän.

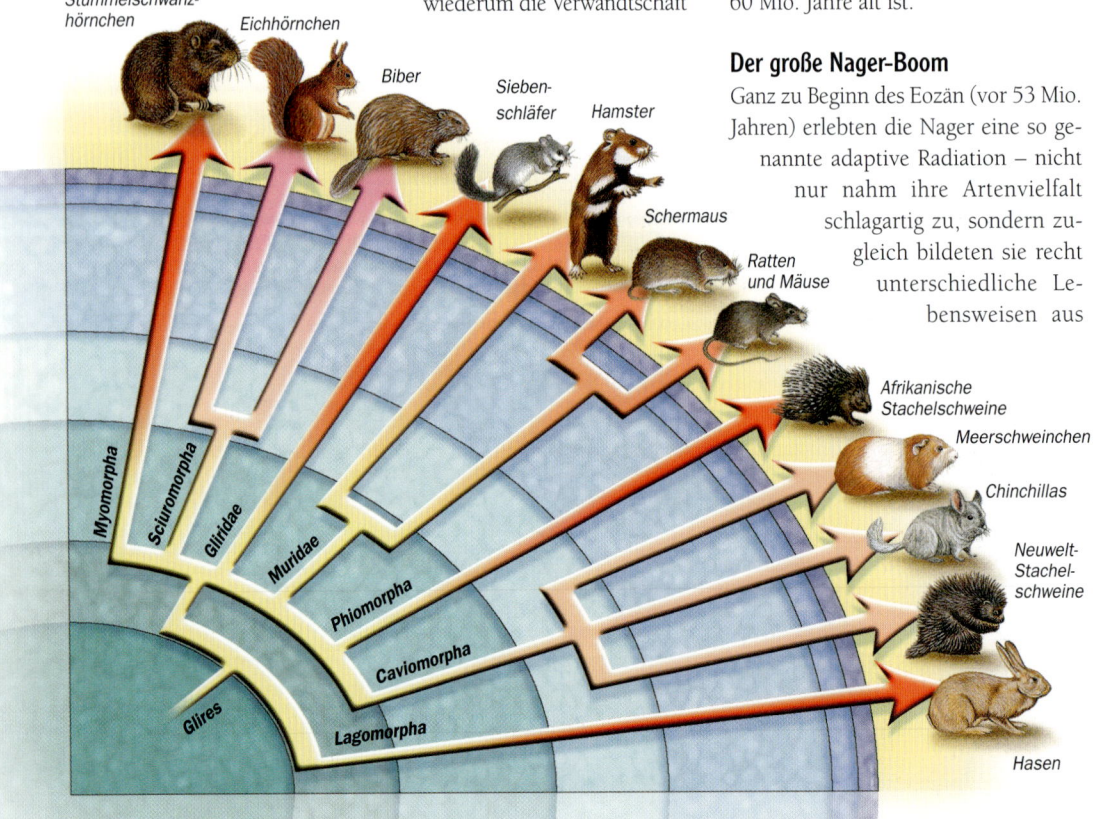

Stummelschwanzhörnchen
Eichhörnchen
Biber
Siebenschläfer
Hamster
Schermaus
Ratten und Mäuse
Afrikanische Stachelschweine
Meerschweinchen
Chinchillas
Neuwelt-Stachelschweine
Hasen

Myomorpha
Sciuromorpha
Gliridae
Muridae
Phiomorpha
Caviomorpha
Glires
Lagomorpha

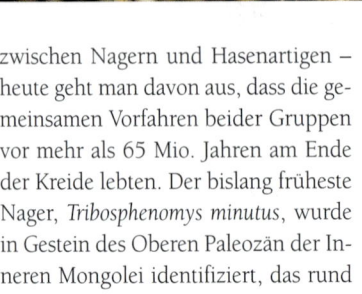
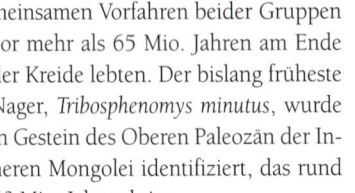

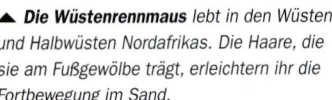

VON MÄUSEN UND MENSCHEN

Die Hausmaus (*Mus musculus*) ist ebenso wie die Hausratte (*Rattus rattus*) und die Wanderratte (*Rattus norvegicus*) eine so genannte kommensale Art, das heißt, sie profitiert vom „Schutz", von der Unterkunft und vom gedeckten Tisch des *Homo sapiens*. Das nicht ganz harmonische Zusammenleben dieser beiden Säugergruppen geht auf das Ende des Paläolithikum zurück, als der Mensch nach der letzten Eiszeit sesshaft wurde. So findet man die Maus schon um 10 000 v. Chr. in den ersten menschlichen Siedlungen des Mittleren Orient und etwas später, zur Bronzezeit (zwischen 3000 und 2000 v. Chr.) auch in Westeuropa. Ihre Verbreitung ging mit der Entstehung der großen Handelsstraßen und der Entwicklung von Transportmitteln einher. In Amerika und Australien wurde dieser Nager erst mit der Ankunft der ersten Europäer heimisch. Wenn der beste Freund des Menschen unbestritten der Hund ist, so ist der nützlichste Partner des Nagers zweifellos der Mensch.

▲ **Der amerikanische Biber**
ist ein amphibischer Nager mit einem platten, schuppigen Schwanz, der ihm eine schnelle Fortbewegung und die Steuerung im Wasser ermöglicht.

▶ **Im Gleitflug**
Die Nager haben zahlreiche evolutive Anpassungen an ihre Lebensräume vollzogen: Eine der erstaunlichsten ist die Fähigkeit dieses Hörnchens zum Gleitflug.

▶ **Zu den grabenden Nagetieren** *gehörte auch der heute ausgestorbene Epigaulus, dessen Vorderschädel zwei Hörner aufwies. Die Funktion dieser Fortsätze bleibt ein Rätsel. Vielleicht spielten sie eine Rolle bei der Brautwerbung des Männchens.*

sungen vollzogen – ein besonderes Charakteristikum der Geschichte der Nager, denn noch heute gibt es weltweit den Springertyp (die Gerbilen), den Grabtyp (die Blindmäuse), den Flugtyp (die Flughörnchen), den amphibischen Typ (den Biber) und noch einige andere mehr.

Die große Neuordnung

Auf der Schwelle zwischen Eozän und Oligozän (vor 35 Mio. Jahren) zog eine globale ökologische Krise (der „Große Bruch") zahlreiche Säugetiere und unter ihnen auch die Nagetiere in Mitleidenschaft. Eine Periode verstärkter Gletscherbildungen in der Antarktis führte zu gravierenden geographischen Veränderungen – so verlandete die Turgai-Straße, die bis dahin Westeuropa von Asien getrennt hatte. Große Wanderungen zahlreicher Tierarten und das Aussterben vieler anderer veränderten den Tierbestand nachhaltig. Auch viele der frühen Nager erloschen, und an ihre Stelle rückten die großen modernen Nagerfamilien.

Die Muriden kommen!

Ein globaler Klimawandel am Ende des Miozän (vor 5,3 Mio. Jahren) ließ große Steppen und Savannen entstehen. In dieser Periode vermehrten sich die Muriden (die Langschwanzmäuse), zu denen Ratten, Mäuse, Schermäuse und Hamster zählen, explosionsartig (der Zusammenhang zwischen beiden Phänomenen ist allerdings unklar). Sie gelangten nun dank einer Absenkung des Meeresspiegels

nun recht autonomen Entwicklungen – wobei interessant ist, dass dabei verschiedene Gruppen in evolutiver Konvergenz ganz unabhängig voneinander die gleichen Anpas-

▶ **In der Grube Messel**
wurden außergewöhnlich gut erhaltene Nager-Fossilien gefunden. Ailuravus macrurus war ein baumbewohnender Nager mit starken Krallen, mit denen er sich an der Rinde festklammerte, und einem sehr langen Schwanz, mit dem er bei der Fortbewegung das Gleichgewicht hielt.

von Südostasien aus auch nach Australien, das sie weitflächig besiedelten. Im Pliozän erreichten sie in einer zweiten Besiedlungswelle schließlich Südamerika, denn durch die Bildung der mittelamerikanischen Landbrücke war eine dauerhafte Verbindung zwischen Süd- und Nordamerika entstanden. Seither ist die Artenvielfalt der Muriden kontinuierlich weiter gewachsen. Sie repräsentieren heute mehr als die Hälfte aller Nager, und noch ist kein Ende dieser Entwicklung abzusehen.

225

Wie Tiere fliegen

D as Leben brauchte Milliarden Jahre, um vom Wasser aus schrittweise das Festland zu erobern. Doch kaum hatten sich die ersten Lebewesen an Land etabliert, wandten sich einige auch schon dem nächsten Lebensraum zu: der Lufthülle. Anders als bei den menschlichen Flugpionieren wissen wir nicht, welches Geschöpf als Erstes das Fliegen erlernte – zunächst ließen sich wohl einige Pflanzensporen passiv vom Wind davontragen, ehe sich, vor etwa 310 Mio. Jahren, flugfähige Insekten in die Lüfte hoben. Sehr viel später erst unternahmen dann auch die Wirbeltiere diesen Schritt.

AUFTRIEB UND LUFTWIDERSTAND

Ein geschickt gefaltetes Blatt Papier kann zu einem kleinen Flugzeug werden, das mehrere Meter weit durch die Luft schwebt. Mangels Antrieb fällt es aber bald wieder zu Boden. Ist es zu schwer, stürzt es gleich ab, ist es zu leicht, wirbelt es unkontrolliert umher. Um sich im Medium Luft zu bewegen, muss ein Lebewesen also die Schwerkraft überwinden, die es zu Boden zieht. Sie lässt sich durch eine Gegenkraft, den so genannten dynamischen Auftrieb, ausschalten. Er verdankt sich dem Flügelschlag (oder der Flügelposition) und der Geschwindigkeit der Fortbewegung, setzt aber u. a. voraus, dass das Gewicht des Flugkörpers relativ gering ist. Ein zweites Hindernis entsteht aber gerade durch die Geschwindigkeit beim Flug: der Luftwiderstand nämlich, der die Fortbewegung bremst. Er wird vor allem durch ein aerodynamisches Profil verringert, das eine bessere Durchdringung der Luft ermöglicht. Trotzdem muss ein Lebewesen erhebliche Energie aufwänden, um diese Bremse zu neutralisieren, und zwar in Form des Flügelschlags. Das erfordert wiederum eine starke Muskulatur, die allerdings das Körpergewicht vergrößert – und die

▲ *Flugschau*
Dieses Flughörnchen gleitet wie auf einem Kissen durch die Luft.

▲ *Dank ihrer mit Federn besetzten Flügel und ihres geringen Körpergewichts sind die Vögel wahre Luftakrobaten.*

Wirkung der Schwerkraft erhöht. Um ein Tier flugfähig zu machen, muss sich also in seiner Anatomie eine äußerst komplexe Balance zwischen Gewicht und Stärke entwickeln – schon aus diesem Grund gibt es keine unförmigen und schweren Tiere, die fliegen können. Dennoch genügt es zum Fliegen längst nicht, nur leicht und muskulös zu sein. Der Luftraum ist ein ausgesprochen unstabiles Medium, in dem heftige Böen und turbulente Winde ständig wechseln. Gegen beide anzukämpfen, kann nicht gelingen, darum setzt sich ein Insekt oder ein Vogel ihnen nicht entgegen, sondern macht sie sich zunutze, um so wenig Energie wie möglich aufbringen zu müssen.

FALLSCHIRMSPRINGER

Viele baumbewohnende Tiere können sich nicht wie die Affen von einem Baum zum nächsten schwingen. Um trotzdem bei Gefahr rasch fliehen zu können, entwickelten sie die Fähigkeit, durch die Luft zu gleiten. Am bekanntesten ist hier das Flughörnchen. Dank breiter Hautfalten, die sich zwischen Rumpf und Gliedmaßen spannen lassen, kann es sich aus mehreren Dutzend Metern herabstürzen und seinen Fall bis zum Auftreffen auf dem Boden verlangsamen. Hierbei handelt es sich allerdings nicht um einen wirklichen Flug, sondern eben um ein kontrolliertes Fallen.
Diese Fähigkeit zum Fallschirm- oder Gleitflug ist sogar bei einer Schmuckbaumnatter (*Chrysopelea*) aus Borneo anzutreffen: Sie lässt sich von einem Baum herabfallen und landet 10–15 m tiefer ohne Blessuren. Ihr Geheimnis? Sie flacht ihren ganzen Körper ab und streckt ihn so, dass sie auf der Luft gleichsam hinabsurft. Auch der ebenfalls im Regenwald beheimatete Ruderfrosch *Rhacophorus* vollbringt solche Kunststücke – er streckt seine langen, mit Schwimmhäuten versehenen Beine aus und entkommt seinen Feinden, indem er wie auf einem Luftkissen davongleitet.

FLÜGELSCHLAG UND GLEITFLUG

Insgesamt haben es aber nur wenige Tiergruppen geschafft, sich in der Luft nach Belieben fortbewegen zu können.
Die Insekten entwickelten zu diesem Zweck ein oder zwei Flügelpaare, die sie unter Einsatz spezieller Muskeln betätigen. Der überaus große Artenreichtum bei

Bei den fliegenden Wirbeltieren können das (sekundenlang) auch einige kleine Greifvögel, etwa der Turmfalke, um am Boden besser Beutetiere ausspähen zu können. Als wahre Meister dieser Kunst gelten aber die schmetterlingsähnlichen Kolibris.

Doch alle flugfähigen Tiere müssen früher oder später auf den Boden zurückkehren, um sich auszuruhen, zu fressen oder sich fortzupflanzen. Die Landung kann recht unsanft ausfallen. Darum ist das Skelett der Vögel durch die Verbindung eines Teils der Wirbelsäule mit dem Becken zusätzlich verstärkt. Umgekehrt stellt auch das Abheben eine große Anstrengung und einen hohen Energieverlust dar. Der schwere Schwan benötigt eine Startbahn von mehreren Dutzend Metern Länge, bevor er vom Boden oder Wasser abheben kann.

FLÜGEL ALLEIN GENÜGEN NICHT

Die Flügel sorgen für den Auftrieb und die Fortbewegung eines Tieres in der Luft. Ebenso wichtig für den Flug sind aber auch ein auf das Seh- und Gleichgewichtszentrum spezialisiertes Nervensystem, eine extrem leistungsfähige Atmung und ein hochbelastbarer Kreislauf. Mit zahlreichen Erleichterungen sorgte die Evolution zudem für ein optimales Gewicht – das Vogelskelett besteht aus Hohlknochen, ihr Federkleid wiegt doppelt soviel. Außerdem besitzen Vögel weder eine Harnblase noch Hautdrüsen, noch Zähne. Ihr Schwanz ist verkürzt und ihre Verdauung beschleunigt. Die Weibchen verfügen nur über einen funktionellen Eierstock, und jedes Ei wird gelegt, sobald es entwickelt ist.

▲ ▶ Sie waren die Pioniere der Lüfte
Die arten- und zahlreichste Gruppe flugfähiger Tiere bilden die Insekten. Ihre Flügel bestehen aus gefäßverstärkten Hautfalten.

▲ Kolibris *sind in der Lage, auf der Stelle und sogar rückwärts zu fliegen. Wie Insekten schwirren sie von Blüte zu Blüte. Ihre Flügel schlagen dabei so schnell, dass ein Summgeräusch entsteht.*

den Fluginsekten brachte sehr unterschiedliche Flugweisen mit sich. Da gibt es den eleganten Flug der Libelle und den leichten Flügelschlag des Schmetterlings, aber auch das etwas schwerfällige Schwirren der Käfer. Bei Bienen, Fliegen oder Mücken ist die Frequenz des Flügelschlags so hoch, dass ein „Motorengeräusch" entsteht. Auch den Wirbeltieren – Vögeln, Fledermäusen und Pterosauriern (den Flugechsen des Mesozoikum) – gelingt das Fliegen durch den Flügelschlag, der die Fortbewegung und den Auftrieb bewerkstelligt.

Doch das Schlagen der Flügel erfordert enorm viel Energie, die eine entsprechend kräftige Brustmuskulatur zur Verfügung stellt. Darum sind insbesondere die großen Flieger in der Lage, Energie zu sparen, indem sie in einem Schwebflug verharren. Mit ausgebreiteten Schwingen gleiten sie reglos in der Luft und lassen sich von den Strömungen tragen. Viele große Greifvögel können so stundenlang in der Luft bleiben, wobei sie warme Aufwinde nutzen, um aufzusteigen – große Seevögel, wie die Albatrosse, legen auf diese Weise Hunderte von Kilometern ohne einen einzigen Flügelschlag zurück. Im Mesozoikum schwebten riesige Flugechsen mit über 10 m Flügelspannweite über den Köpfen der Dinosaurier.

FLUGKUNST UND RISIKEN

Viele Insekten sind in der Lage, auf der Stelle zu fliegen. Bienen, Fliegen und einige Schmetterlinge können sich so in alle Richtungen orientieren.

▼ Schwimmvögel
Es gibt Vögel, die unter Wasser schwimmen können. Pinguine etwa sind zwar flugunfähig, bewegen sich aber unter Wasser fort, indem sie Flügelbewegungen vollführen wie beim Fliegen in der Luft.

◀ Schwere Vögel
Besonders für die Schwäne stellen Start und Landung recht kritische Momente dar.

Eine rätselhafte Familiengeschichte

Die Affen – von *Altiatlasius* bis zu den Hominoiden

In jedem Zoo der Welt findet das Affengehege das größte Interesse der Besucher – seit Darwin wundert uns das nicht, sind doch diese Tiere uns nicht nur äußerlich ähnlich, sondern tatsächlich nahe Verwandte von uns. Allerdings sahen unsere gemeinsamen Vorfahren, die vor etwa 60 Mio. Jahren auftraten, eher wie Spitzmäuse und Eichhörnchen aus!

▲ *Der Katta zählt zu den Halbaffen*, den ursprünglichsten noch lebenden Primaten. Er hat einen langen, buschigen Schwanz, lange Hinterbeine und ist ausschließlich auf Madagaskar beheimatet.

Eine große Familie

Es gibt unter ihnen Leichtgewichte (unter 100 g), Kolosse (von 200 kg), Vegetarier und Fleischfresser; manche bewegen sich auf allen Vieren fort, andere huschen von Ast zu Ast … Die Primaten („Herrentiere") zeichnen sich durch Anpassungsfähigkeit und Vielfalt aus. Heute gibt es weltweit mehr als 200 Arten, dazu kommen noch einmal so viele ausgestorbene. Diese große Mannigfaltigkeit ist das Ergebnis einer komplexen Entwicklung, die durch geologische, klimatische und ökologische Faktoren beeinflusst wurde.

Die Primaten werden in zwei große Unterordnungen gegliedert: in die Halbaffen (Prosimiae), zu denen Spitzhörnchen, Lemuren, Makis, Loris, Galago und Koboldmaki gehören, und in die Affen (Simiae) mit zwei Infraordnungen: den Neuwelt- und Altweltaffen. Letztere umfassen mehrere Über-familien, darunter die Hominoiden, die heute noch durch zwei Familien vertreten sind: die Pongiden (mit den Menschenaffen Gorilla, Schimpanse, Orang-Utan) und die Hominiden mit dem Menschen und seinen Vorfahren. Als charakteristische Merkmale verfügen alle Primaten nur über ein einziges Paar Brustwarzen, besitzen Finger- und Fußnägel anstelle von Krallen, haben ein im Verhältnis zur Schädelgröße übergroßes Gehirn und können räumlich (dreidimensional) sehen.

Eine komplizierte Ausgangslage

Die Geschichte der Primaten setzte vor etwa 60 Mio. Jahren ein – die Dinosaurier hatten soeben das Feld für die Säuger geräumt. Zahnfunde aus dem Süden Marokkos liefern hier die bislang ältesten Hinweise. Die Zähne stammen von einem kleinen Affen mit knapp 120 g Gewicht, dem man den Namen *Altiatlasius* gab – und wenn auch seine Reste nicht genügen, um seine Verwandtschaft mit den späteren Affen zu beweisen, kann man doch getrost annehmen, dass die Wiege der Primaten in Afrika stand.

Das globale Klima war damals erheblich wärmer und feuchter als heute, und die Erde war von subtropischen Feuchtwäldern bedeckt. Diese Bedingungen begünstigten die Entstehung einer Vielzahl weiterer Familien noch immer sehr kleiner Primaten (100–985 g), die sich zunächst in Europa, später auch in Asien und Nordamerika ansiedelten – der Nordatlantik war damals noch ein schmaler, überwindbarer Meeresarm. In Nordamerika und Europa etablierten sich zwei große Urfamilien: die Omomyiden und die Notharctiden; ihre fossilen Überreste illustrieren gut die frühe Geschichte der Primaten. Die Omomyiden – ausgestattet mit übergroßen Augen – gingen wohl nachts auf Jagd. Die größten Exemplare wurden nicht schwerer als 2 kg. Sie starben spätestens vor 35 Mio. Jahren aus, ohne Nachkommen zu hinterlassen.

Die Notharctiden ähnelten wohl den heutigen Lemuren. Ihre größten Ver-

▲ *Der Klammeraffe* ist wie alle seine südamerikanischen Geschwister mit einem Greifschwanz ausgestattet, gleichsam also mit einer für die Fortbewegung auf Bäumen sehr praktischen fünften Gliedmaße.

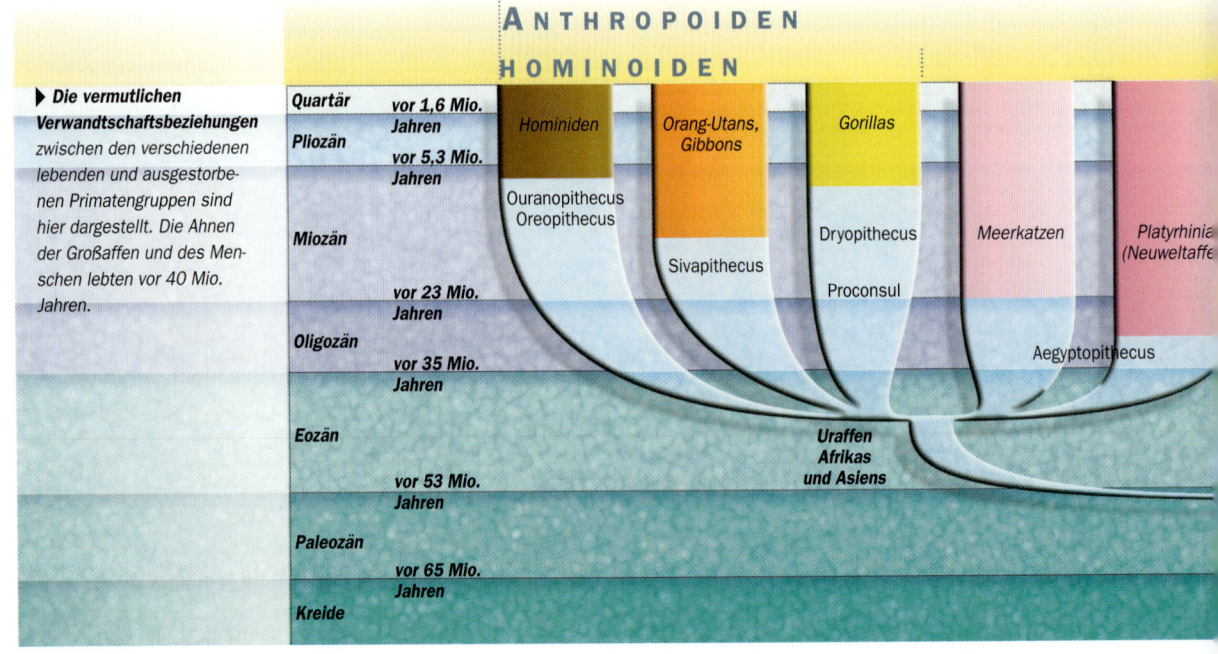

▶ *Die vermutlichen Verwandtschaftsbeziehungen* zwischen den verschiedenen lebenden und ausgestorbenen Primatengruppen sind hier dargestellt. Die Ahnen der Großaffen und des Menschen lebten vor 40 Mio. Jahren.

ANTHROPOIDEN

HOMINOIDEN

Quartär	vor 1,6 Mio. Jahren	Hominiden	Orang-Utans, Gibbons	Gorillas		
Pliozän	vor 5,3 Mio. Jahren				Meerkatzen	Platyrrhinia (Neuweltaffe
Miozän		Ouranopithecus Oreopithecus	Sivapithecus	Dryopithecus		
	vor 23 Mio. Jahren			Proconsul		
Oligozän	vor 35 Mio. Jahren					Aegyptopithecus
Eozän	vor 53 Mio. Jahren			Uraffen Afrikas und Asiens		
Paleozän	vor 65 Mio. Jahren					
Kreide						

treter wogen bis zu 7 kg (das Gewicht eines kleinen Makaken). Ihre Augenhöhlen verraten, dass sie kleine Augen besaßen und darum wohl tagaktiv waren. Sie ernährten sich von Insekten oder Blättern, und ihre Gliedmaßen erlaubten ihnen, sich von Ast zu Ast zu schwingen. In Europa behaupteten sie sich länger als in Nordamerika, wurden dann aber von den Adapiden abgelöst, die ihnen aber äußerlich und in ihrer Lebensweise sehr ähnelten.

Alle diese europäisch-amerikanischen Primaten verschwanden ohne Nachkommenschaft vor 34 Mio. Jahren. Ursache war eine globale Veränderung des Klimas, das zunehmend kühler und trockener wurde und einen Rückzug der Waldgebiete bewirkte, die den Tieren als Lebensraum dienten. Die modernen Primaten gingen mithin aus anderen Familien hervor, die in Afrika und Asien beheimatet waren – dort vollzog sich die weitere komplexe Entwicklung der Ordnung, was zahlreiche Fossilienfunde hervorragend belegen.

Wieder geht es um Zähne ...

Relikte früher Primaten, die als Erste eine gewisse Ähnlichkeit mit den direkten Vorfahren des Menschen zeigen, wurden Anfang der 1960er-Jahre in Ägypten entdeckt. Seither fand man in Nordafrika mindestens 20 verschiedene Arten, die auf die Zeit vor 37–32 Mio. Jahren zurückgehen. Bei den meisten handelt es sich um Anthropoiden, etwa im Fall des *Aegyptopithecus*, den man mittlerweile recht gut kennt.

Er wog etwas mehr als 6 kg. Seine Augenhöhlen waren durch eine Knochenwand vom hinteren Teil des Schädels abgetrennt. Dieses Merkmal, das Halbaffen und ältere Primaten nicht aufweisen, findet sich dann bei Menschenaffen und Menschen wieder. Gleiches gilt für die Zahl seiner Zähne: Sie betrug 32 und nicht 36 oder gar 40 wie bei den frühen Primaten. Auch von ihrem Aufbau her glichen die Zähne von *Aegyptopithecus* bereits denen moderner Affen. Dagegen war seine Schnauze noch übermäßig lang; und sein kleines Gehirn sowie seine Ohrknöchelchen zeigen ihn auf einer eher primitiven Entwicklungsstufe. *Aegyptopithecus* gilt heute nicht mehr als früher Ahn des Menschen, sondern als Vertreter einer isolierten Linie, die wohl den Familien der heutigen Paviane und Makaken nahe stand.

Die südamerikanischen Neuweltaffen unterscheiden sich von ihren afrikanischen Vettern durch ihre ausschließlich baumgebundene Lebensweise und durch das Vorhandensein eines Schwanzes, der ihnen als fünftes Greiforgan dient. Ihre geographische Herkunft und der Weg ihrer Wanderung nach Südamerika ist nach wie vor ein Rätsel. Die mit 45–35 Mio. Jahren frühesten Anthropoiden wurden kürzlich in Asien, insbesondere in China, Myanmar und Thailand, entdeckt. Auch wenn Anzahl und Struktur ihrer Zähne sie gegenüber ihren afrikanischen Artgenossen etwas urtümlicher erscheinen lassen, kann man sie dank ihrer generellen Anatomie historisch durchaus an der Wurzel der Anthropoiden positionieren. Der direkte Vorfahr des Menschen ist sicher in Afrika zu suchen, aber ein früher Ahnherr stammt wohl aus Asien.

In Afrika tut sich was!

Viele Fragen zur Geschichte der Primaten bleiben nach wie vor unbeantwortet, denn für einen Zeitraum von etwa 10 Mio. Jahren – genauer: zwischen 34 und 24 Mio. Jahren vor unserer Zeit – fällt die fossile Überlieferung der Primaten äußerst dürftig aus. Man geht heute davon aus, dass die Hominoiden, also die unmittelbaren Vorfahren der großen Altweltaffen (Gibbon, Siamang, Orang-Utan, Gorilla, Schimpanse und Mensch) erstmals vor etwa 20 Mio. Jahre auftraten – frühere Fossilien gibt es von ihnen nicht.

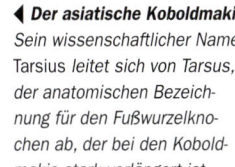

◀ *Der asiatische Koboldmaki*
Sein wissenschaftlicher Name Tarsius leitet sich von Tarsus, der anatomischen Bezeichnung für den Fußwurzelknochen ab, der bei den Koboldmakis stark verlängert ist.

▲ *Die Adapiden* bevölkerten vor 45–34 Mio. Jahren die Kontinente der Nordhemisphäre. Sie bildeten die vorherrschende Primatengruppe, auch wenn in Afrika und Asien bereits die fernen Vorfahren der großen Affen existierten.

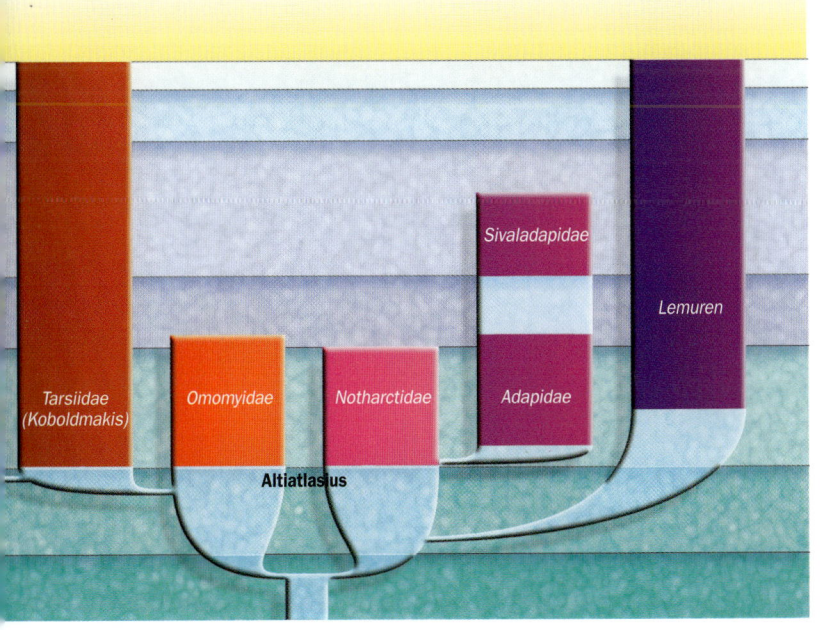

Tarsiidae (Koboldmakis)

Omomyidae

Notharctidae

Sivaladapidae

Adapidae

Lemuren

Altiatlasius

Eosimias, *einer der ältesten bekannten Primaten (ein Anthropoide), lebte vor 45 Mio. Jahren in den tropischen Wäldern Ostchinas. Dieser Affe war kleiner als ein Pinseläffchen.*

▶ **Proconsul (Rekonstruktion)**
Sein Skelett zeigt seine große Nähe zum hypothetischen Ahnen der Großaffen. Proconsul lebte vor 20 Mio. Jahren in den Wäldern der Tropen.

Bis dahin war der afrikanische Kontinent durch einen Meeresarm, der sich vom heutigen Mittelmeer bis zum Indischen Ozean erstreckte, von Europa und Asien getrennt. Nun näherte er sich dem eurasischen Festland und kollidierte schließlich mit ihm. Inselketten und kleine Kontinentalschollen schufen im Bereich des heutigen Nahen Osten eine Landbrücke. Zahlreiche Säuger, darunter auch die Primaten, konnten ungehindert in beiden Richtungen wandern. Mehrere Menschenaffen afrikanischen Ursprungs erschienen damals in Europa, aber noch hatte sich die Gruppe der Makaken und Paviane nur wenig diversifiziert. Einige Riesenaffen aus dieser Zeit, die mit den Pavianen verwandt waren, sind mittlerweile ausgestorben.

Wo ist ein akzeptabler Ahn?

Die Lebensweise der Hominoiden erschließt sich uns vorwiegend aus Resten von Schädeln und Gliedmaßen – sie erlauben uns auch Mutmaßungen darüber, welche Spezies sich als frühester direkter Vorfahre des Menschen anbietet. Und hier steht unbestritten an erster Stelle der ostafrikanische *Proconsul*, der bislang der allerälteste ist.

Er lebte vor etwa 20 Mio. Jahren in dichten tropischen Wäldern, in denen Zonen mit lichterem Baumbestand und Grünland Inseln bildeten. Sein Skelett ergab, dass er in Größe und Haltung einem Schimpansen entsprach, nur seine Arme waren in der Relation weniger lang ausgefallen. *Proconsul* bewegte sich wohl auf allen Vieren auf dem Boden oder in den Bäumen fort und ernährte sich hauptsächlich von Früchten, Knospen und zarten Blättern.

Dryopithecus oder *Sivapithecus*?

Der europäische *Dryopithecus* – vermutlich ein Abkömmling von *Proconsul* – trat vor rund 15 Mio. Jahren auf. Dieser große Affe, der ein Gewicht von 50 kg erreichen konnte, galt lange als möglicher Ahnherr des Menschengeschlechts. Aber die genaue Untersuchung seines Schädels ergab, dass es sich bei ihm wohl um den direkten Vorfahren der heute lebenden afrikanischen Großaffen handelte. Auch er lebte im Wald, der ihn mit allem versorgte, was er brauchte, insbesondere mit Früchten. Die jüngsten Funde mit Knochen seiner Gliedmaßen offenbaren seine stark verlängerten Arme und recht kurze Beine. Er bewegte sich also in den Bäumen fort, indem er sich von Ast zu Ast hangelte, so wie es heute noch manche Großaffen tun.

Sivapithecus lebte vor 15–8 Mio. Jahren in Indien und Pakistan. Zunächst räumte man diesem Hominoiden einen wichtigen Platz in der Ahnenreihe des Menschen ein – dafür sprach die wie beim Menschen stark abgerundete Form seines Zahnbogens (die bei den Großaffen ein U beschreibt) und die Stärke seines Zahnschmelzes (der bei den Großaffen dünner ist). Doch Untersuchungen jüngeren Datums sehen *Sivapithecus* eher als Vorfahren der heutigen Orang-Utans, mit denen er eine Reihe von Schädel- und Gebissmerkmalen teilt. Die sehr wenigen Skelettreste, die man *Sivapithecus* zweifelsfrei zuordnen kann, beweisen überdies, dass er sich, ähnlich wie der heutige Pavian, auf dem Boden fortbewegte.

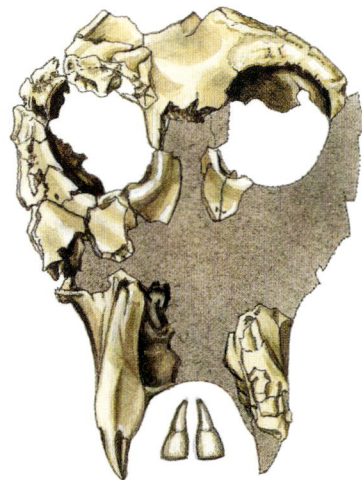

Überzeugendere Anwärter?

Trotz zahlreicher Indizien, die man bei den verschiedensten Hominoiden-Arten zu entdecken glaubte, blieb die Identität des direkten Vorfahren des Menschen weiterhin im Dunkeln. Erst mit dem Fund des gut 9 Mio. Jahre al-

ten *Oreopithecus* lebte die Diskussion wieder auf. Dieser große Affe besaß ein ähnliches Gebiss wie *Proconsul*, und seine Gliedmaßen lassen darauf schließen, dass er sich nach Art der Gibbons oder Orang-Utans in den Bäumen fortbewegte. Obgleich er nicht als unser

Urahn in Frage kommt, liefert er uns doch weitere Aufschlüsse über die Fortbewegung unserer Vorläufer.

Die bislang interessanteste Spur bei der Suche nach dem gemeinsamen „Stammvater" von Großaffen und Menschen verdanken wir dem etwa 10 Mio. Jahre alten *Ouranopithecus* aus einer Fundstätte in Griechenland. Er lebte gemeinsam mit Antilopen, Nashörnern und Urpferden in einer Savannenlandschaft. Sein Gebiss und seine Gesichtszüge ähneln bereits stark denen von *Australopithecus* – diese Übereinstimmungen machten allerdings nötig, den Zeitpunkt, an dem sich die Entwicklungslinien der Großaffen und der Menschen trennten, um 4 Mio. Jahre rückzudatieren. Bis dahin hatte man das Datum dieses Ereignisses auf der Basis von DNA-Untersuchungen am Menschen und am Schimpansen nur grob schätzen können.

Ouranopithecus erscheint bislang als der überzeugendste Kandidat, um den Ahnherrn für unsere eigene Primatenfamilie, die Hominiden, abzugeben. Dass er Europäer war, nimmt uns natürlich zusätzlich für ihn ein ...

◀ *Diese Gesichtsrekonstruktion von* Dryopithecus *stützt sich auf unvollständige Unterkiefer- und Schädelfragmente. Dieses Tier, dessen Zähne darauf hindeuten, dass es sich von zartem Pflanzenmaterial ernährte, war der erste fossile Großaffe, der entdeckt und beschrieben wurde, und zwar im Jahr 1856.*

▼ *Skelett von* Oreopithecus
Links erkennt man gut den Schädel und rechts davon den ausgestreckten Arm, der in einer Hand mit langen Fingern endet. Oreopithecus *ist nur aus Italien bekannt und scheint sich 2 Mio. Jahre lang überhaupt nicht weiterentwickelt zu haben.*

DER YETI – LEGENDE ODER WIRKLICHKEIT?

Im Jahr 1935 erstand ein holländischer Paläontologe in einer chinesischen Apotheke versteinerte Zähne, die man ihm als „Drachenzähne" feilbot. Es stellte sich heraus, dass sie zu einem heute ausgestorbenen Primaten von kolossalen Körpermaßen – er war zweimal so groß wie ein Gorilla – gehörten, den man darum *Gigantopithecus* nannte. Die wenigen fragmentarischen Zahn- und Kieferfunde vermitteln uns keine klare Vorstellung vom Aussehen dieses Tieres. Es muss allerdings an die 300 kg gewogen und sich von Pflanzen ernährt haben. *Gigantopithecus* lebte vor 2–0,7 Mio. Jahren im Gebiet des heutigen China und Vietnam. Er war also noch ein Zeitgenosse der ersten Menschen, die vielleicht sein Aussterben verschuldet haben. Eine populäre Erklärung für die Legende vom Schneemenschen Yeti stützt sich auf die Spekulation, dass sich eine kleine Population von *Gigantopitheci* im Himalaja bis heute erhalten habe.

Die Erde wandelt sich
Die Mechanismen der Erosion

Im Lauf von Jahrmillionen hat die Erosion gewaltige Breschen in Gebirgsmassive geschlagen, ganze Bergketten abgeschliffen und ungeheure Mengen Gesteinsschutt in benachbarten Senken abgelagert. Vom flüchtigen Blick eher unbemerkt gestaltet sie die Oberfläche der Erde fortwährend um – unermüdlich trägt sie exponierte Gesteinsmassen ab und transportiert das Geröll über die Wasserwege quer durch die Kontinente bis hinab zum Meer.

▲ *Die zerklüftete Landschaft Südspaniens*
Nur noch einige hoch aufragende Tafelberge in einer tief durchfurchten Landschaft zeugen von der einstigen Hochebene, die durch die Erosion fast vollständig abgetragen wurde. Tonige Gesteine setzen dem abfließenden Wasser wenig Widerstand entgegen, sodass sich seine Wirkung hier wegen der steilen Abhänge und der heftigen mediterranen Niederschläge besonders intensiv entfalten kann.

▶ *Die Erosion am Werk (hier am Lake Powell, USA)*
Das abfließende Wasser gräbt Schluchten in den vegetationslosen Boden. Ein Geflecht aus feinen Abflussrinnen zieht sich den Hang hinunter. Es transportiert feine Tonpartikel, die sich am Fuß des Hanges anhäufen. Auch größere Felsbrocken gelangen durch diese Kerben hangabwärts.

Kraft und Gegenkraft

Je höher sich Landmassen über den Meeresspiegel erheben, um so intensiver werden sie ein Opfer der Erosion, die die größten Unregelmäßigkeiten im Erdoberflächenrelief zu beseitigen sucht. Die Energie, die den Abtransport von erodiertem Material bewirkt, wächst mit dem Höhenunterschied. An erster Stelle sind hier die Wasserläufe tätig, die tiefe Täler in Gebirge schneiden, Hänge unterspülen und erhabene Gesteinsformationen allmählich abtragen. Dieser langsame Prozess lässt schließlich leicht geneigte Abtragungsebenen entstehen, wie man sie z. B. musterhaft in Westafrika antrifft. Verglichen mit der Entwicklung des Lebens auf der Erde erfolgt die Abtragung von Erhebungen im Oberflächenrelief relativ schnell. Manche Gebirgszüge, die sich durch die Kollision von Kontinentalschollen auffalten, sind im Verlauf ihrer Entstehung schon mehrfach eingeebnet worden. Solchen Einebnungsflächen gilt darum das besondere Interesse der Geologen, da sie aufschlussreiche Spuren von der Genese dieser Landschaften bewahren.

In 1000 Jahren ein Meter

Mehrere Faktoren beeinflussen die Geschwindigkeit der Erosion – zum einen externe erosive Kräfte (wie Gletscher und Flüsse), zum anderen Schwachstellen innerhalb des Gesteins, das dort im Lauf der Zeit durch Verwerfungen und Klüfte zerrüttet wird. Messungen im Himalaja und in den Neuseeländischen Alpen (Gebirge, die sich nach wie vor heben) ergaben eine durchschnittliche Abtragung von 1 m in 1000 Jahren, das sind 1000 m in 1 Mio. Jahren – ein Wert, der auch für die europäischen Alpen in den letzten 25 Mio. Jahren ermittelt wurde und sogar für den weit älteren „Old-Red-Kontinent" in Schottland: Die dortigen Ablagerungen zeigen, dass das vor 460 Mio. Jahren entstandene Kaledonische Gebirge so rasch abgetragen wurde, dass nach weniger als 20 Mio. Jahren bereits Gesteinsschichten aus 15 km Tiefe zum Vorschein kamen.

Bei der Abtragung ganzer Gebirge häufen sich unterhalb enorme Schuttmassen an, die langsam die angrenzenden Gräben und Ebenen verfüllen – es entstehen Aufschüttungsflächen, wie die Niederungen von Indus und Ganges am Fuß des Himalaja, die Poebene unterhalb der Alpen oder die Great Plains im amerikanischen Westen.

Erstaunliche Gegensätze

In Regionen mit geringer tektonischer Aktivität wirkt die Erosion verhaltener – so liegt das Abtragungstempo im schottischen Westen oder im indischen Dekkan-Hochland bei 10–20 m in 1 Mio. Jahren. Solche Werte variieren aber stark von Region zu Region, da die Erosionsintensität auch von der jeweiligen Beschaffenheit des Gesteins abhängt. So kontrastieren in kontinentalen Randzonen, wie Ostaustralien, Südafrika oder Brasilien, fast tischebene Hochplateaus, die kaum erodiert werden, mit zerklüfteten und exponierten erosionsanfälligen Randbereichen. Besonders harte Gesteine bilden so genannte Härtlinge, die die erodierten Niederungen überragen, wie der majestätische Inselberg des Uluru (Ayers Rock) in der australischen Wüste.

Landschaftsgestaltung

Die Formung der Erdoberfläche vollzieht sich in drei Phasen: in der Verwitterung des Gesteins, im Transport der Schuttmassen und zuletzt in ihrer Ablagerung. Diese Phasen können sich in langsamen Prozessen oder in jähen Ereignissen vollziehen – die chemische Zersetzung eines Felsens erfordert viel Zeit, während ein reißender Sturzbach bei starken Niederschlägen in wenigen Tagen eine gewaltige Gesteinsladung mit sich fortreißen kann.

Den ersten Schritt bei der Verwitterung von Gestein leisten mechanische Kräfte, seien es nun eine Druckentlastung an den Hängen, Temperaturschwankungen oder Frost, der in Felsritzen eindringt und ganze Blöcke absprengen kann – sie fragmentieren die Felsen. Umso besser können hier nun biochemische Faktoren wirksam werden – so greift kohlensäurehaltiges Regenwasser Kalkstein an, und unter der durchlöcherten Oberfläche bilden sich schließlich Kessel, Höhlen und ganze Grottensysteme. Hydrolyse kann diesen Vorgang durch den Austausch chemischer Elemente verstärken, und Mikroorganismen beschleunigen die chemische Zersetzung noch.

Transportmittel aller Art

Wasser transportiert den Großteil des anfallenden Gesteinsschutts fort. Es fräst Kerben in den Stein, die sich zu tiefen Schluchten erweitern können und die abgetragenen Partikel talwärts leiten. Mit den Flüssen werden kleine Partikel abtransportiert; sie können dabei im Flussbett mobile Sandbänke bilden, während sich bei großer Schwebstofffracht ein Fluss schließlich in so genannten Mäandern windet. Die großen Ströme der Erde übernehmen mehr als 90 % der Erosionsfracht.

Auch Gletscher sind machtvolle Landschaftsgestalter. Sie reißen Felsbrocken jeder Größe mit sich fort, feilen raue Oberflächen glatt und können tiefe, steile Täler in die Berge graben. Am Rand der Meere und Seen unterspült der Ansturm der Wellen den Sockel von Felsklippen und verteilt Sand und Kies an Stränden und Küstenstreifen. Und auch der Wind ist in der Lage, Staub und feinen Sand mit sich fortzutragen, Felswände auszuhöhlen und Dünen an der Küste und in trockenen Wüstengebieten aufzutürmen.

Ablagerungszonen

Der Abtransport der verschiedenen Materialien endet in vorläufigen oder endgültigen Ablagerungszonen. Das können kleinere Schwemmkegel am Fuß von Wildbächen sein, wo sich Sand und Kies je nach Wasserführung und Abflussverlauf übereinander lagern. Es kann sich aber auch um großflächige Schlamm-, Sand- oder Kiesschichten handeln, die sich sukzessive in Überschwemmungsebenen oder in Flussdeltas aufschichten. In früheren Vereisungsgebieten und in Gebirgsregionen, durch die Gletscher zogen, findet man vielerorts Moränen, die die Eismassen zurückließen. Und in den Trockenwüsten und an Sandküsten gestaltet der Wind nicht nur Dünen, sondern auch riesige Sandfelder, die Ergs.

Niederschläge und Rodungen

Man kann die aktuelle Erosion auf den Kontinenten nicht exakt messen, aber doch die Fracht, die die Flüsse ins Meer schaffen, halbwegs schätzen, und zwar in Tonnen pro Hektar und Jahr. In weniger erosionsanfälligen Regionen liegt dieser Wert unter 50 t, während er an Berghängen nicht selten 250 t übersteigt. In Gebieten mit hohen Niederschlagsmengen und spärlicher Pflanzendecke wirkt die Bodenerosion besonders zerstörerisch – in dieser Kombination haben etwa die verkarsteten Landschaften des Mittelmeerraums und die Halbwüsten der Sahelzone ihren Ursprung.

Vielerorts hat auch der Eingriff des Menschen verheerende Folgen, insbesondere durch großflächige Abholzungen – Beispiele sind hier die dicht besiedelten Bergländer Ostasiens, die Hügel Ostafrikas oder die Hochplateaus von Madagaskar und Südbrasilien, die sich durch extreme Rodungen in Wüsten verwandeln.

◀ *Steilküste von Etretat (Normandie)*
Ein majestätischer Bogen bezeugt den langsamen Rückzug der Steilküste. Die beständige Meeresbrandung unterspült den Sockel der harten Kreidewand, die nach und nach durch das Herausbrechen ganzer Gesteinsplatten verschwindet. Von der fortschreitenden Auflösung des Kalksteins durch das Meer bleibt letztlich nur der härtere Flint im Spiel der Wellen zurück. Die grauen Kieselsteine werden bei jeder Flut verschoben und in Gestalt eines Bandes am Fuß der Klippen verteilt.

▼ *Uluru (Australien): Widerstand gegen die Erosion*
Eine gewaltige Felsenkuppel überragt die Einöde im Zentrum des fünften Kontinents. Die rote Sandsteinmasse hält der Erosion seit Jahrmillionen stand, während das angrenzende Gelände völlig eingeebnet wurde. ist. Der heilige Berg der Aborigenes heißt bei den weißen Australiern Ayers Rock.

Der Weg
des
Menschen

Kapitel 1
EINE LANGWIERIGE GEBURT

Vor etwa 7 Mio. Jahren erschien mit *Sahel-anthropus tchadensis* der bislang früheste Hominide. Seine fossilen Reste wurden 2002 im Tschad gefunden. Er war etwa schim-pansengroß.

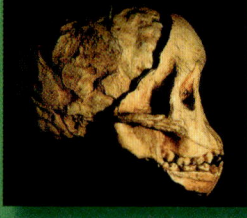

Vor etwa 3,2 Mio. Jahren. Zu dieser Zeit lebte Lucy *(Australopithecus afaren-sis)*, deren Gebeine 1974 in Äthiopien entdeckt wurden.

Vor etwa 2 Mio. Jahren. Etwas größer als *Homo habilis*, besaß *Homo erectus* auch ein größeres Schädel-volumen. Er stellte schon kompliziertere Werkzeuge her, übte sich in der Bearbei-tung von Steinen und entwickelte aus-gefeilte Jagdtechniken. *Homo erectus* besiedelte ganz Afrika und erreichte auch Asien und Europa, womöglich gar schon Amerika.

Vor etwa 200 000 Jahren hatte sich aus *Homo erectus Homo sapiens* entwickelt, zu dessen archaischem Zweig der Neandertaler gehörte, der seine Krankheiten behandelte, seine Toten beerdigte und wohl schon Flöte spielte.

Vor fast 3 Mio. Jahren hat-ten sich die Australopithe-cinen zu vollkommenen Zweibeinern entwickelt. Neben *Australopithecus afarensis* und *Australopi-thecus africanus* gab es noch weitere Australopithe-cinen, aus deren Reihen wohl auch *Homo habilis*, unser frühesten Vorläufer, hervorging.

Vor 500 000–600 000 Jahren gelang es *Homo erectus*, sich das Feuer zunutze zu machen.

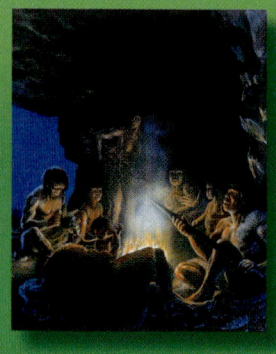

Menschwerdung

Kapitel 2
DER MODERNE MENSCH

Vor fast 35 000 Jahren artikulierte sich der Cro-Magnon-Mensch bereits künstlerisch: in Malerei, Gravierkunst, Bildhauerei und Schmuckherstellung.

Vor 130 000 Jahren begann der moderne Mensch *(Homo sapiens sapiens)*, von Afrika aus die restliche Welt zu besiedeln. Nach ersten Funden von ihm im Südwestfrankreich (1828) spricht man auch vom Cro-Magnon-Menschen.

Vor 10 000 Jahren schafften Teile der Menschheit mit der neolithischen Revolution den Übergang von einer nomadischen Existenz als Jäger und Sammler zu einem sesshaften Leben, das sich auf den Ackerbau gründete.

Vor etwa 5000 Jahren entstanden in Mesopotamien die ersten Schriftzeichen – und das erste Geld.

1

Eine langwierige Geburt

Vor 8 Mio. Jahren lebten in Afrika große Primaten, die – obschon Baumbewohner – gelegentlich zum Boden herabstiegen und sich dort auf ihren Hinterbeinen aufrichteten. Sie begründeten damit eine zukunftsträchtige Ernährungsweise, denn durch den aufrechten Gang konnten sie ihre Hände dazu benutzen, ihre pflanzliche Kost fortan durch tierische zu ergänzen – und dank dieses Eiweißschubs nahm das Volumen ihres Gehirns zu. Schließlich ging vor 3 Mio. Jahren aus diesen Primaten eine neue Art hervor, die vielleicht der Ursprung der menschlichen Gattung war – die Australopithecinen, die u. a. von *Australopithecus afarensis* (darunter die berühmte Lucy) und von *Australopithecus anamensis* repräsentiert werden. Wer von den zahlreichen Australopithecinen der früheste Vertreter der Hominiden war, lässt sich nicht klären. Fest steht aber, dass einer von ihnen, der über eine aufrechtere Haltung, größere Geschicklichkeit und mehr Hirnmasse verfügte, irgendwann endgültig Abschied vom Leben auf den Bäumen nahm. Zwischen ihm und der Natur vermittelte nun etwas Neues: das Werkzeug. Er erdachte es und stellte es her – der erste wirkliche Mensch. Vor 2 Mio. Jahren verließ sein Nachkomme, *Homo erectus*, seine afrikanische Heimat und wanderte nach Europa und Asien. Seine ältesten Spuren außerhalb des schwarzen Kontinents (1,8 Mio. Jahre alt) fand man 1999 im georgischen Dmanissi. Die verstreuten Populationen entwickelten sich in der Folge mehr oder weniger unabhängig voneinander; sie mussten sich den jeweiligen Lebensräumen anpassen, die ihre Erscheinungsformen und Lebensweisen prägten.

Vor 1,6 Mio. Jahren bis 8000 v. Chr.:
Das Eiszeitalter

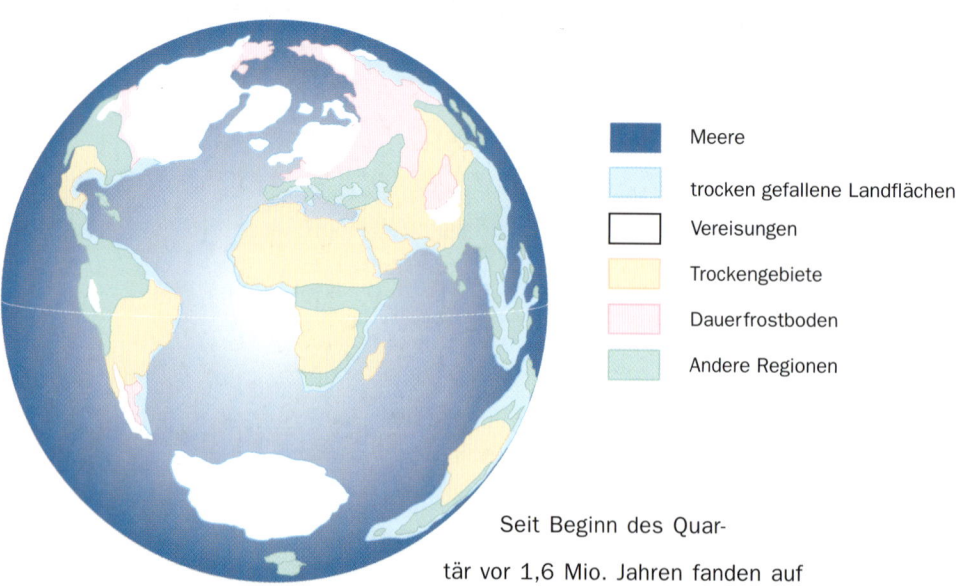

■ (Dunkelblau)	Meere
■ (Hellblau)	trocken gefallene Landflächen
□ (Weiß)	Vereisungen
■ (Gelb)	Trockengebiete
■ (Rosa)	Dauerfrostboden
■ (Grün)	Andere Regionen

Seit Beginn des Quartär vor 1,6 Mio. Jahren fanden auf der Erde starke Klimaschwankungen statt, mit denen mehrere Eiszeiten und Zwischeneiszeiten einhergingen – mindestens zehnmal wechselten solche Kalt- und Warmzeiten einander ab. Die starke Abkühlung der Atmosphäre und des Bodens band auf den Kontinenten jeweils eine beachtliche Wassermenge in Gletschereis. In der Folge sank der Meeresspiegel mehr als 100 m unter das heutige Niveau. Die verminderte Verdunstung über den Ozeanen brachte weniger Niederschläge in die tropischen und subtropischen Regionen, wo nun die Wüsten und Savannen wuchsen. In den Warmzeiten stieg der Meeresspiegel durch das Abschmelzen des Eises wieder an, ebenso die Verdunstung, sodass in den Tropen und Subtropen auch die Niederschläge wieder zunahmen. In der bislang letzten Kaltzeit (110 000–8000 v. Chr.) waren über 40 Mio. km² der Festländer vergletschert: ein Drittel des nordamerikanischen Kontinents und ein Teil Nordwesteuropas von Skandinavien über Norddeutschland bis zu den Britischen Inseln. Die Eisflächen waren fast dreimal so groß wie heute. Die Folge war eine erneute Dürrekrise in den Tropen und ein weiteres Vordringen der Wüsten. Die neuerliche Erwärmung des Klimas vor etwa 15 000 Jahren ließ dann das Eis in den mittleren und hohen Breiten rasch abschmelzen; der Meeresspiegel stieg wieder. Bis zum Ende der jüngsten Eiszeit um 8000 v. Chr. folgten jedoch noch mehrere schroffe Kälterückschläge, bis sich allmählich ein Klima einstellte, das schon sehr dem heutigen glich.

Die Geschichte der Menschheit beginnt mit den ersten Primaten, die sich auf ihren Hinterbeinen aufrichteten – das geschah vor 6–8 Mio. Jahren in Afrika. Aus ihnen gingen die Australopithecinen hervor, die frühesten Hominiden.

1. Diese Vorfahren des Menschen ernährten sich von Beeren, hartschaligen Früchten und Wurzeln.

2. Sehr bald scheint dann der Verzehr von Fleisch, Knochenmark und Hirn von Tierkadavern einen hohen Stellenwert in der Ernährung von *Homo habilis* eingenommen zu haben – hier zertrümmert er gerade mit einfachen, unbehauenen Steinen Tierknochen, um an das begehrte Mark zu gelangen.

3. Obgleich sie es einzeln nicht mit einem größeren Tier aufnehmen konnten, waren *Homo habilis* und seine Artgenossen als Gruppe sehr wohl in der Lage, durch Steinwürfe ein Raubtier zu vertreiben. Einige Mitglieder der Horde zerlegen mit geschärften Feuersteinen einen Tierkadaver.

4. Vor 2 Mio. Jahren stellte *Homo habilis* seine ersten Werkzeuge her, obwohl nicht auszuschließen ist, dass auch einige Australopithecinen dazu in der Lage waren.

5. *Homo erectus* baute sich bereits Hütten aus Ästen und Zweigen. Er hatte noch stark affenähnliche Gesichtszüge und einen breiten Knochenwulst über den Augen. Vor etwa 2 Mio. Jahren begann er, sich die Welt zu erschließen.

6. Das Feuer, das er vor vielleicht 600 000 Jahren zu beherrschen lernte, veränderte sein Dasein grundlegend. Nun war er in der Lage, sich bei Kälte zu wärmen, Raubtiere fernzuhalten und Fleisch zu garen, um es besser kauen und verdauen zu können.

7. Die Erfindung von Lanzen und anderen angespitzten Waffen sowie sein Organisationstalent erlaubten ihm, selbst große Säugetiere zu erlegen. Er war ein erstklassiger Jäger.

Afrika, Heimat des Menschen
Australopithecus tritt in Erscheinung

Die Entwicklung des Menschen begann vor etwa 8 Mio. Jahren – und zwar infolge einer großen Trockenperiode. Sie veränderte die Lebensumstände der damaligen großen Affen und zwang sie, sich den neuen Verhältnissen anzupassen. Das erste Ergebnis dabei war *Australopithecus*. Er lebte in Afrika, dem Mutterland der Menschheit.

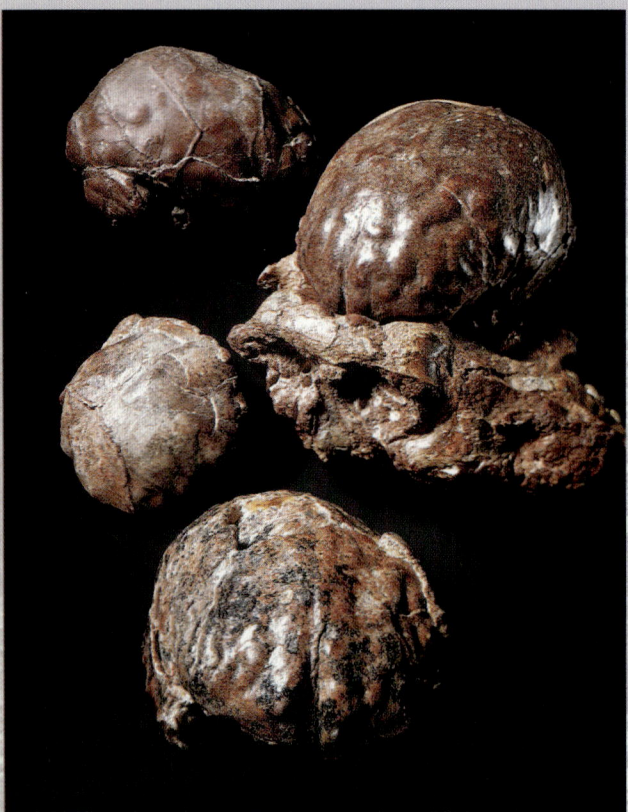

▲ *Das Schädelinnere von Australopithecinen*
In Afrika richtete sich erstmals ein großer Affe auf seinen Hinterbeinen auf und wurde damit tendenziell zum Zweibeiner. Damit wurden seine Hände frei zum Handeln, was die Vergrößerung seines Gehirns bewirkte. Der Mensch war auf den Weg gebracht.

Eine glückliche Fügung?

Der Ursprung des Menschen lässt sich nicht exakt bestimmen, denn es gibt keinen eindeutigen Ausgangspunkt, von dem aus eine direkte Linie zu unserer Gattung führte. Nur die Evolution selbst hatte einen Anfang (im Urknall?), in ihr repräsentieren wir, *Homo sapiens sapiens*, nur eines von vielen Gliedern. Ein anderes bildeten die Australopithecinen. Dass wir mit ihnen unsere direkte Vorgeschichte beginnen lassen, hat einen guten Grund: Verglichen mit den großen Affen, aus denen sie hervorgingen, schafften sie einen für die Menschwerdung entscheidenden Entwicklungsschritt: den aufrechten Gang. Gleichwohl blieben sie Primaten, die selbstverständlich auch wir noch sind, denn 99 % unserer Gene teilen wir mit den Schimpansen. Unsere Besonderheit beruht also wohl darauf, dass diese winzige Differenz so ungeheure Folgen zeitigte – vor allem während jener gravierenden Klimaveränderungen, die sich vor einigen Millionen Jahren in

Afrika vollzogen, wo das erste Kapitel in der Geschichte des Menschen zaghaft aufgeschlagen wurde.

Asien wäre manchem lieber

Schon Charles Darwin vertrat 1871 in seiner Schrift *Über die Entstehung der Arten durch natürliche Zuchtwahl* die Auffassung, dass unsere Wurzeln in Afrika zu suchen seien, schließlich, so schreibt er, lebten die großen Affen auf diesem Kontinent.

Heute steht für die Mehrzahl der Forscher der afrikanische Ursprung des Menschen nicht mehr in Frage – einige sähen freilich unsere Wiege noch immer lieber in Asien und folgen damit einer anthropologischen Sicht, die bis zum Ende des Zweiten Weltkriegs weit verbreitet war. Ihr lag ein unausgesprochener Rassismus zugrunde, denn die (weißen) Wissenschaftler wollten sich durchaus nicht mit ihrer Abstammung von schwarzen Vorfahren anfreunden. Sie argumentierten, dass man in Asien nur darum keine Hinweise auf unseren dortigen Ursprung gefunden habe, weil man hier nicht im gleichen Umfang Ausgrabungen durchführte wie in Afrika. Tatsächlich stieß man in Indonesien, China und Thailand unterdessen auf eine große Fülle von paläontologischen Schätzen – doch ein *Australopithecus* wurde dabei nicht entdeckt. Die Knochenfunde aus Afrika überzeugen sowohl durch ihre große Zahl, als auch dadurch, dass sie die Evolution der Primaten seit 20 Mio. Jahren anschaulich und nahezu lückenlos belegen – lediglich der Übergang von den großen Affen zu den Hominiden ist recht spärlich dokumentiert (nur durch ein Dutzend Funde aus der Zeit vor 10–4,5 Mio. Jahren). Anhand der Fossilienreihen vom Rand des Ostafrikanischen Rift Valley kann man die allmähliche Vergrößerung des Gehirnvolumens verfolgen, die Vervollkommnung des aufrechten Gangs und die signifikanten Veränderungen der Hand – wesentliche Kriterien für die Entwicklung des Menschen.

DAS KÖNNEN DOCH NICHT WIR SEIN!

Es war ein harter Schlag. Lange hatten Anthropologen unsere Vorfahren in Asien vermutet. Doch dann legte der junge Anatom Raymond Dart 1924 ausgerechnet in Afrika in der Grube von Taung den bis dahin frühesten Vorfahren der Hominiden frei – ein Wesen mit lächerlich kleinem Schädel, menschenähnlichen Zähnen und – tatsächlich! – einer aufrechten Haltung. Ohne Zweifel also unser Vorfahr! Dieser *Australopithecus africanus*, der afrikanische Affe (das „Kind von Taung"), erschütterte den latenten Rassismus mancher Wissenschaftler, mussten sie doch zur Kenntnis nehmen, dass die Ahnen des Menschen keineswegs im Land der weißen Hochkulturen zu suchen waren und dass sie auch nicht die Gestalt besaßen, die man erwartet hatte. Mancher sträubte sich lange dagegen. Erst der Schädelfund eines erwachsenen *Australopithecus africanus* durch Robert Broom einige Jahre später bewirkte, dass man sich bei der Suche nach unseren Ursprüngen nun endgültig und vorurteilsfrei auf den schwarzen Kontinent konzentrierte.

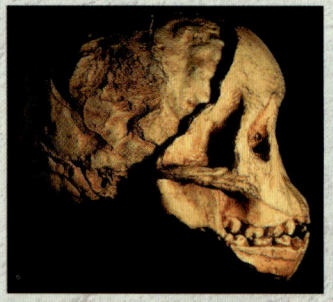

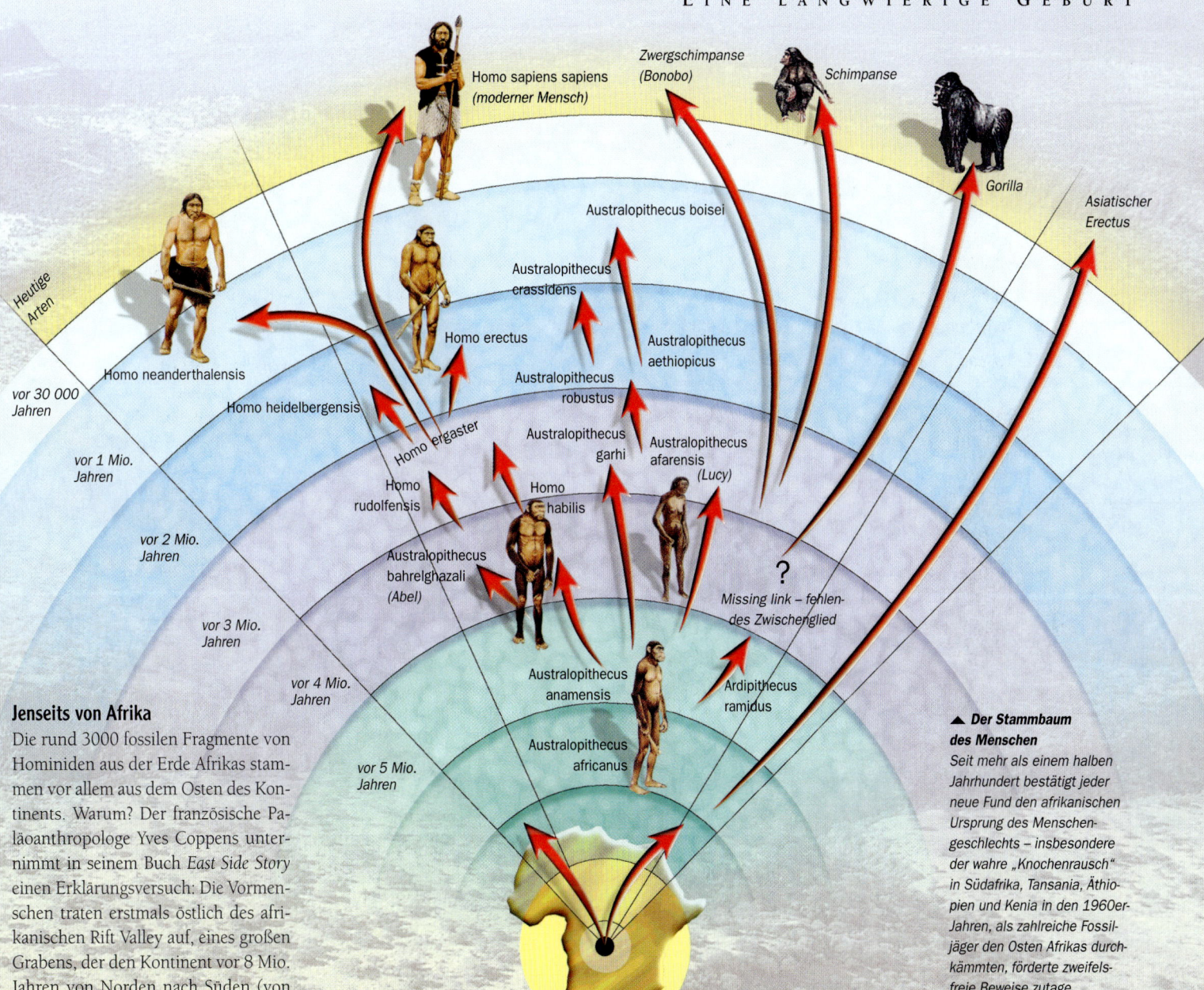

Zwergschimpanse (Bonobo)

Schimpanse

Gorilla

Asiatischer Erectus

Homo sapiens sapiens (moderner Mensch)

Australopithecus boisei

Australopithecus crassidens

Homo erectus

Australopithecus aethiopicus

Homo neanderthalensis

Homo heidelbergensis

Australopithecus robustus

Homo ergaster

Australopithecus garhi

Australopithecus afarensis (Lucy)

Homo rudolfensis

Homo habilis

Australopithecus bahrelghazali (Abel)

Missing link – fehlendes Zwischenglied

?

Australopithecus anamensis

Ardipithecus ramidus

Australopithecus africanus

Heutige Arten

vor 30 000 Jahren

vor 1 Mio. Jahren

vor 2 Mio. Jahren

vor 3 Mio. Jahren

vor 4 Mio. Jahren

vor 5 Mio. Jahren

▲ *Der Stammbaum des Menschen*
Seit mehr als einem halben Jahrhundert bestätigt jeder neue Fund den afrikanischen Ursprung des Menschengeschlechts – insbesondere der wahre „Knochenrausch" in Südafrika, Tansania, Äthiopien und Kenia in den 1960er-Jahren, als zahlreiche Fossiljäger den Osten Afrikas durchkämmten, förderte zweifelsfreie Beweise zutage.

Jenseits von Afrika

Die rund 3000 fossilen Fragmente von Hominiden aus der Erde Afrikas stammen vor allem aus dem Osten des Kontinents. Warum? Der französische Paläoanthropologe Yves Coppens unternimmt in seinem Buch *East Side Story* einen Erklärungsversuch: Die Vormenschen traten erstmals östlich des afrikanischen Rift Valley auf, eines großen Grabens, der den Kontinent vor 8 Mio. Jahren von Norden nach Süden (von Eritrea bis Malawi) über eine Länge von mehr als 3000 km aufgerissen hatte. Dabei waren beiderseits des Grabens hohe Randgebirge entstanden, die den Austausch der Luftmassen stark beeinträchtigten. Im Westen des Rifts blieb der tropische Regenwald erhalten, der weiterhin mit Niederschlägen aus dem Golf von Guinea versorgt wurde, sodass sich dort unsere Affenahnen, wie die Gorillas, behaupten konnten.

Auf den Osten dagegen wirkte die geologische Barriere als eine Klimagrenze. Die üppigen Regenfälle versiegten, stattdessen wurde der Landstrich nun regelmäßig von trockenen Winden heimgesucht. Eine neue Landschaft entstand: Der Wald wich zurück, und an seine Stelle traten ausgedehnte Grassavannen mit geringem Baumbestand. Um zu überleben, mussten sich die Affen dem drastisch veränderten Lebensraum anpassen. So könnte die Trockenheit zur Entwicklung der Zweibeinigkeit geführt haben. Ohne Bäume machte es keinen Sinn, Affe zu bleiben. Zu simpel? Unter den Hunderten von Knochen von Australopithecinen und den Tausenden von Säugetierknochen, die man entdeckte, stammt jedenfalls kein einziger von einem großen Affen, der noch auf Bäumen lebte.

Abel aus dem Tschad

1995 allerdings entdeckte man mehr als 2500 km nordwestlich des Rifts im heutigen Tschad einen Vormenschen des Typs *Australopithecus bahrelghazali*, bei dem es sich um einen Zeitgenossen von *A. afarensis* (vor 3,5 Mio. Jahren) handelte. Man nannte ihn Abel. Irritie-rend war auch, dass die fossil erhaltene Tierwelt seiner Zeit frappant derjenigen Ostafrikas ähnelte: Nashörner, Nilpferde, Gazellen, Antilopen und Giraffen. Sie bewiesen, dass vor 3 Mio. Jahren auch im Westen der Wald der Savanne gewichen war. Entweder hatten sich also die Affen dort ebenso fortentwickelt wie ihre Vettern im Osten des Grabens (so die Meinung von Michel Brunet, dem Entdecker von Abel), oder aber Abel war schlicht ein Migrant aus dem Osten, der vor 3 Mio. Jahren das Rift Valley umgangen hatte – mit einem kleinen Umweg über Südafrika, wo man in der Tat zahlreiche Australopithecinen aus dieser Zeit entdeckte. Von dort aus könnte Abel dann seine Reise nach Westen fortgesetzt haben.

Vor 5 Mio. Jahren

Lucy, Abel und Co.
Auf den Spuren der Australopithecinen

V or 5–1 Mio. Jahren waren in Afrika gleich mehrere Arten von Australopithecinen heimisch. Manche von ihnen lebten zur gleichen Zeit, sodass sich die Spuren der Linien, aus denen die Menschen hervorgingen, häufig verwirren. Denn mit jedem neuen Fund verringern sich zwar die Lücken in unserem Stammbaum, er selbst wird dabei aber immer komplizierter.

▶ Lucys Skelett
56 Knochen, sprich 40 % ihres Skeletts, hat uns Lucy hinterlassen. Dieses Fossil mit Seltenheitswert bescherte uns viele neue Erkenntnisse über unsere Entwicklungsgeschichte.

▶ Lucys Entdecker
Yves Coppens (Foto rechts), Donald Johanson, John Kalb und Maurice Taieb entdeckten 1974 dieses Skelett, das sie Lucy nannten – nach dem Song Lucy in the Sky with Diamonds der Beatles.

▼ Lucys Tod
Diese Darstellung der toten Lucy ist wohl weit von der Wirklichkeit entfernt, denn Lucy und die ihren durchstreiften Savannen voller Elefanten, Gazellen, Nashörner, Flusspferde und großer Affen. Auch Raubtiere tummelten sich dort in großer Zahl und stellten für die kleinen Hominiden eine ständige Gefahr dar.

Begegnung mit Lucy

Mit wiegendem Gang erscheint Lucy, der Star der Savanne: 1 m groß, 30 kg schwer. Ihr Name ist einem Beatles-Song entlehnt, aber ihre Berühmtheit verdankt sie vor allem ihrem zu 40 % erhaltenen Skelett – ein paläontologischer Glücksfall! Ihre Entdeckung 1974 war eine Sensation. Ihre Knochen ruhten seit fast 3,2 Mio. Jahren an derselben Stelle, und zwar in einem Zweig des Ostafrikanischen Rift Valley in der Region von Hadar in Äthiopien! Die vier Entdecker, die Franzosen Maurice Taieb und Yves Coppens sowie die Amerikaner Donald Johanson und John Kalb, tauften sie *Australopithecus afarensis*, nach der Afar-Senke, jenem wüstenhaften Landstrich, in dem sie die Knochenreste freilegten. Die Äthiopier selbst nannten Lucy poetischer *danikenesh*, was „du bist wunderbar" bedeutet.

War Lucy unsere Urmutter?

Die trockene, sengendheiße Afar-Senke wurde für die Forscher eine wahre Fundgrube. Hunderte von Hominidenknochen und eine Vielzahl von Pollen längst ausgestorbener Pflanzen wurden hier zutage gefördert, sodass man die damalige Landschaft getreu rekonstruieren konnte, wie auch das Leben, das Lucy mit den ihren dort führte. Das kleine Weibchen ging aufrecht und konnte gar rennen, ohne aber schon die Fähigkeit verloren zu haben, auf Bäume zu klettern. Dorthin nämlich flüchtete sie sich vor den Raubkatzen, und vielleicht richtete sie sich da auch ihr Nachtlager ein. Ihr Hirnvolumen war dem eines Schimpansen vergleichbar (370 cm³) – mit diesem hatte sie auch das Leben in einer Horde gemeinsam und die Verwendung einfacher Werkzeuge, wie gespaltener Kieselsteine zum Schlagen oder von Knochenstücken zum Schaben. Ihre kleinen, mit dickem Schmelz überzogenen Zähne zeigen, dass sie mit Vorliebe Blätter, weiche Früchte und Insekten vertilgte, gewiss auch bei Gelegenheit ein Stück Aas. Aber welche Beziehung hat Lucy nun zu uns? Nach Meinung der Amerikaner im Entdeckerteam markiert sie zweifelsfrei den Ursprung des Menschengeschlechts. Dagegen sind die Franzosen überzeugt, dass der kleinwüchsige *Australopithecus afarensis* ohne jede Nachkommenschaft erloschen ist; den *Homo sapiens* habe der früher anzusiedelnde *Australopithecus anamensis* hervorgebracht.

Zweibeiner in der Savanne

Tatsächlich herrschte in der Savanne eine rege Betriebsamkeit. Man war viel unterwegs: Von Südafrika bis Äthiopien, über Tansania und Kenia bis in den Tschad hinein fanden die Forscher

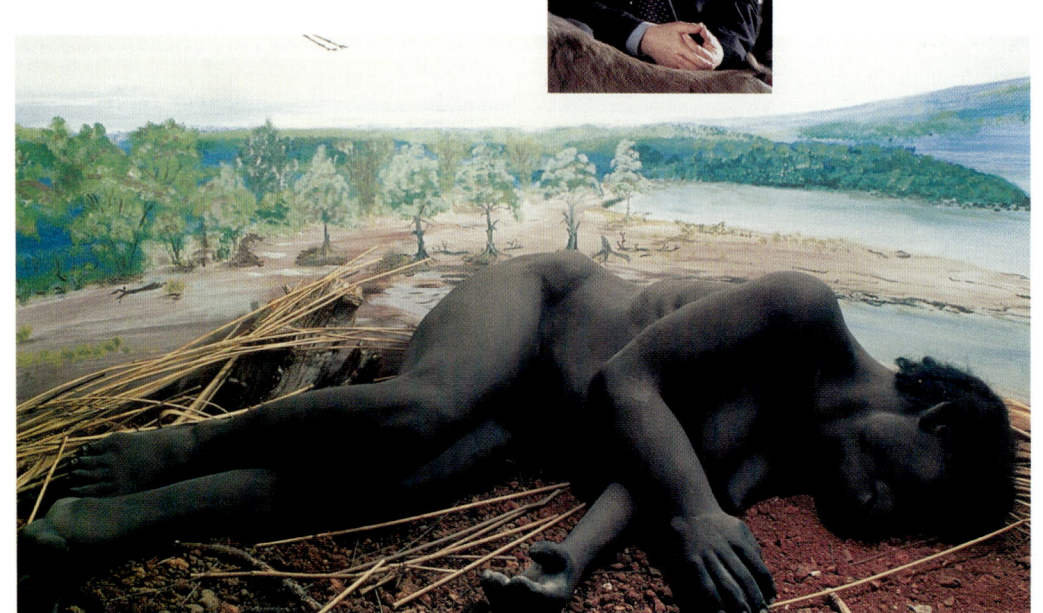

246

die Spuren von mehreren Frühmensch-
arten. Unter ihnen gehört der erwähnte
Australopithecus anamensis mit 4 Mio.
Jahren zu den ältesten. Trotz seines
noch sehr urtümlichen Kiefers ist
sein Körper erstaunlich menschen-
ähnlich – insbesondere war seine
aufrechte Haltung vollkommener
als bei der 1 Mio. Jahre jüngeren Lucy.
Noch älter, aber kein Australopithecus,
ist der aus Äthiopien stammende *Ardipithecus ramidus*, den man auf 4,4 Mio.
Jahre schätzt; er hatte ein primitiveres
Aussehen, ging aber ebenfalls schon
aufrecht, wie auch *Australopithecus africanus*, *A. bahrelghazali* (Abel), *A. ae-
thiopicus*, *A. robus-
tus* und auch
A. boisei.
Diese Aus-
tralopithe-
cinen besa-
ßen ein Ge-
hirn wie ein
großer Affe. In
ihrem mächtigen
Kiefer waren starke
Eckzähne sowie breite Zäh-
ne (mit einer dicken Schmelzschicht)
verankert. Die Männchen waren meist
größer als die Weibchen, sie alle aber
wuchsen rasch und gelangten früh zur
Geschlechtsreife.

Adam ging verloren

Es leuchtet ein, dass all diese Funde für
die Wissenschaft einen ungeheuren
Schub bedeuteten. Die Lebensumstände unserer fernen Ahnen sind uns
heute in vieler Hinsicht bekannt – das
paläontologische Wissen ist in den letzten 50 Jahren stärker gewachsen als in
der gesamten Zeit davor.
Damit entstehen aber auch neue Probleme. Vor allem die Verwandtschafts-

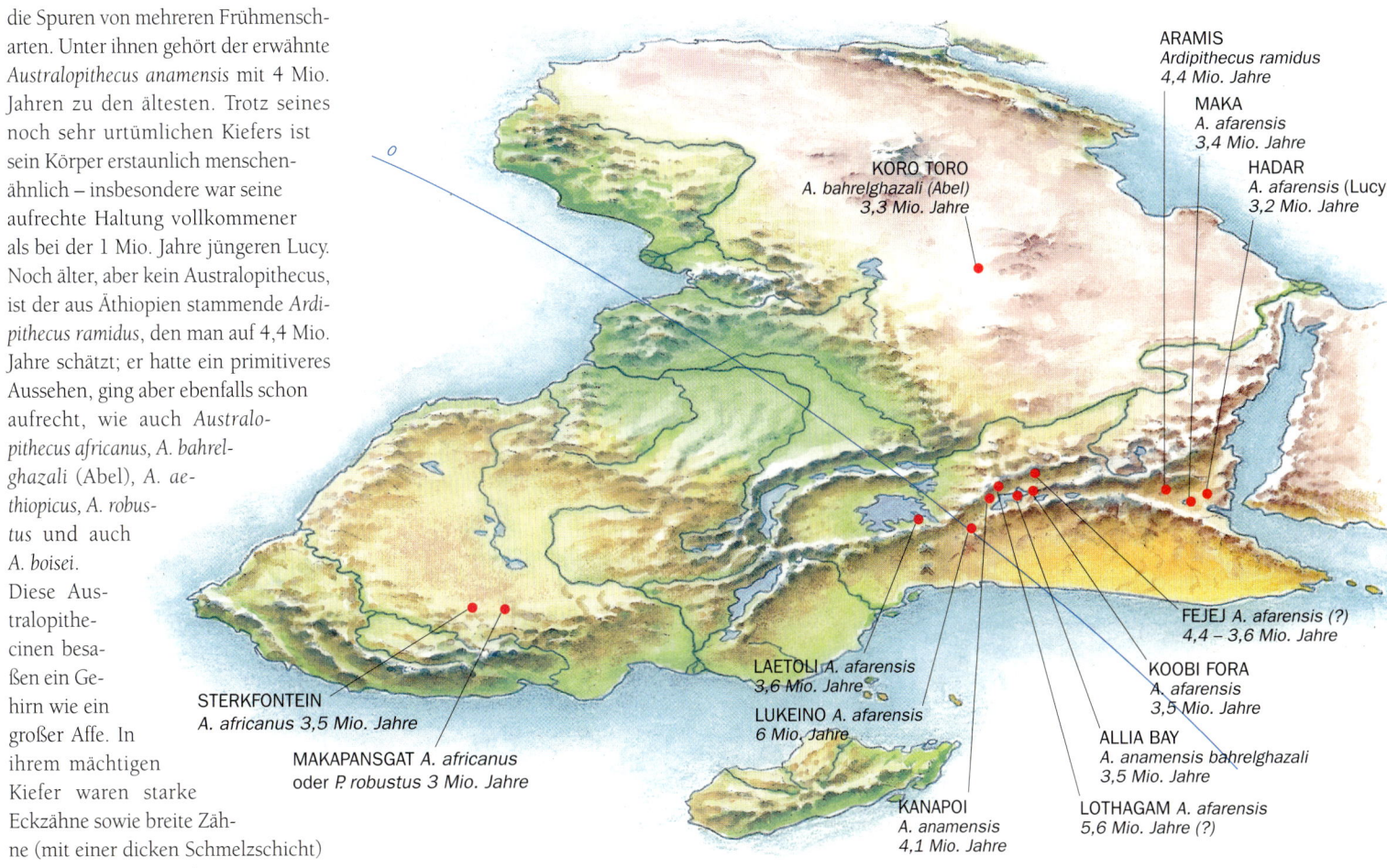

beziehungen zwischen den verschiedenen Arten bereiten Kopfzerbrechen. Mit
Lucy war ein überzeugendes Schema
entstanden: Aus einem großen afrikanischen Affen ging ein *Australopithecus*
hervor, aus dem wiederum der erste
Mensch entstand. Doch mittlerweile
gleicht unser Stammbaum einem wild
wuchernden Strauch! Für die Zeit vor
4–2 Mio.Jahren finden wir immer neue
Zweige von Australopithecinen, einige
sprossen sogar zeitgleich.
Vor etwa 3 Mio. Jahren trat als erster
Mensch *Homo habilis* auf – doch 2 Mio.

Jahre später existierten einige der älteren Formen noch immer neben ihm.
Wer also ist der Vorfahre des Menschen? Auf eine Antwort müssen wir
vermutlich noch eine Weile warten, zumal mit Sicherheit zahlreiche weitere
Fossilien gefunden werden, die unseren Stammbaum noch ein Stück komplizierter machen.
Manche unserer Vorfahren oder Verwandten sind verschwunden, ohne dass
neue Arten aus ihnen hervorgegangen
sind. Andere, die wir für erloschen hielten, tauchen plötzlich in einer ganz anderen Umgebung wieder auf. Und warum sind überhaupt einige von ihnen
ausgestorben?
Die Frage eröffnet einen Abgrund. Es
ist wenig wahrscheinlich, dass wir eines
Tages einen linearen Stammbaum unserer Entwicklung werden zeichnen
können. Albert Einstein meinte einmal:
Gott würfelt nicht! Aber vielleicht die
Evolution. Und womöglich besteht das
größte Wunder darin, dass sie uns allen
Zufällen und Unwägbarkeiten zum
Trotz überhaupt entstehen ließ.

▲ **Fundstellen fossiler Australopithecinen in Afrika**
*Von allen Hominiden, die
Afrika vor 4–1 Mio. Jahren
bevölkerten, waren die Australopithecinen (die Abkürzung
A. steht hier jeweils für Australopithecus) die artenreichste,
aber auch uneinheitlichste
Gruppe. Wie soll man in diesem Mosaik unseren direkten
Vorfahren finden? Die Frage
ist noch immer unbeantwortet.*

WAR LUCY EIN LUCIEN?

Das Wesen war nicht größer als ein vierjähriges Kind. Da sein Becken so breit
wie das einer ausgewachsenen Frau war, hielt man es auch für eine solche –
Lucy. Freilich hätte sie dank ihrer Gesamtanatomie nur mit Schwierigkeiten
gebären können. Darum verweisen einige Anthropologen auf das wesentlich
schmalere Becken eines anderen *Australopithecus afarensis*, der weit geringere
Probleme mit dem Gebären gehabt hätte. Folglich sei die Beckenform von Lucy
eine Eigentümlichkeit ihrer Art und nicht Beweis ihrer Weiblichkeit. Der zweite
Australopithecus sei demnach ein Weibchen und Lucy ... ein Männchen! Die meisten Anthropologen bestreiten das aber vehement – es sei undenkbar, dass ein
weiblicher Primate ein engeres Becken haben könne als ein männlicher.

Bildbeschriftungen der Karte:

ARAMIS
Ardipithecus ramidus
4,4 Mio. Jahre

MAKA
A. afarensis
3,4 Mio. Jahre

HADAR
A. afarensis (Lucy)
3,2 Mio. Jahre

KORO TORO
A. bahrelghazali (Abel)
3,3 Mio. Jahre

FEJEJ *A. afarensis (?)*
4,4 – 3,6 Mio. Jahre

KOOBI FORA
A. afarensis
3,5 Mio. Jahre

LAETOLI *A. afarensis*
3,6 Mio. Jahre

LUKEINO *A. afarensis*
6 Mio. Jahre

ALLIA BAY
A. anamensis bahrelghazali
3,5 Mio. Jahre

STERKFONTEIN
A. africanus 3,5 Mio. Jahre

MAKAPANSGAT *A. africanus*
oder *P. robustus* 3 Mio. Jahre

KANAPOI
A. anamensis
4,1 Mio. Jahre

LOTHAGAM *A. afarensis*
5,6 Mio. Jahre (?)

Auf die Beine, ihr Affen!
Der aufrechte Gang, der entscheidende Schritt

Einen Fuß vor den anderen setzen und gehen – eine einfache Sache ... und doch ganz und gar revolutionär! Vor mehr als 4 Mio. Jahren hob ein Australopithecus den Kopf, um sich auf seine beiden Beine aufzurichten. Das allein hat ihn zwar noch nicht zum Menschen gemacht, denn dazu bedurfte es vieler weiterer Schritte. Aber die Zweibeinigkeit markiert den Übergang zwischen Tier und Mensch: Durch sie wurden seine Hände frei, und sein Gehirn konnte sich weiter entwickeln.

◀ Von wem stammen die Spuren im tansanischen Laetoli?
Diese Fußabdrücke, die weit mehr denen von Menschen als von Affen ähneln, zeigen, dass es sich hier um einen sehr geschickten Zweibeiner gehandelt haben muss. Sie könnten von Australopithecus afarensis stammen.

▲ Die Abdrücke von Laetoli beweisen, dass Australopithecus afarensis (rechts) beim Gehen sein Gewicht schon auf gleiche Weise verteilte wie der moderne Mensch (links). Sie deuten auf Fußknochen hin, die unseren ähnlich waren. Man konnte ihr Alter genau bestimmen: 3,6 Mio. Jahre.

Warum zweibeinig?
Optimales Gehen erfolgt aufrecht, mit erhobenem Kopf. Die Australopithecinen verbesserten entscheidend die Fortbewegung auf den Hinterbeinen, die ihr Vorfahr (oder der Vorfahre der großen Affen), *Ardipithecus*, vor 4 Mio. Jahren erprobte. Welche Vorteile bot aber der aufrechte Gang den ersten Zweibeinern? Sie konnten nun drohende Gefahren rechtzeitiger erkennen; bei einem Angriff mussten sie nicht mehr nur ihre Zähne fletschen, sondern konnten gleichzeitig mit den Händen drohen; es fiel ihnen leichter, Früchte zu pflücken und Aas fortzuschleppen; sie konnten bei der Nahrungssuche weite Strecken mit geringerem Kraftaufwand zurücklegen – in der Savanne ein wesentliches Plus. Und nicht zuletzt macht der aufrechte Gang die Geschlechtsmerkmale sichtbar, was Werbung und Vermehrung beschleunigt. Kurz: Im Vergleich zur Fortbewegung auf allen Vieren spart ein Tier durch Zweibeinigkeit erheblich Energie ein. Das musste unsere Affen-Vorfahren zwangsläufig verändern – nicht auf das Ziel „Mensch" hin, aber doch in einer Weise, die dessen Entwicklung erst möglich machte. Auch einige Tiere laufen kurzfristig auf zwei Beinen, aber der Mensch hat sich als Einziger die aufrechte Haltung dauerhaft angeeignet.

Zweibeiner auf Bäumen
Proconsul und *Kenyapithecus* waren vor mehr als 10 Mio. Jahren wahrscheinlich die ersten Affen, die sich aufrichteten. Vielleicht gelang dies vor 20 Mio. Jahren sogar schon *Morotopithecus*, der als möglicher Vorfahre von Menschen, Schimpansen und Gorillas in Frage

kommt. Aber erst die Australopithecinen machten vor 4 Mio. Jahren die Zweibeinigkeit zu ihrer dauerhaften Errungenschaft. Die Wissenschaftler gehen davon aus, dass die Affen auf dem Weg dorthin mehrere Stadien durchlaufen haben. Der aufrechte Gang setzte sich gewiss nicht schlagartig durch. Wahrscheinlich trat er hier und dort auf, verschwand dann wieder und tauchte später bei einigen Arten erneut auf – ein üblicher Prozess bei der Evolution von Merkmalen. Noch erstaunlicher: Affen entwickelten die Zweibeinigkeit nicht auf dem Boden, sondern auf den Bäumen, und zwar in dem Augenblick, als sie eine bestimmte Körpergröße erreichten. Wenn schwere Tiere, wie der Gorilla, auch weiterhin in der Lage sein sollten, an einem Stamm emporzuklettern oder sich von Ast zu Ast zu schwingen, musste ihr Rücken sich strecken – der erste Schritt in Richtung Zweibeinigkeit.

Sag mir, wie du läufst ...
Es gab verschiedene Formen von Zweibeinigkeit. Vergleicht man etwa das Skelett von *Australopithecus africanus* mit dem von Lucy oder Abel, dann fällt

◀ **Aufrecht und ohne Haarkleid**
Diese Darstellung von Australopithecus afarensis präsentiert Lucy als direkte Ahnherrin
des Menschen. Sie hatte aber
wohl von ihren baumbewoh-
nenden Vorfahren noch die
langen, gebogenen Finger
bewahrt.

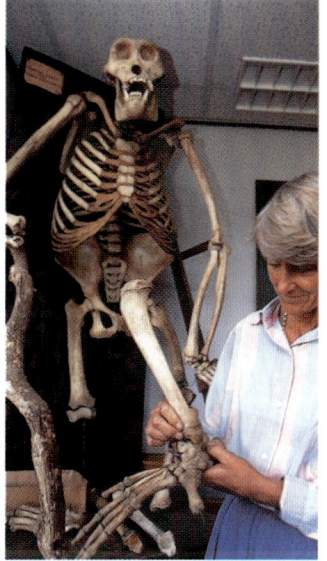

▲ **Die aufrechte Haltung
der Primaten**
Wie hat sich das Skelett der
Primaten an die aufrechte Haltung angepasst? Diese Frage
steht am Anfang eines anatomischen Puzzles, das Anthropologen wie Maeve Leakey – hier in
Gesellschaft des ältesten Zwei-
beiners der Welt, Australopithecus anamensis – auflösen
wollen.

◀ **Die Hand von Australopithecus afarensis (links) und die
eines modernen Menschen**
Der Vergleich der Handskelette
zeigt, dass die Australopithecinen mit den oberen Gliedmaßen
ebenso geschickt waren wie wir.
Dagegen verraten uns ihre unteren Gliedmaßen, besonders die
Knie, dass sie sich ebenso gut
in der Savanne wie auf Bäumen
fortbewegen konnten.

auf, dass die frühen Primaten die aufrechte Haltung unterschiedlich adap-
tierten. Die große Zehe von *A. africanus* deutet darauf hin, dass er, obschon
Zweibeiner, die meiste Zeit noch auf
den Bäumen verbrachte. Lucy dagegen,
die sich gewiss hin und wieder von Ast
zu Ast schwang, hatte eine klare Vorliebe für den aufrechten Gang. Das ver-
blüffendste Exemplar war jedoch *Australopithecus anamensis*, der schon vor
5 Mio. Jahren sicherer lief als seine
Nachfolger. Viele Forscher sehen darum ihn als direkten Vorfahren der ersten Menschen. Fußspuren im tansanischen Laetoli hielten gleichsam den
Hüftschwung unserer Altvorderen fest
und zeigen, dass sie sich über lange
Strecken hinweg aufrecht fortbewegten.

Diese einzigartigen Fußabdrücke, die
drei Vormenschen vor 3,6 Mio. Jahren
in einer Tuffschicht hinterließen, wurden 1978 von der Paläontologin Mary
Leakey entdeckt. Sie lieferten uns entscheidende Informationen zu den weichen Fußpartien, der Ferse, dem Fußgewölbe, der großen Zehe sowie zur
Schrittlänge. Allerdings konnte man die
Spuren keinem bestimmten Australopithecinen zuordnen, favorisiert aber
Angehörige von Lucy.

Von Kopf bis Fuß

Der aufrechte Gang spielte beim Australopithecinen eine wesentliche Rolle
in der Entwicklung seines Gehirns (En-
zephalisation). In manchem fossilen
Schädel hinterließen die Hirngefäße,

insbesondere die Kopfschlagader, die
das Gehirn mit Blut versorgt, deutliche
Abdrücke. Je größer diese Arterie, umso
größer auch das Gehirn. Das der Australopithecinen unterschied sich bereits
deutlich von dem der Schimpansen.
Durch die aufrechte Haltung befand
sich der Schädel des Vormenschen im
Gleichgewicht auf der Wirbelsäule. Dadurch wurden die mächtigen Nacken-
muskeln, die den Schädel bei Vierbei-
nern zusammendrücken und in der
Waagerechten halten, überflüssig. Die
befreite Hirnschale konnte sich der Vergrößerung des Gehirns anpassen, das
rasch an Volumen und Gewicht gewann. Andere Forscher sehen es umgekehrt: Der Mensch habe sich aufgerichtet, weil sein Gehirn (und Kopf)
größer geworden sei und die Fortbewegung auf zwei Beinen energiespa-
render war.

Außerdem befreite die Aufrichtung die
Hände von ihrer Funktion für die Fortbewegung. Sie standen nun für andere
Tätigkeiten zur Verfügung und erwarben sich rasch eine immer größere Geschicklichkeit. Ihre Entwicklung verlief
parallel zu jener des Gehirns, die wiederum mit der Ausbildung von Abstrak-
tionsfähigkeit und Sprache einen Höhepunkt erreichte – seit er aufrecht
geht, ist der Mensch in Bewegung.

LUCY SCHWANKT, ABER SIE FÄLLT NICHT

S chon Lucy war in der Lage, sich aus einer gebeugten Haltung kerzengerade
aufzurichten, also gleichzeitig Rumpf, Schenkel und Beine zu strecken – wozu
die großen Affen nicht fähig sind. Doch diese auf den ersten Blick schon ganz
menschenähnliche Fähigkeit trügt: Wenn man Lucy von der Seite betrachtet, bietet
sich ein anderes Bild. Mit ihrem äußerst schmalen Unterleib konnte sie nur schwer
das Gleichgewicht halten, denn ihr Schwerpunkt war instabil. Das heißt, sie
schwankte! Im Stand hat sich die kleine Australopithekin wohl ständig leicht vor
und zurück gewiegt. Übrigens waren alle ihre Gelenke labil und griffen nur schwach
ineinander, sei es nun an den Hüften, an den Knien oder an den Fußknöcheln. Darum meinte ihr französischer Mit-Entdecker Yves Coppens, dass sie wohl eher unsere Cousine und nicht unsere Großmutter sei, denn andere Australopithecinen
waren an die Zweibeinigkeit schon wesentlich besser angepasst.

Ein geschickter Mensch
Homo habilis: der erste Werkzeugmacher

Vor 3 Mio. Jahren durchstreifte ein Hominide Afrika, der als erster den Namen Mensch erhielt: *Homo habilis*, der „geschickte Mensch", denn er hatte mit seinen Händen die ersten Werkzeuge gefertigt. Gleichwohl ähnelte er seinen Affenvorfahren noch sehr. Größe und Form seines Schädels zeigen aber, dass sich sein Gehirn bereits auf Kosten des Kauapparats vergrößert hatte. Mit diesem Durchbruch in der Entwicklung wurde der Mensch zum Menschen.

▶ **Zinjanthropus boisei**
Dieser versteinerte Schädel eines Australopithecinen wurde 1959 von Mary Leakey in der Olduvai-Schlucht entdeckt und der Spezies Australopithecus boisei *zugeordnet, einem Urmenschenstamm ohne Nachkommenschaft, der vor etwa 1,7 Mio. Jahren lebte.*

▼ *Die Olduvai-Schlucht in Tansania*
Diese etwa 100 m tiefe Schlucht erstreckt sich über eine Länge von 40 km. Wie ein Canyon gräbt sie sich in das Becken eines vormaligen Sees, der früher die Serengeti-Ebene bedeckte. Hier wurden zahlreiche Knochenreste und Gebrauchsgegenstände zutage gefördert. Die heutigen Fundstellen wurden einst von Hominiden, besonders von Australopithecus boisei, Homo habilis *und* Homo erectus, *frequentiert und sind im Schaubild markiert.*

Der erste Mensch

Man schreibt das Jahr 1960. Schon seit zwei Dekaden führen Mary und Louis Leakey Ausgrabungen in der nordtansanischen Olduvai-Schlucht durch. Jahre zuvor hatten sie hier der trockenen Erde einige grob behauene Steine entrissen, die vor 1,8 Mio. Jahren bearbeitet worden waren. Trotz dieses Alters konnten sich die Leakeys ebenso wie die paläontologische Fachwelt als Urheber dieser primitiven Artefakte nur ein Mitglied der Art *Homo* vorstellen. Allerdings waren alle bis dahin entdeckten gleichaltrigen Hominiden-Fossilien die Überreste großer Affen. Keine Spur also von einem Menschen.

Am 2. November 1960 jedoch legte ihr Sohn Jonathan im Herzen der Olduvai-Schlucht die verstreuten Knochenfragmente einer Hand und eines Schädels frei. Der nur fragmentarische Unterkiefer erschien kleiner und schwächer als der von Affen. Und das Gehirnvolumen der Kreatur war etwas größer als das der Australopithecinen. Als man die Handknochen zusammengefügt hatte, bestand kein Zweifel mehr. Zwar sprachen die ersten Fingerglieder –

lang und gebogen – noch von einem Leben auf den Bäumen, aber dank der kurzen, verbreiterten hinteren Glieder, und vor allem durch den sehr beweglichen Daumen, der den übrigen Fingern gegenüber stand, hatte diese Hand große Ähnlichkeit mit unserer eigenen. Eine solche Hand konnte durchaus kraftvoll einen Stein greifen und mit Geschick verwenden – ihr Besitzer erhielt folgerichtig den Namen *Homo habilis*, geschickter Mensch.

Die Frucht der Trockenheit

Aber warum ausgerechnet er und warum zu diesem Zeitpunkt? Im jüngsten Tertiär, vor etwa 8 Mio. Jahren, machte die Drift der Platten den Weg für große Meeresströmungen wie den Golfstrom frei. Vor 4 Mio. Jahren verschärften sich die klimatischen Gegensätze dramatisch: Über die Polargebiete stülpten sich gewaltige Eiskappen, während Afrika unter zunehmender Trockenheit zu leiden hatte. Vor 3,5–2,5 Mio. Jahren machte der afrikanische Feuchtwald allmählich ausgedehnten Trockenwäldern Platz, die sich schließlich in Savannen verwandelten. Diese Übergangsperiode nannte Yves Coppens 1975 „Ereignis Omo" – ein Wortspiel, das ein Tal in Äthiopien (Omo) mit vielen Fossilien aus dieser Zeit in Bezug setzte zum Erscheinen des Menschen (Homo). Im Verlauf dieser Periode veränderte sich die afrikanische Tierwelt tiefgreifend. Die Säugerarten erfuhren eine grundlegende Wandlung und nahmen zahlenmäßig stark ab. Sie passten sich dem neuen Lebensraum Savanne an. Dabei verschwanden die echten Pferde, ebenso die Paviane. Diese lange Trockenzeit war für die Australopithecinen verhängnisvoll, führte aber andererseits vor 3 Mio. Jahren zur Entstehung der Gattung Mensch.

Grund zum Stolz?

Freilich enttäuschte *Homo habilis* die Fachwelt auch. Denn was sollte man von einem Ahnen halten, dessen Schä-

Australopithecus boisei

Homo habilis

Homo erectus

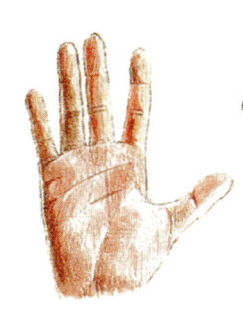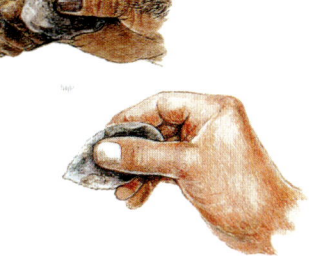

◄ Was Hände verraten
Nebenstehend von links nach rechts: die Hände eines Schimpansen, eines Gorillas, eines Pavians und eines Menschen. Die Umformung einer krallenbewehrten Klaue in eine Hand mit einzeln beweglichen Fingern stellte einen entscheidenden Entwicklungsschritt dar. Die Trennung des Zeigefingers vom Daumen ermöglichte ein exaktes Greifen. Die Hand eines Primaten ist zwar in der Lage, mit zwei Fingern Nahrung oder Gegenstände zu greifen und festzuhalten. Aber nur der menschliche Daumen kann mit allen vier Fingerspitzen interagieren, wie es die Hand zeigt, die einen Chopper (ein primitives Steinwerkzeug) umschlossen hält. Die Hand des Menschen verlor bei dieser Entwicklung zwar an Kraft, gewann aber eine immense Geschicklichkeit.

delvolumen höchstens 750 cm³ erreichte? – wir können heute auf stolze 1350 cm³ verweisen! Außerdem war *Homo habilis* mit 1,10–1,40 m Größe kleinwüchsig, hatte lange, bis zu den Knien reichende Arme (wie seine Australopithecinen-Vorfahren), war vermutlich von oben bis unten behaart und dazu ein armseliger Handwerker, der nach wie vor einen großen Teil seines Lebens auf Bäumen verbrachte – das also war der erste Mensch?

Er war es, denn er besaß auch schon ein kräftigeres Becken und einen widerstandsfähigeren Obeschenkelhals, wodurch er länger, behänder und aufrechter zu gehen vermochte als ein Australopithecine. Rennen konnte *Homo habilis* zwar noch nicht (ein Nachteil in einer Welt voll schneller Raubtiere), aber er nutzte jedes Neuron seines Gehirns, um seine Mankos auszugleichen. Die Schneidewerkzeuge, die er sich dazu aus Steinen anfertigte, waren gewiss nur ein notdürftiges Mittel, um sich in seiner Umwelt zu behaupten. Aber dieses zielgerichtete Handeln bezeugt die fortgeschrittene Leistungsfähigkeit seines Gehirns.

Erfindergeist muss allerdings gut genährt werden. Auch wenn das menschliche Gehirn nur 2 % des Körpergewichts ausmacht, so verbraucht es doch

20 % aller dem Körper zugeführten Energie! *Homo habilis* bezog diese Energie noch zu 80 % in Form von Glucose aus Früchten, Gemüse, Körnern und anderen Pflanzen. Er nutzte aber auch schon eine proteinreiche Nahrungsquelle, die für ihn unverzichtbar war: Fleisch. Seit seiner Entstehung ist der Mensch ein Allesfresser. Und diese neue Ernährungsweise stieg ihm gleichsam gewinnbringend zu Kopf

Kein Kostverächter

Eine carnivore Ernährung setzt, anders als eine herbivore, eine komplexe Organisation des Nahrungserwerbs voraus. Der Fleischfresser muss sich in offenes Gelände wagen, um Beute zu machen oder um Kadaver von Tieren aufzuspüren, die von Raubtieren erlegt wurden. Auch List ist da gefragt. Der kleine *Homo habilis* konnte zwar kaum ein Tier angreifen, das größer als er selbst war, aber in der Horde gelang es ihm sehr wohl, durch Steinwürfe etwa einen Leoparden von seiner Beute zu vertreiben. Gemeinsam wurde das Aas zerteilt und weggeschafft – dieses Vorgehen zwang zu sozialem Austausch. Die Erfindung des Werkzeugs ist sicher darin begründet, dass der Mensch ohne Hilfsmittel viel zu schwach und verletzlich gewesen wäre, um in der Savanne zu überleben. Mit Hilfe von Schabern und Messern aus Feuerstein, Quarzit oder Lava konnte er die von

IST AUCH DER AFFE EIN HABILIS?

Der Mensch ist deshalb Mensch, weil er das Werkzeug erfunden hat – stimmt das überhaupt? Beobachtungen an Affen beweisen scheinbar das Gegenteil. Um Nüsse zu knacken, suchen sie sich einen flachen Stein als Amboss und setzen einen weiteren als Hammer ein. Manche machen gar durch sorgfältiges Kauen Blätter saugfähig, die sie dann in die letzten Winkel eines Tierkadavers einführen, in die sie mit ihren Fingern nicht langen können, und tupfen damit winzige Mengen Knochenmark auf. Ursprünglich unterschieden wir uns sicher nur wenig von unseren Affenvettern. Aber die Bearbeitung von Feuerstein ist eine bewusste, ausgeklügelte und reproduzierbare Handlung, deren Spuren sich im Stein verewigen. Anders als die Hilfsmittel von Tieren entwickelte sich das Werkzeug des Menschen immer weiter, gelegentlich bis zu einem Punkt, an dem bestimmte Gebrauchsgegenstände, z. B. Pfeile oder Äxte, sich in Kunstobjekte verwandelten und ihre ursprüngliche Funktion einbüßten.

▼ Alltag bei Homo habilis
Obwohl er sich noch hauptsächlich von Pflanzen ernährte, war Habilis kein Fleischverächter. Da überall Raubtiere lauerten, musste er das Fleisch schnell mit scharfkantigen Feuersteinen vom Gerippe lösen. Dann zerschlug er mit Hilfe von Steinen die Knochen, um an das wertvolle Mark zu gelangen.

Löwen, Schakalen oder Säbelzahntigern erlegten Antilopen, Nashörner, Nilpferde und Elefanten zerlegen. Mit seinen Steingeräten, insbesondere dem Chopper, einem Faustkeil mit einseitiger Schneide, oder dem beidseitig behauenen Chopping-tool, schnitt er sich Fleischstücke heraus und zertrümmerte die Knochen, um an das nahrhafte Mark zu gelangen. Auskerbungen an Knochen lassen vermuten, dass er auch Sehnen und Haut ablöste, um sie handwerklich zu verwenden. Dann schleppte er seine Beute auf einen Baum oder in eine primitive Steinbehausung, um sie zu verzehren. Wie seine Vettern, die Schimpansen, hat *Homo habilis* seine Schneid-, Schlag- und Schabwerkzeuge womöglich an mehreren Stellen seines ausgedehnten Jagdreviers deponiert – auf diese Weise konnte er, wo immer er auf die Überreste eines toten Tieres stieß, diese rasch verarbeiten. Zeit war damals zwar nicht Geld, aber ein wichtiger Überlebensfaktor.

Die Suche nach Identität

Wenn *Homo habilis* auf uns auch wie ein Zwischenglied zwischen Affe und Mensch wirkt, so war er doch viel mehr als das. Immerhin passte er sich seinem nicht eben freundlichen Lebensraum so gut an, dass er dort 2 Mio. Jahre überlebte. Zum Vergleich: Wir, *Homo sapiens sapiens*, können gerade einmal auf 150000 Jahre Existenz verweisen! Allerdings hatte *Homo habilis* im Osten und Süden Afrikas durchaus Konkurrenten. Er teilte die Savanne mit den im Aussterben begriffenen Australopithecinen, aber auch bereits mit anderen Menschen! Obwohl die Fossilienlage noch unvollständig und wirr ist, steht doch fest, dass vor etwa 2 Mio. Jahren mehrere Hominidenarten nebeneinander existierten.

In der Olduvai-Schlucht in Tansania, wo sie schon die Werkzeuge von *Homo habilis* gefunden hatten, förderten die Leakeys 1959 auch einen *Australopithecus boisei*, genannt Zinj, zutage, der vor etwa 1,7 Mio. Jahren dort lebte – einige

Wissenschaftler ziehen die Bezeichnung *Paranthropus boisei* vor (als Glied zwischen *Australopithecus* und *Homo*). Östlich des kenianischen Turkana-Sees, aber auch in Äthiopien entdeckte man wahre „Friedhöfe", in denen sich Überreste von *Homo habilis*, *Australopithecus*, *Homo erectus* (vermutlich der Nachfolger von *H. habilis*) und von *Homo rudolfensis* bunt mischten. Letzterer übrigens lebte wohl eine Weile gleichzeitig mit *Homo habilis*, war aber kräftiger und größer gebaut und hatte nicht nur einen etwas breiteren Schädel als sein Nachbar, sondern auch sehr menschenähnliche Füße. Sein Gorilla-Kiefer weist Rudolf (der Turkana-See hieß früher Rudolf-See) als spezialisierten Pflanzenfresser aus. Er lebte vor 2,5–2 Mio. Jahren. War er aber nun ein Vater, ein Bruder oder ein Vetter von *Homo habilis*? Tatsächlich halten manche Forscher, ungeachtet der Abweichungen im Körperbau, beide für Angehörige der gleichen Menschenart – die Unterschiede seien nicht prinzipieller Natur.

ZUHAUSE UND UNTERWEGS

Unser Vorfahr hatte schon feste Gewohnheiten. Untersuchungen der Knochen- und Werkzeugfunde aus der Olduvai-Schlucht in Tansania offenbarten, dass die gleichen Orte 10–15 Jahre lang von denselben Gruppen bewohnt wurden. Stellen, an denen *Homo habilis* seine Werkzeuge versteckte, suchte er über mehrere Jahre hinweg immer wieder auf. Der erste Mensch war also kein Nomade im engen Sinn. Allerdings scheute er sich nicht, sehr weite Strecken zurückzulegen, um geeignete Steine für die Herstellung seiner Chopper und Chopping-tools zu finden – ein Perfektionist mit Heimweh!

▲ Chopping-tool
Ist Geröll rundherum behauen, spricht man von einem Polyeder. Wurden die Steinsplitter nur auf einer Seite entfernt, so bezeichnet man den Kiesel als Chopper, eine Art Hackwerkzeug. Sind beide Seiten bearbeitet, nennt man das Ergebnis Chopping-tool, eine Art Messer mit stark geriffelter Schneide.

Andere sehen dagegen in Rudolf den direkten Vorfahren von *Homo habilis*, während eine dritte Lehrmeinung beide für zwei völlig verschiedene Arten hält. Wie auch immer: Sollten beide tatsächlich zur gleichen Zeit gelebt haben, so praktizierten sie mit Sicherheit kein enges Zusammenleben. Der noch sehr baumverbundene *Homo habilis* zog gewiss Gebiete vor, in denen er möglichst viele Bäume fand. Rudolf hingegen schreckte mit seinen platten Füßen und seiner perfekten Zweibeinigkeit nicht vor kilometerweiten Märschen durch die Savanne zurück. Vermutlich hatten beide es gerade ihrer Anpassung an zwei leicht voneinander abweichende ökologische Nischen zu verdanken, dass sie so lange nebeneinander leben konnten, ohne ernstlich miteinander zu konkurrieren.

Zufall oder Notwendigkeit?

Die geschilderten Beispiele machen deutlich, dass die Paläontologie viel Raum für recht unterschiedliche Interpretationen lässt, die bisweilen zu erbittertem Streit führen. Seit den 1960er-Jahren mussten die Forscher lernen, die immer komplexeren Kenntnisse über den Ursprung des Menschen sinnvoll miteinander zu verknüpfen. Denn im Gegensatz zu dem, was lange als wissenschaftliches Dogma galt, stellt die Evolution keineswegs eine logische und lineare Aufeinanderfolge von Arten dar, die in der Entwicklung eines höchsten irdischen Wesens, des *Homo sapiens sapiens*, gipfelt. Ganz im Gegenteil gleicht unser Stammbaum weit mehr einem wild und unkontrolliert wuchernden Busch, aus dem seit Anbeginn unzählige Zweige hervorsprießen. Manche von ihnen starben ab, während andere mehr oder weniger durch Zufall weiter wuchsen. Nicht selten lebten zur gleichen Zeit sehr unterschiedliche Hominiden, die teils weitaus höher entwickelt waren, als man lange vermutete. Inmitten dieses Chaos trat auch die menschliche Spezies ans Licht der Welt und entwickelte sich langsam zum *Homo sapiens*. Die meisten Wissenschaftler sind sich heute sicher, dass der Mensch nicht zwangsläufig zum Überleben bestimmt war. Unser aller Vorfahr, *Homo habilis*, entstand schlicht infolge einer großen ökologischen Krise – die Art und Weise, wie er sich vor 3 Mio. Jahren einer umfassenden Dürreperiode anpasste, trennte ihn in mancher Hinsicht für immer vom Tier. Damit stellte sich für ihn aber eine existenzielle Frage: Wer bin ich?

◄ Steineklopfer
Homo habilis wusste, wie ein Gegenstand auszusehen hatte und wie er bei dessen Herstellung vorgehen musste. Mit dem Schlagstein entfernte er die Splitter vom Kern, bis dieser die gewünschte Schnittfläche aufwies.

◄ Das Behauen eines Steins
Zuerst wurde ein schwerer Stein als Schlagbolzen sowie ein weiterer Stein zum Behauen gewählt. Dieser bestand aus Feuerstein, Sandstein oder Quarzit. Mit dem Schlagbolzen wurde dann kräftig auf eine ebene Fläche am Rand des Steins eingeschlagen, oder aber der Stein wurde rundum behauen. So entstand eine mehr oder weniger unregelmäßige Schneide. Diese behauenen Steine sind neben anderen, ausgefeilteren Werkzeugen bis ins Neolithikum hinein anzutreffen. Die Technik wurde ständig weiter entwickelt: Aus 1 kg behauener Steinmasse gewann man vor 2 Mio. Jahren Schneidmaterial mit einer Länge von 10 cm. Mit derselben Materialmenge konnte man vor 500 000 Jahren bereits 40 cm anfertigen, vor 50 000 Jahren 2 m, vor 20 000 Jahren 2 km und vor 10 000 Jahren schließlich 7 km!

Große Erfindungen des Frühmenschen

Der Mensch sticht insofern aus dem Tierreich hervor, als er die Welt nach seinen Wünschen umgestaltet. Dieser Ehrgeiz prägte schon seine frühe Geschichte – denn ob Werkzeuge, Kunstobjekte oder religiöse Vorstellungen: All seine Erfindungen sollen seine Entfremdung von der Natur überbrücken. In der Ur- und Frühgeschichte waren sie zudem lebensnotwendig. Und am Ende der Jungsteinzeit hatte die Menschheit ein technisches und kulturelles Niveau erreicht, das mancherorts jahrtausendelang nicht überschritten wurde.

Die ersten Werkzeuge
Vor fast 3 Mio. Jahren fertigten die ersten echten Menschen – Homo habilis und Homo rudolfensis – die ersten Werkzeuge: scharfkantige Steine aus Feuerstein und Quarzit. Es mehren sich aber die Hinweise, dass bereits die Australopithecinen Steine für bestimmte Zwecke bearbeiteten.

Systematische Steinbearbeitung: die Levallois-Abschlagtechnik
Vor 300 000 Jahren entwickelte Homo erectus eine Steinbearbeitungstechnik, mit der er durch eine Abfolge kurzer, präziser Schläge Steinsplitter produzierte, die ihrerseits zu Werkzeugen verarbeitet wurden: Pfeilspitzen, Schaber, Kratzer usw. Durch diese Methode verbrauchte man weniger Rohstoff, rationalisierte die Bearbeitung und erreichte eine größere Produktivität.

▲ **Die Kunst**
Die bisher frühesten in Westeuropa entdeckten Wandmalereien sind 35 000 Jahre alt. Sie zeugen bereits von einer außergewöhnlichen Kunstfertigkeit. Die oben abgebildeten Felsmalereien sind Nachbildungen der Darstellungen aus der Höhle von Lascaux (Raum der Stiere).

Die Kleidung
Den Verlust seiner tierischen Behaarung glich der Mensch durch Kleidung aus. Leder und Felle haben zweifellos schon sehr früh gegen Kälte geschützt. Allerdings ist es schwer, die Entwicklung der Kleidung an verschiedenen Entwicklungsstadien der Hominiden festzumachen, da wir über keine entsprechenden Zeugnisse verfügen.

Die Keramik
Sie wurde vor 6500 Jahren im Nahen Osten erfunden.

◀ **Die Webkunst**
In Tschechien wurden jüngst 25 000 Jahre alte Tonscherben gefunden, die Spuren eines um sie gewundenen Seils aufweisen. Aus der Zeit um 8000 v. Chr. ist dann die frühe Web- und Korbflechtkunst durch unzählige Funde belegt.

▼ **Die Musik**
In Europa dienten Schulterblätter von Mammuts und knollenförmige Tropfsteine aus Höhlen als Schlaginstrumente. Besonders zahlreich waren auch Flöten und Lockpfeifen aus Tierknochen, die mindestens seit dem Magdalénien (vor 18 000 Jahren) in Gebrauch waren.

▶ **Der Faustkeil und die Acheuléen-Werkzeugindustrie**
Vor über 1,5 Mio. Jahren in Afrika und vor etwa 500 000 Jahren in Europa erfand der Mensch den beidseitig bearbeiteten Faustkeil. Indem er ein spitzes Ende, einen Griff zum Anpacken und zwei symmetrische Schneiden aus einem Stein herausarbeitete, offenbarte er ein großes Abstraktionsvermögen. Das Werkzeug besaß einen Selbstzweck. Seine Form unterschied sich von sämtlichen in der Natur vorkommenden.

◀ Das Rad
Die frühesten Belege für die Verwendung des Rads stammen aus Mesopotamien, aus einer Zeit um 3300 v. Chr. Die abgebildete Skulptur aus der Bronzezeit (1500 v. Chr.) fand man in Serbien.

▶ Die Harpune
Die Magdalénier (13 000–9500 v. Chr.) erfanden gegen Ende der jüngsten Eiszeit die Harpune. Das aus Rentierknochen geschnitzte Gerät eignete sich hervorragend für den Fischfang.

▶ Die Tranlampe erhellte im späten Paläolithikum die Höhlen und ließ dort die gemalten Bisonherden flackernd über die Wände galoppieren ... Ein kompakter Kalk- oder Sandstein mit einer kleinen Mulde diente als Ständer. Der Cro-Magnon-Mensch verbrannte darin Rinder- oder Pferdetalg. Flechten-, Moos- oder Wacholdermaterial fungierte als Docht.

Den Umgang mit Feuer erlernte der Mernsch schon vor rund 600 000 Jahren. Die Fähigkeit, selbst Feuer zu entzünden, hat den Lauf seiner Entwicklung grundlegend verändert. Bis dahin konnte er nur Feuer nutzen, das natürlichen Ursprungs war, etwa einen Blitzeinschlag. Nun war es ihm möglich, sich bei Kälte zu wärmen, die Nacht zu erhellen, Raubtiere fernzuhalten, Speisen zu garen und mit Feuer Treibjagden durchzuführen – Errungenschaften, durch die er seine Umgebung besser beherrschen konnte.

Die Metallverarbeitung
Als erstes Metall bearbeitete der Mensch vor 6000 Jahren Kupfer, das jedoch beim Hämmern leicht zerbrach. Schließlich erkannten die Schmiede, dass Kupfer bei einer Temperatur von 1300 °C nicht mehr zerbrach – nun war es allerdings zu flüssig. Darum versetzten sie es mit Zinn.

▲ Die Megalithen
Die ältesten Zeugnisse einer Steinarchitektur sind die Megalithen, die aus der Zeit um 4500 v. Chr. stammen. Hier das berühmte Stonehenge in England.

▲ Das Nähen
In über 30 000 Jahre alten Gräbern fand man kunstvoll gefertigte Schmuckgegenstände. Perlen und Muscheln waren wohl auf Kleidung aufgenäht worden. Doch Nadeln mit Öhr (aus Knochen, Elfenbein oder Geweihen geschnitzt) entstanden erst vor 20 000 Jahren. Als Fäden dienten vermutlich Sehnen, mit denen man Säcke, Zelte und Kleidungsstücke aus Leder zusammennähte.

▲ Der Bogen
Es lässt sich nicht exakt sagen, wann der Bogen aufkam. Da er fast immer aus Holz bestand, konnte er die Zeit nur selten überdauern. Das älteste Fragment ist 11 000 Jahre alt und stammt aus einer Torfgrube in Deutschland.

Die Speerschleuder
Diese Wurfwaffe kam in der späten Altsteinzeit auf. Es handelt sich um einen etwa 75 cm langen, meist aus Holz bestehenden starren Stab, der mit einem Haken versehen ist, an den ein Pfeil oder eine Lanze eingerastet wurde. Die Speerschleuder erlaubte weitere, genauere und auch kräftigere Würfe – zugleich musste der Jäger seiner Beute nicht mehr so nahe kommen, die Jagd wurde weniger gefährlicher. Noch heute ist die Speerschleuder in Ozeanien in Gebrauch.

Mit Riesenschritten vorwärts

Weltmeister der Evolution: *Homo erectus*

Mit seinem Körperbau, seiner außergewöhnlichen Anpassungsfähigkeit und seinem Talent für die Jagd besaß der Mensch alle Voraussetzungen, um sich erfolgreich weiterzuentwickeln. Vor rund 2 Mio. Jahren trieb es ihn von Afrika aus erstmals um die ganze Erde – dabei wurde er ständig mit neuen Erfahrungen konfrontiert, die ihn herausforderten. Die Erde wurde zur Welt und der Mensch zur Menschheit.

Zum Reisen berufen

Mit *Homo erectus* – dem aufrechten Menschen – verließ die Gattung endgültig die Bäume. Der Mensch bewegte sich nun hoch erhobenen Hauptes fort und wuchs dabei beachtlich in die Länge: Während *Homo habilis* höchstens 1,3 m maß, erreichte die neue Art schon fast unsere Größe, wie der junge Mann vom kenianischen Turkana-See, eines der vollständigsten Skelette der Vorgeschichte, illustriert. Es handelt sich um ein etwa 1,6 Mio. Jahre altes Fossil, dank dessen man ein grobes Phantombild unseres Vorfahren *Homo erectus* anfertigen konnte. Mit seinem schlanken Körper, dem schmalen Becken, in das sich wohl proportionierte Gliedmaßen beweglich einfügten, seinen muskulösen Schenkeln und dem gewölbten Brustkorb, der eine bessere Versorgung mit Sauerstoff erlaubte, war *Homo erectus* dazu bestimmt, zu laufen. Nachdem er vor 2 Mio. Jahren wohl in Kenia aufgetreten war, verbreitete er sich rasch über den ganzen schwarzen Kontinent von Südafrika bis Algerien und begann wenig später auch mit der Besiedelung Eurasiens, die vor etwa 200 000 Jahren abgeschlossen war.

Erste Siedlungen

In seiner frühesten, afrikanischen Form trägt *Homo erectus* auch den Namen *Homo ergaster* (arbeitsamer Mensch). Mit einem vorspringenden Gesicht, breiten, kräftigen Kiefern, einem fehlenden Kinn, einem dicken Wulst über den Augenhöhlen und einer Art Knochenleiste am Hinterkopf, dem Hinterhauptsbein, wirkte er noch immer affenartig. Doch sein Schädelvolumen (ca. 800–1000 cm³) erlaubte ihm bereits technische Glanzleistungen. Er erdachte die ersten Bifaces: symmetrische, meist aus Feuerstein gehauene Schneidewerkzeuge; kleinere Stücke befestigte er mit Tiersehnen am Ende langer Stöcke – das waren die ersten leistungsfähigen Lanzen und Harpunen, die selbst die Haut von Elefanten und anderen großen Pflanzenfressern durchdrangen. An Seen und Flüssen fanden sich Spuren der ersten, an die 1,9 Mio. Jahre alten Siedlungen von *Homo ergaster*, z.B. in Kenia, Tansania und Äthiopien. Denn anders als die großen Affen, die sich immer dort, wo sie sich gerade befinden, ein provisorisches Nachtlager einrichten, strukturierten die frühen Menschen ihr Leben bewusst. In Äthiopien fand man unter Knochen von Flusspferden, Antilopen, Horntieren und Pferden Chopping-tools und einseitig behauene Werkzeuge von *Homo erectus* unmittelbar neben den Überresten einer primitiven Behausung. Die Aneignung eines Siedlungsgebiets setzte Aufgabenteilung voraus. Um gefährliche Tiere wie das Nashorn oder flinke wie das Pferd zu erlegen, mussten die Männer gemeinsam vorgehen: Jeder übernahm eine bestimmte Rolle (Beobachtung, Angriff, Verteidigung). Dagegen bestand die Aufgabe der Frauen, die wohl nur selten direkt an Jagden teilnahmen, im Wegschaffen der Beute und im Sammeln pflanzlicher Nahrung. Andere hüteten die Kinder und bewachten das Lager.

Der Mensch folgte den Herden

Die Ernährung von *Homo erectus*, der sich zu einem ausgezeichneten Jäger entwickelte, basierte aber noch immer auf Pflanzen. Dass er sich fast 2 Mio. Jahre lang behauptete, verdankte er seiner großen Flexibilität. Er war bei Bedarf, etwa im Fall einer großen Dürre, durchaus in der Lage, sich aus seinem angestammten Lebensraum zu lösen und einem anderen anzupassen. Nachdem er die Savanne hinter sich gelassen hatte, war er für seine Ernährung nicht mehr auf Bäume angewiesen. Da er zu einem opportunistischen Allesfresser geworden war und Fleisch überall zur Verfügung stand, folgte er einfach den Herden, die durch die klimatischen Umwälzungen der Altsteinzeit ständig umherzogen. Dabei entdeckte und erschloss der Mensch, ohne es zu beabsichtigen, immer neue Gebiete.

Ins menschenleere Europa

Vermutlich betrat *Homo erectus* vor etwa 1,8 Mio. Jahren Europa. Der Fährte des Mufflons, des Moschusochsen, des Rentiers oder des Etruskerwolfs folgend, durchwanderte er die immergrüne Strauchheide des Mittelmeerraums. In

▲ **Homo erectus,** *der aufrechte Mensch aus Ostafrika, verstand es, sich sämtlichen irdischen Lebensbedingungen anzupassen.*

▶ *Dank fossiler Schädel von* **Homo erectus** *können wir die Geschichte der menschlichen Entwicklung heute recht genau nachvollziehen.*

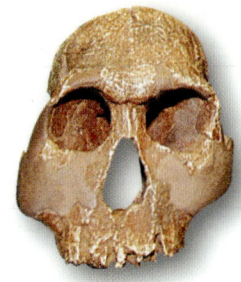

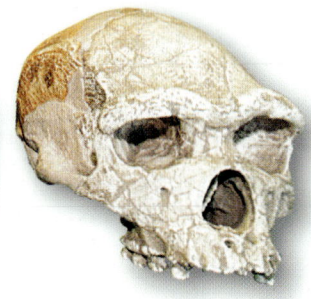

der Grotte von Arago in Tautavel in den östlichen Pyrenäen, einem regelrechten Adlerhorst hoch über der Ebene, legten die halbnomadischen Jäger eine 300 000 Jahre währende Rast ein. Sie stellten mittlerweile erheblich höhere Ansprüche an die Steinqualität für ihre Werkzeuge und Waffen und entwickelten bei ihrer Herstellung ein größeres Geschick – die nun weit besser bewaffneten Männer wagten sich jetzt auch an Bären, Panther oder Löwen heran. Mit hölzernen Fallen gingen sie Luchsen, Wildkatzen und Polarfüchsen zu Leibe. Da sie eine abwechslungsreiche Kost schätzten, verschmähten sie auch kleinere Tiere nicht, wie Biber, Kaninchen und Vögel.

DAS ERSTE KUNSTOBJEKT?

Vor mehr als 1 Mio. Jahren fertigte *Homo erectus* in Afrika symmetrisch gestaltete Faustkeile an, die Bifaces. In Europa stammen die ältesten Beispiele aus der Zeit um 500 000 v. Chr. Sie verschwanden vor 35 000 Jahren mit der Ankunft des modernen Menschen. Gewiss entsprach die beidseitige Schneide einem funktionellen Bedürfnis, da dieser Faustkeil dazu diente, Holz zu bearbeiten und einen Tierkadaver auszuwaiden. Bis 300 000 v. Chr. erfuhren die Bifaces in der so genannten Acheuléen-Werkzeugindustrie eine fortwährende Verfeinerung. Dabei wurden die Gegenstände zunehmend symmetrischer gestaltet – und in diesem deutlichen Wunsch nach Symmetrie artikulierte sich womöglich ein erster Anflug eines künstlerischen Bemühens.

In Spanien entwickelten sie besondere Jagdtechniken für die ausgedehnten Sümpfe, in die sie Elefanten lockten – die schweren Tiere sanken ein und wurden auf diese Weise zu einer leichten Beute.

Erstmals in Asien

Allmählich drang *Homo erectus* bis ins östliche Indien und China vor und passte sich jeweils den Gegebenheiten an, die er vorfand. In Südostasien, wo er bereits vor fast 2 Mio. Jahren heimisch war, nutzte er neben der Jagd die Ressourcen des Meeres. Auf der indonesischen Insel Java, die infolge einer Eiszeit durch eine Landbrücke zugänglich war, fand man zahlreiche Fossilien

von ihm. In der anschließenden Zwischeneiszeit schnitt das Meer die Insel wieder vom Festland ab, und *Homo erectus* entwickelte sich dort in genetischen Divergenz autonom weiter.

Dasselbe Phänomen ist auch für Europa durch Funde dokumentiert – die Gletscher isolierten dort die Horden von *Homo erectus* und *Homo ergaster* vollständig von der übrigen Welt. Abgeschnitten von ihrer Ursprungspopulation, zeigten sie mit der Zeit genetische Abweichungen und entwickelten sich zum Neandertaler weiter. Zur gleichen Zeit wurden ihre Artgenossen vom asiatischen Kontinent immer graziler, im krassen Gegensatz zum ebenfalls isolierten Java-Menschen, der eine weit robustere Statur und einen sehr flachen Kopf beibehielt – das brachte seinen Entdecker, Eugène Dubois, 1891 dazu, ihm den wenig schmeichelhaften Namen *Pithecanthropus erectus* zu geben: aufrechter Menschenaffe. Diese Bezeichnung wurde freilich seinen Fähigkeiten und seinem Rang nicht gerecht. Denn ausgerechnet dieser vermeintlich zurückgebliebene Vertreter von *Homo erectus* auf Java sollte sich ein Phänomen zunutze machen, das das weitere Schicksal der Menschheit von Grund auf veränderte: das Feuer.

▲ *Ein guter Fang!*
Homo erectus *aß vermutlich auch Fisch, eine wichtige Protein- und Fettquelle. Er fing ihn mit der Hand oder, wie hier abgebildet, mithilfe eines Speers mit feuergehärteter Spitze.*

Wir alle sind Frühgeburten
Durch sein schmales Becken war Homo erectus *zum Laufen geschaffen. Gleichzeitig vergrößerte sich sein Hirnvolumen. Beide Eigenschaften führten zu Schwierigkeiten bei der Niederkunft. Darum wird das Menschenjunge nur 9 Monate lang getragen. Gemessen an der letztlichen Kopfgröße müsste die Schwangerschaft aber 15 Monate dauern, doch dann wäre das Kind zu groß, um den Geburtskanal zu passieren. Wir sind die einzigen Hominiden, deren Gehirn sich nach der Geburt im gleichen Rhythmus weiterentwickelt wie im Uterus. Die große Verletzlichkeit unserer Nachkommen verlangt besonderen Schutz durch die Eltern.*

Die Bändigung des Feuers
Homo erectus zähmt eine Naturgewalt

Machte erst das Feuer den Menschen zum Menschen? Vor 500 000–600 000 Jahren lernte *Homo erectus*, die Flamme zu beherrschen – damit verließ er endgültig das Tierreich. Denn die Macht, die ihm das Feuer über seine Umwelt gab, eröffnete ihm ganz neue Wege. Neben dem aufrechten Gang, der Werkzeugherstellung, der Totenbestattung und der künstlerischen Äußerung wurde das Feuer ein weiterer wichtiger Faktor für die Menschwerdung.

Das Gesetz des Stärkeren

Aus der Ebene tönt das Heulen einer Hyäne herauf. Die Menschen, die sich im Schutz eines Felsvorsprungs versammelt haben, schaudern. Sie wissen aber, dass die rot-gelben Flammenzungen, die vor ihren Augen auf und ab tanzen, sie vor Raubtieren schützen werden. Ihr Schaudern ist nur das Echo der von den Vorvätern überlieferten Angst, von einer Löwin oder einem Tiger zerrissen zu werden. Das bedeutet aber nicht, dass alle Gefahren gebannt sind! Der Tag und insbesondere die tägliche Jagd sind eine ganz andere Sache. Morgen wird der Überlebenskampf weitergehen ... Doch an diesem Abend hat die Angst das Lager gewechselt. Es ist das Tier, das die Flammen meidet, diese kleinen, brennenden Zungen, die in der Dunkelheit leuchten.

Das Feuer schenkt dem Menschen eine Zuflucht vor seiner Furcht. Und diese Herrschaft, die er über das Tier besitzt, vor dem er einst zitterte, bestätigt ihn in seiner Macht und vermittelt ihm ein Gefühl von Größe und Stärke.

Wie macht man Feuer?

Wir werfen einen Blick in die Zeit vor 380 000 Jahren. Der Ort: die südfranzösische Terra Amata bei Nizza. Eine Homo-erectus-Horde hat am Strand aus Pfählen eine mit Zweigen bedeckte Behausung errichtet. Vor der Hütte haben die Männer eine kleine Mulde in den Sand gegraben, die die Flammen vor dem Wind schützen soll. Die Mulde ist ringsum mit Steinen befestigt. Hier soll das Feuer entstehen. Wie? Das wissen auch die Prähistoriker nicht genau. Aber Archäologen und Ethnologen haben mehrere Methoden verzeichnet, die zum Teil bei einigen Völkern noch heute angewandt werden. Zum Beispiel kann man einen Feuerstein gegen einen Pyritblock schlagen, um mit den Funken trockenes Material, wie den Zunderschwamm, zu entflammen, der an Baumstämmen wächst. Man kann auch durch Reibung mit einem Stock in einem Stück Holz Glut erzeugen, die dann trockenes Laub entzündet. Danach muss man das Feuer nur noch am Brennen halten, mit Holz und Torf, aber auch mit Tierknochen und Fett, die mit einem schweren, aufdringlichen Geruch verbrennen.

Vom Brand zum Lagerfeuer

Wie hat sich der Mensch des Feuers bemächtigt? Hat er das Werk eines Blitzes imitieren wollen, der in einen Baum einschlug und einen Waldbrand entfachte? Wir werden es nicht erfahren. In Südafrika und Kenia wurden 1,5 Mio. Jahre alte Spuren von Feuern gefunden, an denen der Mensch sein Fleisch briet. Aber da sich keine Behausung in der Nähe befand, mag es es sich dabei um natürliche Brände gehandelt haben, die sich *Homo erectus* lediglich zunutze machte. Vor etwa 500 000 Jahren scheint das Feuer für ihn jedoch bereits unverzichtbar geworden zu sein, denn er war auf einem Entwicklungsstand angelangt, auf dem er es nicht mehr entbehren konnte. Überall auf der Erde befasste sich *Homo erectus* damals mit der Zähmung der Flammen. Die ersten Lagerfeuer loderten dann wahrscheinlich vor über 400 000 Jahren in China,

▲ Feuer durch Reibung
Man kann Glut mit einem Feuerbohrer erzeugen. Die Drehbewegung wird entweder durch Rollen des Stocks zwischen den Händen oder, wie hier, mithilfe eines kleinen Bogens bewerkstelligt.

▲ Feuerschlagen
Durch Aneinanderschlagen zweier Feuersteine lässt sich kein Funken erzeugen. Einer der Steine muss eine schwefel- oder kohlenstoffhaltige Eisenverbindung enthalten. Hier erzeugt der gegen einen Markasitklumpen geschlagene Feuerstein Funken, die das darunter liegende Material zum Glimmen bringen.

◀ Gestohlenes Feuer
Anfangs raubten die Menschen wohl (wie Prometheus im Mythos) das Feuer aus Vulkanen oder nutzten durch Blitze entstandene Brände.

Ungarn und Frankreich auf. Und bald war die neue Errungenschaft auch in den kalt-gemäßigten Zonen im Norden Englands, Deutschlands und Zentralasiens angelangt.

Das Feuer, das wärmt, wenn es kalt ist, und das in Gebieten (und Zeiten) mit sehr kurzen Tagen Licht schenkt, ermöglichte es dem Menschen, auch in Zonen vorzudringen, die ihm bis dahin zu unwirtlich waren. Es bot Schutz vor Raubtieren, half bei der Treibjagd und härtete Werkzeuge aus Stein und Holz. Vor allem aber führte das Feuer die Menschen zusammen und stützte ihr soziales Gefüge. Am Lagerfeuer versammelte sich die Horde. Hier tauschten die Menschen bei Einbruch der Dunkelheit ihre Erfahrungen aus, erzählten sich die Jagderlebnisse des Tages, planten künftige Aktivitäten und entwickelten Geselligkeit. Hier wurden die verschiedenen Aufgaben verteilt – erste einfache Hierarchien entstanden, die später zu festen Rangordnungen und Herrschaftsverhältnissen führten. Aber nicht zuletzt teilte man am Lagerfeuer auch die Nahrung, die gegart weit besser schmeckte, leichter verdaulich war und keine gefährlichen Parasiten mehr enthielt.

Metaphysischer Beistand

Etwa seit 150 000 Jahren verfügten alle Orte, die von Menschen besiedelt waren, über Feuerstellen. Das Feuer wurde also erst recht spät systematisch genutzt, womöglich darum, weil es dem Menschen noch lange Angst einflößte. Sobald sie in der Praxis überwunden war, eroberte sich das Feuer rasch einen entscheidenden Platz auch im spirituellen Leben des Menschen – dieses mächtige Licht, vor dem die Dunkelheit zurückwich, konnte wohl auch unfreundliche Dämonen abschrecken.

Viele tausend Jahre später drang der Cro-Magnon-Mensch ins Innere der Erde ein, um seine Ängste, Wünsche und Hoffnungen im Schein von Tranlampen malerisch auf die Wände von Höhlen zu bannen. Das Feuer stand also auch Pate bei der Entstehung der Kunst. Bald nutzte der Mensch es auch dazu, die Farbe von Pigmenten zu verändern, tönerne Statuetten und Töpferwaren zu brennen und Metalle leichter bearbeiten zu können – nicht zu vergessen die zerstörerische Kraft der Flammen, die der Mensch ebensowenig verschmähte ...

Trotz all dieser praktischen Anwendungen ging die metaphysische Dimension des Feuers nie verloren. Noch heute gibt es viele Religionen, die ihm huldigen, mit rituellen Reinigungen und Beschwörungen des Leben und des Sonnenlichts – die ursprüngliche Faszination des Menschen für das Feuer ist noch längst nicht erloschen.

▲ *Der Gebrauch des Feuers*
Diese Horde ist um ein nächtliches Lagerfeuer versammelt, das sie wärmt und zugleich Raubtiere, wie Hyänen oder Leoparden, fernhält, die damals eine ständige Bedrohung darstellten. Verstand sich aber Homo erectus schon darauf, seine Nahrung zu garen? Immerhin wurden an verschiedenen Feuerstellen verkohlte Knochen aufgefunden. Vermutlich lösten unsere Vorfahren das Fleisch von den Knochen ab, um es roh oder gekocht zu verzehren. Hätte man beides ins Feuer geworfen, wäre das Fleisch verbrannt. Die Knochen warf man wohl ins Feuer, da sie sonst Aasfresser angelockt hatten.

KÖRPERGRÖSSE UND SPRACHE

K ann man etwas über den sozialen Organisationsgrad unserer Vorfahren sagen? Ihre Körpergröße liefert zumindest Hinweise. Der Größenunterschied zwischen Männern und Frauen machte bei *Homo erectus* etwa 20–30 % aus, während er bei älteren Hominiden, wie den Australopithecinen, wesentlich ausgeprägter war. Der Wettbewerb zwischen den Geschlechtern nahm also mit zunehmender Entwicklung ab und wurde durch eine stärkere soziale Organisation ersetzt. Dieser Prozess ging vermutlich mit der Entfaltung von Kommunikation zwischen den Individuen einher. *Homo erectus* besaß die physiologische Ausstattung, um artikulierte Laute von sich zu geben, und machte davon sicher auch Gebrauch.

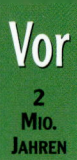
In 500 000 Jahren um die Welt

Homo erectus besiedelt die Erde

V or etwa 2 Mio. Jahren verließ der Mensch seine afrikanische Heimat und verbreitete sich in weniger als 500 000 Jahren über die ganze Erde. Führte ihn sein Weg zuerst nach Asien oder nach Europa? Und wann fanden die ersten Wanderungsbewegungen zwischen diesen Kontinenten statt? Die Anthropologen können nur auf wenige Funde zurückgreifen, um diese Fragen zu beantworten.

▼ **Homo erectus
bei der Jagd**
Dank des Feuers konnte Homo erectus die Nahrung, die er verspeiste, schmackhafter machen. Lanzen mit feuergehärteter Spitze erlaubten ihm auch, gefährlichen Tieren zu trotzen, wie in dieser Jagdszene, die sich im fernöstlichen Asien vor 500 000 Jahren abspielte.

Der Auszug aus Afrika

Man nennt ihn auch den Wanderer, und das aus gutem Grund: *Homo ergaster*, der afrikanische *Homo erectus*, verließ seine Heimat und zog bis in die entlegensten Winkel der Erde. Warum? Die klimatische Situation in Afrika, wo sich verheerende Dürreperioden mit extremen Regenzeiten abwechselten, verschlechterte die Ernährungslage von *Homo erectus* und zwang ihn, seiner Nahrung zu folgen: den großen Pflanzenfressern. Diese wanderten vor 2 Mio. Jahren nach Norden und drangen in gemäßigtere Breiten vor, wo sie ein üppiger Pflanzenbestand erwartete – in Afrika waren sie bald immer seltener anzutreffen. *Homo erectus*, der Allesfresser, war flexibel und beweglich genug, um den Herden zu folgen, und überschritt mit ihnen die Grenzen des schwarzen Kontinents. Vielleicht mach-

▲ **Schädel von Homo erectus**
Ein kleiner Schädel mit einem Hirnvolumen von 800–1000 cm³, ein vorspringendes oder prognathisches Gesicht, eine niedere, fliehende Stirn, eine knöcherne Hinterhauptsleiste, ein sehr starker kinnloser Unterkiefer, den eine ausgeprägte Muskulatur bewegte – diese knappe Beschreibung könnte an ein wenig entwickeltes Individuum denken lassen, wenn man außer Acht ließe, dass Homo erectus die Zähmung des Feuers zu verdanken ist.

ten es ihm zusätzlich eine gewisse Neugier und Abenteuerlust leichter, seine angestammten Reviere zu verlassen. Diese Migrationswelle erfolgte sicher langsam und ungeordnet. Dutzende weit über den Südosten Afrikas verstreuter Stämme halbnomadischer Jäger und Sammler zogen völlig unabhängig voneinander nach und nach nordwärts, denn die zahlreichen Menschen-Populationen des Kontinents bildeten kein einheitliches „Volk" im heutigem Sinne.

Auf in die Levante!

Welchem Weg folgte *Homo erectus*? Unser wandernder Vorfahre hinterließ zwar überall in der Welt Fragmente seines Skeletts. Aber zum einen sind diese Fossilien selten, zum anderen fällt bei einigen die Altersbestimmung äußerst schwer – ganz zu schweigen davon, dass in verschiedenen Ecken der Welt auch sehr unterschiedliche Versionen von *Homo erectus* gefunden wurden. Seine Reiseroute war offensichtlich stark vom Zufall abhängig.
Sicher ist jedoch, dass *Homo erectus* (als *Homo ergaster*, seine früheste Form) Afrika schon 100 000 Jahre nach seiner Entstehung verließ.

Dabei durchquerte er zunächst den Nahen Osten über den so genannten levantinischen Korridor (Ägypten, Israel, Syrien, Jordanien) und erreichte schließlich den Kaukasus – das belegen u.a. zwei ungewöhnliche Schädel, die man 1999 im georgischen Dmanissi entdeckte. Sie zeigen, dass der Mensch schon vor 1,7 Mio. Jahren die Tore Europas erreicht hatte, weit früher, als man bis dahin angenommen hatte. Die kaukasischen Fossilien sind mit ihrem afrikanischen Pendant, *Homo ergaster*, identisch, der urtümliche Merkmale (Struktur seines Kiefers) ebenso aufwies wie moderne (der fehlende dritte Backenzahn).

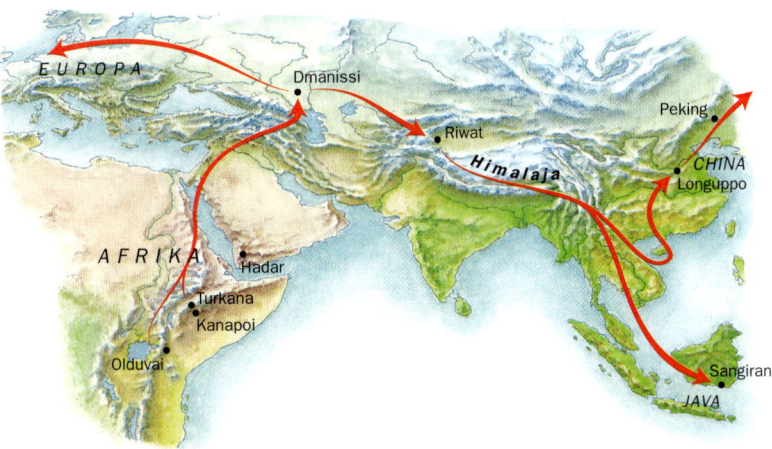

Die Evolution in der Sackgasse

Es scheint, als hätten sich unsere Wanderer nun im Herzen Europas zerstreut. Vielleicht wurde unser Kontinent aber auch in mehreren Migrationswellen besiedelt. Dafür sprechen z. B. erhebliche Unterschiede zwischen den ältesten europäischen Fossilien. So weist der erste „Spanier" – der 780 000 Jahre alte Burgos-Mensch – wenig Ähnlichkeit mit seinem „italienischen" Kollegen, dem 800 000 Jahre alten Menschen von Ceprano, auf, der sich wiederum deutlich von einem „Deutschen", dem Menschen von Mauer bei Heidelberg, unterschied (500 000 Jahre alt), ebenso aber vom Menschen von Tautavel, einem „Franzosen" von vor 450 000 Jahren.

Kaum in Europa angekommen, wurden nämlich all diese Homines (ergaster und erectus) von ihren ursprünglichen Populationen isoliert – eine Eiszeit mit gewaltigen Gletschern in den Hochgebirgen erschwerte den Kontakt mit dem Süden. Die Stämme passten sich den neuen Klimaverhältnissen zwangsläufig an und machten dabei verschiedene genetische Veränderungen durch. Sie unterschieden sich schließlich so sehr von ihren Artgenossen jenseits der Eismassen, dass sie sich nur noch mit Angehörigen der eigenen Gruppe fortpflanzen konnten – es entstanden die Neandertaler. Diese neue Art wies zwar vorwiegend typische Merkmale von *Homo erectus* auf, aber auch solche von *Homo ergaster, Homo habilis* und des asiatischen *Homo erectus* – was auf höchst komplizierte Wanderungsbewegungen schließen lässt.

Andere Horden von *Homo erectus* erreichten Asien, wo sie sich fast zur gleichen Zeit wie in Europa niederließen, vielleicht sogar etwas früher, wie einige Fossilienfunde nahelegen. Auf der indonesischen Insel Java, in einer Fundstelle nahe dem Ort Sangiran, wurde z. B. ein 1,7 Mio. Jahre alter Schädel geborgen. Infolge der Eiszeit war der Meeresspiegel so weit gesunken, dass der Mensch auf einer Landbrücke hierher gelangte. Nach dem Wiederanstieg des Meeres war Java erneut eine Insel, auf der *Homo erectus* nun vollständig isoliert war – mit Folgen für seine Evolution. Der Niederländer Eugène Dubois, der den Schädel 1893 entdeckte, nannte ihn *Pithecanthropus erectus*, den aufrechten Menschenaffen. Er war das erste Fossil eines Hominiden, das außerhalb Europas gefunden wurde. Befangen im Eurozentrismus seiner Zeit vermochte es Dubois nicht, seinen Fund als ein Exemplar der Gattung Mensch zu sehen. Erst später wurde der Schädel als der eines *Homo erectus* anerkannt.

Nach den afrikanischen Fossilien stammen die bislang ältesten menschlichen Überreste aus China. Nahe dem Ort Longuppo (erheblich nördlicher gelegen als Java) entdeckte man in einer Grotte Werkzeuge und ein menschliches Kieferbruchstück – beides wurde auf ein Alter von 1,9 Mio. Jahren datiert. Gäbe es nicht starke Unsicherheiten bei der Altersbestimmung solcher Funde, würden sie beweisen, dass sich der Mensch von Afrika aus zuerst nach Asien wandte und erst von dort aus Europa besiedelte.

Wie dem auch sei: Unsere Vorfahren haben sehr früh schon den Fernen Osten erreicht, wobei *Homo erectus* bisweilen auch regionale Sonderentwicklungen vollzog. Dennoch sehen die Wissenschaftler heute diese erste Besiedlung Asiens und Europas als evolutive Sackgassen – denn hier wie dort haben die späteren modernen Menschen die Nachkommen der Erectus-Wanderer verdrängt. Die Paläontologie nimmt mittlerweile die Existenz mehrerer Abstammungslinien an: Eine asiatische geht demnach auf die ersten afrikanischen Homo-ergaster-Gruppen zurück, eine andere, weniger robuste, verbreitete sich in ganz Afrika, ehe sie in den Nahen Osten und nach Europa aufbrach. Davon abweichend vertreten einige Forscher die Ansicht, dass die erste Migrationswelle von Afrika aus zunächst den Fernen Osten erreicht habe, von wo aus *Homo erectus* dann nach Westen (und Europa) gezogen sei. Diese Hypothese muss jedoch erst durch weitere Fossilienfunde widerlegt oder bestätigt werden.

◄ *Karte der Wanderungen von* **Homo erectus**
Nach seinem Aufbruch aus Afrika gelangte Homo erectus *rasch nach Europa und Asien, sogar bis nach Indonesien. Viele Gebiete blieben für ihn aber unerreichbar, erst* Homo sapiens *besiedelte auch Australien und Amerika und bezwang die Meere und Ozeane.*

▲ *Der Peking-Mensch*
Das erste Schädeldach eines Vertreters seiner Art wurde 1921 von Pei Wenzhong bei Zhoukoudian, 40 km von Peking entfernt, entdeckt. Der Drachenknochenhügel – von der UNESCO zum Weltkulturerbe erklärt (wie auch die Fundstätte des Java-Menschen) – barg noch viel mehr als nur fossile Gebeine. So kann man etwa in der Lokalität 1 auf 40 m Höhe die Spuren von 500 000 Jahre alten Feuerstellen erkennen. Mit großen Erwartungen sieht man hier der bevorstehenden Erkundung von erst kürzlich entdeckten Karsthöhlen entgegen.

MIT 4 KM PRO JAHR VORWÄRTS

Eine Gruppe nimmt umso mehr Platz ein, je zahlreicher sie ist. *Homo erectus* lebte in Horden von etwa 20 Personen. Hatte eine solche Horde nicht die Möglichkeit, benachbarte Gebiete zu annektieren, musste sie entweder ihre Größe selbst beschränken, oder aber einige Mitglieder mussten sich anderswo unbesiedeltes Land suchen. Man schätzt, dass sich eine Horde auf diese Weise pro Generation um die Ausdehnung eines Jagdreviers fortbewegte. Die Lebenserwartung lag bei *Homo erectus* zwischen 25 und 30 Jahren, und sein Territorium hatte einen Durchmesser von etwa 80 km. So brauchte er durchschnittlich 1000 Jahre, um 4000 km zurückzulegen – oder 10 000 Jahre, um 40 000 km hinter sich zu bringen und somit die Erde, rein theoretisch, einmal zu umrunden.

Klimaextreme
Kälte und Trockenheit im Quartär

D as Quartär, der jüngste Abschnitt der Erdgeschichte, begann vor 1,6 Mio. Jahren und ist klimatisch
nach wie vor eine äußerst bewegte Epoche. Kalt- und Warmzeiten, ausgedehnte Vereisungen und
lange Dürreperioden haben auf der Erdoberfläche tiefe Spuren hinterlassen und gestalteten jene Landschaften, in denen noch wir heute leben.

▼ *Gletscher in Alaska*
*Die Gletscher des Quartär
bildeten gewaltige Eisdecken,
die Gebirge und Ebenen überzogen und häufig auch die auf
dem Meer schwimmenden Eis-
platten speisten. Die Zunge
unten, die nach und nach in
einzelne Eisberge ausein-
anderbricht, vermittelt einen
Eindruck von den großen
Gletschersystemen der
Vergangenheit, die vor etwa
10 000 Jahren ungefähr auf
ihre heutigen Dimensionen
zurückschmolzen.*

Die großen Klimaschwankungen

Die Erde unterliegt periodisch Abweichungen von ihrer Sonnenumlaufbahn
und leichten Verschiebungen ihrer Rotationsachse. Damit einher gehen die
Eiszeiten und Zwischeneiszeiten, auf
die man erstmals im 19. Jh. aufmerk-
sam wurde, als man die vielfältigen
Spuren der Vergletscherungen im Al-
penraum und in den Tiefländern Europas und Nordamerikas bemerkte. Die
Analyse von Sedimentproben aus der
Zentralpazifikregion zeigte, dass sich
diese dramatischen Klimaeinbrüche
bislang mindestens zehnmal ereignet
haben, und zwar im Durchschnitt etwa
alle 100 000 Jahre.

Globale Auswirkungen

Die starke Abkühlung der Atmosphäre
und des Bodens jeweils über Jahrtausende hinweg bedeutete einen erheblichen Eingriff in den Wasserhaushalt
der Erde. Auf den Kontinenten wurden
große Mengen Wasser in Form von Eis
gebunden, das sich in den Polarregio-
nen, aber auch in den mittleren Breiten in den Gebirgen bildete. Diese massiven Vergletscherungen ließen den
Meeresspiegel bis um etwa 120 m sinken, sodass sich die Festlandsockel der
Kontinente verbreiterten, vielerorts
Landverbindungen entstanden und
neue Inseln auftauchten. Die Flüsse
und Ströme gruben sich auf ihrem Weg

talabwärts nun tiefer in ihre Betten. Die
stark verringerte Verdunstung über den
Ozeanen führte zu einem Rückgang der
Niederschlagsmengen in den Tropen
und Subtropen, wo sich die Wüsten
immer weiter ausbreiteten. In den
Zwischeneiszeiten bewirkte die Eis-
schmelze einen raschen Wiederanstieg
der Meere, die weit in die Mündungen
der Flüsse hineindrängten und flache
Gebiete überschwemmten. Die subtropischen Zonen verzeichneten eine Zunahme der Niederschläge, die jedoch
an Regenzeiten gebunden waren. All
diese Veränderungen verwandelten die
Ökosysteme: Zahlreiche Pflanzen verschwanden aus unwirtlich gewordenen
Gebieten und besiedelten im Rhythmus
der Klimaschwankungen andere Gebiete. Auch Tiere und Menschen gingen notgedrungen auf Wanderschaft,
um anderswo zu überleben.

Unter Eis begraben

Die jüngste Eiszeit vor 112 000–10 000
Jahren heißt in Europa Weichsel-Eiszeit und in Nordamerika Wisconsin-
Eiszeit. Sie erreichte vor 18 000 Jahren
ihren Höhepunkt. Im Süden stießen damals die Eismassen der Antarktis über
das Eismeer vor und bildeten um das
antarktische Festland einen breiten,
schwimmenden Eisschelf. Auf der
Nordhalbkugel türmte sich das Eis dagegen auf den Kontinenten auf. Eine
bis zu 3000 m dicke Eiskappe bedeckte
schließlich ein Drittel Nordamerikas.
Noch heute kann man im Central Park
von New York große Felsblöcke bewundern, die vom Eis glatt geschliffen
wurden. In Europa stießen die Gletscher von Skandinavien aus bis zu den
Britischen Inseln vor, überfluteten aber
auch Finnland, den Norden Russlands,
Polen und einen großen Teil Nord-
deutschlands. In den Gebirgen füllten
sie die Täler, wobei ihre Zungen in die
angrenzenden Ebenen hineinragten –
sie hinterließen langgestreckte Seen, die
heute z.B. das Alpenvorland prägen.
Der Genfer See sowie die Seen von An-
necy und Bourget und auch die ober-

Lösshochebene in Nordchina
Seit etwa 20 Mio. Jahren werden in Zentralasien die Klimaschwankungen durch den Barriereeffekt des Himalaja-Gebirges verschärft. Die kalten Winde haben Wolken von Staub aufgewirbelt, der sich in einer mehrere 100 m dicken Schicht ablagerte. Diese feinen Partikel, die man Löss nennt, sind besonders anfällig für die Erosion durch Wasser. In Chinas Hochebenen mit ihren ausgewaschenen Flanken haben Menschen Terrassenfelder angelegt, um eine Abtragung der Hänge zu verhindern.

▼ Dürre
Das Vorrücken der Wüste geht im Quartär mit den Kälteperioden einher. Durch die verminderten Niederschläge reduzierten sich die von den Flüssen transportierten Wassermengen. Viele Seen trockneten aus. Aus der Schlammkruste ragen hie und da noch ein paar Büsche mit tief reichenden Wurzeln – sie sind in der Lage, bis zum nächsten spärlichen Regen auszuharren.

italienischen Seen wurden direkt von den Gletschern gegraben, während der Gardasee und die bayrischen Seen hinter natürlichen Talsperren aus Moränenschutt entstanden.

In den Regionen, die den Eismassen selbst entgingen, weil sie zu trocken waren oder zu weit südlich lagen, reichte der Bodenfrost bis in Tiefen von 1500 m, wie in den Dauerfrostböden Sibiriens und Alaskas. Eisige Winde wirbelten gewaltige Wolken von Staub auf, den sie um die Erde trugen und auf den Hochebenen ablagerten. Auf den Plateaus Nordchinas etwa haben diese fruchtbaren Lössschichten noch heute eine Stärke von mehr als 200 m. In Westeuropa setzten sich die Partikel als dicke Schlammschicht auf dem großteils trocken gefallenen Grund des Ärmelkanals und der Nordsee ab.

Durch die ausbleibenden Niederschläge verwandelten sich die subtropischen Zonen in ausgeprägte Trockengebiete, den den Vormarsch der Wüsten begünstigten. Flüsse wie der Senegal, der Niger und der Nil führten praktisch kein Wasser mehr, zahllose Seen verschwanden, Dünenflächen breiteten sich aus, und der zurückweichende dichte Regenwald machte einer baumarmen Savanne Platz.

Das Ende der Eiszeit

Vor 15 000 Jahren erwärmte sich die Atmosphäre wieder – die Eismassen schmolzen rasch ab, und der Meeresspiegel stieg. Dabei kam es allerdings noch bis in die Zeit um 8000 v. Chr. zu mehreren Kälterückschlägen, was die Erwärmung noch einmal kurzfristig verzögerte.

Befreit von der Last der Eisdecke hob sich das Land vielerorts um bis zu 300 m. Man kann dies heute gut an ehemaligen Sand- oder Kiesbänken erkennen, die über dem derzeitigen Meeresspiegel liegen und die Spuren früherer Uferlinien bewahrt haben.

In den warmen Regionen der Erde formte das ansteigende Meer mit den Sandmassen der eiszeitlichen Festlandsockel Strandgürtel und der Küste vorgelagerte Lagunen. Vor den Inseln wuchsen mit dem Meeresspiegel die Korallenriffe. Und infolge der reichlichen Niederschläge bildeten die Ströme ihre großen Deltas.

Klima und Ökologie fanden schließlich ein neues Gleichgewicht, und die Landschaften der Erde gewannen jene Gestalt, die uns vertraut ist.

DIE VERBREITUNG DES MENSCHEN

Die frühen Menschen mussten ihre Wanderung um die Erde dem Rhythmus der Klimaschwankungen anpassen. So wurde die Alte Welt in der Mitte des Quartär während einer langen Zwischeneiszeit fast vollständig besiedelt. Spuren davon fand man in Afrika, zu beiden Seiten des Mittelmeers und in Asien. Während der letzten Eiszeit (110 000–8000 v. Chr.) machten sich Menschen den niedrigen Meeresspiegel zunutze, um in neue Gegenden vorzudringen. Da zu dieser Zeit einige Inselgruppen Südostasiens durch Landbrücken miteinander verbunden waren, konnten Menschen vor 53 000–40 000 Jahren Neuguinea und Australien besiedeln. In ähnlicher Weise vollzog sich ab 18 000 v. Chr. dank der trockengefallenen Beringstraße die Besiedlung des amerikanischen Kontinents. Die aus den kalten Steppen Nordasiens kommenden Völker benutzten dann die Pässe der Rocky Mountains, um über die Great Plains weiter in Richtung Süden vorzudringen.

Nach dem Rückzug des Eises verließen die altsteinzeitlichen Populationen nach und nach die durch den Wiederanstieg der Meere überschwemmten Küstenzonen und zogen weiter ins Landesinnere, aber auch nord- oder südwärts, dorthin, wo die Prärien durch die Rückkehr der Regenfälle ausreichend mit Niederschlag versorgt wurden.

◀ Die kleine Eiszeit
Das Europa des 17.–19. Jh. wurde durch eine Reihe besonders harter Winter und verregneter Sommer geprägt. Sie sind in den Archiven festgehalten, in denen von Missernten infolge schlechter Witterung und von wiederholten Hungersnöten berichtet wird. Die Maler bildeten verschneite Landschaften und erstarrte Flussläufe ab, wie Otto van Veen in seinem Gemälde von 1709, das die Seine im Winter zeigt.

263

2

Der moderne Mensch

Wer stand vor 200 000 Jahren am Anfang der Ahnenreihe des *Homo sapiens*? Wer war unser Urahn? Das Einzige, was wir über ihn sagen können, ist, dass seine Nachkommen die Welt radikal verändern sollten. Schon der Cro-Magnon-Mensch bestattete seine Toten, behandelte seine Krankheiten und behängte sich mit Schmuck. Bei seiner Ankunft in Europa vor etwa 40 000 Jahren fand er eine andere Menschenart vor, die dort schon seit fast 100 000 Jahren ansässig war: die Neandertaler. Wir werden nie erfahren, wie die Beziehungen zwischen beiden Gruppen aussahen. Wohl aber wird die Molekularbiologie vielleicht dereinst entschlüsseln können, in welchem Verwandtschaftsverhältnis sie zueinander standen. Sollten sich die DNA-Stränge des Cro-Magnon-Menschen und des Neandertalers als kompatibel herausstellen, dann war womöglich schon der Neandertaler ein *Homo sapiens* und hätte sich also mit dem Cro-Magnon-Menschen fortpflanzen können. Bisher scheitern solche Untersuchungen daran, dass den Paläogenetikern das dazu erforderliche Genmaterial nicht vorliegt, denn auf welche Weise sollten sie an eine vollständige Zelle eines Urmenschen kommen? So oder so: Der Neandertaler konnte sich nur 10 000 Jahre neben dem modernen Menschen behaupten und verschwand dann vor etwa 30 000 Jahren auf rätselhafte Weise für immer aus der Geschichte, während die Entwicklung des Cro-Magnon-Menschen in rasantem Tempo voranschritt: Schon vor 35 000 Jahren artikulierte er sich erstmals künstlerisch, er vervollkommnete kontinuierlich seine Werkzeuge, schuf immer komplexere soziale Gefüge und begann schließlich vor 10 000 Jahren, Tiere zu zähmen und den Boden zu bestellen. Ackerbau und Sesshaftigkeit waren Voraussetzung für die Entwicklung der Metallurgie und später der Schrift – mit dieser Innovation trat der Mensch aus der Ur- und Vorgeschichte in die erzählbare Geschichte ein.

8000 v. Chr. bis heute:
Das Holozän (die geologische Gegenwart)

Aktuelle Klimakarte

Das Klima der Erde war schon immer Veränderungen und Brüchen unterworfen. Das Quartär wurde bisher durch mehrere Kaltzeiten geprägt, die von kurzen Warmzeiten unterbrochen wurden. In einer solchen Wärmeperiode befinden wir uns heute.

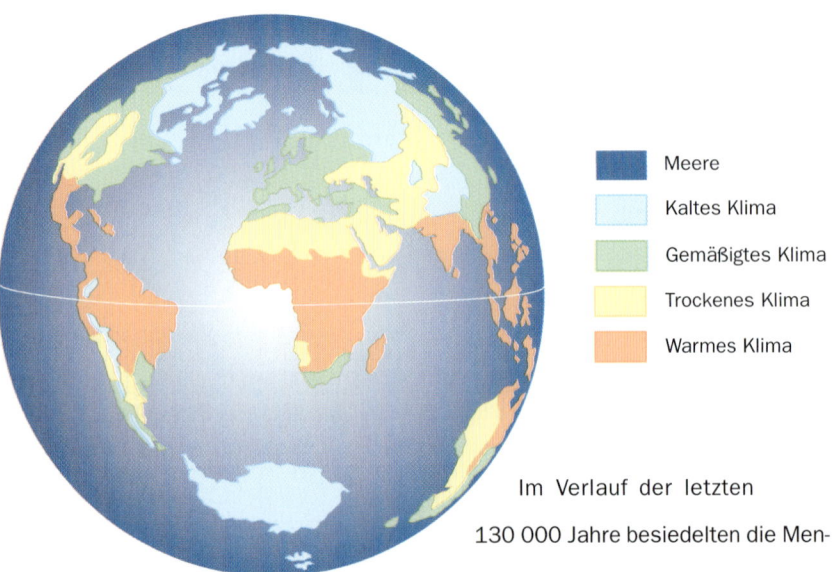

■ Meere

■ Kaltes Klima

■ Gemäßigtes Klima

■ Trockenes Klima

■ Warmes Klima

Im Verlauf der letzten 130 000 Jahre besiedelten die Menschen nach und nach die gesamte Erde und drückten ihr nachhaltig ihren Stempel auf. Der moderne Mensch *(Homo sapiens sapiens)* machte sich vor 130 000 Jahren aus Afrika nach Eurasien auf. Dann nutzte er den durch die Eiszeiten verursachten niedrigen Meeresspiegel, um nach Australien und Nordamerika vorzudringen. Als die Meere wieder anstiegen, wagte er sich per Schiff zu den Inselgruppen des Westpazifik und durchquerte das Mittelmeer. Das Ende der extremen Klimaschwankungen (um 8000 v. Chr.) fällt mit dem Übergang zum Neolithikum, der Jungsteinzeit, zusammen. Damals wandelten sich nicht nur die Arbeitstechniken, sondern auch die Besiedlungsformen. Der Mensch begann, die Natur nachhaltig umzugestalten: Mit Rodungen, die meist durch gezielte Brände erfolgten, schuf er zusammenhängende Flächen für den Ackerbau. Mit ersten primitiven Techniken regulierte er den Wasserhaushalt, um gegen Klimaschwankungen besser gewappnet zu sein. Im Nahen Osten entstanden die ersten städtischen Siedlungen. Ab 4000 v. Chr. (in der Bronzezeit) führten Bevölkerungswachstum und technischer Rohstoffbedarf zu einer bleibenden Schädigung der Umwelt: Großflächige Abholzung verstärkte die Bodenerosion. Die ersten Bergwerke, die ersten Kanäle, die ersten Straßen, die ersten Festungen prägten schließlich das Landschaftsbild.

Der frühestens vor 200 000 Jahren erschienene Neandertaler machte ebenso wie der moderne Mensch bedeutende Entwicklungen durch.

1. Als Jäger und Sammler, mit großer körperlicher Kondition und einer robusten Konstitution ausgestattet, wanderte er umher, abhängig vom jeweiligen pflanzlichen und tierischen Nahrungsangebot.

2. Trotz seiner behelfsmäßigen Bewaffnung ein ausgezeichneter Jäger, konnte der Neandertaler bereits regelrechte Jagdstrategien einsetzen, und er schreckte auch nicht davor zurück, gegen große Säugetiere anzugehen.

3. Er war sehr geschickt im Bearbeiten von Steinen, behandelte seine Kranken und bestattete seine Toten. Schließlich starb er vor 30 000 Jahren aus ungeklärter Ursache aus und überließ das Feld *Homo sapiens sapiens*.

Homo sapiens sapiens war der Sprache mächtig und lebte in einem Sozialverband. Biologisch erreichte er den Entwicklungsstand, über den auch wir noch verfügen.

4. Seine provisorischen Lager zeugen davon, dass innerhalb einer Horde eine Aufgabenhierarchie bestand.

5. Welche Rolle spielte in dieser Gemeinschaft der Künstler? Wir wissen es nicht, ahnen aber, dass er zu den Privilegierten gehörte – immerhin durfte er sein Bild der Welt auf die Höhlenwände malen

Im Jungpaläolithikum erfand der Cro-Magnon-Mensch beständig neue Werkzeuge, Symbole und Gebrauchsgegenstände. Er behauptete sich zunehmend gegen seine Umwelt, sodass die einzelnen Stämme rasch wuchsen.

6. Um sich nachhaltig ernähren zu können, wurde der Mensch sesshaft.

7. Vor etwa 10 000 Jahren entwickelte er den Ackerbau und die Viehzucht.

8. Aus der Notwendigkeit, die Tiere der Herden zu zählen, entstand in Mesopotamien vor 5000 Jahren die Schrift.

9. Mit ihr nahmen die ersten großen Zivilisationen der Geschichte ihren Anfang.

Vor 200 000 Jahren

Die schwierige Suche nach den Ahnen
Von wem stammt *Homo sapiens* ab?

Die Art, zu der wir selbst gehören – *Homo sapiens* –, ist vor frühestens 200 000 Jahren entstanden. Doch wer war unser direkter Vorfahr? Vor mindestens 2 Mio. Jahren trat *Homo erectus* auf. Schon bald verließ er Afrika und verbreitete sich über die ganze Welt. In der Folge entwickelte er zahlreiche regionale Unterarten, die sich dann eigenständig weiterentwickelten. Stand eine von ihnen am Ursprung des heutigen Menschen? Oder war *Homo erectus* überall unser Vorläufer?

▼ *Vom Kandelaber zur afrikanischen Urmutter*
Unten sind die beiden Haupttheorien zum Ursprung des Menschen dargestellt. Links die so genannte Kandelaber-Hypothese oder Theorie der regionalen Kontinuität: Die Homo-erectus-Arten sind danach nichts anderes als frühe Sapiens-Varianten, die sich gemäß den jeweiligen regionalen Gegebenheiten weiterentwickelten – ihre Zugehörigkeit zur gleichen Art sei durch einen fortwährenden Genaustausch aufrechterhalten worden (die Pfeile). Rechts das heute favorisierte Eva-Modell, nach dem Homo sapiens von einer einzigen Ahnenpopulation abstammt, die vor 150 000–100 000 Jahren in Afrika auftrat.

Chaotische Ahnen

Homo sapiens, unser direkter gemeinsamer Vorfahre, trat vor 200 000 Jahren auf. Ihm gingen, über einen Zeitraum von etwa 1,85 Mio. Jahren, nachweislich mindestens sieben Homo-Arten voraus: *Homo erectus, Homo ergaster, Homo rudolfensis, Homo heidelbergensis, Homo antecessor*, Altmensch und Vorneandertaler – für Paläontologen und Anthropologen, die die Verbindungen zwischen diesen Arten und *Homo sapiens* erhellen wollen, eine chaotische Ausgangslage; zumal ein unpräziser Begriff wie Altmensch oft lediglich Fossilien subsummiert, die man nicht so recht einzuordnen weiß.

Für dieses Chaos ist *Homo erectus* verantwortlich. Er verbreitete sich zwar als erster über die gesamte Erde, passte sich dabei aber zwangsläufig den unterschiedlichsten Lebensräumen an, was schließlich zu mehr oder minder großen morphologischen Unterschieden zwischen den einzelnen Gruppen führte. Von Afrika über den Nahen Osten und Fernost bis ins äußerste Westeuropa fand man die Fossilien von Menschen, die sich gar nicht oder kaum ähnelten. In der Folge versahen die Forscher ihre Funde mit Namen, die deren Besonderheiten Rechnung trugen – daher der bunte Reigen.

Die meisten Wissenschaftler gehen heute davon aus, dass all diese Vor-Sapiens-Menschen ihren Unterschieden zum Trotz Unterarten von *Homo erectus* waren. Für andere jedoch ging der moderne Mensch aus verschiedenen Homo-erectus-Arten hervor.

Eine von zwei Möglichkeiten: das Kandelaber-Modell

Diese Minderheitsmeinung favorisiert das so genannte Multiregional- oder Kandelaber-Modell; demzufolge ging *Homo sapiens* in den verschiedenen Regionen aus den dort ansässigen diversifizierten Erectus-Arten hervor – die jeweiligen Populationen hätten sich dann in einem kontinuierlichen Prozess unabhängig weiterentwickelt. So soll sich eine in China heimisch gewordene Erectus-Art über eine lokale Durchgangsform, einen archaischen *Homo sapiens*, zu den heutigen Chinesen entwickelt haben. Diese Hypothese wird durch 200 000 Jahre alte Fragmente des Dali-Menschen aus Zentralchina gestützt, die sowohl archaische als auch moderne Merkmale aufweisen.

In seiner Heimat Afrika trat *Homo erectus* in seiner frühesten Form (vor 2 Mio. bis 600 000 Jahren) als *Homo ergaster* (arbeitsamer Mensch) auf. Jüngere Fossilien von ihm (aus einer Zeit vor 500 000–100 000 Jahren) wurden auch in Sambia, Südafrika und Äthiopien gefunden. Mit einer Schädelkapazität von 1200 cm³ und einem auffallend hohen Schädeldach kommt er dem Bild sehr nahe, das sich die Forscher vom Altmenschen, dem archaischen *Homo sapiens*, machen. Einige sehen in diesem Übergangsmenschen den Vorfahren der heutigen Afrikaner.

Bestätigen Ausnahmen die Regel?

Fossilfunde von den Rändern der damaligen Welt komplizierten aber das Bild. Nach der Kandelaber-Theorie hat der europäische *Homo erectus*, den die Eiszeiten wiederholt vom Rest der Welt isolierten, zahlreiche Unterarten hervorgebracht: So gibt es einen *Homo antecessor*, dessen 850 000 Jahre alte Gebeine man in der spanischen Gran-Dolina-Höhle entdeckte, aber auch *Homo heidelbergensis*, der seinen Namen dem Fundort seines 650 000 Jahre alten Unterkiefers verdankt, und den gut 800 000 Jahre alten Schädel eines namenlosen Italieners aus Ceprano, der

Homo sapiens

Theorie der regionalen Kontinuität

Homo erectus

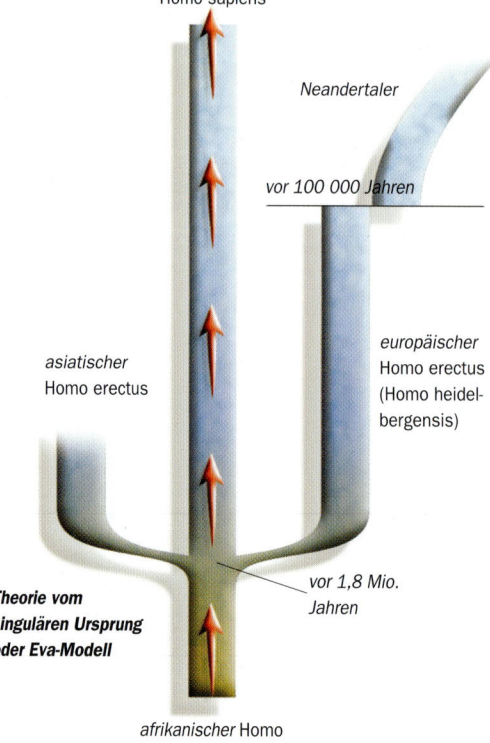

Homo sapiens

Neandertaler

vor 100 000 Jahren

asiatischer Homo erectus

europäischer Homo erectus (Homo heidelbergensis)

Theorie vom singulären Ursprung oder Eva-Modell

vor 1,8 Mio. Jahren

afrikanischer Homo erectus (Homo ergaster)

◀ **Der Ursprung des Menschen**
Homo habilis *(im Vordergrund)*, Homo australopithecus robustus *(am Ufer)*, Homo rudolfensis *(am Rand der Savanne)* oder Homo ergaster *(in der Savanne)* – wer von ihnen war unser direkter Vorfahre?

wie ein verbesserter *Homo erectus* erscheint. In Frankreich, wo man in Tautavel großartige Werkzeuge und Knochenreste aus einer Zeit vor 450 000 Jahren fand, schrieb man diese Relikte kurzerhand *Homo erectus* zu.

Der Haken: Bei all diesen „Altmenschen", die bis vor 100 000 Jahren in Europa ansässig waren, handelte es sich keineswegs um zukünftige *Sapientes*, sondern um Vorfahren des (später ausgestorbenen) Neandertalers. Dieser aber war nachweislich nicht unser aller Urahn. *Homo sapiens sapiens* müsste also in einer zweiten Einwanderungswelle auf unserem Kontinent erschienen sein, und zwar vor rund 130 000 Jahren von Afrika aus über den Nahen Osten – dort ist die Existenz von Altmenschen für diese Zeit in der Tat gut belegt.

Ortswechsel: Der fernöstliche *Homo erectus* betrat vor etwa 2 Mio. Jahren Indonesien und auch die Insel Java, die er dank des eiszeitlich gefallenen Meeresspiegels trockenen Fußes erreichen konnte. Nach dem Rückzug des Eises und dem Wiederanstieg des Meeres war er auf der Insel von seiner Stammpopulation isoliert. In der Folge veränderte sich sein Erbgut, und es entstand der eigenständige Java-Mensch.

Eva aus Afrika?

Das Kandelaber-Modell setzt voraus, dass in jedem *Homo erectus* bereits ein *Homo sapiens* schlummerte! Ein interner genetischer Mechanismus habe bewirkt, dass sich die Art an verschiedenen Orten parallel zum modernen Menschen entwickelte.

Unsinn! rufen die Biologen empört, denn dieses Modell widerspricht völlig den Gesetzen der Evolution; sie schließt aus, dass sich an verschiedenen Orten unabhängig voneinander das gleiche morphologische Ergebnis durchsetzt. Folglich muss der moderne Mensch einen gemeinsamen Ursprung haben. Auf diese Argumentation setzt die so genannte Out of Africa Theorie. Sie geht von einer Art afrikanischer Eva aus, die unser aller Urmutter war. Man könnte auch von einem Sieg des *Homo sapiens* über *Homo erectus* sprechen. Demnach entwickelte sich unsere Art vor 200 000 Jahren in Afrika aus einem *Erectus* und verbreitete sich von dort aus über den ganzen Globus. Dank ihrer Überlegenheit habe sie sich gegen alle anderen Altmenscharten durchgesetzt, u. a. auch gegen den Neandertaler. Dieser Ansatz wird insbesondere von den Molekularanthropologen favorisiert. Ihren Analy-

sen zufolge gingen die modernen Menschen aus einer sehr kleinen afrikanischen Population hervor. Die Forscher spürten nämlich den Anfängen unserer Geschichte in unseren Genen nach, in unserer mitochondrialen DNA. Diese wird nur von der Mutter auf die Nachkommen vererbt, sodass an ihrem Ursprung eine Frau stehen muss, eben die afrikanische Eva. Das Team des kalifornischen Biochemikers Allan Wilson erbrachte dafür 1987 den entsprechenden Nachweis.

Seitdem gilt die Out-of-Africa-Theorie als die überzeugendere. Heute erkennen auch die meisten Anthropologen die Schlüssigkeit der Argumentation an. Vorbehalte hegen sie aber nach wie vor hinsichtlich der Ergebnisse. Denn der Rhythmus der genetischen Variationen und ihre Mechanismen sind uns noch weitgehend unbekannt. Insofern ist die Debatte nicht endgültig entschieden, zumal uns das Pendant der afrikanischen Eva, ihr Adam, noch fehlt.

▲ **Afrikanische Kunst**
Diese Felsmalereien aus Tansania sollen aus der Zeit um 25 000 v. Chr. stammen – mit die ältesten, die in Afrika entdeckt wurden. Sie zeugen von einem schon sehr ausgeprägten ästhetischen Bestreben. Wie lang war der Weg, der seit den ersten Hominiden zurückgelegt werden musste, um ein solches Ergebnis zu erzielen!

Der Neandertaler
Ein toter Zweig am Baum der Evolution

Der Neandertaler, der vor etwa 200 000 Jahren den äußersten Westen Eurasiens und später den Nahen Osten besiedelte, hat die beiden letzten Eiszeiten der Vorgeschichte überlebt. Durch seine an extreme Lebensbedingungen angepasste körperliche Erscheinung wirkt er auf uns sehr urtümlich. Aber er war unser Vetter – schon sehr geschickt in der Steinbearbeitung und auch in der Medizin bewandert. Als einer der ersten bestattete er seine Toten. Vor 30 000 Jahren starb er aus ungeklärter Ursache aus und überließ seinen Platz *Homo sapiens sapiens*.

Ein stattlicher Mensch

Die Jäger drängen sich gierig um die Glut, auf der eine Hirschlende fast fertig gebraten ist. Viele Tage mussten sie sich von wilden Beeren ernähren, die sie im Unterholz sammelten. Jetzt starren sie erwartungsvoll auf das Fleisch, aus dem in dünnen Rinnsalen Saft ins Feuer tropft. Die Wärme gibt den Männern, denen die ermüdende Treibjagd und die allgegenwärtige Kälte hart zugesetzt hat, neue Kraft.

Betrachtet man sie genauer, stellt man aber fest, dass sie solchen Belastungen körperlich durchaus gewachsen sind. Im Schein der Glut erscheinen die Gesichter wie gemeißelt. Zunächst fällt der für den Neandertaler typische supraorbitale Wulst ins Auge, ein knöchernes Dach über den Augen, das wie eine Sonnenblende anmutet. Die Stirn ist niedrig, das Kinn fliehend, die Nase stattlich. Der mächtige Kiefer trägt starke, leicht vorstehende

Zähne. Der flache Schädel endet in einem olivenförmigen Hinterhauptsknoten. Insgesamt ist der gedrungene Körper ganz darauf zugeschnitten, der Kälte zu trotzen. Muskelansätze an fossilen Knochen zeigten, dass der Neandertaler solide gebaut und mit kräftigen Armen und Beinen versehen war. Männer wurden etwa 1,65 m groß, Frauen an die 1,50 m, das Gewicht lag zwischen 70 und 80 kg. Alles in allem also eine robuste Erscheinung, deren Hauptproblem die Ernährung war. Analysen ihres Zahnschmelzes offenbarten, dass die Neandertaler oft Hunger litten. Umso begreiflicher die stumme Andacht der Jäger angesichts des köstlichen Hirschbratens, dessen Duft die Höhle erfüllt.

Überleben in der Eiszeit

Außerhalb der Höhle herrscht durchdringende Kälte. Gar nicht weit entfernt steigt allmählich eine Wand aus Eis an, dahinter ist das Land kilometerhoch von Gletschern bedeckt ... Wir befinden uns in Mitteleuropa und in einer Eiszeit. Die Höhle bietet Schutz gegen die Kälte, aber auch gegen wilde Tiere: Mammuts, Wollnashörner, Bisons, Bären und Löwen, die, ebenso hungrig wie die Neandertaler, in großer Zahl umherstreifen – kein Wunder, dass wir

▼ *Ausheben einer Grabstätte*
Die Sorgfalt bei der Beisetzung der Toten und bei der Präparierung von Leichnamen sowie die Verwendung von Ocker, Blumen und Beigaben verraten eine schon sehr hoch entwickelte metaphysische Sicht des Lebens.

auf die Fossilien unseres frühen Vetters hauptsächlich in Höhlen stoßen. Aber er baute sich auch Unterstände unter freiem Himmel. Im ukrainischen Molodova fand man die Fundamente einer ovalen Behausung, um die ringsum Mammutknochen geschichtet waren. Sie verliehen den über ein Holzgerüst gespannten Tierhäuten Stabilität – eine Wohnstätte auf Zeit. Denn als Jäger und Sammler wanderte der Neandertaler bei seiner Suche nach Nahrung beständig umher. Er besiedelte zwischen 200 000 und 30 000 v. Chr. den gesamten Westen Eurasiens, von Gibraltar bis Usbekistan, vom Nahen Osten bis nach Deutschland; hier befindet sich auch die Fundstätte, der er seinen Namen verdankt: das Neandertal.

Eine verwirrende Entdeckung

In der Nähe von Düsseldorf stieß man auf die ersten Überreste dieser bemerkenswerten Frühmenschen. 1856 nahmen zwei italienische Arbeiter in einem Kalksteinbruch eine Sprengung vor. Als sie anschließend mit ihren Hacken Gebeine zutage förderten, hielten sie sie für die Überreste eines Bären – in dem wilden Tal der Düssel durchaus naheliegend. Der Baustellenleiter schenkte das Skelett dem örtlichen Schulmeister, der sich für Naturgeschichte begeisterte. Dieser erkannte sofort, dass er keineswegs ein Bärenskelett vor sich hatte ... und besaß den Mut, etwas dazumal ganz und gar Undenkbares zu denken: dass diese uralten Knochen von einer unbekannten Menschenart stammten. Der Fund schlug bei Natur

forschern und Publikum wie eine Bombe ein, und das abgelegene Neandertal erlangte mit dem gleichnamigen Altmenschen unsterbliche Berühmtheit. Dessen flacher Schädel und seine breite Schulterpartie machten es freilich den biederen Zeitgenossen zunächst schwer, ihn zum Menschengeschlecht zu zählen, ähnelte er doch allzu sehr den Primaten. Und Darwins Evolutionstheorie erfreute die „Kronen der Schöpfung" ohnehin wenig. Es entbrannte eine leidenschaftliche Debatte. Ein Jahrhundert voller Polemiken, neuer Entdeckungen und unentwegter Aufklärung musste vergehen, ehe man den Neandertaler endlich als unseren nahen Verwandten anerkannte.

Dennoch galt er lange als grobschlächtiger, dummer Barbar – ungeachtet seines Hirnvolumens von durchschnittlich 1600 cm³, das sogar das unsere (1450 cm³) übertraf. Dieser Wert gibt zwar nicht Aufschluss über den Grad von Intelligenz, beweist aber, dass der Neandertaler über sie verfügte. Er fertigte Werkzeuge an und entwickelte findige Techniken der Steinbearbeitung, wie die Moustérien-Technik.

Wurfgeschosse wie Speere und Pfeile, die ihm die Jagd erheblich erleichtert hätten, kannte er dagegen nicht. Nur mit Stoßwaffen kämpfte er mit den Tieren Auge in Auge und ging dabei ein hohes Risiko ein, verwundet oder getötet zu werden.

Schon ein Sittenkodex?

Obschon technologisch und anatomisch den Cro-Magnon-Menschen unterlegen, gehörte der Neandertaler dennoch wie sie zur Familie der Menschen. Er lebte in einem Clan Verband

▲ **Rekonstruktion eines Neandertalers**
War die Steinbearbeitung schon die Erfindung des Neandertalers oder hat er sie sich beim Cro-Magnon-Menschen abgeschaut?

▲ **Der erste Schädel**
Seit 1856, als das erste Exemplar im nordrhein-westfälischen Neandertal entdeckt wurde, hat man insgesamt 380 Neandertaler in Europa, aber auch im Nahen Osten und in Zentralasien gefunden. Nur bei zehn von ihnen war das Skelett vollständig erhalten.

und betrieb die Jagd gemeinschaftlich – was eine recht komplexe soziale Organisation voraussetzt. Dafür spricht auch, dass er wohl als erster Mensch Gruben aushob, um darin seine Toten zu bestatten. Einige Paläoanthropologen sehen darin zwar noch keinen Beleg für einen frühen Totenkult, sondern lediglich eine pragmatische Vorkehrung, Hyänen vom Lager fernzuhalten. Aber wie erklärt sich dann der kultische rote Ocker an einigen Höhlenwänden? Und was soll man von jenem Leichnam ohne Schädel halten, den man in Israel in der Höhle von Kebara fand? Das Fehlen des Schädels ist umso rätselhafter, als die Grabstätte vollständig unversehrt war ... Es sei denn, der Schädel wäre Teil besonderer Totenrituale gewesen. Und wie soll man jene Blütenpollen interpretieren, die in großer Menge in einem Grab bei Shanidar im Irak vorhanden waren? Womöglich reicht die Sitte, Gräber mit Blumen zu schmücken, sehr zurück. Der Neandertaler scheint auch bereits seine Verwundeten gepflegt und

DIE KÄLTE, DIE AUS DEM NORDEN KAM

Im Lauf der Erdgeschichte war das Klima starken Schwankungen unterworfen. Heute können wir die klimatische Entwicklung seit Beginn des Pleistozän vor 1,6 Mio. Jahren recht zuverlässig rekonstruieren. So wurde Westeuropa seither von mindestens acht Eiszeiten heimgesucht. Im Altpleistozän (bis vor etwa 500 000 Jahren) gab es den Neandertaler in unseren Breiten noch nicht. Aber von den beiden jüngsten Eiszeiten, der Saale-Eiszeit vor rund 300 000–128 000 Jahren und der etwa 100 000 Jahre währenden Weichsel-Eiszeit, wurde er direkt in Mitleidenschaft gezogen. Die Durchschnittstemperaturen sanken damals so stark ab, dass an die Stelle dichter Wälder spröde Tundren traten. Entsprechend veränderte sich die Tierwelt: Mammuts, Wollnashörner und Rentiere lebten damals in unseren Breiten, und der Mensch musste, wenn er überleben wollte, robust und kälteunempfindlich sein.

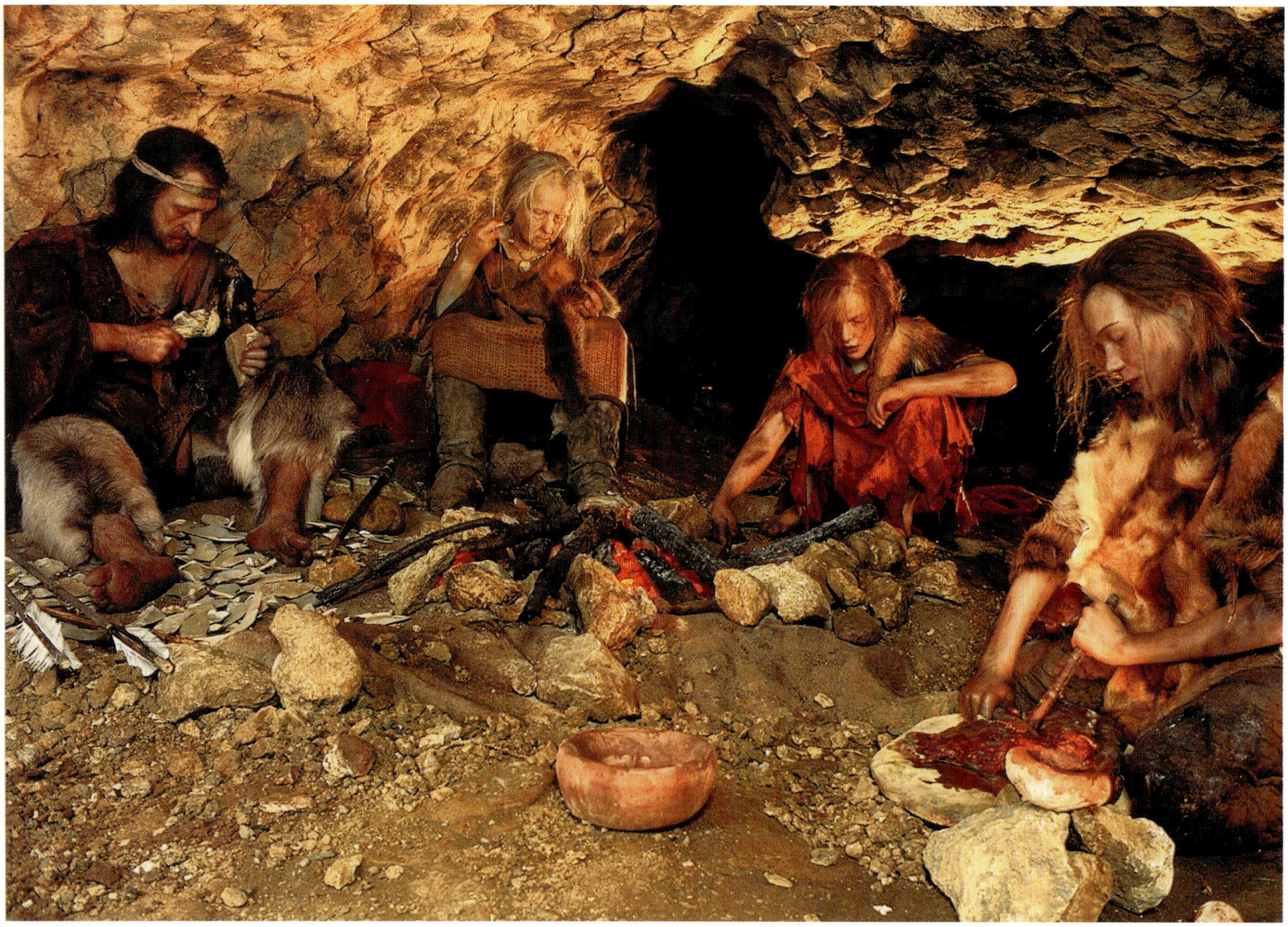

▲ ***Alltag bei Neandertalers***
Der Neandertaler widmete seiner Behausung viel Augenmerk. Natürlich sollte sie ihm in erster Linie Schutz bieten. Sie war aber auch ein Ort, wo er sich ausruhte und aufwärmte, im Schein des Lampenlichts seine Nahrung zubereitete und diese für schlechte Zeiten lagerte. Er war also keineswegs ein minderbemitteltes höheres Tier, das sich von Aas ernährte und seiner feindlichen Umgebung hilflos gegenüber stand. Er ernährte sich bereits überwiegend von Fleisch, das er wohl auch schon gegart hat.

▶ ***Der erste Musikant?***
Diese aus einem Vogelknochen hergestellte Flöte zeugt davon, dass der Neandertaler bereits abstrakt zu denken vermochte und eine Art Kunstsinn besaß, der ihn vielleicht zum ersten Musikanten des Menschengeschlechts macht.

medizinisch versorgt zu haben, statt sie als eine Last aus der Gemeinschaft zu entfernen. Das legt jedenfalls ein Skelett mit zahlreichen Knochenbrüchen nahe (ebenfalls aus dem Irak), die verheilt und vernarbt waren.
Übrigens gibt es nicht ein einziges Neandertalerskelett, das nicht Spuren von Verletzungen aufweist – ein Verwundeter wurde offenbar von seinem Clan betreut und bis zu seiner Genesung mit anderen Aufgaben betraut.

War er ein Kannibale?

Schon 1899 legte ein Knochenfund in Krapina (Kroatien) den Verdacht nahe, dass der Neandertaler auch seinesgleichen verspeiste. Eine andere Fundstätte, die Höhle von Moula-Guercy in Südfrankreich, bestätigte jüngst diese Annahme. Man legte dort die Überreste von sechs Neandertalern frei, die vor etwa 120 000 Jahren offenbar als Wildbret endeten. Ihre Knochen und Schädel waren auf einem Amboss mit einem Stein zertrümmert worden, um an das Knochenmark und das Hirn zu gelangen. Einschnitte im Bereich der Gelenke und des Oberschenkels beweisen, dass das Fleisch sorgfältig abgelöst und zerteilt wurde – auf die gleiche Weise wie bei fünf Hirschen, die man in unmittelbarer Nähe entdeckte. Handelte es sich bei diesem Menschenmahl um ein Kriegerritual? Oder um den letzten Ausweg vor dem Verhungern?

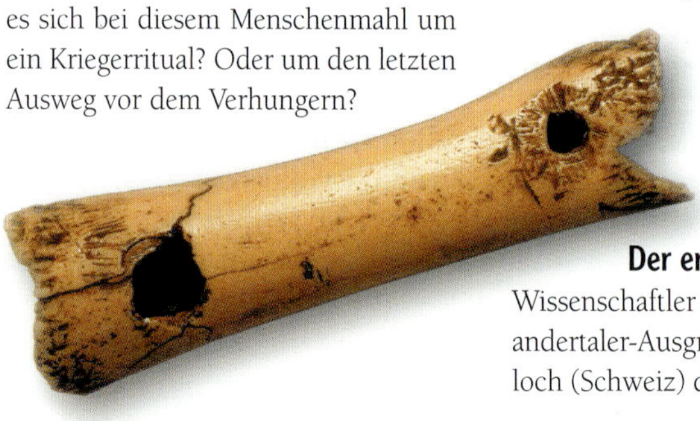

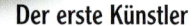

Aber auch der Cro-Magnon-Mensch scheint in der Endphase der jüngsten Eiszeit Kannibalismus betrieben zu haben – so wenigstens die Botschaft der Überreste eines Festmahls, die in La Baume-Fontbrégoua (Provençe) erhalten blieben.

Der erste Künstler

Wissenschaftler entdeckten in der Neandertaler-Ausgrabungsstätte Drachenloch (Schweiz) deutliche Spuren kulti-

Der erste Werkzeugkasten

Der Neandertaler verfügte über ein erstaunliches handwerkliches Geschick. Er entwickelte im Lauf seiner langen Geschichte immer ausgefeiltere Technken der Steinbearbeitung, etwa die Moustérien-Technik. Während sich seine Vorgänger noch mit Bifaces und Schabern begnügten, produzierte er eine Vielzahl sehr fein gearbeiteter, auf ihre jeweilige Funktion abgestimmter Werkzeuge: gezähnte Steinspitzen, Kratzer und Messer mit Rücken usw.
Allerdings entstand erst mit der Ankunft des modernen Menschen ein regelrechtes Arsenal an Werkzeugen und Waffen aus Stein, aber auch aus Knochen, Elfenbein und Horn.

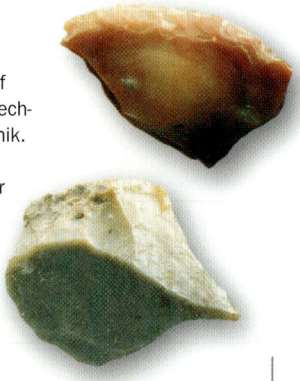

scher Handlungen, offenbar zur Verehrung des Bären. Zwar ist es nicht ungewöhnlich, in einer Höhle auf Bärenknochen zu stoßen, sind diese aber sorgfältig unter penibel aufgeschichteten Steinhügeln angeordnet, liegt die Vermutung nahe, dass dieses Vorgehen eine rituelle Funktion hatte.

Der Neandertaler markierte zwar gelegentlich die Wände seiner Höhlen mit rotem Ocker, bemalte sie aber nicht. Stattdessen spielte er Flöte – ein mit vier Löchern versehener Oberschenkelknochen eines jungen Bären weist ihn als wohl ersten Musikanten des Menschengeschlechts aus.

Verwandt, aber doch nicht nahe

So sehr er auch in manchem dem modernen Menschen ähnelte, so war der Neandertaler nach den Erkenntnissen der Paläogenetiker dennoch nicht unser direkter Vorfahre.

Das ergab die abgesicherte Analyse eines 30 000–50 000 Jahre alten Genfragments eines Neandertalers, genauer: dessen Vergleich mit dem Erbgut heutiger Menschen (Kaukasier, Chinesen, Europäer, Afrikaner usw.). Die Unterschiede zwischen der DNA von *Homo sapiens* und der des Neandertalers besagen, dass sich die beiden Linien schon vor 741 000–317 000 Jahren endgültig getrennt haben.

Anschließend entwickelte sich *Homo sapiens* langsam zu *Homo sapiens sapiens*, während der Neandertaler schlichtweg der alte blieb. Aber han-

KONNTE ER SPRECHEN?

Es ist schwer vorstellbar, dass ein Mensch in einer höher organisierten Gruppe nicht der Sprache mächtig ist. Allerdings musste der Beweis geführt werden, dass der Neandertaler auch physisch in der Lage war, sich artikulieren zu können. Die Forscher glaubten lange, die Position seines Kehlkopfs hätte ihm nicht erlaubt, sämtliche Laute zu bilden, insbesondere nicht die Vokale i, a und u. Im Kehlkopf verwandelt sich aufsteigende Atemluft, unterstützt von der Zunge, in artikulierte Laute. Sitzt er zu hoch, hat die Luft nicht genügend Platz, um diese Aufgabe zu unterstützen.

Dann entdeckten Wissenschaftler 1989 in einem Neandertalergrab in Israel ein Zungenbein. Hierbei handelt es sich um ein U-förmiges Knöchelchen, das sich oben am Kehlkopf befindet und das Aufschluss über die Lage des Stimmapparats gibt. Das überraschende Ergebnis der Untersuchung: Seine Position in Bezug auf die Rückenwirbel und den Unterkiefer entsprach bei diesem Neandertaler nahezu jener wie bei *Homo sapiens sapiens*. Damit war bewiesen, dass der Neandertaler sprechen konnte. Einige Geheimnisse bleiben dennoch ungelüftet: Was hatte er zu sagen? Und wie klang wohl seine Sprache?

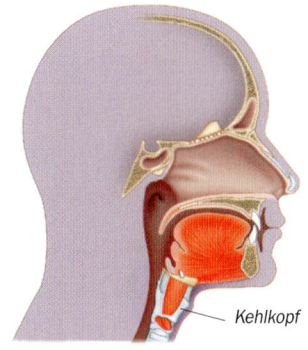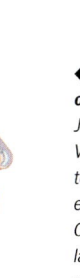
Kehlkopf

Der moderne Mensch: Die tiefe Lage des Kehlkopfs ermöglicht die Bildung von Vokalen und Konsonanten.

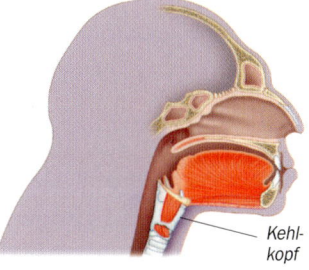
Kehl-kopf

Lange nahm man an, die Lage seines Kehlkopfs habe verhindert, dass der Neandertaler Laute hervorbringen konnte.

◄ Sprach er oder sprach er nicht?
Jagd, Werkzeugherstellung, Vorratshaltung – alle Tätigkeiten des Neandertalers setzten eine gewissenhafte soziale Organisation voraus. Zwangsläufig diente ihm die gesprochene Sprache dabei zur Verständigung.

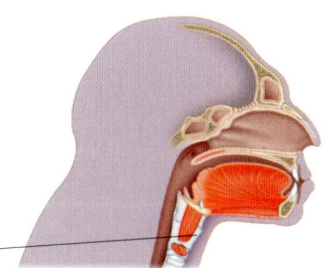

Heute nimmt man an, dass sein Kehlkopf schon ebenso positioniert war wie der unsere.

delte es sich tatsächlich um völlig unterschiedliche Arten? Vermutlich ja. Im Eiszeitalter wurde Europa durch die Vergletscherung zu einer Insel. Die Neandertaler, die hier mehrere Jahrtausende unter solchen Bedingungen lebten, passten sich den Verhältnissen an, ohne sich zu verändern. Unser direkter Vorfahr, *Homo sapiens*, kam vor etwa 100 000–60 000 Jahren nach Europa –

mit Sicherheit traf er in diesem langen Zeitraum auf den früheren Einwanderer, den Neandertaler.

Es scheint aber, als sei das Erbgut beider Arten bereits damals so verschieden gewesen, dass sie sich nicht miteinander fortpflanzen konnten. Darin könnte eine plausible Erklärung für das plötzliche Verschwinden unseres standhaften Vetters liegen.

▼ Durch Gletscher begrenzt
Da er während zweier Eiszeiten von der übrigen Welt abgeschnitten war, drang der im Nahen Osten und Europa angesiedelte Neandertaler kaum weiter nach Asien und Afrika vor – das Kaspische Meer, das sich nach Norden und Osten erstreckte, versperrte den Zugang dorthin.

Fundorte des Neandertalers

trockengefallene Gebiete

Gletscher

Eine Menschenart erlischt
Das rätselhafte Verschwinden des Neandertalers

E twa 10 000 Jahre lang lebten Neandertaler und Cro-Magnon-Mensch gleichzeitig in Europa. Wir wissen nicht, in welcher Beziehung sie zueinander standen. Fest steht jedoch, dass der Neandertaler vor gut 30 000 Jahren restlos aus der Geschichte verschwand. Die Gründe dafür sind nach wie vor rätselhaft. Wir können nur auf wenige Zeugnisse seiner Existenz und auf die Rekonstruktion seiner Umwelt zurückgreifen, um über dieses ungewöhnliche Erlöschen einer Menschenart zu spekulieren.

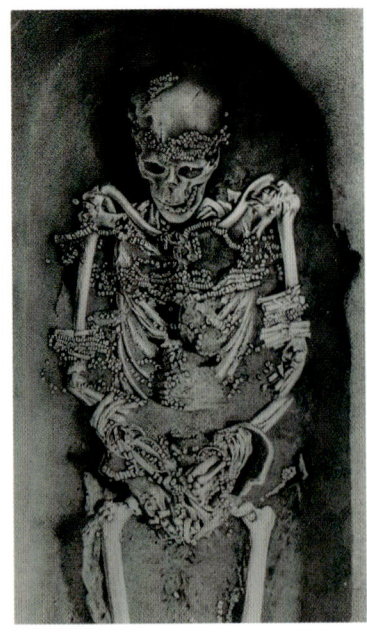

▲ **Der Totenkult**
Die Grabbeigaben (roter Ocker und Elfenbeinschmuck) sowie die besondere Haltung deuten darauf hin, dass Cro-Magnon und Neandertaler bereits einen Totenkult praktizierten.

▲ **Schmuck oder Amulett?**
Konnten die Neandertaler bereits Schmuckstücke wie diese durchbohrten Zähne anfertigen? Besaßen sie symbolische und rituelle Gegenstände?

Erfinder oder Nachahmer?

Ein durchbohrter Zahn an einer Schnur aus geflochtenem Gras: der prächtige Eckzahn eines Bären, des mächtigsten Wesens in diesem Gebirge. Er baumelt an der Brust eines hochgewachsenen Mannes, der mit den Seinen aus dem Land, wo die Sonne aufgeht, hierher gekommen ist. Er wird beobachtet: Aus seinem Versteck im Gebüsch kann der Neandertaler seinen Blick nicht von diesem Zahn losreißen. Auch die Frauen, die er sieht, tragen an Schnüren vielerlei Objekte mit sich, heilende Blätter, grün wie das Leben, Vogelfedern in den Farben des Regenbogens, Rentierzähne und Fuchspfoten. An den Fußgelenken klappern Bänder mit durchbohrten, rot gefärbten Muscheln. Der Neandertaler lässt die Horde Cro-Magnon-Menschen vorüberziehen, ohne sich zu zeigen. Er ist fasziniert und bestürzt zugleich. Bald nachdem vor etwa 35 000 Jahren *Homo sapiens sapiens* Europa erreicht hatte, begann auch der Neandertaler, Schmuck herzustellen. Ahmte er den Neuankömmling lediglich nach? Oder tauschten die beiden Gruppen ihr Wissen aus? Haben sie sich bekämpft oder sind sie sich schlicht aus dem Weg gegangen?

Ein weites, leeres Land
Die Urahnen des Neandertalers, Nachkommen von *Homo erectus* oder *Homo*

▶ **Neandertaler**
Mit einer Größe von 1,65 m und einem Gewicht von 80 kg war dieser Mensch vom Körperbau her gut gerüstet, um der Kälte zu widerstehen. Charakteristisch ist die besondere Form seines Schädels: niedrige Stirn, fliehendes Kinn, Augenwulst, weit ausladendes Hinterhaupt, mächtiger Kauapparat mit kräftigen Zähnen. Das Hirnvolumen des Neandertalers war größer als unseres (etwa 1600 cm³ gegenüber 1450 cm³). Oft litt er an Unterernährung.

ergaster, wanderten vor 2 Mio. Jahren von Afrika nach Europa und wurden dort von den vordringenden Eismassen festgehalten. Bei Ankunft der Cro-Magnon-Menschen lebten sie hier schon seit 1,9 Mio. Jahren. Um 30 000 v. Chr. verschwanden sie plötzlich, während *Homo sapiens sapiens* bis heute existiert.

Die Wissenschaftler suchen noch immer nach Erklärungen für dieses Phänomen. Da er durch das Eis isoliert war, veränderte sich womöglich das Erbmaterial des Neandertalers so, dass er sich nicht mehr mit seinen ursprünglichen Artgenossen fortpflanzen konnte und eine stagnierende Spezies bildete.

Ein ähnlicher Vorgang erfolgte jenseits der europäischen Gletscher. Vom Ural bis in den äußersten Osten Eurasiens und ins südostasiatische Inselreich hinein sahen sich Homo-sapiens-Gruppen mehrfach auf schmalen Landstreifen gefangen, die sich durch den Wiederanstieg der Meere in den Zwischeneiszeiten in Inseln verwandelten – beispielhaft sind hier die Fossilien von Wadjak auf der Insel Java. Die Menschen wurden dabei von den kontinentalen Populationen isoliert und entwickelten in der Folge abweichende morphologische Merkmale. Mit der nächsten Kälteperiode sank dann der Meeresspiegel wieder, das Festland wurde erneut zugänglich, und die Insel-Populationen kamen wieder in Kontakt mit ihren ursprünglichen Verwandten. Man schätzt, dass damals in Europa lediglich 80 000 Menschen – *Homo sapiens* und Neandertaler – lebten. Die Chancen für Begegnungen zwischen beiden waren also äußerst gering. Da war es wohl eher ein Zufall, dass beide zur gleichen Zeit eine technische Revolution zustande brachten. Vor 35 000 Jahren betrieben die Neandertaler eine neue Form der Werkzeugherstellung.

DIE DNA DES NEANDERTALERS ZUM SPRECHEN BRINGEN

I m Labor: Ausgangsmaterial ist 1 cm³ Knochenmasse des Neandertalers. Sie wird zerstoßen und durch eine Reihe verschiedener chemischer Lösungen geschickt. Schließlich setzen sich am Grund eines Reagenzglases Fragmente von molekularem DNA-Material ab (das die Erbinformationen des Individuums trägt). Das besondere Interesse der Forscher gilt dabei der DNA der Mitochondrien, denn in diesen Energiezentralen der Zelle mutiert das Genmaterial schneller als im Kern. Es birgt also eine größere Fülle an Informationen. Die Forscher wählen nun ein typisches Fragment aus, eine Sequenz von einigen hundert Nukleotiden, den Basiselementen des DNA-Moleküls. Indem man die DNA-Sequenz des fossilen Neandertalers vervielfältigt, kann man sie mit den entsprechenden Sequenzen von *Homo sapiens sapiens* vergleichen.

Das Ergebnis: Zwischen allen modernen Menschen gibt es trotz ihrer großen Typenvielfalt höchstens acht voneinander abweichende Nukleotiden, während uns vom Neandertaler bis zu 27 Nukleotiden trennen – eine erhebliche genetische Differenz, die etwa halb so groß ist wie die, die uns von den Schimpansen unterscheidet: Sie weichen von uns in 55 Nukleotiden ab.

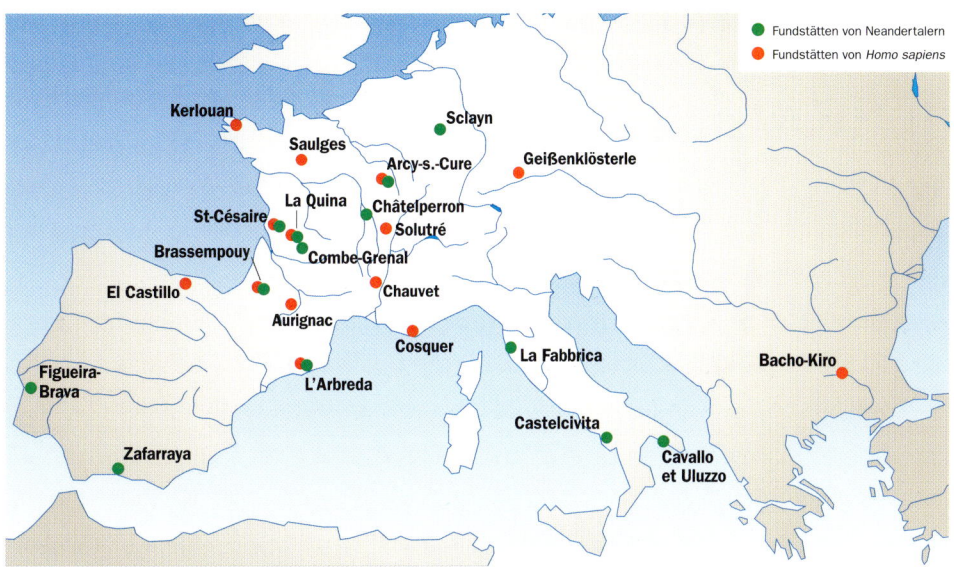

Fundstätten von Neandertalern
Fundstätten von *Homo sapiens*

Kerlouan
Saulges
Sclayn
Arcy-s.-Cure
Geißenklösterle
La Quina
Châtelperron
St-Césaire
Solutré
Brassempouy
Combe-Grenal
El Castillo
Chauvet
Aurignac
Cosquer
La Fabbrica
Bacho-Kiro
Figueira-Brava
L'Arbreda
Castelcivita
Zafarraya
Cavallo et Uluzzo

Sie fertigten nun aus Feuerstein Messerklingen mit Rücken (mit einer scharfen und einer stumpfen Seite), blattförmige Speerspitzen und zum ersten Mal Gegenstände, die keinen praktischen Nutzen hatten, z. B. gravierte Knochen und Schmuck. Zeitgleich verfeinerten auch die Cro-Magnon-Menschen ihre Behau- und Zuschneidetechniken und verwendeten neben Stein auch zunehmend Knochen, Holz, Horn und Elfenbein als Werkmaterial. Und sie behängten sich mit Schmuckgegenständen und artikulierten sich erstmals künstlerisch (S. 280–281).

Ein schlechter Ruf

Die Vorstellung, dass sich beide Gruppen gegenseitig befruchteten, ist verlockend, aber kaum zu beweisen. Überdies genoss der Neandertaler lange den Ruf eines Untermenschen. Es brauchte ein ganzes Jahrhundert, bis die Wissenschaftler einsahen, dass er eine ebenso bedeutsame kognitive Entwicklung durchmessen hatte wie der moderne Mensch. Das Gegenargument war stets die Felsmalerei des Cro-Magnon-Menschen. Heute scheint nicht ausgeschlossen, dass auch der Neandertaler

JEDEM SEIN WERKZEUG

Im Nahen Osten arbeiteten die Neandertaler und die modernen Altmenschen in derselben Werkzeugindustrie: dem Moustérien. Der Name geht auf die kleine Höhle von Le Moustier im französischen Departement Dordogne zurück, wo Edouard Lartet 1865 Schaber sowie Hand- und Blattspitzen entdeckte. In Europa entwickelten die Cro-Magnon-Menschen im späten Paläolithikum die Aurignacien-Kultur. Die ersten Werkzeuge wurden in Aurignac, ebenfalls in der Dordogne, um 1860 geborgen. Es handelte sich vornehmlich um Arbeitsgeräte aus Knochen und anderen tierischen Materialien. Zur gleichen Zeit, zwischen 36 000 und 30 000 v. Chr., glänzte der Neandertaler mit dem so genannten Chatelperronien. Diese Industrie verdankt ihren Namen der kleinen Gemeinde Châtelperron im Departement Allier. Dort entdeckte Abbé Breuil 1906 die erste von zahlreichen Pfeilspitzen aus behauenem Feuerstein in Form eines Lorbeerblatts.

▲ *Friedliches Nebeneinander oder Krieg?*
Lebten die Cro-Magnon-Menschen und die Neandertaler in friedlicher Koexistenz? Weshalb und wie ging sie zu Ende? Oder rottete der überlegene Homo sapiens *den Konkurrenten aus? Fragen über Fragen, die noch immer unbeantwortet sind.*

▲ *Mehr Affe als Mensch*
Zu Anfang des 20. Jh. sah Marcellin Boule, damals ein führender Kopf der französischen Anthropologie, den Neandertaler eher als Affen denn als Menschen: „Seine vegetativen und tierischen Funktionen dominierten über seine Gehirnfunktionen."

ein reiches kulturelles Leben mit Gesängen, Tänzen, Malereien auf Rinde oder Haut, Tätowierungen und Töpferwaren kannte – nur haben all diese Leistungen die Zeit leider nicht überdauert.

Die vermeintliche Unterlegenheit und mangelnde Flexibilität des Neandertalers dient nicht selten auch als Erklärung für sein Aussterben. Fand sein durch die Strapazen der Eiszeiten geschwächter Organismus nicht mehr die Kraft, sich weiter zu behaupten? Oder erwies er sich während der Eiszeiten, als in Europa Fleisch knapp war, als schlechterer Jäger denn der Cro-Magnon-Mensch und verhungerte schlicht? Hat er beim Kampf um den immer engeren Lebensraum einfach den kürzeren gezogen? Diskutiert wird aber auch, ob nicht *Homo sapiens* Krankheiten nach Europa einschleppte, die die nichtresistente Neandertaler-Population vernichtete – wie wir es von der Eroberung Amerikas nach Kolumbus kennen.

Rätselraten

Keine dieser Erklärungen lässt sich bislang belegen. Neueste Fossilienfunde aus Mittel- und Osteuropa lassen sogar einen Genaustausch nicht mehr unmöglich erscheinen. In Westeuropa jedoch fand wohl schlicht ein Austausch der Populationen statt – auf Kosten des Neandertalers.

◀ *Schon fast wir*
Ein schlanker, hochgewachsener, kräftiger Körper mit wohl proportionierten Gliedmaßen. Der Körperbau des Cro-Magnon-Menschen war dem unseren ähnlich. Als opportunistischer Generalist hat er sich allen Umgebungen und Klimaten angepasst.

Der moderne Mensch
Alltag bei Cro-Magnons

Nachdem er aus Afrika vor etwa 130 000 Jahren aufgebrochen war, verbreitete sich der moderne Mensch über die ganze Erde. Fossilien offenbarten ihn uns als Cro-Magnon-Mensch im Westen Europas und als Wadjak-Mensch in Fernost. Er konnte sich letztlich allen Klimaten und Lebensräumen anpassen und entwickelte im Verlauf der jüngsten Eiszeit neben einem großen handwerklichen Geschick auch abstraktes Denken und einen außerordentlichen Kunstsinn.

▲ **Essen, Arbeiten, Schlafen**
Die Lager waren im Magdalénien (13 000–9500 v. Chr.) bereits sehr gut organisiert und konnten mehrere Dutzend Menschen beherbergen.

▼ **Effiziente Jagdmethoden**
Dank der Speerschleuder konnte der Cro-Magnon-Mensch aus sicherer Entfernung mit stark vermindertem Risiko jagen und seine Beute mit größerer Genauigkeit treffen.

Eine gewisse Ähnlichkeit

Stellen Sie sich vor den Spiegel, zerwühlen Sie sich das Haar und stellen Sie sich mit einem gebräunten Teint, einem weniger regelmäßigen Gebiss und mit einem dicken Bärenfell bekleidet vor (oder je nach Klima auch sehr viel spärlicher) ... vor ihnen steht ein Cro-Magnon-Mann oder eine Cro-Magnon-Frau – *Homo sapiens sapiens*. Unser Vorfahr ist uns also anatomisch keineswegs fremd. Umso verschlossener sind uns seine Gedankenwelt, seine Sitten und Gebräuche und die Art und Weise, wie er kommunizierte. Prähistoriker, Anthropologen und Ethnologen scheuen aber keine Mühe, die behauenen Feuersteine, die fossilen Knochen und die Farbpigmente auf den Höhlenwänden zum Sprechen zu bringen. Aber schlummert nicht die Erinnerung an unsere Ahnen in jedem von uns? Schließen Sie also die Augen, lauschen Sie auf den rauen Wind, der über die Ebene fegt, und kehren Sie zu Ihrem Stamm zurück, in eine Zeit vor etwa 35 000 Jahren ...

Ein Mammut für Alles und Jedes

Es sind an die 40 Mann, die da mit gesenkten Köpfen gegen den Wind ankämpfen. In der Einöde der Tundra suchen sie nach den Resten verendeter Rüsseltiere. Denn seit es wärmer wurde und der Dauerfrostboden taute, haben sich zahlreiche Sümpfe gebildet, die großen Tieren schnell zum Verhängnis werden. Finden die Cro-Magnon-Leute etwa ei-

▲ **Der erste Körperschmuck**
Diese Muschelkette gehört zusammen mit Ketten aus durchbohrten Zähnen zu den ersten Schmuckstücken der Menschheit. Der Cro-Magnon-Mensch fand offenbar Interesse an der Schönheit der Formen.

AUSGEWOGENE KOST

Nach Ansicht der Wissenschaftler ernährte sich der Cro-Magnon-Mensch äußerst gesundheitsbewusst. Er begnügte sich keineswegs nur mit Fleisch, sondern achtete bei der Nährstoffaufnahme auf ein ausgewogenes Gleichgewicht: Fisch, besonders Lachs, fettarmes Fleisch (Steak vom Rentier, manchmal auch von Pferd, Nashorn, Hirsch, Rind oder Mammut), aber auch pflanzliche Kost, wie Rüben (Ballaststoffe), Nüsse (Fett), allerlei Obst und natürlich ein süßes Dessert, insbesondere Honig. Offenbar wagte er sich sogar schon an eine Fleischbrühe – darauf lassen Glutspuren an Steinen schließen, über denen man wohl in einem Lederschlauch Wasser erhitzte. Der Cro-Magnon-Mensch litt weder an Rachitis noch an Osteoporose; auch bösartige Tumoren und Knochenkrebs waren ihm fremd, ja nicht einmal von Zahnfäule war er befallen (diese trat erst in der Jungsteinzeit auf). Allerdings lag seine Lebenserwartung bei nur 45 Jahren.

nen Mammutkada-ver, sind sie für eine Weile mit allem Lebensnotwendigen versorgt. Die Knochen des Mammuts dienen als Gerüst für die halb im Boden eingegrabenen Hütten. Als Windschutz spannen sie das dicke Fell des Tieres darüber, und neben dem Eingang richten sie stolz die langen Stoßzähne auf. Auf dem Hüttenboden, der mit einer dicken Schicht Ocker bedeckt ist, entzünden sie mit dem Tran des Tieres ein Feuer, über dem sie alsbald sein Fleisch braten. Ist kein Holz zur Hand, geben die

zertrümmerten Knochen des Mammuts einen hervorragenden Brennstoff ab. Der vorschnell „Höhlenmensch" genannte Cro-Magnon passte seine Behausung den Bedingungen an, die er vorfand. Das konnte eine Hütte oder ein Zelt im Freien sein, ebenso aber ein Unterschlupf unter einem Felsen. Er stattete sich mit Werkzeugen aus (etwa einer Speerspitze, die mit harzverklebten Lederriemen an einem Schaft be-

festigt wurde) und erdachte Gerätschaften (Meißelschaber, Speerschleuder usw.), die sein Leben erleichterten. Die Jagd nahm einen Großteil seiner Zeit in Anspruch und stärkte den Zusammenhalt der Gemeinschaft. Er legte weite Strecken zurück, um geeignete Rohstoffe für seine Werkzeugindustrie zu finden (Feuerstein, Obsidian, Basalt). Und er organisierte kollektive Treibjagden: Die einen stöberten die Beute auf, andere hetzten sie und die dritten erlegten sie. Manches Wild fing er auch mit Fallen oder Netzen.

Ein Platz in der Welt

Archäologen begeistert die Periode vor etwa 40 000–12 000 Jahren. Denn in dieser Zeit wurde der Cro-Magnon-Mensch nicht nur zum Künstler, sondern auch gesprächig und religiös! Wir kennen seine Sprache nicht, wissen aber, dass er intensiv mit Seinesgleichen kommunizierte. Muscheln von der Atlantikküste, die man in Mitteleuropa fand, oder in Frankreich entdeckte Elfenbeinfigurinen aus der Ukraine bezeugen einen regen Austausch von Waren und Technologien. Identitäten

entstanden. So kennzeichneten Ketten aus gefärbten Muscheln, geschnitzte Armreifen aus Knochen, Malereien auf der Haut, aber auch besondere Kleidungsstücke symbolisch die Zugehörigkeit des Einzelnen zu einem Clan und seine Rolle in ihm – eine Botschaft, die auch Feinde zu deuten wussten. Die Aufgabenteilung in der Gemeinschaft wurde zunehmend komplexer und mit ihr auch die Rituale und Glaubensvorstellungen. Der Mensch dachte über seine Posiiton in der Welt nach und fragte nach dem Sinn des Lebens.

UND WO BLEIBT DER SEX?

Glaubt man den vielen Hinweisen, dann brachten die Cro-Magnon-Menschen der schönsten Sache der Welt ein lebhaftes Interesse entgegen. Bereits vor mehreren 10 000 Jahren waren die Höhlenwände übersät mit Zeichnungen von weiblichen Geschlechtsteilen. Phallusdarstellungen sind seltener, dafür umso drastischer. Einen aus einem Rentiergeweih geschnitzten Doppelphallus aus dem Magdalénien (13 000–9500 v. Chr.) deuten einige Forscher als prähistorischen Dildo! Andere ordnen ihn schamhaft in die Kategorie „rituelle Gegenstände" ein. Aber ob es uns nun behagt oder nicht: Unsere Ahnen kannten bereits sehr vielfältige sexuelle Praktiken. Heterosexualität und Homosexualität, Sodomie und Masturbation wurden in Objekten und Malereien ausgiebig dargestellt – so zeigt eine 6000 Jahre alte weibliche Skulptur aus Hagar Qim auf Malta eine onanierende Frau.

▲ *Der Höhlenmensch,*
wie man ihn lange nannte, wohnte in Wahrheit meist in Hütten oder Zelten unter freiem Himmel. Die Wände der Höhlen dienten ihm als Malgrund für seine künstlerisch-kultischen Schöpfungen – hier die Höhle von Le Mas-d'Azil im französischen Departement Ariège.

◀ *Waffen aller Art*
Speerschleudern, Pfeil- und Harpunenspitzen: Die Cro-Magnon-Waffen bildeten ein vielfältiges Arsenal und waren oft künstlerisch verziert. Diese Vielfalt ging mit einer immer ausgeprägteren Spezialisierung der Jagd einher.

◀ *Schamlose Venus*
Welche Funktion mag wohl diese gesichtslose grazile Venus gehabt haben, deren Schamdreieck so fein ziseliert ist? Vielleicht war sie eine Art Fruchtbarkeitssymbol.

Erste Meister des Unnützen
Die Metaphysik der Cro-Magnon-Leute

Schon die ersten modernen Menschen besaßen „Kultur". Spuren künstlerischer Betätigung entdeckte man überall dort, wo unsere Vorfahren lebten. Durch Malereien auf Höhlenwänden oder durch Gräberschmuck brachten sie ihre Spiritualität zum Ausdruck. Kaum hatten sie ihre afrikanische Heimat verlassen, bedurften sie auch schon der Religion und der Kunst, die ihnen helfen sollten, existenzielle Fragen zu beantworten.

Ein Weihnachtsgeschenk

Samstag, 24. Dezember 1994. Während sich die meisten Familien auf Heiligabend vorbereiten, zwängen sich im Süden des französischen. Departements Ardèche drei Höhlenforscher durch einen engen, feuchtkalten Stollen – Teil eines 170 m langen, wunderbar erhaltenen Tunnelsystems, das seit Jahrtausenden niemand mehr betreten hat. Die drei ahnen nicht, dass sie am Ende des Stollens ein 31 000 Jahre alter Schatz von außerordentlicher Schönheit erwartet: rund 300 meisterhafte Felsmalereien, die unsere Ahnen dort im hintersten Winkel einer Höhle geschaffen haben – Bisons, Nashörner, Pferde, Mammuts, Hirsche. „Ein überwältigendes Kunstwerk, mindestens ebenso bedeutend wie ein Van Gogh!" – der internationale Experte, der die Sensationsfunde von Vallon-Pont-d'Arc (heute Chauvet) auf ihre Echtheit prüfte, war von so viel Schönheit hingerissen.

Die Höhle der Geister

Im Abendland entstand diese frühe Kunst ganz im Verborgenen. Die Cro-Magnon-Menschen wählten für ihre Malereien die hintersten Winkel von Höhlen aus, weit entfernt von ihren Wohnstätten, an schwer zugänglichen Orten. Bedeutete die unterirdische Finsternis eine andere Welt für sie? Die Welt des Jenseits, der Geister, des Übernatürlichen? Vermutlich hatten nur wenige Eingeweihte Zugang zu diesen heiligen Bezirken. Die Ansiedlung im Geheimen lässt jedenfalls darauf schließen, dass es sich um schamanistische Kunst handelte.

Wenn heute ein Schamane in Trance verfällt, tritt er in eine Welt voller Tiere und Ahnengeister ein, mit denen er Kontakt aufnimmt, um sie sich gewo-

▲ **Die Dame von Brassempouy**
Dass sie keinen Mund hat, befremdet vielleicht – aber diese großartige engelhafte Venus ist eines der wenigen Porträts der Gravettien-Kultur (27 000–15 000 v. Chr.).

gen zu machen – er bittet sie um Regen, um Genesung für Kranke oder um eine erfolgreiche Jagd. Hielten es die Menschen der Altsteinzeit ebenso? Jedenfalls bannten sie häufiger gefährliche oder seltene Tiere auf die Felswände

und fast nie Flüsse, Wolken, Sonne, Berge, ja nicht einmal die Landschaften, in denen sie lebten.

Tiergottheiten

Vielleicht ehrten und beschworen sie die Geister der Tiere, um sie für sich einzunehmen. Die Schätze der Chauvet-Höhle gestatten uns einen Blick in eine fremde, animistische Welt. Es geht eine große Kraft von diesem prallen Bestiarium aus. Die Bisons und Auerochsen scheinen im flackernden Schein der Lampen über die Höhlenwände zu galoppierten. Unsere Vorfahren malten nicht um des Vergnügens willen, sondern aus religiöser Not. In der Mitte eines Höhlensaals war auf einem Felsen ein Bärenschädel wie ein Tabernakel aufgestellt. In einer Welt voll wilder, oft überlegener Tiere bot es sich an, Tiergottheiten zu verehren.

Vorgeschichtliche Kunstschule

Man kann bei der prähistorischen Kunst des Abendlands (und zwar vom Ural bis nach Andalusien) durchaus von einer einheitlichen Schule sprechen

▲ **Die aus Ton, Stein oder Mammutelfenbein** *herausgearbeiteten Tiere nehmen in den künstlerischen Darstellungen des Cro-Magnon-Menschen eine beherrrschende Stellung ein – hier zwei Auerochsen.*

▲ **Die Farben** *wurden in Sandsteinnäpfen wie diesem hier angerührt, in denen man die Pigmente mischte.*

GEBRAUCHSANWEISUNG FÜR HÖHLENMALER

Die Kunst unserer Vorfahren zeigt, dass sie ihre Umwelt genau kannten. Zielstrebig liefen sie kilometerweit, um die Farbpigmente zu sammeln, die ihnen die Natur zur Verfügung stellte. Sie benutzten Eisendioxid gemischt mit Ton für Ockerfarben, Mangandioxid oder Kohle für Schwarz und Eisenoxid für Rottöne. Die Pigmente wurden mit dem Finger oder mit Rosshaaren aufgetragen, mit dem Mund oder durch kleine, dünne Vogelknochen ausgeblasen und mit Wasser, Ei, tierischen oder pflanzlichen Fetten gemischt. In Europa rührten die Künstler der Pyrenäen ihre Farben häufig mit einem fettlösenden Mineral aus der Region an, wodurch sie die Pigmente sparsamer verwenden konnten und verhinderten, dass die Farbe rissig wurde. Schon vor 30 000 Jahren beherrschten unsere Vorfahren selbst die dreidimensionale Darstellung. Das belegen die vier kleinen Pferdeköpfe aus der Chauvet-Höhle, die wie in der Bewegung festgehalten erscheinen.

– dennoch besitzt jede Werkstatt eine eigene Handschrift. So legten die Meister von Lascaux (17 000 v. Chr.) offenbar Wert auf Monumentalität – einzelne ihrer Tierdarstellungen sind fast 5 m groß. Auf den Felswänden des Steilufers über dem Fluss Coa in Portugal strebten die Künstler vor 22 000 Jahren dagegen nach der großen Zahl: Sie schmückten sie mit Tausenden von Tierskulpturen aus Knochen, Elfenbein und Stein. Gemalt wurde überall in der Welt. In Afrika fand man 29 000 Jahre alte Farbpaletten, und einige australische Wandmalereien sollen ein Alter von mehr als 40 000 Jahren haben. Vielleicht versuchten die ersten modernen Menschen, mit bildnerischen Mitteln ihre identitätsstiftenden Schöpfungs- und Herkunftsmythen festzu-

halten. Sie gaben auf ihre Weise Antwort auf die ewigen Fragen: Wer sind wir? Woher kommen wir?

Gut gerüstet für das Jenseits

Die Cro-Magnon-Menschen besaßen einen ausgeprägten Sinn für Symbolik. Davon zeugen auch die Beziehungen, die sie zu ihren Toten unterhielten. Die Gräber der Leute von Qafzeh in Israel dokumentieren Totenrituale von vor 100 000 Jahren. Doch eine engere Beziehung zwischen Tod und künstlerischem Ausdruck entwickelte sich wohl erst später, im Jungpaläolithikum vor 37 000–12 000 Jahren. In ganz Eurasien statteten nun die Menschen ihre Verstorbenen mit Schmuck aus, betteten sie bequem und bedeckten sie mit rotem Ocker oder Blumen. Sie wapp-

neten sie mit Lanzen oder gaben ihnen Elfenbeinperlen mit auf den Weg, bevor sie systematisch Steine über sie schichteten. Sollten den Toten all diese Aufmerksamkeiten helfen, sich in der anderen Welt zurechtzufinden? Gewiss stellten sich unsere Ahnen vor, dass der Geist, die Seele in irgendein Jenseits hinüberwanderte. Und die Kunst sollte ihnen dabei helfen, symbolisch in dieses unbekannte Reich vorzudringen.

▲ *Die Erfindung der Kunst*
Vor 35 000 Jahren erfanden die Menschen die Kunst und schufen die ersten unvergänglichen und übertragbaren Formen. In der Chauvet-Höhle (Vallon-Pont-d'Arc) zeugen die in Schwarz und Rot gemalten Pferde, Nashörner und Auerochsen von großer künstlerischer Reife: Die Tiere scheinen sich zu bewegen – die Urform der Perspektive war geboren!

◀ *Die Herrichtung der Toten*
wirft mehr Fragen auf, als sie beantwortet, insbesondere im Hinblick auf den spirituellen oder religiösen Gehalt der Bestattungspraktiken.

Auf in die Neue Welt!
Die See-Expeditionen der Cro-Magnon-Leute

Amerika wurde nicht erst von Christoph Kolumbus oder den Wikingern entdeckt. Die ersten Menschen ließen sich dort bereits spätestens vor 20 000 Jahren nieder, in Australien sogar schon vor mehr als 50 000 Jahren. Vor rund 20 000 Jahren hatte der moderne Mensch also die Erde in Gänze besiedelt. Wälder, Ebenen, Wüsten, Gebirge, Eis – nichts schreckte ihn ab. Nur der offene Pazifik blieb ihm verschlossen, bis er vor 5000 Jahren navigatorische Hilfsmittel zu seiner Überwindung entwickelte.

▶ *Im Einklang mit dem Meer*
Diese Kieselsteine zeigen, dass Homo sapiens *sich auch im marinen Milieu zu behaupten wusste.*

▼ *Die Aborigenes*
In Australien und Neuseeland bildeten sich einzigartige Kulturen heraus, wie es diese Höhlenmalereien belegen, die im australischen Kakadu-Nationalpark gefunden wurden. Einige von ihnen sind mehr als 18 000 Jahre alt. Sie zeugen von der Existenz eines komplexen religiösen Systems.

Der Ruf des Meeres

In See stechen. Ein Floß, ein leichtes Boot oder einen Baumstamm durch die Brandungswellen schieben, hinaufklettern und sich der Unendlichkeit der See überlassen – ohne zu wissen, ob sich jenseits des Horizonts überhaupt noch Land befindet. Was trieb die frühen Menschen dazu, den Kampf mit dem Meer aufzunehmen? War es ein Navigationsfehler oder ein ungünstiger Wind, der ein kleines Fischerboot von der vertrauten Küste weg trieb?

Vor mindestens 40 000, vermutlich aber schon 53 000 Jahren kamen jedenfalls die ersten Menschen der Art *Homo sapiens* nach Australien, und zwar auf dem Seeweg. Denn dieser Kontinent war zu keiner Zeit trockenen Fußes zu erreichen, selbst während der Eiszeiten nicht, als der Meeresspiegel einen Tiefststand hatte – noch an der engsten Stelle, dem Meeresarm der Timorstraße, waren mindestens 90 km Wasser zu überwinden, um auf das australische Festland zu gelangen; und der Blick zum Horizont reicht nicht über 40 km hinaus.

Unsere Vorfahren waren also offenbar unerschrockene Seefahrer. Das schließen wir aus Indizien, da uns Beweise fehlen, denn Boote oder Flöße aus dieser Zeit blieben natürlich nicht erhalten. Zu diesen Indizien zählen etwa behauene

Steine, die man 1998 in Mata Menge auf der indonesischen Insel Flores entdeckte – sie bezeugen die Anwesenheit von *Homo erectus* bereits vor 880 000 Jahren. Flores ist zwar weniger weit vom eurasischen Festland entfernt als Australien, konnte aber ebenfalls niemals (anders als etwa Bali) auf dem Landweg erreicht werden. Demnach fuhr bereits *Homo erectus* zur See. Und wenn er dazu in der Lage war, war es der moderne Mensch erst recht.

Muscheln und Krustentiere

Auch neue Funde in Afrika bestätigen, dass unsere Vorfahren sich schon sehr früh vom Meer angezogen fühlten. Ausgrabungen an der eriträischen Küste förderten an einer Stelle Tausende von Austernschalen sowie Überreste von Schnecken, Krebsen und anderen Meeresrestieren zu Tage, neben einer stattlichen Anzahl beidseitig behauener Äxte und von Werkzeugen aus Obsidian, die zum Öffnen der Muscheln dienten – die Entdecker nannten die Stätte liebevoll „Austernbar". Sie bewies, dass *Homo sapiens* schon weit früher, als man bis dahin angenommen hatte, auch im Küstenbereich lebte; die Funde haben ein Alter von 125 000 Jahren. Und wenn diese Küstenbewohner zunächst auch sicher nicht auf hoher See fischten, so beobachteten sie doch, wie Holzstücke abgetrieben wurden – vielleicht der Anstoß, um ein allererstes Floß zu bauen.

Küstenwanderungen?

Wenn es also unseren Vorfahren schon so früh gelang, ihren Lebensunterhalt auch aus dem Meer zu bestreiten, dann beschränkten sich ihre Wanderungen sicher nicht aufs Binnenland, wie man lange vermutete. Im Gegenteil: Die Welt zu erkunden, indem sie den Küsten folgten, war gewiss weniger riskant als sich im Hinterland gefährlichen Raubtieren auszuliefern.

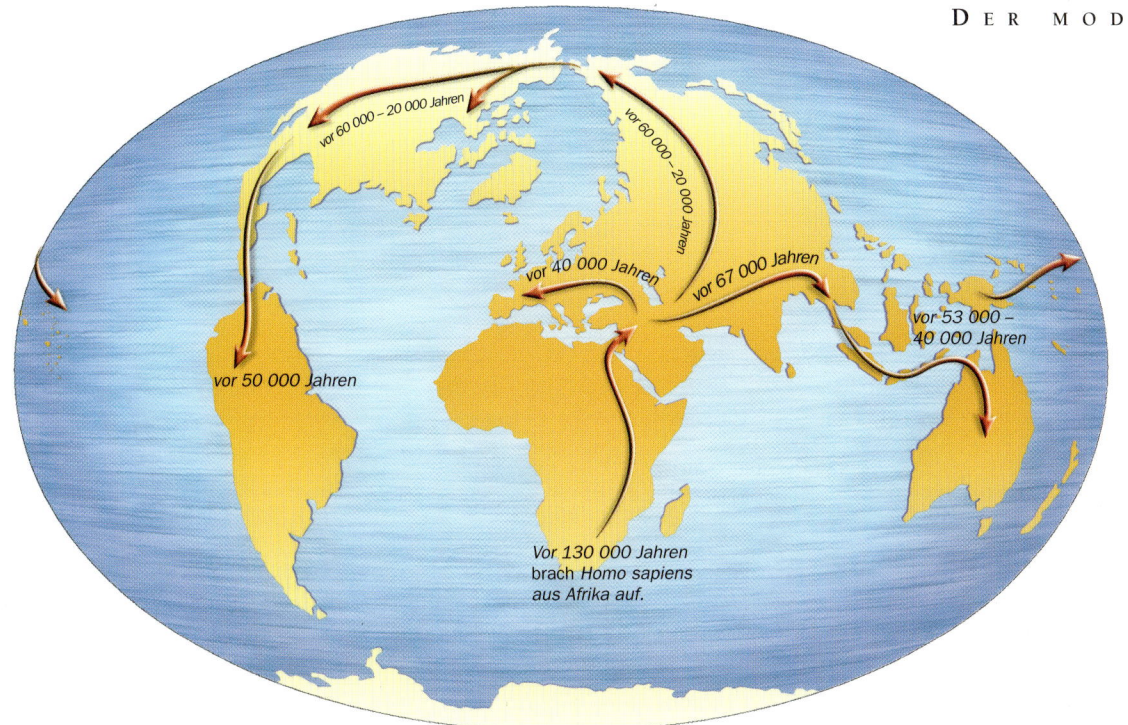

vor 60 000 – 20 000 Jahren

vor 60 000 – 20 000 Jahren

vor 40 000 Jahren

vor 67 000 Jahren

vor 53 000 – 40 000 Jahren

vor 50 000 Jahren

Vor 130 000 Jahren brach *Homo sapiens* aus Afrika auf.

◀ *Die Ausbreitung des modernen Menschen*
Homo sapiens war zweifellos der erste Hominide, der den gesamten Globus besiedelte. Von Afrika und dem Nahen Osten aus wanderte er zunächst nach Asien und von dort aus nach Europa, Australien und Amerika.

Die gängige Migrationstheorie besagt, dass die modernen Menschen Afrika im Gefolge großer Tierherden verließen, die ihnen als Fleischlieferanten dienten und die ihrerseits durch klimatische Veränderungen aus ihrem Stammgebiet vertrieben wurden. Das erscheint nach wie vor plausibel – zahlreiche dieser Wanderungen wurden nachgewiesen. Auf der anderen Seite verweisen Ethnologen darauf, dass sich die frühen Küstenpopulationen gegenüber Binnenländlern durch eine größere Sesshaftigkeit und demographische Stabilität auszeichneten, auch besser gegen kurzfristige Klimaschwankungen und Nahrungsknappheit gefeit waren.

Die letzte große Eiszeit des Pleistozän, die Würm-Eiszeit, hatte zwei besonders kalte Perioden: um 60 000 v. Chr. im Früh- und Mittelwürm und noch einmal um 20 000 v. Chr. im Hochwürm. Während dieser beiden Spitzen brachte

die Abkühlung der Erde eine Absenkung des Meeresspiegels um mindestens 100 m mit sich – neue Landflächen tauchten aus dem Wasser auf. So bestand damals in Fernost eine Landverbindung zwischen dem eurasischen Kontinent und den japanischen Inseln, zwischen Taiwan, Malaysia, einem Teil der Philippinen und den Sunda-Inseln – man konnte trockenen Fußes von Japan nach Indonesien gelangen! Die drastische Klimaverschlechterung hatte auch erhebliche Auswirkungen auf die Tier- und Pflanzenwelt. Pollenanalysen offenbarten, dass durch den Kälteeinzug viele heimische Pflanzen nach und nach verschwanden – an ihre Stelle traten andere, die Kälte und Trockenheit besser verkrafteten. Beide Phänomene – Kälte und Trockenheit – breiteten sich vom Norden, dem Ausgangspunkt der Vereisungen, nach Süden aus. Den tierischen und menschlichen Populatio-

nen blieb nur die Wahl, sich mit den veränderten Umweltbedingungen zu arrangieren oder vor ihnen zu fliehen. Tatsächlich belegen die Forschungen, dass sich viele Menschen aus den nördlichen Regionen Eurasiens mit dem Beginn der Eiszeit nach Süden in Bewegung setzten, wo das Klima noch erträglicher war. Dabei folgten sie der eurasischen Küstenlinie, auch darum, weil ihnen das Meer als Orientierungshilfe diente.

Damit wuchs zwangsläufig die Bedeutung einer maritimen Selbstversorgungswirtschaft, die sich mit den wan-

▼ *Die Besiedlung Australiens*
Wie es scheint, stachen bereits vor mindestens 40 000 Jahren die ersten Menschen von Südostasien aus in See und gingen zuerst in Neuguinea an Land, das damals mit Australien einen einzigen Kontinent bildete.

EINE HELDENHAFTE ÜBERQUERUNG

D reimal während der vorerst letzten Eiszeit – vor 110 000–8000 v. Chr. – verwandelte sich die Beringstraße, die hoch im Norden Asien von Amerika trennt, in eine riesige, 1000 km lange Eisbrücke zwischen beiden Kontinenten. Manche Forscher glauben, dass Menschen dreimal von einem Kontinent zum anderen wanderten, und zwar vor 75 000–60 000 Jahren, vor 30 000–25 000 Jahren und zuletzt vor 15 000–12 000 Jahren. Doch durch die Blizzards, die Lawinen und die Gletscher der Rocky Mountains und des Kanadischen Schilds, die ganz Kanada bedeckten, war die Erschließung Amerikas ein äußerst gewagtes Unternehmen, zumal wir nicht wissen, ob es zwischen den Eismassen vergletscherte Korridore gab. So erscheint es weit wahrscheinlicher, dass die Menschen ihren Weg nach Süden entlang der Küste wählten. Sie lag damals an die 100 m tiefer als heute, da die Gletscher sehr viel Wasser banden. Wenn es also Spuren der Wanderungen unserer Vorfahren gibt, dann sind sie heute leider überflutet ...

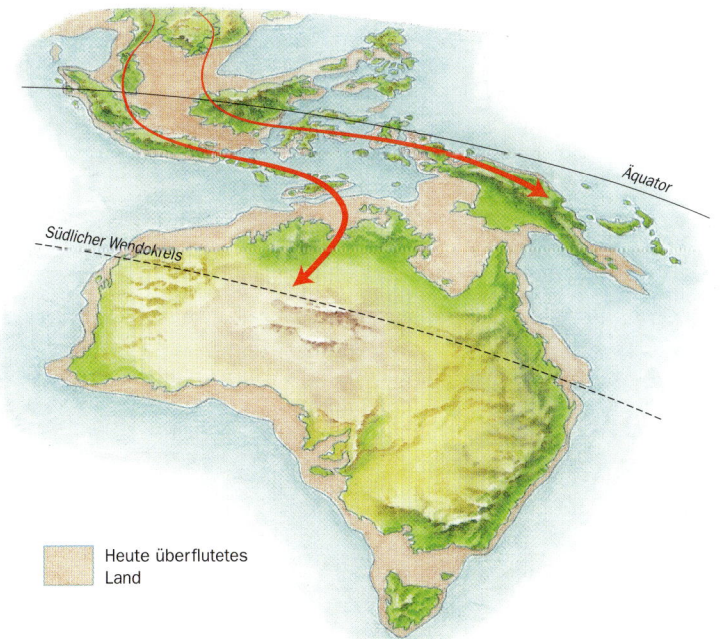

Äquator

Südlicher Wendekreis

Heute überflutetes Land

Fundstätten älter als 14 000 Jahre

Fundstätten jüngeren Datums

Vor 20 000 Jahren von Eismassen bedeckt

Grenze der Gletscher vor 12 000 Jahren

Trockengefallene Gebiete vor 20 000 Jahren

▲ **Die Besiedlung Amerikas:**
Der Zeitpunkt ist strittig
*Möglicherweise gelangte der
moderne Mensch über mehr-
mals entstandene Land- bzw.
Eisbrücken an der Stelle der
heutigen Beringstraße trockenen Fußes von Asien nach
Amerika. Dessen Besiedlung –
noch immer Gegenstand heftiger Kontroversen – erfolgte
also wahrscheinlich in
mehreren Schüben.*

dernden Menschen bis an die südlichen
Grenzen der Sundaebene, dem heutigen Indonesien, ausbreitete.
Anhand von Fossilien aus Minatogawa
in Japan (16 000 v. Chr.), Liujiang in
China (65 000 v. Chr.), Cau Giat (5500
v. Chr.), Pho Binh Gia (5500 v. Chr.)
und Lang Cuom in Vietnam, Tam Hang
in Laos (13 700 v. Chr.) und Wadjak in

Indonesien (7000 v. Chr.) konnte man
belegen, dass die Küstenbesiedlung dieser Regionen bereits im Jungpleistozän
stattgefunden hat, und zwar fortschrei-
tend von Nord nach Süd, wenn auch
nicht ohne erhebliche Stockungen, die
durch Schwankungen des Meeresspiegels bedingt waren. Man errechnete sogar die Geschwindigkeit, mit der sich
die Besiedlung vollzog: Um die Distanz
zwischen Japan und Indonesien in weniger als 10 000 Jahren zu überwinden,
musste jede Generation jeweils nur um
50 km weiter südwärts wandern.
Nach heutigem Forschungsstand kann
man sagen, dass die Menschen auf die
Klimaveränderungen der Eiszeiten mit
Flucht nach vorn reagierten, indem sie
in freundlichere Gegenden zogen – sofern sie es konnten, denn in West- und
Mitteleuropa schnitten die Gletscher die
Fluchtwege ab. In Südostasien dagegen
war die Besiedlung durch den modernen Menschen in besonderer Weise
vom Meer geprägt.

Amerika

Als er am östlichsten Rand Eurasiens
angelangt war, blieb *Homo sapiens sapiens* nichts anderes übrig, als sich entweder nach Norden oder nach Süden
zu wenden. Im Norden stieß er auf die
trockengefallene Beringstraße und
überquerte sie; im Süden setzte er mit
Booten und Flößen nach Australien
und auf die Pazifikinseln über. Neben
Australien war Amerika (abgesehen von

der Antarktis) der letzte Kontinent, den
Menschen besiedelten. Sie mussten
dazu nicht einmal ein Meer überque-
ren, sondern wanderten aus Eurasien
in den Norden Alaskas über Eisbrücken, die im Verlauf des Eiszeitalters
mehrfach die Beringstraße überspann-
ten. Die Kontroverse über den Zeitpunkt dieser Wanderungen spaltet die
Wissenschaft seit fast einem Jahrhundert in zwei feindliche Lager. Das eine
hält die Ankunft von Menschen asiatischer Herkunft auf amerikanischem
Gebiet schon vor 60 000 Jahren für erwiesen, das andere zieht ein Datum um
18 000 v. Chr. vor. Nur die körper-
lichen Ähnlichkeiten zwischen India-
nern und Asiaten sind unbestritten:
gelbe bis rötlichbraune Hautfarbe,
glatte, schwarze Behaarung, dazu die
Gesichts- und Augenform.
Die meisten archäologischen Fundstätten in Nordamerika stammen aus dem
Jungpleistozän und dem beginnenden
Holozän. Unter den Felsklippen von
Meadowcroft in Pennsylvania fand man
17 000 Jahre alte Artefakte, und die berühmte Clovis-Kultur wird auf 11 000
Jahre datiert. In Südamerika gehen die
Siedlungen von Taima-Taima in Vene-
zuela und Monte Verde in Chile auf eine
Zeit vor 12 000 Jahren zurück, während beim brasilianischen Pedra Furada
die Altersschätzungen zwischen 50 000
und 14 000 Jahren schwanken!
Die präkolumbianischen Zivilisationen
gehen auf spätere Einwanderer aus dem

Norden zurück. Seit jeher war also der amerikanische Doppelkontinent ein Schmelztiegel für viele Völker.

Und der Pazifik?

Gemessen an der langen Anwesenheit von Menschen in Eurasien erfolgte die Besiedlung der pazifischen Inseln sehr spät. Erst vor 5000 Jahren brachen Seevölker von den Inseln Südostasiens auf und begannen, den Pazifik zu erschließen. Und erst vor rund 1000 Jahren hatten sie ihn gänzlich durchmessen. Die ersten pazifischen See-Expeditionen hatten ihre Ursachen wohl weder in einem hohen Bevölkerungsdruck noch im Versiegen des Wildreichtums der ursprünglichen Jagdgründe. Ethnographische Untersuchungen zeigten vielmehr, dass die Gemüsebauern und Viehzüchter der Ursprungsregionen genügend Überschüsse produzierten, um Spezialisten zu unterhalten, die monumentale Bauwerke errichteten und später auch Flotten bauten, die auf festen Seerouten eingesetzt wurden. Die Landschaften der südostasiatischen Inselwelt machten es den frühen Bauern zweifellos leicht, sich das marine Milieu zunutze zu machen, sodass sie schon vor über 3000 Jahren Seestrecken von

▲ **Wirkungsvolle Waffen**
Diese Feuersteine aus New Mexico zeigen, dass die Jäger der Neuen Welt auch Großwild jagten und dazu neue Waffen entwickelten, wie diese gezähnten Speerspitzen.

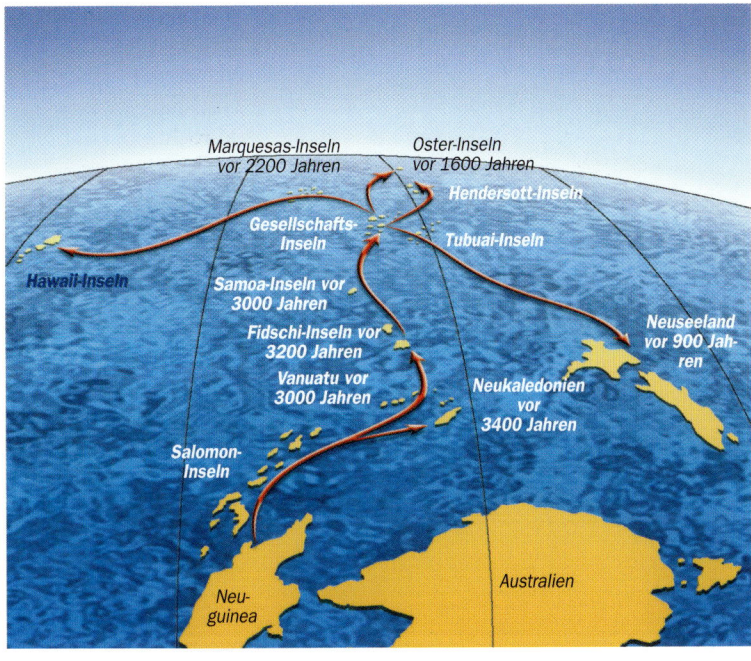

Marquesas-Inseln vor 2200 Jahren
Oster-Inseln vor 1600 Jahren
Hendersott-Inseln
Gesellschafts-Inseln
Tubuai-Inseln
Hawaii-Inseln
Samoa-Inseln vor 3000 Jahren
Fidschi-Inseln vor 3200 Jahren
Vanuatu vor 3000 Jahren
Neukaledonien vor 3400 Jahren
Neuseeland vor 900 Jahren
Salomon-Inseln
Neuguinea
Australien

mehr als 700 km bewältigen konnten. Da sie über sehr entwickelte marine Transportmittel verfügten, verbreiteten sie die austronesischen Sprachen von Taiwan bis zur Oster-Insel. Der auf dem Festland praktizierte Raubbau an der Umwelt wurde auf den Inseln zugunsten einer nachhaltigen Produktionswirtschaft aufgegeben. Werkzeugfunde vermitteln uns ein Bild davon, wie sich Berufszweige entwickelten: Neben Fischfang, Acker- und Gartenbau spielten die Holzbearbeitung und die Töpferkunst eine große Rolle. Gerade die Keramik, die im ganzen Westpazifik verbreitet war, liefert uns eine Chronologie der Besiedlung. Funde auf dem Bismarck-Archipel und in Neukaledonien lassen sich auf 1400 v. Chr. datieren, und einige Jahrhunderte später hatte die Keramik bereits die Fidschi-Inseln, Tonga und Samoa erreicht.

Scherbenfunde machte man sogar noch 4000 km östlich von Neuguinea, und wir wissen nicht, ob die wagemutigen Seefahrer womöglich noch weiter nach Osten vorgedrungen sind. Allerdings haben sie erst vor etwas mehr als 2000 Jahren die Inselgruppen Ostpolynesiens erreicht. Und vor 1600 Jahren ließen sich die Polynesier, die vermutlich von den 3500 km entfernten Marquesas-Inseln kamen, auch auf Hawaii nieder. Noch ein wenig später wurde von den Gambier-Inseln aus die 2300 km entfernt gelegene Oster-Insel besiedelt. Und vor recht genau 1000 Jahren erreichten die Seefahrer von der Oster-Insel aus die immerhin 3500 km entfernte südamerikanische Küste, an der aber schon andere Völker lebten. Von den Gesellschafts-Inseln aus legten sie schließlich noch den 3800 km langen Weg nach Neuseeland zurück.

HOMO SAPIENS, EIN FRÜHER GLOBALIST

Geht man von einer afrikanischen Urmutter des Menschengeschlechts aus (S. 270), dann machte sich eine kleine Gruppe moderner Menschen vor etwa 130 000 Jahren von Afrika aus auf die Wanderschaft um die Welt. Diese Jäger und Sammler erreichten schon bald den äußersten Osten Asiens, vor 67 000 Jahren China, vor 18 000 Jahren Japan und ganz sicher vor 15 000 Jahren Südostasien. Obwohl diese Chronologie sich auf archäologische und paläontologische Fakten stützt, enthält sie noch Unstimmigkeiten. Denn wenn sich *Homo sapiens* schon vor 40 000–53 000 Jahren in Australien befand, muss er zwangsläufig vorher die Gebiete in Südostasien erreicht haben, um überhaupt dorthin gelangen zu können. In Westeuropa jedenfalls findet man den Menschen vor 40 000 Jahren. Zwischen 45 000 und 35 000 v. Chr. wandert er auch wieder nach Afrika zurück. Vor 60 000 Jahren drang er womöglich ein erstes Mal nach Amerika vor, ehe er sich vor 18 000–12 000 Jahren endgültig dort niederließ.

▸ **Eine Besiedlung jüngeren Datums: der Pazifik**
Die Inseln des Pazifik wurden von Asien aus besiedelt. Auf ihrer ständigen Suche nach besseren Lebensbedingungen durchkreuzten Menschen auf Pirogen oder Auslegerbooten, beladen mit Sämereien und Haustieren, die Meere und entdeckten nahezu jede Insel des Polynesischen Dreiecks.

▼ **Nahe von Clovis** *im US-Bundesstaat New Mexico gruben Forscher fein gezähnte Speerspitzen aus, die auf 11 500 Jahre datiert werden. Sie zählen zu den ersten beidseitig behauenen Speerspitzen überhaupt. Die Stämme der Clovis-Kultur wurden lange Zeit als die ersten Amerikaner angesehen.*

◂ **Erst vor 900 Jahren** *betraten Menschen Moorea im heutigen Französisch-Polynesien, zu dem auch die Gesellschafts-Inseln gehören. Die Besiedlung von Mikronesien und Polynesien setzte eine hoch entwickelte Navigationstechnik voraus und konnte darum erst im Lauf des letzten Jahrtausends gelingen.*

Vom Wald zum Garten
Die Anfänge der landwirtschaftlichen Revolution

Auf das Pleistozän folgte vor rund 10 000 Jahren das Holozän. Genau zu diesem Zeitpunkt erreichte der Mensch eine entscheidende Etappe in seiner Geschichte: Er gab vielerorts seine nomadische Existenz als Jäger und Sammler auf und wandte sich einer nachhaltigen landwirtschaftlichen Produktion zu. Das hatte zahlreiche Neuerungen zur Folge, sowohl technischer als auch gesellschaftlicher Art.

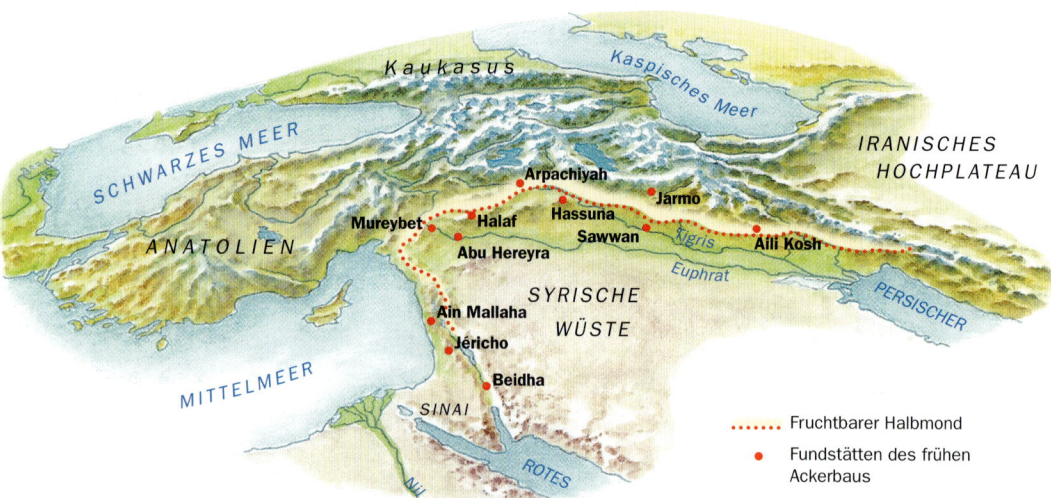

▲ *Der fruchtbare Halbmond*
wurde dank eines günstigen Klimas und wasserreicher Flüsse vor über 10 000 Jahren zur Wiege des Ackerbaus. Wahrscheinlich ernteten die ersten Bewohner dieser Region lange die zahlreichen Wildpflanzen, bevor sie sich daran machten, sie zu kultivieren. Um in der Natur zu überleben, müssen die Pflanzen ihre Samenkörner problemlos freisetzen können. Die Ähren von wilder Gerste oder wildem Weizen neigen sich in reifem Zustand weit zu Boden. Ein Windstoß genügt, um ihre Samen zu befreien und fortzutragen. Manche Ähren (Mutanten) öffnen sich jedoch selbst dann nicht, wenn sie getrocknet sind – für die Pflanze katastrophal, für den Menschen aber ein Glücksfall, denn er kann sie plündern, ohne auch nur ein Korn zu verlieren. Er muss nun lediglich einen Teil dieser Ernte aussäen, um diese Ährenmutanten zu erhalten. Wenn sich also Getreide auf einem Feld dauerhaft hält, dann hat dabei immer der Bauer seine Hand im Spiel.

Blühende Landschaften

Zwischen der Halbinsel Sinai und dem Fluss Euphrat begann es. Die Wüstenlandschaft, die sich heute quer durch Israel, Jordanien, Libanon und Syrien erstreckt, gab es vor 14 000 Jahren noch nicht. Im Gegenteil! Archäologen förderten unter den Resten prähistorischer Feuerstellen zahllose verkohlte Samenkörner zutage. Aus diesen Funden auf einstige sattgrüne Ebenen und wogende Getreidefelder zu schließen, war nur ein Schritt – den dann auch die Klimatologen gingen. Sie fanden nämlich heraus, dass die von mediterranen Winden gut mit Niederschlägen versorgte Region lange von jener Trockenheit verschont geblieben war, die sich am Ende des Pleistozän in Folge der jüngsten Eiszeit vielerorts einstellte. Mit Recht nennt man darum diesen weit geschwungenen Landschaftsgürtel, der zahlreiche Urformen künftiger Kulturpflanzen beherbergte, den fruchtbaren Halbmond.
Zugleich ereignete sich in dieser Region auch das Drama einer Zivilisation, die

vor 12 000 Jahren unterging, aber eine Vielzahl spannender archäologischer Zeugnisse hinterließ.

Die Natufier bereiteten den Boden

Die Archäologen stießen hier auf vielfältige Gerätschaften, darunter Mahlsteine, Sichelklingen und Querbeile (Dexel), die ersten in der Geschichte des Menschen. Bei der Bewertung der Funde ist dennoch Zurückhaltung angesagt. Denn ungeachtet solcher Innovationen bestritten die mesolithischen Natufier ihren Lebensunterhalt nach wie vor vorwiegend durch das bewährte Jagen und Sammeln. Karpfen, Enten und Biber, die sie mit Haken und knöchernen Speeren aus den Flüssen holten, bereicherten lediglich ihre Alltagskost. Sie nutzten auch bereits die Wildformen von Weizen und Gerste, die hier in verschwenderischer Fülle gediehen, etwa in Mallaha im oberen Jordantal oder in Abu Hereyra am Euphrat. Von Ackerbau kann man hier aber noch nicht sprechen – ungeachtet der erwähnten Funde von Mahlsteinen, Sichelklingen und Querbeilen. Die fast kriminologische Untersuchung der Nutzungsspuren auf diesen Gebrauchsgegenständen verriet nämlich, dass diese in der Regel nicht für den Ackerbau benutzt wurden. So dienten die Sichelklingen weit häufiger dazu, Schilfrohr und Binsen zu schneiden als Getreide zu ernten. Auch die Mahlsteine wurden gleichermaßen zum Zerstoßen des Farbstoffs Ocker wie zum Zerkleinern von Pflanzen eingesetzt, und die Dexel verwendete man damals nicht zur Bodenbearbeitung, sondern zur Herstellung von Dachstühlen – die Natufier, die in kleinen Gruppen zu-

ARBEITSGERÄTE AUS POLIERTEM STEIN

Im Neolithikum (der Jungsteinzeit) setzte sich die Technik des geschliffenen Steins durch, bei der man einen herkömmlich behauenen Feuerstein glatt polierte. Dazu wurde der grob vorgeformte Gegenstand über Sandsteinblöcke gezogen, die mit breiten Mulden zum Polieren und mit Rillen zur Herstellung scharfer Kanten versehen waren. Damit konnte man die Werkzeuge exakter auf ihren späteren Verwendungszweck hin gestalten: Äxte, um Bäume zu fällen und zu roden, oder Sichelklingen zum Ernten, deren Vielfalt um 7500 v. Chr. stark wuchs. Auf Obsidian oder Jade angewandt, produzierte man mit dieser Technik auch neue Gegenstände: Vasen, Platten, Armreifen, Ohrgehänge.

DREI THEORIEN FÜR EINE REVOLUTION

Den Beginn des Ackerbaus zu konstatieren, ist eine Sache, die Triebfedern dieser Revolution zu verstehen, eine andere ... In den letzten 80 Jahren haben die Wissenschaftler dazu drei verschiedene Theorien diskutiert. Als Erfinder der Formel von der „Ackerbaurevolution" sah der Engländer V. Gordon-Childe in den 1930er-Jahren die klimatischen Veränderungen am Ende der letzten Eiszeit als entscheidenden Faktor – Wärme und Feuchtigkeit hätten zu einem regelrechten Boom der Tier- und Pflanzenwelt geführt, sodass sich diese Ressourcen dem Menschen geradezu aufdrängten. Um 1960 brachte der Amerikaner R. Binford den Bevölkerungsdruck als Triebfeder für die Agrarrevolution ins Spiel: Die Menschen hätten eine neue Ernährungsstrategie entwickeln müssen, um ihrer Vermehrung Rechnung zu tragen. Unter dem Einfluss des Amerikaners Braidwood verloren diese „mechanistischen" Erklärungen an Überzeugungskraft. Man bevorzugte nun einen Mentalitätswandel – so wies der Franzose J. Cauvin nach, dass neue künstlerische Manifestationen den technologischen Veränderungen vorangegangen waren. Die Agrarrevolution war demnach nur einer von vielen Aspekten einer umfassenden Kulturrevolution.

sammenlebten, wohnten nämlich bereits in festen Häusern. Sie waren noch keine wirklichen Bauern, ebneten aber ihren Nachfahren aus der Levante doch den Weg zur Landwirtschaft.

Eine sanfte Revolution

Im Zusammenhang mit der Entstehung des Ackerbaus in Vorderasien hört man oft das Schlagwort von der neolithischen Revolution – die Wissenschaftler sehen sie heute eher als Ergebnis einer langsamen Evolution (siehe Kasten oben) mit revolutionären Folgen. In jedem Fall war es eine Revolution ohne Revolutionäre! Denn schon die Nutzbarmachung (Domestikation) der Pflanzen nahm Jahrhunderte, wenn nicht Jahrtausende in Anspruch. Und die ersten ackerbaulichen Erfolge waren wohl eher auf Zufall als auf ein geplantes Vorgehen zurückzuführen. Mit Sicherheit wurde Ackerbau aber bereits vor 10 800 Jahren betrieben. Die Archäologen, die im syrischen Aswad Körner von domestiziertem Weizen fanden, sind sich sicher, dass in dieser Oase nie je eine entsprechende Wildpflanze existierte. Gleiches gilt wohl für das 100 km südlich gelegene Jericho – dort stieß man auf einige Körner Stärkeweizen und zweizellige Gerste sowie auf Überreste von Linsen und Kichererbsen: Pflanzen, die ursprünglich nicht in dieser Gegend vorkamen. Aus die-

sen Beispielen kann man nur schließen, dass man hier wie dort wohl schon kultivierte Pflanzen angebaut hat.

Bis das Korn fällt ...

Wie aber kamen die ehemaligen Jäger und Sammler des Nahen Ostens dazu, Landwirte zu werden? Die zahlreichen archäologischen Funde machen das Bild nicht unbedingt klarer. So fand man in Netiv Haghud, einem vor 11 000 Jahren gegründeten Dorf, Unmengen von Gerstenkörnern, aber nur 10 % stammten von der Kulturform. Nun gingen die Vertreter der experimentellen Archäologie ans Werk, krempelten die Ärmel hoch und bestellten Testfelder nach der gleichen Methode wie die neolithischen Urbauern. Dabei fanden sie heraus, dass Gerste und Weizen auch in ihrer Wildform (als so genanntes Einkorn) Erträge bringen, ohne dass man dazu den Boden bearbeiten muss. Man erntet einfach die noch grünen Halme ab, damit die Ähren nicht unter der Sichel zerfallen. Laboruntersuchungen kamen zum gleichen Ergebnis: Gebrauchsspuren auf Feuersteinen bewiesen, dass die Bauern von Mureybet ihr Wildgetreide schon vor der Reife ernteten. Die dabei zu Boden fallenden Körner reichten aus, um das Feld im darauf folgenden Jahr ohne menschliche Mitwirkung neu zu begrünen. Auf diese Weise konnte man den Boden lange bestellen, ohne kultivierte Pflanzen zu benötigen. Mindestens 1000 Jahre lang betrieb man im fruchtbaren Halbmond diese primitive Form des Ackerbaus mit wilden Samen – eine intensive Lernphase auf dem weiten Weg zur Herstellung von Kulturpflanzen. Nun fehlten eigentlich nur noch die entsprechenden Mittel und Wege, um aus dieser Gabe der Natur den größtmöglichen Gewinn zu ziehen – aber da hatten ja bereits die Natufier wichtige Vorarbeit geleistet. Man musste nur noch zugreifen ...

Erbse   *Linse*   *Saubohne*   *Flachs*

Stärkeweizen   *Einkorn*   *Gerste*

▲ **Erste Kulturpflanzen im Nahen Osten**
Gerste und Weizen wurden als erste Pflanzen kultiviert. Linsen, Erbsen, Saubohnen und Flachs folgten einige Zeit später.

◀ **Der Gott der Sichel**
Diese tönerne Statuette aus der Jungsteinzeit (4. Jt. v. Chr.) stellt wohl sinnbildlich Fruchtbarkeit und Ernte dar und illustriert die große Bedeutung des Getreides für die Ernährung.

▲ **Mahlstein und Stößel**
In den mikroskopisch kleinen Poren der Geräte kann man winzige Spuren organischen Materials nachweisen, dessen Analyse zeigt, welche Getreidesorten damit gemahlen wurden. Die experimentelle Archäologie versucht, die Arbeitsabläufe der frühen Ackerbauern nachzuvollziehen.

Die grüne Globalisierung
Der Ackerbau verändert die Welt

Nachdem sie fast 2000 Jahre lang lediglich die Samenkörner wilder Pflanzen gesammelt und verarbeitet hatten, betrieben die Bewohner Vorderasiens als erste wirklichen Ackerbau. Indem sie Pflanzen ertragsbewusst kultivierten und anbauten, schufen sie eine neue Wirtschaftsform, die sich rasch über ganz Eurasien ausbreitete. Anderswo setzte man dagegen andere Schwerpunkte, im pazifischen Raum etwa auf den Gartenbau.

▶ **Keramikgefäß in Form eines geflügelten Stiers**
Mit dem Ackerbau entstanden auch Fruchtbarkeitskulte. An jungsteinzeitlichen Fundstätten stößt man auf zahlreiche Darstellungen des Stiers, des Symbols für Zeugungskraft.

▶ **Die Verbreitung der Kulturpflanzen in Europa**
Die Verbreitung der kultivierten Getreidesorten ging vom Nahen Osten aus. Auf ihren Wanderungen über den europäischen Kontinent führten die neolithischen Populationen das Getreide ein, das dort als Wildform nicht vorkam.

▼ **Die Hauptzentren des frühen Ackerbaus**
Die Kultivierung der Pflanzen fand zeitgleich und unabhängig in verschiedenen Teilen der Erde statt. Allerdings gab es wohl drei Hauptzentren, von denen aus sich der Ackerbau verbreitete.

Bauer – ein neuer Beruf

8000 v. Chr. wurde Ackerbau nicht mehr nur nebenher betrieben. Auf die schlichte Agrartechnik – im Kern eine Imitation der Natur (Aussaat direkt auf die Erde, ohne Vorbereitung des Bodens) – folgte fast schon Agrarwissenschaft. Ab 7000 v. Chr. bestellte man bis an den Fuß des großen Gebirgsbogens des östlichen Taurus (an der Grenze zur Türkei und zum Iran) gewissenhaft die Böden. Durch ständige Auswahl und Aussaat von Kornmutanten, die widerstandsfähigere Ähren hervorbrachten, konnten die frühen Bauern den Ertrag ihrer Felder und insbesondere die Größe der Körner erheblich steigern. Immer neue Arten wurden kultiviert, wie die Gerste in Beidha in Südpalästina und die Erbse in Jericho. Getreide und Hülsenfrüchte wurden zum Grundnahrungsmittel der Völker Vorderasiens. Doch das war erst der Anfang. In den folgenden Jahrhunderten entwickelte man auch Kulturformen von Roggen, Saubohnen, Linsen und Wein.

Eine unaufhaltsame Expansion

Von ihrer Ursprungsregion im Nahen Osten breitete sich die Landwirtschaft rasant aus. Schon vor 10 000 Jahren hatte sie die Türkei erreicht, 1000 Jahre später war sie über den Bosporus nach Südosteuropa vorgedrungen. Importierte Weizen und Gerste tauchten bald auf dem Balkan auf, wo Bauerndörfer geradezu aus dem Boden schossen. Und wenig später hatte die Agrarwirtschaft bereits die Donau überquert. Dort begünstigten die reichhaltigen Lössablagerungen den Feldbau. Erstmals kam jetzt auch Hafer zum Einsatz. Die grüne Globalisierungsfront verlief nun durch Thessalien, Jugoslawien, Bulgarien, Rumänien, Ungarn und Griechenland. Parallel entstand in den agrarischen Zentren auch jeweils eine besondere Form der Töpferkunst.

Über die Adria, Italien und die Küstenregionen Frankreichs, Spaniens, Portugals und Nordafrikas gelangte die neue Wirtschaftsform zuletzt in den Norden und Westen des Kontinents – gegen Ende des 5. Jt. waren überall in Europa Bauern am Werk. Nur ausgesprochen unwirtliche Gebiete, wie Lappland und der hohe Norden, blieben weiterhin die Domäne von Jägern und Sammlern.

Technik revolutioniert den Ackerbau

Nicht alle Böden des Abendlands waren von Natur aus so fruchtbar wie die lehmigen Lössböden der Ebenen von Donau und Rhein. So erfand man die Brandrodung, die mancherorts noch heute angewandt wird: Dabei wird ein Areal von Bäumen und Gestrüpp befreit, die man anschließend abbrennt –

Ausbreitung des Ackerbaus in Europa
→ Balkan
→ Mittelmeer
— 6000
— 4000 } Phasen der Ausbreitung
-- 2000

China
Mittelamerika
Fruchtbarer Halbmond

Schwerpunkte des frühen Ackerbaus

DIE TÖPFERKUNST

S chon in der Altsteinzeit war die Töpferkunst bekannt – in der Jungsteinzeit wurde sie dann allgegenwärtig. Denn nachdem die Menschen des Nahen Ostens Bauern geworden waren, hatten sie viele Dinge zu lagern – daher die wachsende Produktion von Gefäßen aller Art (Schalen, Töpfe, Standgefäße, Henkelkrüge, Kessel) seit der zweiten Hälfte des 7. Jt. v. Chr. Zugleich wurde die Keramik aber auch zum künstlerischen Betätigungsfeld. Dabei entwickelte jede Region einen eigenen Stil bei der Verzierung ihrer Töpferwaren. Malereien, Gravuren oder Abdrücke von Knospen, Schnüren oder Muscheln waren um 6000 v. Chr. allgemein verbreitet. Die Grundtechniken des Töpferns blieben aber stets die gleichen: Modellieren, Brennen, Glasieren mit Bleierz. Die feuchten Tonwülste wurden in der Hand gerollt, spiral- oder ringförmig aufeinandergeschichtet und anschließend geglättet. Die Töpferscheibe trat erst 3000 v. Chr. im Orient und viel später in Europa auf. Da auch der Brennofen noch nicht erfunden war, brannte man die Töpferwaren in Erdmulden, die man mit Zweigen abdeckte. Diese wurden entzündet und schließlich mit Erde bedeckt, um ein langsames Abkühlen herbeizuführen. Die so behandelten Keramiken waren hart und wasserfest.

die Asche verbessert kurzfristig die Bodenqualität. Im Neolithikum zog man nun in die lockere Erde mit Hacken Furchen für die Aussaat – bis zur Erfindung des Pfluges vergingen noch vier Jahrtausende. Bekannt war aber schon die Brache, bei der ein Feld vorübergehend unbestellt bleibt, um den Boden zu regenerieren.

Jedem sein Getreide

Auch außerhalb des orientalischen Einflussbereichs entwickelte sich der Ackerbau. In Amerika war es der Kürbis, der als erste Pflanze kultiviert wurde; im Oaxaca-Tal im Süden Mexikos wurden 12 000 Jahre alte Kürbiskerne ausgegraben. Um 9000 v. Chr. kamen dann in den Gemüsegärten der nordamerikanischen Bauern Bohnen, Avocados und Paprika hinzu. Doch die folgenreichste Neuerung blieb dem Tehuacán-Tal vorbehalten, wo nach Erkenntnissen mexikanischer Experten vor 7000 Jahren zum ersten Mal Mais angebaut wurde – andere Foscher siedeln das Ereignis lieber auf den Hochebenen der südamerikanischen Anden an. Die Ähren der Teosinte, des Vorläufers unseres Mais, erreichten lediglich eine Länge von 6–7 cm und trugen nur wenige Körner.

Im fernen Osten stellte der Reis das Hauptgetreide. Er ernährt noch heute etwa die Hälfte der Weltbevölkerung. Die Ursprünge seiner Kultivierung reichen wenigstens 6000 Jahre zurück. Dieses Datum ist gesichert, aber die Urheberschaft des Reisanbaus machen China, Indien, Indonesien und Vietnam einander streitig. Versöhnliche Biologen, die die Gene der heute angebauten Sorten verglichen haben, stellten drei aufeinanderfolgende Domestizierungen fest, die unabhängig voneinander stattgefunden haben. Die erste setzte danach vor 7000 Jahren in Nordchina ein, die zweite erfolgte vor 5000–4000 Jahren innerhalb eines Gürtels, der sich von Indien bis Vietnam erstreckte, während die dritte sich vor etwa 4000 Jahren in Afrika ereignete.

Unabhängig vom Expertenstreit in diesen und anderen Fragen ist unumstritten, dass die Einführung des Ackerbaus die Ernährungs- und Wirtschaftsweise des Menschen grundlegend veränderte – zumal die neuen Bauern bald darauf auch zu Viehzüchtern wurden. Und auch gesellschaftlich hatte die grüne Revolution immense Folgen.

OCHSEN GEGEN RÜCKENSCHMERZEN

E twa sechs Jahrtausende lang bearbeitete man den Boden mithilfe einfacher Grabstöcke oder behelfsmäßiger Hacken – eine harte Arbeit, die dem Bauern vor allem Rückenschmerzen einbrachte! Die Erfindung des Schwingpflugs im 4. Jt. vor unserer Zeit steigerte zwar die Produktivität der Feldarbeiter beachtlich, löste aber nicht das Gesundheitsproblem. Denn ob die Pflugschar nun aus Holz, Stein oder Metall bestand: Das Feldgerät wurde noch viele Jahrhunderte lang mit Menschenkraft betätigt, bis man schließlich Arbeitsochsen vor den Pflug spannte – eine entscheidende Neuerung, die dann durch die Erfindung des Rads durch die Sumerer 4000 v. Chr. noch einmal eine entscheidende Verbesserung erfuhr.

◀ **Maisfeld in Chile bei Socair** in 3000 m Höhe. Im Lauf der Jahrtausende hat sich dieses Getreide als Grundnahrungsmittel der Indios durchgesetzt. Heute, nach einigen Jahrtausenden beharrlicher Selektion, ist ein Maiskolben bis zu 25 cm lang und wartet mit bis zu 20 Kornreihen auf.

▲ **Reisanbau in Vietnam** Der Reis ist mit dem Weizen eines der großen Nährgetreide der Welt. Übrigens unterscheidet sich die afrikanische Reispflanze genetisch völlig von ihren asiatischen Pendants.

Unfreiwillige Arbeitskräfte
Tiere im Dienst des Menschen

Nachdem die Menschen der Steinzeit begonnen hatten, sich die Pflanzenwelt geplant dienstbar zu machen, richteten sie ihr Augenmerk nun auf die Tiere. Unsere Vorfahren im Nahen Osten begriffen sehr schnell, dass auch einige Tiere ihnen von großem Nutzen sein konnten, darum nahmen sie bald ihre Zähmung und später ihre Züchtung in Angriff. Dieser Schritt brachte die meisten Menschen schließlich dazu, die Jagd endgültig zugunsten der Viehzucht aufzugeben.

▲ *Das Pferd revolutioniert den Alltag*
Ist dieses Pferd an den Höhlenwänden von Lascaux der Beweis dafür, dass der Mensch es zu dieser Zeit bereits gezähmt hatte? Gewiss ist: Nach Zähmung des Pferdes erfuhren die Transportmittel einen wahren Boom.

▶ *Schweine, Mufflons, Auerochsen und Ziegen*
waren die ersten Tiere, die von Menschen domestiziert wurden. Ein Zufall? Die Zoologen bezweifeln das. Als Pflanzen- oder Allesfresser hatten diese Tiere vielleicht ein eigenes Interesse daran, sich den neuen Ackerbauern (und ihrer Ernte!) zu nähern. Die Mutationen dieser Arten, die dem Menschen am nützlichsten waren, z. B. Exemplare mit hoher Milch- oder Fleischproduktivität, wurden durch Selektion der zur Fortpflanzung bestimmten Individuen weiterentwickelt. Damit war der Grundstein für das Zuchtwesen gelegt.

Lebende Vorräte

Beim frühen Ackerbau war es das Ziel des Menschen, Nutzpflanzen kontrolliert anzubauen, um auf eine dauerhafte Nahrungsquelle zurückgreifen zu können. Von der gleichen Logik ließ er sich leiten, als er, ebenfalls im Neolithikum, Tiere zu domestizieren begann. Mit Ausnahme des Hundes sind nämlich alle wichtigen Haus- und Nutztiere erst seit dieser Zeit nachgewiesen.

Für einen dauerhaften Viehbestand sprach nicht nur die angenehme Aussicht, jederzeit einen Braten zur Verfügung zu haben. Der Viehhalter musste sich auch nicht mehr aus der sicheren Sphäre seines Dorfes und seiner Felder entfernen, wenn er Fleisch benötigte. Der Mensch der Jungsteinzeit wandelte sich also nicht nur vom Sammler zum Ackerbauern, sondern fand auch eine Alternative zur Jagd: Er brachte die wilden Tiere, denen er früher nachgestellt hatte, einfach unter seine Kontrolle. Die ersten Opfer waren zwei ausgesprochene Herdentiere: Ziege und Mufflon. Die Wildziege, noch heute im Norden

des Nahen Ostens anzutreffen, ereilte dieses Schicksal vor etwa 10 000 Jahren. Einige Jahrhunderte später wurde dann aus dem orientalischen Mufflon das Hausschaf. Die Abbildung unten macht deutlich, dass das kein natürlicher Prozess war, sondern eine Folge künstlicher Selektion durch den Menschen – ein Zuchterfolg.

Frühe Gentechnik

Archäozoologen wiesen nach, dass sich ihrem natürlichen Lebensraum entrissene Wildtiere allmählich ihrer neuen Umgebung anpassen. Außerdem pflanzen sie sich nur noch unter sich fort. Das führt zu Veränderungen des arteigenen Genpools – entweder zugunsten von seltenen Genen, die sich schließlich in neuen Formen durchsetzen, oder aber die Tiere prägen bestimmte Eigenschaften verstärkt aus, die schon in der Ursprungsherde vorhanden waren. Der Mensch wählt unter den Tieren diejenigen aus, die seinen

Kriterien am ehesten genügen, und selbstverständlich entscheidet er sich für die gesündesten, gefügigsten und ertragreichsten Individuen. Während ihre aussortierten Artgenossen direkt in den Kochtopf wandern, sind sie dazu bestimmt, sich fortzupflanzen, um ihre Rasse im Sinne des Schöpfers zu verbessern. So fanden sich Schafe – in natürlichem Zustand dürftig behaart – unvermittelt in einem wollenen Fellkleid wieder. Gottlob entstand zur gleichen Zeit die Weberei, sodass man die anfallende Wolle umgehendst und gewinnbringend verarbeiten konnte.

Die Kuh, die in ihrer Frühform gerade einmal 1000 l Milch im Jahr gab, entwickelte sich langsam zu einer wahren Milchfabrik: Einige Tiere produzieren heute bis zu 20 000 l im Jahr. Solche am Erfolg orientierten Selektionsprinzipien fanden auch Ausdruck in ganz neuen Arten, die man durch teils abenteuerliche Kreuzungen züchtete.

Auch das Rind, das wir kennen, hat sich seit 9000 Jahren weit von seinem wilden Vorfahren, dem stattlichen orientalischen Auerochsen, entfernt. Vor allem machte man es ein ganzes Stück kleiner – ein Eingriff, der allen domestizierten Haustieren widerfuhr, und zwar schlicht darum, weil der Mensch sie so besser beherrschen

Hausschwein   Hausschaf   Hausrind

Mufflon   Auerochse

Wildschwein

◀ *Ziegen, Ochsen und Menschen*
Dieses 4600 Jahre alte Fresko stammt aus dem königlichen Friedhof von Ur. Es zeigt Menschen in Begleitung von Ziegen und Rindern. Die domestizierten Arten haben mit der Zeit beachtliche Veränderungen durchgemacht, insbesondere im Hinblick auf ihren Knochenbau. Beispielsweise nahm die Größe ihrer Hörner in dem Maß ab, wie ihr Körper an Masse zulegte.

konnte – so wenigstens die Ansicht von Wissenschaftlern, die die frühen Domestikationsvorgänge erforschen.

Vielfältige Dienste

Einmal domestiziert, erwiesen sich die Wiederkäuer als schier unerschöpfliche Quellen des Reichtums. Besonders schätzte man ihre Hörner, aus denen man allerlei Gebrauchsgegenstände anfertigte, aber auch ihr Leder, aus dem man Sandalen, Taschen und Kleidung herstellte.

Vor 8000 Jahren gesellte sich zu den Haustieren noch das Wildschwein, das in seiner domestizierten Form als eine Art Müllschlucker tätig war, besaß es doch eine ausgesprochene Vorliebe für menschliche Exkremente.

Regional gab es in der Verteilung der verschiedenen domestizierten Tierarten anfangs deutliche Unterschiede. Ziegen und Mufflons wurden sehr bald aus dem Nahen Osten nach Europa exportiert, während der Auerochse, der in vielen Gegenden verbreitet war, jeweils an Ort und Stelle gezähmt wurde.

Dagegen gab es in Ost- und Südasien kaum Rinder, sondern vor allem aus dem Industal stammende Büffel, die man in ganz Südostasien vor die Pflüge spannte. Aus Asien stammt allerdings das nobelste Züchtungsobjekt des Menschen, das wilde Prschevalski-Pferd, das vor 5800 Jahren in den Steppen Zentralasiens und der Ukraine gezähmt wurde. Schon bald wurde es angeschirrt und musste Karren ziehen.

Anderswo erfüllten diese Aufgabe robustere Tiere, wie der Esel in Ägypten und das Dromedar in Saudi-Arabien – beide waren den extremen Bedingungen des Wüstenlebens besser gewachsen. Das gilt auch für Lamas und Alpakas, die sich der dünnen Luft und dem schwierigen Gelände in den südamerikanischen Hochanden ideal angepasst haben. Sie alle waren zur harten Arbeit als Lasttiere verurteilt, die all die Waren transportieren mussten, die die Steinzeitmenschen produzierten und mit denen sie von Dorf zu Dorf und von Kontinent zu Kontinent einen regen Tauschhandel betrieben.

▼ *Der Hund und die Jagd*
Der Hund war vielleicht das erste Tier, das der Mensch vor etwa 15 000 Jahren zähmte. Zweifellos wurde er damals als Jagd- oder Spielgefährte benutzt, wie die unten stehende Abbildung zeigt.

DER ÄLTESTE FREUND DES MENSCHEN

I m Gegensatz zu allen anderen Haustieren spielte der Hund schon lange vor der agrarischen Revolution eine wichtige Rolle im menschlichen Leben. Seine frühesten Spuren, auf die man in Sibirien stieß, weisen mehr als 15 000 Jahre zurück. Den Paläogenetikern zufolge, die anhand der DNA der Arten deren Geschichte rekonstruieren können, erfolgte aber die Domestizierung des Wolfs, des Vorfahren der Hunde, bereits vor etwa 100 000 Jahren. Und obgleich der Hund in manchen Regionen Asiens vor allem wegen seines Fleisches hoch geschätzt wird, ist es unbestreitbar, dass er unter den Haustieren einen Sonderstatus einnimmt. Da er denselben Beutetieren nachstellte wie der Mensch, wurde er zunächst wohl dessen Jagdgefährte, dann nach und nach sein treuer und nützlicher Verbündeter, auch ein Spielkamerad für die Kinder, der Bewacher der Herde oder Verteidiger der Behausung. Als Gegenleistung für seine Dienste gewährte ihm sein neuer Rudelchef freie Kost und Logis.

Vom Dorf zur Stadt
Auf dem Weg zu einer neuen Gesellschaft

Der jagende und sammelnde Nomade der Altsteinzeit war nun Ackerbauer und Viehzüchter. Er band sich dauerhaft an die Scholle und stattete sich mit einer großen Zahl von Gerätschaften aus, die sein Leben erleichterten. Die Produktion von Nahrungsüberschüssen ließ ihm Zeit, sich um die Organisierung des Lebens in seinem Clan zu kümmern. Die zunächst aus einzelnen Dörfern bestehenden Gemeinwesen waren die Keimzellen späterer Städte und Schauplätze einer neuen sozialen Ordnung.

1

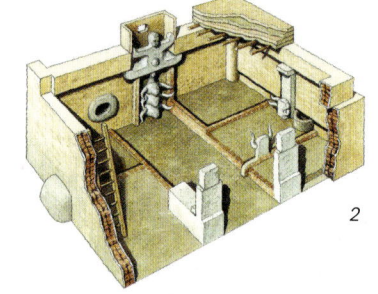

2

▶ Erste Häuser

Das Haus, eine dauerhafte Wohnstätte mit einem Dach und Wänden, war das Ergebnis einer langsamen Weiterentwicklung der Lagerplätze. Nach den frühen Rundbauten setzte sich schließlich der viereckige Grundriss durch, der das familiäre Zusammenleben begünstigte. Im zypriotischen Khirokitia waren die Häuser um 8000 v. Chr. noch rund (1). Die Ziegelgewölbe ruhten auf Steinfundamenten; das obere Stockwerk diente als Schlafzimmer; die etwas erhöhte Schwelle verhinderte, dass Wasser und Schmutz ins Erdgeschoss eindrangen. Diese Wohnstätten machten mit der Zeit viereckigen Häusern (2) Platz, deren Form für die städtebauliche Entwicklung günstiger ist, wie dieses Heiligtum in Çatal Hüyük (Türkei), das als eine Wohnstätte mit zahllosen Nischen, Herden, offenen Feuern und erhöhten Plätzen konzipiert ist.

Vom Lager zum Dorf

Nicht erst im Neolithikum hatten die Menschen ein Dach über dem Kopf. Aber ihre Behausungen waren eher provisorisch. Durch den Ackerbau veränderten sich die Lebensumstände. Die Feldarbeit und die Lagerung der Ernte erforderten eine dauerhaftere Wohnstätte. Folgerichtig entstanden die ersten richtigen Häuser in den Zentren der Agrarrevolution im Nahen Osten. Allerdings gilt dieses Modell nicht durchgängig. So ging in Mexiko die Kultivierung des Kürbisses der Sesshaftwerdung der Indios um etwa 1000 Jahre voraus. Und die Natufier der Levante bewohnten bereits vor 12 000 Jahren massive Häuser, während ihre Wirtschaft noch im Wesentlichen auf der Jagd und dem Sammeln vor allem von wildem Getreide basierte. Ihre Lehmziegelbehausungen, die halb in runde Mulden eingegraben waren, fügten sich nichtsdestoweniger zu den ersten Dörfern zusammen. Ihre Nachfolger in Jericho, Aswad oder Mureybat, die ersten wirklichen Ackerbauern, hielten es jahrhundertelang nicht anders.

Frühe Architektur

Rechteckige Bauten errichtete man erstmals vor 10 000 Jahren im türkischen Çatal Hüyük. Durch diese architektonische Neuerung vergrößerte sich der häusliche Bereich deutlich. Die Grundrisse wurden nun ständig verbessert, unterstützt durch Fortschritte in der Bautechnik. Vor etwa 9600 Jahren verwendete man bereits Kalk und Gips zum Verputzen der Wände und zum Isolieren der Böden. Die Häuser rückten enger zusammen, und die bis dahin lockeren Siedlungen wuchsen rasch zu Dörfern. Ein typisches Beispiel ist hier Sawwan, eine 8000 Jahre alte Wohnstätte im Irak – die Siedlung war schon von einer Mauer umgeben.

▲ Anfänge der Architektur

Hütten, die aus Hunderten von Mammutknochen zusammengesetzt (rechts Überreste eines Lagers) und mit einer inneren und einer äußeren Feuerstätte versehen waren, dienten als Zufluchtsorte in Regionen mit sehr kaltem Klima, wo Holz knapp war.

Auch die Innenarchitektur wurde immer ausgefeilter. So nutzte man die Keramik auch zur Herstellung dekorativer Kacheln – berühmt wurden jene von Oueili im Irak. Die Gebäude dieser 7500 Jahre alten Siedlung bestanden jeweils aus drei Räumen. Das mittlere Zimmer, dessen verzierte Stützpfeiler zugleich als Träger der Bedachung dienten, war offensichtlich das Esszimmer. In der Mitte befanden sich eine Feuerstelle und eine Plattform mit einer Öffnung, die wohl einen großen Wasserkrug aufgenommen hat. Die beiden anderen Räume fungierten nach Meinung der Archäologen als Ruhebereiche.

Experten und Händler

Mit der Entwicklung der baulichen Architektur veränderte sich auch die soziale. An die Erfindung komplexer neuer Technologien war die Entstehung neuer Berufe gekoppelt: Maurer, Weber, Steinmetze, Töpfer ... Forschungen zeigten, dass mindestens 15 % aller an einer Fundstätte entdeckten Töpferwaren nicht dort hergestellt, sondern importiert worden waren. Sie zeichnen sich durch reichere Dekoration und bessere Qualität aus – für die Archäologen ein Beleg für die zunehmende Spezialisierung der Tätigkeiten durch besondere Fachkenntnisse. Das gilt auch für die kunstvollen großen Dolchklingen, die vor 5000 Jahren in den Feuersteinbergwerken von Le Grand-Pressigny (Departement Indre-et-Loire) gefertigt wurden. Der hohe Grad ihrer Endbearbeitung setzte hochqualifizierter Handwerker voraus. Und zwangsläufig ging mit der Steigerung der Qualität auch eine Zunahme der Produktion einher. So fertigte die Werkstatt von Quelfenec in Plussulien im Norden der heutigen Bretagne während ihres 2000-jährigen Bestehens an die 5 Mio. Äxte aus Dolerit, einer Art Basalt.

Die Kehrseite der Medaille

Dank des Produktionszuwachses bei Nahrungsmitteln und Gerätschaften verbesserten sich die Lebensbedingungen der Menschen – zunächst. Im Neolithikum explodierte die Bevölkerungszahl: Von 10 Mio. Menschen am Anfang der Jungsteinzeit stieg sie auf 100 Mio. um 2000 v. Chr.! Doch je mehr die Menschen besaßen, umso mehr hatten sie zu verteidigen – viele Clans errichteten ihre Dörfer nun auf steilen, schwer zugänglichen Anhöhen oder im Schutz dicker Befestigungsmauern wie in Jericho. Auseinandersetzungen um Territorien gab es wohl schon vorher, aber vor dem Hintergrund des neuen Reichtums mutierten sie zu Kriegen, die immer erbitterter geführt wurden – das bestätigen erhaltene Spuren zahlreicher Brände und vor allem aufschlussreiche Skelettfunde, die Verletzungen aufweisen, die bis zu dieser Zeit unbekannt waren.

Dank der gesicherten Ernährung verbesserte sich zwar der allgemeine Gesundheitszustand, gleichzeitig brachten die neuen Massensiedlungen aber auch Gefahren mit sich, etwa durch Abfälle und verschmutztes Wasser. Und durch die regen Handelsbeziehungen verbreiteten sich Bakterien und Viren, die Seuchen verursachten, mit katastrophalen Folgen für Populationen, die früher durch ihre Abgeschiedenheit geschützt waren – die Zeit der Unschuld war nun endgültig vorüber.

▲ **Mythos Pfahlbauten**
Einer populären Vorstellung zufolge lebten unsere steinzeitlichen Vorfahren in Pfahldörfern – ausgedehnten Plattformen mitten im Wasser, auf denen Dutzende von Häusern standen. Dies trifft nicht zu (die damaligen Seen hatten nicht den gleichen Wasserstand wie heute). Zutreffend ist aber, dass Menschen in überschwemmungsgefährdeten Sumpfgebieten schon vor 6000 Jahren Behausungen mit erhöhten Fußböden und sogar Häuser auf Grundpfählen errichteten, als Schutz gegen die Feuchtigkeit.

◀ **Çatal Hüyük, Stadt ohne Straßen**
Diese Stadt aus dem 7. Jt. v. Chr. ist eine der ältesten der Welt. Die aus ungebrannten Ziegeln errichteten und mit Gips verputzten Häuser waren mit der Rückseite aneinander gebaut und standen über Innenhöfe miteinander in Verbindung. Der Zugang erfolgte über terrassenförmige Dächer. Der Hauptraum war mit einem Herd und einem Ofen ausgestattet.

◀ **Chirugie im Neolithikum**
Um 3000 v. Chr. wurde an diesem Menschen eine Schädelöffnung vorgenommen. Erstaunlicherweise hat er den Eingriff überlebt!

PROBLEME DER ÖFFENTLICHEN GESUNDHEIT

Die Agrarrevolution führte im Neolithikum zu einer wahren Bevölkerungsexplosion. Diese brachte allerdings bis dahin unbekannte Gesundheitsprobleme mit sich. Das Getreide, aus dem man schon sehr früh eine Art Backteig (Vorläufer des heutigen Brotteigs) herstellte, vermehrte ein bis dato höchst seltenes Leiden: die Zahnfäule. Der Bauer, dessen tägliches Los darin bestand, den Grabstock zu ziehen, Bewässerungsgräben für seine Felder auszuheben und schwere Säcke mit Korn in seine Speicher zu schleppen, war ständig der Gefahr ausgesetzt, sich zu verletzen. Ganz zu schweigen von Arthroseproblemen oder von Verwundungen, die er in bewaffneten Auseinandersetzungen mit seinen Nachbarn davontrug. Wahrscheinlich waren diese gesundheitlichen Probleme der Grund dafür, dass die Medizin, und insbesondere die Chirurgie, in der Jungsteinzeit einen großen Aufschwung erlebte.

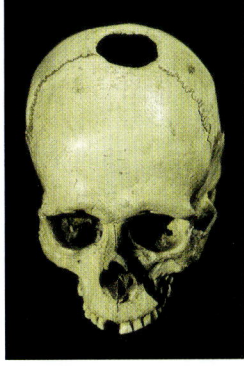

Vom Feuer zum Eisen
Der Durchbruch der Metallurgie

Eine Mischung aus Wagemut, Experimentierfreude und analytischem Geist mussten die Menschen mitbringen, um die Möglichkeiten zu erahnen und schließlich praktisch auszuschöpfen, die in den Metallen verborgen waren. Aber sicherlich spielten dabei auch Glück und Zufall eine große Rolle, wie bei fast allen großen Entdeckungen und Erfindungen.

▶ *Schale, Armreif und Ringe aus Gold* (Bronzezeit, 3000 –2000 v. Chr.) *Gold lässt sich weit besser schmieden und bearbeiten als Kupfer und Bronze. Aber es ist auch weicher und eignet sich darum nicht für die Herstellung von Waffen und Werkzeugen. Darum nutzte man es von Beginn an für die Anfertigung von Kleinodien und Schmuck.*

▲ *Axtblatt und Lanzenspitze aus Bronze* (Bronzezeit). Die Legierung von Kupfer mit anderen Metallen brachte zahlreiche Vorteile mit sich, wie eine bessere Metallqualität und eine leichtere Bearbeitung. Dies führte zur Entwicklung der Bronzetechnologie. Die Legierung von Kupfer und Zinn ergab ein strapazierfähiges Metall, das sich gut gießen und formen ließ. Mit der Einführung der Bronze als Werkstoff entstanden verheerende Waffen, die speziell für die Kriegsführung konzipiert waren.*

Unklare Anfänge

Die Archäologie ist heute auch eine Naturwissenschaft. Ihre Fortschritte lassen immer wieder neue Fachdisziplinen entstehen. Schmuck, Dolchklingen, Prunkgegenstände oder Alltagsgeräte aus Metall landen, nachdem Archäologen sie akribisch von Schmutz befreit haben, in den Laboratorien der Paläometallurgen, die ihren Geheimnissen auf die Spur kommen wollen. Per Radiographie klären sie den Aufbau der Funde, die Spektrographie enthüllt deren chemische Zusammensetzung, während die Metallographie Aufschluss über ihre Mikrostruktur. gibt. Aus den Ergebnissen können die Forscher auf thermische oder physikalische Besonderheiten bei der Bearbeitung schließen. Die Paläometallurgie trägt mit anderen Wissenschaften dazu bei, die prähistorischen Gesellschaften aus einem neuen Blickwinkel zu betrachten. Ziel ist es, die Machtkämpfe, die Klassenunterschiede und die hierarchische Gliederung innerhalb einer frühen Gemeinschaft zu erklären.

Nicht nur Gold glänzt

Die Entdeckung der Metalle durch den Menschen war wohl eine Frucht seiner großen Neugierde und des Zufalls. Stellen Sie sich einen Steinzeitmenschen vor, der in einem Flussbett nach geeigneten Steinen zum Polieren sucht – sein Alltagsgeschäft. Plötzlich hält er inne und starrt staunend auf einen blinkenden Klumpen im Wasser: Gold! Die erste Begegnung des Menschen mit dem Edelmetall fand wohl um das 9. Jt. vor unserer Zeit im Bett eines kalten Wildbachs des Elbrus- oder Taurusgebirges statt. Auch die Entdeckung der anderen Metalle in gediegener Form, wie Kupfer, Adergold oder Meteoriteisen (für dessen Glanz etwa 10 %

Nickel verantwortlich sind) verdankt sich vermutlich dem Zufall. Kein Zufall hingegen, dass sich um den Besitz, die Bearbeitung und den Gebrauch der Metalle von Anbeginn heftige Machtkämpfe entsponnen haben.
Ab dem 9. Jt. v. Chr. schuf man im Iran und in Anatolien Schmuckstücke aus Kupfer. Der älteste Goldschmuck geht auf das 5. Jt. zurück und stammt vorwiegend aus dem Nahen Osten und Ägypten. Das Meteoriteisen war für die Menschen am Übergang zwischen Vor- und Frühgeschichte besonders wertvoll – im Grabmal des Tutanchamun fand man zahlreiche Dolche aus diesem Metall, die kalt geschmiedet waren.
Je reiner all diese Metalle zur Verfügung standen, umso leichter ließen sie sich

bearbeiten und umso kunstvoller konnte man die Schmucksachen mit den Steinwerkzeugen gestalten. Denn eines hatten die frühen Gesellschaften schon mit unseren gemein: Sie stellten ihren Reichtum gern zur Schau.

Durch Zufall zur Metallschmelze

Irgendwann wurde das Kaltschmieden von Metallen zugunsten des Schmelzens und Bearbeitens von Erzen aufgegeben – auch das wohl ein Zufall. Womöglich fiel einmal schlicht ein schönes kupfernes Schmuckstück ins Herdfeuer, und ein aufmerksamer Beobachter bemerkte, dass es schmolz. Konnte man dieses Ergebnis nicht zielgerichtet und kontrolliert herbeiführen? – zumal der Mensch zu dieser Zeit auch das Feuer kontrolliert zu beherrschen lernte. Ab dem 6. Jt. brachten Brandfachleute im Nahen Osten immerhin schon Temperaturen von 1000 °C zustande – und Kupfer schmilzt bei 1084 °C, Gold bei 1064 °C und Eisen bei 1530 °C.
Nun war kein Halten mehr! Fort mit den hölzernen Spießen, den Schabern aus Feuerstein und den steinernen Äxten! Jetzt produzierte man Haarnadeln aus Kupfer, bald schon eherne Dolche und nicht lange danach Stahlspitzen. Das Steinzeitalter wurde abgelöst

DIE EISENTECHNIK

Zur Gewinnung von Eisen aus Eisenerz sind weit höhere Temperaturen (und damit eine größere Menge Brennstoff) erforderlich als bei Kupfer oder Bronze. Man schichtete das Eisenerz in niedrigen Öfen zwischen Holzkohlelagen und erhitzte es auf Temperaturen von bis zu 1400 °C. Für die Belüftung sorgten dabei lederne oder hölzerne Blasebalge, die in etwa. 10 cm über der Ofenwanne angebrachte Düsen geschoben wurden. Bei diesem Prozess entstand schließlich ein heterogenes Konglomerat, das man als Schwamm bezeichnet. Indem man ihn mehrfach im Heißverfahren hämmerte und stufenweise im Frischherd erhitzte und belüftete, raffinierte und befreite man den Schwamm von allen nicht eisernen Substanzen. Danach begann die Schmiedearbeit. Ausgehend von der Luppe, der Rohform reinen Eisens, oder vom Barren, den man schon bei der Raffinierung teilweise in Form brachte, arbeiteten die Schmiede nun mit Hammer und Amboss bei einer Temperatur von 800–1150 °C den gewünschten Gegenstand heraus – ein mühseliges, aber hoch geachtetes und unverzichtbares Handwerk.

den Frauen Ohrgehänge mit dem schönsten Funkeln zu verschaffen. Gegen Ende des 3. Jt. gelang es ihnen, eine Bronze mit gleichmäßigem Kupfergehalt herzustellen.

Allmählich spezialisierten sich ihre Tätigkeiten – auf ägyptischen Flachreliefs sind neben Edelsteinschleifern und Grobschmieden auch Goldschmiede dargestellt. Der Töpfer spielte bei der Metallherstellung ebenfalls eine Rolle. Als Experte für Sande und Tone beteiligte er sich am Gießen von Legierungen, insbesondere von Bronze. Gold und Silber für die Paläste und Tempel, Kupfer und Bronze für Lanzen, Dolche, Speere, Helme und Rüstungen – schon erzählen uns die ersten schriftlichen Aufzeichnungen von den großen Reichen, die in der Bronzezeit in Ägypten, Assyrien, China und Indien entstanden.

Der Aufstieg der Kriegervölker und die Macht des Eisens

In den Steppen Anatoliens, Irans und Zentralasiens warteten kleine Kriegervölker auf ihre Stunde. Sie kam mit der technischen Beherrschung des Eisens. Um 1000 v. Chr. hatten die Schmiede die Kontrolle über die hohen Temperaturen in ihren Öfen gewonnen. Eisen war nicht leicht zu bearbeiten. Nach seiner Reduktion bildete sich am Grund des Ofens ein Klumpen, die so genannte Luppe, aus der man mit robusten Metallhämmern Bruchstücke herausschlug, die man dann für die Weiterverarbeitung zu schweren Barren verschmolz. Dabei war die Zementation (die Anreicherung mit Kohlenstoff) unerlässlich, um das Eisen zu stählen und haltbarer zu machen. Die skythischen Reiter, die Thraker und viel später auch die Kelten sollten einmal für die herrlichen Geschirre ihrer Pferde bewundert werden – und gefürchtet wegen ihrer fein ziselierten tödlichen Waffen.

◀ **Spiegelrückseite aus vergoldeter Bronze (1. Jh. n. Chr.)**
Bronzegegenstände waren meist prunkvolle Prestigeartikel und damit einer schmalen Elite vorbehalten.

▲ **Dolch aus Eisen, 50 cm lang** *(Eisenzeit, Hallstattkultur, 1000–500 v. Chr.)*
Waffen waren nicht nur funktional, sondern auch prestigeträchtig. Allmählich löste das widerstandsfähigere Eisen die Bronze bei der Waffenherstellung ab.

▲ **Ausschnitt des silbernen Gundestrup-Kessels (1. Jh. n. Chr.)**
Mit Schwertern bewaffnete Männer im Kampf gegen Einhörner – die keltischen Schmiede verwendeten Gold und Kupfer (Metalle, die in Adern oder Klumpen vorkommen) für ihr prächtiges Kunsthandwerk.

durch die Kupferzeit (4.–3. Jt.), die Bronzezeit (3.–1. Jt.) und die Eisenzeit (ab dem 1. Jt.).

Technik im Dienst der Machthaber

Die Metallbearbeitung folgte überall dem gleichen Muster: Man mischte das Ausgangsprodukt, das Erz, mit Holzkohle und schmolz es in einem Ofen. Zunächst war es wohl derselbe Ofen, in dem man auch das Fladenbrot buk. Anschließend wurde das gewonnene Metall in einem Schmelztiegel wiederholt eingeschmolzen und dann in Steinformen gegossen. Kupfer und Bronze lagerte man für die spätere Weiterverarbeitung als Barren. Mit kalten und heißen Schmiedetechniken brachte man das Metall nach dem ersten Guss in Form oder bearbeitete es für einfachere Verwendungszwecke schon nach dem zweiten Guss endgültig.

Dank der neuen Schmelztechniken und des unbeschränkt formbaren Materials konnte man eine Vielzahl von Gegenständen in großer Zahl produzieren und beschädigte oder missglückte Stücke wieder einschmelzen und erneut verwerten. Handwerker aus der damaligen Leder- und Holzindustrie benutzten bald Werkzeuge mit Kupferteilen, und Würdenträger schmückten sich mit immer ausgefeilterem Zierat. Fein ziselierte Accessoires (Haarnadeln, Klammern usw.) vervollständigten schnell die Palette der Schmuckstücke. In erster Linie zeigten sich aber die Militärs an den neuen Metalltechniken interessiert – sie wünschten sich härtere, schärfere, wirkungsvollere Waffen. Denn die Zeiten wurden immer kriegerischer – was zahlreiche Spuren von Gewalteinwirkung an vielen Leichnamen aus Grabstätten des 3. Jt. v. Chr. bezeugen.

Der Schmied als Kunsthandwerker

Der neuen Zunft der Schmiede fiel es zu, die Geheimnisse des Feuers und des Metalls zu hüten – auch darum standen sie schon bald in dem zwiespältigen Ruf, nicht nur Handwerker, sondern auch Zauberer zu sein.

Wir können uns gut vorstellen, wie sie in verrauchten Höhlen oder Hütten ihr Zauberwerk betrieben: Mineralien zerstampften und Tausende von Mischungen ausprobierten, um den Kriegern des Clans die stabilsten Klingen und

Die Zeichen der Zeit
Woher stammen unsere Schriftzeichen?

Seit 5000 Jahren entstehen immer wieder neue Schriften, entwickeln sich weiter und verändern sich. Einige sind wieder verschwunden, andere haben die Jahrtausende überdauert. Jedes neue Schriftsystem ist eine neue Erfindung.

▼ *War am Anfang die Zahl?*
Seit Beginn des Neolithikum verwendete man im Nahen Osten kleine Tonstücke (calculi), die in einer Hülle aus getrockneter Erde aufbewahrt wurden. Mit ihnen zählte man Vieh- und Getreidemengen.

▲ *Die Maya gravierten in Stein und Keramik die Geschichte ihrer Könige und hielten in Rinde und Fellen ihre Göttererzählungen fest. Die Abbildung zeigt eine Stuckstele.*

Schilf und Ton

Im 4. Jt. v. Chr. jagt zwischen dem Persischen Golf und Bagdad eine technische Neuerung die andere. Und die wohlhabenden Sumerer haben bald ein (modernes) Problem: Ihr Leben ist so kompliziert geworden, dass es nötig wird, ihr Hab und Gut gewissenhaft zu verwalten – sie brauchen eine Möglichkeit, Zahlen und Informationen festzuhalten und auszutauschen.

Das Zeichensystem, das sie dazu entwickeln, gibt noch keine Laute wieder, sondern verwendet Bildzeichen oder Piktogramme: Das Zeichen für einen Ochsen ist ein Ochsenkopf, für die Gerste eine Ähre, zwei gewellte Linien stehen für Wasser. Und da in Mesopotamien Ton reichlich vorhanden ist, gravieren die Sumerer ihre Schriftzeichen in tönerne Platten.

Beamtete Schreiber ersetzen dann die Piktogramme durch abstraktere Zeichen, die schließlich den gesamten sumerischen Wortschatz wiedergeben. Mit der dreieckigen Spitze des Calamus, einem Schreibgerät aus Schilfrohr, ritzt man spitze nagel- oder keilförmige Zeichen in den Ton – die Keilschrift (von lat. *cuneus* = Keil) ist geboren. Mit ihr kann man nun Verträge fixieren sowie Texte aus Wirtschaft, Verwaltung und Religion niederschreiben und poetische Schöpfungen wie das Gilgamesch-Epos dauerhaft festhalten.

Fast zeitgleich wurde vor 5000 Jahren auch in Ägypten eine Schrift erfunden – seither ist der Mensch in der Lage, Informationen aller Art verlässlich festzuhalten und auszutauschen, von deren Speicherung sein Gedächtnis überfordert wäre. Die ersten mesopotamischen und ägyptischen Schreiber (die ersten Schriftsteller) ahnten sicher nicht, welche Lawine sie auslösten, als sie ihre Schriftzeichen entwickelten.

China: eine Schrift zum Wahrsagen

Die ersten chinesischen Inschriften aus dem 2. Jt. v. Chr. halten Orakelsprüche fest, und zwar auf den Schulterblättern von Hirschen und auf Schildkrötenpanzern. In der chinesischen Schrift gibt es einfache Abbildungen (so genannte Schlüssel) und abgeleitete Abbildungen, die durch das Zusammenfügen von Schlüsseln entstehen. Ihr Aufbau erfolgt entweder nach dem Sinn oder nach der Lautfolge.

Bücher nur für Eingeweihte

Auch im präkolumbianischen Amerika geht die Erfindung der Schrift auf das 2. Jt. v. Chr. zurück. Schon die Olmeken kannten Kalender, die Zapoteken hielten um 700 v. Chr. die Geschichte ihrer Herrscher und ihrer Eroberungen

▲ *Mit einer in Tinte eingetauchten Schilffeder hinterließen die ägyptischen Schreiber „heilige Buchstaben", die Hieroglyphen (griech. hieros = heilig und glyphein = gravieren) auf Papyrusrollen oder Steintafeln (oben). Diese* ostraca *(griech. ostracon = Muschel), die nicht so teuer waren wie Papyrus, waren in der täglichen Korrespondenz und im Rechnungswesen gebräuchlich.*

schriftlich fest, und seit dem 3. Jh. konnten die Maya mit ihren Glyphen sowohl Laute als auch Inhalte ausdrücken. Eine Muschel stand für eine Null, eine Stange für eine Fünf, ein Punkt für eine Eins. Die Schrift galt den Maya als Geschenk der Götter, und ihre Anwendung war ausschließlich einer schmalen Elite vorbehalten. Kein Wunder, dass nur ein Viertel der Maya-Bevölkerung des Tieflands lesen und schreiben konnte. Das westliche Alphabet wurde im Jahr 1520 eingeführt, mit dem Eintreffen der Spanier.

DAS VERB „SCHREIBEN" UND SEINE HERKUNFT – WIE MAN VORSTELLUNGEN AUSDRÜCKT

Schreiben heißt *scribere* auf Lateinisch, *écrire* auf Französisch, *escribir* auf Spanisch, *scrivere* auf Italienisch, *schrijven* auf Niederländisch – etymologisch geht das Verb auf die Tätigkeit des Einschneidens, Schneidens, Zerreißens, Zurechtschneidens oder auch Grabens und Eingrabens zurück, besonders deutlich im griech. *graphein*, das zugleich schreiben, zeichnen und einschneiden bedeutet. In den semitischen Sprachen steht die Wurzel *ktb* für die Vorstellung eines Abdrucks, einer hinterlassenen Spur, aber auch für eine Schar oder Menge (*katiba*). Auf Altisländisch, Sächsisch und Walisisch bezeichnet *runar* (daher Rune) ein Geheimnis, ein Flüstern. Hätte es ohne Geheimnisse je eine Schrift gegeben?

𑀦𑀤𑀲𑀡𑀢𑀬 𑀲𑀳𑀬𑀢 𑀦𑀤𑀳𑀢𑀦𑀲𑀡 𑀳𑀤𑀬𑀢 𑀢𑀢𑀳𑀤𑀲𑀡
𑀬𑀢𑀳𑀤 𑀳𑀡𑀢𑀲𑀤𑀬 𑀳𑀡𑀬𑀢𑀬 𑀲𑀳𑀢𑀬𑀤 𑀦𑀢𑀬𑀡𑀤

▲ *„Ich werde ein Buch schreiben, das spricht, ohne dass man es hört."* Um 1900 erfand Sultan Njoya in Kamerun eine Schrift, die bis zu ihrem Verbot durch die französische Verwaltung im Jahre 1916 im Palast verwendet und in der Schule unterrichtet wurde.

Afrikanische Schriften

Afrika ist nicht nur überaus reich an Sprachen, sondern auch an Schriftsystemen. In europäischem Dünkel hielt man den schwarzen Kontinent lange für schriftlos, dabei kann er nicht nur mit einer langen Tradition mündlicher Überlieferungen aufwarten, sondern auch mit den ältesten wie den jüngsten Schriftsystemen der Welt – im 19. Jh. erfand man in Liberia die Vai-Schrift, in Nigeria die Nsibidi-Schrift, in Kamerun die Bamun-Schrift, in Mali die Masaba-Schrift der Bambara-Masasi sowie in Guinea die Nko-Schrift. All diese Zeichensysteme verdankten sich göttlichen Eingebungen oder Offenbarungen im Traum; man nutzte sie, um Ge-richtsbeschlüsse und Urkunden schriftlich niederzulegen oder um Geschichten und Schriftwechsel festzuhalten. Die in Zentral- und Westafrika erdachten Schriftsysteme wurden oft nur so lange verwendet, wie ihr königlicher Erfinder herrschte ...

Das Alphabet – eine Revolution

Einen revolutionären Schub erfuhr die Schrift mit der Erfindung des Alphabets, das dem Prinzip folgt: ein Zeichen = ein Laut. Das vor 3000 Jahren entwickelte phönizische Alphabet gilt als die Mutter aller Alphabete. Folgt man seinen Spuren, dann reist man gleichsam durch die damalige Welt – den Aramäern fiel es zu, das phönizische Alphabet von Ägypten bis zum Indus zu verbreiten. Auch das hebräische Alphabet ging aus dem phönizischen hervor, kennt aber nur Konsonanten. Die arabische Schrift, in der im 7. Jh. der Koran verfasst wurde, zählt 25 aus dem Aramäischen übernommene, modifizierte Zeichen, zu denen, wie bei den meisten semitischen Schriften, nur wenige Vokale gehören. Die Griechen übernahmen 22 phönizische Zeichen und passten sie ihrer Sprache an, insbesondere durch die Hinzufügung der Vokale. Von ihnen übernahmen die Etrusker und schließlich die Latiner das Alphabet. Auch das kyrillische Alphabet, nach dem Mönch Kyrill benannt, ist griechischen Ursprungs.

Die Induskultur (4.–2. Jt. v. Chr.) hat eine mehr als 2000 Zeichen umfassende Schrift hinterlassen, die noch nicht entziffert wurde. Auch die zugehörige Sprache ist unbekannt. Wir entnehmen aber den Edikten des Kaisers Ashoka aus dem 3. Jh. v. Chr., dass das geschriebene Wort in Indien wie in Griechenland eng mit dem gesprochenen verbunden war. Die Brahmi- und die Kharoshti-Schrift geben sämtliche Laute der indischen Sprachen wieder.

In Europa erfanden vor über 1500 Jahren die germanisch-nordischen Völker ihre eigenen Buchstaben, die Runen. Das Runenalphabet der Wikinger (das Futhark) zählte bis ins 14. Jh. 25 Buchstaben in drei Gruppen, die jeweils an eine Gottheit gebunden waren.

Ende aller Nachrichten?

Die traditionelle Schrift ist seit 6000 Jahren materiell: Sie übersetzt Sprache in Zeichen, die sie (heute in der Regel mit Tinte) auf Papier bannen. Am Computerbildschirm bleiben davon nur substanzlose Platzhalter übrig, die gleichwertig neben ebenfalls substanzlosen Klängen und Bildern stehen. Über dieses multimediale Material disponiert der Benutzer nach Belieben – er kann es mit einem Knopfdruck verändern, verschieben, kopieren, löschen, verschlüsseln, versenden. Entstehen da vielleicht unzählige, nur noch subjektive Schriften oder Codes, die nichts mehr vermitteln wollen als sich selbst? Und wer soll sie entziffern können?

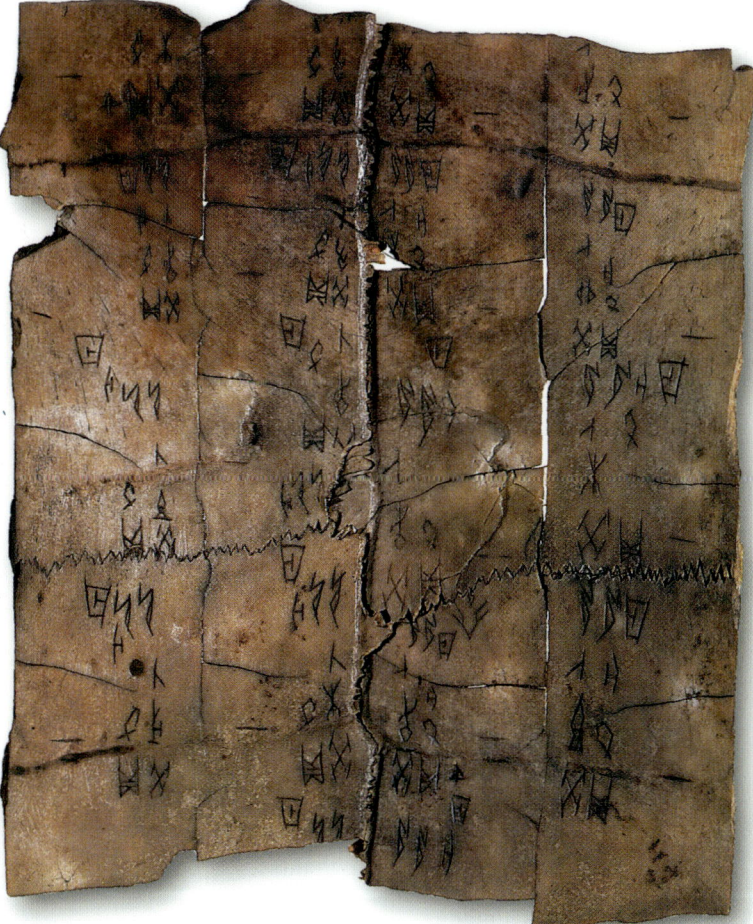

◀ *Wahrsagerei mit Hilfe von Schildpatt*
Dieser unvollständige Schildkrötenpanzer (etwa aus dem 14. Jh. v. Chr.) illustriert die Kommunikation zwischen Menschen und Göttern. Das gesamte 1. Jt. v. Chr. hindurch benutzen die Schreiber und Wahrsager viele Medien, auch Seide oder Holz, um ihre Zeichen zu hinterlegen.

Der Ursprung der Sprache

Verfügten bereits unsere Urahnen, die Hominiden, über Sprache? Und wie entstand sie? Darauf gibt es keine direkten Antworten, aber die Forschungen der Prähistoriker, Paläontologen, Ethologen, Anatomen und Neurologen liefern uns immerhin zahlreiche Hinweise, wie die Entwicklung der Sprache sich vollzogen hat.

PRIMITIVE SPRACHEN?

Einige Forscher suchten die Ursprungsformen der mündlichen Kommunikation in den Sprachen der so genannten primitiven Völker. Allerdings verfügen sämtliche Sprachen der Welt, ob mündliche oder schriftliche, über dasselbe hoch komplexe Ausdruckspotenzial, selbst wenn sie nur eine geringe terminologische Vielfalt zeigen. Jede, auch die einfachere, kann bereits äußerst feine Nuancen artikulieren. Außerdem ist es keineswegs so, dass eine ältere Sprache per se eine weniger entwickelte wäre, da jede Sprache ihre eigene Geschichte hat. Die Vorstellung von primitiven Sprachen geht auf den europäischen Rassismus des 19. Jh. zurück, der im Zuge des Kolonialismus dazu diente, die vermeintliche Überlegenheit der westlichen Welt zu begründen.

▲ *Schreie und Laute*
Schimpansen verfügen über ein überaus reiches Repertoire an Gesten und Schreien. Handelt es sich dabei um rudimentäre Sprache in ihrem ersten Stadium? Zahlreiche Experimente haben gezeigt, dass Schimpansen mehrere Dutzend Zeichen der Taubstummensprache erlernen können. Unter Laborbedingungen konnte man einigen auch beibringen, an die 900 Wörter zu verstehen. Aber sie sind nicht in der Lage, diese Wörter in einem sinnvollen Zusammenhang zu sehen.

▶ *In der Erziehung* *wird in einem Punkt vom Lernen durch Nachahmen und vom Trial-and-Error-Prinzip abgewichen. Derjenige, der nachgeahmt wird, korrigiert die Fehler des Nachahmenden. Ein Schimpanse wird niemals die Fehler seines Kleinen so korrigieren, wie es diese Mutter bei ihrem Baby tut.*

VORURTEILE ÜBER DIE SPRACHE

Lange behaupteten Anthropologen, dass die so genannten primitiven Sprachen sich nicht zu Abstraktionen eigneten und nur konkrete Inhalte artikulieren könnten. Außerdem entdeckte man weitere „Primitivitätsmerkmale", wie das Fehlen einer Unterscheidung zwischen Verb und Nomen, eine geringe Anzahl von Vokalen usw. Dabei weisen alle Sprachen ähnliche Besonderheiten auf. Das Deutsche kennt z. B. unterschiedliche Genera bei Gegenständen: So spricht man von einem männlichen Tisch, aber von einer weiblichen Sitzbank, eine Unterscheidung, die im Englischen und in den meisten anderen Sprachen nicht vorgenommen wird. Dennoch unterscheidet auch das Englische bei den Personalpronomen zwischen Personen männlichen und weiblichen Geschlechts (he, she), was wiederum im Ungarischen oder in der Inuit-Sprache nicht der Fall ist. Solche grammatikalischen Strukturen gehen womöglich auf sehr frühe Klassifikationen der natürlichen Umgebung zurück.

▲ *Malen und Sprechen*
Die konkrete Kunst war in ihren Anfängen direkt an das Sprechen gebunden und damit eher Schrift als Kunst. Wahrscheinlich entstand Sprache in unserem Sinn vor etwa 100 000–50 000 Jahren, als der Mensch Jagd- und Werkzeugtechniken entwickelte und damit begann, seine Toten zu bestatten, seinen Körper mit Schmuck zu behängen und Höhlenwände zu bemalen.

VOM ZEICHEN ZUM SINN

Sprache verknüpft nicht nur Wörter mit Bedeutungen und andererseits Wörter zu ganzen Sätzen – die Wörter selbst werden vielmehr mit Hilfe von Phonemen gebildet, deren mögliche Zahl anatomisch begrenzt ist. So hat ein einzelner Buchstabe für sich genommen keine eigene Bedeutung, ermöglicht aber die Unterscheidung zwischen zwei Wörtern und Bedeutungen, etwa bei Sand und Wand. Diese doppelte Verbindung ist also erforderlich, um an sich bedeutungslose Laute Sinn transportieren zu lassen und Kommunikation überhaupt zu ermöglichen.

Wodurch trat diese spezifisch menschliche Fähigkeit auf? Für den Prähistoriker André Leroi-Gourhan ist die Entstehung der Sprache an die Befreiung der Hand und die Herstellung und Beherrschung des Werkzeugs gebunden – je ausgefeilter ein Werkzeug, umso differenzierter die Handbewegungen bei seiner Herstellung. Planung und damit die Berücksichtigung von Zeit (Vergangenheit, Gegenwart, Zukunft) werden immer wichtiger. Auch bei der Produktion eines Werkzeugs kommt eine doppelte Verbindung zum Tragen: Die einzelnen Handbewegungen haben keine Eigenbedeutung und sind in ihrer Zahl durch die anatomischen Gegebenheiten begrenzt. Beim Herstellen eines komplexen Werkzeugs fügen sich die einzelnen Handbewegungen zu einer sinnvollen Abfolge zusammen, so wie sich in der Sprache einzelne Laute zu einer sinnhaltigen Information verbinden. Nach Leroi-Gourhan entwickelten sich also handwerkliches Geschick und Sprache parallel.

Hier wie dort wirken Gehirnstrukturen, die es uns auch erlauben, Vergangenheit, Gegenwart und Zukunft miteinander zu verknüpfen. Hinzu kommt die soziale Dimension von Kommunikation: Je ausgefeilter ein Werkzeug ist, desto mehr bedarf es – um verbreitet und reproduziert werden zu können – der sprachlichen Unterweisung in die Geheimnisse seiner Herstellung und Funktion. Man könnte also die Fähigkeit zur doppelten Verbindung als das entscheidende Kriterium sehen, das erst den Menschen zum Menschen macht.

SPRACHE UND MENSCH

Beim Spracherwerb von Kindern kann man gut beobachten, wie sie zunächst grobe lautliche Formen verwenden, ehe sie subtilere sprachliche Facetten erforschen. Man könnte diesen Prozess auf die historische Entwicklung der Sprache beim Menschen übertragen – vielleicht verfügten also die Hominoiden über ein rudimentäres Wechselspiel von Gebärden und Lauten. In der Folge differenzierten sich dann diese Laute auf der Ebene der Aussprache immer weiter, bis sich distinktive Merkmale herausbildeten: die Geburtsstunde der Konsonanten und Vokale und ihrer systematischen Verknüpfung. Die Sprechfähigkeit des Menschen scheint ihm angeboren zu sein. Kinder erlernen ihre Sprache nach einem immer gleichen Schema, wobei sie schnell die Stufe der Zweisilbenbegriffe (Mama, Popo) hinter sich lassen. Bemühungen von Ethologen, Schimpansen im Labor über diese Schwelle zu helfen, war dagegen bislang kein Erfolg beschieden.

UND DIE AUSTRALOPITHECINEN?

Die gesprochene Sprache hat den immensen Vorteil, Kommunikation über eine räumliche Distanz zu ermöglichen – aber unsere Urahnen hätten sich auch durch eine Zeichensprache, ergänzt durch ein Repertoire von Lauten, miteinander verständigen können. Schimpansen verfügen über ein reiches Kontingent aus Gesten und Schreien. Zahlreiche Experimente zeigten, dass sie auch in der Lage sind, eine Verbindung von Wörtern zu verstehen, sofern sie einfache Botschaften vermittelt, deren Sinn die Tiere bereits erlernt haben. Diesen engen Käfig können sie aber nicht verlassen: Ein Objekt unter mehreren Gesichtspunkten zu betrachten oder ein Gespräch über nicht konkrete Gegenstände oder Situationen zu führen, geschweige denn gezielte Botschaften zu formulieren, ist ihnen nicht möglich.

ANATOMISCHE VORAUSSETZUNGEN

Die paläontologischen Fakten beweisen nicht alles, erhellen aber doch ein wenig die artikulatorischen Möglichkeiten der ersten Hominiden. So untersuchten einige Forscher die Lage des Kehlkopfs bei den Primaten, um ihre Sprech- oder Lautbildungsfähigkeit zu ergründen. Daraus schloss man, dass etwa der Neandertaler nicht die Vokale i, a und u bilden konnte, ebensowenig die Konsonanten k und g. Neuere Untersuchungen haben den Neandertaler hier rehabilitiert. Aus den Maßen des Hypoglossuskanals, durch den der motorische Nerv der

Zunge in das Hinterhauptsbein geleitet wird, schloss man, dass Primaten bereits vor über 400 000 Jahren der Sprache mächtig gewesen sein müssen – doch bringen diese Voraussetzung auch zahlreiche Affen mit. Man kann also nicht schon dann von Sprache ausgehen, wenn die Anatomie erlaubt, Laute zu bilden. Im Fall des Neandertalers wissen wir, dass er bereits diffizile soziale Beziehungen entwickelt hatte – vielleicht ein weit überzeugenderer Grund anzunehmen, dass er auch über eine sehr ausgefeilte Sprache verfügte.

▶ *Der Turmbau zu Babel*
Liefert dieser Mythos eine Erklärung für den Ursprung der Sprachen? Die Vergleichende Sprachwissenschaft kann keine Aussagen über Zeiträume machen, die länger als 100 000 Jahre zurückliegen. Damals – so die Hypothese – begannen sich die Sprachfamilien auseinanderzuentwickeln. Eines steht jedoch fest: Die Sprache der Menschen von Lascaux war bereits ebenso komplex wie die, die wir sprechen.

Zukunftsszenarien

Das Ende der Erde ist vorprogrammiert. In ein paar Milliarden Jahren wird unser Stern, die Sonne, untergehen. Denn mit dem Lebenszyklus der Gestirne verhält es sich wie mit dem menschlichen Dasein: Beide durchlaufen Aufstieg, Zenith und Niedergang und enden in Zerstörung. Das unendlich Große verbindet sich mit dem unendlich Kleinen, die Szenarien der Astrophysiker antworten den Visionen der Dichter.

▼ **Der Zeit auf der Spur**
Dieses in der Erdumlaufbahn platzierte Teleskop blickt gleichsam in die Zeit zurück und damit weit in die Geschichte unserer Galaxie hinein – so können wir uns eine genauere Vorstellung von der Zukunft unseres Planeten und des Sonnensystems machen.

EINE LANGZEITVISION

Die inzwischen über 4 Mio. Jahre währende Geschichte des Menschen ist, gemessen am Geschehen im Universum, eine unscheinbare Größe. Aber sie ist unser Maßstab, und das Schicksal der Erde betrifft uns direkt. Und der Wunsch, die eigene Zukunft zu kennen, ist so alt wie die Menschheit. Womit also können und müssen wir rechnen, wenn man einmal absieht von unvorhersehbaren globalen Katastrophen wie dem neuerlichen Einschlag eines großen Meteoriten oder einem unkontrollierten Nuklearkrieg, die das Leben auf der Erde unmittelbar verändern würden?

Dank der Forschungen von Astrophysikern, Planetologen, Klimatologen, Anthropologen und Biologen können wir heute einige fundierte Szenarien über die weitere Entwicklung der Erde entwerfen – diese fantastische Reise in die Zukunft entwickelt Perspektiven, in denen der Mensch nicht als fertige Größe, sondern als ein im Werden begriffenes Wesen verstanden wird.

DER SICHERE TOD DER SONNE

Zukunftsforschung bezieht sich immer auf den jeweiligen Stand unseres Wissens, der aber durch jede neue Entdeckung in Frage gestellt werden kann. Die 1905 von Albert Einstein publizierte Relativitätstheorie erschütterte unsere Vorstellung von der Beziehung zwischen Raum und Zeit. 1948 zwang George Gamows Theorie vom Urknall zu einer neuen Betrachtung der Entstehung des Universums – um diese Theorie an der Realität zu messen, baute man gewaltige Teleskope, darunter Hubble, das aus einer Erdumlaufbahn ins All blickt.

Was ist die Aufgabe dieser Teleskope? Sie sollen den Weltraum untersuchen, wobei sie auf den Spuren des Lichts auch eine Zeitreise in die Vergangenheit unternehmen. Raumsonden können auf ihren langen Reisen auch der Entstehung neuer Sterne beiwohnen (legendär wurden die fantastischen Bilder der Sternenkrippe IC 1283-4 im Sternzeichen des Schützen), ebenso aber deren Erlöschen dokumentieren, wenn zusammenbrechende Gestirne in einem Schwarzen Loch enden.

Ein solches Ende wird unsere Sonne wahrscheinlich nicht erleben. Wie alle Sterne mitlerer Größe wird sie in etwa 4,5 Mrd. Jahren ihre Kraftstoffreserven verzehrt haben, die sie heute so hell scheinen lassen. Sie wird sich verdichten und auf die Größe der Erde schrumpfen. Dabei wird sie die Gestalt eines Gasrings annehmen, der nur noch kaltes weißes Licht abstrahlt – ein Weißer Zwerg, der noch einige Milliarden Jahre lang seine restliche Energie verbraucht, ehe er als Schwarzer Zwerg endet, der so unsichtbar sein wird wie Millionen anderer toter Sterne, die die Galaxien bevölkern.

Unser Sonnensystem und mit ihm die Erde wird da aber schon längst aufgehört haben zu existieren. Sämtliches Leben auf unserem Planeten wird in 4–5 Mrd. Jahren verschwunden sein. Ein todsicheres Ende, das aber nicht nur Science-Fiction-Autoren, sondern auch kühle Wissenschaftler zu gar nicht abwegigen Visionen verleitet: Die Kolonisierung des Weltraums und ein Leben auf Raumstationen stellen uns im Augenblick noch vor technische und finanzielle Fragen. Aber im Projekt einer bemannten Marsraumfahrt kommt bereits eine langfristige Planung zum Ausdruck, die zum Ziel hat, in den uns verbleibenden Milliarden Jahren eine neue Arche Noah in die Nähe einer anderen Sonne zu befördern, um der Menschheit, falls es sie dann noch gibt, dort einen Neuanfang zu ermöglichen.

UND DER MOND?

Aber die Erde könnte auch auf andere Weise untergehen. Denkbar wäre etwa eine Oszillation der Erdumlaufbahn des Mondes. Unwahrscheinlich? Die Astrophysiker gehen zwar davon aus, dass die Masse eines auf einer Erdumlaufbahn befindlichen Objekts (Satellit oder Planet) weder die Form der Umlaufbahn noch die für seinen periodischen Umlauf erforderliche Zeit verändert – analog schließen wir daraus, dass sich die Erde beruhigenderweise stets auf gleicher Bahn um die Sonne bewegen wird. Unser Mond jedoch, der gleichzeitig von den Gravitationskräften der Sonne und der Erde angezogen wird, beschreibt eine spiralförmige Bahn, die langfristig Konsequenzen für die Zukunft unseres Planeten mit sich bringen könnte. Wenn nämlich die Sonne dem Mond zu nahe käme und ihn auch nur geringfügig aus seiner bisherigen Bahn zöge, dann würden sich auf der Erde die Jahreszeiten, die Gezeiten und das Ausmaß der Erosion erheblich verändern. Verringerte sich dagegen die Anziehungskraft der Sonne auf den Mond, dann könnte er durchaus auf die Erde stürzen!

EIN URKNALL BESONDERER ART

Weit größer ist aber das Risiko, dass ein kleinerer Himmelskörper die Erde trifft, wie es schon auf anderen Planeten beobachtet wurde und auch für die Erde selbst mehrfach belegt ist. Im Juli 1994 schlug um 20.11 Uhr Weltzeit ein Objekt in den Planeten Jupiter ein, von dessen Gravitationskraft es angezogen wurde – Shoemaker-Levy 9, benannt nach den beiden Forschern, die es entdeckt hatten. Nach einem kurzen grellen Blitz stieg ein gigantischer Pilz aus warmer Materie mehrere Hundert Kilometer über Jupiter empor. Die Sonde Galileo maß auf dem höchsten Punkt der Stratosphäre Temperaturen, die 1000 °C überstiegen – die Explosion entsprach der Sprengkraft von 100 Mio. Megatonnen TNT oder dem Zehntausendfachen des gesamten Weltarsenals an Waffen auf dem Höhepunkt des Kalten Krieges.

Solche Einschläge haben die Planeten mitgestaltet. Die vor 4,5 Mrd. Jahren zeitgleich mit der Sonne entstandenen Asteroiden (Felsbrocken jeder Größe) und Kometen (Klumpen aus Eis und Staub von mehreren Kilometern Durchmesser) sind Reste der Planetesimalen, die einst zu Planeten verklumpten. Sie reisen in großer Zahl durch das Son-

nensystem, und zwar in einer Zone zwischen Mars und Jupiter, dem so genannten Asteroidengürtel, der sich in etwa 150 Mio. km von uns entfernt erstreckt. Die zahlreichen Einschlagskrater auf Mars und Mond und die hohe radioaktive Strahlung des dortigen Gesteins zeugen von der gigantischen Gewalt, die mit Asteroideneinschlägen einhergeht.

Vergleichbare Katastrophen haben auch auf der Erde ihre deutlichen Spuren hinterlassen. So ging vor 50 000 Jahren in Nord-Arizona (USA) ein Meteorit nieder, dessen Explosion einen Krater von 1,2 km Durchmesser hinterließ – um die gleiche Wirkung zu erzielen, müsste man eine Nuklearwaffe von 40 Megatonnen Sprengkraft zünden. Und am 30. Juni 1908 kam es in Nordsibirien in etwa 10 km Höhe zur Explosion eines Steinmeteoriten von etwa 30 m Durchmesser. Dabei wurden an die 6000 km² Waldfläche vernichtet. Dieses als „Katastrophe von Tunguska" bekannt gewordene Ereignis hätte weitaus schlimmere Folgen haben können, wenn der Meteorit die Erdoberfläche erreicht hätte.

DIE ERDATMOSPHÄRE ALS SCHUTZSCHILD

Die Erde verfügt, anders als der Mond, über einen wirksamen Schutzschild: ihre Atmosphäre. Sobald ein außerirdisches Objekt in sie eindringt, führt die Reibung in der Regel zu dessen Erhitzung und dann zu seiner Explosion. Zudem sind 90 % der durch unser Sonnensystem rasenden Asteroiden ungefährlich. Die Sternschnuppen, die im Juni oder November am Himmel niedergehen, sind nur Mikrofragmente von weniger als 1 g Gewicht, Staubkörner von Kometen. 10 % der Asteroiden allerdings sind mit Durchmessern von 1 km Geschosse, deren Sprengkraft dem Millionenfachen der Hiroshima-Bombe entspricht. Es scheint aber, als könnten sie dank ihrer Umlaufbahn die Erde nicht erreichen, wenigstens nicht, ohne dass wir sie Jahre im Voraus bemerken. Anders die Kometen: Da sie von außerhalb unseres Sonnensystems kommen, sind ihre Bahnen nicht vorausberechenbar – sie können durchaus unserer Aufmerksamkeit entgehen und auf der Erde zerschellen.

Der Krater von Chicxulub auf der Halbinsel Yucatán in Mexiko dokumentiert den Einschlag eines Meteoriten von 10 km Durchmesser vor 64 Mio. Jahren. Die dabei freigesetzte Energie dürfte mehrere Millionen Megatonnen betragen haben. Eine gewal-

▲◄ Leben und Sterben von Planeten
Dank IC 1283-4 (oben) und M. 57 Leier (links) können wir dem Lebenslauf von Sternen beiwohnen. In einigen Milliarden Jahren wird sich unsere Sonne nach Art von M. 57 in einen Weißen Zwerg verwandeln, der schließlich, weitere Milliarden Jahre später, ein Schwarzer Zwerg werden wird ...

▼ Auf dem Cerro Tololo in Chile steht in 2200 m Höhe eines der größten und leistungsfähigsten Observatorien der südlichen Hemisphäre.

▲ **Kometenalarm**
Der Komet Hale-Bopp auf einem Foto vom März 1997, als er in drei Lichtjahren Entfernung an der Erde vorbeizog. Damals konnte man ihn mit bloßem Auge sehen.

▶ **Bombardierung des Jupiter**
Auf diesem Foto des Jupiter sieht man im unteren Bereich orangefarbene Flecken. Dabei handelt es sich um die Einschlagszonen des Kometen Shoemaker-Levy 9, der 1994 auf den Planeten prallte. Die Fragmente des Kometen waren kilometergroß und erreichten Geschwindigkeiten um die 60 km/s. Die Einschlagsgebiete wiesen Durchmesser von bis zu 10 000 km auf und waren zum Teil noch tagelang zu sehen.

tige Staubwolke wirbelte empor, die die Atmosphäre erfüllte und die Sonne verdunkelte; in kurzer Zeit kühlte die Erde drastisch ab, was eine Kettenreaktion auslöste, die das gesamte Ökosystem in Mitleidenschaft zog und zum Aussterben zahlreicher Tierarten führte, darunter die großen Dinosaurier der Kreide – eine Katastrophe, die sich wiederholen kann.

GEFAHR DURCH SWIFT-TUTTLE?

Anders als der harmlose Halleysche Komet stellt sein Vetter Swift-Tuttle für die Erde eine ernst zu nehmende Bedrohung dar. Er wird im August 2016 erwartet und könnte aufgrund seiner Größe eine ähnliche Explosion auslösen, wie sie der Yucatán-Krater bezeugt. Den Berechnungen nach wird aber der Komet die Erde äußerst knapp verfehlen – trotzdem schließen Astrophysiker nicht aus, dass die Erdgravitation Stücke aus ihm herausreißt, die dann auf die Erde stürzen würden ...

DAS SYSTEM ERDE:
VULKANE UND PLATTENTEKTONIK

Die Erde ist ein komplexes System verschiedener voneinander abhängiger und miteinander wirkender Kräfte, die

die Gestalt unseres Planeten und das Leben an seiner Oberfläche prägen – von den Tiefen der Ozeane bis in die höchsten Schichten der Atmosphäre. Die Lehre von den gekoppelten Systemen ist erst ein paar Jahrzehnte alt; sie beschäftigt sich mit den Wechselwirkungen zwischen der Atmosphäre, den Ozeanen und den kontinentalen Landmassen und koppelt Erkenntnisse und Methoden der Physik, Klimatologie und Geophysik. Mit ihrer Hilfe können wir weit besser jene Prozesse verstehen, die das „System Erde" ausmachen – ein Begriff, den Ichtiaque Rasool prägte, ein New Yorker Wissenschaftler. Sie ermöglicht aber auch präzisere Ausblicke auf die Zukunft unseres Planeten in den nächsten Millionen Jahren.

Ein wesentlicher Faktor sind dabei die Bewegungen der Kontinentalplatten. Im Jahr 1968 stellten der Amerikaner Jason Morgan und der Franzose Xavier Le Pichon ihre Theorie der tektonischen Platten vor – sie bestätigte und präzisierte nicht nur die 1912 von Alfred Wegener entdeckte Kontinentaldrift (die über 50 Jahre lang von den Geophysikern standhaft ignoriert wurde), sondern bewies auf der Grundlage seismischer Daten, dass es tektonische Plat-

ten *gibt* und dass sie wandern. Die Plattenbewegungen gehen auf Spannungen im teilweise flüssigen oberen Erdmantel zurück – die Kontinentalkruste ist immerhin etwa 30 km dick, die ozeanische nur 5 km: Letztere zerreißt an bestimmten Schwachstellen unter dem Druck der aus dem Erdmantel aufsteigenden Lava – wodurch sich die Kontinente entweder voneinander entfernen oder einander nähern. Gleichzeitig liegen hier die Ursachen für Erdbeben und Vulkanausbrüche, für das Anheben von Gebirgen und die Zerklüftung von Gestaden.

EIN GEBIRGE IM MITTELMEER

Die seismischen Erschütterungen, die in der Türkei, in Griechenland, in Italien und in Südfrankreich registriert werden, sind nur Vorläufer weit größerer Ereignisse. In wenigen Millionen Jahren werden sich dort, wo sich heute das Mittelmeer erstreckt, gewaltige Berge mit verschneiten Gipfeln auftürmen – eine Folge der Wanderung der

DAS ENDE DER WELT NACH BUDDHA

Befreiung von den Fesseln der Zeit, Beendigung des ewigen Lebens- und Leidenszyklus: Hinduisten und Buddhisten erwarten das Ende der Welt freudig. Sie sehnen es als die endgültige Befreiung, als Abschluss des unablässigen Kreislaufs von Entstehen und Vergehen herbei, als Loslösung von Besitz, Raum und Zeit und konkreter auch als reines Paradies mit von lieblichen Teichen umsäumten prächtigen Palästen, in denen Buddhas thronen. Kein Handeln mehr, kein Urteilen. Jeder Mensch erlebt sein eigenes Weltende. Dazu muss er sämtliche Begierden abstreifen, die ihn als treibende Kräfte des Handelns an die Welt fesseln. Solch kosmisches Bewusstsein zu entwickeln ist der einzige Weg, um mit dem Verlauf der Handlinien auch den Lauf der Welt auszulöschen. Der Erleuchtete geht über in das Gesamtuniversum und löst sich darin auf. Auf diese Weise kann man Alles und Nichts zugleich erreichen – der Beginn des Goldenen Zeitalters, einer ewigen Ruhe, die sich in den Gipfeln Tibets oder in der bläulich schimmernden Aura eines thailändischen Tempels und im Lächeln Buddhas zeigt.

afrikanischen und der eurasischen Kontinentalplatten. Geodynamiker können die Geschwindigkeit der Plattenbewegungen messen: Im Zentalpazifik beträgt sie zwischen 2 cm und 18 cm pro Jahr. Hochgerechnet ergibt sich daraus, dass sich die heutigen Kontinente in 250 Mio. Jahren erneut zu einem gigantischen Superkontinent zusammengefügt haben werden, der seinem Vorläufer Pangäa vom Ende des Paläozoikum erstaunlich ähneln wird.
Nord- und Südamerika werden sich wieder dem afrikanischen Kontinent anschließen, der seinerseits mit Eurasien verbunden sein wird, und die Antarktis bildet mit Australien eine große Insel. Gewaltige Gebirgsketten, die höher emporragen als heute der Himalaja (der ebenfalls weiter wachsen wird), werden die Kollisionszonen der Kontinente weithin sichtbar markieren.

ATMOSPHÄRENALARM

Die Plattenbewegungen und die Umgestaltung der Landmassen werden zweifellos Auswirkungen auf das Erdklima haben.
Vulkaneruptionen zeigen, dass die Tiefen der Erde nur ein kleiner Schritt von den höchsten Höhen der Atmosphäre trennt. Die Ausbrüche des Mount Saint Helens 1980, des El Chichón 1982 oder des Pinatubo im Jahr 1991 wirbelten Gase und Staubwolken 20 km hoch in die Stratosphäre, wo sie mehrere Jahre lang verblieben. Das zeitigte gravierende Auswirkungen. An der Erdoberfläche gestalten Lavamassen nur die direkt betroffenen Landschaften um. Aber riesige Staubwolken, die in den Himmel katapultiert werden, verändern das Gesamtklima unseres Planeten si-

cher nicht weniger als es ein Asteroidenhagel tun würde. Eine Vulkanwolke setzt sich hauptsächlich aus Wasserdampf, Kohlendioxid, Schwefeldioxid und Chlorwasserstoff zusammen. Ein höherer Chlorgehalt der Stratosphäre

ist schon heute mitverantwortlich für die stellenweise Zerstörung der Ozonschicht, die ein wichtiger Bestandteil des atmosphärischen Schutzschildes der Erde ist. Allerdings würde nur eine Folge ständiger vulkanischer Eruptionen bedenkliche Chlormengen erzeugen. Gefährlichere Folgen hat dagegen die Suspension vulkanischer Partikel in Form von Schwefelsäuretropfen – sie reflektieren einen großen Teil des einfallenden Sonnenlichts, sodass die untere Erdatmosphäre abkühlt. Messungen zeigten, dass die Ausbrü-

che des El Chichón und des Pinatubo in den darauf folgenden Jahren zu einer deutlichen Abkühlung der Erdoberfläche führten.

ABKÜHLUNG UND ERWÄRMUNG

Dem jetzigen Erdklima drohen aber in Hunderten oder Tausenden von Jahren noch andere Gefahren. So stieß man an verschiedenen Stellen der Tiefsee auf Spuren heftiger Explosionen. Geophysiker entdeckten, dass dafür fossiles Methan verantwortlich ist. Das recht flüchtige Gas wird in Folge der Plattenbewegungen aus dem Schlamm am Meeresgrund freigesetzt, steigt dann nach oben und dringt in die Atmosphäre ein. Methan spielt aber eine wichtige Rolle beim Treibhauseffekt – es sorgt dafür, dass jener Teil des Sonnenlichts, der nicht durch die Wolken in den Weltraum reflektiert wird, die

◀ *Abkühlung durch Staub*
Die Explosion des Mount Saint Helens (USA) im Jahr 1980. Vulkanausbrüche beeinflussen das Klima. Der Staub, den sie freisetzen, wirft die Sonnenstrahlen ins All zurück, wodurch sich die Atmosphäre stark abkühlt.

▼ *Das Loch in der Ozonschicht*
Noch nicht lange weiß man von Löchern in der Ozonschicht der Erde (hier blau dargestellt), die über beiden Polen zu beobachten sind. Handelt es sich um ein natürliches Phänomen oder um die Wirkung industriell produzierter Schadstoffe? Eine Frage, die die Wissenschaftler noch diskutieren.

Erdoberfläche erwärmt; diese antwortet darauf mit einer Wärmestrahlung, die wiederum von Wasserstoff, Kohlendioxid, Ozon und Methan so weit absorbiert wird, dass eine ausgewogene Energiemenge die Erdoberfläche erreicht – ein weiteres Beispiel für die schon erwähnten gekoppelten Systeme. Nimmt nun die Konzentration der genannten Gase in der Atmosphäre zu, kommt es zu einer globalen Erwärmung, die auch die Gewässer berührt – in der Folge werden unterseeische Methanexplosionen verstärkt auftreten.

KÄLTE UND WÄRME

Der Treibhauseffekt hat erst die Entwicklung von Leben auf der Erde ermöglicht. Ohne Methan, Kohlendioxid und andere Gase würde die Oberflächentemperatur bei -20 °C liegen. Es gäbe kein flüssiges Wasser, keine Vegetation. Der blaue Planet würde seinem Nachbarn, dem roten Mars, ähneln, der einer Wüste gleicht, weil dort der Treibhauseffekt in der Vergangenheit vermutlich weniger wirksam war.

Auf der Erde haben Klimaschwankungen einen großen Einfluss auf das Antlitz der Kontinente. So wie die unentwegt anbrandenden Wellen des Meeres die Küsten gestalten, modelliert auch das Klima im Lauf der Zeit die Gestalt der Landmassen. Gegenwärtig nimmt der Treibhauseffekt zu – weil wir unseren Energiebedarf noch immer vorwiegend durch fossile Brennstoffe decken, belasten wir die Atmosphäre mit großen Mengen Kohlendioxids. Die Folgen sind eine globale Klimaerwärmung, das Abschmelzen der Polarkappen, der Rückzug der Gletscher und der Anstieg der Ozeane. Die Erwärmung wird auch in den subtropischen Zonen zum Tragen kommen, und zwar in Form größerer Niederschläge. Die dortigen Wüsten werden schließlich verschwinden, aber der Wüstengürtel selbst wird nordwärts wandern und sich in Südeuropa und der gesamten Mittelmeerregion etablieren. Nördlich davon wird die Luftfeuchtigkeit steigen, insbesondere in den Wintern. Heftige Schneestürme werden Städte wie Paris in eine Art Moskau verwandeln. Die Wasserquellen der Norwegischen See werden ver-

mutlich versiegen, und die Erwärmung der polaren Breiten wird den ozeanischen Wärmefluss so reduzieren, dass die europäischen Winter strenger werden. Die dramatischsten Auswirkungen hätte jedoch ein jäher Anstieg des Meeresspiegels durch das Abschmelzen der Gletscher und der Eiskappen der Pole. Der Zustrom solch gewaltiger Mengen von Süßwasser würde den Salzgehalt der Meere drastisch verringern und die Ökosysteme der Erde in ihrer Gesamtheit erheblich verändern – ganz zu schweigen von den direkten Folgen durch Überschwemmungen und Klimaschwankungen.

IN EINE NEUE EISZEIT?

Doch wird diese Erwärmung in der Erdgeschichte nur eine Episode bleiben. In 10 000 Jahren könnte eine neue Eiszeit anbrechen. Dafür sprechen nach Meinung einiger Wissenschaftler astronomische Gesetzmäßigkeiten: „Alle 100 000 Jahre wird die Umlaufbahn der Erde fast kreisförmig, bevor sie dann wieder eine elliptische Form annimmt", erklärt Professor Ichtiaque Rasool. „Ihre Rotationsachse weist heute im Verhältnis zu ihrer Umlaufbahn eine Neigung von 23,3° auf, und diese Neigung schwankt alle 40 000 Jahre um 2°, wobei sie sich im Schnitt zwischen 22,2° und 24,3° bewegt; darum pendelt die Rotationsachse alle 20 000 Jahre." Eine Eiszeit dauert durchschnittlich etwa 100 000 Jahre an, eine Zwischeneiszeit 20 000 Jahre. In einer solchen befinden wir uns seit 10 000 Jahren; wir müssten uns also auf eine erneute Abkühlung in den nächsten 10 000 Jahren gefasst machen …

SEIN ODER NICHT SEIN …

Ob Kälte, ob Wärme – alle Lebewesen müssen sich mit jeder großen Umwälzung des Klimas arrangieren, wenn sie nicht aussterben wollen. Das Überleben regelt die Evolution. Sie sorgt dabei

nicht für das Überleben jedes Lebensmodells. Ihr Motto lautet nicht nur: „Sein oder nicht sein", sondern auch: „Sich wandeln, um weiterhin zu sein". Die Naturgeschichte bezeugt beide Varianten: Entweder verändert sich eine Art oder sie stirbt aus. Das Ende der Dinosaurier mag durch den Einschlag eines Meteoriten nur beschleunigt worden sein, denn heute scheint sicher, dass diese gigantischen Tiere bereits in ihrer Entwicklung stagnierten. Durch ihr Verschwinden erhielten andere, flexiblere Arten ihre Chance.

Die kommenden Umwälzungen des Systems Erde – vor allem klimatische und tektonische – werden starke Auswirkungen auf Fauna und Flora haben. Dabei ist auch der Einfluss des Menschen nicht zu unterschätzen – allerdings bisweilen auch zu relativieren. Nehmen wir die exzessiven Abholzungen in den brasilianischen Wäldern, der Lunge unseres Planeten. Wenn sämtliche Grünpflanzen von der Erde verschwänden, würde die Photosynthese selbstverständlich enden. Es würde kein neuer Sauerstoff mehr in die Atmosphäre gelangen, auch kein Kohlenstoff in den Boden. Langfristig würde der vorhandene Sauerstoff aufgebraucht, schon durch chemische Reaktionen mit den Metallen. Eine verheerende Perspektive! Allerdings würde es

mehr als 4 Mio. Jahre dauern, bis der Sauerstoff gänzlich verbraucht wäre – ein Zeitraum, in dem die Natur gewiss neue Arten entwickeln oder alte variieren würde, die den neuen Bedingungen angepasst wären ...

Tatsächlich ist die gesamte Biosphäre in einer ständigen Evolution begriffen. Vielleicht meldet sich die Zukunft bereits an in Gestalt jener neuen Bakterien und Viren, die für uns heute eine schwere Bedrohung darstellen. Eine kleine Variation des Genoms reicht aus, um neue Lebensformen entstehen zu lassen. Sämtliche Säugetiere besitzen mehr oder weniger dieselben Gene; lediglich deren Anordnung unterscheidet den Menschen von der Maus oder dem Affen ...

DER MENSCH VON MORGEN

Im Gegensatz zum Schimpansen, dessen Charakteristika sich seit mehreren Millionen Jahren kaum verändert haben, hat sich der Mensch ständig weiter entwickelt – aus dem Australopitheken wurde *Homo sapiens sapiens*. Seine Anpassungsfähigkeit ist seine Stärke. So lassen es seine Fortschritte in der Bio- und Gentechnologie heute denkbar erscheinen, dass er in absehbarer Zeit selbst einen künstlichen Menschen nach seinen eigenen Vorstellungen herstellt – Visionen, die bislang

der Science Fiction vorbehalten waren. Allerdings ist bei solchen Eingriffen in die Evolution eine große Unbekannte im Spiel. Die Fossiliensammlungen bergen zahllose Beispiele von Arten, die irgendwann ausstarben – sei es weil sie unfähig waren, sich an eine veränderte Umwelt anzupassen, oder sei es im Gegenteil, weil sie genetisch allzu opportunistisch waren. Der Mensch ist insofern eine besondere Gattung, als seine technischen Hervorbringungen nicht nur seine Umwelt, sondern auch ihn selbst verändern. Die Anthropologen können heute die großen Etappen unserer Geschichte nachzeichnen, ohne doch alle Hintergründe zu begreifen. Zu unseren Merkmalen gehört z. B. das ständige Wachstum des endokranialen Volumens, das mit einer Verkleinerung des Gebisses, insbesondere des Unterkiefers und Kinns einhergeht. Dieser Prozess wird sich fortsetzen. Der Mensch von morgen könnte also mit einem enormen Gehirn ausgestattet sein, aber nur noch einen rudimentären Kiefer besitzen. Der zunehmende Abschied von manuellen Tätigkeiten wird unsere kleinen Finger schrumpfen lassen, während die Bilderflut, der wir ausgesetzt sind, zu einer Vergrößerung unserer Augen führen wird. Unbehaart, bleich, hoch gewachsen, großschädelig, kleinfüßig und großäugig dürften unsere Nachfahren ein wenig jenen außerirdischen Figuren vom Mars oder der Venus ähneln, die heute unsere Science-Fiction-Filme bevölkern.

Die Zukunft der Erde ist aber nicht unverrückbar festgeschrieben. Zahllose Parameter können den Verlauf ihrer Geschichte verändern. Unser Planet hat seit seiner Entstehung unaufhörlich Leben hervorgebracht – das macht seine Besonderheit aus, zumindest innerhalb unseres Sonnensystems. Und dieses Leben konnte sich immer wieder an die veränderten Bedingungen seiner Umwelt anpassen – nichts spricht dafür, dass diese Fähigkeit verlorenginge.

▲ *Der erste Schritt*
Der Flug von Apollo 11 im Juli 1969 und der Besuch von Armstrong auf dem Mond stellten den Beginn einer neuen Ära in der Entwicklung der Menschheit dar. Zum ersten Mal denkt der Mensch daran, seinen Heimatplaneten zu verlassen, um anderswo im All Kolonien zu gründen, soweit ihn die Lichtgeschwindigkeit trägt ...

◀ *Das Ende der Zeit*
Das Jüngste Gericht auf dem Tympanon des weltberühmten Portals der romanischen Abtei von Moissac.

DIE APOKALYPSE UND DAS JÜNGSTE GERICHT DER CHRISTEN

Die Bibel beschreibt das Ende der Welt in der Apokalypse des Johannes. Das Alpha (der Schöpfer) wird dann eins mit dem Omega (dem Vollender), während die Welt von sieben Geißeln heimgesucht wird, die an die Katastrophen aus dem Buch Genesis erinnern – hier wie dort Bilder des Niedergangs und der Zerstörung. Gottes Zorn kann so groß sein, dass er mit einem

Handstreich die Erde in einer Sintflut ertränkt oder mit Feuer vernichtet, wie das alte Sodom. Freilich geht es ihm nie um die totale Zerstörung: Noah rettet auf seiner Arche die Gebote seines Herrn und die DNA des Lebens, Gott stellt also neben die Vernichtung den Wiederaufstieg, neben den Tod das Leben. Auch Hiob erlangt sein ewiges Heil erst nach vielen Prüfungen, Versuchungen und Erniedrigungen. Für den Demütigen wie den Mächtigen gilt: keine Auferstehung ohne Kreuzigung oder Kreuzweg. Dieser Gedanke brannte sich in die Seelen der ersten Christen. Im Mittelalter sah sich der Mensch unentwegt zwischen Heil und Verdammnis schweben. Und es war wohl kein Zufall, dass Michelangelo die Sixtinische Kapelle, wo die Päpste in ihr Amt eingesetzt wurden, mit einer Szene des Jüngsten Gerichts schmückte. Seine Vision von den Anfängen und dem Ende der Welt inspirierte zahlreiche künstlerische Meisterwerke von abgründiger Schönheit, wie es die Tympana der romanischen Kirchen und die von Rodin gestaltete Höllenpforte bezeugen.

Glossar

A

abiotisch
Unbelebt. Physikalische und chemische Faktoren, die Ökosysteme beeinflussen – etwa bei dem Experiment von Miller (siehe S. 96).

Acanthodier
Stachelhaie. Klasse primitiver Fische des Paläozoikum mit Knochenschuppen und einem großen Stachel vor jeder Flosse. Die ältesten bekannten Wirbeltiere, die mit Kiefern ausgestattet sind (Gnathostomata).

Acheuléen
Von Saint-Acheul im französischen Departement Somme. Kulturstufe im Altpaläolithikum (Altsteinzeit) von 700 000–120 000 v. Chr.

Actinopterygier
Strahlenflosser. Unterklasse der Knochenfische, zu der die meisten heutigen Fische gehören (siehe S. 132–135).

AE (Astronomische Einheit)
Mittlere Entfernung zwischen Erde und Sonne: 150 Mio. km (siehe S. 62–63).

aerob
Lebensweise von Organismen, die zum Atmen den Sauerstoff der Luft benötigen. Gegenteil: anaerob.

Agnatha
Kieferlose. Klasse von Wirbeltieren ohne Kiefer. Beispiel: Lamprete. Gegenteil: Gnathostomata (siehe S. 124–125).

Akkretion
Einfangen von Materie durch Massenanziehung. Wichtig für die Planetenbildung.

Amnion
Innerste Embryonalhülle der Amnioten (Reptilien, Vögel, Säugetiere), die den Embryo schützt (Fruchtblase des menschlichen Fötus).

Amnioten
Wirbeltiere (Reptilien, Vögel, Säugetiere), deren Embryo durch ein Amnion geschützt wird.

Amphibien
Lurche. Vierbeinige Wirbeltiere (Tetrapoden), die im Wasser und an Land leben. Beispiel: Frosch.

anaerob
Lebensweise von Organismen, die keinen Sauerstoff benötigen, oder Prozesse, die bei Sauerstoffzufuhr nicht ablaufen. Gegenteil: aerob.

Anagenese
Fortschreitende aufsteigende Entwicklung einer Art, bei der es zu keiner Aufspaltung kommt. Gegenteil: Kladogenese.

Anapsiden
Eine Unterklasse der Reptilien, deren Besonderheit ist, dass sie im Unterschied zu den Synapsiden und Diapsiden keine Schläfenöffnungen besitzen (siehe S. 154).

Angiospermen
Bedecktsamer. Blütenpflanzen, die am Ende des Jura vor 150 Mio. Jahren erschienen. Sie besitzen eine durch eine Blüte geschützte Eizelle und einen durch eine Frucht geschützten Keimling (siehe auch Gymnospermen und S. 188).

Anthropoiden
Unterordnung der Primaten, zu denen die südamerikanischen Affen, die Großaffen Afrikas (Schimpanse, Gorilla), Asiens (Gibbon, Orang-Utan), die Makaken, die Meerkatzen und der Mensch gehören. Ein Anthropoide ist an spezifischen Zahn- und Schädelmerkmalen erkennbar: verwachsene Stirnknochen, nach vorne gerichtete und seitlich geschlossene Augenhöhlen, zwei halb im Kiefer verankerte Schneidezähne, stark ausgeprägte Eckzähne und mit vier Höckern versehene obere Schneidezähne (siehe S. 228–231).

Archaebakterien
Eigenständige Gruppe von Bakterien, die sich von den echten Bakterien (Eubakterien) zellulär wesentlich unterscheiden.

Archaeopteryx
Ältester bekannter Vogel (140 Mio. Jahre alt) mit einer Flügelspannweite von etwa 45 cm. Er besaß Zähne, was auf seine Abstammung von den Dinosauriern verweisen. Erster Fund in Bayern (siehe S. 174).

Archosaurier
Herrscherreptilien. Am Ende des Paläozoikum (vor 255 Mio. Jahren) erschienene Infraordnung, aus der Krokodile, Pterosaurier und Dinosaurier hervorgingen (siehe S. 160–161).

Arthropoden
Gliederfüßer. Mit 80 % aller bekannten Tierarten die stärkste Gruppe im Tierreich. Die Insekten machen 75 % davon aus. Im Allgemeinen sind Arthropoden von einem starren Außenskelett aus Chitin bedeckt, was sie bei ihrem Wachstum zu regelmäßigen Häutungen zwingt.

Artiodactyla
Paarhufer. Die seit dem Eozän bekannte, heute dominante Ordnung von Huftieren mit paariger Zehenzahl, darunter Lamas, Schweine, Rinder usw. (siehe S. 212–213).

Asteroiden
Kleine Planetfragmente im Asteroidengürtel zwischen Mars und Jupiter. Man kennt rund 3000.

B

Bakterien
Sehr kleine (um 1 Mikrometer große) Zellen ohne Zellkern. Sie können nahezu alle Lebensräume besiedeln und spielen eine wesentliche Rolle beim Abbau toter organischer Materie. Bakterien zählen zu den ältesten Organismen.

Bernstein
Fossiles Harz, das von Koniferen und einigen Blütenpflanzen produziert wurde. Enthält zuweilen Pollen und Insekten. Durch seine geringe Dichte ist Bernstein schwimmfähig.

Biface
Steinwerkzeug mit zwei scharfen symmetrischen Seitenkanten, die durch Abschläge hergestellt wurden. Charakteristisch für die Acheuléen-Werkzeugindustrie.

biogen
Durch Wirken von Lebewesen entstanden (z. B. Torf und Kohle).

Biomasse
Gesamtheit der Organismen einer Tier- oder Pflanzenart oder aller zu einem bestimmten Zeitpunkt in einem klar umrissenen Milieu lebenden Arten.

Biomoleküle
Organische Moleküle, die am Aufbau und/oder den Lebensfunktionen von Lebewesen beteiligt sind.

Biosphäre
Gesamtheit der Ökosysteme der Lithosphäre, der Hydrosphäre und von Teilen der Atmosphäre.

Bipedie
Zweifüßigkeit. Fortbewegungsart, zu der ein Individuum nur seine

Atmosphäre

Atmosphäre
Gasförmige Hülle, die einen Himmelskörper umgibt. Die Erdatmosphäre setzt sich vorwiegend aus Stickstoff und Sauerstoff zusammen (siehe S. 80–81).

Atom
Bestandteil der Materie, der sich aus einem positiv geladenen Kern und ihn umkreisenden negativen Elektronen zusammensetzt. Es gibt 92 Atome. Wasserstoff ist das leichteste, Uran das schwerste Atom.

Aurignacien
Von Aurignac im französischen Departement Haute-Garonne. Kulturstufe des Jungpaläolithikum vor 30 000–25 000 v. Chr., die durch die ersten Kunstwerke geprägt ist.

Australopithecus
Fossiler Hominide, dessen Verbreitungsgebiet sich vor 4–1 Mio. Jahren über Ost-, Süd- und Zentralafrika erstreckte (siehe S. 244).

Hintergliedmaßen benutzt. Der Mensch hat diese Anpassung am besten vollzogen, aber andere Primaten (Gibbon, Schimpanse) können sich auch über kurze Entfernungen auf diese Art fortbewegen.

Blaualgen
siehe Cyanobakterien

Brachiation
Armhangeln. Spezialisierte Fortbewegungsart durch akrobatisches Schwingen von Ast zu Ast ausschließlich mithilfe der Vordergliedmaßen (z. B. bei Gibbon und Siamang).

C

Caldera
Kesselförmige Eintiefung über erloschenen Vulkanschloten, die durch Explosion, Einsturz oder Erosion entstanden ist. Die Caldera des Vulkans Olympus Mons auf dem Mars besitzt einen Durchmesser von 90 km.

Carnivoren
Ordnung von Raubsäugetieren, die sich von Fleisch (auch Aas) ernähren. Typisch sind u. a. Anpassungen der Zähne, des Bewegungsapparats und des Verhaltens. Carnivoren gibt es seit dem Unteren Paläozän. Beispiele: Hund, Otter, Luchs (siehe S. 216–221).

Cephalopoden
Kopffüßer. Klasse mariner Weichtiere aus dem Stamm der Mollusken. Charakteristisch sind die mit Saugnäpfen versehenen Tentakeln im Mundbereich. Die Tiere kommen mit Gehäuse (Ammonit, Nautilus), mit reduziertem Gehäuse (Tintenfisch, Kalmar) oder ganz nackt (Krake) vor.

Cercopithecoidea
Familie der Altweltaffen mit Schwanz (Makaken, Stummelaffen).

Cetacea
Waltiere. Eine Ordnung von Säugetieren, die ins Wasser zurückgekehrt sind. Zu den heutigen Cetacea zählen die mit Zähnen ausgestatteten Odontoceten (Delphine), und die marinen Mysticeten (Wale), die zum Filtern des Wassers Barten statt Zähne besitzen.

Châtelperronien
Von Châtelperron im französischen Departement Allier, wo der Geistliche Abbé Breuil zahlreiche blattförmig behauene Pfeilspitzen aus Feuerstein entdeckte. Die Kulturepoche kennzeichnet den Beginn des Jungpaläolithikum zwischen 40 000 und 30 000 v. Chr.

Chelonia
Schildkröten. Eine den Anapsiden zugerechnete Reptilienordnung.

Charakteristisch ein mehr oder weniger entwickelter gewölbter Rückenpanzer und ein flacher Bauchpanzer (Plastron), beide aus Knochen und von Schuppen oder gepanzerter Haut bedeckt. Aktuell gibt es an die 230 lebende Arten.

Chimaeriformes
Chimären und Seekatzen. Haiartige Vertreter der Holocephali (siehe S. 128).

Chitin
Stützsubstanz, bei vielen Wirbellosen (Insekten, Krustentiere usw.) das Fundament des Außenskeletts, bei einigen auch an internen Strukturen beteiligt. Kommt auch in einigen Pilzen vor.

Chlorophyll
Grüner Pflanzenfarbstoff, dessen chemische Struktur der des Hämoglobins ähnelt. Es gibt verschiedene Chlorophyll-Arten, die alle die Fähigkeit besitzen, mithilfe von Lichtenergie CO_2 und Wasser in Zucker umzuwandeln (siehe S. 98).

Chloroplasten
Zellorganellen des grünen Pflanzengewebes. In ihnen vollzieht sich die Photosynthese. An ihrer Entstehung wirkten vermutlich die Cyanobakterien mit (siehe S. 98).

Chondrichthyes
Gruppe von Fischen mit knorpeligem Skelett. Diese Gruppe umfasst heute die Haie, die Rochen und die Chimären, aber auch zahlreiche ausgestorbene Formen (siehe S. 128–131).

Chondrostei
Knorpelganoidfische. Fische mit weitgehend knorpeligem Innenskelett und vereinzelten Hautverknöcherungen (z. B. Stör).

Chordata
Stamm von Metazoen mit einer Chorda, einem biegsamen, knorpeligen Stützstab, der das dorsale Nervensystem stützt oder sich, wie bei den Wirbeltieren, zu knöchernen Wirbelkörpern entwickelte. Zu den Chordata zählen die Urochordata (Ascidiacea), die Cephalochordata (Amphioxus) und die Vertebrata (Wirbeltiere).

Chromosomen
Faden- oder stabförmige Träger der Erbinformation, die nach der Ausrichtung des Chromatins zum Zeitpunkt der Zellteilung im Zellkern erscheinen (siehe S. 94 und 102).

Coccolithen
Winzige Kalkplättchen, die das Skelett von Einzellern bilden.

Coccolithophorida
Planktische gallertige Flagellaten, die Kalkplättchen tragen. In warmen Meeren in Unmengen (meh-

rere Mio. Individuen pro l) vorhanden. Durch sie entstand in den Gewässern der ausklingenden Kreide die Schreibkreide.

Coelacanthiformes
Unterordnung der Crossopterygier (Quastenflosser). Fossile Exemplare sind aus dem Devon bis zur Kreide bekannt. Lebende Populationen wurden 1938 vor Mosambik, kurz darauf im Komorenarchipel und 1998 in Indonesien entdeckt (siehe S. 132–135).

Condylarthra
Primitive alttertiäre Huftiere. Säugende Sohlengänger aus den Anfängen des Känozoikum, sowohl Alles- als auch Pflanzenfresser.

Creodonten
Urraubtiere. Die wichtigsten räuberischen Säuger des Paläogen, insbesondere des Eozän. Sie erloschen wohl im Oberen Miozän (siehe S. 216–221).

Cro-Magnon
Prähistorische Fundstätte nahe der Gemeinde Eyzies-de-Tayac im französischen Departement Dordogne; nach ihr wurde der dort gefundene Mensch (*Homo sapiens sapiens*) benannt.

Cuvier, Georges (1769–1832)
Französischer Anatom und Paläontologe, Vater der vergleichenden Anatomie und der Paläontologie der Wirbeltiere. Cuvier, der nicht an die Evolution glaubte, ersann eine Katastrophentheorie, um die Existenz von Fossilien zu erklären.

Cyanobakterien (Cyanophyta oder Blaualgen)
Spaltalgen ohne echten Zellkern, die in sehr unterschiedlichen Umgebungen leben und schon im Präkambrium auftraten.

Cytochromen
Proteine, die nur in aeroben Zellen vorkommen. Wichtig für den Transport von Elektronen bei der Zellatmung.

Cytosin
Pyrimidinbase, Bestandteil von RNA und DNA.

D

Darwin, Charles (1809–1882)
Englischer Naturforscher, der nach einer fünfjährigen Reise um die Welt und einer langen Zeit der Überlegung und des Studiums der Notizen, die er davon mitbrachte, 1859 seine auf der natürlichen Auslese basierende Evolutionstheorie vorstellte.

Desoxyribonukleinsäure (DNA)
Die DNA enthält genetische Informationen. Verschiedene DNA unterscheiden sich durch die Sequenz der vier Nukleotiden, aus denen sie sich zusammensetzen. Eine DNA besteht aus zwei in einer Doppelhelix verbundenen Strängen.

Desoxyribose (Pentose)
Zucker mit fünf Kohlenstoffatomen; Bestandteil der DNA.

Deuterium
Isotop des Wasserstoffs, dessen Atomkern aus einem Proton und einem Neutron gebildet wird und daher im Vergleich zu Wasserstoff die doppelte Masse aufweist, weshalb es als schwerer Wasserstoff bezeichnet wird. Schweres Wasser setzt sich aus Molekülen mit einem schweren Wasserstoffatom zusammen (siehe S. 30–43).

Diagenese
Die Bildung fester Gesteine aus lockeren Sedimenten durch Druck, Temperatur und chemische Prozesse.

Diapsiden
Reptilien mit zwei Schläfenöffnungen. Zu ihnen zählen die Lepidosaurier und die Archosaurier (siehe S. 154).

Dimorphismus
Das Vorkommen zweier (oder mehrerer) unterschiedlicher Formen bei einer Art. Geschlechtsdimorphismus liegt vor, wenn sich Männchen und Weibchen einer Art morphologisch (aber nicht bei den Fortpflanzungsorganen) unterscheiden (z. B. im Federkleid).

Dinosaurier
Die großen landbewohnenden Reptilien des Mesozoikum und Vorfahren der Vögel. Sie beherrschten über 150 Mio. Jahre lang beherrschten sie die kontinentale Tierwelt mit einer beachtlichen Formen- und Größenvielfalt. Unter ihnen befanden sich die größten Landtiere der Erdgeschichte. Nicht zu verwechseln mit den fliegenden (Pterosaurier) und den marinen Sauriern (Ichthyosaurier, Mosasaurier). Siehe S. 168–173.

Dipnoi
siehe Lungen- oder Lurchfische

Dryopithecii
Fossile Baumaffen, die im letzten Jahrhundert von Edouard Lartet in Saint-Gaudens im französischen Departement Haute-Garonne entdeckt wurden. Seither konnte man ihnen zahlreiche in Europa heimische Formen aus dem Unteren und Mittleren Miozän zuordnen. Sie stellten zu jener Zeit die Hauptgruppe der Primaten (siehe S. 228–231).

E

Echoortung
Befähigung mancher Tierarten (Delphine und Wale im Wasser und Fledermäuse in der Luft), Objekte (Beutetiere und Räuber gleichermaßen) mithilfe von Ultraschallwellen zu identifizieren und zu lokalisieren.

Eiszeit
Periode, in der das Klima auf der Erde die Polkappen und weite Teile der Landmassen vergletschern ließ. Im Verlauf der Erdgeschichte hat

es wiederholt Perioden mit ausgedehnten Vergletscherungen gegeben, die vorerst letzte im Pleistozän vor rund 112 000–10 000 Jahren (siehe S. 262).

Ektothermie
Kaltblütigkeit bei Tieren, deren Körpertemperatur von der Außentemperatur abhängt (z. B. bei den Reptilien). Gegenteil: Warmblütigkeit (Endothermie).

Elektron
Elementarteilchen mit negativer Ladung und geringer Masse. Elektrischer Strom entsteht durch die Bewegung von Elektronen in elektrischen Leitern (siehe S. 30–43).

Embryogenese
Entwicklung des Embryos, ausgehend von einer einzigen Zelle bis hin zu einem vollständig ausgebildeten Tier mit differenzierten Zellen und Geweben.

Erdkern
Der innerste, teils feste, teils flüssige Bereich der Erde (siehe S. 64).

Erdmantel
Etwa 2900 km starke Schale des Erdballs zwischen der Erdkruste und dem Erdkern (siehe S. 64).

Eubakterien
Einzellige Mikroorganismen (Prokaryonta), die praktisch in jeder Umgebung leben können und eine wichtige Rolle beim Abbau von toter organischer Substanz spielen.

Eukaryonten
Organismen, deren Zellen echte Kerne besitzen – zu ihnen zählt der Großteil der Lebewesen (siehe S. 102).

Exaptation
Wiederverwendung existenter biologischer Strukturen für andere Aufgaben im Verlauf der Evolution. Beispiel Vogelfeder: Landbewohnende Laufformen gefiederter Dinosaurier zeigen, dass die Rolle der Federn bei ihnen nicht wie bei ihren Nachkommen, den Vögeln, mit dem Fliegen zusammenhing.

Extinktionen
Massensterben. Globale ökologische Krisen, denen in kurzer Zeit die unterschiedlichsten Organismen in den verschiedensten Lebensräumen zum Opfer fallen. Die Erde wurde bislang von fünf solcher Krisen heimgesucht, die wichtigsten ereigneten sich am Übergang zwischen Perm und Trias sowie am Ende des Mesozoikum (Kreide-Tertiär-Krise). Siehe Kreide-Tertiär und S. 190–191.

F

Fische
Die Gesamtheit der primären wasserbewohnenden Wirbeltiere (im Gegensatz zu den sekundären wie den marinen Reptilien oder den Waltieren), die in der Regel mit Kiemen und Flossen ausgestattet sind. Zu den Fischen zählt man die Agnathen, die Acanthodier, die Pla-

codermen, die Knorpelfische und die Knochenfische.

Fortpflanzung durch Teilung
Teilung eines Individuums in zwei oder mehrere Segmente, die sich jeweils selbst vervollkommnen. Es handelt sich um die häufigste (ungeschlechtliche) Fortpflanzungsart bei Bakterien und Protozoen (siehe S. 100).

Fossil
Versteinertes Überbleibsel oder versteinerte Spur eines vorzeitlichen Lebewesens.

G

Galaxie
Kosmische Struktur mit bis zu mehreren 100 Mrd. Sternen. Unsere Galaxis hat einen Durchmesser von 100 000 Lichtjahren (siehe S. 58).

Gamet
Männliche oder weibliche Geschlechtszelle, die aus der Reifeteilung hervorgeht (siehe S. 100–101 und 102).

Gastrolithen
Magensteine, die die Mahltätigkeit im Muskelmagen vieler Reptilien und Vögel unterstützen.

Geißel
Mikroskopisch kleines Zellorgan, das hauptsächlich zur Fortbewegung pflanzlicher und tierischer Einzeller dient. Die Spermatozoiden bewegen sich mithilfe ihrer Geißeln fort.

Gen
Aus der DNA gebildete Elementareinheit der Chromosomen und somit Träger einer Erbinformation. Jedes Gen nimmt einen festen Platz auf einem Chromosom ein. Die Gene übertragen die Erbeigenschaften von Lebewesen.

Gigantopithecinen
Primaten von sehr großem Wuchs, die vor 2–0,7 Mio. Jahren in Asien lebten (siehe S. 228–231).

Gnathostomata
Wirbeltiere (ausgenommen die Agnatha) mit beweglichen, ab dem Unterkieferbogen differenzierten Gelenkkiefern (siehe S. 126–128).

Gondwana
Großer Südkontinent, der vom späten Proterozoikum bis zum Mesozoikum Südamerika, Antarktika, Australasien, Afrika, Madagaskar und die indische Halbinsel vereinte (siehe Karte S. 108).

Gravettien
Von La Gravette, einer prähistorischen Fundstätte nahe der Gemeinde Bayac im französischen Departement Dordogne. Kulturstufe des Jungpaläolithikum zwischen 25 000 und 20 000 v. Chr.

Gravitation
Massenanziehung. Die Kraft, die Objekte durch ihre Masse aufein-

ander ausüben. Sie folgt dem Newtonschen Gravitationsgesetz; die allgemeine Relativitätstheorie von Einstein beschreibt sie als eine Krümmung der Raumzeit.

Gymnospermen
Nacktsamer. Gruppe von Pflanzen, deren Samen und Samenanlagen nicht in Fruchtknoten eingeschlossen sind. Vor allem Holzgewächse, z.B. die Koniferen (siehe S. 176–177).

H

Haplorhini
Trockennasenaffen. Unterordnung der Primaten, zu der die Tarsier (Koboldmakis) und die Affen (Anthropoiden) gehören (siehe auch S. 228–231).

Helium
Das zweite Element im Periodensystem der Elemente, aus der Gruppe der Edelgase der Luft. 25 % der Urmaterie des Kosmos wurde in der ersten Viertelstunde nach dem Urknall in Helium umgewandelt.

Hermaphrodit
Zwitter. Organismus, der zugleich männliche und weibliche Geschlechtsorgane besitzt (z. B. die Schnecke). Die meisten Blüten besitzen einen Stempel und Staubblätter und sind somit ebenfalls Zwitter. Trotzdem vollzieht sich die Befruchtung im Allgemeinen durch Kreuzung.

heterotroph
Ernährungsweise, bei der Organismen organisches Material verarbeiten. Bei Tieren, Pilzen und den meisten Bakterien anzutreffen.

Holocephali
Unterklasse der Chondrichthyes mit Holocephalen, Chimären und Seekatzen (siehe S. 128–131).

Holostei
Eine uneinheitliche Gruppe der Actinopterygier (Strahlenflosser). Im Mesozoikum zahlreich vorkommend, wird sie heute nur noch durch die beiden in Süß- oder Brackwasser lebenden Arten *Amia* und *Lepisosteus* aus Nordamerika vertreten.

Hominiden
Familie der Primaten, der entweder nur der Mensch und seine fossilen Verwandten oder aber der Mensch und die afrikanischen Großaffen mitsamt ihren fossilen Verwandten zugeordnet werden.

Hominoiden
Überfamilie der Altweltaffen, der die Menschenaffen und der Mensch angehören. Die ersten Hominoiden stammen aus dem Unteren Miozän Kenias.

Homo erectus
Der aufrechte Mensch. Fossiler Frühmensch, der vor etwas mehr als 2 Mio. Jahren erschien. Vor 1,3 Mio. Jahren schuf er in Afrika die Bifaces (symmetrisch behauene

Steingeräte). Er zähmte das Feuer und besiedelte weite Teile der Erde (siehe S. 256–261).

Homo habilis
Der geschickte Mensch. Ein vor etwa 2,5 Mio. Jahren lebender Hominide mit aufrechtem, bipeden Gang und von kleiner Statur (1,2 m). Er entwickelte als Erster Werkzeuge (siehe S. 248–253).

Homo sapiens sapiens
Der doppelt kluge Mensch. Trat vor etwa 35 000 Jahren auf und besitzt ein Hirnvolumen von annähernd 1400 cm³. Er artikulierte sich künstlerisch und verbreitete sich über die gesamte Erde (siehe S. 278–285).

homoiotherm/endotherm
Warmblütig. Warmblüter (Säuger, Vögel) halten ihre Körpertemperatur durch einen internen Energiehaushalt konstant.

Hybodonten
Fossile Haie, die vom Oberen Devon bis zur Katastrophe an der Kreide-Tertiär-Grenze lebten.

hydrophil
Wasser liebend

hydrophob
Wasser abweisend

Hydrosphäre
Sämtliches Wasser der Erde in jeder Form (auch als Eis).

I

Ichnofossil
Fossile Spuren von Lebewesen (Fußabdrücke, Reste von Behausungen und Nahrung usw.).

Ichthyosaurier
Fischsaurier. Reptilien, die Haien und Delphinen ähnelten (siehe S. 178–179).

Ichthyostega
Gattung des bislang frühesten Tetrapoden aus dem endenden Devon Grönlands (vor 350 Mio. Jahren). Wies noch Fischmerkmale auf, z. B. einen flossenförmigen Schwanz und Kiemen, konnte sich aber auch an Land fortbewegen (siehe S. 148–151).

interstellarer Raum
Raum zwischen den Sternen einer Galaxie. Enthält Spuren von Gas und Staub, die sich zu neuen Sternen verdichten können.

Isotope
Atomvarianten eines Elements mit jeweils unterschiedlicher Anzahl von Neutronen. Beispielsweise enthält das Isotop 13 des Kohlenstoffs – wie das Isotop 12 – sechs Protonen, aber sieben Neutronen anstatt sechs.

K

Kambrium
System der Erdgeschichte, der erste Abschnitt des Paläozoikum (Erd-

altertums). Es begann vor 570 Mio. Jahren und endete vor 510 Mio. Jahren. Auftreten erster Metazoen und vor allem der Trilobiten.

Känozoikum
Jüngstes Erdzeitalter oder Ära, das vor 65 Mio. Jahren begann. Es ist gekennzeichnet durch das Auseinanderbrechen der Großkontinente, die Auffaltung der jungen Gebirge und durch die Etablierung von Klimagegensätzen mit ausgeprägten Jahreszeiten. Die Blütenpflanzen und die Säuger diversifizierten sich und verbreiteten sich über alle Kontinente.

Keimblätter
Zellschichten, die aus der Teilung des Eis hervorgehen und für die Differenzierung aller Gewebe und Organe des Keimlings sorgen.

Kladistische Analyse
Eine Methode zum Vergleich verschiedener Merkmale von Tieren oder Pflanzen, die darauf abzielt, Verwandtschaftsbeziehungen zwischen mehreren Arten oder Artengruppen herzustellen. Die Analyse zeigt die Tendenz der evolutiven Merkmalsveränderungen auf und ermöglicht es, alle Abkömmlinge einer bestimmten urtümlichen Art miteinander in Verwandtschaftsbeziehungen zu setzen. Auf dieser Basis lassen sich systematische Klassifikationen erstellen.

Kladogenese
Verzweigung der Stammesreihen. Beispielsweise spaltet sich eine Mutterart infolge geographischer Trennung in zwei (oder mehrere) künftig unterschiedliche Tochterarten auf. Kladogenese begründet die biologische Vielfalt (Gegenteil: Anagenese).

Klassifikation
Hierarchische Systematik lebender und fossiler Organismen. Beispiel: Der Afrikanische Elefant gehört zur Familie der Elephantidae aus der Ordnung der Rüsseltiere (Proboscidea); diese wiederum zählt zur Klasse der Säugetiere.

Knochen
Harte und starre Gewebeteile des Wirbeltierskeletts (Außen- oder Innenskelett).

Knospung
Vermehrungsart außerhalb des Körpers (bei den Süßwasserpolypen) oder in seinem Innern (bei Moostierchen und Schwämmen).

Kohlenmonoxid (CO)
Molekül aus einem Kohlenstoff- und einem Sauerstoffatom. Kommt in interstellaren Gaswolken und in der Atmosphäre einiger Planeten vor.

Kohlenstoff
Wie Wasserstoff, Sauerstoff und Stickstoff ist Kohlenstoff ein grundlegender Bestandteil von lebender Materie. Als Kohlendioxid oder CO_2 in der Atmosphäre vorhanden. In fester Form als Diamant von großer Härte oder als weicher Graphit. Natürlicher Diamant ent-

steht in über 120 km Tiefe und verwandelt sich bei 1900 °C in Graphit.

Komet
Himmelskörper aus Eis und Staub. Umkreist auf einer stark elliptischen Bahn die Sonne. Kommt er ihr sehr nahe, verdampft das Eis und entlässt Staub in den Kometenschweif, der eine Länge von 100 Mio. km erreichen kann. Halley ist der bekannteste Komet.

Konvergenz
Evolutiver Mechanismus, nach dem gleichartige anatomische Strukturen, die eine ähnliche Funktion erfüllen, in Gruppen mit entfernter Verwandtschaft zu unterschiedlichen Augenblicken in der Geschichte des Lebens auftreten. Beispiel: voneinander unabhängige Herausbildung des Flügels bei den Pterosauriern, den Vögeln und den Fledermäusen als Anpassung an den Flug.

Koprolith
Versteinerter Kot

Kosmos
Gesamtheit des Universums, Form und Inhalt zugleich. Im großen Maßstab ist der Kosmos ein expandierender Raum, dessen Sternensysteme seine sichtbaren Elemente sind.

Kreide-Tertiär-Schwelle
Zeitpunkt des vor 65 Mio. Jahren stattgefundenen Massensterbens, das das Ende des Mesozoikum bedeutete. 75 % aller Arten verschwanden, darunter die Dinosaurier. Als wahrscheinlichste Ursache gilt der Einschlag eines großen Meteoriten auf die Erde.

L

Lamarck, Jean-Baptiste Pierre Antoine de Monet, Chevalier de (1744–1829)
Französischer Naturforscher, Theoretiker und Entdecker. Er unterbreitete unter dem Titel *Transformismus* die erste Evolutionstheorie: Um die Veränderungen von Lebewesen im Lauf der Zeit zu erklären, brachte er u. a. die Gewohnheit und die Bedingungen der Lebensräume ins Spiel.

Laurasien (Angaraland)
Festlandsmasse, die im Paläozoikum die nördlichen Kontinente umfasste (Nordamerika, Laurentia, den skandinavischen Schild, Europa und Asien).

Lepidosauromorpha
Infraklasse primitiverer Reptilien von mittlerem oder kleinem Wuchs, die im Perm auftraten.

Lepospondyli
Panzerlurche. Kleinwüchsige Stegocephalen aus dem Paläozoikum mit so genannten Hülsenwirbeln. Die in aquatischen, amphibischen und terrestrischen Formen aufgetretenen Tiere unterschieden sich sehr in ihrer Anatomie. Beispiele: Nectridier, Mikrosaurier.

Lichtjahr
Entfernung, die das Licht in einem Jahr zurücklegt: 9460 Mrd. km. Der uns nächste Stern ist 4 Lichtjahre entfernt.

Lungen- oder Lurchfische
Knochenfische (Osteichthyes) mit Kiemen *und* Lungen, die seit dem Devon bekannt sind. Mit den Coelacanthiformes bilden sie die Gruppe der Fleischflosser (Sarcopterygier) und erinnern an Amphibien. Bis heute haben überlebt: *Protopterus* in Afrika, *Lepidosiren* in Amazonien und *Neoceratodus* in Australien (siehe S. 132–135).

M

Magdalénien
Von der Grotte der Madeleine im französischen Departement Dordogne. Letzter Kulturabschnitt der Altsteinzeit zwischen 17 000 und 10 000 v. Chr.

Marsupialia
Beuteltiere. Seit der Kreidezeit (vor 135 Mio. Jahren) Gruppe von Säugetieren mit kurzer Tragezeit. Der Embryo beendet seine Entwicklung in einer Hauttasche (Beutel), in der auch die Zitzen enthalten sind. Verbreitung: Amerika und Australien. Synonym: Metatheria. Beispiel: Känguru.

Materie
Gesamtheit der Elementarteilchen des Universums. Man nimmt an, dass die Materie aus Leptonen (Elektronen und Neutrinos) und Quarks besteht.

Maupertuis, Pierre Louis Moreau de (1698–1759)
Französischer Astronom, Mathematiker und Naturforscher. Seine Ideen förderten die spätere Evolutionstheorie.

Meiose
Zellteilung, die der Befruchtung vorausgeht und zur Bildung der Gameten führt. Die Meiose findet nur bei Arten statt, die zur Fortpflanzung einer Befruchtung bedürfen (siehe S. 100–101).

Mesolithikum
Mittelsteinzeit. Kulturperiode von 10 000–4500 v. Chr.

Mesozoikum
Erdmittelalter. Erdzeitalter, das vor etwa 250 Mio. Jahren begann und vor 65 Mio. Jahren mit der Kreide-Tertiär-Katastrophe endete. Es wird in drei Systeme unterteilt: Trias, Jura und Kreide. In der Oberen Trias erschienen Krokodile, Pterosaurier, Dinosaurier und Säugetiere, im Oberen Jura die Vögel. Die kontinentale Tierwelt von Jura und Kreide wurde von den Dinosauriern beherrscht.

Metabolismus
Stoffwechsel. Gesamtheit der in lebenden Organismen stattfindenden biochemischen Vorgänge. Man unterscheidet anabolische Prozesse, bei denen sich eine Synthese zwi-

schen Stoffen vollzieht (dazu wird Energie benötigt), und katabolische Prozesse zur Aufspaltung von Molekülen in kleinere Elemente, bei denen im Allgemeinen Energie freigesetzt wird.

Metazoen
Vielzeller. Alle mehrzelligen Tierstämme. Protozoen: Einzeller.

Meteorit
Kleinerer kosmischer Körper, der beim Eindringen in die Erdatmosphäre nicht vollständig zerstört wird und bis zur Erdoberfläche gelangt. Die meist aus Nickeleisen und Silikaten bestehenden Meteoriten können Größen von 10 km Durchmesser erreichen.

Methan
Molekül aus einem Kohlenstoff-Atom und vier Wasserstoff-Atomen. In den Atmosphären der Planeten eines der häufigsten Gase. Es ist für die Entstehung des Lebens von großer Bedeutung.

Mitose
Häufigste Art der Teilung von Kernzellen (Eukaryonten). Siehe S. 100.

Molekül
Chemische Struktur aus mehreren Atomen

Molekül (organisches)
Hauptsächlich aus Kohlenstoffatomen bestehende Struktur. Als Grundlage der Chemie des Lebens kann es Hunderttausende von Atomen enthalten (Makromolekül). Eines der komplexesten organischen Moleküle ist die DNA, die Trägerin des genetischen Codes.

Monotremata
Kloakentiere. Primitive, Eier legende Säugetiere (Prototheria) in Australien mit wenig differenzierten Zitzen. Beispiele: Australischer Ameisenigel (landbewohnend), Schnabeltier (amphibisch).

Mosasaurier
Gruppe waranähnlicher mariner Echsen der Oberen Kreide.

Moustérien
Von 200 000–30 000 v. Chr. Kulturperiode, in der die Neandertaler eine Steinindustrie entwickelten, die durch das Behauen des Materials gekennzeichnet war.

Multituberculata
Ordnung primitiver nagetierartiger Säuger, die zu Beginn des Känozoikum auftraten und vielleicht mit den Kloakentieren verwandt waren. Ihre hinteren Zähne besaßen zahlreiche Höcker (Tuberculi), die wie ein Reibeisen wirkten.

Mutation
Plötzlich auftretende, genetisch übertragbare Veränderung eines Teils des Erbmaterials eines Lebewesens. Diese Veränderung eines Gens, das bei einer bestimmten Art für ein bestimmtes Merkmal sorgt, kann natürlich oder künstlich (etwa durch Röntgenstrahlung) hervorgerufen werden.

Mysticeten
Bartenwale. Die meisten Walarten weisen am Oberkiefer längliche, hornüberzogene Plättchen auf, die so genannten Barten, durch die die Tiere große Mengen Wasser filtern, um Plankton sowie kleine Fische und Krustentiere abzuseihen.

N

Natürliche Auslese
Nach Wallace und Darwin überleben nur jene Tier- und Pflanzenarten, die sich für ein Fortbestehen am besten eignen, während die Schwächeren oder weniger Angepassten eliminiert werden. In den modernen Theorien spielt diese natürliche Auslese weiterhin eine wichtige, aber nicht mehr die ausschließliche Rolle.

Neandertaler
Urmensch mit einem Schädelvolumen von über 1600 cm³, der zwischen 200 000 und 35 000 v. Chr. in Europa, dem Nahen Osten und in Zentralasien lebte und Werkzeuge nach einem speziellen Muster anfertigte (Moustérien Werkzeugindustrie). Der Name ist abgeleitet vom Neandertal zwischen Köln und Düsseldorf, wo 1856 ein fossiler menschlicher Schädel gefunden wurde.

Nebel (interstellarer)
Interstellare Gaskondensation, die durch entstehende Sterne in ihrem Innern erhellt wird. Der bekannteste interstellare Nebel ist der schon mit dem Fernglas sichtbare Orionnebel.

Neolithikum
Jungsteinzeit. Spätester Abschnitt der Steinzeit (ca. 10 000–2000 v. Chr.), in dem Ackerbau und Viehzucht entstanden, neue Handwerke entwickelt (Korbflechterei, Weberei, Töpferei) sowie die ersten Siedlungen gegründet wurden.

Neutrino
Elementarteilchen ohne elektrische Ladung und wahrscheinlich auch ohne Masse, das aber bei bestimmten radioaktiven Prozessen in Atomkernen eine wichtige Rolle spielt. Es ist wohl das am häufigsten vorkommende Teilchen im Kosmos.

Neutron
Neben dem Proton einer der Bestandteile des Atomkerns. Neutronen haben keine Ladung, aber eine Masse, die 2000-mal größer ist als die des Elektrons (siehe S. 30–43).

Nukleon
Sammelbegriff für die Atomkernbausteine Proton und Neutron. Ein Nukleon wird aus drei Quarks gebildet (siehe S. 30–43).

Nukleotid
Der molekulare Baustein von Nukleinsäuren. Es setzt sich aus einem Phosphat, einem Zucker und einer Base zusammen (Adenin, Guanin, Cytosin und Thymin für die DNA; Adenin, Guanin, Cytosin und Uracil für die RNA).

O

Odontoceta
Zahnwale. Meeres- oder Süßwassersäuger aus der Ordnung der Cetacea, mit kegelförmigen Zähnen (und nicht Barten) zum Ergreifen von Beutetieren: Delphine, Tümmler, Schwertwale, Pottwale, Narwale. Sie jagen Fische, Cephalopoden (Mollusken), Krustentiere (Krebse, Krabben) sowie andere marine Säuger.

Ökologische Nische
Lebensraum innerhalb eines Ökosystems, der durch eine Art in der ihr eigenen Weise besetzt wird. Beispiel: In den tropischen Flüssen wird die ökologische Nische des amphibischen Großraubtiers von den Krokodilen besetzt.

Ökosystem
Natürliches System, das eine Gemeinschaft von Lebewesen mitsamt ihrem Lebensraum umfasst und aus zwei Komponenten gebildet wird: der Biozönose (der Gesamtheit der Lebewesen) und dem Biotop (dem Lebensraum, in dem sie leben).

Olduvai
Fundstätte in Tansania, wo man 1,8 Mio. Jahre alte Steinwerkzeuge entdeckte. Es handelt sich um Zeugnisse der ersten menschlichen Kultur (siehe S. 250, 252).

Ontogenese
Entwicklung eines einzelnen tierischen Individuums vom Embryo bis zum Erwachsenen. Synonym: Ontogenie (Gegensatz: Phylogenie).

Ophidia oder Schlangen
Gruppe lepidosaurischer Reptilien (Squamata). Die Ophidia stammen zweifellos von Echsen des Jura ab und zeichnen sich durch die starke Verkümmerung oder vollkommene Rückbildung der Gliedmaßen und durch die Verlängerung des Rumpfes aus. Sie bewegen sich kriechend vorwärts und fangen ihre Beute, indem sie sie erdrosseln oder vergiften.

Orbit
Umlaufbahn eines Körpers um einen anderen unter dem Einfluss der Schwerkraft. Die Orbits der Planeten um die Sonne sind Ellipsen. Die Apollo-Raumfähren folgten Orbits in Form einer Acht unter dem Einfluss der Massenanziehung der Erde und des Mondes. Als Orbits bezeichnet man auch die Schädelhöhlen, in denen bei den Wirbeltieren die Augen sitzen.

Oreopithecus
Hominoide aus dem Oberen Miozän der Toskana, von dem man ein vollständiges Skelett fand. Er besaß verlängerte Arme, was auf ein Leben in den Bäumen hindeutet (siehe S. 228–231).

Ornithischia
Einer der beiden großen Stämme der Dinosaurier, in dem Pflanzen fressende Dinosaurier mit vogelar-

tigem, vierstrahligem Becken (infolge einer Gabelung des Schambeins) und einem Praedentale (Knochen am äußeren Ende des Unterkiefers) zusammengefasst sind. Beispiele: *Parasaurolophus, Ankylosaurus, Stegosaurus.*

Osteichthyes
Klasse der Knochenfische, die über Kiefer (Gnathostomen) und ein zumindest teilweise aus Knochen gebildetes Skelett verfügen. Die Osteichthyes vereinen zwei Entwicklungslinien: die Sarcopterygier und die Actinopterygier.

Owen, Richard (1804–1892)
Berühmter englischer Anatom und Paläontologe, der 1842 den Namen Dinosauria (schreckliche Echsen) erfand (siehe S. 168).

Oxid
Verbindung von Sauerstoff mit einem anderen Element. Viele Oxide (insbesondere Eisenoxide) trifft man im Naturzustand an (siehe S. 66).

Ozon
Aus dreiatomigen Molekülen bestehender Sauerstoff (O₃). In hoher Konzentration tiefblaues Gas. Ozon bildet sich besonders in der Atmosphäre unter der Einwirkung elektrischer Entladungen (Blitze) oder ultravioletter Strahlung. Eine dünne Ozonschicht entstand in höheren Schichten, als sich die Erdatmosphäre dank der pflanzlichen Photosynthese mit Sauerstoff angereichert hatte. Da die Ozonschicht die gefährliche ultraviolette Strahlung reflektiert, schützt sie die Lebewesen und ermöglichte eine immer schnellere Entwicklung von Leben (siehe S. 80 und 84).

P

Paläobotanik
Wissenschaft, die sich mit fossilen Pflanzen befasst.

Paläolithikum
Altsteinzeit. Erster Kulturabschnitt des Quartär, in dem Menschen Werkzeuge aus behauenem Stein herstellten. Altpaläolithikum: 2 000 000 – 200 000 v. Chr. (ab 700 000 v. Chr. Acheuléen). Mittelpaläolithikum: 200 000–35 000 v. Chr. (Moustérien). Jungpaläolithikum: 35 000–8000 v. Chr. (Châtelperronien, Aurignacien, Gravettien, Solutréen, Magdalénien).

Palaeoniscidae
Seit dem Devon nachgewiesene Gruppe primitiver Knochenfische (Actinopterygier), die im Mesozoikum ausstarben und ihren Nachfolgern, den Holostei, Platz machten. Die räuberisch lebenden Fische besaßen schwere Ganoidschuppen und eine asymmetrische Schwanzflosse.

Paläontologie
Wissenschaft von den fossilen Pflanzen- und Tierresten. Sie stellt Fossilien in einen geologischen

Kontext (stratigraphische Paläontologie), einen systematischen (die Klassifikation alter Arten), einen biologischen (Paläoökologie, Paläobiologie), einen räumlichen (Paläogeographie) und einen evolutionären (evolutive Paläontologie). Die Disziplin kombiniert die Wissenschaft von der Erde (Geologie) mit der Wissenschaft vom Leben (Biologie).

Paläozoikum
Erdzeitalter oder Ära vor 570–250 Mio. Jahren. Zeichnet sich durch eine große klimatische Vielfalt, starke Kontinentalbewegungen und eine Explosion des Lebens aus. Es umschließt die geologischen Systeme Kambrium, Ordovizium, Silur, Devon, Karbon und Perm.

Pangäa
Während des Paläozoikum existierender Superkontinent, der sämtliche Landmassen umfasste und sich später in Laurasien (im Norden) und Gondwana (im Süden) teilte (siehe Karte S. 108).

Panspermie
Theorie, derzufolge das Leben nicht auf der Erde entstanden ist, sondern sich mittels Sporen von Mikroorganismen durch den Weltraum von einem Sonnensystem zum nächsten verbreitet hat (siehe S. 84).

Panzerechsen
Neben den Vögeln die letzten Vertreter der Herrscherreptilien, bekannt seit der Oberen Trias (vor 220 Mio. Jahren). Die acht heutigen Panzerechsenarten (Krokodile, Alligatoren und Gaviale) stellen nur einen Bruchteil der einstigen Artenvielfalt dar – bislang sind 150 fossile Arten nachgewiesen (siehe S. 162–163).

Parthogenese
Bei einigen Tieren Form der eingeschlechtlichen Fortpflanzung. Aus unbefruchteten Eizellen entstehen normale Nachkommen.

Pelycosaurier
Ordnung der synapsiden Reptilien, die vom Karbon bis zur Trias lebten. Sie umfasste kleine bis größere, sowohl Pflanzen wie Fleisch fressende Formen (wie *Dimetrodon*) – letztere standen am Ursprung der Therapsiden.

Perissodactylen
Unpaarhufer. Ordnung von Huftieren, bei denen das Körpergewicht vorzugsweise von einer Skelettachse getragen wird, die in jedem Glied durch eine einzige Zehe verläuft. Durch Verringerung der Zehenzahl entsteht schließlich ein Bein mit einer einzigen Zehe wie beim Pferd. Beispiele: Nashorn, Tapir (siehe S. 214–215).

Permafrost
Dauerfrost

Photon
Elementarteilchen, das für die Wechselwirkung zwischen elektrisch geladenen Teilchen verantwortlich ist. Ohne Masse und La-

dung bewegt es sich mit Lichtgeschwindigkeit fort. Photonen schließen sich zu elektromagnetischen Wellen oder Lichtwellen zusammen (siehe S. 30–43).

Photosynthese
Chemische Reaktion, die unter Einwirkung von solarer Lichtenergie, Kohlendioxid (CO₂) und Wasser in den pflanzlichen Chlorophyllzellen abläuft. Diese Biosynthese chemischer Verbindungen führt zum Aufbau von Zellen und zur Produktion von Sauerstoff (siehe S. 98–99).

Phylogenie
Die Entwicklung tierischer und pflanzlicher Stämme im Lauf der Erdgeschichte und Studium ihrer evolutiven Verwandtschaftsbeziehungen. Meist dargestellt im so genannten phylogenetischen Baum, der einem Familien-Stammbaum ähnelt.

Placodermien
Panzerfische. Klasse wasserbewohnender Gnathostomen (kiefertragende Wirbeltiere) aus Silur und Devon. Fische mit schwach verknöchertem Innenskelett, deren Körper teilweise von einem Knochenpanzer überzogen war. Sie jagten am Grund oder im offenen Wasser und erreichten zuweilen beachtliche Größen. Beispiele: Dunkleosteus, Titanichthys (siehe S. 126).

Planet
Himmelskörper mit elliptischer Umlaufbahn um die Sonne oder einen anderen Stern. Man kennt in unserem Sonnensystem neun Hauptplaneten: vier Riesenplaneten (Jupiter, Saturn, Uranus und Neptun), vier kleinere Planeten (Erde, Merkur, Venus, Mars) und Pluto.

Plasmamembran
Hülle aus einer doppelten Schicht von Phospholipiden und Proteinen, welche die Zelle schützend von der Außenwelt abschirmt (siehe S. 102).

Plazenta
Bei allen höheren weiblichen Säugetieren spezielles Gewebe im Uterus, das den Nährstoffaustausch zwischen Fötus und Mutter gewährleistet.

Plazentatiere (Placentalia)
Synonym: Eutheria. Die arten- und zahlreichste Säugergruppe. Lebendgebärende Säugetiere, deren Junge mit der Mutter durch eine Plazenta verbunden sind. Die seit der Kreide bekannten Placentalia haben sich wahrscheinlich in Afrika und Asien als verwandte Gruppe differenziert und die Beuteltiere verdrängt. Beispiele: Katze, Delphin, Igel, Mensch (siehe S. 187 und 207).

Pleistozän
Erste Epoche des Quartär vor 1,6 Mio.–8000 Jahren v. Chr. Entspricht in der prähistorischen Chronologie der Altsteinzeit.

Polypterus
Flösselhecht. Gattung afrikanischer Süßwasser-Knochenfische (Osteichthyes), die zahlreiche primitive Merkmale (z. B. ganoide Schuppen) bewahrt haben. Sie gehen wahrscheinlich auf die Paläonisciformes zurück und erschienen erstmals im Paläozoikum. Ihre Flossen sind stark spezialisiert.

Positron
Positiv geladenes Antiteilchen des Elektrons. Treffen Positron und Elektron aufeinander, zerfallen beide (siehe S. 30–43).

präbiotisch
Vor Entstehung des Lebens. Als präbiotische Aktivität versteht man die Gesamtheit der erdgeschichtlich frühen chemischen Reaktionen, die zur Synthese der einfachen organischen Moleküle führten, die wiederum als Grundlage für die Entstehung biologischer Aktivität diente.

Präkambrium
Zeitraum, der sich von der Bildung der Erdkruste vor etwa 4,5 Mrd. Jahren bis zum Paläozoikum vor 570 Mio. Jahren erstreckte.

Primaten
Herrentiere. Ordnung von Säugetieren, der die aktuellen und fossilen Affen und Menschen zugeordnet werden (siehe S. 228–231).

Progenoten
Hypothetische Urzellen, aus denen alle anderen Lebewesen hervorgegangen sind.

Prokaryonten
Zellorganismen ohne Zellkern. Bakterien und Cyanobakterien sind Prokaryonten, da sie keine Kernmembran besitzen und ihnen auch die meisten anderen Bestandteile von Eukaryonten fehlen (siehe S. 102–103).

Proton
Wie das Neutron ein Bestandteil des Atomkerns (siehe S. 30–43).

Protozoen
Einzeller. Urtiere, die aus einer einzigen Zelle gebildet wurden. Gegenteil: Metazoen.

Pterosaurier
Flugsaurier. Von der Oberen Trias (vor 220 Mio. Jahren) bis zum Ende der Kreide (vor 65 Mio. Jahren) nachgewiesen. Die ersten Wirbeltiere, die sich ans Fliegen anpassten. Ihre Flügel wurden aus einer Hautmembran gebildet, die vor allem durch einen stark verlängerten Finger der Hand gehalten wurde. Pterosaurier weisen eine beachtliche Formen- und Größenvielfalt auf. Unter ihnen befanden sich die größten Flugtiere, die je auf der Erde lebten, z. B. *Quetzalcoatlus* mit 12 m Flügelspannweite und *Pteranodon* mit 9 m (siehe S. 164–167).

Q

Quarks
Elementarteilchen, Pendants zu den Leptonen (Elektronen und Neutrinos). Siehe S. 30–43.

R

Radiation (adaptive)
Evolutionäre, aber explosive Entstehung von Arten einer gleichen Gruppe, die sich an unterschiedliche ökologische Nischen anpassen, sobald die Gruppe neue Merkmale (Schlüsselanpassung) erworben hat, die ihr entscheidende selektive Vorteile verschafft. In anderen Fällen profitiert eine Gruppe mitunter auch vom Aussterben ihrer Konkurrenten.

Raubtier
Tier, das andere Tiere jagt und frisst, z. B. Krokodile, Greifvögel, Skorpione, Löwen usw.

Raum
Durch die Koordinaten Länge, Breite, Höhe bestimmtes Phänomen. Oft auch Synonym für Weltraum. Die physikalische Struktur des Raums ist noch nicht geklärt. Der Weltraum ist seit 15 Mrd. Jahren in ständiger Ausdehnung begriffen.

Raumzeit
Vierdimensionales Phänomen aus den drei Raumkoordinaten und einer Zeitkoordinate. Ermöglicht die Bestimmung jedes Ereignisses im Kosmos. Durch Einsteins Relativitätstheorie eingeführte Größe.

Reptilien
Kriechtiere. Alle amniotischen Tetrapoden (Landwirbeltiere), die weder Vögel noch Säuger sind und die allgemeinen Merkmale von Amnioten bewahren (schuppige Haut, Ektothermie). Der Klasse gehören heute noch folgende Vertreter an: Chelonia (Schildkröten, 230 Arten), Krokodile (25 Arten), Sphenodonten (1 Art) und Squamaten (Eidechsen und Schlangen, 5000 Arten).

Rhipidistia
Knochenfische (Osteichthyes) aus der Unterklasse der Muskelflosser, mit den Actinistia (Coelacanthus) zur Überordnung der Crossopterygii (Quastenflosser) zusammengefasst. Ihre Zähne und die Struktur ihrer Flossen lassen sie als mögliche Vorfahren der ersten landbewohnenden Wirbeltiere erscheinen. Die besonders im Devon stark verbreiteten Fische hatten eine räuberische Lebensweise.

Ribonukleinsäure oder RNA
In der Zelle hat die RNA die Aufgabe, die von der DNA stammenden Erbinformationen zu übermitteln. Sie wird aus nur einem Nukleotidstrang gebildet.

Rochen
Gruppe von Knorpelfischen, korrekter: Batoiden. Eng mit den Haien verwandt, unterscheiden sich von diesen durch Kiemenspalten unter dem Körper sowie durch den Einsatz der Brustflossen und nicht der Schwanzflosse zum Schwimmen (siehe S. 128–131).

Roter Zwerg
Stern mit niedriger Temperatur (2000 °C) und kleiner Masse (ein Zehntel der Sonne). Rote Zwerge sind die häufigsten aktiven Sterne in unserer Milchstraße und haben die längste Brenndauer.

S

Sarcopterygier
Muskelflosser. Seit dem Devon nachgewiesener großer Stamm von Knochenfischen (Osteichthyes), der sich durch paarige Flossen mit gut entwickeltem, tief liegendem Skelett auszeichnet, das von Muskeln umgeben ist. Dazu zählen die Actinistia (Coelacanthus), die Dipnoi (Lungenfische), die Tetrapoden und andere Gruppen des Paläozoikum (siehe S. 132–135).

Sauerstoff
Farb-, geruchs- und geschmackloses Gas mit der Atommasse 16. Für die meisten Lebewesen unentbehrlich, macht es etwa 20 % der Erdatmosphäre aus. Die Atmung der Lebewesen führt zu einem bedeutenden Verbrauch an Sauerstoff, begleitet vom Ausstoß von CO_2 (Kohlendioxid), doch durch die Photosynthese der Pflanzen wird dieser Sauerstoff wieder ersetzt. Die ursprüngliche Erdatmosphäre enthielt fast keinen Sauerstoff. Erst durch den Einfluss der Cyanobakterien und der Grünpflanzen baute sich die heutige Atmosphäre allmählich auf.

Säugetiere
Klasse von Wirbeltieren, deren Weibchen ihre Jungen säugen. Sie weisen ein Haarkleid, ein aus drei Knöchelchen zusammengesetztes Mittelohr und einen aus einem einzigen Knochen gebildeten Unterkiefer auf. Die seit dem Jura bestehende Gruppe ist ab dem Eozän vorherrschend. Heute gibt es etwa 4500 lebende Arten, von denen fast die Hälfte Nager sind. Beispiele: Igel, Känguru, Fledermaus, Kaninchen, Pferd, Delphin, Löwe, Ameisenigel, Mensch.

Saurier
Seit der Oberen Trias nachgewiesene Gruppe lepidosaurischer Reptilien, welche die Gesamtheit der echten Echsen umfasst.

Saurischia
Ordnung der großen Dinosaurier (Ornithischia und Saurischia), der Fleischfresser (Theropoden) und Pflanzenfresser (Sauropodomorpha) angehörten. Charakteristisch: ein dreistrahliges Becken. Die Vögel stammen als Nachkommen der Dinosaurier von den Saurischia ab.

Sauropoden
Pflanzenfressende Saurischier, die im Unteren Jura erschienen, auch Langhälse genannt. Gewaltige Vierbeiner mit relativ kleinem Kopf und massigem, langschwänzigem Körper. Sie wurden bis zu 30 m lang und wogen teils über 50 t. Beispiel: Brachiosaurus.

Schläfengruben
Paarige Fenster im Schläfenbereich (hinter den Augenhöhlen) des Schädels, wo Muskeln der Mandibula (Unterkiefer) befestigt sind. Ihre Zahl und Anordnung ermöglicht eine Definition der großen Gruppen innerhalb der Amnioten (Reptilien, Vögel, Säuger). Siehe S. 154.

Simiae
Höhere Affen, Unterordnung der Primaten, die sich in Platyrhinia (Affen Südamerikas) und Catarhinia (Altweltaffen) unterteilt (siehe S. 228–231).

Sirenia
Sirenen, Seekühe. Aquatische, pflanzenfressende Säuger, eng mit den Elefanten verwandt. Seekühe leben an der Küste, in Lagunen und Flüssen der Tropen. Beispiele: Manati, Dugong. Die Stellersche Seekuh, die in kalten Meeren beheimatet war, wurde im 19. Jh. ausgerottet (siehe S. 210–211).

Sivapithecinen
Primaten des Mittleren und Oberen Miozän Asiens, wahrscheinlich Vorfahren der Orang-Utans (siehe S. 228–231).

Solutréen
Von Solutré-Pouilly in Burgund. Kulturstufe des Jungpaläolithikum von 20 000–18 000 v. Chr.

Speerschleuder
Jagdwaffe aus dem Magdalénien, oftmals mit einer Tierskulptur geschmückt. Bestand aus einem mehr oder weniger langen Holzschaft und einem Ende mit Widerhaken, in das der Speer eingerastet wurde, um dann mit großer Durchschlagskraft geschleudert zu werden (siehe S. 278).

Speziation
Artbildung. Differenzierung einer alten Art zu einer neuen. Allopatrische Speziation: Entstehung einer neuen Art durch geographische Isolation einer Population, die zur alten Art gehört. Phyletische Speziation: langsame Umwandlung einer Art in eine andere.

Spurenelemente
Für das Leben unentbehrliche chemische Elemente, die in geringen Mengen und selten isoliert wirken, da sie mit organischen Molekülen Komplexe bilden.

Stamm
Unterabteilung eines Tier- oder Pflanzenreichs.

Stegocephalia
Dachschädler. Uramphibien vom Oberen Devon bis zur Unteren Kreide. Die ersten Tetrapoden.

Stern
Gaskugel, die durch interne thermonukleare Reaktionen hohe Temperaturen erreicht. Die Sonne ist ein gewöhnlicher Stern mit einem Durchmesser von 1,4 Mio. km.

Stickstoff
Farb- und geruchloses, wenig reaktives und schlecht wasserlösliches Gas, das 78 % der Erdatmosphäre ausmacht. Neben Kohlenstoff, Wasserstoff und Sauerstoff bildet es einen wesentlichen Bestandteil der lebenden Materie.

Strepsirhini
Feuchtnasenaffen. Unterordnung der Primaten mit den madagassischen Lemuren, den afrikanischen Galagos und den asiatischen Loris.

Stromatolith
Mattenstein. Schalige Kalkniederschläge, die durch Mitwirkung photosynthetischer Mikrobengemeinschaften (hauptsächlich Cyanobakterien) entstehen. Die ältesten fossilen Exemplare sind über 3 Mrd. Jahre alt (siehe S. 84 und 96).

Symbiose
Zusammenleben zweier als Symbionten bezeichneter Organismen zum wechselseitigen Nutzen. Die Symbiose zählt zu den in der Natur vorkommenden Phänomenen des Mutualismus, des Kommensalismus und des Parasitismus. Die Flechte stellt die Symbiose zwischen einer Alge und einem Pilz dar.

Synapsiden
Unterklasse der Reptilien, die durch jeweils ein einziges tief liegendes Fenster (Schläfengrube) hinter den Augenhöhlen auf beiden Seiten des Schädels definiert ist. Sie umfasst die Pelycosaurier und die Therapsiden (siehe S. 154).

T

Taphonomie
Fossilisationslehre. Teilgebiet der Paläontologie.

Tektonik
Bereich der Geologie, der sich mit dem Aufbau der Erdkruste und ihren Bewegungen, Verformungen und den dabei wirkenden Kräften befasst. Die Globaltektonik erklärt die Kontinentaldrift durch die Bewegungen der Platten (siehe S. 78–79).

Teleostei
Moderne Knochenfische. In der Kreide erreichten sie eine stattliche Zahl und zeigten von allen Wirbeltieren die vielfältigste adaptive Radiation, indem sie die unterschiedlichsten ökologischen Nischen des Lebensraums Wasser besetzten. Beispiele: Hering, Forelle, Seezunge, Barsch, Schwertfisch.

Teleostomi
siehe Osteichthyes

Tetrapoden
Wirbeltiere mit vier Gliedmaßen. Diese können sich bis zu ihrem gänzlichen Verschwinden um- oder

zurückbilden (z. B. bei Schlangen). Die Tetrapoden umfassen die Amphibien, die Reptilien, die Vögel und die Säuger.

Therapsiden
Säugerähnliche Reptilien. Vor spätestens 250 Mio. Jahren aufgetreten, stehen sie am Ursprung der Säugetiere, insbesondere die Cynodonten, die großen Hunden mit Echsenfüßen ähnelten.

Theria
Alle lebend gebärenden modernen Säugetiere. Charakteristisch: die komplexe Anordnung der Zahnoberflächen, die ein genaues Ineinandergreifen der oberen und unteren Zähne ermöglicht. Beispiele: Marsupialia, Placentalia, Pantotheria.

Theriodontia
Unterordnung der säugerähnlichen Reptilien von der Schwelle zwischen Perm und Trias. Bildeten im Lauf ihrer Entwicklung allmählich Säugermerkmale heraus. Beispiele: Gorgonopsiden, Cynodonten, Therocephalia.

Theropoden
Eine Unterordnung der Saurischia mit den großen Raub-Dinosauriern, die die kontinentalen Ökosysteme des Jura und der Kreide dominierten. Die aufrecht gehenden Tiere hatten relativ kurze Vordergliedmaßen, die mit mächtigen Krallen bewehrt waren. Außerdem verfügten sie über spitze Sägezähne (Velociraptor, Deinonychus).

Treibhauseffekt
Auch Glashauseffekt. Erwärmung von Erdatmosphäre und Erdoberfläche. Beruht darauf, dass die Atmosphäre ähnlich wie die Glasscheiben eines Treibhauses für die kurzwellige Sonnenstrahlung weitgehend durchlässig ist – sie absorbiert aber zum großen Teil die von der Erde ausgehende langwellige Wärmestrahlung, erwärmt sich und gibt einen Teil der Wärme durch Gegenstrahlung an die Erdoberfläche zurück (siehe S. 80).

Tribosphenida
Säugetiere, deren obere und untere Molaren ineinandergreifen wie ein Stößel in einen Mörser. Alle heutigen Säuger mit Ausnahme der Monotremata sind Tribosphenida (siehe S. 186–187).

Tuberculum
Kleiner, abgerundeter Höcker an der Oberfläche eines Knochens oder Organs (z. B. Zahn).

U

Ultraviolette Strahlung
Elektromagnetische Wellen zwischen dem sichtbaren Violett und den Röntgenstrahlen. Die auch als schwarzes Licht bezeichneten ultravioletten Strahlen (UV) sind für das menschliche Auge unsichtbar, können aber durch Substanzen zum Fluoreszieren gebracht werden. UV-Strahlen sind zwar für den Menschen nicht tödlich, können aber Gewebe oder Organismen (z. B. Bakterien) abtöten.

Ungulata
Huftiere. Seit dem Paleozän nachgewiesene plazentale, pflanzenfressende Säugetiere. Einige entwickelten spezielle Anpassungen für das Laufen (Pferd, Antilope).

Urkaryot
Die Urzelle der Eukaryonten, die sich direkt, ebenso wie die Bakterien und Archaebakterien, vom Progenot herleitet.

Ursuppe
Begriff, der auf J. B. S. Haldane zurückgeht. Die Anhäufung präbiotischer organischer Moleküle im Wasser könnte eine warme Ursuppe hervorgebracht haben, aus der das Leben entstanden sein könnte (siehe S. 82 und 94).

V

Vertebrata
Wirbeltiere. Der umfangreichste Unterstamm der Chordatiere. Vertebrata besitzen einen Schädel und ein Innenskelett aus Knochen und Knorpel.

Vögel
Seit dem Oberen Jura (vor rund 140 Mio. Jahren) nachgewiesene Vertreter der Archosaurier (wie die Krokodile) und Nachfahren der Dinosaurier. Die gängige Klassifizierung, die die Vögel als eigene Klasse definiert, spiegelt die Evolutionsgeschichte nicht wider. Die Entdeckung terrestrischer Laufformen gefiederter Dinosaurier beweist, dass die Feder kein typisches Merkmal der Vögel ist und dass sie ursprünglich nichts mit dem Fliegen zu tun hatte (siehe auch Exaptation und Archaeopteryx).

W

Wallace, Alfred Russell (1823–1913)
Englischer Naturforscher, der zur gleichen Zeit wie Charles Darwin eine Evolutionstheorie erarbeitete. Darwin kam ihm jedoch zuvor.

Wasserstoff
Erstes Element im Periodensystem, mit dem leichtesten Atom. Zugleich das häufigste Element im Universum, sowohl in freiem als auch in gebundenem Zustand. Es bildet den größten Teil der interstellaren Materie.

Wiederkäuer
Pflanzenfressende Huftiere mit einem mehrteiligen spezialisierten Magen. Der Pansen übernimmt dabei die Verdauung der Pflanzenzellulose und ihre Umwandlung in Zucker, der vom Körper assimiliert werden kann. Beispiele: Schafe, Ziegen, Rinder, Antilopen (siehe S. 212).

Z

Zelle
Kleinste lebende Einheit jedes pflanzlichen und tierischen Lebewesens. Wir kennen zwei große Zellfamilien: die Prokaryonten ohne Zellkern (Bakterien) und die Eukaryonten, deren Erbinformationen durch einen Kern geschützt sind (siehe S. 102).

Zellkern
Organelle in den Zellen von Eukaryonten. Der Zellkern wird von einer Nuklearmembran umgeben und enthält die Chromosomen sowie ein oder zwei Kernkörperchen.

Register

Die **halbfetten** Seitenzahlen verweisen auf ausführliche Textstellen, die *kursiven* auf Bildlegenden und die mit einem Sternchen* gekennzeichneten auf Boxen.

Bildnachweis

Abkürzungen : l : links, r : rechts, M : Mitte, o : oben, u : unten

Fotografien

Einband : 1 o : CIEL & ESPACE/NASA ; 2 o : RAPHO/G. Sioen ; 3 M : STONE/R. Dahlquist ; 4u : BIOS/FOTONATURA/F. De Nooyer ; 5 : BRIDGE-MAN ART LIBRARY/Altamira ; 6 M : COSMOS/SPL/ESA

Einbandrückseite : DIGITALVISION

Vorsatzblätter : CIEL & ESPACE/NASA.

24-25 : COSMOS/SPL/Lagune Design ; 41 Ml : CIEL & ESPACE/AAO/D. Malin ; 44 o : AKG PARIS/E. Lessing/Musée du Capitole, Roma ; 44 Ml : AKG PARIS/W. Forman/Musée Egiziano, Turin ; 44 Mr : AKG PARIS/W. Forman/Tara Collection, New York ; 44 u : AKG PARIS/Musée Pergamon, Berlin ; 45 o : AKG PARIS/W. Forman/Musée d'Art populaire, Bâle ; 45 u : AKG PARIS/J.-L. Nou/Musée archéologique, Khajuharo ; 46-47 : COSMOS/SPL/D. van Ravenswaay ; 48 ol : NATURAL HISTORY MUSEUM, London ; 48 or : BIOS/X. Pasco ; 48u : MNHN/Laboratoire de Paléontologie/D. Serrette ; 49 o : BIOS/X. Pasco ; 49 M : BIOS/R. Seitre ; 49 ul : BIOS/R. Garouste ; 49 ur : BIOS/B. Pambour ; 50 o : EXPLORER/J. Bove-P. Reseau ; 50 u, l : COSMOS/SPL/D. van Ravenswaay ; 56 : CIEL & ESPACE/NASA ; 56 M : CIEL & ESPACE/Flechter ; 58 or : CIEL & ESPACE/NASA ; 59 M : CIEL & ESPACE/JPL ; 59 u : CIEL & ESPACE/NASA ; 60 o : COSMOS/SPL/R. Royer ; 60 M : MNHN/Laboratoire de Minéralogie ; 61 : CIEL & ESPACE/J. A. Fujii ; 61 u : MNHN/Laboratoire de Minéralogie ; 62 M : COSMOS/SPL/Earth Satellite Corporation ; 64 : Coll. privée/Illustration tirée du livre *Mundus substerraneus,* par Athanasius Kircher, 1602-1680 ; 66 l : COSMOS/SPL/Southampton Oceanography Center-B. Murton ; 67 : CNRS/M. Chaussidon ; 68 M : CIEL & ESPACE/Liège ; 69 Mr : MNHN/Laboratoire de Minéralogie ; 70 l : CIEL & ESPACE/NASA/O. Hoadasava ; 70 ur : COSMOS/SPL/NASA ; 71 o : COSMOS/WOODFIN CAMP/J. Blair ; 71 u : COSMOS/SPL/Novosti Press ; 72 o : CIEL & ESPACE/C. Birnbaum ; 73 ur : CIEL & ESPACE/NASA ; 74 l : AKG Paris/Erich Lessing/Musée national, Alep ; 74 r : MNHN/Laboratoire de Minéralogie/P. Lafaite ; 75 o : GAMMA/G. Uzan ; 75 u : COSMOS/SPL/D. Parker ; 76 : Peter APPEL/Geological Survey of Denmark and Greenland, Dänemark ; 77 o : COSMOS/SPL/S. Fraser ; 77 u : Ian S. Williams-The Australian National University, Canberra ; 79 ur : COSMOS/SPL/Geospace ; 80 ul : COSMOS/SPL/S. Fraser ; 80 ur : COSMOS/SPL/NASA ; 81 ol : CIEL & ESPACE/ESA ; 81 r : COSMOS/SPL/D. Scharf ; 82 : EXPLORER/CNES/Dist Spot Image ; 83 : COSMOS/SPL/Earth Satellite Corporation ; 84 o : CIEL & ESPACE/J.-C. Casado ; 85 ol : CIEL & ESPACE/S. Brunier ; 85 or : MNHN/Laboratoire de Paléontologie/D. Serrette ; 85 u : CIEL & ESPACE/Y. Yamaguchi ; 86 : STONE/R. Dahlquist ; 86 l : COSMOS/SPL/D. van Ravenswaay ; 92 o : COSMOS/SPL/H. Davies ; 92 M : COSMOS/SPL/A. & H. Frieder ; 92 u : BIOS/STILL/M. Carwardine ; 93 or : COSMOS/SPL/A. Pasieka ; 93 M : BIOS/F. Bavendam ; 93 u : BRIDGEMAN ART LIBRARY/*Proportions d'un corps humain,* de Léonard de Vinci/Galerie de l'Académie, Venice ; 94 M : COSMOS/SPL/Laguna Design ; 96 o : NOVOSTI ; 96 M, u : COSMOS/SPL ; 97 o : EURELIOS/ONERA ; 97 M : EURELIOS/M. Maurette ; 97 u : MNHN/Laboratoire de Paléontologie/D. Serrette ; 98 : BIOS/L.C. Marigo – P. Arnol ; 99 o : BIOS/M. Denis-Huot ; 99 M : BIOS/PH. Racamier ; 99 u : MNHN/P. Dewever ; 100 ol : BIOS/OSF/SURVIVAL/Park ; 100 or : BIOS/M. & C. Denis-Huot ; 101 o : COSMOS/SPL/Y. Nikas ; 101 u : BIOS/P. & M. Guinchard ; 103 o : COSMOS/SPL/AN. Syred ; 106-107 : ALTITUDE/Y. Arthus-Bertrand ; 106 l : COSMOS/SPL/D. van Ravenswaay ; 112 o : GAMMA/N. Fauque ; 112 Ml : MNHN/Laboratoire de Paléontologie/D. Serrette ; 112 Mr : COSMOS/MATRIX/L. Psihoyos ; 112 u : GAMMA/Bennali-Landmann ; 113 ol : COSMOS/SPL/V. Fleming ; 113 or :

COSMOS/SPL/D. Scharf ; 113 M : COSMOS/MATRIX/L. Psihoyos ; 113 u : GAMMA/CHINE NOUVELLE/Xinhua ; 114 o, M, u : NATURAL HISTORY MUSEUM, London ; 115 M : BIOS/F. Bavendam ; 116 o : BIOS/OSF/Deeble-Stone ; 116 u : MNHN/Laboratoire de Paléontologie/D. Serrette ; 117 ol : JACANA/G. Soury ; 117 or : BIOS/J.-C. Robert ; 117 Ml : BIOS/J.-L. Rotman ; 117 Mr, Mur, u, 118 o : MNHN/Laboratoire de Paléontologie/D. Serrette ; 118 u : BIOS/J.-P. Delobelle ; 119 u : BIOS/Y. Lefevre ; 120 Mo, Mu : MNHN/Laboratoire de Paléontologie/D. Serrette ; 120 u : COSMOS/SPL/S. Stammers ; 121 M : JACANA/H. Chaumeton ; 121 u : JACANA/P. Prigent ; 122 o : BIOS/F. Bavendam ; 122 M : MNHN/Laboratoire de Paléontologie/D. Serrette ; 122 u : BIOS/O. Gautier ; 123 o : BIOS/F. Bavendam ; 123 M : MNHN/Laboratoire de Paléontologie/D. Serrette ; 124 o : JACANA/Caraisco/Sculpture de M. Boulay ; 124 M : JACANA/F. Danrigal ; 125 ol : JACANA/S. Berthoule ; 125 or : NATIONAL GEOGRAPHIC/D. Murawski ; 126 l, 127 or, Ml, Mr : MNHN/Laboratoire de Paléontologie/D. Serrette ; 128 r : BIOS/J.-P. Sylvestre ; 129 u : AMNH/J. Masey ; 130 ol : MNHN/Laboratoire de Paléontologie/D. Serrette ; 130 M : Sylvain ADNED ; 130 ur : COSMOS/MATRIX/L. Psihoyos ; 131 o : BIOS/H. Ausloos ; 131 u, 132 l : MNHN/Laboratoire de Paléontologie/D. Serrette ; 134 M : JACANA/Maza ; 135 o : BIOS/FNH/H. Frike ; 135 M : MNHN/Laboratoire de Paléontologie/D. Serrette ; 136 : COSMOS/PHOTO RESEARCHERS/M. Agliolo ; 142 r : BIOS/X. Pasco ; 143 l : MNHN/Laboratoire de Paléontologie/H. Lavinia ; 143 or : GAMMA/P. Aventurier ; 144 o : BIOS/J. Frebet ; 144 u : BIOS/M. Denis-Huot ; 145 l : BIOS/D. Heuclin ; 145 r : MNHN/Laboratoire de Paléontologie/D. Serrette ; 146 o : BIOS/D. Bringard ; 146 M : BIOS/T. Da Cunha ; 146 u : BIOS/F. de Gomei ; 147 M : BIOS/NEL/T. Stoeckel ; 147 u : BIOS/M. Gunther ; 148 u : Illustration Christian Jegou ; 149 ol : A. Caraisco/sculpture M. Boulay ; 149 oMl : DISCOVER MAGAZINE/A. Kamajian ; 149 oM : COSMOS/NHPA/S. Dalton ; 149 oMr : STEYER ; 149 or : COSMOS/NHPA/ANT ; 150 u, 151 M : STEYER ; 151 u : BIOS/D. Dalleux ; 153 o : STEYER ; 153 u : SAL LONDON/Jo Carter ; 159 ol : BIOS/G. Martin ; 159 or : BIOS/R. Puillandre ; 159 u : BIOS/D. Heuclin ; 163 : J.-P. BILLON-BRUYAT ; 164 u : MNHN/Laboratoire de Paléontologie/D. Serrette ; 167 o : J.-M. MAZIN ; 169 o : COSMOS/SPL/L. Pesek ; 169 u, 170 o, u : COSMOS/MATRIX/L. Psihoyos ; 173 or : MNHN/Laboratoire de Paléontologie/D. Serrette ; 174 : MNHN/Laboratoire de Paléontologie/M. Fontaine ; 175 ol, or : MNHN/Laboratoire de Paléontologie/D. Serrette ; 175 u : NATIONAL GEOGRAPHIC/O. Louis Mazzatenta ; 176 ur : COSMOS/SPL/M. Land ; 177 l : BIOS/J.-P. Delobelle ; 177 or : COSMOS/SPL/S. Stammers ; 177 Mo : BIOS/Gato ; 177Mu : BIOS/P. Fagot ; 180 ol : BIOS/R. Seitre ; 180 u, 181 Ml, Mr : BIOS/D. Heuclin ; 181 u : BIOS/T. Crocetta ; 182 o, 183 M, 184 M : MNHN/Laboratoire de Paléontologie/D. Serrette ; 185 M : SUNSET/G. Lacz ; 186 o, u, 187 o : MNHN/Laboratoire de Paléontologie/D. Serrette ; 187 M : BIOS/J. Sauvanet ; 187 u : MNHN/B. Faye ; 188 : BIOS/P. Weimann ; 189 o : BIOS/J.-Y. Grospas ; 189 u : BIOS/R. Garouste ; 191 : CIEL & ESPACE/APS/S. Numazawa ; 192 ul : NATIONAL GEOGRAPHIC/T. Laman ; 192 ur : BIOS/R. Seitre ; 193 o : MNHN/Laboratoire de Paléontologie/D. Serrette ; 193 M : BIOS/PANDA PHOTO/Mancini ; 193 u : JACANA/J. Dafis ; 194 o : ARCHIVES SRD ; 194 M : J.-L. Charmet/Bibliothèque des Arts décoratifs, Paris ; 194 ul : J.-L. Charmet ; 195 o : BRIDGEMAN ART LIBRARY/Bibliothèque Royale de Belgique, Bruxelles ; 195 M : PALAIS DE LA DÉCOUVERTE, Paris ; 195 ul : COSMOS/WOODFIN CAMP/P. Lerner ; 195 ur : COSMOS/SPL/D. Scharf ; 196-197 : BIOS/M. Micolotti ; 196 l : COSMOS/SPL/D. van Ravenswaay ; 202 o : NATIONAL GEOGRAPHIC/J. Blair ; 202 M : BIOS/ALA/Mafart-Renodier ; 203 o : BIOS/D. Halleux ; 208 u : BIOS/R. Seitre ; 209 or : NATURAL HISTORY MUSEUM, Londres ; 211 Mr : BIOS/Y. Lefevre ; 211 u : BIOS/J.-P. Vestre ; 213 M : BIOS/C. Ruoso ; 214 ol : BIOS/T. Montford ; 214 u : BIOS/C. Thouvenin ; 215 M : Franck SENEGAS ; 217 o : COSMOS/Natural History Museum ; 218 ol : BIOS/M. & C. Denis-Huot ; 218 or : BIOS/Klein-Hubert ; 219 u : BIOS/D. Heuclin ; 220 ol : BIOS/C. Meyer ; 220 or : BIOS/PETER ARNOLD Inc/K. Schafer ; 221 o : BIOS/R. Cavignaux ; 221 M : BIOS/D. Heuclin ; 221 u : BIOS/FOTONATURA/M. Harvey ; 222 o : MNHN/Laboratoire de Paléontologie/D. Serrette ; 222 M : BIOS/L. Touzeau ; 222 u : BIOS/J.-L. Le Moigne ; 223 or : BIOS/WILDLIFE/B. Odeur ; 223 M : COSMOS/WOODFIN CAMP/ J. Blair ; 224 ol : BIOS/E.

Barbelette; 224 or: BIOS/T. Crocetta; 224 M: BIOS/D. Heuclin; 225 ol: BIOS/PETER ARNOLD Inc/L. Richardson; 225 oM: BIOS/R. Seitre; 225 or: NATIONAL GEOGRAPHIC/J. Blair; 225 M: BIOS/A. Compost; 226 l: STONE/J. Cox; 226 r: JACANA/N. Bergkessel; 227 ol: STONE/A. Sacks; 227 or: BIOS/OSF/M. Fogden; 227 Mo: JACANA/D. Collobert; 227 Mu: STONE/K. Schafer; 227 u: BIOS/P. Weimann; 228 o: BIOS/D. Halleux; 228 ul: BIOS/R. Seitre; 229 ol: BIOS/A. Compost; 230 ul: BIOS/B. Pambour; 231 ur: EURELIOS/PH. Plailly; 232 l: BIOS/G. Lopez; 232 r: DIAF/BRUCE COLEMAN/J. Mc Donald; 233 o: DIAF/D. Lerault; 233 u: DIAF/EURASIA PRESS; 234-235: EURELIOS/P. Plailly/Atelier Daynes; 236 Ml: EURELIOS/G. Tosello; 236 ol: IDpress. net/F. Sarano; 236 or: EURELIOS/PH. Plailly/Atelier Daynes, Paris; 236 ur, 237 ol: EURELIOS/G. Tosello; 237 or: EURELIOS/Ministère de la Culture/J. Clottes; 237 ul: HOA QUI/F. Gohier; 237 ur: RMN/H. Lewandowski/Musée du Louvre, Paris; 238-239: A. DEVOUARD/Erectus Tautavel; 238 l: EURELIOS/P. Plailly/Atelier Daynes; 244-245: ALTITUDE/Y. Arthus-Bertrand; 244 o: COSMOS/SPL/J. Reader; 244 u: IDPRESS. NET/F. Sarano; 246 o: COSMOS/SPL/J. Reader; 246 M: A. Devouard; 246 u: IDPRESS. NET/F. Sarano; 248 l: COSMOS/SPL/J. Reader; 248 M: SIENA ARTWORKS/R. Hayward; 248 r: COSMOS/SPL/J. Reader; 249 o: EURELIOS/G. Tosello; 249 u: CORBIS SYGMA; 250 o: MUSÉE DE L'HOMME/B. Hatala; 250 ul: SIENA ARTWORKS/M. Mc Gregor; 250 u: COSMOS/SPL/J. Reader; 251 o: SIENA ARTWORKS/R. Hayward; 253 ol: IDPRESS. NET/F. Sarano; 254 o: DAGLI ORTI/Musée des Antiquités nationales, Saint-Germain-en-Laye; 254 Ml: MUSÉE DE L'HOMME/J. Oster; 254 ul: RMN/Antiquités nationales, Saint-Germain-en-Laye; 254 ur: MUSÉE DE L'HOMME/J. Oster; 255 ol: AKG PARIS/E. Lessing/Musée national, Belgrade; 255 or, Ml: MUSÉE DE L'HOMME/J. Oster; 255 Mr: STONE/H. Sitton; 255 ul: MUSÉE DE L'HOMME/D. Ponsard; 255 ur: MUSÉE DE L'HOMME/P. Colombel; 256 l: SIENA ARTWORKS/M. Mc Gregor; 256 u: CORBIS SYGMA/Karen; 257 u: MUSÉE DE L'HOMME/B. Hatala; 258 o: J. Vertut; 259: EURELIOS/G. Tosello; 260 o: AKG PARIS; 261 M: EURELIOS/P. Plailly; 262-263: DIAF/P. Cheuva; 262 u: EXPLORER/S. Cordier; 263 o: EXPLORER/Y. Layma; 263 M: BIOS/M. Gunther; 263 u: BRIDGEMAN ART LIBRARY/Paysage d'hiver, de P.-J. van Veen/Rafael Valls Gallery, Londres; 264: BRIDGEMAN ART LIBRARY/Altamira; 264 l: EURELIOS/P. Plailly/Atelier Daynes; 271 o: EURELIOS/L. Bret; 271 u: COSMOS/SPL/S. Stammers; 272: EURELIOS/G. Tosello; 273 o: EURELIOS/P. Plailly/Atelier Daynes; 273 u: MUSÉE DE L'HOMME; 274 o: EURELIOS/P. Plailly/Atelier Daynes; 274 M: MUSÉE DE L'HOMME/D. Ponsard; 274 u: IDPRESS. NET/F. Sarano; 276 ol: MUSÉE DE L'HOMME/B. Hatala; 276 or: COSMOS/SPL/NOVOSTI; 276 u: EURELIOS/G. Tosello; 277 ul: Coll. KHARBINE-TAPABOR/Habitant de la grotte de la Chapelle à l'époque moustérienne, de Kupka, 1909/© ADAGP, Paris 2001; 277 ur: EURELIOS/G. Tosello; 278 o: MUSÉE DE L'HOMME/B. Hatala; 278 M, u: EURELIOS/G. Tosello; 279 o: EURELIOS/P. Plailly; 279 Mol: MUSÉE DE L'HOMME/B. Hatala; 279 Mul: IDPRESS. NET/F. Sarano; 279 Mr: MUSÉE DE L'HOMME/J. Oster; 280 o: AKG PARIS/Musée des Antiquités nationales, Saint-Germain-en-Laye; 280 M: EURELIOS/P. Plailly/Musée national de la Préhistoire, Les Eyzies-de-Tayac; 280 u: MUSÉE DE L'HOMME/B. Hatala; 281 o: EURELIOS/Ministère de la Culture/J. Clottes; 281 u: MUSÉE DE L'HOMME; 282 o: MUSÉE DE L'HOMME/J. Oster; 282 u: PHONE/J.-P. Ferrero; 284 u: ALTITUDE/Y. Arthus-Bertrand; 284 o: EURELIOS/P. Plailly; 285 M: Waren MORGAN; 286 u: AKG Paris/Naturhistorisches Museum, Vienne; 287 l: DAGLI ORTI/Musée Koszta Joszef, Szentes; 287 Mor: COSMOS/D. Vo Trung; 287 ur: DAGLI ORTI/Musée des Antiquités nationales, Saint-Germain-en-Laye; 288 o: AKG PARIS/Historisches Museum, Razgrad; 289 ol: HOA QUI/F. Gohier; 289 or: MUSÉE DE L'HOMME; 289 ul: DAGLI ORTI; 289 ur: COSMOS/ASPEN/J. Aaronson; 290 o: EURELIOS/P. Plailly; 291 o: BRIDGEMAN ART LIBRARY/British Museum, Londres; 291 u: AKG PARIS/E. Lessing/Musée national d'Archéologie, Athènes; 292 ul, ur: INSTITUT DE PALÉONTOLOGIE HUMAINE; 293 M: AKG Paris/Impression d'après une peinture de Kranz; 293 u: AKG Paris; 294 o: RMN/R.-G. Ojeda/Musée des Antiquités nationales, Saint-Germain-en-Laye; 294 u: MUSÉE DE L'HOMME/J. Oster; 295 ol: AKG PARIS/W. Forman/British Museum, Londres; 295 or: RMN/Musée des Antiquités nationales, Saint-Germain-en-Laye; 295 u: AKG PARIS/W. Forman/ Nationalmuseet, Copenhague; 296 o: RMN/H. Lewandowski/Musée du Louvre, Paris; 296 Mo: RMN/Lebée/Musée du Louvre, Paris; 296 Mu: RMN/G. Blot/Musée du Louvre, Paris; 296 u: MUSÉE DE L'HOMME/B. Hatala; 297 o: MUSÉE DE L'HOMME; 297 u: RMN/Musée Guimet, Paris; 298 o: COSMOS/P. Boulat; 298 M: BIOS/M. Gunther; 298 u: HOA QUI/LIAISON INTERNATIONAL/J. Polillio; 299: BRIDGEMAN ART LIBRARY/Private Collection/La Tour de Babel, par Abel Grimer; 300: CIEL & ESPACE/NASA; 301 o: CIEL & ESPACE/AAO/D. Malin; 301 M: CIEL & ESPACE/Hubble Heritage Team; 301 u: CIEL & ESPACE/C. Lehenaff; 302 o: CIEL & ESPACE/A. Fujii; 302 M: COSMOS/SPL/Lick Observatory; 303 M: COSMOS/SPL/S. Lowther; 303 u: CIEL & ESPACE/NASA; 304 o: HOA QUI/R. Espin; 304 u: HOA QUI/J. Bravo; 305 o: CIEL & ESPACE/NASA; 305 u: DAGLI ORTI.

Illustrationen

Christine ADAM: 162 u, 163 u, 167 Ml.
Vincent CHAIX: 58 l.
Colman COHEN: 52 l, 88 l, 108 l, 138 l, 152 Mr, 198 l, 240 l, 266 l.
Sylvie DESSERT: 30-43, 59 o, 60 u, 68-69, 78 ul, 94-95, 96-97 Mo, 129 o, 133 u, 161 ol, 190, 204 u, 206 o, 209 ol, 224 ul, 228-229 u, 245 o, 270, 283 o, 284 o, 285 o, 290 ur.
Marc DONON: 102, 103 o, 150 ol, 154 u, 155 o, 162 Ml, 181 or, 186 Ml, 192 o, 212 Mo, 217 r, 223 ol, 275 or.
Christophe DROCHON: 16-17, 199, 200-201.
Emmanuelle ÉTIENNE: 57, 62-63 u, 72-73, 184 ul, 185 ol.
William FRASCHINI: 120 ol, 124 Mr, 126-127 M, 127 ur, 128 l, 129 or, 130 Mo, 133 or, 133 u, 134 ol, 135 u, 142 l, 143 Mr, 153 Mr, 161 ol, 176 Mu, 183 or, 204 u, 206 o, 208 Mo, 216 Mr, 219 o, 224 ul, 229 or, 230 o, 287 or, 290 ur.
Yves GRETENER: 247, 261 Mo, 275 u, 283 u, 286 o, 288 Mu.
Christian JÉGOU: 10-15, 20-21, 53, 54-55, 84 u, 89, 90-91, 109, 110-111, 139, 140-141, 148-149 u, 152 l, 168, 171, 172 o, 173 u, 182 ur, 191 o, 253 or, 253 Mr, 258 ul, 267, 268-269.
Jean-François LECOMTE: 28-29 M, 48-49 M, 236-237 M.
Régis MACIOSZCZYK: 64, 66-67 u, 79 o, 81 u, 83 u.
Marc MOSNIER: 178 o, 258 Mo, 258 Mr, 260 u.
Olivier RAQUOIS: 205 o, 207 o, 213 ur, 214 Mr, 215 or, 215 ol.
Catherine ROBIN: 76 Ml, 277 o, 288 ul.
Tom SAM YOU: 176 ol, 176 Ml, 188 Ml, o, u, 189 ol.
Jean-Claude SÉNÉE: 158 Ml, 231 o.
Michel SINIER: 166 ul.
Amato SORO: 292 o, 293 o.
Jean SOUTIF: 104-105, 114-115 u, 154 Mo, 155 ur, 156-157, 160, 178, 179 ur, 202-203 u, 204 Ml, 209 ol, 209 ur, 210-211.
Franck STEPHAN: 151 o, 206 u, 207 u, 225 u.
Jean-Louis VERDIER: 147 or.
Michael WELPLY: 18-19, 114-115 u, 115 o, 119 o, 121 o, 125 u, 161 u, 205 u, 212 u, 213 o, 215 ur, 216 u, 220 u, 241, 242-243, 252-253 u, 257 o.